普通高等教育机械类专业规划教材

Pro/ENGINEER野火版5.0
机械设计教程

詹友刚　主编

机 械 工 业 出 版 社

Pro/ENGINEER 是目前在我国各行业应用最广泛的高端三维机械 CAD/CAM/CAE 软件之一，本教材以最新推出的 Pro/ENGINEER 中文野火版 5.0 为蓝本，介绍了该软件的操作方法和机械设计应用技巧，内容包括 Pro/ENGINEER 功能模块和特性概述、系统配置与环境设置方法、二维草图的创建、零件设计、装配设计、工程图的制作和曲面设计等。

在内容安排上，为了使学生能更快地掌握 Pro/ENGINEER 软件的基本功能，书中结合大量的范例对软件中一些抽象的概念、命令和功能进行讲解；书中以范例的形式讲述了一些实际产品的设计过程，能使学生较快地进入设计状态；在主要章节中还安排了习题，便于学生进一步巩固所学的知识。在写作方式上，本书紧贴软件的实际操作界面，采用软件中真实的对话框、操控板和按钮等进行讲解，使初学者能够直观、准确地操作软件进行学习，从而尽快地上手，提高学习效率。在学习完本书后，学生能够迅速地运用 Pro/ENGINEER 软件来完成一般产品的设计工作，并为进一步学习高级和专业模块打下坚实的基础。

本书内容全面，条理清晰，范例丰富，讲解详细，可作为高等院校机械类各专业学生的 CAD 课程教材，也可作为工程技术人员的 Pro/ENGINEER 自学入门教程和参考书籍。

为方便广大教师和学生的教学和学习，特将本书所有的素材、范例、配置文件等资料放在机械工业出版社的相关网站上，为了获得最佳的教学效果，建议教师下载这些相关资料。

图书在版编目（CIP）数据

Pro/ENGINEER 野火版 5.0 机械设计教程/詹友刚主编.
—2 版. —北京：机械工业出版社，2011.4（2026.1 重印）
普通高等教育机械类专业规划教材
ISBN 978-7-111-33688-4

I. ①P… II. ①詹… III. ①机械设计：计算机辅助设计—应用软件，Pro/ENGINEER Wildfire 5.0—高等学校—教材 IV. ①TH122

中国版本图书馆 CIP 数据核字（2011）第 037953 号

机械工业出版社（北京市百万庄大街 22 号　邮政编码 100037）
策划编辑：管晓伟　责任编辑：管晓伟
封面设计：王伟光　责任印制：张　博

固安县铭成印刷有限公司印刷

2026 年 1 月第 2 版第 21 次印刷
184mm×260mm · 23.25 印张 · 573 千字
标准书号：ISBN 978-7-111-33688-4
定价：59.80 元

电话服务
客服电话：010-88361066
010-88379833
010-68326294

网络服务
机　工　官　网：www.cmpbook.com
机　工　官　博：weibo.com/cmp1952
金　　书　　网：www.golden-book.com
机工教育服务网：www.cmpedu.com

前　言

Pro/ENGINEER（简称 Pro/E）是由美国 PTC 公司推出的一套博大精深的三维 CAD/CAM 参数化软件系统，其内容涵盖了产品从概念设计、工业造型设计、三维模型设计、分析计算、动态模拟与仿真、工程图输出到生产加工成产品的全过程，其中还包含了大量的电缆及管道布线、模具设计与分析等实用模块，应用范围涉及航空航天、汽车、机械、数控（NC）加工及电子等诸多领域。

Pro/ENGINEER 中文野火版 5.0 是最新版本，它构建于 Pro/ENGINEER 野火版的成熟技术之上，新增了许多功能，使其技术水准又上了一个新的台阶。

本书是以我国高等院校机械类各专业学生为主要读者对象而编写的，其内容安排是根据我国大学本科学生就业岗位群职业能力的要求，并参照 PTC 公司 Pro/ENGINEER 全球认证培训大纲而确定的。本书特色如下：

- 内容全面，涵盖了机械产品设计中零件创建、装配和工程图制作的全过程。
- 范例丰富，对软件中的主要命令和功能，先结合简单的范例进行讲解，然后安排一些较复杂的综合范例帮助读者深入理解、灵活应用。
- 写法独特，采用 Pro/ENGINEER 中文野火版 5.0 软件中真实的对话框、操控板和按钮等进行讲解，使初学者能够直观、准确地操作软件，从而大大提高学习效率。

建议本书的教学采用 48 学时（包括学生上机练习），教师也可以根据实际情况，对书中内容进行适当的取舍，将课程调整到 32 学时。

本书的主编和主要参编人员均来自北京兆迪科技有限公司，在编写过程中得到了该公司的大力帮助，在此衷心表示感谢。北京兆迪科技有限公司专门从事 CAD/CAM/CAE 技术的研究、开发、咨询及产品设计与制造服务，并提供 Pro/ENGINEER、SolidWorks、UG、CATIA、MasterCAM 等软件的专业培训及技术咨询。广大读者在学习本书的过程中如果遇到问题，可通过访问该公司的网站 http://www.zalldy.com 来获得帮助。

本书由詹友刚主编，参加编写的人员还有崔玉莲、王焕田、刘静、詹路、冯元超、刘海起、黄红霞、詹超、高政、周涛、刘江波、党玲、赵春燕、孙润。

本书已经多次校对，如有疏漏之处，恳请广大读者予以指正。

电子邮箱：zhanygjames@163.com

编　者

声明：为方便教师学习和参考，同时降低教材的价格，减轻学生的经济负担，特将本教材中所有的素材、范例、配置文件等资料放在机械工业出版社所属网站，请至以下网址下载：http://www.cmpedu.com。

建议在学习本教材前，先将上述任意一个网址中的 dbproe5.1.rar 压缩文件下载并进行解压，然后把解压文件夹中的 dbproe5.1 文件夹复制到计算机硬盘的 D 盘根目录下。在学习过程中打开 dbproe5.1 文件夹中的相关文件，按照教材中的要求进行操作和练习，可以达到最佳的学习效果。

本 书 导 读

为了能更好地学习本教材的知识，请您先仔细阅读下面的内容。

写作环境

本书使用的操作系统为 Windows XP，对于 Windows 2000 Professional/Server 操作系统，本书内容和范例也同样适用。

本书采用的写作蓝本是 Pro/ENGINEER 中文野火版 5.0，对 Pro/ENGINEER 英文野火版 5.0 版本同样适用。

随书资料的使用

为方便读者学习和参考，特将本书所有的素材、实例、配置文件等资料放在下列网址：

http://www.cmpedu.com

http://www.cmpbook.com

建议读者在学习本书前，先将上述任意一个网址中的 dbproe5.1.rar 压缩文件下载并进行解压，然后把解压文件夹中的 dbproe5.1 文件夹复制到计算机硬盘的 D 盘根目录下。

在 dbproe5.1 文件夹中共有两个子文件夹：

（1）proewf5_system_file 子文件夹：包含一些系统文件。

（2）work 子文件夹：包含本书讲解中所用到的文件，其中带有“ok”扩展名的文件或文件夹表示已完成的范例。

为了达到最佳的学习效果，建议读者在学习过程中打开 dbproe5.1 文件夹中有关的素材、范例和配置文件等进行操作和练习。

本书约定

- 本书中有关鼠标操作的简略表述意义如下：
  - ☑ 单击：将鼠标指针移至某位置处，然后按一下鼠标的左键。
  - ☑ 双击：将鼠标指针移至某位置处，然后连续快速地按两次鼠标的左键。
  - ☑ 右击：将鼠标指针移至某位置处，然后按一下鼠标的右键。
  - ☑ 单击中键：将鼠标指针移至某位置处，然后按一下鼠标的中键。
  - ☑ 滚动中键：只是滚动鼠标的中键，而不能按中键。
  - ☑ 选择（选取）某对象：将鼠标指针移至某对象上，单击以选取该对象。
  - ☑ 拖动某对象：将鼠标指针移至某对象上，然后按下鼠标的左键不放，同时移动鼠标，将该对象移动到指定的位置后再松开鼠标的左键。
- 本书中的操作步骤分为 Task、Stage 和 Step 三个级别，说明如下：
  - ☑ 对于一般的软件操作，每个操作步骤以 Step 字符开始。例如，下面是绘制样条曲线操作步骤的表述：

Step1. 单击样条曲线按钮∿。

Step2. 选取一系列点。可观察到一条“橡皮筋”样条附着在鼠标指针上。

Step3. 单击中键结束样条曲线的绘制。

- ☑ 每个 Step 操作视其复杂程度，其下面可含有多级子操作，例如 Step1 下可能包含（1）、（2）、（3）等子操作，（1）子操作下可能包含①、②、③等子操作，①子操作下可能包含 a)、b)、c）等子操作。
- ☑ 如果操作较复杂，需要几个大的操作步骤才能完成，则每个大的操作冠以 Stage1、Stage2、Stage3 等，Stage 级别的操作下再分 Step1、Step2、Step3 等操作。
- ☑ 对于多个任务的操作，则每个任务冠以 Task1、Task2、Task3 等，每个 Task 操作下则可包含 Stage 和 Step 级别的操作。

- 由于已建议读者将 dbproe5.1 文件夹复制到计算机硬盘的 D 盘根目录下，所以书中在要求设置工作目录或打开光盘文件时，所述的路径均以 D：开始。例如，下面是一段有关这方面的描述：

Step1. 设置工作目录和打开文件。

（1）将工作目录设置至 D: \dbproe5.1\work\ch04\ch05.03。

（2）打开文件 if_asm_shaft_gear.asm。

技术支持

本书的主编和主要参编人员来自北京兆迪科技有限公司，该公司位于北京中关村科技园区，专门从事 CAD/CAM/CAE 技术的研究、开发、咨询及产品设计与制造服务，并提供 Pro/ENGINEER、UG、SolidWorks、CATIA 和 Mastercam 等软件的专业培训及技术咨询。教师在教学和学生在学习本书时遇有问题，可通过访问该公司的网站 http://www.zalldy.com 获得技术支持。

目　录

第 1 章　Pro/ENGINEER 基础知识

本章提要　随着计算机辅助设计——CAD（Computer Aided Design）技术的飞速发展和普及，越来越多的工程设计人员开始利用计算机进行产品的设计和开发，Pro/ENGINEER 作为一种当前最流行的高端三维 CAD 软件，越来越受到我国工程技术人员的青睐。本章内容主要包括：

- Pro/ENGINEER 简介
- Pro/ENGINEER 的启动
- Pro/ENGINEER 软件的环境设置
- 设置 Pro/ENGINEER 工作目录
- 设置 Pro/ENGINEER 系统配置文件
- Pro/ENGINEER 中文野火版 5.0 用户界面
- 创建用户文件目录

1.1　Pro/ENGINEER 简介

美国 PTC 公司（Parametric Technology Corporation，参数技术公司）于 1985 年在美国波士顿成立，自 1989 年公司上市伊始，即引起机械 CAD/CAE/CAM 界的极大震动，其销售额及净利润连续 50 个季度递增，每年以翻番的速度增长。PTC 公司已占全球 CAID/CAD/CAE/CAM/PDM 市场份额的 43%以上，成为 CAID/CAD/CAE/CAM/PDM 领域最具代表性的软件公司，其 Pro/ENGINEER 软件产品的总体设计思想体现了机械 CAD 软件的发展趋势，在国际机械 CAD 软件市场上已处于领先地位。Pro/ENGINEER 目前共有 80 多个专用模块，涉及工业设计、机械设计、功能仿真及加工制造等各方面，为用户提供全套解决方案。

PTC 提出的单一数据库、参数化、基于特征、全相关及工程数据再利用等概念改变了机械 CAD 的传统观念，这种全新的概念已成为当今世界机械 CAD 领域的新标准。利用此概念写成的第三代机械 CAD 产品——Pro/ENGINEER（也简称为 Pro/E）软件能将产品从设计至生产的过程集成在一起，让所有的用户同时进行同一产品的设计与制造，即所谓的并行工程。

Pro/ENGINEER 是基于特征的全参数化软件，该软件所创建的三维模型是一种全参数化的三维模型。“全参数化”有三个层面的含义，即特征截面几何的全参数化、零件模型的全参数化以及装配体模型的全参数化。

零件模型、装配模型、制造模型以及工程图之间是全相关的，也就是说，工程图的尺寸被更改以后，其父零件模型的尺寸也会相应更改；反之，零件、装配或制造模型中的任何改变，也可以在其相应的工程图中反映出来。

1.2 创建用户文件目录

使用 Pro/ENGINEER 软件时，应该注意文件的目录管理。如果文件管理混乱，会造成系统找不到正确的相关文件，从而严重影响 Pro/ENGINEER 软件的全相关性，同时也会使文件的保存、删除等操作产生混乱，因此应按照操作者的姓名、产品名称（或型号）等建立用户文件目录，如本书要求在 E 盘上创建一个名为 proe_study 的文件目录。

1.3 设置系统配置文件 config.pro

用户可以利用一个名为config.pro的系统配置文件预设Pro/ENGINEER软件的工作环境和进行全局设置，例如 Pro/ENGINEER 零件模型的质量单位是由 pro_unit_mass 选项来控制的，这个选项有多个可选的值，如果将其值设为 unit_kilogram，则零件模型的质量单位为千克。

本书下载文件夹中的 config.pro 文件中对一些基本的选项进行了设置，强烈建议读者进行如下操作，使该 config.pro 文件中的设置有效，这样可以保证后面学习中的软件配置与本书相同，从而提高学习效率。

将 D:\dbproe5.1\proewf5_system_file\下的 config.pro 复制至 Pro/ENGINEER Wildfire 5.0 安装目录的 text 目录下（假设 Pro/ENGINEER Wildfire 5.0 的安装目录为 C:\Program Files\proeWildfire 5.0，则应将该文件复制到 C:\Program Files\Proe Wildfire 5.0\text 目录下）。

1.4 设置工作界面配置文件 config.win

用户可以利用一个名为 config.win 的系统配置文件预设 Pro/ENGINEER 软件工作环境的工作界面（包括工具栏中按钮的位置）。

本书下载文件夹中的 config.win 对软件界面进行一定设置，建议读者进行如下操作，使该 config.win 文件中设置有效，这样可以保证后面学习中的软件界面与本书相同，从而提高学习效率。

Step1. 复制系统文件。将目录 D:\dbproe5.1\proewf5_system_file\下的文件 config.win 文件复制到 Pro/ENGINEER Wildfire 5.0 安装目录的 text 目录下。例如 Pro/ENGINEER Wildfire 5.0 的安装目录为 C:\Program Files\ProeWildfire 5.0，则应将上述文件复制到

C:\Program Files\Proe Wildfire 5.0\text 目录下。

Step2. 重新启动 Pro/ENGINEER，config.win 文件中的设置有效。

说明： *如果 Pro/ENGINEER 的启动目录中存在 config.win 文件，应将其删除。*

1.5 启动 Pro/ENGINEER 中文野火版 5.0 软件

一般来说，有两种方法可启动并进入 Pro/ENGINEER 软件环境。

方法一： 双击 Windows 桌面上的 Pro/ENGINEER 软件快捷图标。

说明： *只要是正常安装，Windows 桌面上会显示 Pro/ENGINEER 软件快捷图标。对于快捷图标的名称，可根据需要进行修改。*

方法二： 从 Windows 系统的“开始”菜单进入 Pro/ENGINEER，操作方法如下：

Step1. 单击 Windows 桌面左下角的 开始 按钮。

Step2. 如图 1.5.1 所示，选择 程序(P) → PTC → Pro ENGINEER → Pro ENGINEER 命令，系统便进入 Pro/ENGINEER 软件环境。

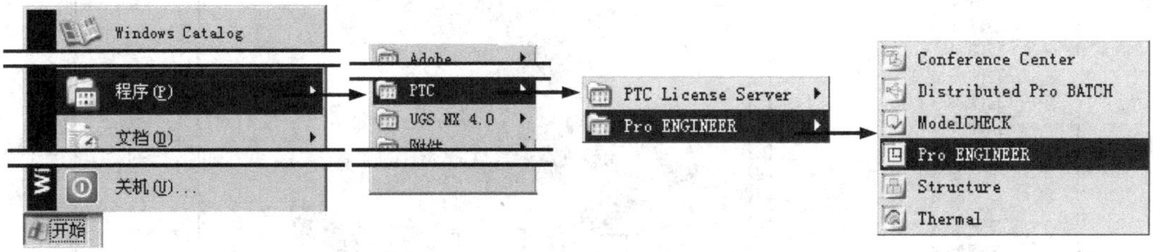

图 1.5.1　Windows“开始”菜单

1.6 Pro/ENGINEER 中文野火版 5.0 用户界面

在学习本节时，请先打开目录 D:\dbproe5.1\work\ch01\ch01.06 下的文件 down_base.prt。

Pro/ENGINEER 中文野火版 5.0 用户界面包含下拉菜单区、菜单管理器区、顶部工具栏按钮区、右工具栏按钮区、消息区、图形区、导航选项卡区及智能选取栏，如图 1.6.1 所示。

1. 导航选项卡区

导航选项卡区包含三个页面选项：“模型树或层树”、“文件夹浏览器”和“收藏夹”。

- “模型树”中列出了当前活动文件中的所有零件及特征，并以树的形式显示模型结构，根对象（活动组件或零件）显示在模型树的顶部，其从属对象（零件或特征）位于根对象之下。例如在活动装配文件中，“模型树”列表的顶部是组件，组件下方是各个元件零件的名称；在活动零件文件中，“模型树”列表的顶部是零件，零件下方是各个特征的名称。若打开多个 Pro/ENGINEER 模型，则“模型树”只反映活动模型的内容。

- “文件夹浏览器”类似于 Windows 的“资源管理器”，用于浏览文件。
- “收藏夹”用于有效组织和管理个人资源。

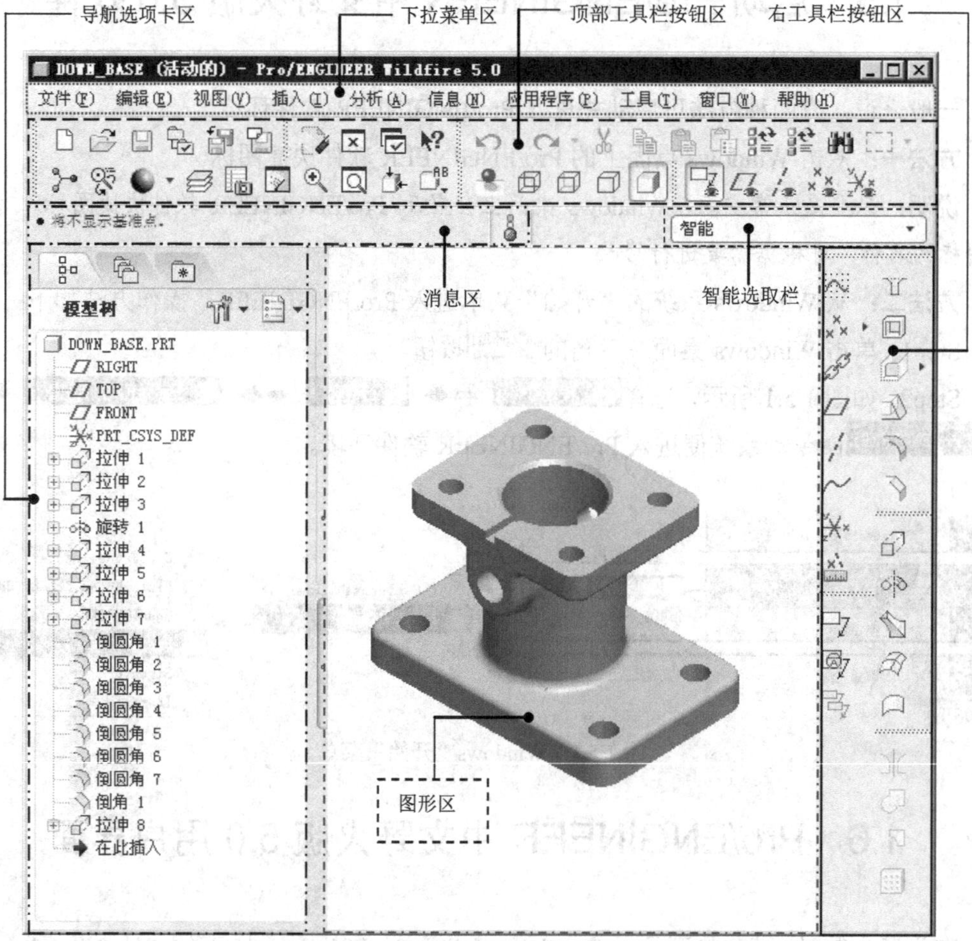

图 1.6.1 Pro/ENGINEER 中文野火版 5.0 界面

2. 下拉菜单区

下拉菜单中包含创建、保存、修改模型和设置 Pro/ENGINEER 环境的一些命令。

3. 工具栏按钮区

工具栏中的命令按钮为快速进入命令及设置工作环境提供了极大的方便，用户可以根据具体情况定制工具栏。

注意：用户会看到有些菜单命令和按钮处于非激活状态（呈灰色，即暗色），这是因为它们目前还没有处在发挥功能的环境中，一旦它们进入有关的环境，便会自动激活。

下面是工具栏中各快捷按钮的含义和作用（参见图 1.6.2～图 1.6.12），请务必将其记牢。

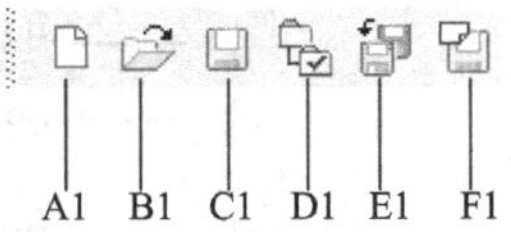

图 1.6.2　命令按钮（一）

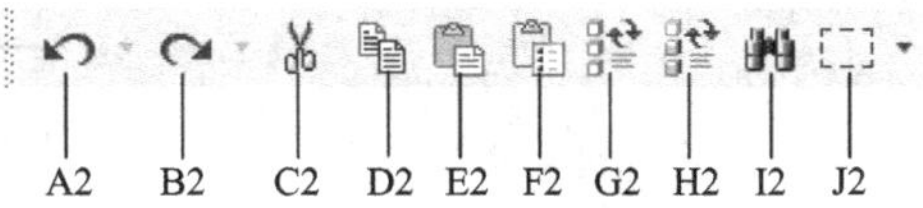

图 1.6.3　命令按钮（二）

图 1.6.2 中各命令按钮的说明如下：

A1：创建新对象（创建新文件）。

B1：打开文件。

C1：保存激活对象（保存当前文件）。

D1：设置工作目录。

E1：保存一个活动对象的副本（另存为）。

F1：更改对象名称。

图 1.6.3 中各命令按钮的说明如下：

A2：撤销。

B2：重做。

C2：将绘制图元、注释或表剪切到剪贴板。

D2：复制。

E2：粘贴。

F2：选择性粘贴。

G2：再生模型。

H2：再生管理器。

I2：在模型树中按规则搜索、过滤及选择项目。

J2：选取框内部的项目。

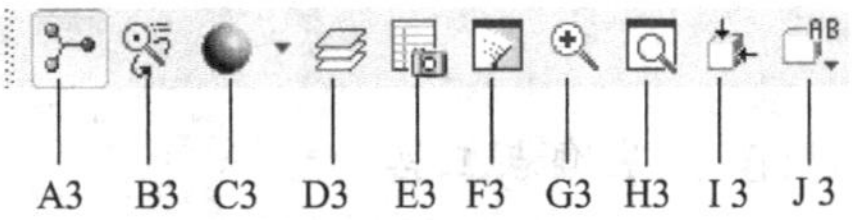

图 1.6.4　命令按钮（三）

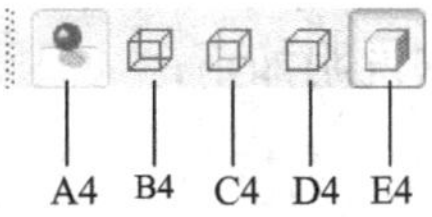

图 1.6.5　命令按钮（四）

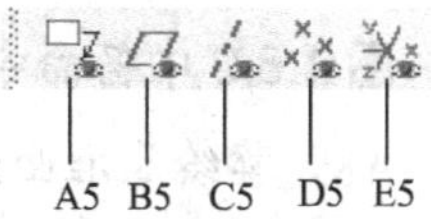

图 1.6.6　命令按钮（五）

图 1.6.4 中各命令按钮的说明如下：

A3：旋转中心显示开/关。

B3：定向模式开/关。

C3：外观库。

D3：设置层、层项目和显示状态。

E3：启动视图管理器。

F3：重画当前视图。

G3：放大模型或草图区。

H3：重新调整对象，使其完全显示在屏幕上。

I3：重定位视图方向。

J3：已保存的模型视图列表。

图 1.6.5 中各命令按钮的说明如下：

A4：增强的真实感开/关。

B4：模型以线框方式显示。

C4：模型以隐藏线方式显示。

D4：模型以无隐藏线方式显示。

E4：模型以着色方式显示。

图 1.6.6 中各命令按钮的说明如下：

A5：打开或关闭 3D 注释及注释元素。

B5：基准平面显示开/关。

C5：基准轴显示开/关。

D5：基准点显示开/关。

E5：坐标系显示开/关。

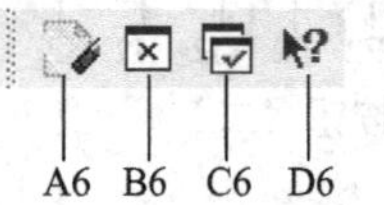

图 1.6.7　命令按钮（六）

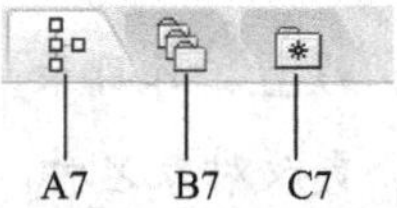

图 1.6.8　命令按钮（七）

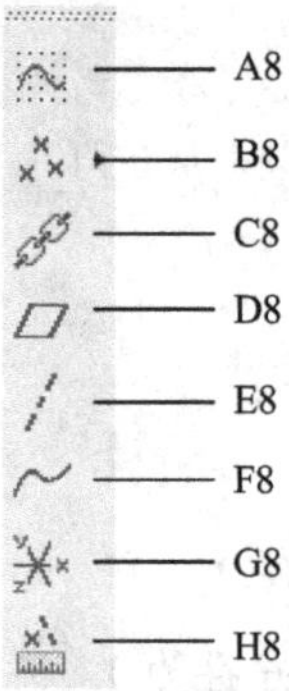

图 1.6.9　命令按钮（八）

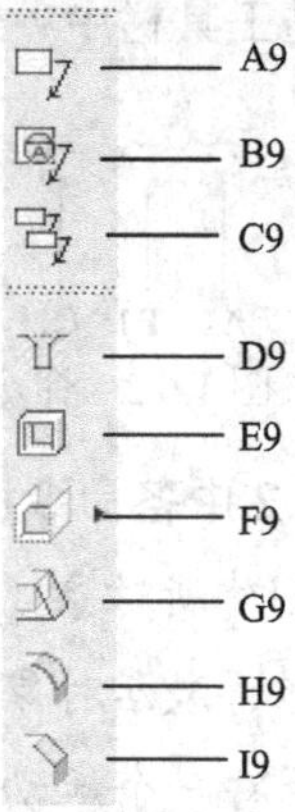

图 1.6.10　命令按钮（九）

图 1.6.7 中各命令按钮的说明如下：

A6：从进程中移除所有不在窗口中的对象。　B6：关闭窗口并保持对象在进程中。

C6：激活窗口。　D6：上下文相关帮助。

图 1.6.8 中各命令按钮的说明如下：

A7：模型树。　B7：文件夹浏览器。

C7：收藏夹。

图 1.6.9 中各命令按钮的说明如下：

A8：草绘基准曲线工具。　B8：基准点工具。

C8：创建一个参照特征。　D8：基准平面工具。

E8：基准轴工具。　F8：创建基准曲线。

G8：基准坐标系工具。　H8：创建一个分析特征。

图 1.6.10 中各命令按钮的说明如下：

A9：插入注释特征。　B9：创建基准目标注释特征以定义基准框。

C9：插入注释元素传播特征。　D9：孔工具。

E9：抽壳工具。　F9：筋（肋）工具。

G9：拔模工具。　H9：倒圆角工具。

I9：倒角工具。

图 1.6.11 中各命令按钮的说明如下：

A10：拉伸工具。　B10：旋转工具。

C10：可变截面扫描工具。　D10：边界混合工具。

E10：造型工具。

图 1.6.12 中各命令按钮的说明如下：

A11：镜像工具。　B11：合并工具。

C11：修剪工具。 D11：阵列工具。

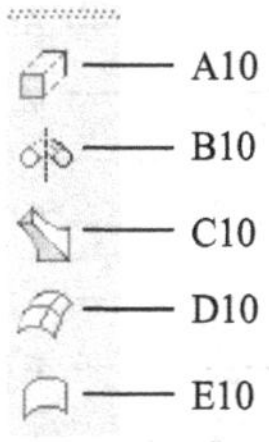

图1.6.11 命令按钮（十）

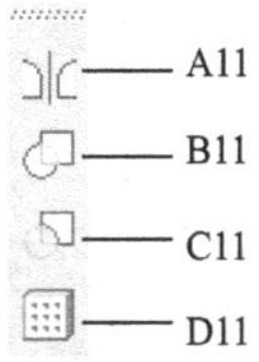

图1.6.12 命令按钮（十一）

4．消息区

在用户操作软件的过程中，消息区会实时地显示当前操作步骤的相关提示等的消息，以引导用户的操作。消息区有一个可见的边线，将其与图形区分开，若要增加或减少可见消息行的数量，可将鼠标指针置于边线上，按住鼠标左键，将指针移动到所期望的位置。

消息分五类，分别以不同的图标提醒：

提示　**信息**　**警告**　**出错**　**危险**

5．图形区

Pro/ENGINEER各种模型图像的显示区。

6．智能选取栏

智能选取栏也称过滤器，主要用于快速选取所需要的某类项目（如几何、基准等）。

7．菜单管理器区

菜单管理器区位于屏幕的右侧。在进行某些操作时，系统会弹出菜单管理器，如创建螺旋扫描特征时，系统会弹出“属性”菜单管理器。可通过一个文件menu_def.pro定制菜单管理器。

1.7 Pro/ENGINEER软件的环境设置

选择下拉菜单 工具(T) → 环境(E) 命令，系统弹出图1.7.1所示的“环境”对话框，通过设置该对话框的各选项，可以控制Pro/ENGINEER当前运行环境的许多方面。

注意：在“环境”对话框中改变设置，仅对当前进程产生影响。当再次启动Pro/ENGINEER时，如果存在配置文件config.pro，则由该配置文件定义环境设置；否则由系统默认配置定义。

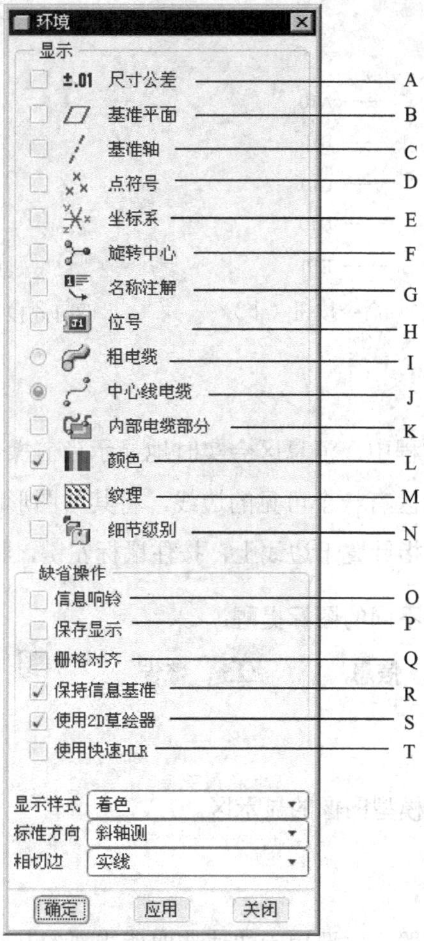

图 1.7.1 “环境”对话框

图 1.7.1 所示的“环境”对话框中各选项的说明如下：

A：显示/关闭模型尺寸公差。

B：显示/关闭基准平面及其名称。

C：显示/关闭基准轴及其名称。

D：显示/关闭基准点及其名称。

E：显示/关闭坐标系及其名称。

F：显示/关闭模型的旋转中心。

G：显示/关闭注释名称而非注释文本。

H：显示电缆、ECAD 和管道元件的位号。

I：显示/关闭电缆的三维厚度，它可以着色。

J：显示/关闭电缆中心线，且定位点呈绿色。

K：显示/关闭视图中隐藏在其他几何体后的线缆部分。

L: 显示/关闭模型上的颜色。

M: 在模型上显示/关闭纹理。

N: 在动态定向（平移等）过程中，使用着色模型中可用的细节级别。

O: 在提示或系统信息后出现响铃声。

P: 保存对象并带有它们最近的屏幕显示信息。

Q: 使在屏幕上选择的点对齐到网格。

R: 控制系统如何处理在“信息”功能中即时创建的基准（平面、点、轴和坐标系）。如果选定，系统将它们作为特征包含在模型中；如果清除，系统会在退出“信息”功能时删除它们。

S: 在草绘器模式中控制草绘平面的初始定向。如果选择，在进入“草绘器”时，草绘平面平行屏幕；如果清除，进入“草绘器”时的草绘平面定向不改变。

T: 旋转时显示 HLR，减少计算 HLR 的时间。

1.8 设置 Pro/ENGINEER 工作目录

Pro/ENGINEER 软件在运行过程中会将大量的文件保存在当前目录中，并且也常常从当前目录中自动打开文件，为了更好地管理 Pro/ENGINEER 软件的大量有关联的文件，应特别注意，在进入 Pro/ENGINEER 后，开始工作前最要紧的事情是“设置工作目录”。如果要将“工作目录”设置到 E:\proe_study 目录，其操作步骤如下：

Step1. 选择下拉菜单 文件(F) ➡ 设置工作目录(W)... 命令。

Step2. 在弹出的“选取工作目录”对话框中选择“E:”。

Step3. 查找并选取目录 proe_study。

Step4. 单击对话框中的 确定 按钮。

完成这样的操作后，目录 E:\proe_study 即变成当前工作目录，将来文件的创建、保存、自动打开、删除等操作都将在该目录中进行。

说明：进行下列操作后，双击桌面上的“Pro ENGINEER”图标进入 Pro/ENGINEER 软件系统，即可自动切换到指定的工作目录。

（1）右击桌面上的“Pro ENGINEER”图标，在弹出的快捷菜单中选择 属性(R) 命令。

（2）打开图 1.8.1 所示的“Pro ENGINEER5.0 属性”对话框，单击该对话框的 快捷方式 标签，然后在 起始位置(S): 文本栏中输入 E:\proe_study，并单击 确定 按钮，这样 E:\proe_study 目录即成为系统的启动目录。

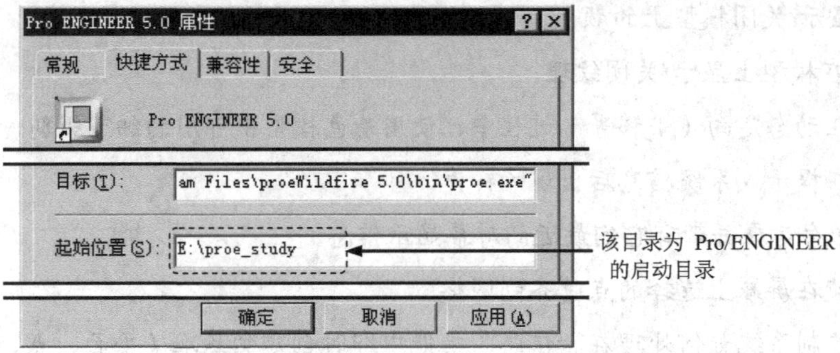

图 1.8.1 “Pro ENGINEER5.0 属性”对话框

第 2 章　二维草图

本章提要　二维草图的绘制是创建许多特征的基础，例如创建拉伸、旋转、扫描以及混合等特征时，都需要先草绘特征的截面（剖面）形状，其中扫描特征还需要绘制草图以定义扫描轨迹；另外基准曲线、X 截面等也需要定义草图。本章内容主要包括：

- 草图环境的介绍与设置
- 二维草图的绘制
- 二维草图的编辑
- 二维草图的诊断
- 二维草图的尺寸标注
- 二维草图中的约束
- 二维草图绘制范例

2.1　二维草图的主要术语

下面列出了 Pro/ENGINEER 软件草图中经常使用的术语。

图元：指二维草图中的任何几何元素（如直线、中心线、圆弧、圆、椭圆、样条曲线、点及坐标系等）。

参照图元：指绘制和标注二维草图时所参照的图元。

尺寸：图元大小、图元之间位置的量度。

约束：定义图元间的位置关系。约束定义后，其约束符号会出现在被约束的图元旁边。例如约束两条直线垂直后，垂直的直线旁将分别显示一个垂直约束符号。默认状态下，约束符号显示为白色。

参照：草图中的辅助元素。

关系：关联尺寸和（或）参数的等式。例如，可使用一个关系将一条直线的长度设置为另一条直线的两倍。

“弱”尺寸：“弱”尺寸是由系统自动建立的尺寸。当用户增加需要的尺寸时，系统可以在没有用户确认的情况下自动删除多余的“弱”尺寸。默认状态下，“弱”尺寸在屏幕中显示为灰色。

“强”尺寸：是指由用户所创建的尺寸，对于这样的尺寸，系统不能自动地将其删除。如果几个“强”尺寸发生冲突，系统会要求删除其中一个。另外用户也可将符合要求的“弱”尺寸转化为“强”尺寸。“强”尺寸显示为橙色。

冲突：两个或多个“强”尺寸或约束可能会产生矛盾或多余条件。出现这种情况，必须删除一个不需要的约束或尺寸。

2.2　进入二维草图环境

进入草图环境的操作方法如下：

Step1. 单击“新建”按钮。

Step2. 系统弹出图 2.2.1 所示的“新建”对话框，在该对话框中选中 草绘 单选项，在 名称 后的文本框中输入草图名（如 s1）；单击 确定 按钮，即进入草图环境。

注意：还有一种进入草图环境的途径，就是在创建某些特征（例如拉伸、旋转以及扫描等）时，以这些特征命令为入口，进入草图环境，详见第 3 章的有关内容。

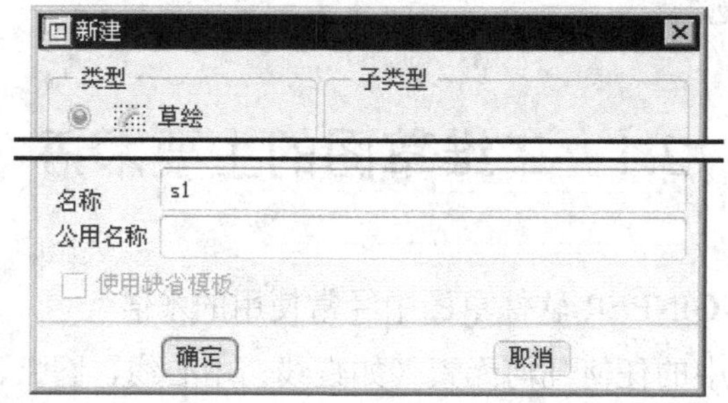

图 2.2.1　“新建”对话框

2.3　二维草图工具按钮简介

进入草图环境后，屏幕上会出现绘制草图时所需要的各种工具按钮，其中常用工具按钮及其功能注释如图 2.3.1 和图 2.3.2 所示。

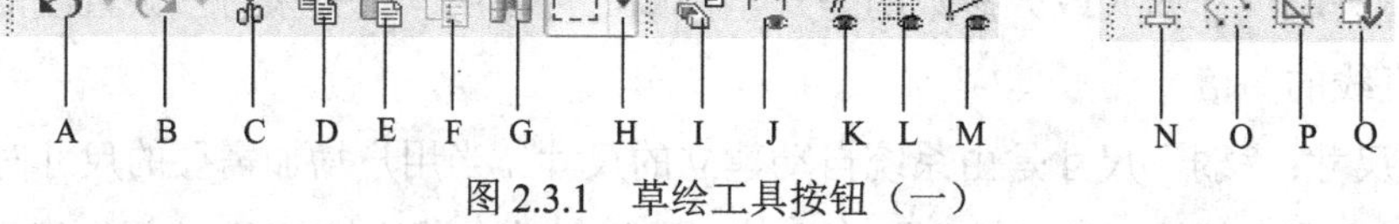

图 2.3.1　草绘工具按钮（一）

图 2.3.1 中各工具按钮的说明：

A：撤销前面的操作。

B：重新执行被撤销的操作。

C：将绘制图元、注释或表剪切到剪贴板。

D：复制。

E：粘贴。

F：选择性（高级）粘贴。

G：在模型树中按规则搜索、过滤及选取项目。

H：选取框内部的项目。

I：定向草绘平面，使其与显示器屏幕平行。

J：控制草绘尺寸的显示/关闭。

K：控制约束符号的显示/关闭。

L：控制草绘网格的显示/关闭。

M：控制草绘截面顶点的显示/关闭。

N：对草绘图元的封闭链内部着色。

O：加亮不为多个图元共有的草绘图元的顶点。

P：加亮重叠几何图元的显示。

Q：特征要求。

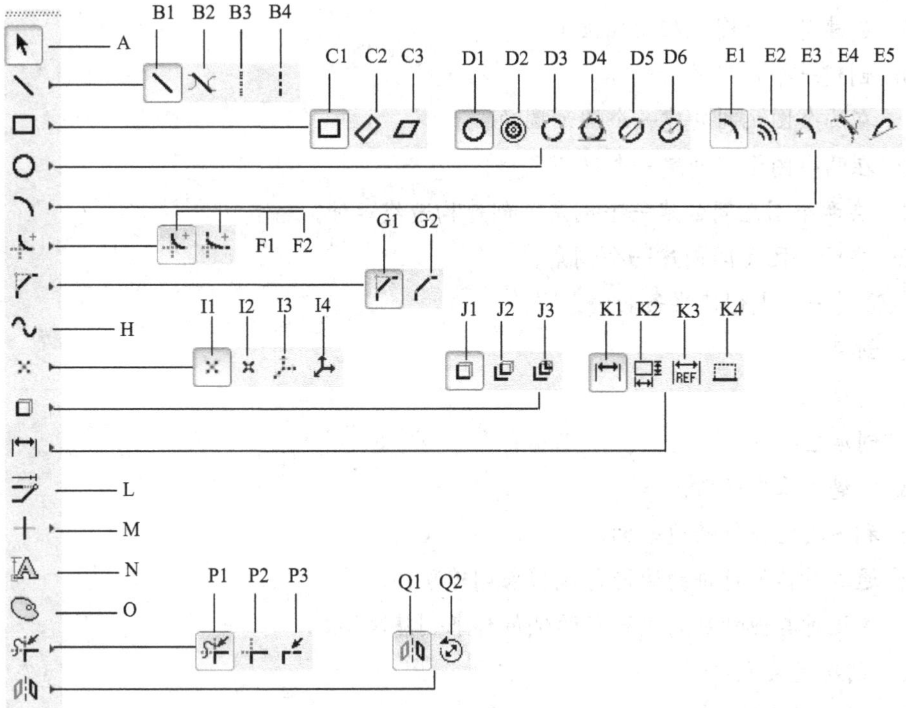

图 2.3.2　草绘工具按钮（二）

图 2.3.2 中各工具按钮的说明：

A：一次选取一个项目，按住 Ctrl 键可一次选取多个项目。

B1：创建两点直线。

B2：创建与两个图元相切的直线。

B3：创建 2 点中心线。

B4：创建 2 点几何中心线。

C1：创建矩形。

C2：创建斜矩形。

C3：创建平行四边形。

D1：通过确定圆心和圆上一点来创建圆。

D2：创建同心圆。

D3：通过确定圆上三个点来创建圆。

D4：创建与三个图元相切的圆。

D5：根据椭圆长轴端点创建椭圆。

D6：根据椭圆中心和长轴端点创建椭圆。

E1：由三个点创建一个圆弧或创建一个在其端点相切于图元的圆弧。

E2：创建同心圆弧。

E3：通过选取圆弧中心点和端点来创建圆弧。

E4：创建与三个图元相切的圆弧。

E5：创建一个锥形弧。

F1：在两个图元间创建一个圆形圆角。

F2：在两个图元间创建一个椭圆圆角。

G1：在两个图元间创建一个倒角并创建构造线延伸。

G2：在两个图元间创建一个倒角。

H：通过若干点创建样条曲线。

I1：创建点。

I2：创建几何点。

I3：创建坐标系。

I4：创建参照坐标系。

J1：利用其他特征的边来创建草图。

J2：通过对其他特征的边进行偏移来创建草图。

J3：通过对其他特征的边进行两侧偏移来创建草图。

K1：创建定义尺寸。

K2：创建周长尺寸。

K3：创建参照尺寸。

K4：创建一条纵坐标尺寸基准线。

L：修改尺寸值、样条几何或文本图元。

M：在截面中添加草绘约束。

N：创建文本，作为二维草图的一部分。

O：将外部数据插入到活动对象。

P1：修剪图元，去掉选取的部分。

P2：修剪图元，保留选取的部分。

P3：在选取点处分割图元。

Q1：镜像选定的图元。

Q2：缩放并旋转选定图元。

2.4　草图环境中的下拉菜单

1. 草绘(S) 下拉菜单

这是草图环境中的主要菜单（图 2.4.1 所示），它的功能主要包括草图的绘制、标注及添加约束等。

单击该下拉菜单名，即可弹出其中的命令，其中绝大部分命令都以快捷按钮方式出现在屏幕的工具栏中。

2. 编辑(E) 下拉菜单

这是草图环境中对草图进行编辑的菜单（图 2.4.2 所示）。

单击该下拉菜单名，即可弹出其中的命令，其中绝大部分命令都以快捷按钮方式出现在屏幕的工具栏中。

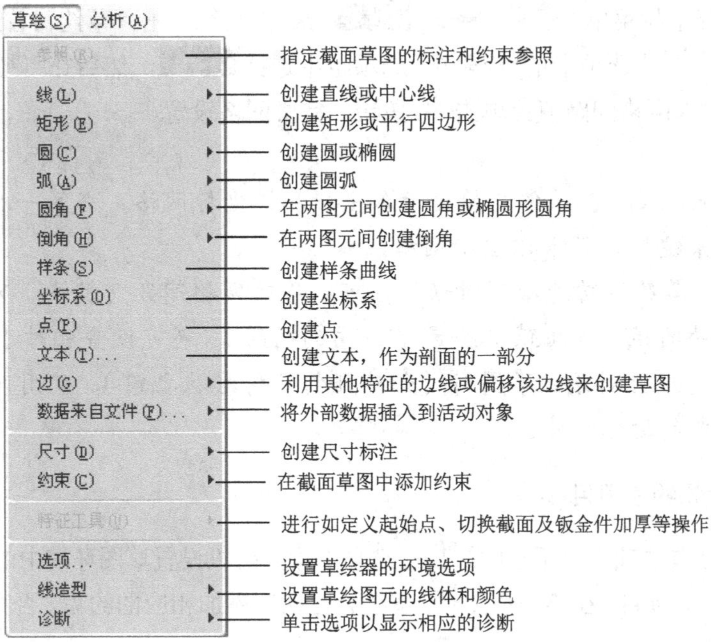

图 2.4.1　“草绘”下拉菜单

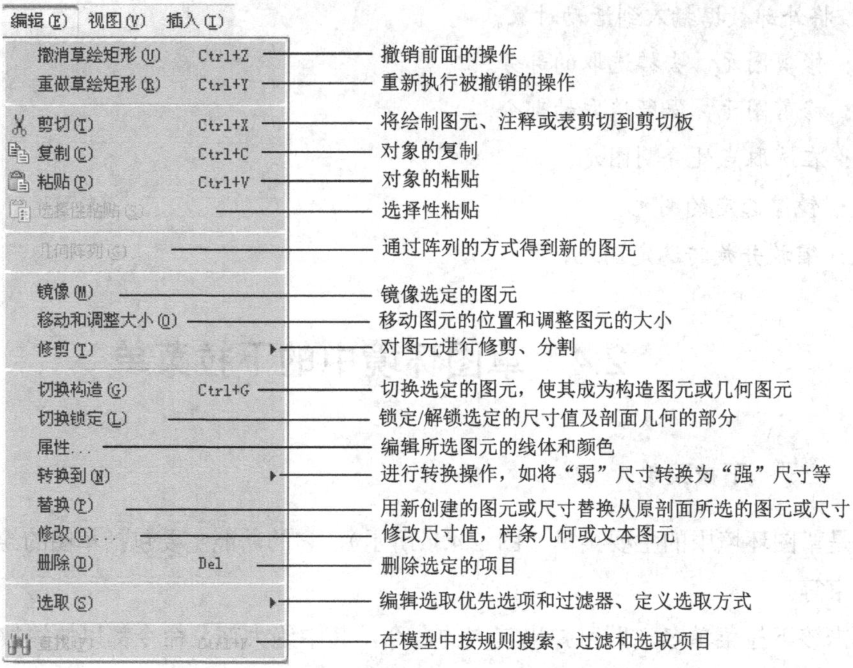

图 2.4.2 “编辑”下拉菜单

2.5 草绘前的设置

1. 设置网格间距

根据将要绘制的模型草图的大小，可设置草绘环境中的网格大小，其操作流程如下：

Step1. 选择下拉菜单 草绘(S) ➡ 选项... 命令，系统弹出“草绘器首选项”对话框。

Step2. 在 参数(P) 选项卡的 栅格间距 选项组中选择 手动 ，然后在 值 选项组的 X 和 Y 文本框中输入网格间距值；单击 ✔ 按钮，完成网格设置。

说明：

- Pro/ENGINEER 软件支持笛卡尔坐标和极坐标网格。当第一次进入草图环境时，系统显示笛卡尔坐标网格。
- 通过“草绘器首选项”对话框，可以修改网格间距（其中，X 间距仅设置 X 方向的间距，Y 间距仅设置 Y 方向的间距）；还可设置相对于 X 轴的网格线的角度。当刚开始草图时（创建任何几何形状之前），使用网格可以控制二维草图的近似尺寸。

2. 设置优先约束项目

在“草绘器首选项”对话框的 约束(C) 选项卡中，可以设置草图环境中的优先约束项目。在此被选中的约束项目，在绘制草图时，系统会自动地添加相应的约束，否则不会自动添加。

3. 设置优先显示项目等

在“草绘器首选项”对话框的其它(M)选项卡中，可以设置草图环境中的优先显示项目等。只有当这些显示项目被选中时，在绘制草图的过程中，系统才会自动显示草图的尺寸、约束符号、顶点等项目。

注意：在此如果选中了 ☑ 捕捉到栅格(S) 复选框，则前面已设置好的网格就会起到捕捉定位的作用。

4. 草图区的快速调整

单击“显示栅格”按钮，如果看不到栅格，或者栅格太密，可以缩放草图区；如果想调整图形在草图区的上下、左右的位置，可以移动草图区。

鼠标操作方法说明：

- 中键滚轮（缩放草绘区）：滚动鼠标中键滚轮，向前滚可看到图形在缩小，向后滚可看到图形在变大。
- 中键（移动草绘区）：按住鼠标中键，移动鼠标，可看到图形跟着鼠标移动；如果以创建特征为入口，进入草绘环境，需先按住 Shift 键，再按住鼠标中键，这样移动鼠标时，图形才跟着鼠标移动，否则图形会随鼠标的移动而旋转。

注意：草图区进行这样的调整不会改变图形的实际大小和实际空间位置，它的作用是便于用户查看和操作图形。

2.6 二维草图的绘制

要进行草绘，应先从草绘环境的工具栏按钮区或草绘(S)下拉菜单中选取一个绘图命令（由于工具栏命令按钮简明而快捷，因此推荐优先使用），然后可通过在屏幕图形区中单击点来创建图元。

在绘制图元的过程中，当移动鼠标指针时，Pro/ENGINEER 系统会自动确定可添加的约束并将其显示。当同时出现多个约束时，只有一个约束处于活动状态，显示为红色。

草绘图元后，用户还可通过“约束”工具继续添加约束。

在绘制草图的过程中，Pro/ENGINEER 系统会自动标注几何，这样产生的尺寸称为“弱”尺寸（以灰色显示），系统可以自动地删除或改变它们。用户可以把有用的“弱”尺寸转换为“强”尺寸（以橙色显示）。

Pro/ENGINEER 具有尺寸驱动功能，即图形的大小随着图形尺寸的改变而改变。用 Pro/ENGINEER 进行设计，一般是先绘制大致的草图，然后再修改其尺寸，在修改尺寸时输入准确的尺寸值，即可获得最终所需要大小的图形。

说明：草图环境中鼠标的使用。

- 草绘时，可单击鼠标左键在绘图区选择点，单击鼠标中键中止当前操作或退出当前命令。
- 草绘时，可以通过单击鼠标右键来禁用当前约束（显示为红色），也可以按 Shift 键和鼠标右键来锁定约束。
- 当不处于绘制图元状态时，按 Ctrl 键并单击，可选取多个项目；右击将显示带有最常用草绘命令的快捷菜单。

2.6.1 绘制一般直线

Step1. 单击“直线”按钮中的按钮。

注：还有下列两种方法进入直线绘制命令。

- 选择下拉菜单 草绘(S) → 线(L) → 线(L) 命令。
- 在绘图区右击，从弹出的快捷菜单中选择 线(L) 命令。

Step2. 单击直线的起始位置点，这时可看到一条“橡皮筋”线附着在鼠标指针上。

Step3. 单击直线的终止位置点，系统便在两点间创建一条直线，并且在直线的终点处出现另一条“橡皮筋”线。

Step4. 重复步骤 Step3，可创建一系列连续的线段。

Step5. 单击鼠标中键，结束直线创建。

说明：在草绘环境中，单击“撤销”按钮可撤销上一个操作，单击“重做”按钮重新执行被撤销的操作。这两个按钮在草绘环境中十分有用。

2.6.2 绘制相切直线

Step1. 单击“直线”按钮中的按钮。

注：也可以选择下拉菜单 草绘(S) → 线(L) → 直线相切(T) 命令。

Step2. 在第一个圆或弧上单击一点，此时可观察到一条始终与该圆或弧相切的“橡皮筋”线附着在鼠标指针上。

Step3. 在第二个圆或弧上单击与直线相切的位置点，此时便产生一条与两个圆（弧）相切的直线段。

Step4. 单击鼠标中键，结束相切直线的创建。

2.6.3 绘制中心线

Pro/ENGINEER5.0 提供两种中心线创建方法，分别是创建 2 点中心线和创建 2 点几何中心线。一般 2 点中心线是用来作为作图辅助线中心线使用的；2 点几何中心是作为一个旋转特征的中心轴，或作为截面内的对称中心线来使用的。下面介绍创建方法。

方法一：创建 2 点中心线。

Step1. 单击“直线”按钮中的按钮。

说明：或者选择下拉菜单 草绘(S) → 线(L) → 中心线(C) 命令；或者在绘图区右击，从弹出的快捷菜单中选择 中心线(C) 命令。

Step2. 在绘图区的某位置单击，一条中心线附着在鼠标指针上。

Step3. 在另一位置点单击，系统即绘制一条通过此两点的“中心线”。

方法二：创建 2 点几何中心线。

说明：创建 2 点几何中心线的方法和创建 2 点中心线的方法完全一样，此处不再介绍。

2.6.4　绘制矩形

矩形对于绘制二维草图十分有用，可省去绘制四条线的麻烦。

Step1. 单击“矩形”按钮中的按钮。

注：还有两种方法可进入矩形绘制命令。

- 选择下拉菜单 草绘(S) → 矩形(E) → 矩形(E) 命令。
- 在绘图区右击，从弹出的快捷菜单中选择 矩形(E) 命令。

Step2. 在绘图区某位置单击，放置矩形的一个角点，然后将该矩形拖至所需大小。

Step3. 再次单击，放置矩形的另一个角点，即完成矩形的创建。

2.6.5　绘制斜矩形

Step1. 单击“矩形”按钮中的按钮。

注：还有一种方法可进入斜矩形绘制命令。

- 选择下拉菜单 草绘(S) → 矩形(E) → 斜矩形(S) 命令。

Step2. 在绘图区的某位置单击，放置斜矩形的一个角点，然后拖动鼠标确定斜矩形的倾斜角度，并单击左键定义斜矩形的长度，最后拖动鼠标并单击左键定义斜矩形的高度。

Step3. 此时，完成斜矩形的创建。

2.6.6　绘制平行四边形

下面介绍平行四边形的创建方法。

Step1. 单击“矩形”按钮中的按钮。

注：还有一种方法可进入平行四边形绘制命令。

- 选择下拉菜单 草绘(S) ➡ 矩形(R) ▸ ➡ 平行四边形(P) 命令。

Step2. 在绘图区的某位置单击，放置平行四边形的一个角点，然后拖动鼠标确定平行四边形的长度并单击左键确认，最后拖动鼠标定义平行四边形的高度。

Step3. 此时，完成平行四边形的创建。

2.6.7 绘制圆

方法一：圆心/点——通过选取圆心点和圆上一点来创建圆。

Step1. 单击“圆”按钮中的按钮。

Step2. 在某位置单击，放置圆心点，然后将该圆拖至所需大小后单击。

方法二：三点——通过选取圆上的三个点来创建圆。

Step1. 单击“圆”按钮中的按钮。

Step2. 在某位置单击，放置圆上的某一点。

Step3. 在另一位置单击，放置圆上的另一点。

Step4. 此时，绘图区出现圆，移动鼠标可看到圆在变化，将圆拖至所需大小并单击。

方法三：同心圆。

Step1. 单击“圆”按钮中的按钮。

Step2. 选取一个参照圆或一条圆弧边来定义圆心。

Step3. 移动鼠标指针，将圆拖至所需大小并单击。

方法四：创建与三个图元相切的圆。

Step1. 单击“圆”按钮中的按钮。

Step2. 依次单击第一、第二个图元。此时移动鼠标，可观察到一个始终与两个图元相切的“临时圆”。

Step3. 将鼠标指针移至第三个图元附近，系统将自动捕捉其上的切点，此时单击，即完成圆的创建。

2.6.8 绘制椭圆

Step1. 单击“圆”按钮中的按钮。

Step2. 在绘图区某位置单击，放置椭圆的中心点。

Step3. 移动鼠标指针，将椭圆拉至所需形状后单击。

说明：椭圆有如下特性。

- 椭圆的中心点相当于圆心，可以作为尺寸和约束的参照。
- 椭圆由两个半径定义：X 半径和 Y 半径。从椭圆中心到椭圆的水平半轴长度称为 X 半径，竖直半轴长度称为 Y 半径。

- 当指定椭圆的中心和椭圆半径时，可用的约束有“相切”、“图元上的点”和“相等半径”等。

2.6.9　绘制圆弧

共有四种绘制圆弧的方法。

方法一：点/终点圆弧——确定圆弧的两个端点和弧上的一个附加点来创建一个三点圆弧。

Step1. 单击“圆弧”按钮中的按钮。

Step2. 在绘图区某位置单击，放置圆弧一个端点；在另一位置单击，放置另一端点。

Step3. 此时移动鼠标指针，圆弧呈橡皮筋样变化，单击确定圆弧上的一点。

方法二：同心圆弧。

Step1. 单击“圆弧”按钮中的按钮。

Step2. 选取一个参照圆或一条圆弧边来定义圆心。

Step3. 将圆拉至所需大小，然后在圆上单击两点以确定圆弧的两个端点。

方法三：圆心/端点圆弧。

Step1. 单击“圆弧”按钮中的按钮。

Step2. 在某位置单击，确定圆弧中心点，然后将圆拉至所需大小，并在圆上单击两点以确定圆弧的两个端点。

方法四：创建与三个图元相切的圆弧。

Step1. 单击“圆弧”按钮中的按钮。

Step2. 分别选取三个图元，系统便自动创建与这三个图元相切的圆弧。

注意：在第三个图元上选取不同的位置点，则可创建不同的相切圆弧。

2.6.10　绘制锥形弧

Step1. 单击“圆弧”按钮中的按钮。

Step2. 在绘图区单击两点，作为圆锥弧的两个端点。

Step3. 此时移动鼠标指针，圆锥弧呈橡皮筋样变化，单击确定弧的“尖点”的位置。

2.6.11　绘制圆角

Step1. 单击“圆角”按钮中的按钮。

Step2. 分别选取两个图元（两条边），系统便在这两个图元间创建圆角，并将两个图元裁剪至交点。

2.6.12 绘制椭圆形圆角

Step1. 单击“圆角”按钮中的按钮。

Step2. 分别选取两个图元（两条边），系统便在这两个图元间创建椭圆圆角，并将两个图元裁剪至交点。

注意：在绘制圆角和椭圆形圆角时，如果所选的两个图元是两条直线，那么创建圆角后，系统会自动将两个图元裁剪至交点；如果两个图元中有一个是圆弧，那么系统不会进行剪裁。

2.6.13 绘制倒角

Pro/ENGINEER5.0 新增了绘制倒角的命令，并提供了两种创建方法。下面介绍倒角的创建方法。

方法一：在两个图元间创建倒角并创建构造线延伸。

方法二：在两个图元间创建一个倒角。

Step1. 单击“倒角”按钮中的按钮。

Step2. 分别选取两个图元（两条边），系统便在这两个图元间创建倒角，并创建延伸构造线。

说明：

- 创建倒角的第二种方法是单击“倒角”命令按钮中的按钮，倒角的操作步骤和方法一完全一样，不同是创建完倒角后系统不会创建延伸构造线。
- 倒角的对象可以是直线，也是是圆弧，还可以是样条曲线。

2.6.14 绘制样条曲线

样条曲线是通过任意多个中间点的平滑曲线。

Step1. 单击“样条”按钮。

Step2. 单击一系列点，可观察到一条“橡皮筋”样条附着在鼠标指针上。

Step3. 单击鼠标中键结束样条曲线的绘制。

2.6.15 在草图环境中创建坐标系

Step1. 选择下拉菜单 草绘(S) → 坐标系(O) 命令（或单击按钮中的按钮）。

Step2. 在某位置单击以放置该坐标系原点。

说明： 可以将坐标系与下列对象一起使用。

- 样条：可以用坐标系标注样条曲线，这样即可通过坐标系指定 X、Y、Z 轴的坐标值来修改样条点。
- 参照：可以把坐标系增加到二维草图中作为草绘参照。
- 混合特征截面：可以用坐标系为每个用于混合的截面建立相对原点。

2.6.16　创建点

在设计管路和电缆布线时，创建点对工作十分有帮助。

Step1. 选择下拉菜单 草绘(S) ➡ 点(P) 命令（或单击 按钮中的 按钮）。

Step2. 在绘图区的某位置单击以放置该点。

2.6.17　创建几何点

在 Pro/ENGINEER5.0 草图中，新增了创建“几何点”功能，用来草绘一个基准点。几何点的创建方法与普通点的创建方法基本一样，不同的是，在零件设计环境中，普通点无法单独存在于草绘中，而草绘点可以作为唯一图元出现在草绘中。

说明： 关于几何点的应用详见本书第 3 章第 3.9.3 小节。

2.6.18　将一般图元变成构建图元

Pro/ENGINEER 中，构建图元（构建线）的作用为辅助线（参考线），构建图元以虚线显示。草绘中的直线、圆弧和样条线等图元都可以转化为构建图元。下面以图 2.6.1 为例，说明其创建方法及作用。

a) 创建构造图元前　　b) 创建构造图元后

图 2.6.1　创建构造图元

Step1. 选择下拉菜单 文件(F) ➡ 设置工作目录(W)... 命令，将工作目录设置至 D:\dbproe5.1\work\ch02\ch02.06。

Step2. 选择下拉菜单 文件(F) ➡ 打开(O)... 命令，打开文件 construct.sec。

Step3. 选取图 2.6.1a 中的圆，右击，在弹出的快捷菜单中选择 构建 命令（或选择下

拉菜单 编辑(E) ➡ 切换构造(G) 命令)，被选取的图元就转换成构建图元。结果如图 2.6.1b 所示。

2.6.19 创建文本

Step1. 将工作目录设置至 D:\dzproe5.1\work\ch02\ch02.06，打开文件 text. sec。

Step2. 单击按钮或选择下拉菜单 草绘(S) ➡ 文本(T)... 命令。

Step3. 在系统 ➡选择行的起点，确定文本高度和方向。 的提示下，单击一点作为起始点。

Step4. 在系统 ➡选取行的第二点，确定文本高度和方向。 的提示下，单击另一点。此时在两点之间会显示一条构建线，该线的长度决定文本的高度，该线的角度决定文本的方向。

Step5. 系统弹出"文本"对话框，在 文本行 文本框中输入需要创建的文本内容(图 2.6.2)。

注意：在纯草图模式下和零件模式的草图环境中弹出的"文本"对话框是有所区别的，如果是在纯草图模式下，可直接在 文本行 文本框中输入要创建的文本内容（一般应少于 79 个字符）；如果是在零件模式下的草绘环境，则需要选中 ◉ 手工输入文本 单选项，然后输入需要创建的文本内容。

Step6. 在"文本"对话框中，选中 ☑ 沿曲线放置 复选框，然后选取图 2.6.3 中的曲线。

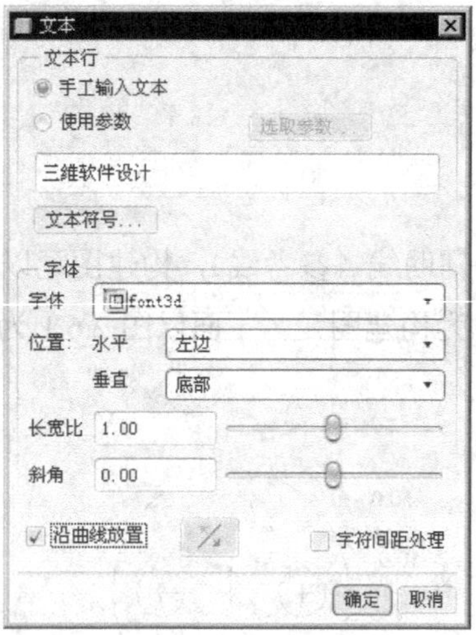

图 2.6.2 "文本"对话框

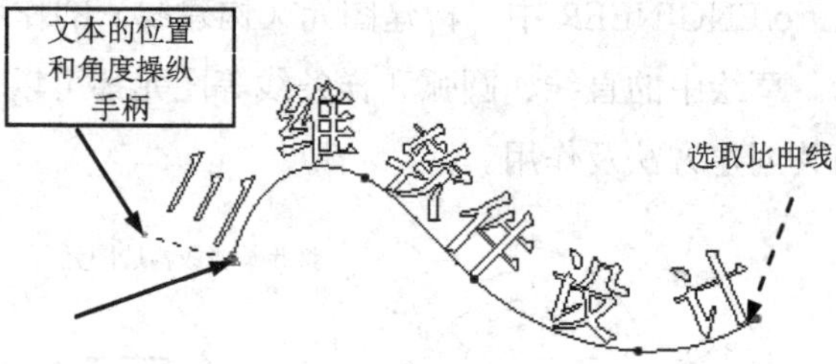

图 2.6.3 文本操纵手柄

图 2.6.2"文本"对话框中各选项的说明如下：

- 字体 下拉列表框：从系统提供的字体和 TrueType 字体列表中选取一类。
- 位置: 下拉列表框：
  - ☑ 水平 选项：在水平方向上，起始点可位于文本行的左边、中心或右边。
  - ☑ 垂直 选项：在垂直方向上，起始点可位于文本行的底部、中间或顶部。
- 长宽比 文本框：拖动滑动条增大或减小文本的长宽比。
- 斜角 文本框：拖动滑动条增大或减小文本的倾斜角度。

- 沿曲线放置 复选框：选中此复选框，可沿着一条曲线放置文本，然后需选择希望在其上放置文本的弧或样条曲线（图 2.6.3）。
- 字符间距处理：启用文本字符串的字符间距处理。这样可控制某些字符对之间的空格，改善文本字符串的外观。字符间距处理属于特定字体的特征（或者可设置 sketcher_default_font_kerning 配置选项，以自动为创建的新文本字符串启用字符间距处理）。

Step7. 单击 确定 按钮，完成文本创建。

说明：在绘图区，可以拖动图 2.6.3 所示的操纵手柄来调整文本的位置和角度等。

2.6.20　使用以前保存过的图形创建当前草图

利用前面介绍的基本绘图功能，用户可以从头绘制各种要求的二维草图；另外，还可以继承和使用以前在 Pro/ENGINEER 软件或别的软件（如 AutoCAD）中保存过的二维草图。

1．保存 Pro/ENGINEER 草图的操作方法

选择草图环境中的下拉菜单 文件(F) → 保存(S)（或 保存副本(A)...）命令。

2．使用以前保存过的草图的操作方法

Step1. 选择草图环境中的下拉菜单 草绘(S) → 数据来自文件(F)... → 文件系统... 命令，此时系统弹出“打开”对话框。

Step2. 单击“类型”下拉列表框的▼按钮，从中选择要打开文件的类型（Pro/ENGINEER 模型二维草图的格式是.sec）。

Step3. 选取要打开的文件（s2d0001.sec）并单击 打开 按钮，在绘图区单击一点以确定草图放置的位置，该二维草图便显示在图形区中（图 2.6.4），同时系统弹出“移动和调整大小”对话框（图 2.6.5）。

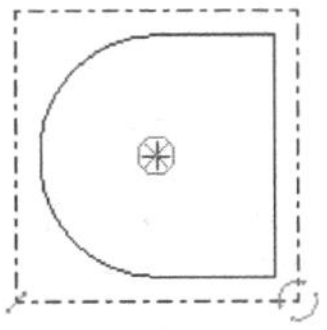

图 2.6.4　图元操作图

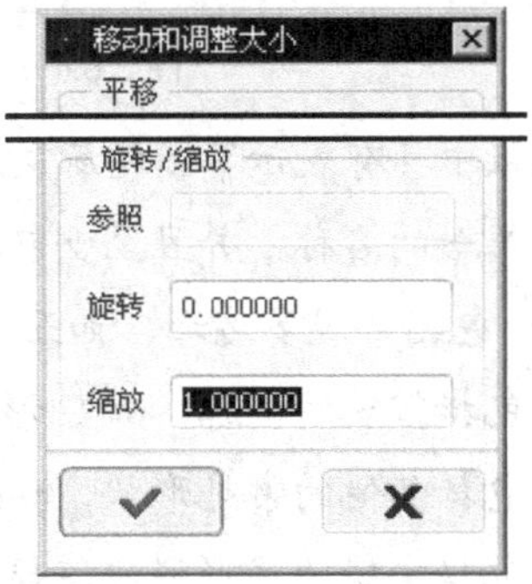

图 2.6.5　“移动和调整大小”对话框

Step4. 在“移动和调整大小”对话框内，输入一个比例值和一个旋转角度值。

Step5. 在“移动和调整大小”对话框中单击 ✓ 按钮，系统关闭该对话框并添加此新几何图形。

2.6.21　调色板的使用

草绘器调色板相当于一个预定义形状的定制库，用户可以将调色板中所存储的草图轮廓方便地调用到当前的草绘图形中，也可以将自定义的轮廓草图保存到调色板中备用。

1. 调用调色板中的草图轮廓

在正确安装 Pro/ENGINEER 野火版 5.0 后，草绘器调色板中就已存储了一些常用的草图轮廓，下面以范例讲解调用调色板中草图轮廓的方法。

Step1. 单击“新建”按钮。

Step2. 系统弹出“新建”对话框，在该对话框中选中 ◉ 草绘 单选项；在 名称 后的文本框中接受系统默认的草图名称 s2d0001；单击 确定 按钮，即进入草图环境。

Step3. 选择命令。选择下拉菜单 草绘(S) → 数据来自文件(F)... ▸ → 调色板 命令（或在工具栏中单击“调色板”按钮），系统自动弹出图 2.6.6 所示的“草绘器调色板”对话框。

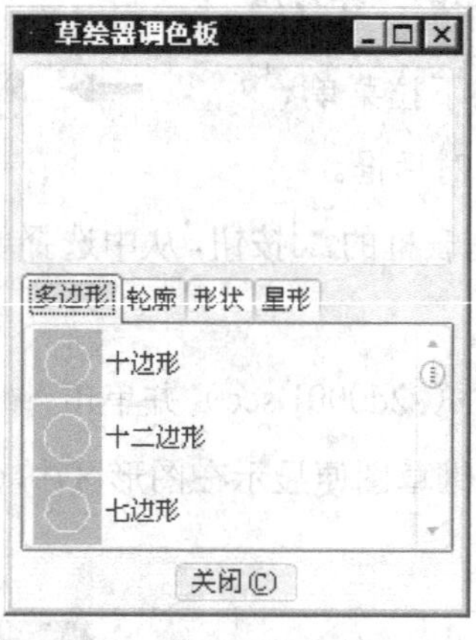

图 2.6.6　“草绘器调色板”对话框

说明：调色板中具有表示草图轮廓类别的四个选项卡：多边形、轮廓、形状、星形。每个选项卡都具有惟一的名称，并且至少包括一种截面。

- 多边形：包括常规多边形，如五边形、六边形等。
- 轮廓：包括常规的轮廓，如 C 形轮廓、I 形轮廓等。
- 形状：包括其他的常见形状，如弧形跑道、十字形等。
- 星形：包括常规的星形形状，如五角星、六角星。

Step4. 选择选项卡。在“草绘器调色板”对话框中选择 多边形 选项卡（在列表框中出现与选定的选项卡中的形状相应的缩略图和标签），在列表框中选择 ⬡ 六边形 选项，此时在预览区域中会出现与选定形状相应的截面。

Step5. 将选定的选项拖到图形区。选中 六边形 选项后，按住鼠标左键不放，把光标移到图形区中，然后松开鼠标，选定的图形就自动出现在图形区中，图形区中的图形如图2.6.7所示。此时系统弹出图2.6.8所示的“移动和调整大小”对话框。

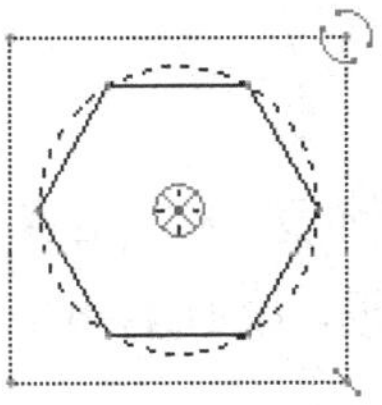

图2.6.7 六边形

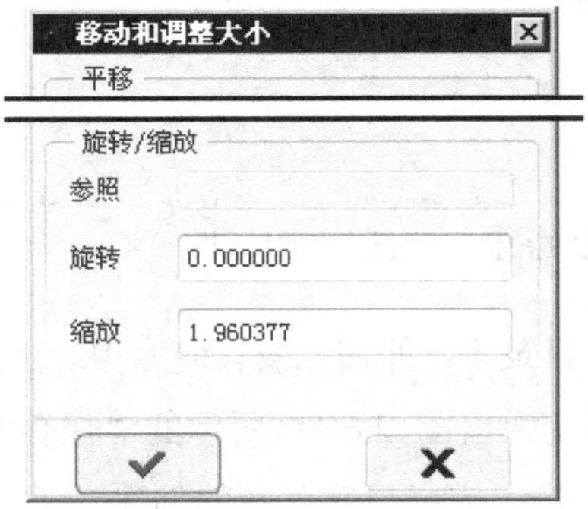

图2.6.8 “移动和调整大小”对话框

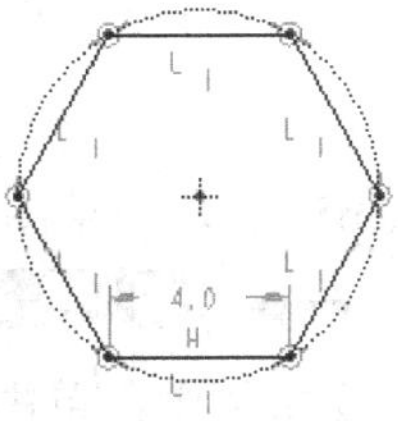

图2.6.9 定义后的“六边形”

说明： 选中 六边形 选项后，双击 六边形 选项，把光标移到图形区中合适的位置，单击鼠标左键，选定的图形也会自动出现在图形区中。

Step6. 在“移动和调整大小”对话框的 缩放 文本框中输入4.0，单击对话框的 ✔ 按钮。

注意： 输入的尺寸和约束被创建为强尺寸和约束。

Step7. 单击“草绘器调色板”对话框中的 关闭(C) 按钮，完成图2.6.9所示的“六边形”的调用。

Step8. 保存草图文件。

2. 将草图轮廓存储到调色板中

当调色板中的草图轮廓不能满足绘图的需要时，用户可以把自定义的草图轮廓添加到调色板中。下面以范例讲解将自定义草图轮廓添加到调色板中的方法。

Step1. 选择下拉菜单 文件(F) ➡ 设置工作目录(W)... 命令，将工作目录设置至Pro/ENGINEER野火版5.0的安装目录\text\sketcher_palette\polygons。

Step2. 单击“新建”按钮 。

Step3. 系统弹出“新建”对话框，在该对话框中选中 ◉ 草绘 单选项；在 名称 后的文本框中输入草图名称lozenge，单击 确定 按钮，即进入草绘环境。

Step4. 编辑轮廓草图，绘制图2.6.10所示的平行四边形。

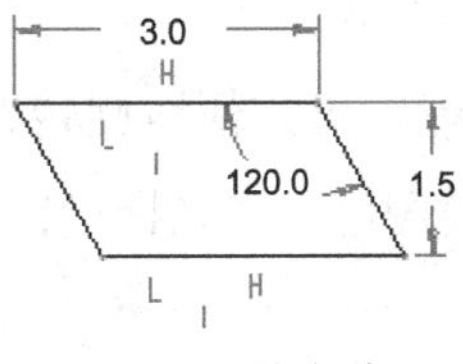

图2.6.10 轮廓草图

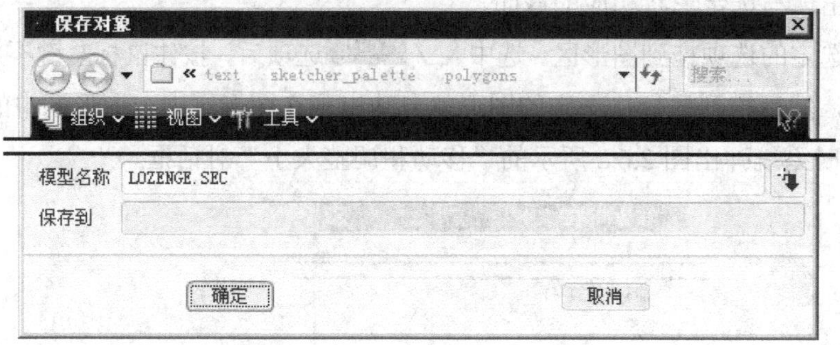

图 2.6.11 “保存”对话框

Step5. 将轮廓草图保存至工作目录下，即调色板存储库中。选择草图环境中的下拉菜单 文件(F) → 保存(S) 命令，系统弹出图 2.6.11 所示的“保存”对话框，文件名出现在 模型名称 文本框中；单击 确定 按钮，完成轮廓草图的创建。

说明：保存的轮廓草图文件必须是扩展名为.sec 的文件。

Step6. 在调色板中查看保存后的轮廓。选择下拉菜单 草绘(S) → 数据来自文件(F)... → 调色板 命令（或在工具栏中单击“调色板”按钮），系统自动弹出图 2.6.12 所示的“草绘器调色板”对话框；在“草绘器调色板”中选择 polygons 选项卡，此时在列表框中就能找到图 2.6.12 所示的 Lozenge 选项。

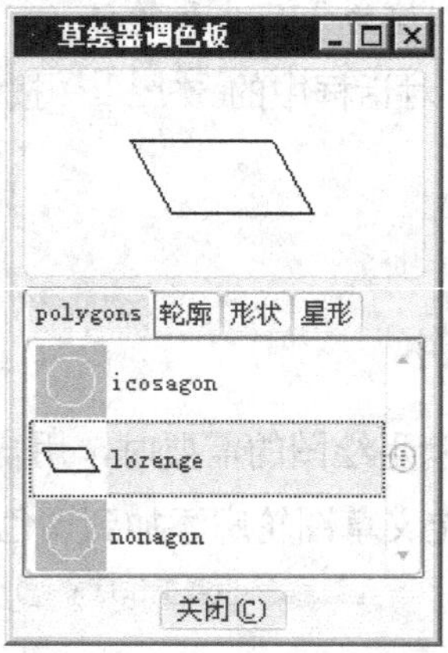

图 2.6.12 “草绘器调色板”对话框

2.7 二维草图的编辑

2.7.1 直线的操纵

Pro/ENGINEER 提供了图元操纵功能，可方便地旋转、拉伸和移动图元。

操纵 1 的操作流程（图 2.7.1）：在绘图区，把鼠标指针移到直线上，按下左键不放，同时移动鼠标（此时鼠标指针变为），此时直线以远离鼠标指针的那个端点为圆心转动，达到绘制意图后，松开鼠标左键。

操纵 2 的操作流程（图 2.7.2）：在绘图区，把鼠标指针 移到直线的某个端点上，按下左键不放，同时移动鼠标，此时会看到直线以另一端点为固定点伸缩或转动，达到绘制意图后，松开鼠标左键。

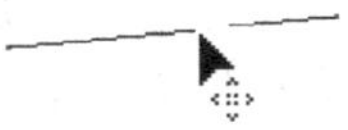

图 2.7.1 操纵 1

图 2.7.2 操纵 2

2.7.2 圆的操纵

操纵 1 的操作流程（图 2.7.3）：把鼠标指针 移到圆的边线上，按下左键不放，同时移动鼠标，此时会看到圆在变大或缩小。达到绘制意图后，松开鼠标左键。

操纵 2 的操作流程（图 2.7.4）：把鼠标指针 移到圆心上，按下左键不放，同时移动鼠标，此时会看到圆随着指针一起移动。达到绘制意图后，松开鼠标左键。

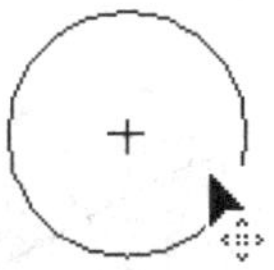

图 2.7.3 操纵 1

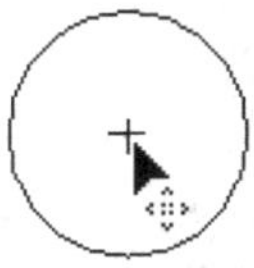

图 2.7.4 操纵 2

2.7.3 圆弧的操纵

操纵 1 的操作流程（图 2.7.5）：把鼠标指针 移到圆弧上，按下左键不放，同时移动鼠标，此时会看到圆弧半径变大或变小。达到绘制意图后，松开鼠标左键。

操纵 2 的操作流程（图 2.7.6）：把鼠标指针 移到圆弧的某个端点上，按下左键不放，同时移动鼠标，此时会看到圆弧以另一端点为固定点旋转，并且圆弧的包角也在变化。达到绘制意图后，松开鼠标左键。

操纵 3 的操作流程（图 2.7.7）：把鼠标指针 移到圆弧的圆心点上，按下左键不放，同时移动鼠标，此时圆弧以某一端点为固定点旋转，并且圆弧的包角及半径也在变化。达到绘制意图后，松开鼠标左键。

操纵 4 的操作流程（图 2.7.7）：先单击圆心，然后把鼠标指针 移到圆心上，按下左键不放，同时移动鼠标，此时圆弧随着指针一起移动。达到绘制意图后，松开鼠标左键。

图 2.7.5 操纵 1

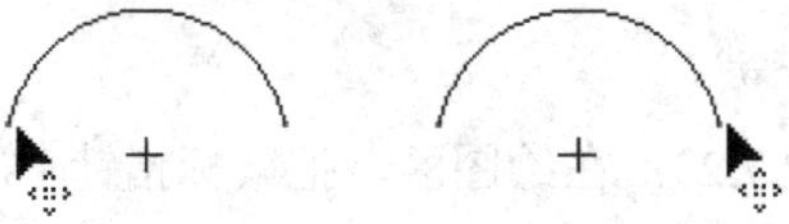

图 2.7.6 操纵 2

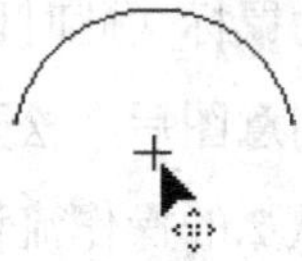

图 2.7.7 操纵 3 和 4

说明：

- 点和坐标系的操纵很简单，读者不妨自己试一试。
- 同心圆弧的操纵与圆弧基本相似。

2.7.4 样条曲线的操纵

操纵 1 的操作流程（图 2.7.8）：把鼠标指针移到样条曲线的某个端点上，按下左键不放，同时移动鼠标，此时样条曲线以另一端点为固定点旋转，同时大小也在变化。达到绘制意图后，松开鼠标左键。

操纵 2 的操作流程（图 2.7.9）：把鼠标指针移到样条曲线的中间点上，按下左键不放，同时移动鼠标，此时样条曲线的拓扑形状（曲率）不断变化。达到绘制意图后，松开鼠标左键。

图 2.7.8 操纵 1

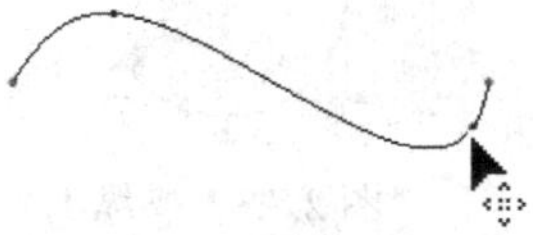

图 2.7.9 操纵 2

2.7.5 删除图元

Step1. 在绘图区单击或框选要删除的图元（框选时要框住整个图元），此时可看到选取的图元变红。

Step2. 按一下键盘上的 Delete 键，所选图元即被删除。也可采用下面两种方法：

- 右击，在弹出的快捷菜单中选择 删除(D) 命令。
- 在 编辑(E) 下拉菜单中选择 删除(D) 命令。

2.7.6 复制图元

Step1. 在绘图区单击或框选要复制的图元（框选时要框住整个图元），如图 2.7.10 所示（可看到选中的图元变红）。

Step2. 先选择下拉菜单 编辑(E) → 复制(C) 命令，然后选择下拉菜单 编辑(E) → 粘贴(P) 命令，再在绘图区单击一点以确定草图放置的位置，则图形区出现图 2.7.11 所示的图元操作图和图 2.7.12 所示的“移动和调整大小”对话框。Pro/ENGINEER 在复制二维草图的同时，还可对其进行比例缩放和旋转。

Step3. 单击 ✔ 按钮，确认变化并退出。

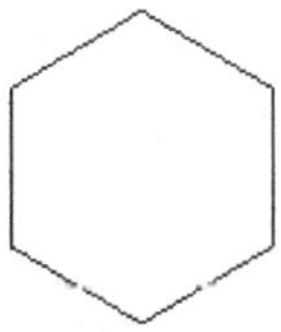

图 2.7.10　复制图元

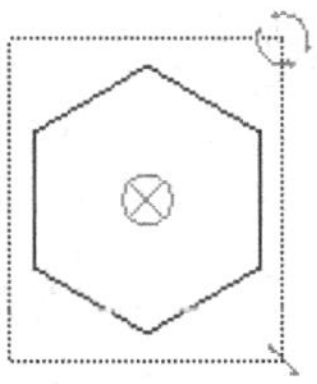

图 2.7.11　图元操作图

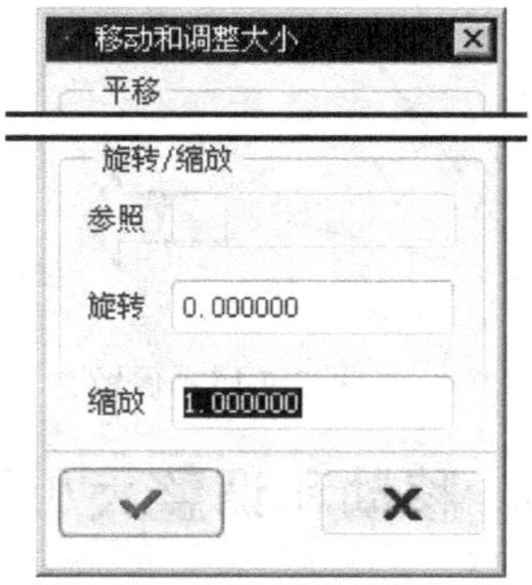

图 2.7.12　“移动和调整大小”对话框

2.7.7　镜像图元

Step1. 在绘图区单击或框选要镜像的图元。

Step2. 单击按钮中的按钮，或选择下拉菜单 编辑(E) → 镜像(M) 命令。

Step3. 系统提示选取一个镜像中心线，选取图 2.7.13 所示的中心线。如果没有可用的中心线，须用“绘制中心线”命令绘制一条中心线（绘制中心线的命令是：选择下拉菜单 草绘(S) → 线(L) ▸ → 中心线(C) 命令）。

注意：基准面的投影线看上去像中心线，但它并不是中心线，不能作为镜像中心线。

2.7.8　裁剪图元

方法一：去掉方式。

Step1. 单击按钮中的按钮。

Step2. 依次单击图元上要去掉的部分，如图 2.7.14 所示。

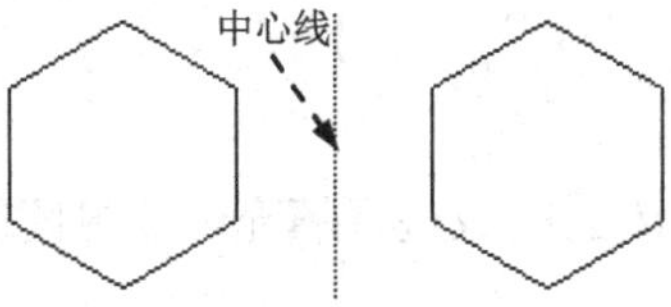

图 2.7.13　图元的镜像

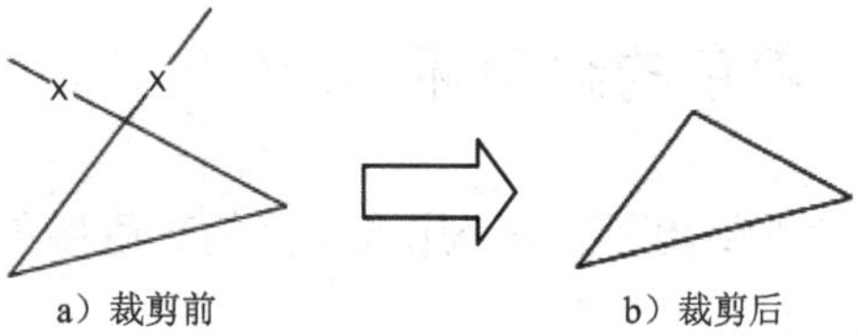

图 2.7.14　去掉方式

方法二：保留方式。

Step1. 单击按钮中的按钮。

Step2. 依次单击第一和第二个图元上要保留的部分，如图 2.7.15 所示。

说明：如果所选两个图元不相交，则系统将对其进行延伸，并将线段修剪至交点。

方法三：图元分割。

Step1. 单击按钮中的按钮。

Step2. 在图元上单击，如图 2.7.16 所示，系统在单击处断开图元。

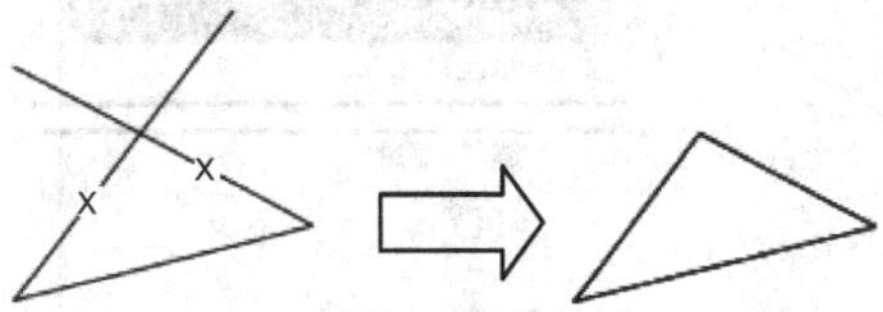

a）裁剪前　　b）裁剪后

图 2.7.15　保留方式

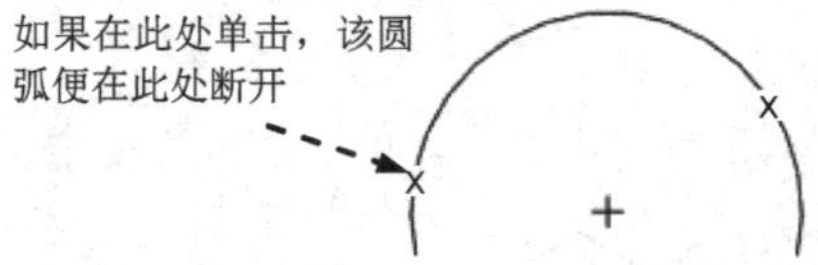

图 2.7.16　图元分割

2.7.9　移动和调整大小图元

Step1. 在绘图区单击或框选要比例缩放的图元（框选时要框住整个图元），此时可看到选中的图元变红；如果要对整个截面图形进行旋转和缩放，可选择下拉菜单 编辑(E) → 选取(S) → 全部(A) 命令，则系统自动选取当前特征的整个草图截面。

Step2. 单击按钮中的按钮，或选择下拉菜单 编辑(E) → 移动和调整大小(O) 命令，系统弹出“移动和调整大小”对话框，同时“缩放”、“旋转”和“平移”手柄出现在截面图上（图 2.6.6、图 2.6.7）。

Step3. 在“移动和调整大小”对话框内，输入一个缩放值和一个旋转值，或者分别用操纵手柄↘、↻、⊗进行缩放、旋转和移动操作。

Step4. 单击“移动和调整大小”对话框中的 ✔ 按钮。

2.8　草图的诊断

Pro/ENGINEER 野火版 5.0 提供了诊断草图的功能，包括诊断图元的封闭区域、开放区域、重叠区域及诊断图元是否满足相应的特征要求。

2.8.1　着色的封闭环

“着色的封闭环”命令用预定义的颜色将图元中封闭的区域进行填充，非封闭的区域图元无变化。

下面举例说明“着色的封闭环”命令的使用方法。

Step1. 将工作目录设置至 D:\dbproe5.1\work\ch02\ch002.08，打开文件 sketch_diagnose.sec。

Step2. 选择命令。选择下拉菜单 草绘(S) → 诊断 → 着色封闭环 命令（或在工具栏中单击“着色封闭环”按钮），系统自动在图 2.8.1 所示的圆内侧填充颜色。

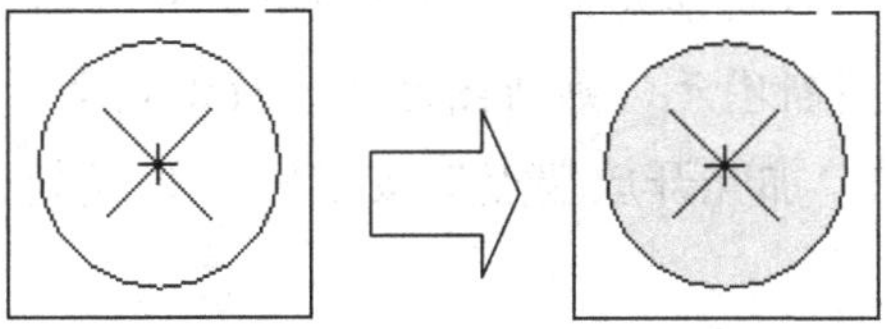

a）着色封闭环前　　b）着色封闭环后

图 2.8.1　着色的封闭环

说明：

- 当绘制的图形不封闭时，草图将无任何变化；若草图中有多个封闭环时，系统将在所有封闭的图形中填充颜色；如果用封闭环创建新图元，则新图元将自动着色显示；如果草图中存在几个彼此包含的封闭环，则最外的封闭环被着色，而内部的封闭环将不着色。
- 对于具有多个草绘器组的草绘，识别封闭环的标准可独立适用于各个组。所有草绘器组的封闭环的着色颜色都相同。
- 如果想设置系统默认的填充颜色，可以选取下拉菜单 视图(V) → 显示设置(Y) → 系统颜色(S)... 后，在弹出的"系统颜色"对话框中单击 草绘器 选项卡，在 着色封闭环 选项的按钮上单击，就可以在弹出的列表中选取各种系统设置的颜色。

Step3. 单击工具栏中的"着色封闭环"按钮，使其处于弹起状态，退出对封闭环的着色。

2.8.2　加亮开放端点

"加亮开放端点"命令用于检查图元中所有开放的端点，并将其加亮。

下面举例说明"加亮开放端点"命令的使用方法。

Step1. 将工作目录设置至 D:\dbproe5.1\work\ch02\ch02.08，打开文件 sketch_diagnose.sec。

Step2. 选择命令。选择下拉菜单 草绘(S) → 诊断 → 加亮开放端点 命令（或在工具栏中单击"加亮开放端点"按钮），系统自动加亮图 2.8.2 所示的各个开放端点。

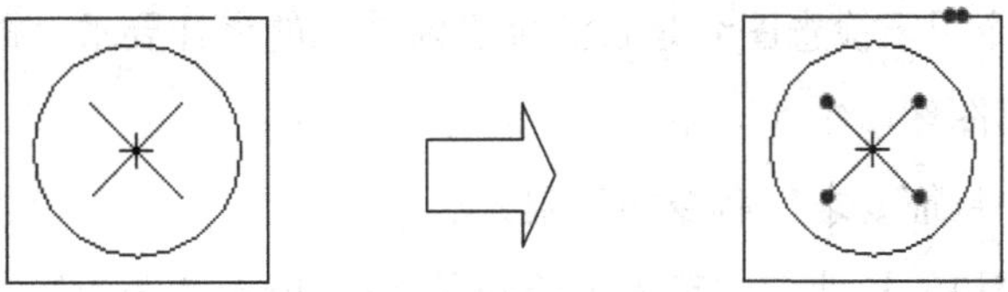

a）加亮开放端点前　　b）加亮开放端点后

图 2.8.2　加亮开放端点

说明：

- 构造几何的开放端点不会被加亮。

- 在“加亮开放端点”诊断模式中，所有现有的开放端点均加亮显示。
- 如果用开放端点创建新图元，则新图元的开放端点自动着色显示。

Step3. 单击工具栏中的“加亮开放端点”按钮，使其处于弹起状态，退出对开放端点的加亮。

2.8.3 重叠几何

“重叠几何”命令用于检查图元中所有相互重叠的几何（端点重合除外），并将其加亮。

下面举例说明“重叠几何”命令的使用方法。

Step1. 将工作目录设置至 D:\dbproe5.1\work\ch02\ch02.08，打开文件 sketch_diagnose.sec。

Step2. 选择命令。选择下拉菜单 草绘(S) ➡ 诊断 ▶ ➡ 重叠几何 命令（或在工具栏中单击“重叠几何”按钮），系统自动加亮图 2.8.3 所示的重叠的图元。

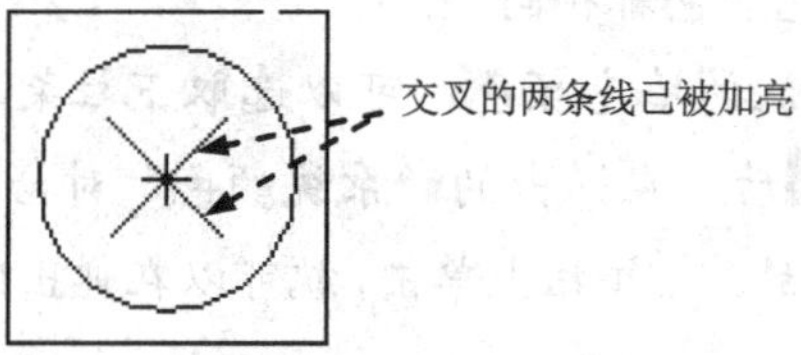

图 2.8.3　加亮重叠部分

说明：

- “加亮重叠几何”按钮不保持活动状态。
- 若系统默认的填充颜色不符合要求，可以选取下拉菜单 视图(V) ➡ 显示设置(Y) ▶ ➡ 系统颜色(S)... 后，在弹出的“系统颜色”对话框中单击 图形 选项卡，在 加亮 - 边 选项的按钮上单击，就可以在弹出的列表中选取各种系统设置的颜色。

Step3. 单击工具栏中的“重叠几何”按钮，使其处于弹起状态，退出对重叠几何的加亮。

2.8.4 特征要求

“特征要求”命令用于检查图元是否满足当前特征的设计要求。需要注意的是，该命令只能在零件模块的草图环境中才可用。

下面举例说明“特征要求”命令的使用方法。

Step1. 在零件模块的拉伸草图环境中绘制图 2.8.4 所示的图形组。

Step2. 选择命令。选择下拉菜单 草绘(S) ➡ 诊断 ▶ ➡ 特征要求... 命令（或在工具栏中单击图 2.8.5 所示的“特征要求”按钮），系统弹出图 2.8.6 所示的“特征要求”对话框。

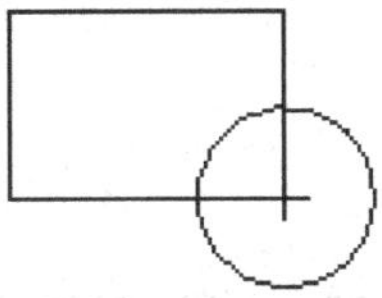

图 2.8.4　绘制的图形组

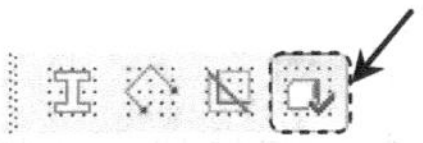

图 2.8.5　草绘工具按钮

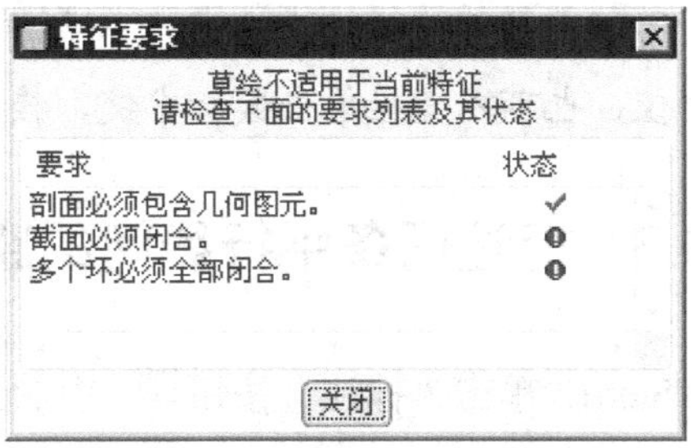

图 2.8.6　“特征要求”对话框

图 2.8.6 所示的“特征要求”对话框的“状态”列中各符号的说明如下：

——表示满足零件设计要求；

——表示不满足零件设计要求；

——表示满足零件设计要求，但是对草图进行简单的改动就有可能不满足零件设计要求。

Step3. 单击 关闭 按钮，对“特征要求”对话框中状态列表中带 的选项进行修改。由于在零件模块中才涉及修改，这里就不详细叙述，具体修改步骤请参照第 5 章中关于零件模块的内容。

2.9　二维草图的尺寸标注

2.9.1　关于二维草图的尺寸标注

在绘制二维草图的几何图元时，系统会及时自动地产生尺寸，这些尺寸被称为“弱”尺寸，系统在创建和删除它们时并不给予警告，但用户不能手动删除，“弱”尺寸显示为灰色。用户还可以按设计意图增加尺寸以创建所需的标注布置，这些尺寸称为“强”尺寸。增加“强”尺寸时，系统自动删除多余的“弱”尺寸和约束，以保证二维草图的完全约束。在退出草图环境之前，把二维草图中的“弱”尺寸变成“强”尺寸是一个很好的习惯，这样可确保系统在没有得到用户的确认前不会删除这些尺寸。

2.9.2　标注线段长度

Step1. 单击“标注”按钮 中的 按钮。

说明： 也可选择下拉菜单 草绘(S) ➡ 尺寸(D) ▸ ➡ 法向(N) 中的子命令；或者在绘图区右击，从弹出的快捷菜单中选择 尺寸 命令。

Step2. 选取要标注的图元：单击位置 1 以选取直线（图 2.9.1）。

Step3. 确定尺寸的放置位置：在位置 2 单击鼠标中键。

说明：放置尺寸后会出现显示当前尺寸值的文本框，用户可以在该文本框中输入新的尺寸值，也可以直接单击鼠标中键，接受默认尺寸。

2.9.3 标注两条平行线间的距离

Step1. 单击“标注”按钮中的按钮。

Step2. 分别单击位置 1 和位置 2 以选择两条平行线，中键单击位置 3 以放置尺寸（图 2.9.2）。

2.9.4 标注点到直线之间的距离

Step1. 单击“标注”按钮中的按钮。

Step2. 如图 2.9.3 所示，单击位置 1 以选择一点，单击位置 2 以选择直线；中键单击位置 3 放置尺寸。

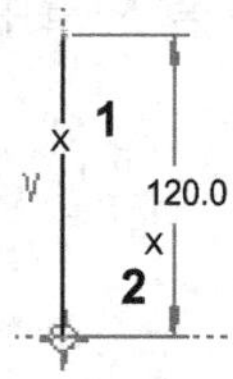

图 2.9.1 线段长度尺寸

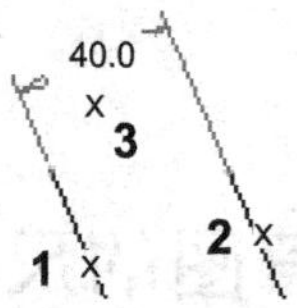

图 2.9.2 平行线距离

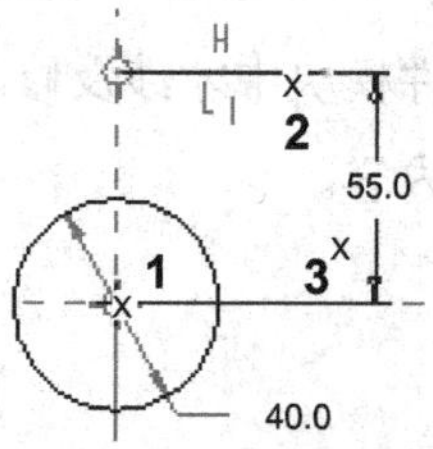

图 2.9.3 点、线距离

2.9.5 标注两点间的距离

Step1. 单击“标注”按钮中的按钮。

Step2. 分别单击位置 1 和位置 2 以选择两点，中键单击位置 3 放置尺寸（图 2.9.4）。

2.9.6 标注对称尺寸

Step1. 单击“标注”按钮中的按钮。

Step2. 选取点 1，再选取一条对称中心线，然后再次选取点 1；中键单击位置 2 放置尺寸（图 2.9.5）。

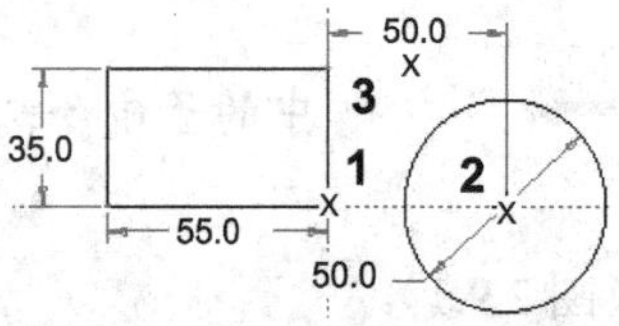

图 2.9.4 两点间距离的标注

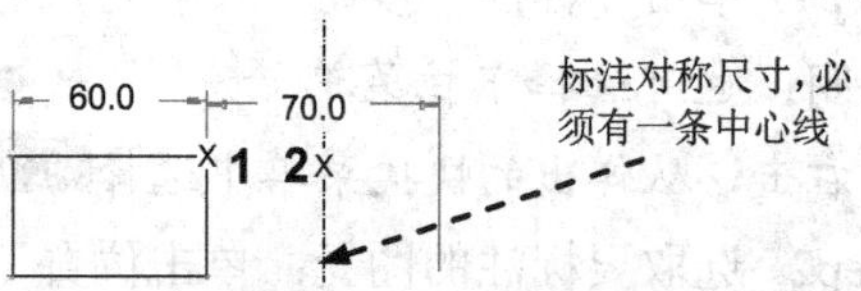

图 2.9.5 对称尺寸的标注

2.9.7　标注两条直线间的角度

Step1. 单击“标注”按钮中的按钮。

Step2. 分别单击位置 1 和位置 2 以选取两条直线；中键单击位置 3 放置尺寸（锐角，如图 2.9.6 所示），或中键单击位置 4 放置尺寸（钝角，如图 2.9.7 所示）。注意：在草绘环境下不显示角度符号“°”。

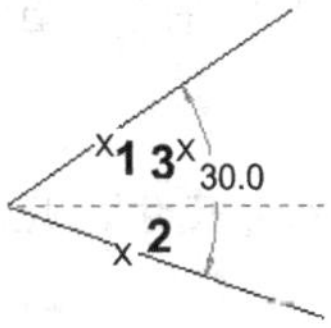

图 2.9.6　两条直线间角度的标注——锐角

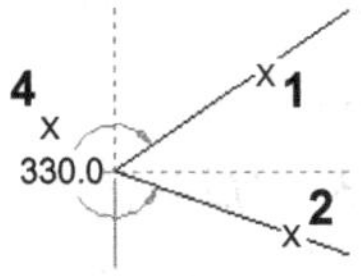

图 2.9.7　两条直线间角度的标注——钝角

2.9.8　标注圆弧角度

Step1. 单击“标注”按钮中的按钮。

Step2. 分别选择弧的端点 1、端点 2 及弧上一点 3；中键单击位置 4 放置尺寸，如图 2.9.8 所示。

2.9.9　标注半径

Step1. 单击“标注”按钮中的按钮。

Step2. 单击位置 1 选择圆上一点，中键单击位置 2 放置尺寸（图 2.9.9）。注意：在草绘环境下不显示半径符号 R。

2.9.10　标注直径

Step1. 单击“标注”按钮中的按钮。

Step2. 分别单击位置 1 和位置 2 以选择圆上两点，中键单击位置 3 放置尺寸，如图 2.9.10 所示（或者双击圆上的某一点如位置 1 或位置 2，然后中键单击位置 3 放置尺寸）。

说明： *在草绘环境下不显示直径符号 Φ。*

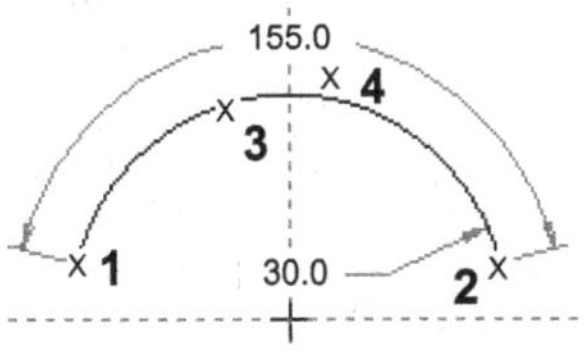

图 2.9.8　圆弧角度

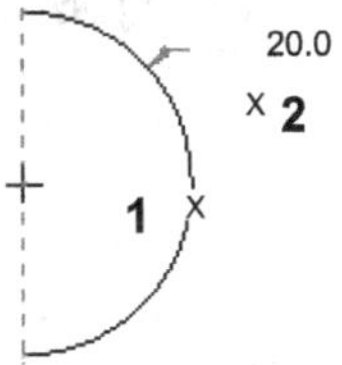

图 2.9.9　半径

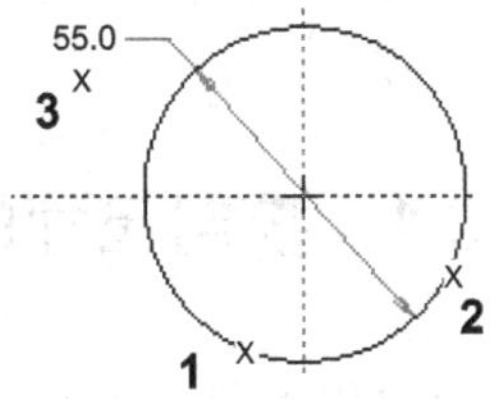

图 2.9.10　直径

2.9.11 标注周长

下面以圆和矩形为例，介绍标准周长的一般方法。

（1）标注圆的周长。

Step1. 单击“标注”命令按钮中的按钮。

Step2. 此时系统弹出“选取”对话框，选取图 2.9.11a 所示的轮廓，单击“选取”对话框中的 确定 按钮；再选取图 2.9.11a 所示的尺寸，此时系统在图形中显示出周长尺寸。结果如图 2.9.11b 所示。

说明：当添加上周长尺寸，系统将直径尺寸转变为一个变量尺寸，此时的变量尺寸是不能进行修改的。

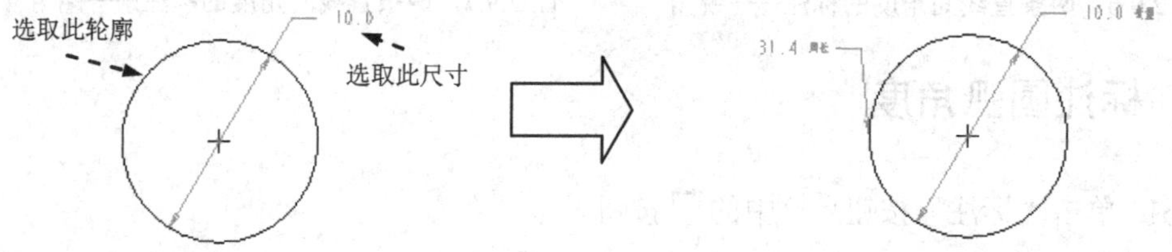

a）标注前 b）标注后

图 2.9.11 圆周长标注

（2）标注矩形的周长。

Step1. 单击“标注”命令按钮中的按钮。

Step2. 此时系统弹出“选取”对话框，按住 Ctrl 键，选取图 2.9.12a 所示的轮廓，单击“选取”对话框中的 确定 按钮；再选取图 2.9.12a 所示的尺寸，此时系统在图形中显示出周长尺寸。结果如图 2.9.12b 所示。

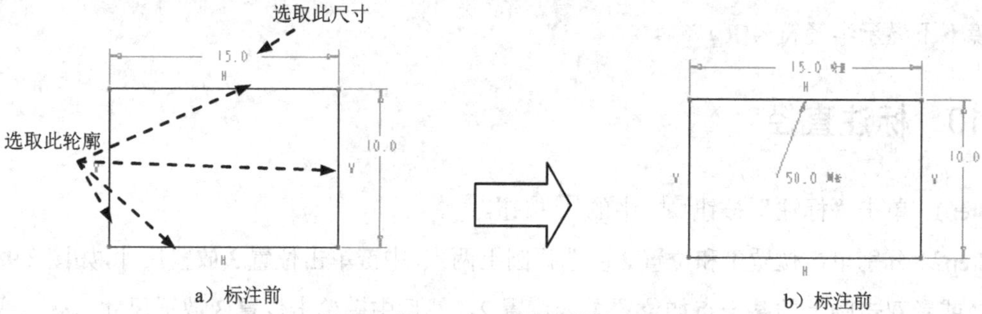

a）标注前 b）标注后

图 2.9.12 矩形周长标注

2.10 尺寸标注的编辑

2.10.1 控制尺寸的显示

可以用下列方法之一打开或关闭尺寸显示：

- 选择下拉菜单 草绘(S) → 选项... 命令，然后选中或取消选中 尺寸(M) 和 弱尺寸(W) 复选项，从而打开或关闭尺寸和弱尺寸的显示。
- 在 尺寸(M) 选项被选中的情况下，可单击工具栏中的按钮来打开或关闭尺寸的显示。
- 要禁用默认尺寸显示，需将配置文件 config.pro 中的变量 sketcher_disp_dimensions 设置为 no。

2.10.2　移动尺寸

如果要移动尺寸文本的位置，可按下列步骤操作：

Step1. 在工具栏中单击“选取项目”按钮。

Step2. 单击要移动的尺寸文本。选中后，可看到尺寸变红。

Step3. 按下左键并移动鼠标，将尺寸文本拖至所需位置。

2.10.3　修改尺寸值

有两种方法可修改标注的尺寸值。

方法一：

Step1. 单击中键，退出当前正在使用的草绘或标注命令。

Step2. 如图 2.10.1 所示，在要修改的尺寸文本上双击（如 40.0），此时出现尺寸修正框 40.0 。

Step3. 在尺寸修正框 40.0 中输入新的尺寸值（如 50.0）后，按 Enter 键完成修改。

Step4. 重复步骤 Step2～Step3，修改其他尺寸值。

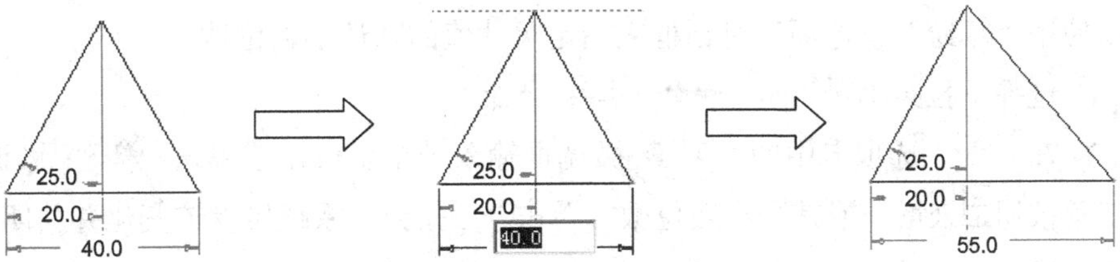

图 2.10.1　修改尺寸值

方法二：

Step1. 在工具栏中单击“选取项目”按钮。

Step2. 单击要修改的尺寸文本，此时尺寸颜色变红（按下 Ctrl 键可选取多个尺寸目标）。

Step3. 单击“修改”按钮（或选择下拉菜单 编辑(E) ➡ 修改(O)... 命令；或右击，选择 修改(O)... 命令），此时出现图 2.10.2 所示的“修改尺寸”对话框，所选取的每一个目标的尺寸值和尺寸参数（如 sd70、sd71 等 sd# 系列的尺寸参数）出现在“尺寸”列表中。

Step4. 在尺寸列表中输入新的尺寸值。

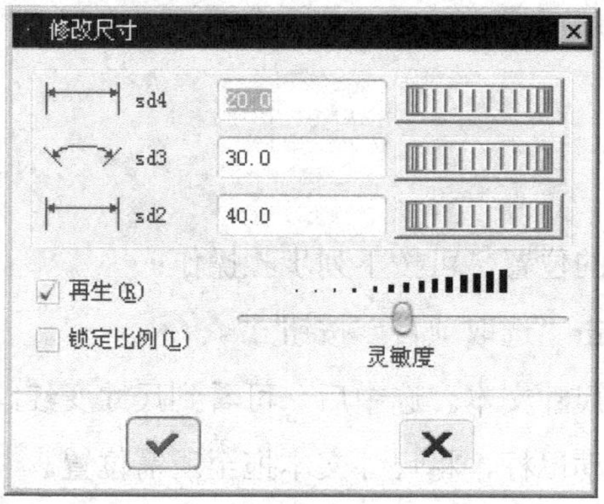

图 2.10.2　“修改尺寸”对话框

注意：*也可以单击并拖移尺寸值旁边的旋转轮盘。要增加尺寸值，向右拖移；要减少尺寸值，则向左拖移。在拖移该轮盘时，系统会自动更新图形。*

Step5. 修改完毕后，单击按钮。系统再生二维草图并关闭对话框。

2.10.4　输入负尺寸

在修改线性尺寸时，可以输入一个负尺寸值，它会使几何改变方向。在草图环境中，负号总是出现在尺寸旁边，但在“零件”模式中，尺寸值总以正值出现。

2.10.5　修改尺寸值的小数位数

可以使用“草绘器首选项”对话框来指定尺寸值的默认小数位数。

Step1. 选择下拉菜单 草绘(S) ➡ 选项... 命令。

Step2. 在 参数(P) 选项卡中的 小数位数 微调框输入一个新值，或单击 小数位数 微调框中的上、下三角按钮来增加或减少小数位数；单击按钮，系统接受该变化并关闭对话框。

注意：*增加尺寸时，系统将数值四舍五入到指定的小数位数。*

2.10.6　将“弱”尺寸转换为“强”尺寸

退出草图环境之前，将二维草图中的“弱”尺寸加强是一个很好的习惯，那么如何将

“弱”尺寸变成“强”尺寸呢？操作方法如下：

Step1. 在绘图区选取要加强的“弱”尺寸（呈灰色）。

Step2. 右击，在快捷菜单中选择 强(S) 命令（或者选择下拉菜单 编辑(E) ➡ 转换到(N) ▸ ➡ 强(S) 命令），此时可看到所选的尺寸由灰色变为橙色，说明已经完成转换。

注意：在整个 Pro/ENGINEER 软件中，每当修改一个“弱”尺寸值或在一个关系中使用它时，该尺寸就自动变为“强”尺寸。加强一个尺寸时，系统按四舍五入原则对其取整到系统设置的小数位数。

2.10.7 锁定或解锁草图截面尺寸

在草图截面中，选择一个尺寸（例如在图 2.10.3 所示的草图截面中，单击尺寸 15.0），再选择下拉菜单 编辑(E) ➡ 切换锁定(L) 命令，可以将尺寸锁定。注意：被锁定的尺寸将以橘黄色显示。当编辑、修改草图截面时（包括增加、修改截面尺寸），非锁定的尺寸有可能被系统自动删除或修改其大小，而锁定后的尺寸则不会被系统自动删除或修改（但用户可以手动修改锁定的尺寸）。这种功能在创建和修改复杂的草图截面时非常有用，其作为一个操作技巧会经常被用到。

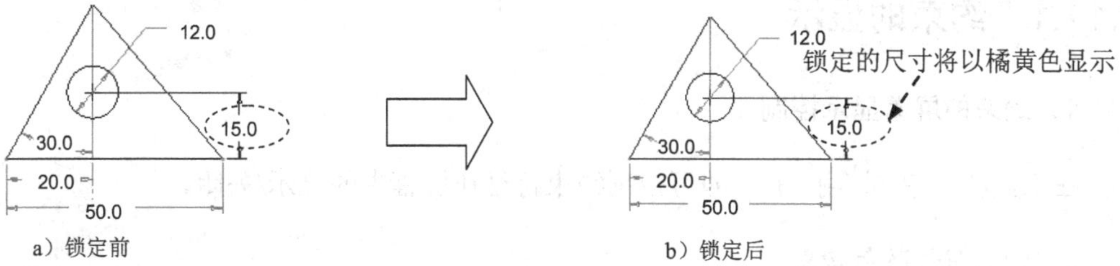

图 2.10.3 尺寸的锁定

注意：

- 当选取被锁定的尺寸并再次选择 编辑(E) ➡ 切换锁定(L) 命令后，该尺寸即被解锁，此时该尺寸的颜色恢复到以前未锁定的状态。
- 通过设置草绘器首选项，可以控制尺寸的锁定。操作方法是：选择下拉菜单 草绘(S) ➡ 选项... 命令，系统弹出“草绘器首选项”对话框，在对话框的 其它(M) 选项卡中，选中 ☑ 锁定已修改的尺寸(L) 或 ☑ 锁定用户定义的尺寸(U) 复选框。

☑ 锁定已修改的尺寸(L) 和 ☑ 锁定用户定义的尺寸(U) 两者之间的区别说明如下：

☑ ☑ 锁定已修改的尺寸(L)：锁定被修改过的尺寸。

☑ 锁定已修改的尺寸(L)：锁定用户自己标注的尺寸。

2.10.8 替换尺寸

可以用新的尺寸替换草绘环境中现有的尺寸，以便使新尺寸保持原始的尺寸参数(sd#)。当要保留与原始尺寸相关的其他数据时（例如：在“草图”模式中添加了几何公差符号或额外文本），替换尺寸非常有用。

其操作方法如下：

Step1. 选择下拉菜单 编辑(E) ➡ 替换(P) 命令。

Step2. 单击一个要替换的尺寸，选取的尺寸即被删除。

Step3. 创建一个新的相应尺寸。

2.11 草图中的几何约束

按照工程技术人员的设计习惯，在草绘时或草绘后，希望对绘制的草图增加一些平行、相切、相等或对齐等约束来帮助定位几何。在 Pro/ENGINEER 系统的草图环境中，用户随时可以很方便地对草图进行约束。下面将对约束进行详细介绍。

2.11.1 约束的显示

1. 约束的屏幕显示控制

在工具栏中单击按钮，即可控制约束符号在屏幕中的显示/关闭。

2. 约束符号颜色含义

- 鼠标指针所在的约束：显示为天蓝色。
- 选定的约束（或活动约束）：显示为红色。
- 其他约束：显示为橙色。
- 锁定的约束：放在一个圆中。
- 禁用的约束：用一条直线穿过约束符号。

3. 各种约束符号列表

各种约束的显示符号见表 2.11.1。

表 2.11.1 约束符号列表

约 束 名 称	约束显示符号
中点	M
相同点	○
图元上的点	-○- - -
竖直图元	V
水平图元	H
相切图元	T
垂直图元	⊥
平行线	//1
相等半径	半径相等的图元旁各显示一个 R（如 R1、R2 等）标识
相等长度	等长的线段旁各显示一个 L（如 L1、L2 等）标识
对称	
图元水平或竖直排列	- - |
对齐	
使用边/偏移使用边	

2.11.2 约束的禁用、锁定与切换

在用户绘制图元的过程中，系统会自动捕捉约束并显示约束符号。例如，在绘制直线的过程中，当定义直线的起点时，如果将鼠标指针移至一个圆弧附近，系统便自动将直线的起点对齐到圆弧上并显示对齐约束符号（小圆圈），此时如果：

- 右击，对齐约束符号（小圆圈）上被画上斜线（图 2.11.1），表示对齐约束被“禁用”，即对齐约束不起作用。再次右击，“禁用”则被取消。
- 按住 Shift 键同时按下鼠标右键，对齐约束符号（小圆圈）外显示一个大一点的圆圈（图 2.11.2），这表示该对齐约束被“锁定”，此时无论将鼠标指针移至何处，系统总是将直线的起点“锁定”在圆弧（或圆弧的延长线）上。再次按下 Shift 键和鼠标右键，“锁定”即被取消。

在绘制图元的过程中，当同时出现多个约束时，只有一个约束处于活动状态，其约束符号以亮颜色（红颜色）显示；其余约束为非活动状态，其约束符号以灰颜色显示。只有活动的约束可以被“禁用”或“锁定”。用户可以利用 Tab 键，轮流将非活动约束“切换”

为活动约束，这样就可以将多约束中的任意一个约束设置为“禁用”或“锁定”。

例如，在绘制图 2.11.3 中的直线 1 时，当直线 1 的起点定义在圆弧上后，在定义直线 1 的终点时，当其终点位于直线 2 上的某处，系统会同时显示三个约束：第一个约束是直线 1 的终点与直线 2 的对齐约束，第二个约束是直线 1 与直线 3 的平行约束，第三个约束是直线 1 与圆弧的相切约束。图 2.11.3 中的当前平行约束符号显示为亮颜色（红颜色），表示该约束为活动约束。通过连续按 Tab 键，可以轮流将这三个约束“切换”为活动约束，然后可将其设置为“禁用”或“锁定”。

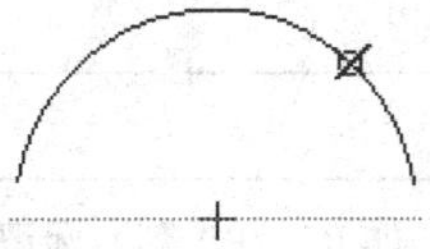

图 2.11.1　约束的“禁用”

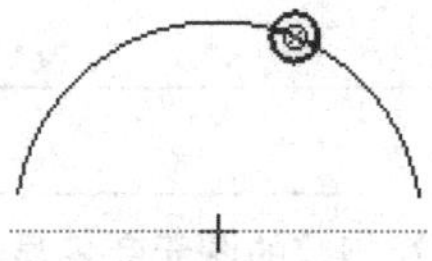

图 2.11.2　约束的“锁定”

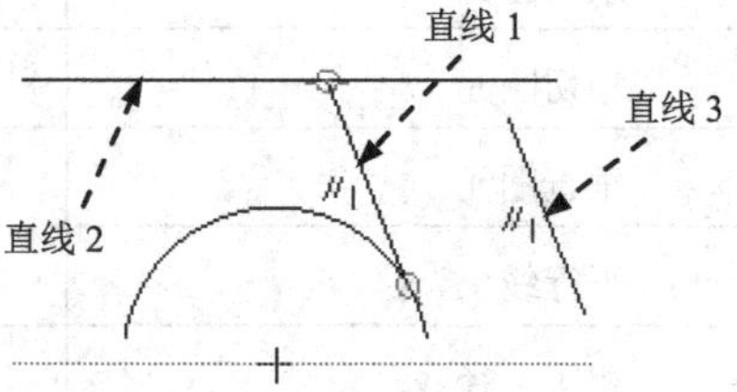

图 2.11.3　约束的“切换”

2.11.3　约束的种类

草绘后，用户还可按设计意图手动建立各种约束，Pro/ENGINEER 所支持的约束种类如表 2.11.2 所示。

表 2.11.2　Pro/ENGINEER 所支持的约束种类

按　钮	约　　束
	竖直约束：使直线竖直或使两点在竖直方向对齐
	水平约束：使直线水平或使两点在水平方向对齐
	垂直约束：使两图元（直线与直线、直线与圆等）垂直
	相切约束：使两图元（圆与圆、直线与圆等）相切
	点置中约束：把一点放在线的中间
	对齐约束：使两点重合、使一个点落在另一个图元上或使两直线重合
	对称约束：使两点或顶点对称于中心线
	相等约束：创建相等长度、相等半径或相等曲率
	平行约束：使两直线平行

2.11.4　创建约束

下面以图 2.11.4 所示的相切约束为例，介绍创建约束的操作步骤。

Step1. 单击按钮中的按钮，系统弹出图 2.11.5 所示的“约束”对话框。

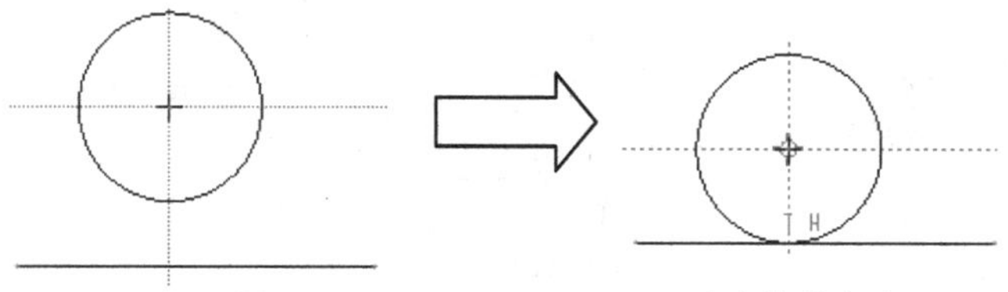

a）添加约束前　　b）添加约束后

图 2.11.4 图元的相切约束

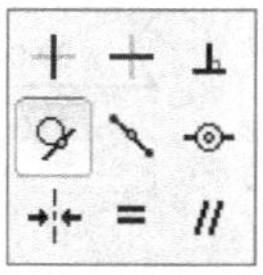

图 2.11.5 “约束”对话框

Step2. 选择一个约束类型：单击对话框中的按钮（或选择下拉菜单 草绘(S) ➡ 约束(C) ➡ 相切 命令）。

Step3. 系统在信息区提示 选取两图元使它们相切，分别选取直线和圆（图 2.11.4 a）。此时系统即约束两图元相切，并显示约束符号“T”（图 2.11.4b）。如果不显示约束符号，可按下“显示约束”按钮。

Step4. 重复步骤 Step2～Step3，可创建其他的约束。

2.11.5 删除约束

Step1. 单击要删除的约束的显示符号（如上例中的“T”），选中后，约束符号颜色变红。

Step2. 右击，在快捷菜单中选择 删除(D) 命令（或按下 Delete 键），系统删除所选的约束。

注意： 删除约束后，系统会自动增加一个约束或尺寸来使草图保持全约束状态。

2.11.6 解决约束冲突

当增加的约束或尺寸与现有的约束或“强”尺寸相互冲突或多余时，例如在图 2.11.6 所示的二维草图中添加尺寸 19.7 时（图 2.11.7），系统就会加亮冲突尺寸或约束，同时系统弹出图 2.11.8 所示的“解决草绘”对话框，要求用户删除（或转换）加亮的尺寸或约束之一。其中各选项说明如下：

- 撤消(U) 按钮：撤销刚刚导致二维草图的尺寸或约束冲突的操作。
- 删除(D) 按钮：从列表框中选择某个多余的尺寸或约束，将其删除。
- 尺寸 > 参照(R) 按钮：选取一个多余的尺寸，将其转换为一个参照尺寸。
- 解释(E) 按钮：选择一个约束，获取约束说明。

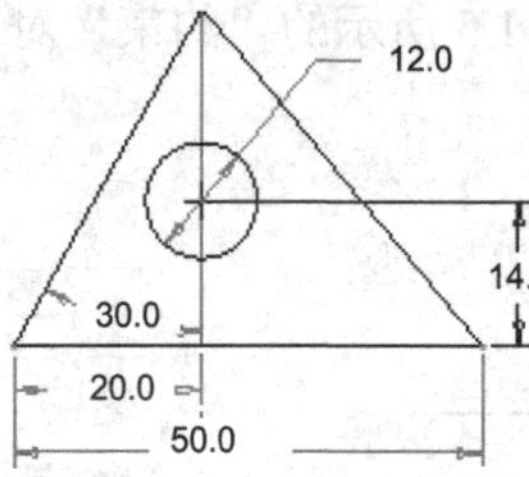

图 2.11.6 草绘图形

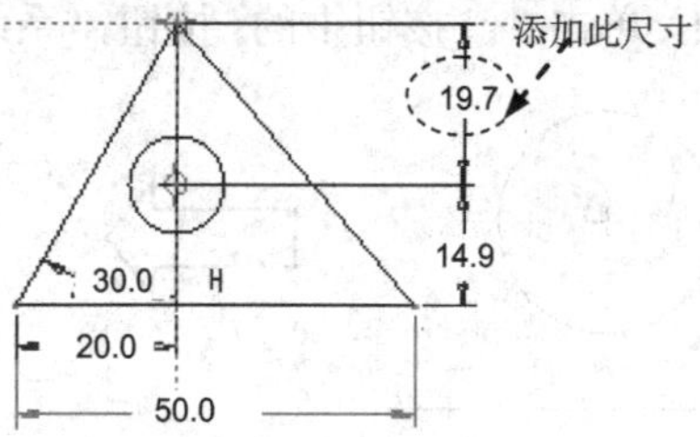

图 2.11.7 添加尺寸

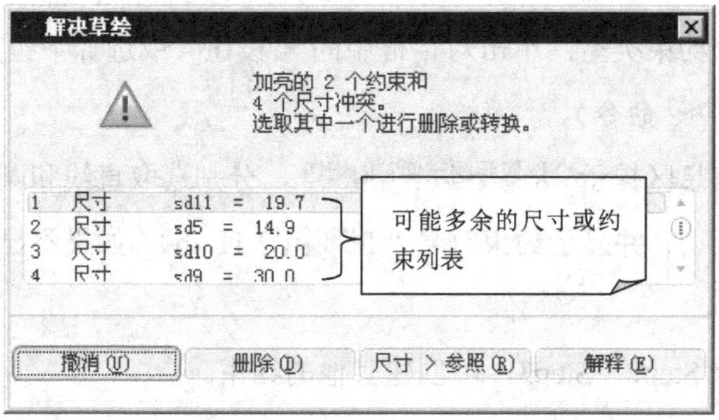

图 2.11.8 “解决草绘”对话框

2.12 修改整个截面和锁定尺寸

2.12.1 缩放和旋转一个截面

在草图环境中，选择下拉菜单 编辑(E) ➡ 移动和调整大小(O) 命令，可缩放或旋转整个截面，其操作步骤如下：

Step1. 选择下拉菜单 编辑(E) ➡ 选取(S) ▸ ➡ 全部(A) 命令，系统将选取整个草图截面。

Step2. 选择下拉菜单 编辑(E) ➡ 移动和调整大小(O) 命令，系统弹出“移动和调整大小”对话框，同时“缩放”、“旋转”和“平移”手柄出现在截面图上。

Step3. 在“移动和调整大小”对话框内，输入一个缩放值和一个旋转值，或者分别操纵手柄↘、↻、⊗进行缩放、旋转和移动操作（参见 2.7.6 节内容）。

Step4. 单击“移动和调整大小”对话框中的 ✔ 按钮。

2.12.2 锁定或解锁截面尺寸

在草图截面中，选择一个尺寸（例如在图 2.12.1 所示的草图截面中，单击尺寸 2.2），再选择下拉菜单 编辑(E) ➡ 切换锁定(L) 命令，可以将尺寸锁定。注意：被锁定的尺寸将以橘黄色显示。当编辑、修改草图截面时（包括增加、修改截面尺寸），非锁定的尺寸有可能被系统自动删除或修改其大小，而锁定后的尺寸则不会被系统自动删除或修改（但用户可以手动修改锁定的尺寸）。这种功能在创建和修改复杂的草图截面时非常有用，作为一个操作技巧会经常被用到。

注意：

- 当选取被锁定的尺寸并再次选择 编辑(E) ➡ 切换锁定(L) 命令后，该尺寸即被解锁，此时该尺寸的颜色恢复到以前未锁定的状态。

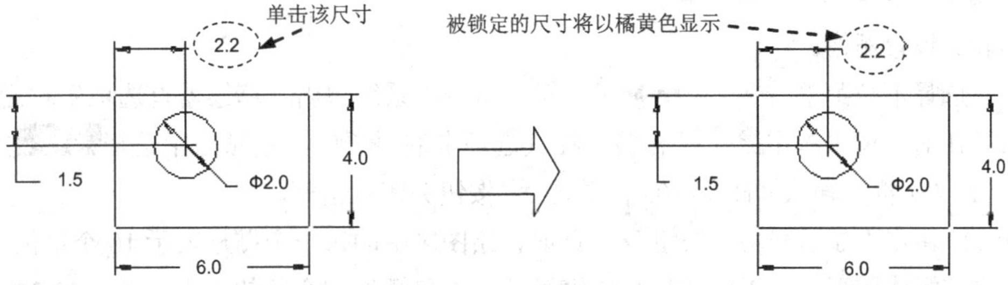

a）锁定前　　b）锁定后

图 2.12.1　尺寸的锁定

- 通过设置草绘器首选项，可以控制尺寸的锁定。操作方法是：选择下拉菜单 草绘(S) ➡ 选项... 命令，系统弹出“草绘器首选项”对话框，在 其它(M) 选项卡中，选中 ☑ 锁定已修改的尺寸(L) 或 ☑ 锁定用户定义的尺寸(U) 复选框。

☑ 锁定已修改的尺寸(L) 和 ☑ 锁定用户定义的尺寸(U) 两者之间的区别说明如下：

☑ ☑ 锁定已修改的尺寸(L)：锁定已修改的尺寸。

☑ ☑ 锁定用户定义的尺寸(U)：锁定用户定义的尺寸（即用户自己标注的尺寸）。

2.13 草图范例

2.13.1 草图范例 1

范例概述：

本范例从新建一个草图开始，详细介绍了草图的绘制、编辑和标注的过程，要重点掌握的是绘图前的设置、约束的处理以及尺寸的处理技巧。图形如图 2.13.1 所示，其创建的操作步骤如下：

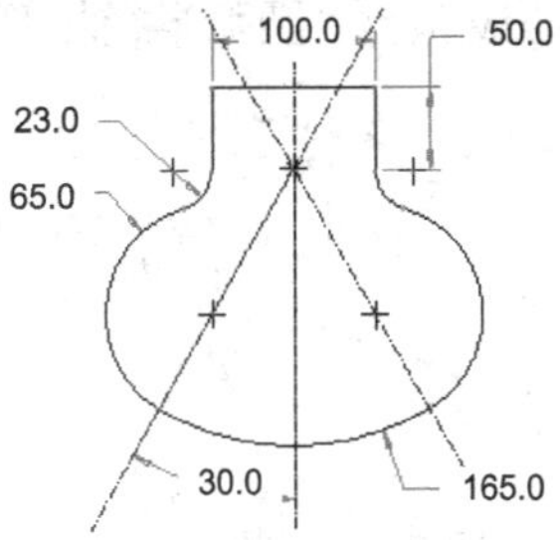

图 2.13.1　范例 1

Stage1．新建一个草图文件

Step1．单击“新建”按钮。

Step2．系统弹出“新建”对话框，在该对话框中选中 草绘 单选项；在 名称 文本框中输入草图名称 spsk1；单击 确定 按钮，即进入草图环境。

Stage2．绘图前的必要设置

Step1．设置栅格。

（1）选择下拉菜单 草绘(S) → 选项... 命令，系统弹出“草绘器首选项”对话框。

（2）在对话框中单击 参数(P) 标签，在其选项卡的 栅格间距 选项组中选择 手动，然后在 X 和 Y 文本框中输入间距值 10.0；单击 ✔ 按钮关闭对话框。

Step2．单击“显示栅格”按钮，此时，绘图区中的每一个栅格表示 10 个单位。为了便于查看和操作图形，可以滚动鼠标中键滚轮，调整栅格到合适的大小（图 2.13.2），然后单击“显示栅格”按钮，将栅格的显示关闭。

Stage3．创建草图以勾勒出图形的大概形状并添加必要的约束

由于 Pro/ENGINEER 具有尺寸驱动功能，开始绘图时只需绘制大致的形状即可。

Step1．单击“显示尺寸”按钮，使其处于弹起状态（不显示尺寸）。

Step2．按下“显示约束”按钮（显示约束）。

Step3．选择下拉菜单 草绘(S) → 线(L) ▸ → 中心线(C) 命令，绘制图 2.13.3 所示的三条中心线（三线过同一个点）。

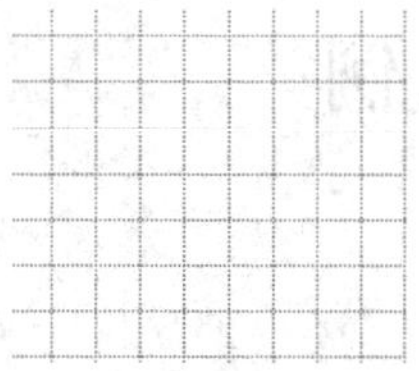

图 2.13.2　调整栅格到合适的大小

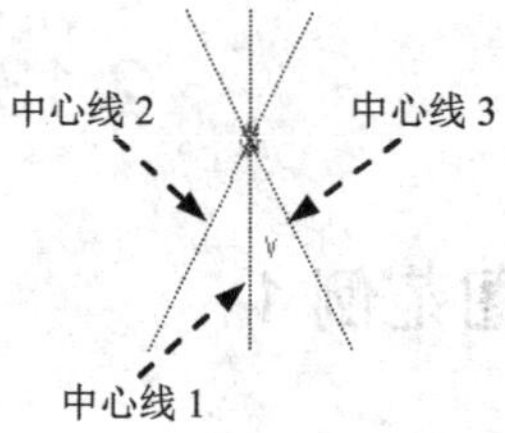

图 2.13.3　绘制中心线

Step4．单击工“直线”按钮中的按钮，绘制图 2.13.4 所示的图形（注意：绘制过程中系统会自动提示图 2.13.4 所示的水平、竖直及等长约束）。

Step5．单击“圆弧”按钮中的按钮，绘制图 2.13.5 所示的图形（注意：两圆心及下面的端点要分别落在中心线 2 及中心线 3 上，圆弧半径相等）。

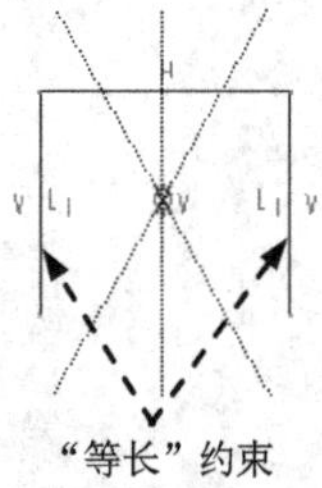

图 2.13.4　绘制图形（一）

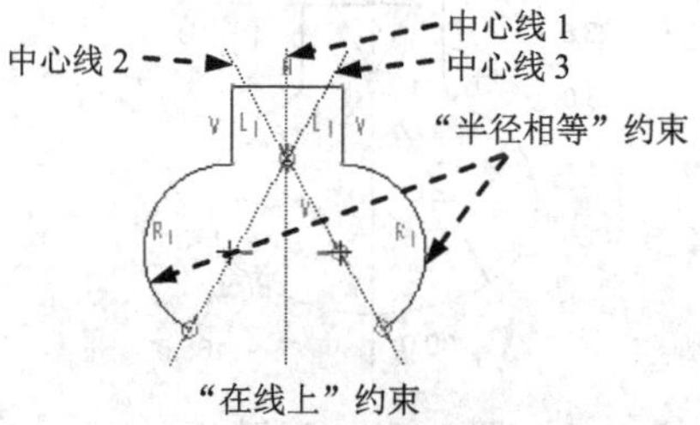

图 2.13.5　绘制图形（二）

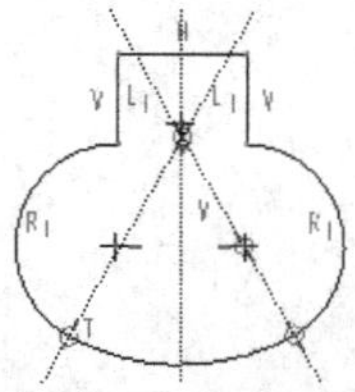

图 2.13.6　绘制图形（三）

Step6. 绘制圆弧。单击“圆弧”按钮中的按钮，绘制图 2.13.6 所示的图形。

Step7. 绘制圆角。单击“圆角”按钮中的按钮；分别选取图 2.13.7a 所示的直线 1 与圆弧 1，再选取直线 2 和圆弧 2 以添加圆角。完成后图形如图 2.13.7b 所示。

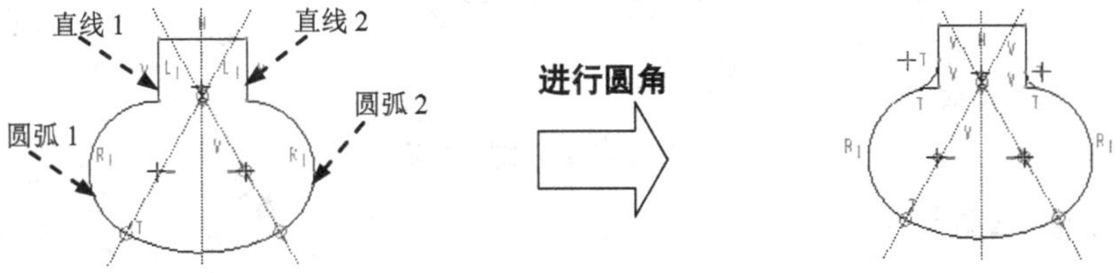

a）圆角前　　　b）圆角后

图 2.13.7　绘制图形（四）

Stage4. 编辑草图

Step1. 单击“显示约束”按钮，使其处于弹起状态（约束显示关闭）。

Step2. 修剪图元。

（1）单击按钮中的按钮。

（2）按住鼠标左键并拖动鼠标，绘制图 2.13.8a 所示的路径，则与此路径相交的部分被剪掉（也可直接单击要剪掉的线段和圆弧）。

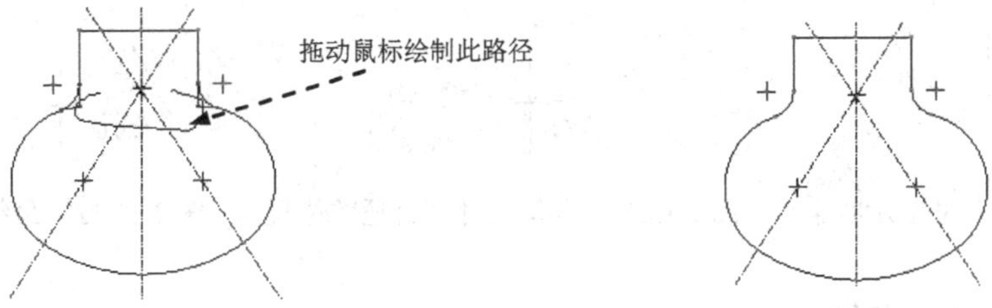

a）修剪图元前　　　b）修剪图元后

图 2.13.8　修剪图元

Stage5. 进一步为草图添加约束

Step1. 按下“显示约束”按钮。

Step2. 单击按钮中的按钮，系统弹出“约束”对话框。

Step3. 添加相等约束。在“约束”对话框中单击“相等”按钮；选取前面所添加的两个圆角。

Step4. 添加对称约束。单击“对称”按钮；依次选取图 2.13.9a 所示的中心线、端点 1 和端点 2，则两个端点对称于中心线的两侧；再依次选取中心线、圆弧中心 1 和圆弧中心 2，以将两圆心对称。

Step5. 添加相切约束。单击“相切”按钮，选取图 2.13.9a 所示的圆弧 2 与圆弧 3。

Step6. 添加约束后，图形如图 2.13.9b 所示。

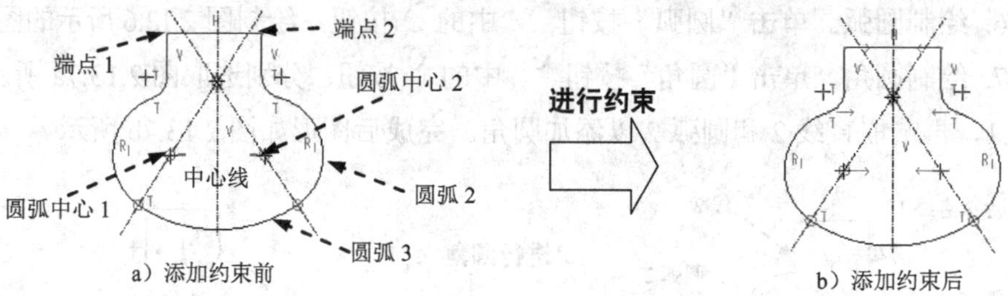

图 2.13.9 添加约束

Stage6. 调整草图尺寸

Step1. 关闭约束显示，然后按下“显示尺寸”按钮，打开尺寸显示。此时图形如图 2.13.10 所示。

Step2. 移动尺寸至合适的位置，如图 2.13.11 所示。

Step3. 修改尺寸值。双击需要修改的尺寸，然后输入正确的尺寸值并按 Enter 键。完成后的图形如图 2.13.12 所示。

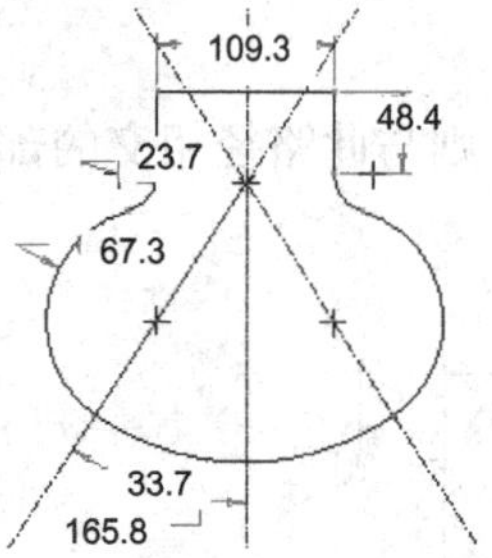

图 2.13.10 尺寸显示状态

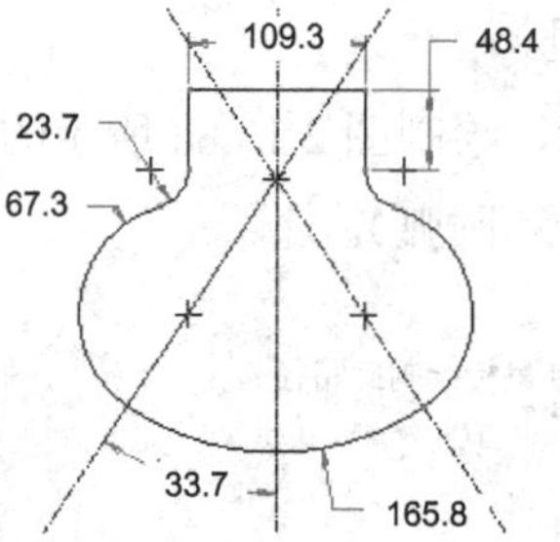

图 2.13.11 移动尺寸至合适的位置

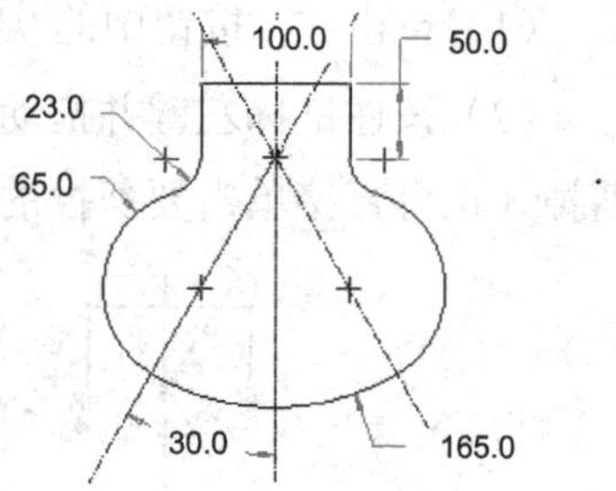

图 2.13.12 最终图形

2.13.2 草图范例 2

范例概述：

本范例主要介绍对已有草图进行编辑的过程，重点讲解用“修剪”、“延伸”的方法进行草图的编辑。图形如图 2.13.13 所示，其创建的操作步骤如下：

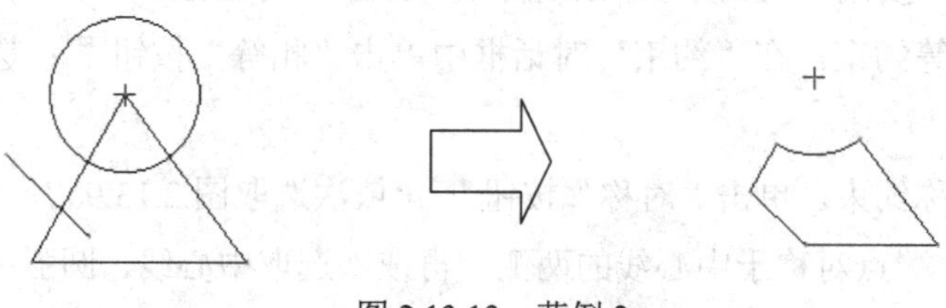

图 2.13.13 范例 2

Stage1. 打开草图文件

将工作目录设置至 D：\dbproe5.1\work\ch02\ch02.13，打开文件 spsk2.sec。

Stage2．编辑草图

Step1．编辑草图前的准备工作。

（1）确认“显示尺寸”按钮在弹起状态（即尺寸显示关闭）。

（2）确认“显示约束”按钮在弹起状态（即约束显示关闭）。

Step2．修剪图元。

（1）单击按钮中的按钮。

（2）按住鼠标左键并拖动鼠标，绘制图 2.13.14a 所示的路径，则与此路径相交的部分被剪掉。

a）修剪图元前　　b）修剪图元后

图 2.13.14　修剪图元（一）

（3）绘制图 2.13.15a 所示的路径，则修剪后的图形如图 2.13.15b 所示。

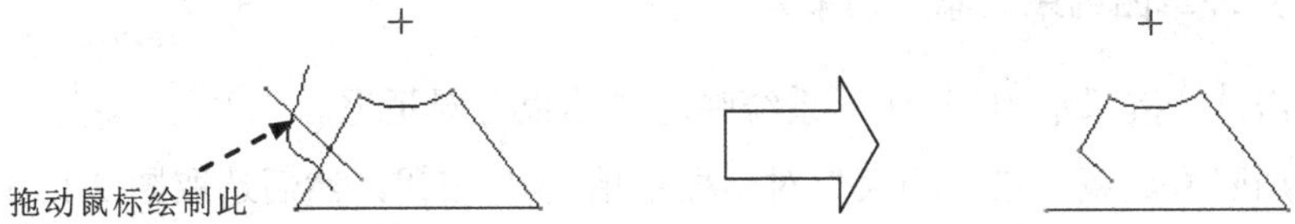

a）修剪图元前　　b）修剪图元后

图 2.13.15　修剪图元（二）

Step3．延伸修剪图元。

（1）单击按钮中的按钮。

（2）分别选取图 2.13.16a 中的线段 A 和线段 B，则系统便对线段进行延伸以使两线段相交，并将线段修剪至交点。

（3）在图 2.13.17 所示的“选取”对话框中，单击确定按钮结束选取。

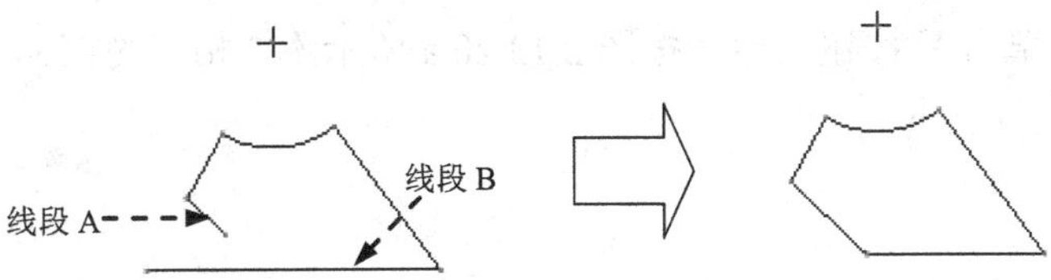

a）延伸图元前　　b）延伸图元后

图 2.13.16　延伸图元

图 2.13.17　“选取”对话框

2.13.3　草图范例 3

范例概述：

本范例主要介绍利用“添加约束”的方法进行草图编辑的过程。图形如图 2.13.18 所示，其创建的操作步骤如下：

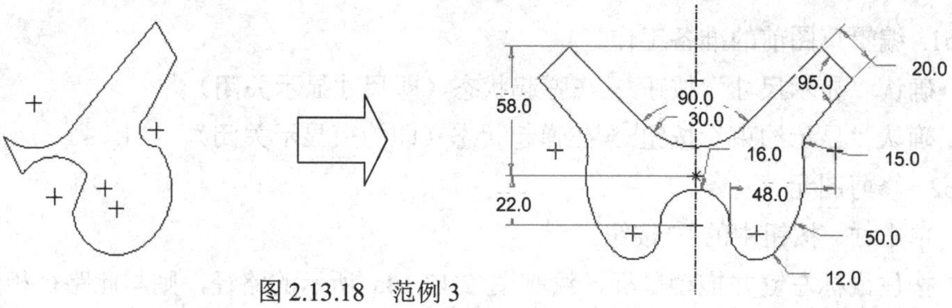

图 2.13.18　范例 3

Stage1．打开草图文件

将工作目录设置至 D：\dbproe5.1\work\ch02\ch02.13，打开文件 spsk3.sec。

Stage2．编辑草图前的准备工作

Step1. 单击“显示尺寸”按钮，使其弹起（尺寸显示关闭）。

Step2. 按下“显示约束”按钮（显示约束打开）。

Stage3．处理草图约束（添加约束）

Step1. 单击按钮中的按钮，系统弹出“约束”对话框。

Step2. 添加竖直约束。在“约束”对话框中单击按钮，然后选取图 2.13.19a 所示的线段 1 和线段 2。完成操作后，图形如图 2.13.19b 所示。

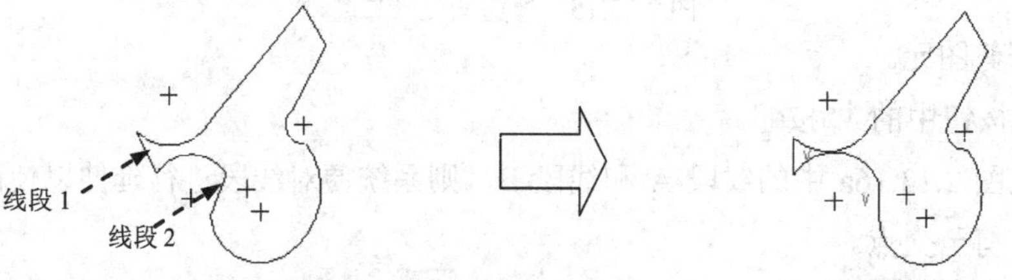

a）添加约束前　　b）添加约束后

图 2.13.19　添加竖直约束

Step3. 在“约束”对话框中单击按钮，然后按图 2.13.20 a 所示添加相切约束。完成操作后，图形如图 2.13.20b 所示。

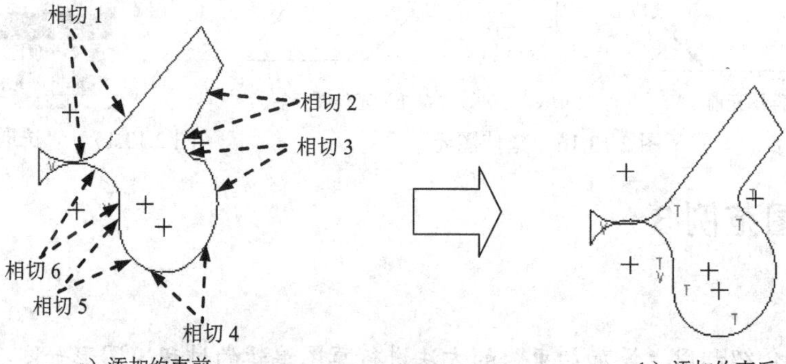

a）添加约束前　　b）添加约束后

图 2.13.20　添加相切约束

Step4. 在“约束”对话框中单击⊥按钮，然后添加图 2.13.21 a 所示的垂直约束。

Step5. 单击“选取”对话框中的 确定 按钮结束选取。

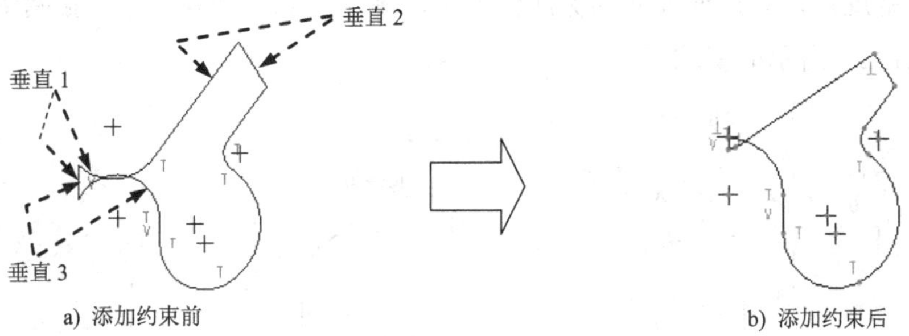

图 2.13.21　添加垂直约束

Stage4. 调整草图尺寸。

Step1. 添加中心线。

（1）选择下拉菜单 草绘(S) ➡ 线(L) ▸ ➡ 中心线(C) 命令（或单击工具栏中的按钮中的按钮），绘制图 2.13.22a 所示的两条中心线（中心线 1 和中心线 2）。

（2）添加重合约束。单击按钮中的按钮，系统弹出“约束”对话框；单击“重合”按钮，然后添加图 2.13.22a 所示的两个重合约束。完成操作后，图形如图 2.13.22 b 所示。

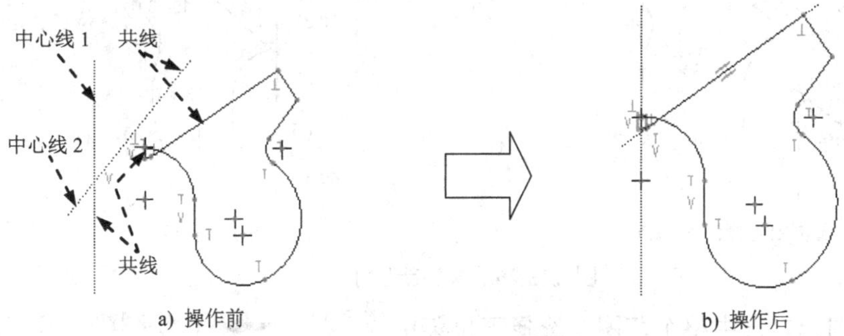

图 2.13.22　绘制中心线并添加重合约束

（3）添加图 2.13.23a 所示的两点重合约束，完成后图形如图 2.13.23b 所示。

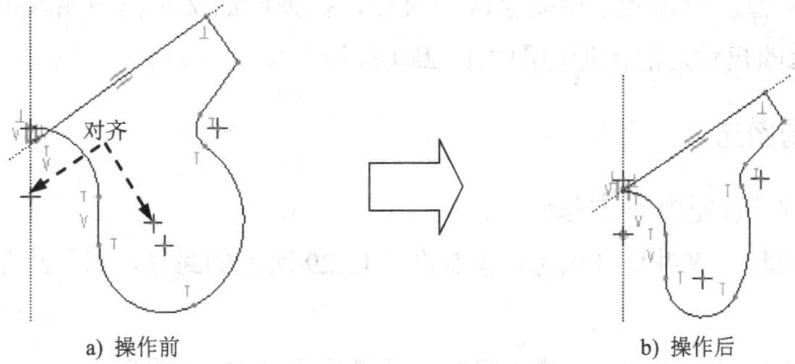

图 2.13.23　添加重合约束

Step2. 修改草图尺寸。

（1）按下“显示尺寸”按钮，打开尺寸显示。此时图形如图 2.13.24 所示。

（2）创建基准点，为后面尺寸的标注作准备。单击“点”按钮，在两中心线的相交处创建图 2.13.25 所示的基准点。

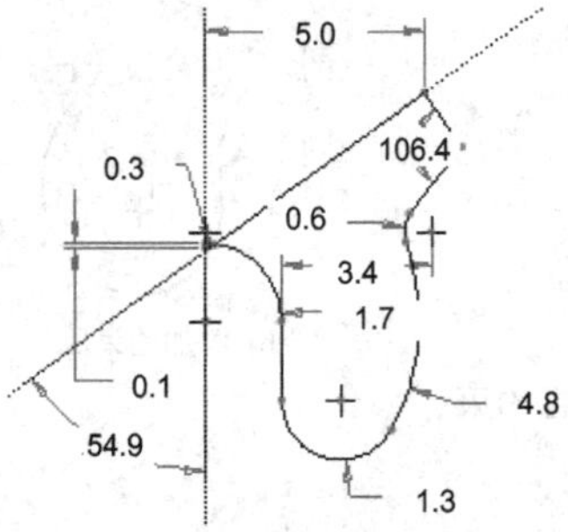

图 2.13.24 修改前草图的尺寸

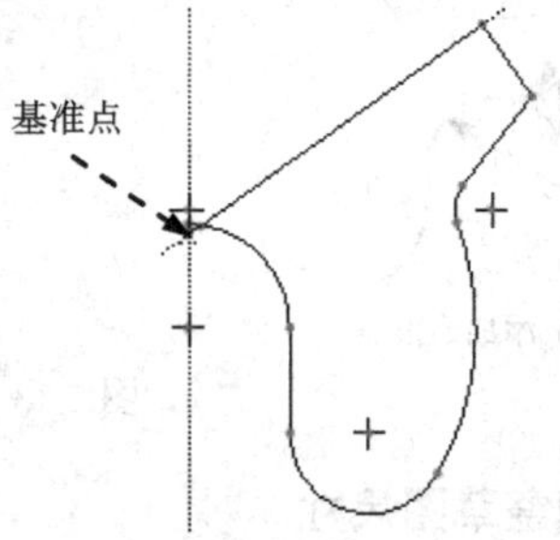

图 2.13.25 添加基准点

（3）添加新的尺寸以创建所需的标注布局。单击“标注”按钮；选取图 2.13.26a 所示的端点和基准点，并单击中键放置尺寸；再选取图中的基准点和圆心，并单击中键放置尺寸。添加尺寸后，图形如图 2.13.26b 所示。

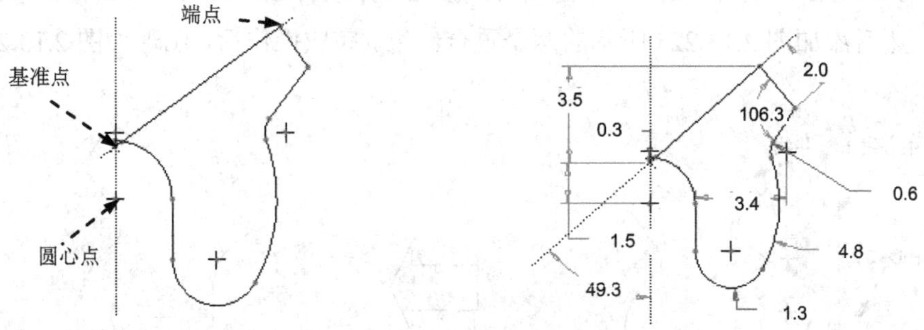

a）选取要定义尺寸的端点　　b）操作后

图 2.13.26 添加新尺寸

（4）缩放图元。选中整个草图；选择下拉菜单 编辑(E) → 移动和调整大小(O) 命令，在系统弹出的“移动和调整大小”对话框中输入比例值 10，单击按钮关闭对话框，此时图形如图 2.13.27 所示。

（5）修改尺寸值。双击图形中要修改的尺寸，在弹出的文本框中输入正确的尺寸值，并按 Enter 键，修改尺寸后的图形如图 2.13.28 所示。

Stage5. 修剪图元。

Step1. 单击按钮中的按钮。

Step2. 按住鼠标左键并拖动鼠标，绘制图 2.13.29 所示的路径，则与此路径相交的部分将被剪掉。

Step3. 将图 2.13. 29 中的中心线 2 剪掉（只需单击此中心线即可）。

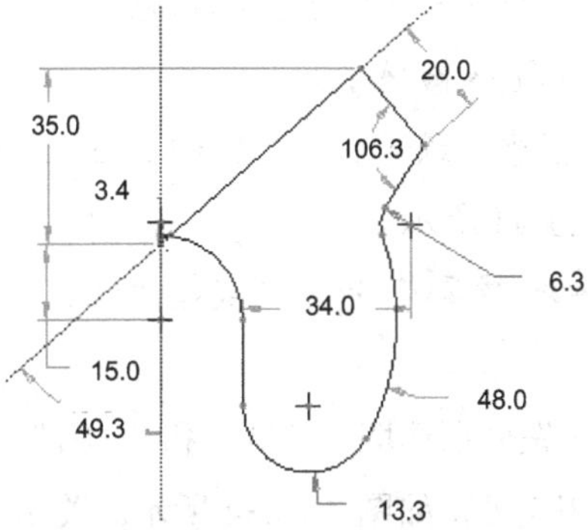

图 2.13.27　缩放图元

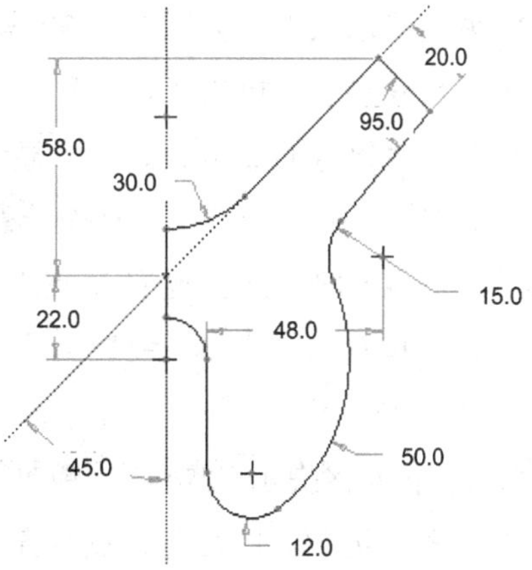

图 2.13.28　修改尺寸后的图形

Stage6. 镜像图元。

Step1. 选中整个草图，然后单击工具栏中的“镜像”按扭中的按钮。

Step2. 选取镜像中心线。选取图 2.13.29 所示的中心线 1。此时即镜像出图 2.13.30 所示的另一半图形。

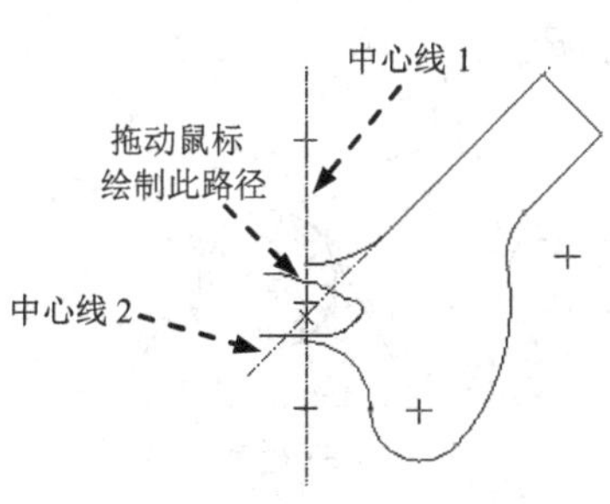

图 2.13.29　修剪图元

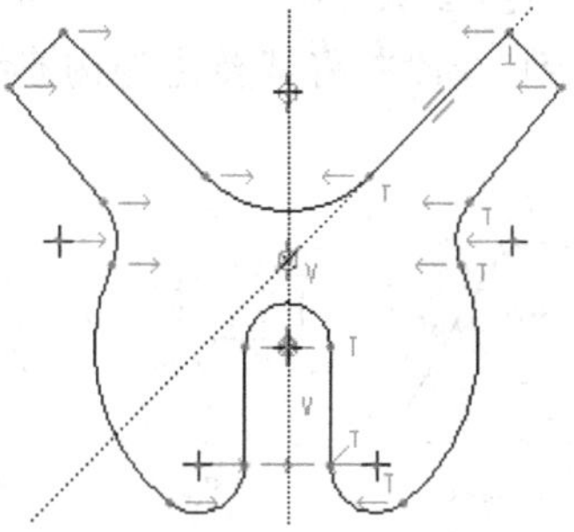

图 2.13.30　镜像后的图元

2.13.4　草图范例 4

范例概述：

本范例讲解的是一个草图标注的技巧。在图 2.13.31a 中，标注了圆角圆心到直线的距离 8.0，如果要将该尺寸变为图 2.13.31b 中的尺寸 16.8，那么就必须先绘制两条构建线及其交点，然后才能创建尺寸 16.8。创建的操作步骤如下：

Step1. 将工作目录设置至 D：\ dbproe5.1\work\ch02\ch02.13，打开文件 spsk4.sec。

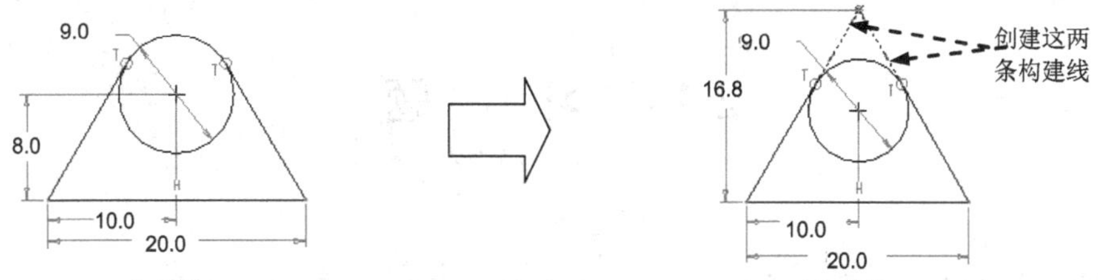

a）原图　　b）结果

图 2.13.31 范例 4

Step2. 调整显示状态，如图 2.13.32 所示。

（1）关闭尺寸显示。单击“显示尺寸”按钮，使该按钮处于弹起状态。

（2）打开约束符号的显示。确认“显示约束”按钮被按下。

Step3. 选择下拉菜单 草绘(S) → 点(P) 命令，创建任意一点 A，如图 2.13.33 所示。

Step4. 将点 A 约束到两条边的交点上，如图 2.13.34 所示。

（1）选择下拉菜单 草绘(S) → 约束(C) ▸ → 重合 命令（或在“约束”对话框中单击“重合”按钮）。

（2）系统在信息区提示 选取要对齐的两图元或顶点。，先分别选取“点 A”和“边 1”，再分别选取“点 A” 和“边 2”，即可将该点对齐到两线的相交处，如图 2.13.34 所示。关闭“约束”对话框。

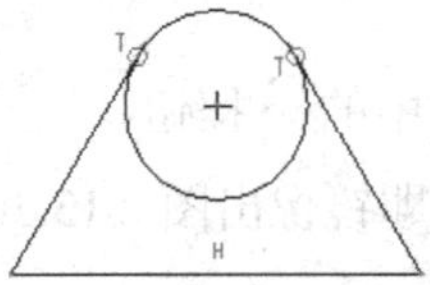

图 2.13.32 打开约束符号

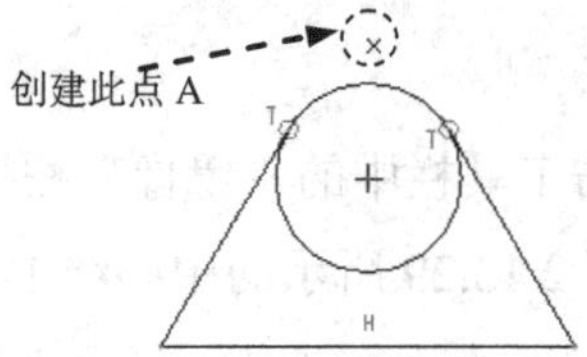

图 2.13.33 创建点

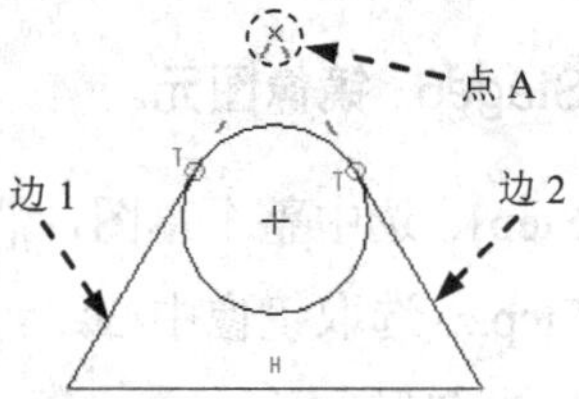

图 2.13.34 创建约束

Step5. 绘制线段并将其转化为构建线，如图 2.13.35c 所示。

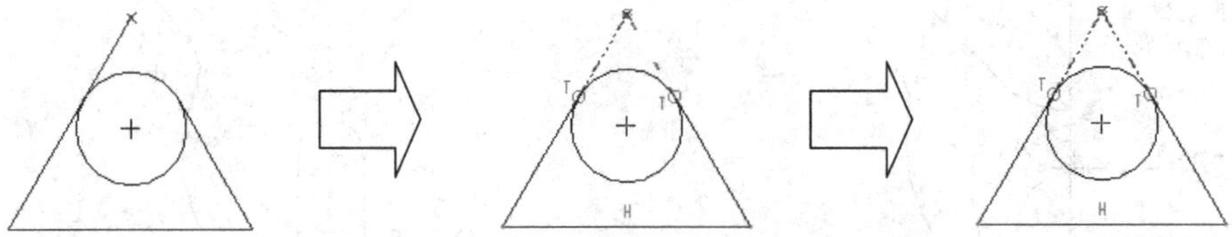

a）绘制线段 b）将线段变成构建线 c）结果

图 2.13.35 绘制线段并将其转化为构建线

（1）创建第一条构建线。选择下拉菜单 草绘(S) → 线(L) ▸ → 线(L) 命令，选取图 2.13.34 所示的“边 1”的右端点和“点 A”绘制一条线段，如图 2.13.35a 所示，然后选取该线段并右击，从快捷菜单中选择 构建 ，将其转化为构建线。

（2）按上一步的方法创建另一条构建线，如图 2.13.35c 所示。

Step6. 按下按钮，打开尺寸显示。

Step7. 创建尺寸。单击“标注”按钮，选取“点 A”和另一顶点，创建尺寸 16.8（图 2.13.31b）。

2.14 习 题

习题 1

绘制并标注图 2.14.1 所示的草图。

习题 2

绘制并标注图 2.14.2 所示的草图。

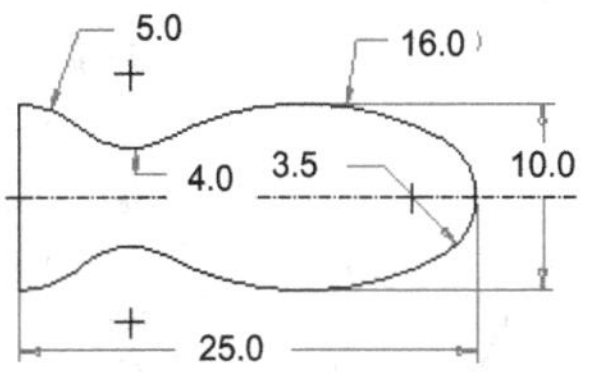

图 2.14.1 练习 1

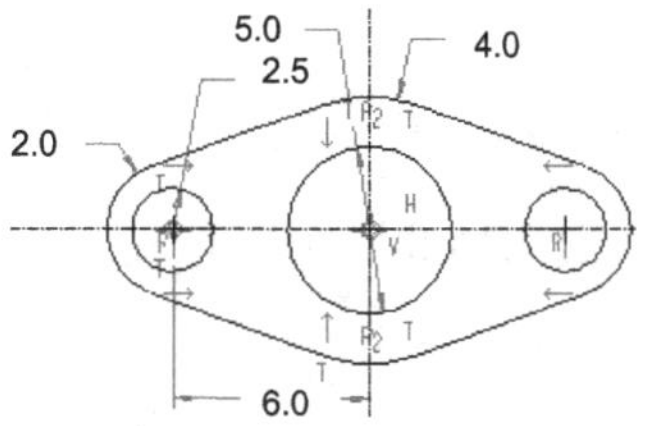

图 2.14.2 练习 2

习题 3

绘制并标注图 2.14.3 所示的草图。

习题 4

绘制并标注图 2.14.4 所示的草图。

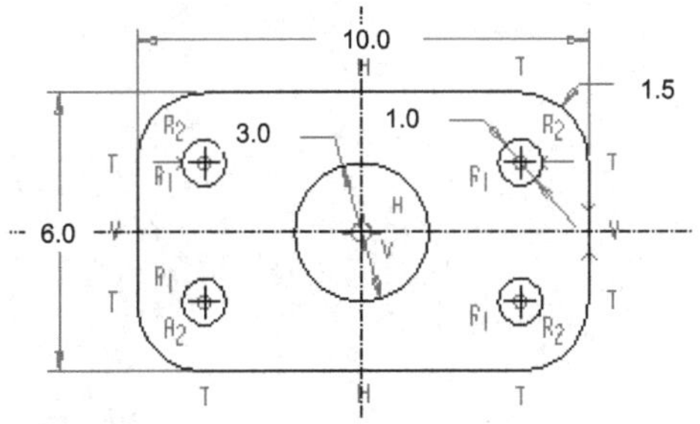

图 2.14.3　练习 3

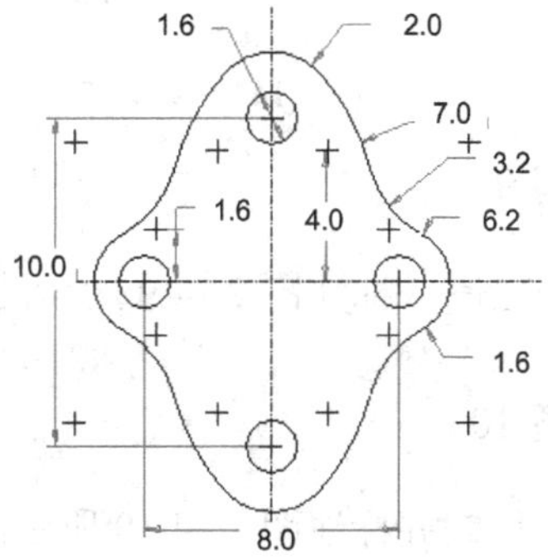

图 2.14.4　练习 4

习题 5

绘制并标注图 2.14.5 所示的草图。

习题 6

绘制并标注图 2.14.6 所示的草图。

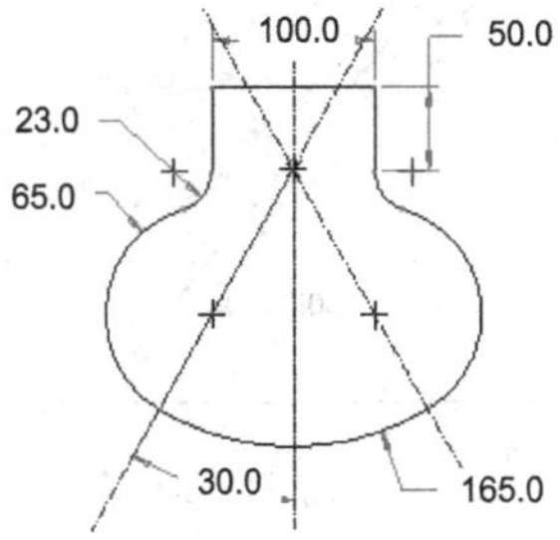

图 2.14.5　练习 5

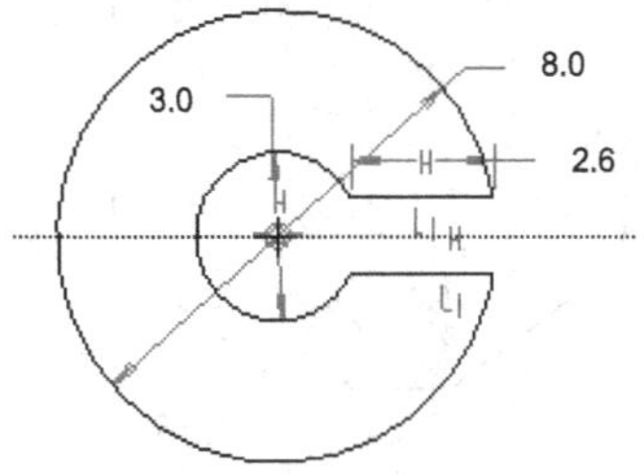

图 2.14.6　练习 6

习题 7

绘制并标注图 2.14.7 所示的草图。

习题 8

绘制并标注图 2.14.8 所示的草图。

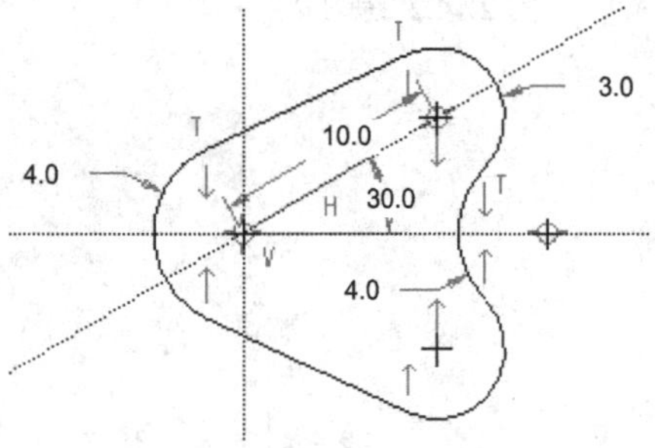

图 2.14.7 练习 7

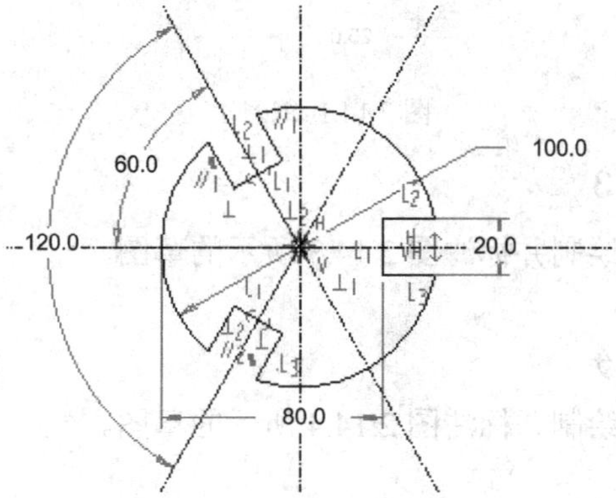

图 2.14.8 练习 8

习题 9

绘制并标注图 2.14.9 所示的草图。

习题 10

绘制并标注图 2.14.10 所示的草图。

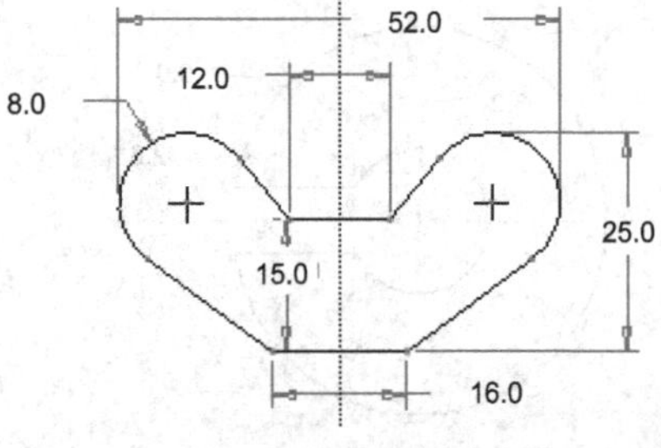

图 2.14.9 练习 9

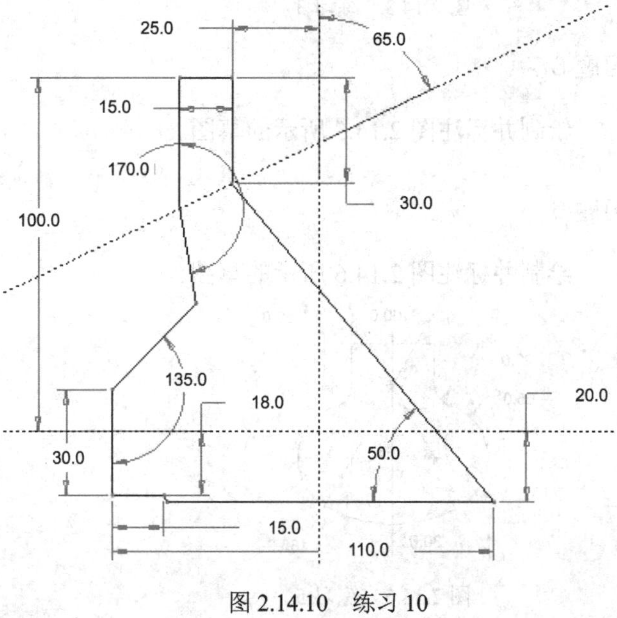

图 2.14.10 练习 10

习题 11

绘制并标注图 2.14.11 所示的草图。

习题 12

绘制并标注图 2.14.12 所示的草图。

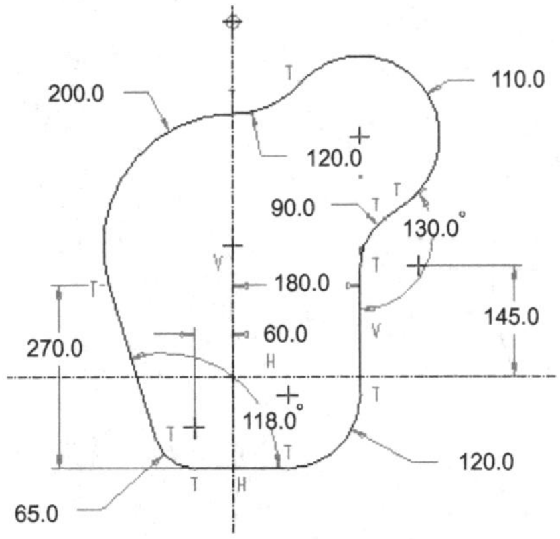

图 2.14.11　练习 11

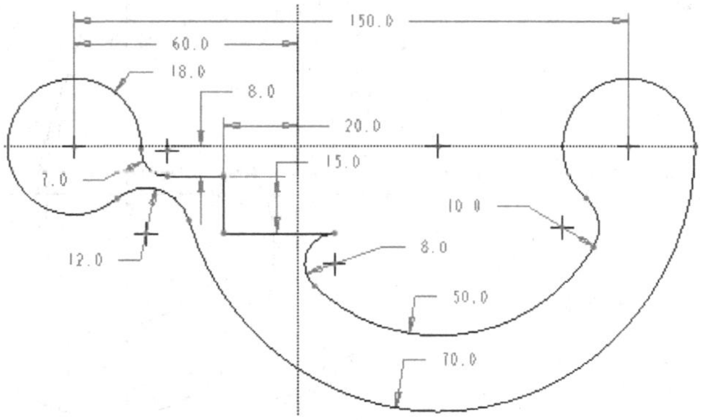

图 2.14.12　练习 12

习题 13

绘制并标注图 2.14.13 所示的草图。

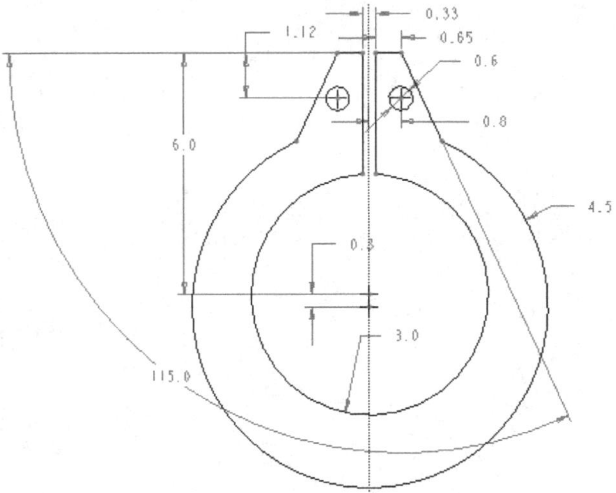

图 2.14.13　练习 13

习题 14

绘制并标注图 2.14.14 所示的草图。

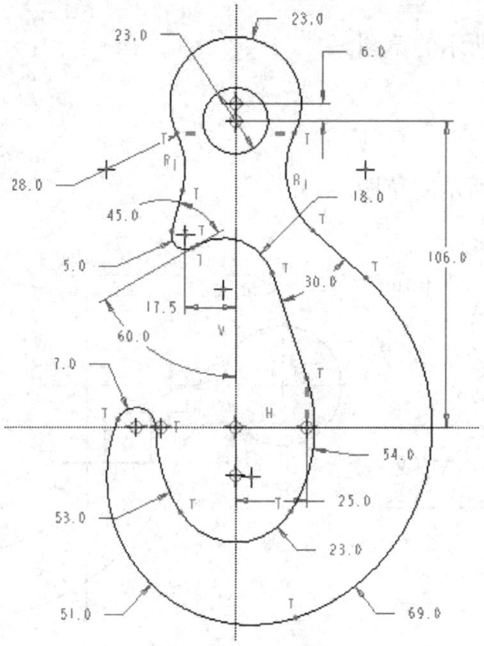
23.0
23.0
6.0
28.0
45.0
18.0
5.0
106.0
30.0
17.5
60.0
7.0
H
54.0
25.0
53.0
23.0
51.0
69.0

图 2.14.14　练习 14

第 3 章　零 件 设 计

本章提要　零件建模是产品设计的基础，而组成零件的基本单元是特征。本章先介绍用拉伸特征创建一个零件模型的一般操作过程，然后介绍 Pro/ENGINEER 软件文件、模型的操作及其他一些基本的特征工具，包括旋转、孔、倒角、圆角、抽壳、扫描和混合等。主要内容包括：

- Pro/ENGINEER 零件建模的一般过程
- 拉伸特征
- Pro/ENGINEER 模型文件的操作
- 模型的显示控制
- 模型树和层
- 零件属性设置
- 特征的修改
- 旋转特征
- 倒角与圆角特征
- 孔特征
- 抽壳特征
- 筋（肋）特征
- 拔模及修饰特征
- 基准特征
- 特征的重新排序及插入操作
- 特征失败的出现和处理
- 特征的复制、阵列与成组
- 扫描特征
- 混合特征
- 螺旋扫描特征
- 零件模型的测量与分析

3.1　Pro/ENGINEER 零件建模的一般过程

用 Pro/ENGINEER 系统创建零件模型，其方法十分灵活，按大的方法分类，有以下几种。

1．“积木”式的方法

这是大部分机械零件的实体三维模型的创建方法。这种方法是先创建一个反映零件主要形状的基础特征，然后在这个基础特征上添加其他的一些特征，如伸出、切槽（口）、倒角和圆角等。

2．由曲面生成零件的实体三维模型的方法

这种方法是先创建零件的曲面特征，然后把曲面转换成实体模型。

3．从装配中生成零件的实体三维模型的方法

这种方法是先创建装配体，然后在装配体中创建零件。

本章将主要介绍用第一种方法创建零件模型的一般过程，其他的方法将在后面章节中陆续介绍。

下面以一个零件——导块（guide_block）为例，说明用 Pro/ENGINEER 软件创建零件三维模型的一般操作步骤，同时介绍拉伸（Extrude）特征的基本概念及其创建方法。导块的模型如图 3.1.1 所示。

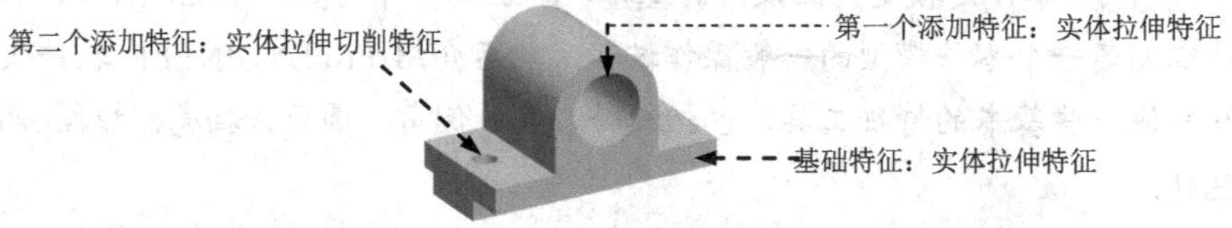

图 3.1.1 导块三维模型

3.1.1 新建一个零件模型文件

准备工作：将目录 D:\dbproe5.1\work\ch03\ch03.01 设置为工作目录。在后面的章节中，每次新建或打开一个模型文件（包括零件、装配件等）之前，都应先将工作目录设置正确。

操作步骤如下：

Step1. 在工具栏中单击“新建”按钮（或选择下拉菜单 文件(F) → 新建(N)... 命令，如图 3.1.2 所示），此时系统弹出图 3.1.3 所示的“新建”对话框。

Step2. 选择文件类型和子类型。在对话框中选择 类型 选项组中的 零件，选择 子类型 选项组中的 实体。

Step3. 输入文件名。在 名称 文本框中输入文件名 guide_block。

说明：

- 每次新建一个文件时，Pro/ENGINEER 会显示一个默认名。如果要创建的是零件，默认名的格式是 prt 后跟一个序号（如 prt0001），以后再新建一个零件，序号自动加 1。
- 公用名称 文本框中可输入模型的公共描述，该描述将映射到 Winchill 中的 CAD 文档名称中去。一般设计中不对此进行操作。

Step4. 取消选中 使用缺省模板 复选框并选取适当的模板。通过单击 使用缺省模板 复选框来取消使用默认模板，然后单击对话框中的 确定 按钮，系统弹出图 3.1.4 所示的“新文件选项”对话框，在“模板”选项组中选择 PTC 公司提供的米制实体零件模型模板 mmns_part_solid（如果用户所在公司创建了专用模板，可通过单击 浏览... 按钮找到该模板），然后单击 确定 按钮，系统立即进入零件的创建环境。

注意：为了使本书的通用性更强，在后面各个 Pro/ENGINEER 模块（包括零件、装配件、工程制图、钣金件和模具设计）的介绍中，无论是范例介绍还是章节练习，当新建一个模型

（包括零件模型、装配体模型和模具制造模型）时，如未加注明，都是取消选中 □ 使用缺省模板 复选框，而且都是使用 PTC 公司提供的以 mmns 开始的米制模板。

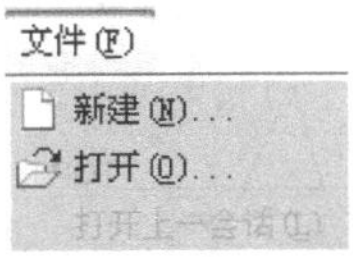

图 3.1.2　“文件”下拉菜单

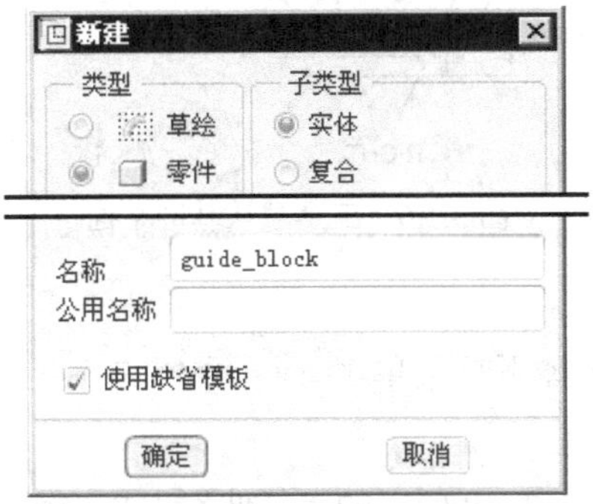

图 3.1.3　“新建”对话框

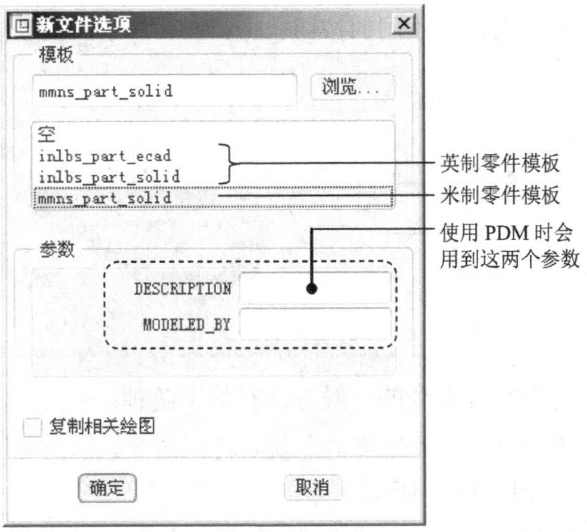

图 3.1.4　“新文件选项”对话框

说明：关于模板及默认模板。

Pro/ENGINEER 的模板分为两种类型：模型模板和工程图模板。模型模板分零件模型模板、装配模型模板和模具模型模板等。这些模板其实都是一个标准 Pro/ENGINEER 模型，它们都包含预定义的特征、层、参数、命名的视图、默认单位及其他属性。Pro/ENGINEER 为其中各类模型分别提供了两种模板：一种是米制模板，以 mmns 开始，使用米制度量单位；一种是英制模板，以 inlbs 开始，使用英制单位（参见图 3.1.4，图中有系统提供的零件模型的两种模板）。

工程图模板是一个包含创建工程图项目说明的特殊工程图文件，这些工程图项目包括视图、表、格式、符号、捕捉线、注释、参数注释及尺寸。另外，PTC 标准绘图模板还包含三个正交视图。

用户可以根据个人或公司的具体需要，对模板进行更详细的定制，并可以在配置文件 config.pro 中将这些模板设置成默认模板。

3.1.2　创建零件的基础特征

基础特征是一个零件的主要轮廓特征，创建什么样的特征作为零件的基础特征比较重要，一般由设计者根据产品的设计意图和零件的特点灵活掌握。本例中的导块零件的基础特征是一个拉伸（Extrude）特征（图 3.1.5）。拉伸特征是将截面草图沿着草绘平面的垂直方向拉伸而形成的，它是最基本且经常使用的零件建模工具选项。

1. 选取特征命令

进入 Pro/ENGINEER 的零件设计环境后，屏幕的绘图区中应该显示图 3.1.6 所示的三个相互垂直的默认基准平面，如果没有显示，可单击工具栏中的按钮，将其显现出来。如果还是没有看到，就需要通过单击按钮来创建三个基准平面（请注意按钮和按钮的区别，它们是不同的按钮）。

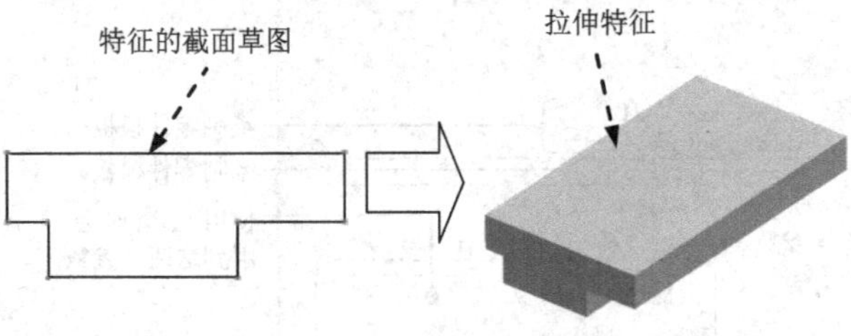

图 3.1.5 “拉伸”示意图

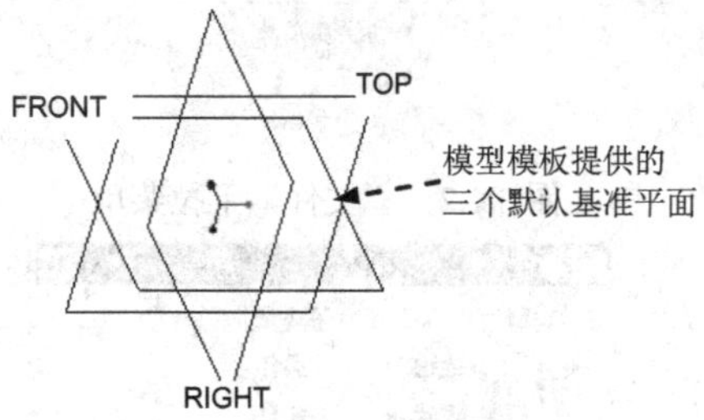

图 3.1.6 三个默认基准平面

选取特征命令的一般方法有如下两种：

方法一：从下拉菜单中获取特征命令。本例可以选择下拉菜单 插入(I) → 拉伸(E)... 命令，如图 3.1.7 所示。

方法二：从工具栏中获取特征命令。本例可以单击图 3.1.8 所示的“拉伸”工具按钮。

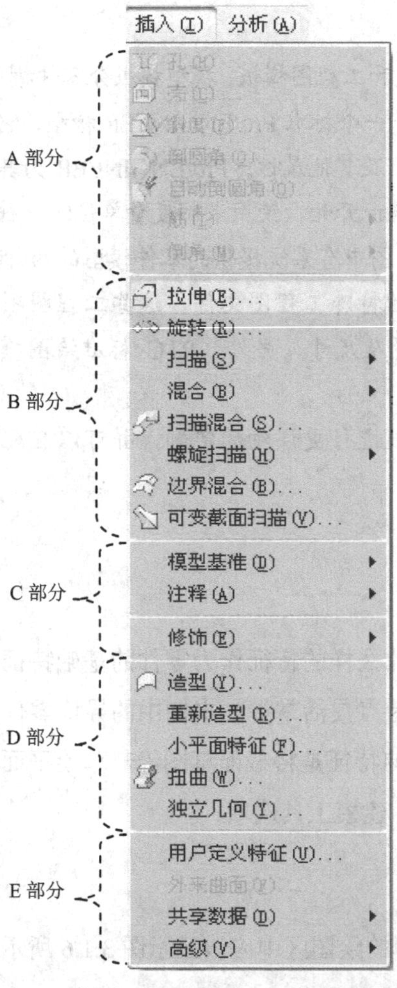

图 3.1.7 “插入”下拉菜单

图 3.1.8 “拉伸”工具按钮

下面对 插入(I) 下拉菜单中的各命令进行简要说明：

如图 3.1.7 所示，该下拉菜单包括 A～E 五个部分，它们主要用于创建各类特征。

A 部分：用于创建构造类特征。该部分中的所有命令为灰色，表明它们此时不可使用，因为它们都属于构造类特征，须构造在其他特征上面。

B 部分：该部分列出了几种创建普通特征的方法，用这些方法可以创建一般的加材料实体（例如凸台）、减材料实体（例如在实体上挖孔）或曲面。

注意： 同一形状的特征可以用不同方法来创建。比如同样一个圆柱形特征，既可以选择 拉伸(E)... 命令（用拉伸的方法创建），也可以选择 旋转(R)... 命令（用旋转的方法创建）。

C 部分：用于创建基准特征（如基准面）或修饰特征（螺纹修饰）。

D 部分：主要用于创建高级的空间曲面类特征。

E 部分：特征的高级应用，操作比较复杂。

2. 定义拉伸特征类型

在选择 拉伸(E)... 命令后，绘图区上方会出现图 3.1.9 所示的操控板。在操控板中，按下“实体类型”按钮（默认情况下，此按钮为按下状态）。

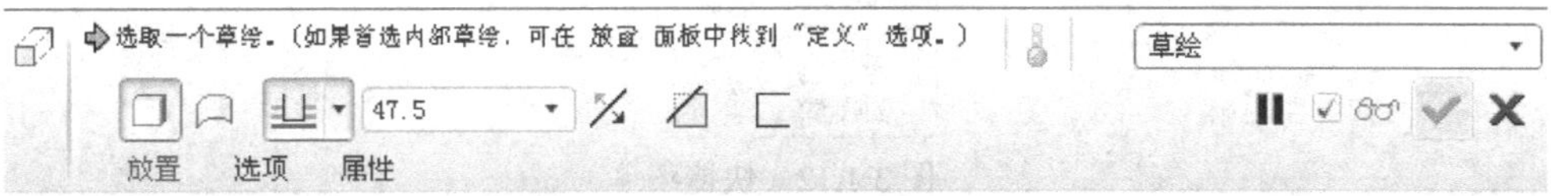

图 3.1.9 “拉伸”特征操控板

说明： 利用拉伸工具，可以创建如下几种类型的特征：

- 实体类型：按下操控板中的“实体类型”按钮，可以创建实体类型的特征。在由截面草图生成实体时，实体特征的截面草图完全由材料填充，如图 3.1.10 所示。
- 曲面类型：按下操控板中的“曲面类型”按钮，可以创建一个拉伸曲面。在 Pro/ENGINEER 中，曲面是一种没有厚度和重量的面，但通过相关命令操作可变成带厚度的实体。
- 薄壁类型：按下“加厚草绘”按钮，可以创建薄壁类型特征。在由截面草图生成实体时，薄壁特征的截面草图则由材料填充成均厚的环，环的内侧或外侧或中心轮廓线是截面草图，如图 3.1.11 所示。

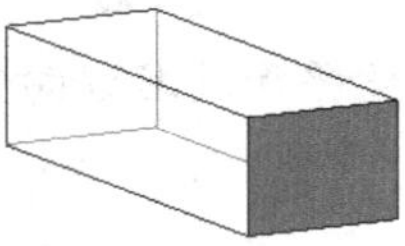

图 3.1.10 “实体”特征

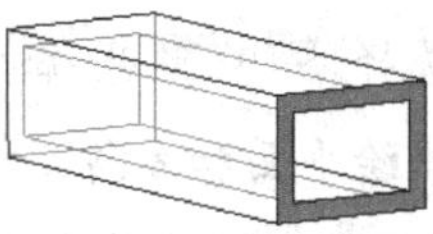

图 3.1.11 “薄壁”特征

- 切削类型：操控板中的“移除材料”按钮被按下时，可以创建切削特征。

一般来说，创建的特征可分为“正空间”特征和“负空间”特征。“正空间”特征是指在现有零件模型上添加材料，“负空间”特征是指在现有零件模型上移除材料，即切削。

如果“移除材料”按钮被按下，同时“实体类型”按钮也被按下，则用于创建“负空间”实体，即从零件模型中移除材料。当创建零件模型的第一个（基础）特征时，零件模型中没有任何材料，所以零件模型的第一个（基础）特征不可能是切削类型的特征，因而“移除材料”按钮是灰色的，不能选取。

如果“移除材料”按钮被按下，同时“曲面类型”按钮也被按下，则用于曲面的裁剪，即在现有曲面上裁剪掉正在创建的曲面特征。

如果“移除材料”按钮被按下，同时“加厚草绘”按钮及“实体类型”按钮也被按下，则用于创建薄壁切削实体特征。

3．定义截面草图

Step1. 在绘图区中右击，从弹出的图 3.1.12 所示的快捷菜单中，选择 定义内部草绘... 命令（也可在操控板中单击 放置 按钮，然后在弹出的界面中单击 定义... 按钮，如图 3.1.13 所示），此时系统弹出图 3.1.14 所示的“草绘”对话框。

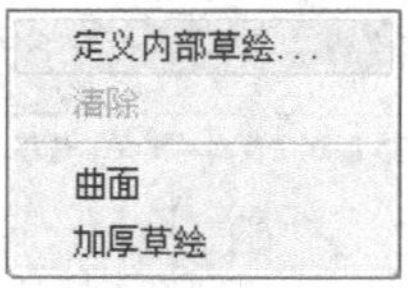

图 3.1.12　快捷菜单

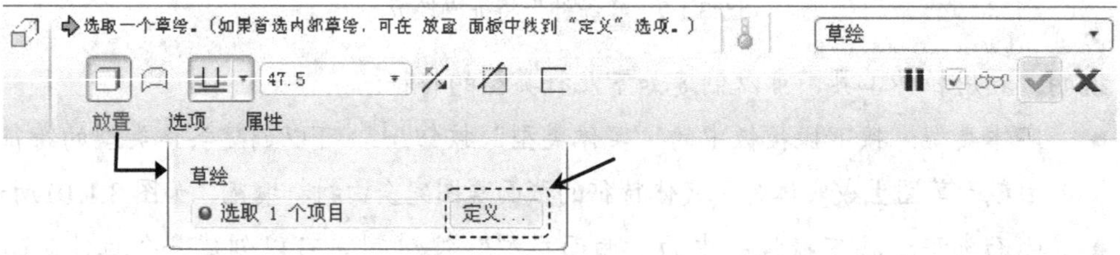

图 3.1.13　操控板

Step2. 定义截面草图放置属性。

（1）定义草绘平面。

对草绘平面的概念和有关选项介绍如下：

- 草绘平面是特征截面或轨迹的绘制平面，可以是基准平面，也可以是实体的某个平整表面。
- 选择 使用先前的 命令，意味着把先前一个特征的草绘平面及其方向作为本特征的草绘平面和方向。

选取 RIGHT 基准平面作为草绘平面，操作方法如下：

将鼠标指针移至图形区中的 RIGHT 基准平面的边线或 RIGHT 字符附近，该基准平面的边线外会出现天蓝色加亮的边线，此时单击，RIGHT 基准平面就被定义为草绘平面，“草绘”对话框中“草绘平面”区域的文本框中显示出“RIGHT：F1（基准平面）”。

（2）定义草绘视图方向。

此例中我们不进行操作，采用模型中默认的草绘视图方向。

说明：完成 Step2 后，图形区中 RIGHT 基准平面的边线旁边会出现一个黄色的箭头（图 3.1.15），该箭头方向表示查看草绘平面的方向。如果要改变该箭头的方向，有三种方法。

方法一：单击“草绘”对话框中的 反向 按钮，如图 3.1.14 所示。

方法二：将鼠标指针移至该箭头附近，单击（图 3.1.15）。

方法三：将鼠标指针移至该箭头上，右击，选择 反向 命令。

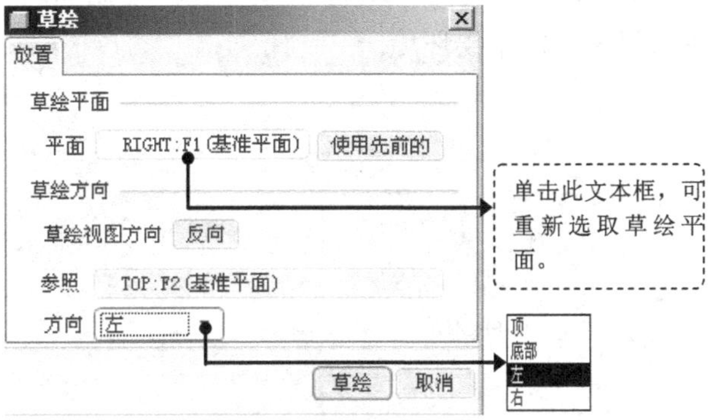

图 3.1.14 “草绘”对话框

Pro/ENGINEER 软件中有许多确定方向的地方，在图形区系统都会有相应的箭头加以明示，应多加留心观察。

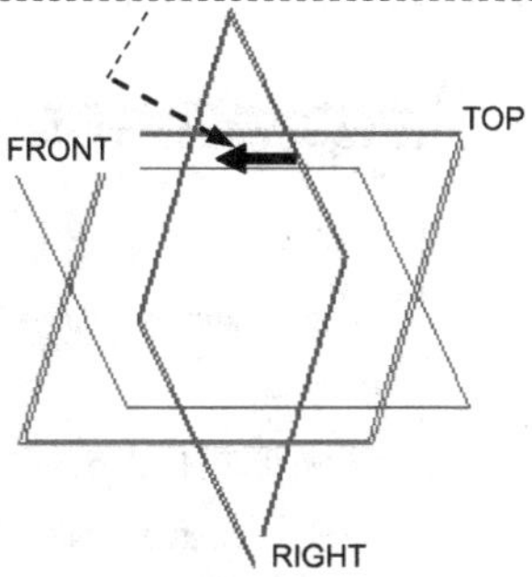

图 3.1.15 查看方向箭头

（3）对草绘平面进行定向。

说明：选取草绘平面后，开始草绘前，还必须对草绘平面进行定向。定向完成后，系统即让草绘平面与屏幕平行，并按所指定的定向方位来摆放草绘平面。要完成草绘平面的定向，必须进行下面的操作：

① 指定草绘平面的参照平面，即指定一个与草绘平面相垂直的平面作为参照。“草绘平面的参照平面”有时简称为“参照平面”、“参考平面”或“参照”。

② 指定参照平面的方向，即指定参照平面的放置方位，参照平面可以朝向显示器屏幕的 顶 部或 底部 或 右 部或 左 部，如图 3.1.14 所示。

注意：

- 参照平面必须是平面并且要求与草绘平面垂直。
- 如果参照平面是基准平面，则参照平面的方向取决于基准平面橘黄色侧面的朝向。
- 这里要注意图形区中的 TOP（顶）、RIGHT（右）和图 3.1.14 中的 顶 、 右 的区别。模型中的 TOP（顶）、RIGHT（右）是指基准平面的名称，该名称可以任意修改；图 3.1.14 中的 顶 、 右 是草绘平面的参照平面的放置方位。

- 为参照平面选取不同的方向，则草绘平面在草绘环境中的摆放就不一样。
- 完成 Step2 操作后，当系统获得足够的信息时，系统将会自动指定草绘平面的参照平面及其方向，如图 3.1.14 所示，系统自动指定 TOP 基准面作为参照，自动指定参照平面的放置方位为“左”。

此例中，我们按如下方法定向草绘平面：

① 指定草绘平面的参照平面：此时“草绘”对话框的“参照”文本框自动加亮，单击图形区中的 FRONT 基准平面。

② 指定参照平面的方向：单击对话框中方向列表框后面的▼按钮，在弹出的列表中选择底部。完成这两步操作后，“草绘”对话框的显示如图 3.1.16 所示。

（4）单击对话框中的草绘按钮，此时系统进行草绘平面的定向，并使其与屏幕平行，如图 3.1.17 所示。从图中可看到，FRONT 基准平面现在水平放置，并且 FRONT 基准面的橘黄色的一侧面在底部。至此，系统就进入了截面的草绘环境。

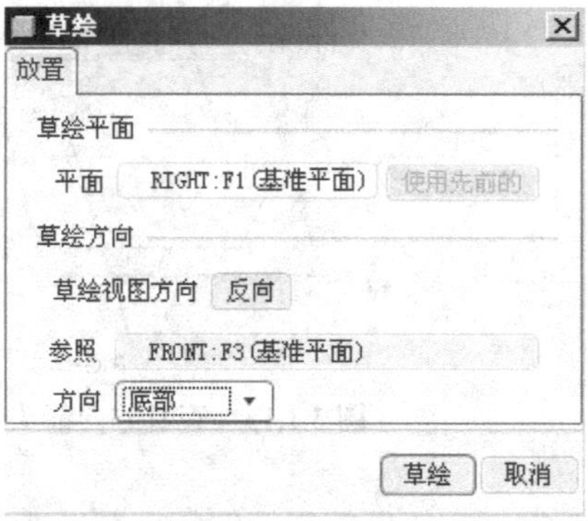

图 3.1.16 “草绘”对话框

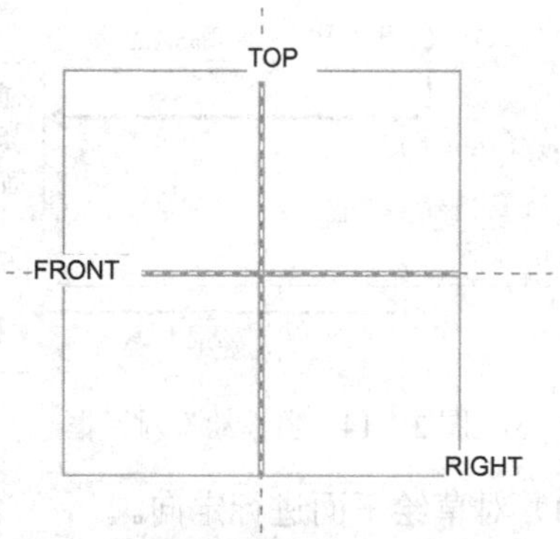

图 3.1.17 草绘平面与屏幕平行

Step3. 创建特征的截面草图。

基础拉伸特征的截面草图如图 3.1.18 所示。下面将以此为例介绍特征截面草图的一般创建步骤。

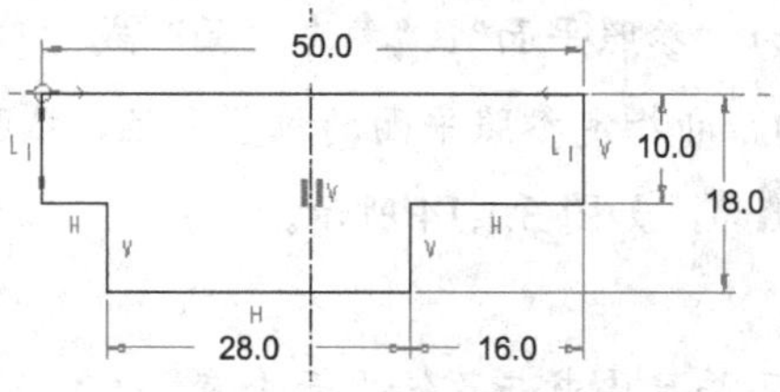

图 3.1.18 基础拉伸特征的截面草图

（1）定义草绘参照。

进入 Pro/ENGINEER 草绘环境后，系统将自动为草图的绘制及标注选取足够的草绘参照（在本例中系统默认选取了 TOP 和 FRONT 基准平面作为草绘参照）。本例中，我们不进行操作。

说明：在用户的草绘过程中，Pro/ENGINEER 会自动对图形进行尺寸标注和几何约束，但系统在自动标注和约束时，必须参考一些点、线、面，这些点、线、面就是草绘参照。

关于 Pro/ENGINEER 的草绘参照应注意如下几点：

- 查看当前草绘参照：选择下拉菜单 草绘(S) ➡ 参照(R)... 命令，系统弹出“参照”对话框，在参照列表区系统列出了当前的草绘参照，如图 3.1.19 所示（该图中的两个草绘参照 FRONT 和 TOP 基准面是系统默认选取的）。如果用户想添加其他的点、线、面作为草绘参照，可以通过在图形上直接单击来选取。
- 要使草绘截面的参照完整，必须至少选取一个水平参照和一个垂直参照，否则会出现错误警告提示。
- 在没有足够的参照来摆放一个截面时，系统会自动弹出图 3.1.19 所示的“参照”对话框，要求用户先选取足够的草绘参照。
- 在重新定义一个缺少参照的特征时，必须选取足够的草绘参照。

“参照”对话框中的几个选项介绍如下：

- 按钮：用于为尺寸和约束选取参照。按下此按钮后，再在图形区的二维草绘图形中单击要作为参考基准的直线（包括平面的投影直线）、点（包括直线的投影点）等目标，系统立即将其作为一个新的参照显示在“参照”列表区中。
- 剖面(X) 按钮：单击此按钮，再选取目标曲面，可将草绘平面与某个曲面的交线作为参照。
- 删除(D) 按钮：如果要删除参照，可在参照列表区选取要删除的参照名称，然后单击此按钮。

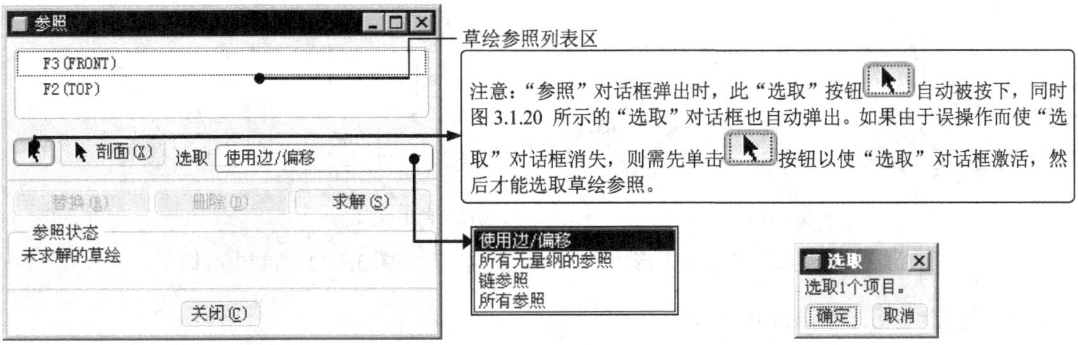

图 3.1.19　“参照”对话框

图 3.1.20　“选取”对话框

（2）设置草图环境，调整草绘区。

操作提示与注意事项：

- 参见 2.5 节，将草绘的网格设置为 1。
- 除可以移动和缩放草绘区外，如果用户想在三维空间绘制草图或希望看到模型截面草图在三维空间的方位，可以旋转草绘区，方法是按住鼠标的中键，同时移动鼠标，可看到图形跟着鼠标旋转。旋转后，单击按钮可恢复绘图平面与屏幕平行（有些鼠标的中键在鼠标的左侧，不在中间）。

- 如果用户不希望屏幕图形区中显示的东西太多，可单击按钮、按钮及按钮等，将网格、基准平面、坐标系等的显示关闭，这样图面显得更简洁。
- 在操作中，如果鼠标指针变成圆圈或在当前对话框不能选取有关的按钮或菜单命令，可单击按钮（或者选择下拉菜单 窗口(W) → 激活(A) 命令），将当前窗口激活。

（3）创建截面草图。

下面将说明创建截面草图的一般流程，在以后的章节中，当创建截面草图时，可参照这里的内容。

① 草绘截面几何图形的大体轮廓。使用 Pro/ENGINEER 软件绘制截面草图，开始时没有必要很精确地绘制截面的几何形状、位置和尺寸，只需勾勒截面的大概形状即可。

操作提示与注意事项：

- 为了使草绘时图形显示得更简洁、清晰，建议先将尺寸和约束符号的显示关闭。方法如下：
  - ☑ 单击“显示尺寸”按钮，使其处于弹起状态（即尺寸显示关闭）。
  - ☑ 单击“显示约束”按钮，使其处于弹起状态（即约束显示关闭）。
- 选择下拉菜单 草绘(S) → 线(L) ▸ → 线(L) 命令，绘制图 3.1.21 所示的七条直线（绘制时不要太在意图中直线的大小和位置，只要大概的形状与图 3.1.21 相似就可以）。
- 选择下拉菜单 草绘(S) → 线(L) ▸ → 中心线(C) 命令，绘制图 3.1.22 所示的中心线。

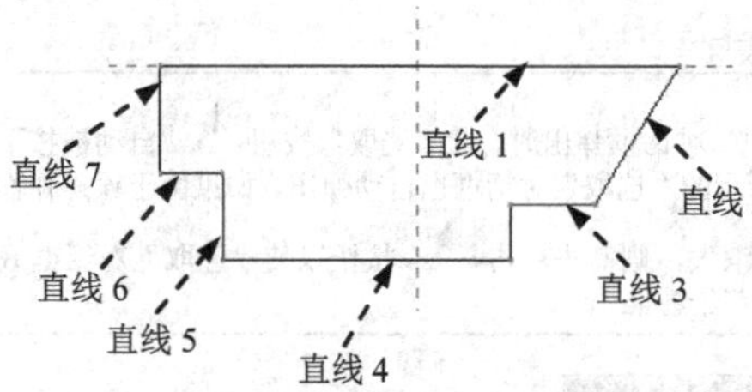

图 3.1.21　草绘截面的初步图形

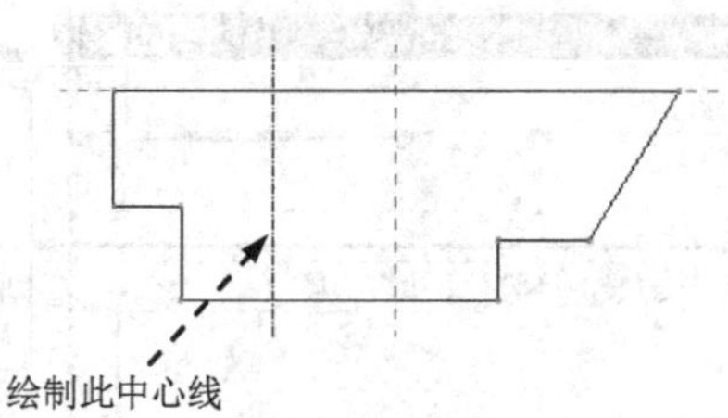

图 3.1.22　绘制中心线

② 建立约束。操作提示如下：

a）显示约束。按下“显示约束”按钮。

b）删除无用的约束。在绘制草图时，系统会自动添加一些约束，而其中有些是没用的，例如在图 3.1.23 a 中，系统自动添加了“垂直”约束（注意：读者绘制时，可能没有这个约束，这取决于绘制时鼠标的走向与停留的位置）。删除约束的操作方法为：在工具栏中单击“选取项目”按钮。选取图 3.1.23a 中的“垂直”约束，然后右击，在弹出的图 3.1.24 所示的快捷菜单中选择 删除(D)。

a）删除约束前　　b）删除约束后

图 3.1.23 删除无用约束

c）添加需要的约束。单击按钮中的按钮（或选择下拉菜单 草绘(S) → 约束(C) ▸ 命令），系统弹出图 3.1.25 所示的“约束”对话框。在“约束”对话框中单击按钮，然后在图 3.1.26a 所示的图形中，先单击中心线，再单击图中的基准面边线。完成操作后，图形如图 3.1.26b 所示。在“约束”对话框中单击按钮，然后依次单击图 3.1.27a 所示的中心线及顶点 1 和顶点 2。完成操作后，图形如图 3.1.27b 所示。在“约束”对话框中单击按钮，然后单击图 3.1.28a 所示的线段 3 和线段 6。完成操作后，图形如图 3.1.28b 所示。在“约束”对话框中单击按钮，然后单击图 3.1.29a 所示的线段。完成操作后，图形如图 3.1.29b 所示。

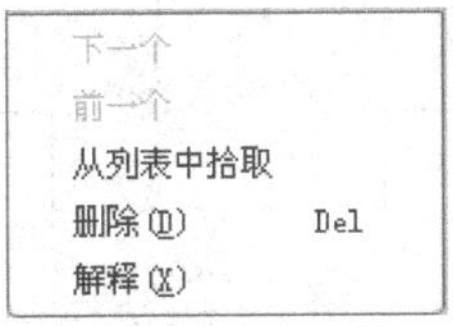

图 3.1.24 快捷菜单

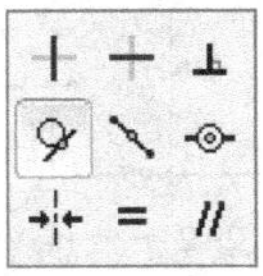

图 3.1.25 “约束”对话框

a）添加对齐约束前　　b）添加对齐约束后

图 3.1.26 添加对齐约束

a）添加对称约束前　　b）添加对称约束后

图 3.1.27 添加对称约束

a）添加共线约束前　　b）添加共线约束后

图 3.1.28 添加共线约束

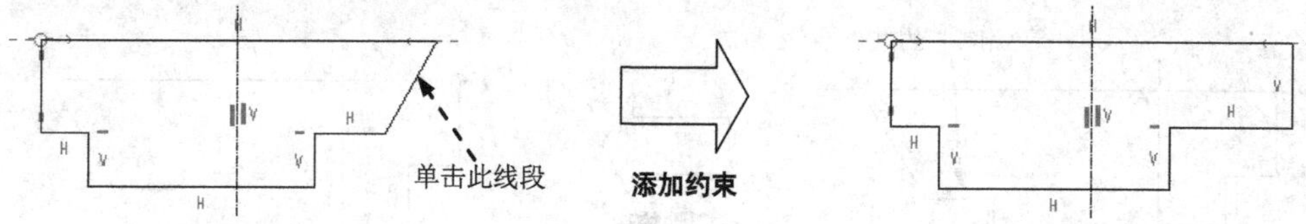

a）添加竖直约束前　　b）添加竖直约束后

图 3.1.29 添加竖直约束

③ 将尺寸修改为设计要求的尺寸。其操作提示与注意事项如下：

- 尺寸的修改往往安排在建立约束以后进行。
- 修改尺寸前要注意，如果要修改的尺寸的大小与设计目标尺寸相差太大，应该先用图元操纵功能将其“拖到”与目标尺寸相近，然后再双击尺寸，输入目标尺寸。
- 注意修改尺寸时的先后顺序，为防止图形变得很凌乱，应先修改对截面外观影响不大的尺寸（在图 3.1.30a 中，尺寸 53.3 是对截面外观影响不大的尺寸，所以建议先修改此尺寸）。

a）尺寸值修改前　　b）尺寸值修改后

图 3.1.30　修改尺寸

④ 调整尺寸位置。将草图的尺寸移动至适当的位置，如图 3.1.31 所示。

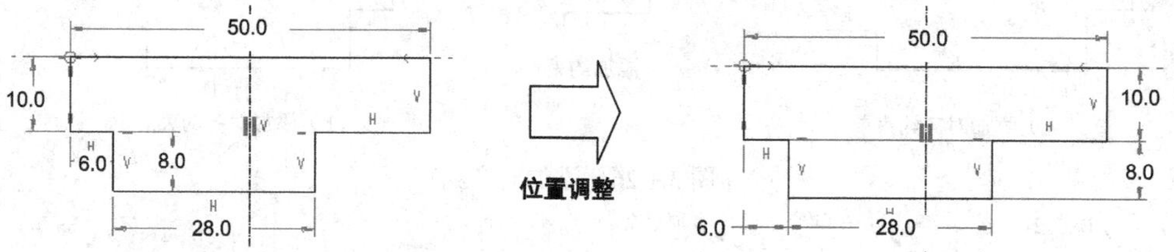

a）尺寸位置调整前　　b）尺寸位置调整后

图 3.1.31　尺寸位置调整

⑤ 将符合设计意图的“弱”尺寸转换为“强”尺寸。

作为正确的操作流程，在改变尺寸标注方式之前，应将符合设计意图的“弱”尺寸转换为“强”尺寸，以免在用户改变尺寸标注方式时，系统自动将符合设计意图的“弱”尺寸删掉。由于本例中的草图很简单，这一步操作可以省略，但在创建复杂的草图时，应该特别注意这一点。关于如何将“弱”尺寸转换为“强”尺寸，可参见第 2 章的相关内容。

⑥ 改变标注方式，改变标注方式，满足设计意图。如图 3.1.32 所示，去掉尺寸标注 8.0，

而添加尺寸标注 18.0。

注意：

- 不要试图先手动删除尺寸标注 8.0，然后添加新的尺寸；而应先添加新的尺寸标注（即单击草绘工具栏中的“标注”按钮），此时系统弹出“解决草绘”提示对话框，其中列出了冲突的尺寸及约束，依次单击对话框中各列出项，可看到草图中的相应尺寸变红。在对话框中单击尺寸 8.0，此时草图中的尺寸 8.0 变红，单击 删除(D) 按钮删除该尺寸。
- 如果此时尺寸 8.0 是“弱”尺寸，则添加尺寸 18.0 后，系统会自动将“弱”尺寸 8.0 删除。

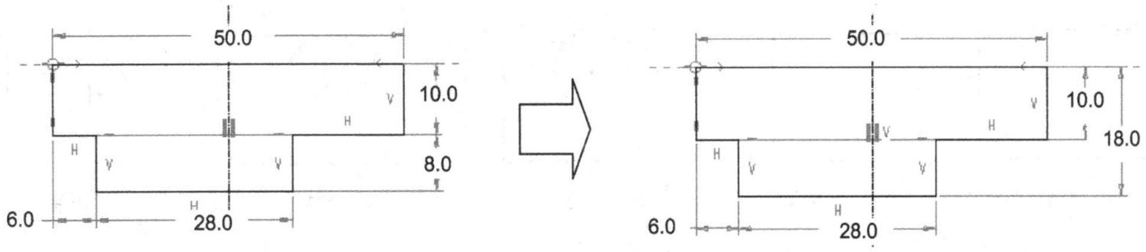

a）标注方式改变前　　b）标注方式改变后

图 3.1.32　改变标注方式

⑦ 编辑、修剪多余的边线。使用“修剪”按钮将草图中多余的边线去掉。为了确保草图正确，建议使用按钮中的按钮对图形的每个交点处进行进一步的修剪处理。

⑧ 将截面草图中的所有“弱”尺寸转换为“强”尺寸。

使用 Pro/ENGINEER 软件，在完成特征截面草图后，将截面草图中剩余的所有“弱”尺寸转换为“强”尺寸，是一个好的习惯。

Step4. 单击“草绘”工具栏中的“完成”按钮，完成拉伸特征截面草绘，退出草绘环境。

注意：

- 草绘“完成”按钮的位置一般如图 3.1.33 所示。
- 如果系统弹出图 3.1.34 所示的“未完整截面”对话框，则表明截面不闭合或截面中有多余、重合的线段，此时可单击 否(N) 按钮，然后修改截面中的错误，完成修改后再单击按钮。

图 3.1.33　草绘“完成”按钮

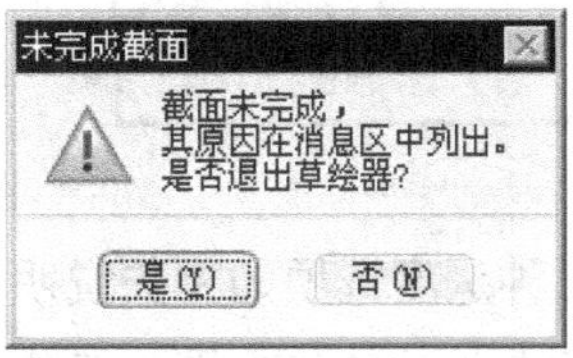

图 3.1.34　“未完成截面”对话框

- 绘制实体拉伸特征的截面时，应该注意如下要求：

☑ 截面必须闭合，截面的任何部位不能有缺口，如图 3.1.35 a 所示。如果有缺口，可用修剪命令 → 将缺口封闭。

☑ 截面的任何部位不能探出多余的线头，如图 3.1.35 b 所示，较长的多余的线头用命令 → 修剪掉。如果线头特别短，即使足够放大也不可见，则必须用命令 → 修剪掉。

☑ 截面可以包含一个或多个封闭环，生成特征后，外环以实体填充，内环则为孔。环与环之间不能相交或相切，如图 3.1.35 c 和图 3.1.35 d 所示；环与环之间也不能有直线（或圆弧等）相连，如图 3.1. 35 e 所示。

- 曲面拉伸特征的截面可以是开放的，但截面不能有多于一个的开放环。

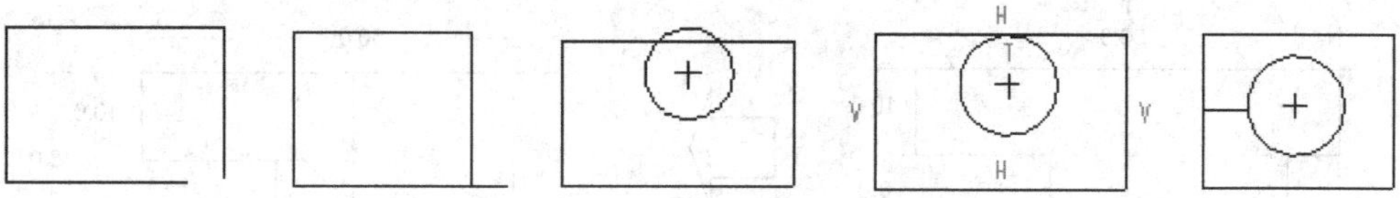

a）有缺口　　b）有线头　　c）相交　　d）相切　　e）相连

图 3.1.35　实体拉伸特征的几种错误截面

4. 定义拉伸深度属性

Step1. 选取深度类型并输入其深度值。在图 3.1.36 所示操控板中，选取深度类型（即“对称拉伸”），再在深度文本框 216.5 中输入深度值 90.0，并按 Enter 键。

说明：如图 3.1.36 所示，单击操控板中的按钮后的按钮，可以选取特征的拉伸深度类型，各选项说明如下：

- 单击按钮（定值，以前的版本称为“盲孔”），可以创建“定值”深度类型的特征，此时特征将从草绘平面开始，按照所输入的数值（即拉伸深度值）向特征创建的方向一侧进行拉伸。
- 单击按钮（对称），可以创建“对称”深度类型的特征，此时特征将在草绘平面两侧进行拉伸，输入的深度值被草绘平面平均分割，草绘平面两边的深度值相等。
- 单击按钮（到选定的），可以创建“到选定的”深度类型的特征，此时特征将从草绘平面开始拉伸至选定的点、曲线、平面或曲面。

图 3.1.36　选取拉伸深度类型

其他几种深度选项的相关说明：

- 当在基础特征上添加其他某些特征时，还会出现下列深度选项：

☑ （到下一个）：深度在零件的下一个曲面处终止。

☑ （穿透）：特征在拉伸方向上延伸，直至与所有曲面相交。

☑ （穿至）：特征在拉伸方向上延伸，直到与指定的曲面（或平面）相交。

- 使用“穿过”类选项时，要考虑下列规则：
  ☑ 如果特征要拉伸至某个终止曲面，则特征的截面草图的大小不能超出终止曲面（或面组）的范围。
  ☑ 如果特征应终止于其到达的第一个曲面，须使用（到下一个）选项，使用选项创建的伸出项不能终止于基准平面。
  ☑ 使用（到选定的）选项时，可以选择一个基准平面作为终止面。
  ☑ 如果特征应终止于其到达的最后曲面，须使用（穿透）选项。
  ☑ 穿过特征没有与伸出项深度有关的参数，修改终止曲面可改变特征深度。
- 对于实体特征，可以选择以下类型的曲面为终止面：
  ☑ 零件的某个表面，它不必是平面。
  ☑ 基准面，它不必平行于草绘平面。
  ☑ 一个或多个曲面组成的面组。
  ☑ 在以“装配”模式创建特征时，可以选择另一个元件的几何边线作为选项的参照。
  ☑ 用面组作为终止曲面，可以创建与多个曲面相交的特征，这对创建包含多个终止曲面的阵列非常有用。
- 图 3.1.37 显示了拉伸的有效深度选项。

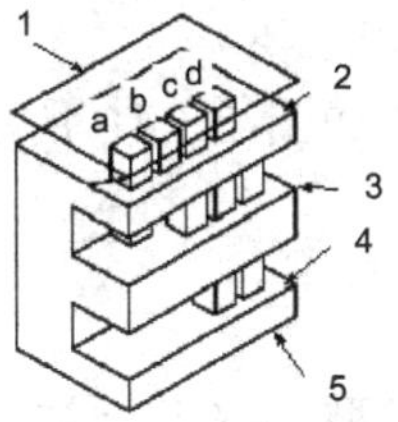

a-定值　　1-草绘平面
b-到下一个　　2-下一个曲面
c-穿至　　3、4、5-模型的其他曲面
d-穿透

图 3.1.37　拉伸深度选项示意图

Step2. 选取深度方向。此步不进行操作，采用模型中默认的深度方向。

说明：按住鼠标的中键且移动鼠标，可将草图从图 3.1.38 所示的状态旋转到图 3.1.39 所示的状态，此时在模型中可看到一个黄色的箭头，该箭头表示特征拉伸的方向；当选择的深度类型为（对称深度），该箭头的方向没有太大的意义；如果为单侧拉伸，应注意箭头的方向是否为将要拉伸的深度方向。要改变箭头的方向，有如下几种方法：

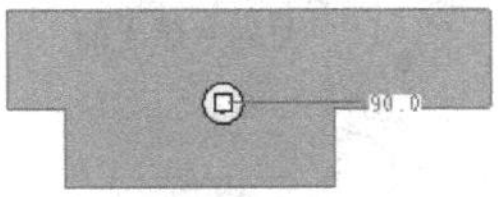

图 3.1.38　草绘平面与屏幕平行

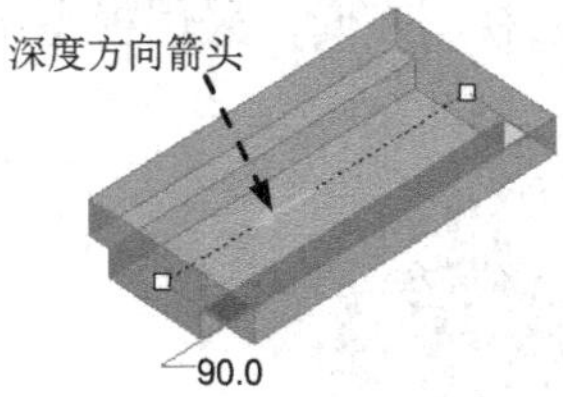

图 3.1.39　草绘平面与屏幕不平行

方法一：在操控板中，单击深度文本框 90.0 后面的按钮。

方法二：将鼠标指针移至深度方向箭头上，单击。

方法三：将鼠标指针移至深度方向箭头附近，右击，选择 反向 按钮。

方法四：将鼠标指针移至模型中的深度尺寸 90.0 上，右击，系统弹出图 3.1.40 所示的快捷菜单，选择反向深度方向命令。

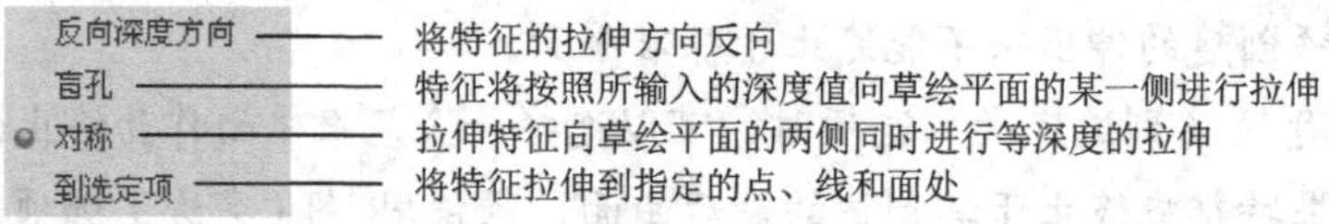

图 3.1.40 “深度”快捷菜单

5. 完成特征的创建

Step1. 特征的所有要素被定义完毕后，可以单击操控板中的“预览”按钮，预览所创建的特征，以检查各要素的定义是否正确。预览时，可按住鼠标中键进行旋转查看，如果所创建的特征不符合设计意图，可选择操控板中的相关项，重新定义。

Step2. 预览完成后，单击操控板中的“完成”按钮，完成特征的创建。

3.1.3 在零件上添加其他特征

1. 添加拉伸特征

在创建零件的基本特征后，可以增加其他特征。现在要添加图 3.1.41 所示的实体拉伸特征，操作步骤如下：

Step1. 单击“拉伸”按钮。

Step2. 在出现的操控板中选取拉伸类型，并确认“实体类型”按钮被按下。

Step3. 定义草绘截面放置属性：

（1）在绘图区中右击，从弹出的快捷菜单中选择 定义内部草绘... 命令，系统弹出“草绘”对话框。

（2）定义截面草图的放置属性。

① 设置草绘平面：选取图 3.1.42 所示的模型表面为草绘平面。

② 设置草绘视图方向：采用模型中默认的黄色箭头的方向为草绘视图方向。

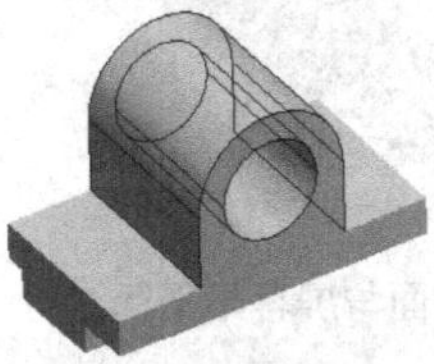

图 3.1.41 添加拉伸特征

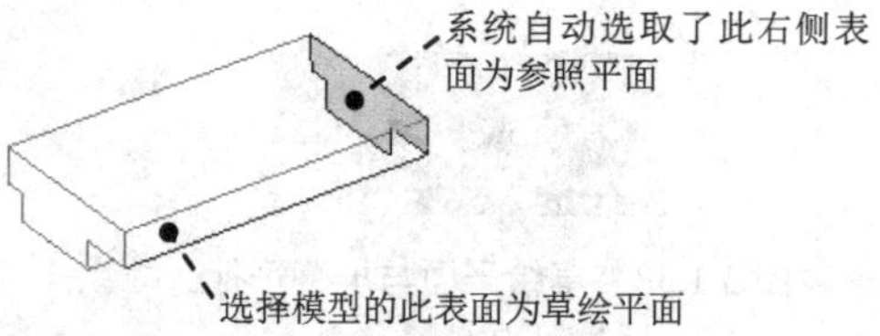

图 3.1.42 设置草绘平面

③ 对草绘平面进行定向。

a）指定草绘平面的参照平面。选取草绘平面后，系统自动选取了图 3.1.42 所示的右侧表面为参照平面；为了使模型按照设计意图来摆放，单击图 3.1.43 所示“草绘”对话框中“参照”后面的文本框，选取图 3.1.44 所示的模型表面为参照平面。

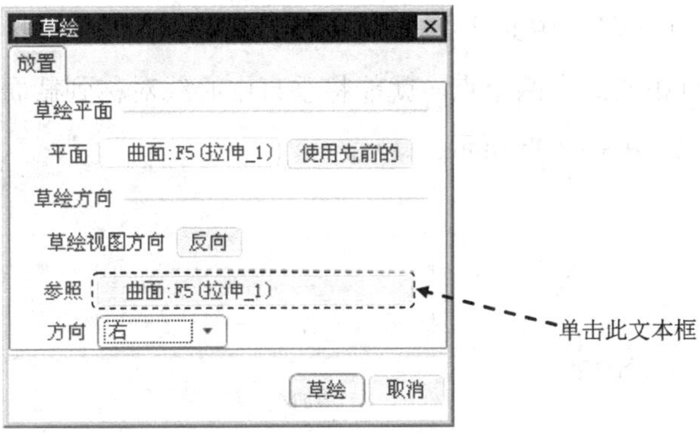

图 3.1.43 “草绘”对话框

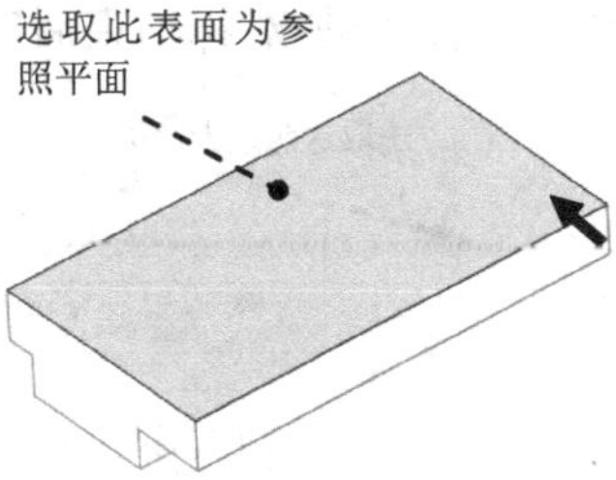

图 3.1.44 重新设置参照平面

b）指定参照平面的方向：在图 3.1.45 所示的“草绘”对话框中，选择顶作为参照平面的方向。

④ 单击“草绘”对话框中的草绘按钮。至此，系统进入截面草绘环境。

（3） 创建图 3.1.46 所示的截面草图，详细操作过程如下：

① 定义截面草绘参照。在此不进行操作，接受系统给出的默认参照。

② 为了使草绘时图形显示得更加清晰，先在图 3.1.47 所示的工具栏中按下按钮，切换到“无隐藏线”方式。

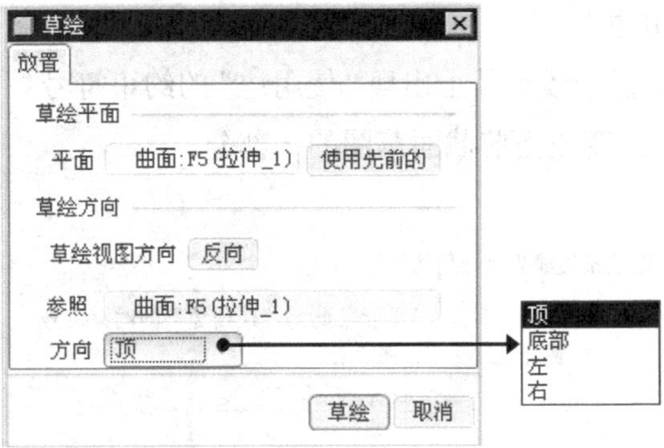

图 3.1.45 “草绘”对话框

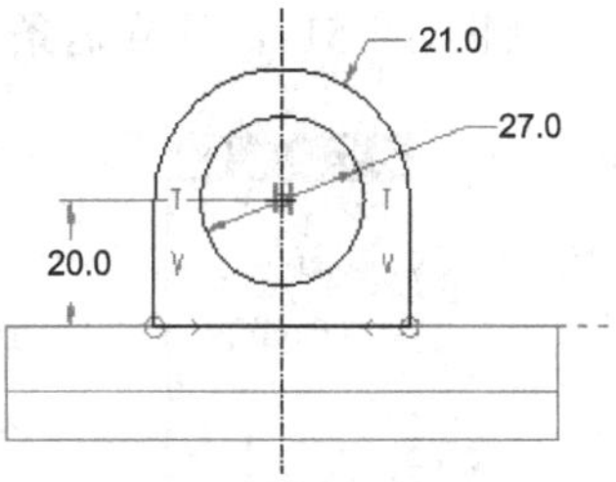

图 3.1.46 截面草图

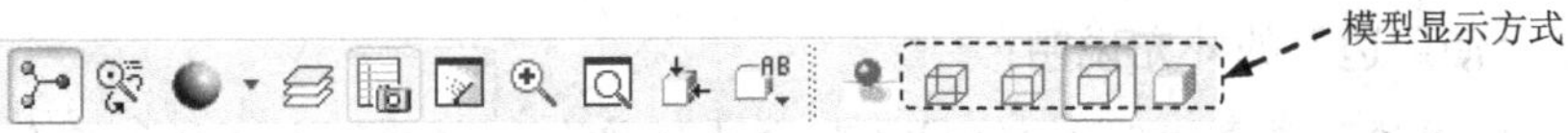

图 3.1.47 “模型显示”工具栏的位置

③ 绘制、标注截面。

a）先绘制一条图 3.1.48 所示的垂直中心线。

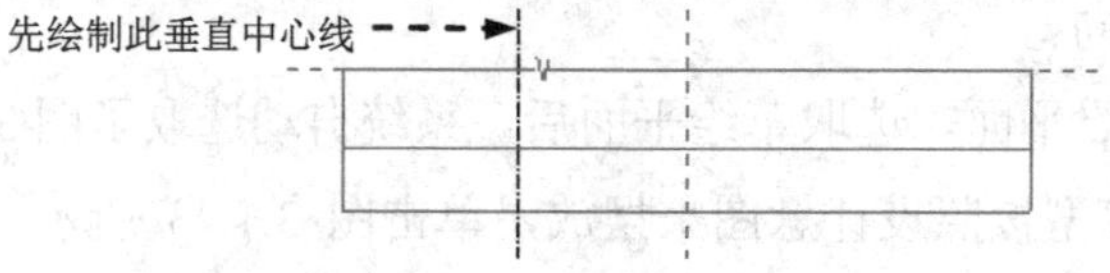

图 3.1.48 绘制垂直中心线

b）将垂直中心线进行对称约束。单击工具栏中的按钮，在“约束”对话框中单击按钮，然后分别选取图 3.1.49a 中的垂直中心线和两个点，就能将垂直中心线对称到截面草图的中间，添加对称约束后的截面草图如图 3.1.49b 所示。

a）添加对称约束前 b）添加对称约束后

图 3.1.49 添加对称约束

c）使用边线。Pro/ENGINEER 草绘环境中的“使用边”命令，是通过将模型中其他特征的边投影到当前的草绘平面来创建草图。“使用边”也是草图中的一种约束关系。利用“使用边”创建几何后，可以对其使用“裁剪”、“分割”和“倒角”等命令。在草绘环境中，“使用边”选项使用户可以选取现有的零件轴，以创建与该轴自动对齐的中心线。对于在非平行平面中复制样条来说，“使用边”选项非常有用。下面结合本例说明“使用边”的操作步骤：

- 单击工具栏中的“使用边”按钮。
- 在系统弹出的图 3.1.50 所示的“类型”对话框中，选取边线类型 单一(S)。
- 选取图 3.1.51 所示的边线为“使用边”。
- 关闭对话框，可看到选取的“使用边”变亮，其上出现“使用边”的约束符号“∿”（图 3.1.51），这样这条“使用边”就变成当前截面草图的一部分。

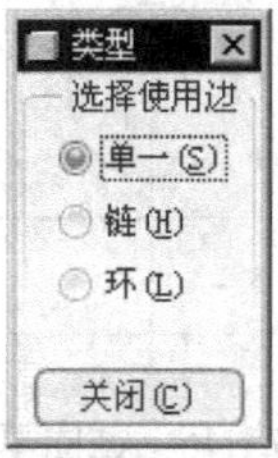

图 3.1.50 “类型”对话框

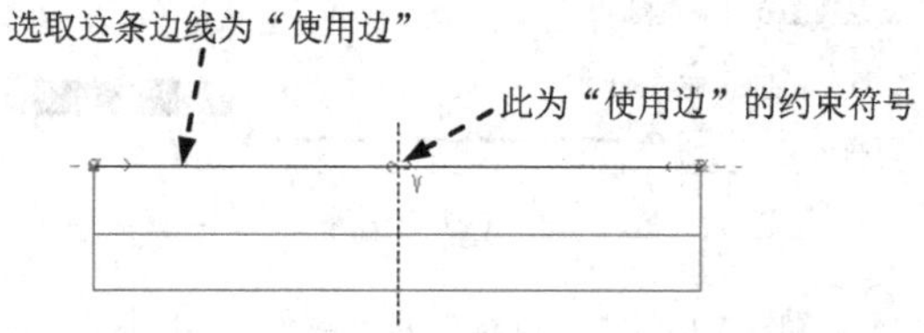

图 3.1.51 使用边标记

关于“使用边”的补充说明：

- “使用边”类型说明：“使用边”分为“单个”、“链”和“环”三个类型，假如要使用图 3.1.52 中的上、下两条直线段，可先选中 单一(S) 单选项，然后逐一选取两条线段；假如要使用图 3.1.53 中相连的两个圆弧和直线线段，可先选中 链(H) 单选项，然后选取该“链”中的首尾两个图元——圆弧；假如要使用图 3.1.54 中闭合的两个圆弧和两条直线线段，可先选择 ◉ 环(L) 单选项，然后选取该“环”中的任意一个图元。另外，利用“链”类型也可选择闭合边线中的任意几个相连的图元链。

- 还有一种“偏移”命令（按钮为中的），如图 3.1.55 所示。由图可见，所创建的边线与原边线有一定距离的偏移，偏移方向由相应的箭头表示。

图 3.1.52 单一

图 3.1.53 链

图 3.1.54 环

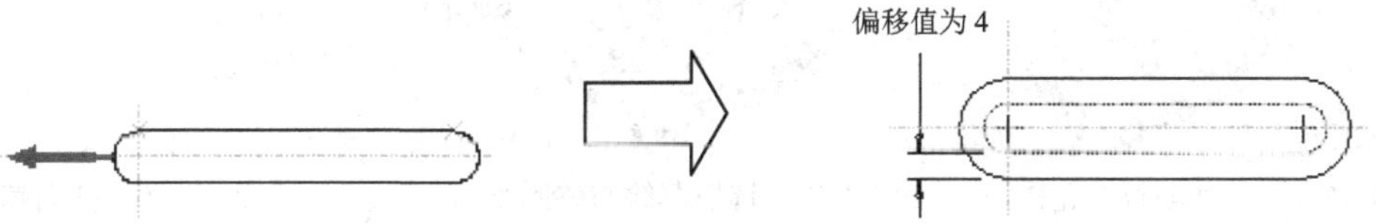

图 3.1.55 偏移

d）绘制图 3.1.46 所示的截面草图，并创建对称及相切约束。

e）修剪截面的多余边线。为了确保草图正确，建议使用中的按钮对图形的每个交点处进行进一步的修剪处理。

f）修改截面草图的尺寸。

（4）完成截面绘制后，单击“草绘”工具栏中的“完成”按钮。

Step4. 定义深度类型及其深度。在操控板中，选取“深度类型”按钮（定值），输入深度值 50.0。

Step5. 选取深度方向。不进行操作，采用模型中默认的深度方向。

Step6. 在操控板中，单击“完成”按钮，完成特征的创建。

注意： 如果在上述截面草图的绘制中引用了基础特征的一条边线，这就形成了它们之间的父子关系，则该拉伸特征是基础特征的子特征。在创建和添加特征的过程中，特征的父子关系很重要，父特征的删除或隐含等操作会直接影响到子特征。

2. 添加图 3.1.56 所示的切削拉伸孔特征

Step1. 单击“拉伸”按钮。

Step2. 确认“实体类型”按钮被按下，并按下操控板中的“移除材料”按钮。

Step3. 定义草绘截面放置属性。

（1）在绘图区中右击，从弹出的快捷菜单中选择 定义内部草绘...。

（2）定义截面草图的放置属性。

① 定义草绘平面。选取图 3.1.57 所示的零件表面为草绘平面。

② 定义草绘视图方向。采用模型中默认的黄色箭头方向为草绘视图方向。

③ 对草绘平面进行定向。选取图 3.1.57 所示的拉伸面作为参照平面；选取 右 作为参照平面的方向。

④ 单击“草绘”对话框中的草绘按钮。

(3) 创建图 3.1.58 所示的截面草图。

① 进入截面草绘环境后，采用默认的草绘参照。

② 绘制、标注截面，如图 3.1.58 所示。完成绘制后，单击“草绘”工具栏中的“完成”按钮。

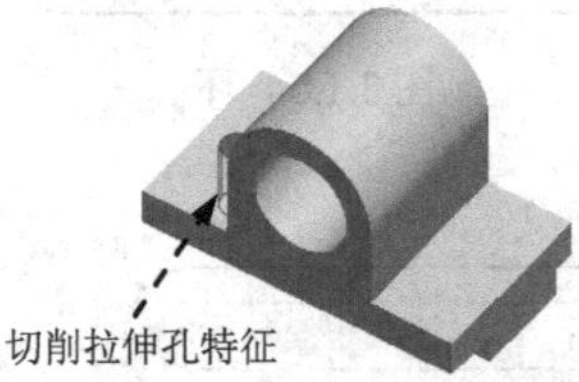

图 3.1.56 添加切削拉伸孔特征

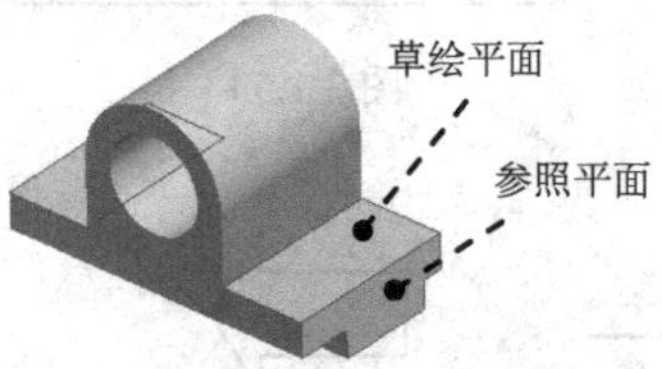

图 3.1.57 选取草绘与参照平面

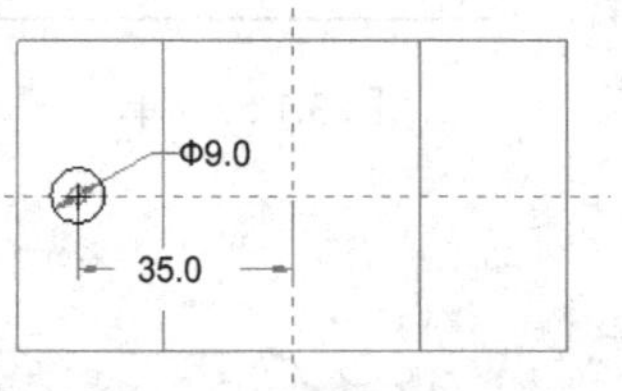

图 3.1.58 截面草图

Step4. 选取拉伸方向及深度类型。采用模型中默认的深度方向；在操控板中，选取“深度类型”按钮（即穿透）。

Step5. 定义移除材料的方向。一般不进行操作，采用模型中默认的移除材料方向。

说明：如图 3.1.59 所示，此时在模型中可看到一个黄色的箭头，该箭头表示移除材料的方向。为了便于理解该箭头方向的意义，请将模型放大（操作方法是滚动鼠标的中键滑轮）到图 3.1.59 所示的状态，此时箭头在圆圈内。如果箭头指向圆内，系统会将圆圈内部的材料挖除掉，圆圈外部的材料保留；如果改变箭头的方向，使箭头指向圆外，则系统会将圆圈外部的材料去掉，圆圈内部的材料保留。要改变该箭头方向，有如下几种方法：

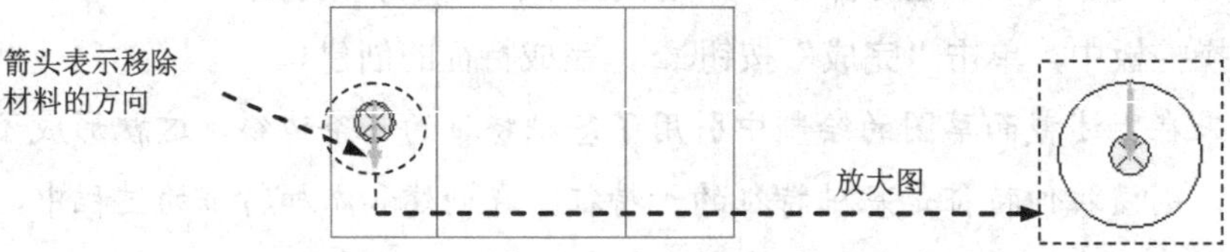

图 3.1.59 移除材料的方向

方法一：在操控板中，单击“加厚草绘”按钮后面的按钮。

方法二：将鼠标指针移至“深度方向”箭头上，单击。

方法三：将鼠标指针移至“深度方向”箭头上，右击，选择反向命令。

Step6. 在操控板中，单击“完成”按钮，完成切削拉伸孔特征的创建。

3.2 Pro/ENGINEER 文件的操作

3.2.1 打开模型文件

假设已经退出 Pro/ENGINEER 软件，重新进入软件后，要打开文件 guide_block.prt，其操作步骤如下：

Step1. 选择下拉菜单 文件(F) ➡ 设置工作目录(W)... 命令，将工作目录设置为 D:\dbproe5.1\work\ch03\ch03.02。

Step2. 单击工具栏中的 按钮（或选择下拉菜单 文件(F) ➡ 打开(O)... 命令），系统弹出图 3.2.1 所示的“文件打开”对话框。

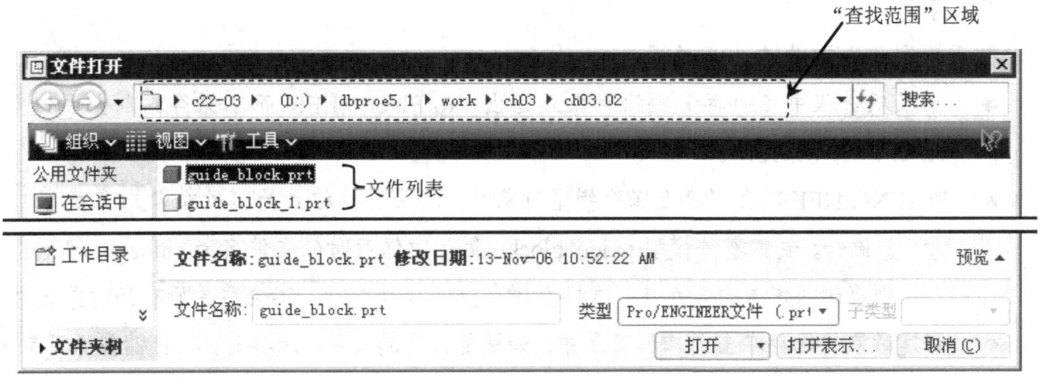

图 3.2.1 “文件打开”对话框

Step3. 通过单击“查找范围”列表框后面的 按钮，找到模型文件所在的文件夹（目录）后，在文件列表中选择要打开的文件名 guide_block.prt，然后单击 打开 按钮，即可打开文件，或者双击文件名也可打开文件。

3.2.2 保存模型文件

1. 零件模型的保存操作

Step1. 完成模型建模后，单击工具栏中的“保存”按钮（或选择下拉菜单 文件(F) ➡ 保存(S) 命令），系统弹出图 3.2.2 所示的“保存对象”对话框，文件名出现在 模型名称 文本框中。

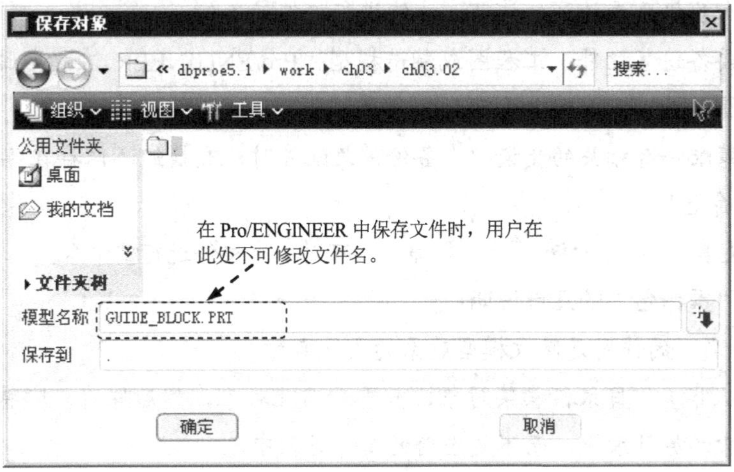

图 3.2.2 “保存对象”对话框

Step2. 单击 确定 按钮。如果不进行保存操作，单击 取消 按钮。

注意：如图 3.2.2 所示，保存模型文件时，用户不可以在此处修改现有名称，如果要修改文件的名称，应选择下拉菜单 文件(F) ➡ 重命名(R) 命令来实现。

2. 文件保存操作的几条命令的说明

➢ **“保存”**

关于“保存”文件的几点说明：

- 如果从进程中（内存）删除对象或退出 Pro/ENGINEER 而不保存，则会丢失当前进程中的所有更改。
- Pro/ENGINEER 在磁盘上保存模型对象时，其文件名格式为“对象名.对象类型.版本号”。例如，创建零件模型 guide_block，第一次保存时的文件名为 guide_block.prt.1，再次保存时版本号自动加 1，这样在磁盘中保存对象时，不会覆盖原有的对象文件。
- 新建对象将保存在当前工作目录中；如果是打开的文件，保存时，将存储在原目录中，如果 override_store_back 设置为 no（默认设置），而且没有原目录的写入许可，同时又将配置选项 save_object_in_current 设置为 yes，则此文件将保存在当前目录中。

➢ **“保存副本”**

选择下拉菜单 文件(F) ➡ 保存副本(A)... 命令，系统弹出 “保存副本”对话框，可保存一个文件的副本。

➢ **“备份”**

选择下拉菜单 文件(F) ➡ 备份(B)... 命令，可对一个文件进行备份。

关于文件备份的几点说明：

- 可将文件备份到不同的目录。
- 在备份目录中备份对象的修正版重新设置为 1。
- 必须有备份目录的写入许可，才能进行文件的备份。
- 如果要备份装配件、工程图或制造模型，Pro/ENGINEER 在指定目录中保存其所有从属文件。
- 如果装配件有相关的交换组，备份该装配件时，交换组不保存在备份目录中。

➢ **文件“重命名”**

选择下拉菜单 文件(F) ➡ 重命名(R) 命令，可对一个文件进行重命名。

关于文件“重命名”的几点说明：

- “重命名”的作用是修改模型对象的文件名称。
- 如果从非工作目录检索某对象，并重命名此对象，然后保存，它将保存到对其进行检索的原目录中，而不是当前的工作目录中。

3.2.3 拭除文件

首先说明：本节中提到的“对象”是一个用 Pro/ENGINEER 创建的文件，例如草绘、零件模型、制造模型、装配体模型及工程图等。

1. 从内存中拭除未显示的对象

选择下拉菜单 窗口(W) → 关闭(C) 命令关闭一个窗口，窗口中的对象便不在图形区显示，但只要工作区处于活动状态，对象仍保留在内存中，我们称这些对象为“未显示的对象”。选择下拉菜单 文件(F) → 拭除(E) ▸ → 不显示(D)... 命令后，系统弹出图 3.2.3 所示的“拭除未显示的”对话框，在该对话框中列出未显示对象，单击 确定 按钮，所有的未显示对象将从内存中拭除，但它们不会从磁盘中删除。当参考未显示对象的装配件或工程图仍处于活动状态时，系统则不能拭除该未显示的对象。

从硬盘中打开一个新文件前（包括零件、装配、工程图及模具等文件），强烈建议先选择 关闭(C) 命令，关闭每个窗口，然后选择 不显示(D)... 命令，拭除内存中所有未显示的对象，以免硬盘中和内存中的同名文件冲突而导致新文件打开失败。

2. 从内存中拭除当前对象

第一种情况：如果当前对象为零件、格式和布局等类型时，选择下拉菜单 文件(F) → 拭除(E) ▸ → 当前(C) 命令后，系统弹出图 3.2.4 所示的“拭除确认”对话框，单击 是 按钮，当前对象将从内存中拭除，但它们不会从磁盘中删除。

第二种情况：如果当前对象为装配、工程图及模具等类型，选择下拉菜单 文件(F) → 拭除(E) ▸ → 当前(C) 命令后，系统弹出“拭除”对话框，选取要拭除的关联对象后，再单击 是 按钮，则当前对象及选取的关联对象将从内存中被拭除。

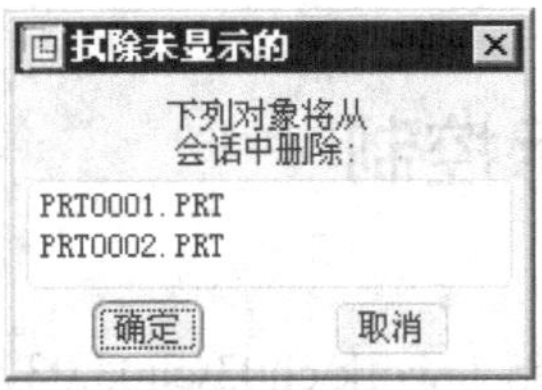

图 3.2.3　“拭除未显示的”对话框

图 3.2.4　“拭除确认”对话框

3.2.4 删除文件

1. 删除文件的旧版本

每次选择下拉菜单 文件(F) → 保存(S) 命令保存对象时，系统都创建对象的一个新版本，并将它写入磁盘。系统对存储的每一个版本连续编号（简称版本号），例如，对于零件模型文件，其格式为 guide_block.prt1、guide_block.prt 2 和 guide_block.prt3 等。

注意：

- 这些文件名中的版本号（1、2、3 等）只有通过 Windows 操作系统的窗口才能看到，在 Pro/ENGINEER 中打开文件时，在文件列表中则看不到这些版本号。
- 如果在 Windows 操作系统的窗口中还是看不到版本号，可进行这样的操作：在 Windows 窗口中选择下拉菜单 工具(T) → 文件夹选项(O)... 命令，在弹出的“文件夹选项”对话框的 查看 选项卡中，选中 ⊙ 显示所有文件和文件夹 单选项。

使用 Pro/ENGINEER 软件创建模型文件时（包括零件模型、装配模型和制造模型等），在最终完成模型的创建后，可将模型文件的所有旧版本删除。

选择下拉菜单 文件(F) → 删除(D) → 旧版本(O) 命令后，系统弹出图 3.2.5 所示的对话框，单击 ✓ 按钮（或按 Enter 键），系统就会将对象的除最新版本外的所有版本删除。

图 3.2.5 “删除文件的旧版本”对话框

例如：假设导块零件（文件名为 guide_block.prt）已经完成，选择下拉菜单 文件(F) → 删除(D) → 旧版本(O) 命令，即可删除其旧版本文件。

2. 删除文件的所有版本

在设计完成后，可将没有用的模型文件的所有版本删除。

选择下拉菜单 文件(F) → 删除(D) → 所有版本(A) 命令后，系统弹出“警告”对话框，单击该对话框中的 是(Y) 按钮，系统就会删除当前对象的所有版本。如果选择删除的对象是族表的一个实例，则实例和普通模型都不能被删除；如果选择删除的对象是普通模型，则将删除此普通模型。

3.3 模型的显示控制

在学习本节时，请先将工作目录设置至 D:\dbproe5.1\work\ch03\ch03.03，然后打开模型文件 guide_block.prt。

3.3.1 模型的几种显示方式

在 Pro/ENGINEER 软件中，模型有四种显示方式，如图 3.3.1 所示。利用图 3.3.2 所示的“模型显示”工具栏（一般位于软件界面的右上部），可以切换模型的显示方式。

- 实线线框显示方式：模型以线框形式显示，模型所有的边线显示为深颜色的实线，如图 3.3.1a 所示。按下 按钮，模型切换到该显示方式。

- 虚线线框显示方式：模型以线框形式显示，可见的边线显示为深颜色的实线，不可见的边线显示为虚线（在软件中显示为灰色的实线），如图 3.3.1b 所示。按下按钮，模型切换到该显示方式。
- 虚线隐藏线框显示方式：模型以线框形式显示，可见的边线显示为深颜色的实线，不可见的边线被隐藏起来（即不显示），如图 3.3.1c 所示。按下按钮，模型切换到该显示方式。
- 着色显示方式：模型表面为灰色，部分表面有阴影感，所有边线均不可见，如图 3.3.1d 所示。按下按钮，模型切换到该显示方式。

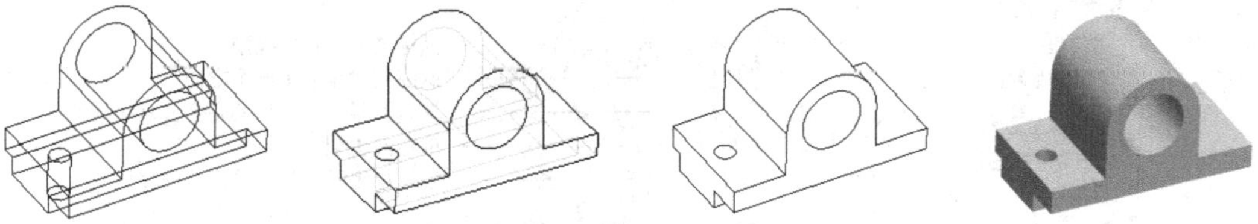

a）实线线框显示方式　b）虚线线框显示方式　c）虚线隐藏线框显示方式　d）着色显示方式

图 3.3.1　模型的四种显示方式

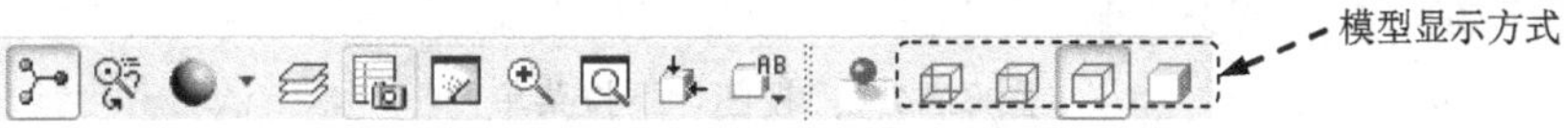

图 3.3.2　“模型显示”工具栏的位置

3.3.2　模型的移动、旋转与缩放

用鼠标可以控制图形区中的模型显示状态：

- 滚动鼠标中键滚轮，可以缩放模型：向前滚，模型缩小；向后滚，模型变大。
- 按住鼠标中键，移动鼠标，可旋转模型。
- 先按住键盘上的 Shift 键，然后按住鼠标中键，移动鼠标可移动模型。

注意：采用以上方法对模型进行缩放和移动操作时，只是改变模型的显示状态，而不能改变模型的真实大小和位置。

3.3.3　模型的定向

1. 关于模型的定向

利用模型“定向”功能可以将绘图区中的模型定向在所需的方位以便查看。例如在图 3.3.3 中，方位 1 是模型的默认方位（缺省方向），方位 2 是在方位 1 基础上将模型旋转一定的角度而得到的方位，方位 3、4、5 属于正交方位（这些正交方位常用于模型工程图中的视图）。可选择下拉菜单 视图(V) ➡ 方向(O) ▸ ➡ 重定向(O)... 命令（图 3.3.4）或单击工具栏中的按钮，打开“方向”对话框，通过该对话框对模型进行定向。

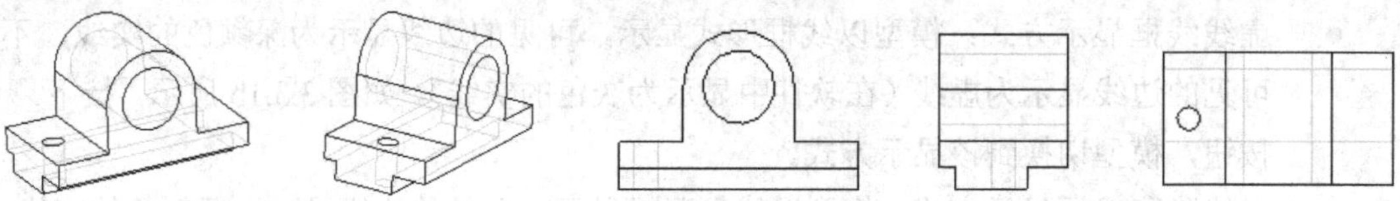

a）方位 1　　b）方位 2　　c）方位 3　　d）方位 4　　e）方位 5

图 3.3.3　模型的几种方位

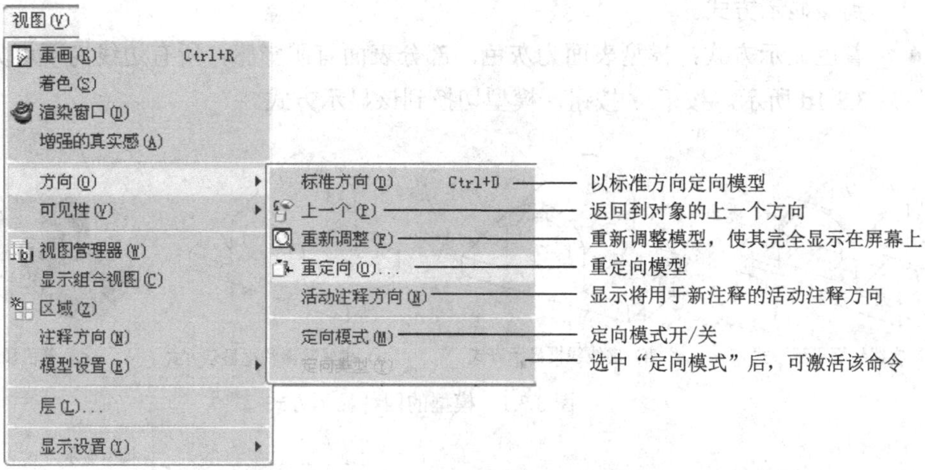

图 3.3.4　“视图”下拉菜单

2．模型定向的一般方法

常用的模型定向的方法为“参照定向”。这种定向方法的原理是：在模型上选取两个垂直相交的参照平面，然后定义两个参照平面的放置方位。例如在图 3.3.5 中，如果能够确定模型表面 1 和表面 2 的放置方位，则该模型的空间方位就能完全确定。参照的放置方位有如下几种（图 3.3.6）。

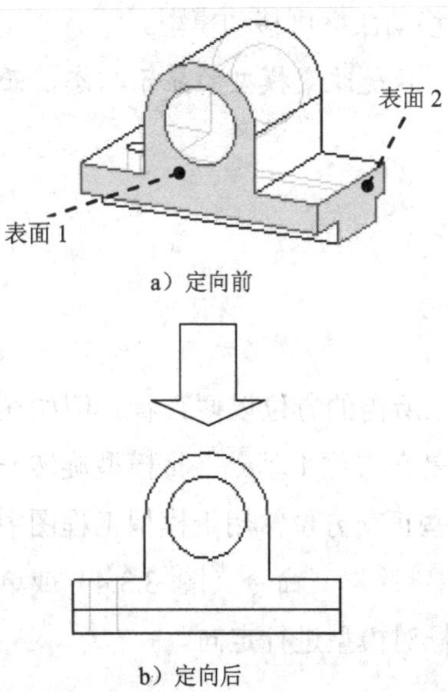

图 3.3.5　模型的定向

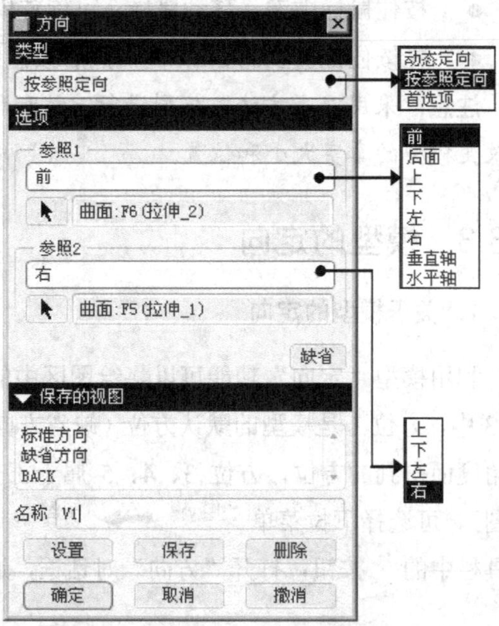

图 3.3.6　“方向”对话框

- 前：使所选取的参照平面与显示器的屏幕平面平行，方向朝向屏幕前方，即面对操作者。
- 后面：使参照平面与屏幕平行且朝向屏幕后方，即背对操作者。
- 上：使参照平面与屏幕平面垂直，方向朝上，即位于屏幕上部。
- 下：使参照平面与屏幕平面垂直，方向朝下，即位于屏幕下部。
- 左：使参照平面与屏幕平面垂直，方向朝左，即位于屏幕左边。
- 右：使参照平面与屏幕平面垂直，方向朝右，即位于屏幕右边。
- 垂直轴：选择该选项后，须选取模型中的某个轴线，系统将使该轴线竖直（即垂直于地平面）放置，从而确定模型的放置方位。
- 水平轴：选择该选项，系统将使所选取的轴线水平（即平行于地平面）放置，从而确定模型的放置方位。

3．动态定向

在“方向”对话框类型下拉列表中选择动态定向选项，系统显示“动态定向”界面，移动界面中的滑块，可以方便地对模型进行移动、旋转与缩放。

4．模型视图的保存

模型视图一般指模型的定向和显示大小。当将模型视图调整到某种状态后（即某个方位和显示大小），可以将这种视图状态保存起来，以便以后直接调用。

在“方向”对话框中，单击▶已保存的视图，系统弹出图 3.3.7 所示的“保存的视图”对话框。

- 在对话框的上部列出了已保存视图的名称，其中标准方向、缺省方向、BACK、BOTTOM等选项为系统自动创建的视图。
- 如果要保存当前视图，可先在名称文本框中输入视图名称，然后单击保存按钮，新创建的视图名称立即出现在名称列表中。
- 如果要删除某个视图，可在视图名称列表中选择该视图名称，然后单击删除按钮。
- 如果要显示某个视图，可在视图名称列表中选择该视图名称，然后单击设置按钮。还有一种快速设置视图的方法，就是单击工具栏中的按钮，从弹出的视图列表中选择某个视图即可，如图 3.3.8 所示。

图 3.3.7　“保存的视图”对话框

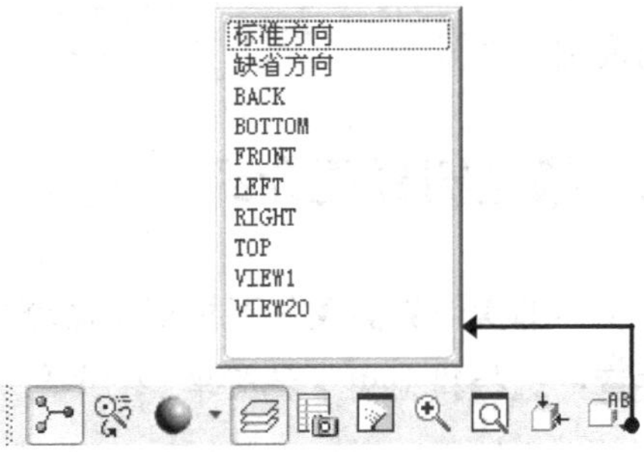

图 3.3.8　工具栏的位置

5．模型定向的举例

下面介绍图 3.3.5 中模型定向的操作步骤：

Step1. 选择下拉菜单 视图(V) ➡ 方向(O) ▸ ➡ 重定向(O)... 命令。

Step2. 确定参照 1 的放置方位。

（1）采用默认的方位 前 作为参照 1 的方位。

（2）选取模型的表面 1 作为参照 1。

Step3. 确定参照 2 的放置方位。

（1）在下拉列表中选择 右 作为参照 2 的方位。

（2）选取模型的表面 2 作为参照 2。此时系统立即按照两个参照所定义的方位重新对模型进行定向。

Step4. 完成模型的定向后，可将其保存起来以便下次能方便地调用。保存视图的方法是：在对话框中的 名称 文本框中输入视图名称 VIEW20，然后单击 保存 按钮。

3.4 模 型 树

3.4.1 关于模型树

在 Pro/ENGINEER 中新建或打开一个文件后，一般会在屏幕的左侧出现图 3.4.1 所示的模型树。如果看不见这个模型树，可在导航选项卡中单击“模型树”标签，如果此时显示的是“层树”，可选择导航选项卡中的 ➡ 模型树(M) 命令。

模型树以树的形式列出了当前活动模型中的所有特征或零件，根（主）对象显示在树的顶部，从属对象（零件或特征）位于其下。在零件模型中，模型树列表的顶部是零件名称，零件名称下方是每个特征的名称；在装配体模型中，模型树列表的顶部是总装配，总装配下是各子装配和零件，每个子装配下方则是该子装配中各个零件的名称，每个零件的下方是零件中各个特征的名称。模型树只列出当前活动的零件或装配模型的零件级与特征级对象，不列出组成特征的截面几何要素（如边、曲面和曲线等）。例如，一个基准点特征包含多个基准点图元，模型树中则只列出基准点特征名。

如果打开了多个 Pro/ENGINEER 窗口，则模型树内容只反映当前活动文件（即活动窗口中的模型文件）。

3.4.2 模型树界面介绍

模型树的操作界面及各下拉菜单命令功能如图 3.4.1 所示。

注意：选择模型树下拉菜单 中的 保存设置文件(S)... 命令，可将模型树的设置保存在一个.cfg 文件中，并可重复使用，提高工作效率。

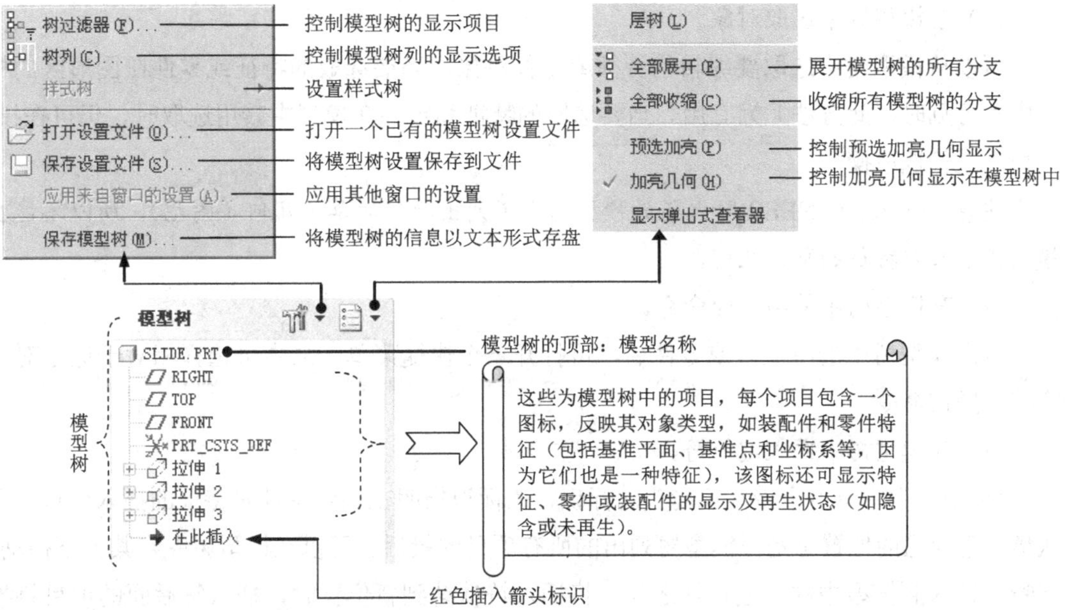

图 3.4.1　模型树及其操作界面

3.4.3　模型树的作用与操作

1. 控制模型树中项目的显示

在模型树操作界面中，选择 → 树过滤器(F)... 命令，系统弹出图 3.4.2 所示的“模型树项目”对话框，通过该对话框可控制模型中各类项目是否在模型树中显示。

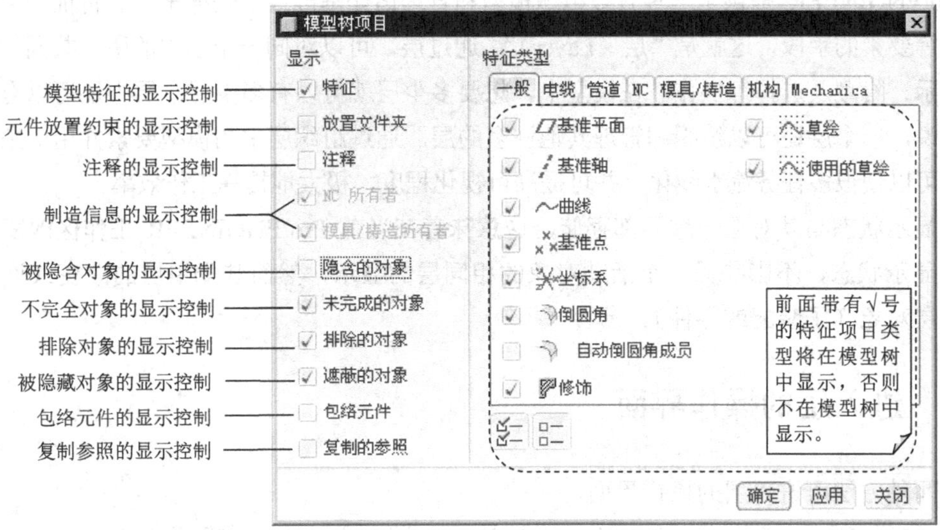

图 3.4.2　“模型树项目”对话框

2．模型树的作用

（1）在模型树中选取对象。

可以从模型树中选取要编辑的特征或零件对象。当要选取的特征或零件在图形区的模型中不可见时，此方法尤为有用。当要选取的特征和零件在模型中禁用选取时，仍可在模型树中进行选取操作。

注意： Pro/ENGINEER 野火版的模型树中不列出特征的草绘几何（图元），所以不能在模型树中选取特征的草绘几何。

（2）在模型树中使用快捷命令。

右击模型树中的特征名或零件名，可打开一个快捷菜单，从中可选择相对于选定对象的特定操作命令。

（3）在模型树中插入定位符。

"模型树"中有一个带红色箭头的标识，该标识指明在创建特征时特征的插入位置。默认情况下，它的位置总是在模型树列出的所有项目的最后。可以在模型树中将其上下拖动，将特征插入到模型中的其他特征之间。将插入符移动到新位置时，插入符后面的项目将被隐含，这些项目将不在图形区的模型上显示。

3.5 使用 Pro/ENGINEER 的层

3.5.1 关于 Pro/ENGINEER 的层

Pro/ENGINEER 提供了一种有效组织模型和管理诸如基准线、基准平面、特征和装配中的零件等要素的手段，这就是"层（Layer）"。通过层，可以对同一个层中的所有共同的要素进行显示、隐藏及选择等操作。在模型中，想要多少层就可以有多少层。层中还可以有层，也就是说，一个层还可以组织和管理其他许多的层。通过组织层中的模型要素并用层来简化显示，可以使很多任务流水线化，并可提高可视化程度，极大地提高工作效率。

层显示状态与其对象一起局部存储，这意味着在当前 Pro/ENGINEER 工作区改变一个对象的显示状态，不影响另一个活动对象的相同层的显示，然而装配中层的改变或许会影响到低层对象（子装配或零件）。

3.5.2 进入层的操作界面

有两种方法可进入层的操作界面。

第一种方法： 在图 3.5.1 所示的导航选项卡中选择 → 层树(L) 命令，即可进入图 3.5.2 所示的"层"操作界面。

第二种方法： 在工具栏中按下“层”按钮，也可进入“层”的操作界面。

通过该操作界面可以操作层、层的项目及层的显示状态。

注意： 使用 Pro/ENGINEER 时，当正在进行其他命令操作时（例如正在进行拉伸特征的创建），可以同时使用“层”命令，以便按需要操作层显示状态或层关系，而不必退出正在进行的命令再进行“层”操作。另外，根据创建零件或装配时选取的模板，系统可进行层的预设置。图 3.5.2 所示的“层”操作界面反映了“导块”零件模型（guide_block）中层的状态，创建该零件时要使用 PTC 公司提供的零件模板 mmns_part_solid，模板提供了图 3.5.2 所示的预设层。

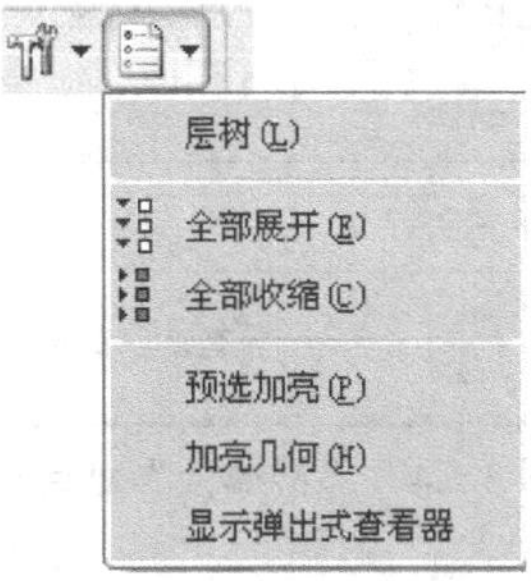

图 3.5.1　导航选项卡

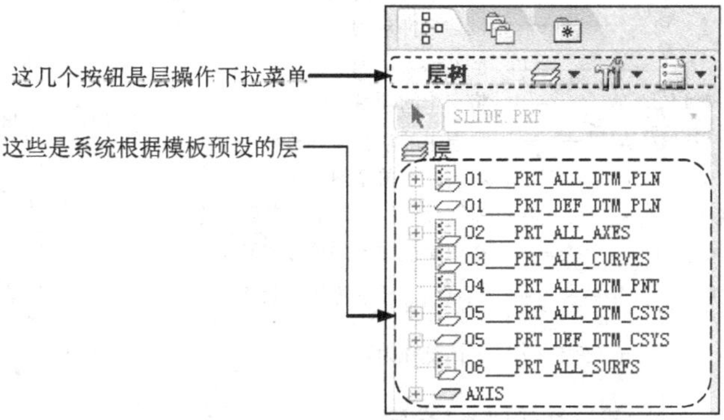

图 3.5.2　“层”操作界面

进行层操作的一般步骤：

Step1. 选取活动层对象（在零件模式下无需进行此步操作）。

Step2. 进行“层”操作，比如创建新层、向层中增加项目、设置层的显示状态等。

Step3. 保存状态文件（可选）。

Step4. 保存当前层的显示状态。

Step5. 关闭“层”操作界面。

3.5.3　创建新层

创建新层的一般步骤：

Step1. 在层的操作界面中，选择图 3.5.3 所示的 ➡ 新建层(N)... 命令。

Step2. 完成上步操作后，系统弹出图 3.5.4 所示的“层属性”对话框。

（1）在 名称: 后面的文本框内输入新层的名称（也可以接受默认名）。

注意： 层是以名称来识别的，层的名称可以用数字或字母加数字的形式表示，最多不能超过 31 个字符。在层树中显示层时，首先是数字名称层排序，然后是字母加数字名称层排序。字母加数字名称的层按字母排序。不能创建未命名的层。

（2）在 层Id: 后面的文本框内输入“层标识”号。层的“标识”作用是当将文件输出到不同格式（如 IGES）时，利用其标识，可以识别一个层。一般情况下可以不输入标识号。

（3）单击 确定 按钮。

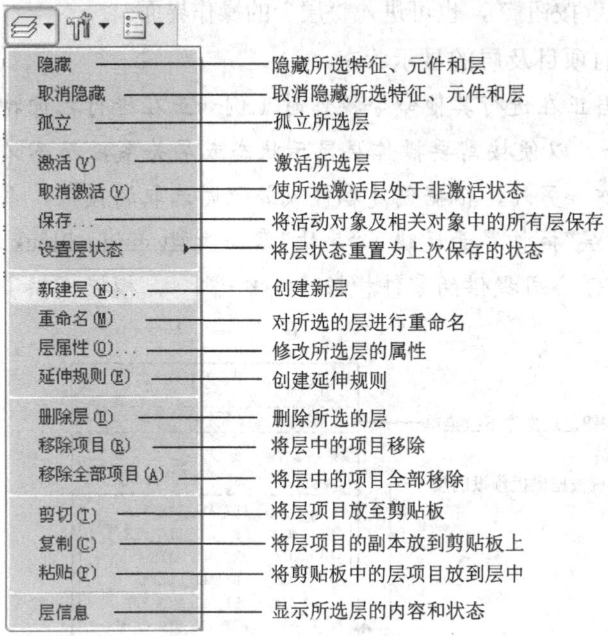

图 3.5.3 层的下拉菜单

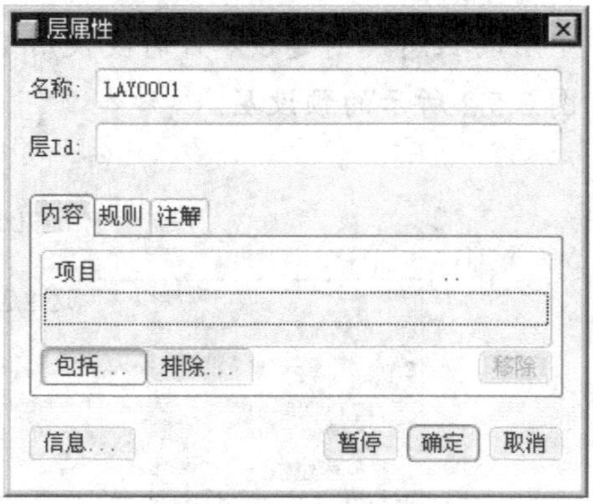

图 3.5.4 “层属性”对话框

3.5.4 在层中添加项目

层中的内容，如基准线、基准平面等，称为层的“项目”。向层中添加项目的方法如下：

Step1. 在“层树”中，单击一个欲向其中添加项目的层，然后右击，系统弹出图 3.5.5 所示的快捷菜单，选取该菜单中的层属性...命令，此时系统弹出图 3.5.4 所示的“层属性”对话框。

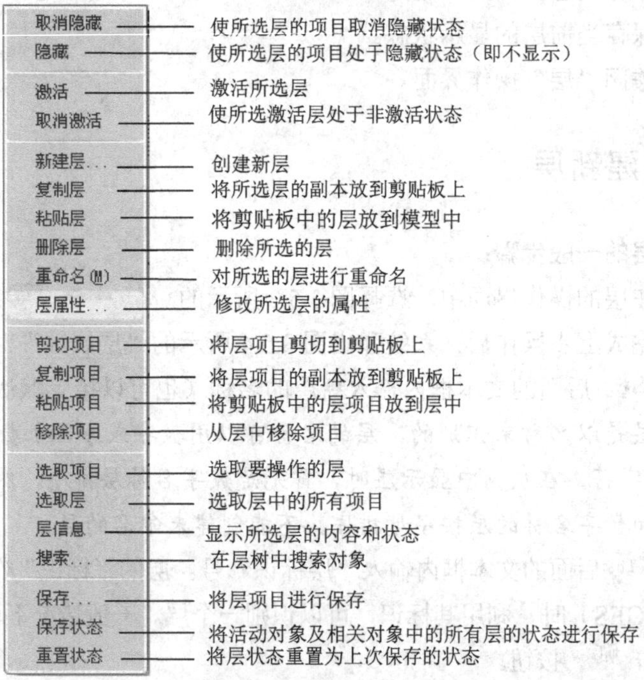

图 3.5.5 层的快捷菜单

Step2. 向层中添加项目。首先确认对话框中的 包括... 按钮被按下，然后将鼠标指针移至图形区的模型上，可看到当鼠标指针接触到基准平面、基准轴、坐标系及伸出项特征等项目时，相应的项目变成天蓝色，此时单击，相应的项目就会添加到该层中。

Step3. 如果要将项目从层中排除，可单击对话框中的 排除... 按钮，再选取项目列表中的相应项目。

Step4. 如果要将项目从层中完全删除，先选取项目列表中的相应项目，再单击 移除 按钮。单击 确定 按钮，关闭“层属性”对话框。

3.5.5　设置层的隐藏

可以将某个层设置为“隐藏”状态，这样层中项目（如基准曲线、基准平面）在模型中将不可见。层的“隐藏”也叫层的“遮蔽”，设置的方法一般如下：

Step1. 在图 3.5.6 所示的“层树”中，选取要设置显示状态的层，右击，系统弹出图 3.5.7 所示的快捷菜单，在该菜单中选择 隐藏 命令。

Step2. 单击“重画”按钮，可以在模型上看到“隐藏”层的变化效果。

关于以上操作的几点说明：

- 层的隐藏或显示不影响模型的实际几何形状。
- 对含有特征的层进行隐藏操作，只有特征中的基准和曲面被隐藏，特征的实体几何则不受影响。例如在零件模式下，如果将孔特征放在层上，然后隐藏该层，则只有孔的基准轴被隐藏。但在装配模型中可以隐藏元件。

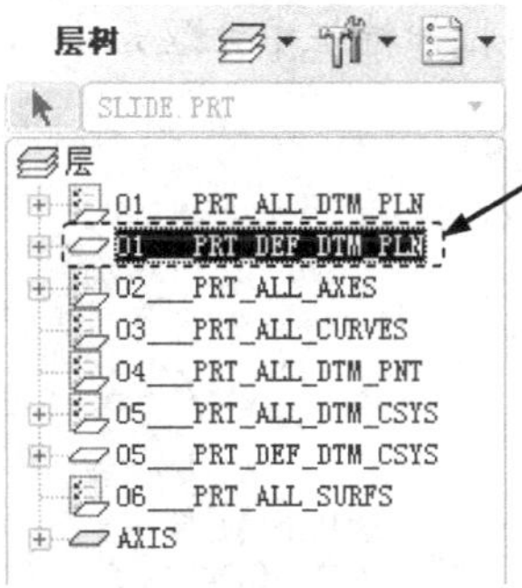

图 3.5.6　模型的层树

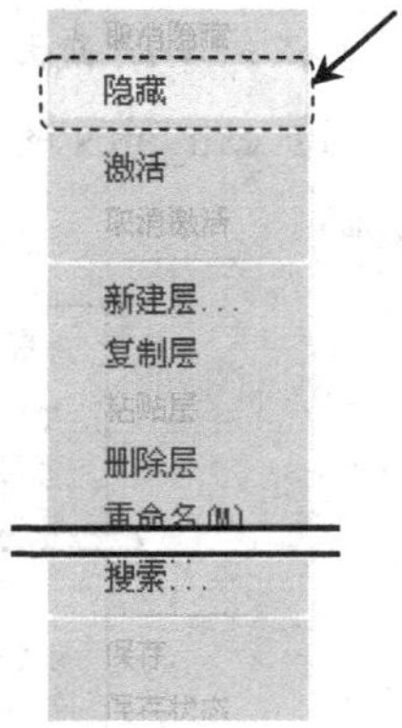

图 3.5.7　快捷菜单

3.5.6　层树的显示与控制

单击层操作界面中的下拉菜单，可对层树中的层进行展开、收缩等操作，各命令的功能如图 3.5.8 所示。

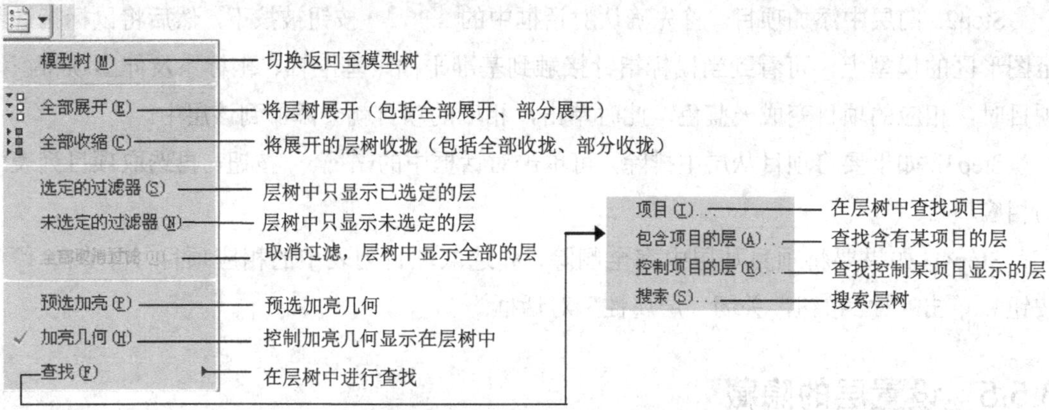

图 3.5.8 层的“显示”下拉菜单

3.5.7 关于系统自动创建层

在 Pro/ENGINEER 中，当创建某些类型的特征（如曲面特征、基准特征等）时，系统会自动创建新层（图 3.5.9），新层中包含所创建的特征或该特征的部分几何元素，以后如果创建相同类型的特征，系统会自动将该特征（或其部分几何元素）加入相应的层中。例如，在用户创建了一个基准平面 DTM1 特征后，系统会自动在层树中创建名为 DATUM 的新层，该层中包含刚创建的基准平面 DTM1 特征，以后如果创建其他的基准平面，系统会自动将其放入 DATUM 层中；又如，在用户创建旋转特征后，系统会自动在层树中创建名为 AXIS 的新层，该层中包含刚创建的旋转特征的中心轴线，以后用户创建含有基准轴的特征（截面中含有圆或圆弧的拉伸特征中均包含中心轴几何）或基准轴特征时，系统会自动将它们放入 AXIS 层中。

注意：对于其二维草绘截面中含有圆弧的拉伸特征，须在系统配置文件 config.pro 中将选项 show_axes_for_extr_arcs 的值设为 yes，图形区的拉伸特征中才显示中心轴线，否则不显示中心轴线。

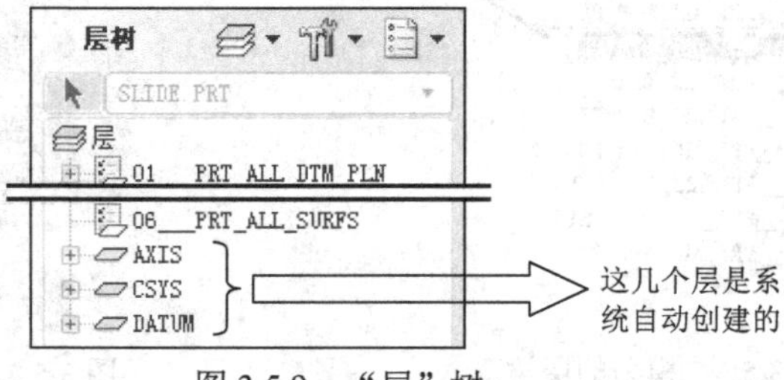

图 3.5.9 “层”树

3.5.8 将模型中层的显示状态与模型文件一起保存

将模型中的各层设置为所需要的显示状态后，只有将层的显示状态先保存起来，模型中层的显示状态才能随模型的保存而与模型文件一起保存，否则下次打开模型文件后，以前所设置的层的显示状态会丢失。保存层的显示状态的操作方法是：选择层树中的任意一个层，右击，从弹出的图 3.5.10 所示的快捷菜单中选择 保存状态 命令。

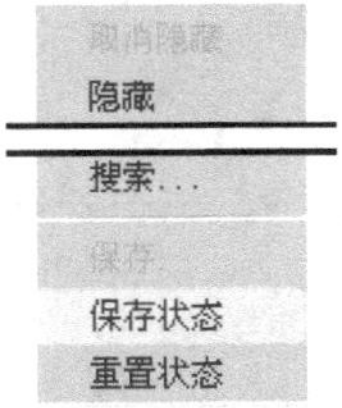

图 3.5.10 快捷菜单

注意：

- 在没有改变模型中的层的显示状态时，保存状态 命令是灰色的。
- 如果没有对层的显示状态进行保存，则在保存模型文件时，系统会在屏幕下部的信息区提示 ⚠警告：层显示状态未保存。，如图 3.5.11 所示。

图 3.5.11 信息区的提示

3.5.9 层的应用举例

在零件模型以及装配设计中，如果基准平面、基准轴比较多而影响当前操作，则可对某些暂时无用的基准平面和基准轴进行隐藏，使图形区的模型明了清晰。

图 3.5.12 所示为第 4 章装配设计中将用到的钻模底座，在进行装配和其他的操作过程中，需要对 TOP 基准平面、A_2 及 A_4 轴进行隐藏，这就需要建立新层并进行隐藏，其详细操作步骤如下：

Step1. 将工作目录设置至 D:\dbproe5.1\work\ch03\ch03.05，打开文件 create_layer.prt（图 3.5.12a）。

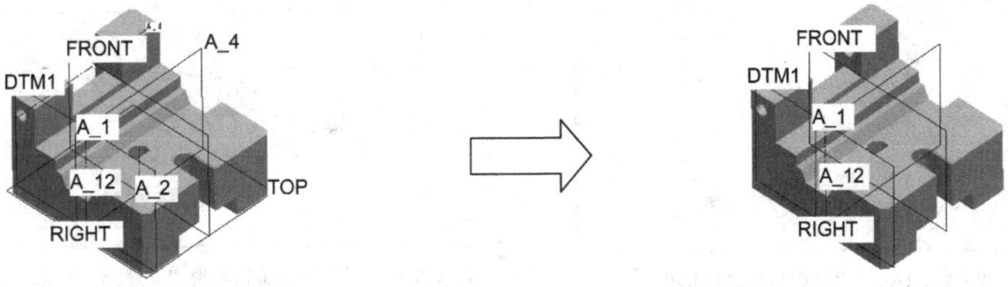

a) 创建新层前　　b) 创建新层并隐藏后

图 3.5.12 创建新层的应用

Step2. 进入层的操作界面。在图 3.5.13 所示的模型树操作界面中选择 → 层树(L) 命令，此时切换到图 3.5.14 所示的层操作界面。

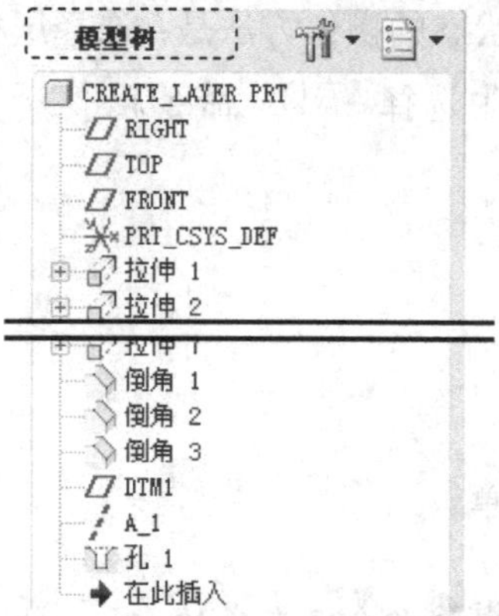

图 3.5.13 模型树显示状态

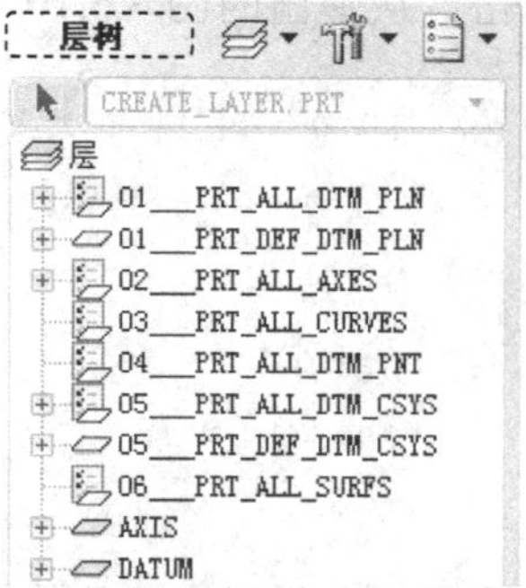

图 3.5.14 模型的层树

Step3. 创建新层 LAY_PLANE。

（1）在图 3.5.14 所示的层的操作界面中，选择 → 新建层(N)... 命令。

（2）完成上步操作后，系统弹出图 3.5.15 所示的“层属性”对话框，在 名称: 后面的文本框内输入新层的名称 LAY_PLANE。

Step4. 在层中添加项目。

（1）确认“层属性”对话框中的 包括... 按钮被按下。

（2）将鼠标指针移至图形区的模型上，可看到当鼠标指针接触到 TOP 基准平面时，其颜色变成天蓝色，此时单击，TOP 基准平面就会被添加到该层中。

（3）完成上述操作后，“层属性”对话框如图 3.5.16 所示，单击 确定 按钮，关闭“层属性”对话框。

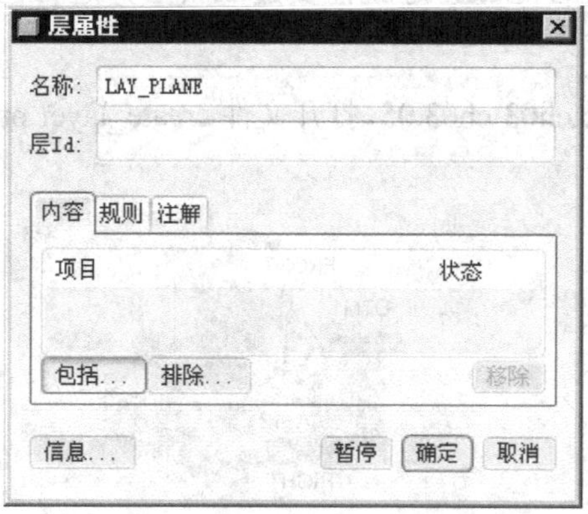

图 3.5.15 “层属性”对话框

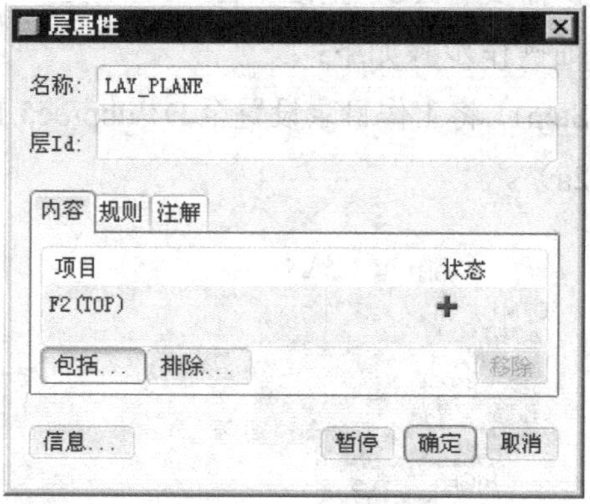

图 3.5.16 已添加项目的“层属性”对话框

Step5. 创建新层 LAY_AXIS。在层的操作界面中，选择 → 新建层(N)... 命令；将层名改为 LAY_AXIS；将图 3.5.17 所示的两个圆孔特征添加到该层中，此时“层属性”对话框如图 3.5.18 所示。完成上述操作后，模型的层树如图 3.5.19 所示。

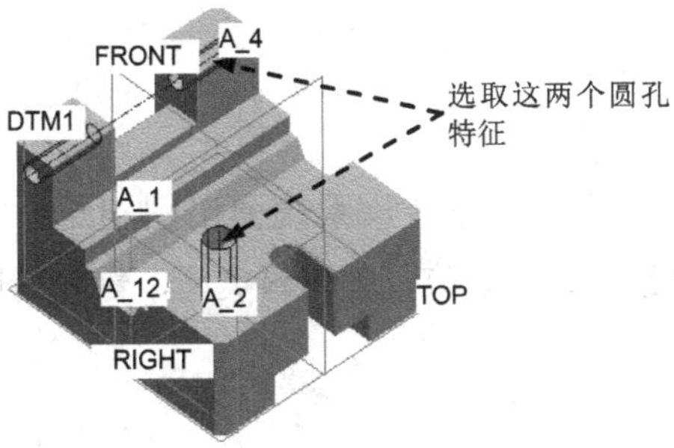

图 3.5.17　选取特征

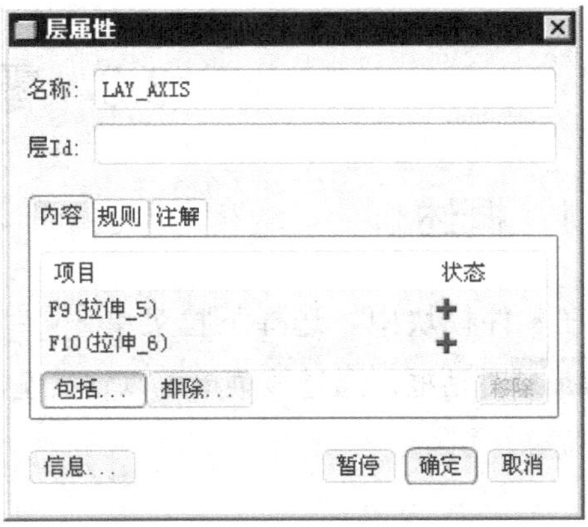

图 3.5.18　“层属性”对话框

Step6. 设置层的隐藏。

（1）在左边的“层树”中选取层 LAY_PLANE，右击，在系统弹出的快捷菜单中选择 隐藏 命令，此时层 LAY_PLANE 被隐藏。

（2）隐藏层 LAY_AXIS。操作步骤同上。完成隐藏后，模型的层树如图 3.5.20 所示。

（3）单击“重画”按钮，可以看到模型如图 3.5.12b 所示，此时基准平面 TOP、基准轴 A_2 和 A_4 已不可见。

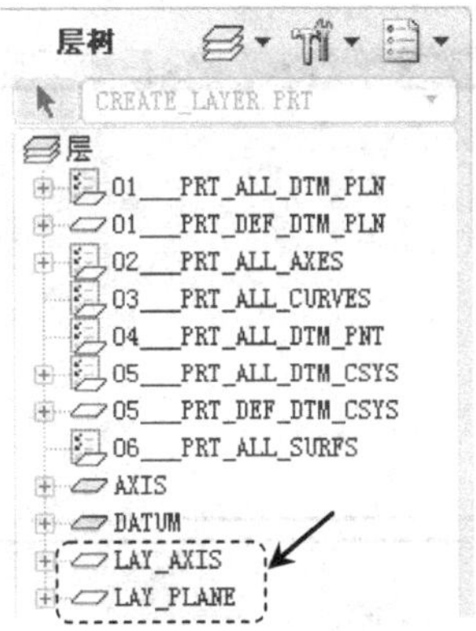

图 3.5.19　创建新层后模型的层树

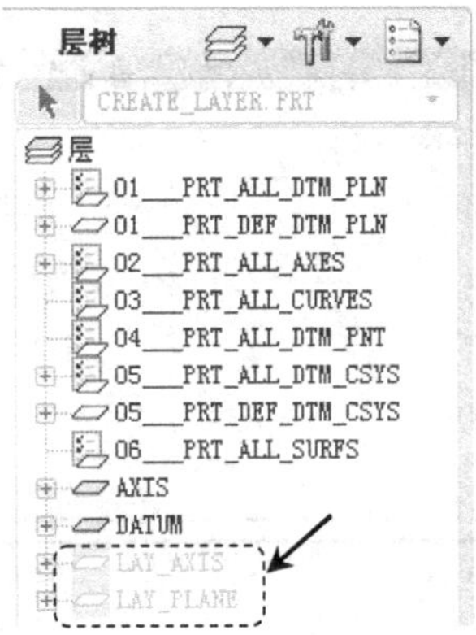

图 3.5.20　隐藏新层后模型的层树

Step7. 保存隐藏状态。

（1）在“层树”中选取层 LAY_PLANE，右击，在弹出的快捷菜单中选择 保存状态 命令，则层 LAY_PLANE 的隐藏状态被保存。

（2）保存层 LAY_AXIS 的隐藏状态，操作步骤同上。

Step8. 验证隐藏状态是否随零件模型一起保存。选择下拉菜单 文件(F) → 保存(S) 命令，保存零件模型 create_layer.prt；退出 Pro/ENGINEER 软件并重新进入软件；打开模型 create_layer.prt 后，可以看到模型中的基准平面 TOP、基准轴 A_2 和 A_4 已不可见。

说明：要保存所有层的显示状态，可选取层树的根对象 层，右击，在弹出的快捷菜单中选择 保存状态 命令。

3.6 零 件 设 置

3.6.1 概述

在零件模块中，选择下拉菜单 文件(F) → 属性(I) 命令，系统弹出图 3.6.1 所示的 模型属性 对话框，通过该菜单可以定义基本的数据库输入值，如材料类型、零件精度和度量单位等。

3.6.2 零件材料的设置

下面说明设置零件模型材料属性的一般操作步骤：

Step1. 定义新材料。

（1）进入 Pro/ENGINEER 系统，随便创建一个零件模型。

（2）选择下拉菜单 文件(F) → 属性(I) 命令。

（3）在图 3.6.1 所示的 模型属性 对话框中，选择 材料 → 材料 → 更改 命令，系统弹出“材料”对话框。

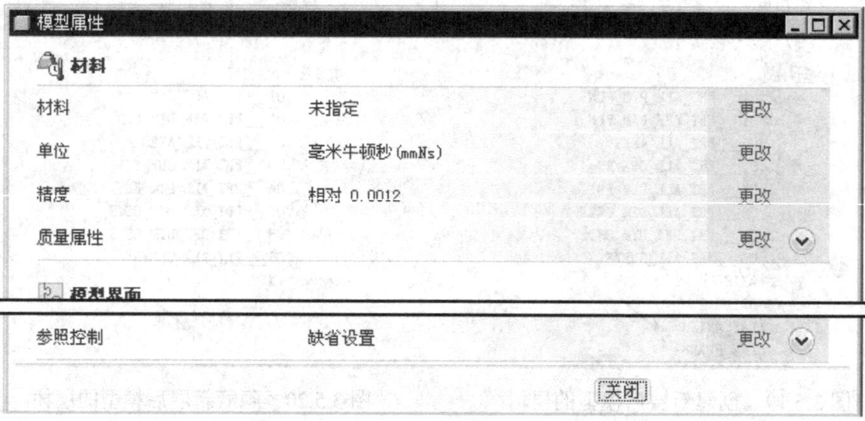

图 3.6.1 “模型属性”对话框

（4）在“材料”对话框中单击“新建”按钮，系统弹出“材料定义”对话框。

（5）在“材料定义”对话框的 名称 文本框中，先输入材料名称，如：45steel；然后在其他各区域分别填入材料的一些属性值，如 说明、密度、泊松比、杨氏模量 和 热扩散系数 等。

Step2. 将定义的材料写入磁盘。

方法一：

在 “材料定义”对话框中，单击 保存到库... 按钮。

方法二：

（1）在“材料定义”对话框中，单击 保存到模型 按钮，然后在“材料”对话框的 模型中的材料 列表中选取要写入的材料名称，比如45steel。

（2）在“材料”对话框中单击“保存所选取材料的副本”按钮，系统弹出“保存副本”对话框。

（3）在“保存副本”对话框的 新名称 文本框中，输入材料文件的名称，然后单击 确定 按钮。

Step3. 为当前模型指定材料。

（1）在“材料”对话框的 库中的材料 列表中选取所需的材料名称，比如45steel。

（2）在“材料”对话框中单击 ▶▶▶ 按钮，此时材料名称45steel被放置到 模型中的材料 列表中。

（3）在“材料”对话框中单击 确定 按钮。

3.6.3 零件单位的设置

每个模型都有一个基本的米制和非米制单位系统，以确保该模型的所有材料属性保持测量和定义的一贯性。Pro/ENGINEER 提供了一些预定义单位系统，其中一个是默认单位系统。用户还可以定义自己的单位和单位系统（称为定制单位和定制单位系统）。在进行一个产品的设计前，应该使产品中的各元件具有相同的单位系统。

通过选择下拉菜单 文件(F) ➡ 属性(I) 命令，在 模型属性 对话框中选择 材料 ➡ 单位 ➡ 更改 命令，可以设置、创建、更改、复制或删除模型的单位系统。

如果要对当前模型中的单位制进行修改，可参考下面的操作方法进行。

Step1. 在“零件”或“装配”环境中，选择下拉菜单 文件(F) ➡ 属性(I) 命令，在弹出的 模型属性 对话框中选择 材料 ➡ 单位 ➡ 更改 命令。

Step2. 系统弹出图3.6.2所示的“单位管理器”对话框，在 单位制 选项卡中，红色箭头指向当前模型的单位系统，用户可以选择列表中的任何一个单位系统或创建自定义的单位系统。选择一个单位系统后，在 说明 区域会显示所选单位系统的描述。

Step3. 如果要对模型应用其他的单位系统，则须先选取某个单位系统，然后单击 ➔设置... 按钮，此时系统会弹出图3.6.3所示的“改变模型单位”对话框，选择其中一个单选项，然后单击 确定 按钮。

Step4. 完成对话框操作后，单击 关闭 按钮。

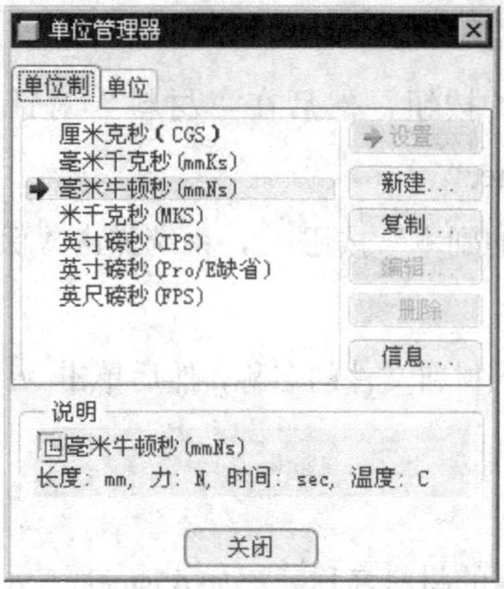

图 3.6.2 “单位管理器”对话框

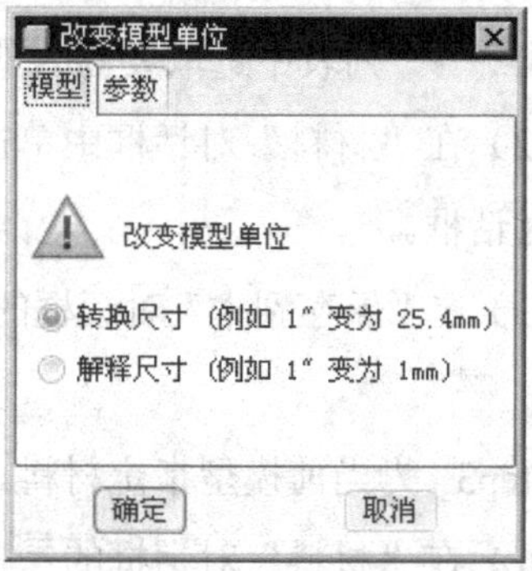

图 3.6.3 “改变模型单位”对话框

图 3.6.2 所示的“单位管理器”对话框中各按钮功能的说明：

- 设置... 按钮：从单位制列表中，选取一个单位制后，再单击此按钮，可以将选取的单位制应用到当前的模型中。
- 新建... 按钮：单击此按钮，可以定义自己的单位制。
- 复制... 按钮：单击此按钮，可以重命名自定义的单位系统。只有在以前保存了定制单位系统，或在单位系统中改变了任何个别单位时，此按钮才可用。如果是预定义单位，将会创建新名称的一个副本。
- 编辑... 按钮：单击此按钮，可以编辑现存的单位系统。只有当单位系统是以前保存的定制单位系统而非 Pro/ENGINEER 最初提供的单位系统之一时，此按钮才可用。
- 删除 按钮：单击此按钮，可以删除定制单位系统。只有当单位系统是以前保存的定制单位系统而非 Pro/ENGINEER 最初提供的单位系统之一时，此按钮才可用。
- 信息... 按钮：单击此按钮，可以在弹出的“信息”对话框中查看有关当前单位系统的基本单位和尺寸信息，以及有关从当前单位系统衍生的单位的信息。在该“信息”对话框中，可以保存、复制或编辑所显示的信息。

图 3.6.3 所示的对话框中各单选项的说明：

- 转换尺寸 (例如 1" 变为 25.4mm) 单选项：选中此单选项，系统将转换模型中的尺寸值，使该模型大小不变。例如：模型中原来的某个尺寸为 10 in，选中此单选项后，该尺寸变为 254mm。自定义参数不进行缩放，用户必须自行更新这些参数。角度尺寸不进行缩放，例如：一个 20° 的角仍保持为 20°。如果选中此单选项，该模型将被再生。
- 解释尺寸 (例如 1" 变为 1mm) 单选项：选中此单选项，系统将不改变模型中的尺寸数值，这样该模型大小会产生变化。例如：模型中原来的某个尺寸为 10 in，选中此单选项后，10 in 变为 10mm。

3.7 特征的修改

3.7.1 特征尺寸的编辑

可以对特征的尺寸和相关修饰元素进行修改，下面介绍其操作方法。

1. 进入特征尺寸编辑状态的两种方法

第一种方法：从模型树选择编辑命令，然后进行特征尺寸的编辑。

举例说明如下：

Step1. 选择下拉菜单 文件(F) → 设置工作目录(W)... 命令，将工作目录设置为 D:\dbproe5.1\work\ch03\ch03.07。

Step2. 选择下拉菜单 文件(F) → 打开(O)... 命令，打开文件 guide_block.prt。

Step3. 在图 3.7.1 所示的导块零件（GUIDE_BLOCK）的模型树中（如果看不到模型树，选择导航区中的 → 模型树(M) 命令），单击要编辑的特征，然后右击，在图 3.7.2 所示的快捷菜单中，选择 编辑 命令，此时该特征的所有尺寸都显示出来，以便进行编辑。

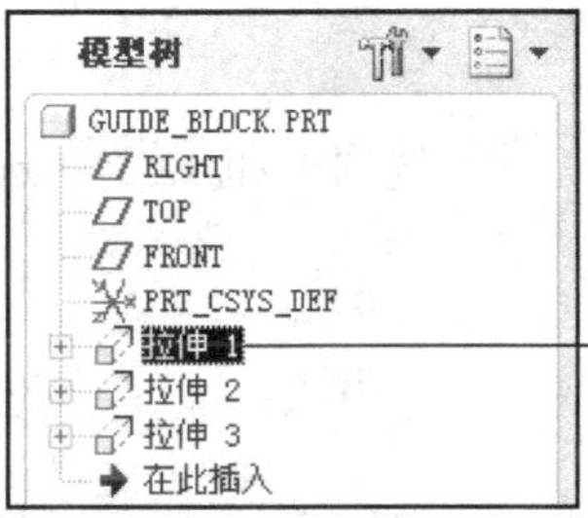

图 3.7.1 模型树

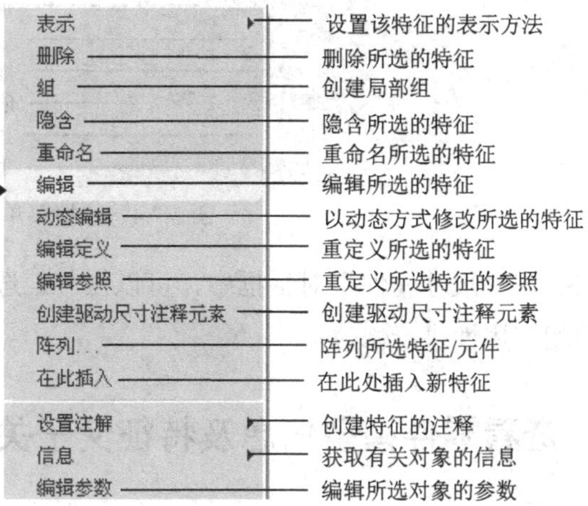

图 3.7.2 快捷菜单

第二种方法：双击模型中的特征，然后进行特征尺寸的编辑。

这种方法是直接在图形区的模型上双击要编辑的特征，此时该特征的所有尺寸也都会显示出来。对于简单的模型，这是修改特征的一种常用方法。

2. 编辑特征尺寸值

通过上述方法进入特征的编辑状态后，如果要修改特征的某个尺寸值，方法如下：

Step1. 在模型中双击要修改的特征的某个尺寸。

Step2. 在弹出的图 3.7.3 所示的文本框中，输入新的尺寸，并按 Enter 键。

Step3. 编辑特征的尺寸后，必须进行“再生”操作，重新生成模型，这样修改后的尺寸才会重新驱动模型。方法是单击“再生”按钮或选择下拉菜单 编辑(E) ➡ 再生(G) 命令。

3. 修改特征尺寸的属性

进入特征的编辑状态后，如果要修改特征的某个尺寸的属性，其一般操作步骤如下：

Step1. 在模型中单击要修改其属性的某个尺寸。

Step2. 右击，在弹出的图 3.7.4 所示的快捷菜单中选择 属性... 命令，此时系统弹出“尺寸属性”对话框。

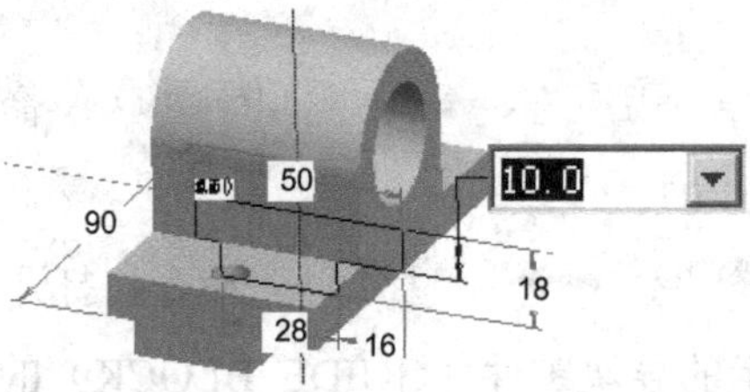

图 3.7.3　修改尺寸

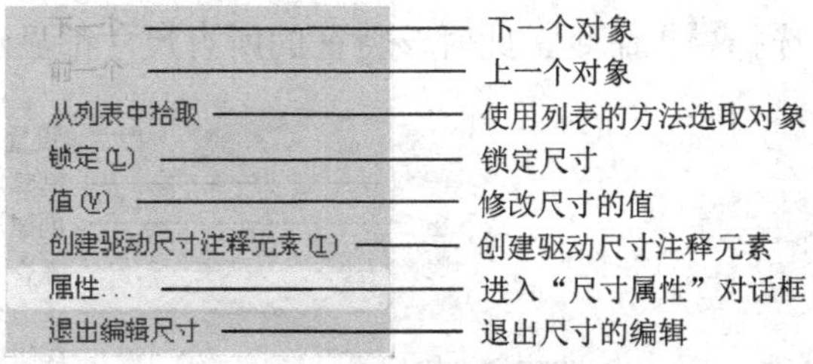

图 3.7.4　快捷菜单

Step3. 在“尺寸属性”对话框中，可以在 属性 选项卡、 显示 选项卡和 文本样式 选项卡中对尺寸的相应属性进行修改。

3.7.2　查看零件模型信息及特征父子关系

选择图 3.7.2 所示菜单中的 信息 ▸ 命令，系统将弹出图 3.7.5 所示的“信息”子菜单，通过其中相应的菜单命令可查看所选特征的信息、模型的信息以及所选特征与其他特征间的父子关系。图 3.7.6 反映了导块零件模型（guide_block）中基础拉伸特征与其他特征的父子关系。

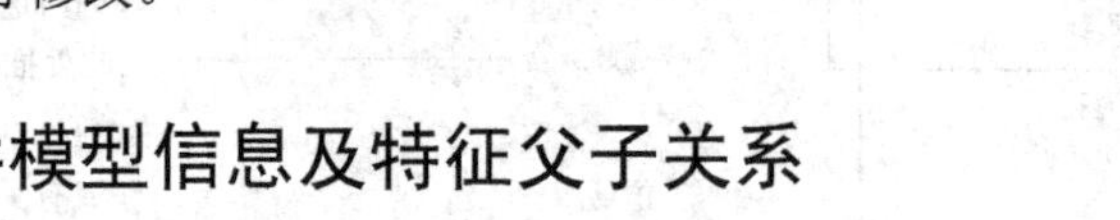

图 3.7.5　“信息”子菜单

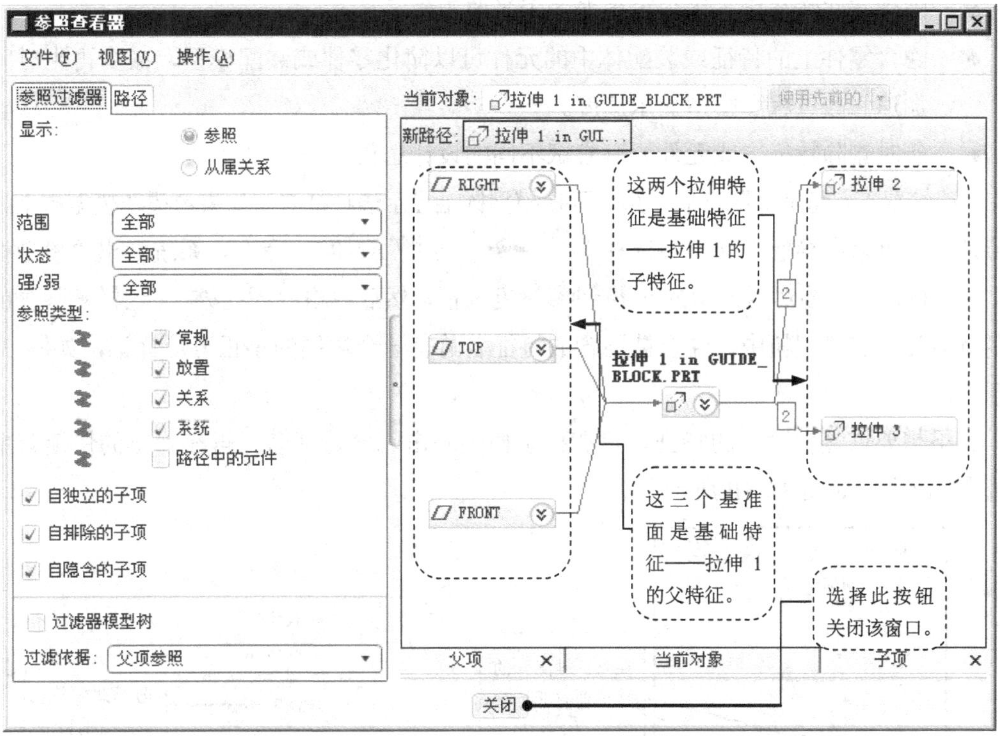

图 3.7.6　“参照查看器”对话框

3.7.3　删除特征

在图 3.7.2 所示的快捷菜单中，选择删除命令，可删除所选的特征。如果要删除的特征有子特征，例如要删除导块（GUIDE_BLOCK）中的基础拉伸特征（图 3.7.7），系统将弹出图 3.7.8 所示的“删除”对话框，同时系统在模型树上加亮该拉伸特征的所有子特征。如果单击对话框中的确定按钮，则系统删除该拉伸特征及其所有子特征。

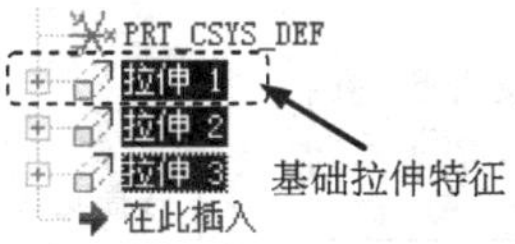

图 3.7.7　模型树

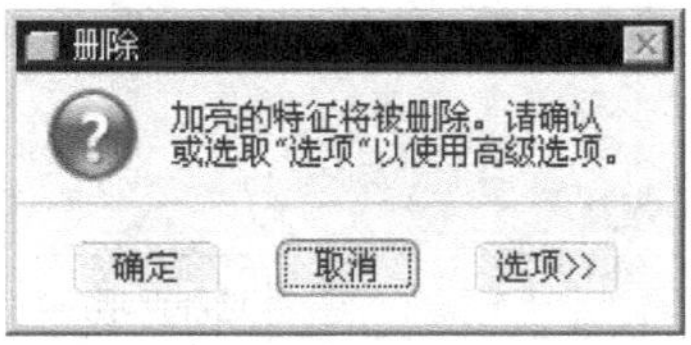

图 3.7.8　“删除”对话框

3.7.4　特征的隐含与隐藏

1．特征的隐含（Suppress）与恢复隐含（Resume）

在图 3.7.2 所示的快捷菜单中，选择隐含命令，即可“隐含”所选取的特征。“隐含”特征就是将特征从模型中暂时删除。如果要“隐含”的特征有子特征，子特征也会一同被“隐含”。类似地，在装配模块中，可以“隐含”装配体中的元件。隐含特征的作用如下：

- 隐含某些特征后，用户可更专注于当前工作区域。
- 隐含零件上的特征或装配体中的元件可以简化零件或装配模型，减少再生时间，加速修改过程和模型显示速度。
- 暂时删除特征（或元件）可尝试不同的设计迭代。

一般情况下，特征被隐含后，系统不在模型树上显示该特征名。如果希望在模型树上显示该特征名，可以在导航选项卡中选择 → 树过滤器(F)... 命令，系统弹出“模型树项目”对话框，选中该对话框中的 隐含的对象 复选框，然后单击 确定 按钮，这样被隐含的特征名就会显示在模型树中，注意被隐含的特征名前有一个填黑的小正方形标记，如图 3.7.9 所示。

如果想要恢复被隐含的特征，可在模型树中右击隐含特征名，再在弹出的快捷菜单中选择 恢复 命令，如图 3.7.10 所示。

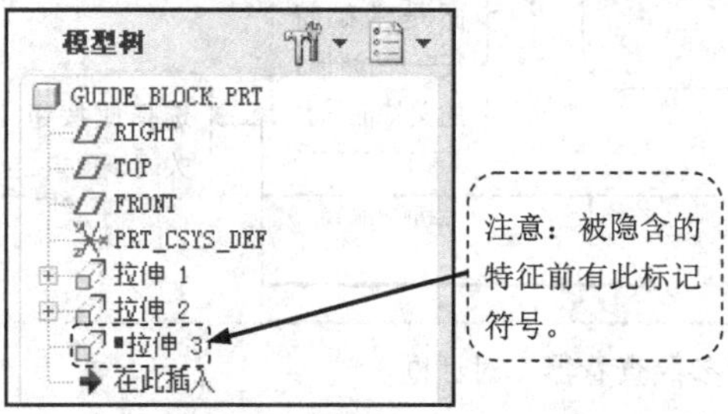

图 3.7.9 特征的隐含

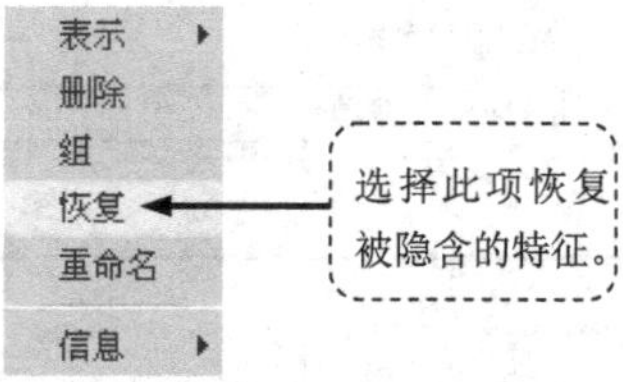

图 3.7.10 快捷菜单

2．特征的隐藏（Hide）与取消隐藏（Unhide）

在导块零件模型（GUIDE_BLOCK）的模型树中，右击某些基准特征名（如 TOP 基准平面），从弹出的图 3.7.11 所示的快捷菜单中选择 隐藏 命令，即可隐藏该基准特征，也就是在零件模型上看不见此特征，这种功能相当于层的隐藏功能。

如果想要取消被隐藏的特征，可在模型树中右击隐藏特征名，再在弹出的快捷菜单中选择 取消隐藏 命令，如图 3.7.12 所示。

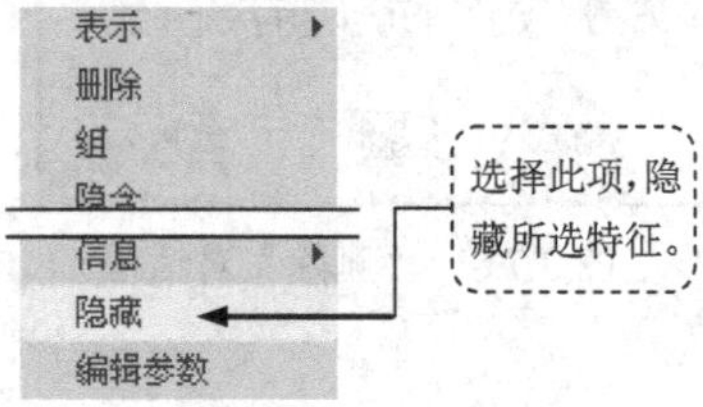

图 3.7.11 “隐藏”命令

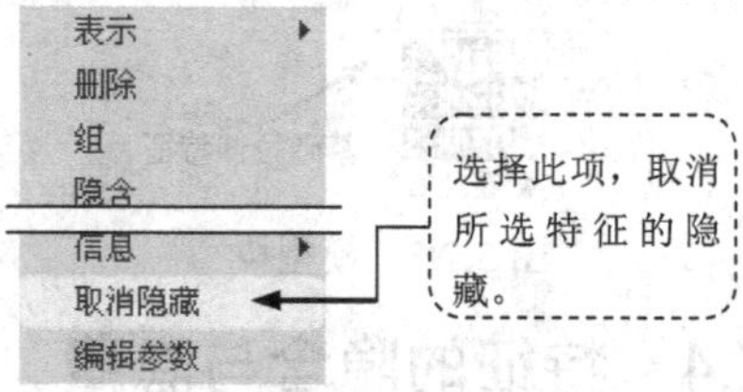

图 3.7.12 “取消隐藏”命令

3.7.5 特征的编辑定义

当特征创建完毕后，如果需要重新定义特征的属性、截面的形状或特征的深度选项，就必须对特征进行“编辑定义”，也叫“重定义”。下面以导块（guide_block）的加强肋拉伸特征为例说明其操作方法。

在图 3.7.1 所示的导块（GUIDE_BLOCK）模型树中，右击“拉伸 1”特征，再在弹出的快捷菜单中选择编辑定义命令，此时系统弹出图 3.7.13 所示的操控板界面，按照图中所示的操作方法，可重新定义该特征的所有元素。

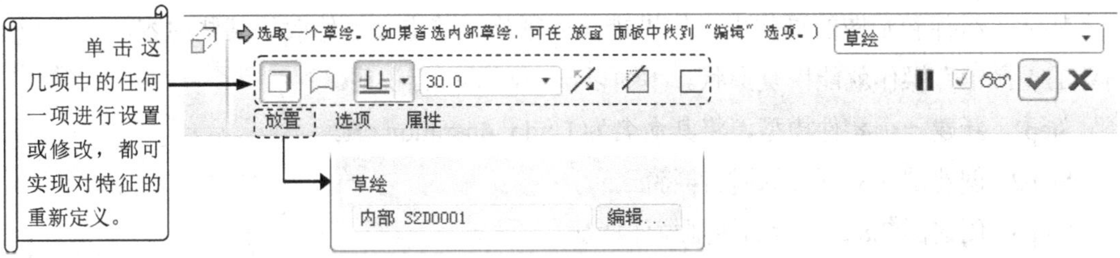

图 3.7.13　特征的操控板

1．重定义特征的属性

在操控板中重新选定特征的深度类型和深度值及拉伸方向等属性。

2．重定义特征的截面

Step1. 在操控板中单击放置按钮，然后在弹出的界面中单击编辑...按钮（或者在绘图区中右击，从弹出的快捷菜单中选择编辑内部草绘...命令，如图 3.7.14 所示）。

Step2. 此时系统进入草绘环境，选择下拉菜单草绘(S) ➡ 草绘设置...命令，系统会弹出“草绘”对话框，其中各选项的说明如图 3.7.15 所示。

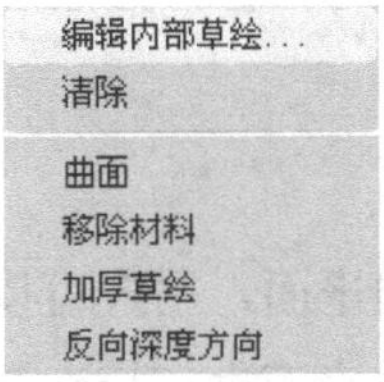

图 3.7.14　快捷菜单

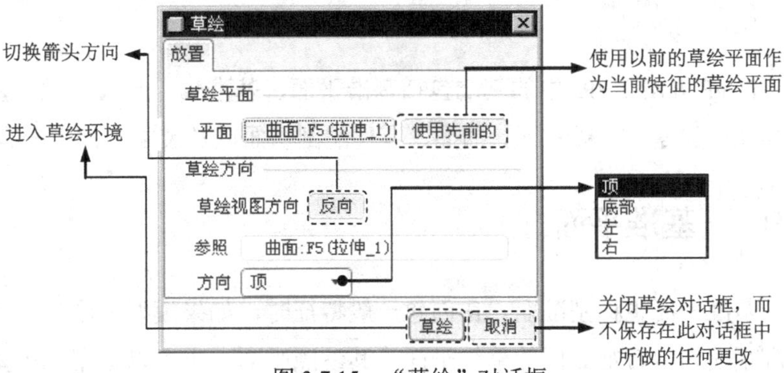

图 3.7.15　“草绘”对话框

Step3. 此时系统将加亮原来的草绘平面，用户可选取其他平面作为草绘平面，并选取方向。也可通过单击使用先前的按钮，来选择前一个特征的草绘平面及参照平面。

Step4. 选取草绘平面后，系统加亮原来的草绘平面的参照平面，此时可选取其他平面作为参照平面，并选取方向。

Step5. 完成草绘平面及其参照平面的选取后，系统再次进入草绘环境，可以在草绘环境中修改特征草绘截面的尺寸、约束关系和形状等。修改完成后，单击“完成”按钮✔。

3.8 多级撤销/重做功能

Pro/ENGINEER 野火版 5.0 提供了实用方便的多级撤销/重做（Undo/Redo）功能，在对许多特征、组件和制图的操作中，如果错误地删除、重定义或修改了某些内容，只需一个简单的“撤销”操作就能恢复原状。下面以一个例子进行说明。

Step1. 新建一个零件模型，将其命名为 Undo_operation.prt。

Step2. 创建图 3.8.1 所示的拉伸特征。

Step3. 创建图 3.8.2 所示的切削拉伸特征。

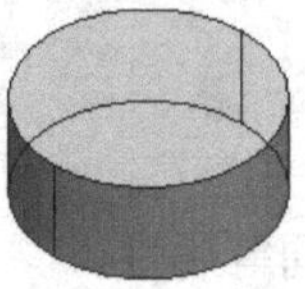

图 3.8.1 拉伸特征

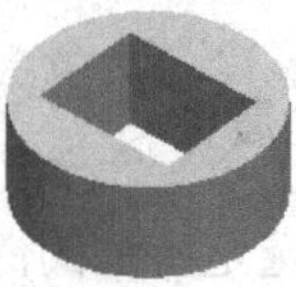

图 3.8.2 切削拉伸特征

Step4. 删除上步创建的切削拉伸特征，然后单击工具栏中的（撤销）按钮，则刚刚被删除的切削拉伸特征又恢复回来了；如果再单击工具栏中的（重做）按钮，恢复的切削拉伸特征又被删除了。

3.9 基 准 特 征

Pro/ENGINEER 中的基准包括基准平面、基准轴、基准曲线、基准点和坐标系。这些基准在创建零件一般特征、曲面、零件的剖切面以及装配中都十分有用。

3.9.1 基准平面

基准平面也称基准面。在创建一般特征时，如果模型上没有合适的平面，用户可以将基准平面作为特征截面的草绘平面及其参照平面；也可以根据一个基准平面进行标注，就好像它是一条边。基准平面的大小都可以调整，使其看起来适合零件、特征、曲面、边、轴或半径。

基准平面有两侧：橘黄色侧和灰色侧。法向方向箭头指向橘黄色侧。基准平面在屏幕中显示为橘黄色或灰色取决于模型的方向。当装配元件、定向视图和选择草绘参照时，应注意基准平面的颜色。

要选择一个基准平面，可以选择其名称，也可以选择它的一条边界。

1．创建基准平面的一般过程

下面以一个范例来说明基准平面的一般创建过程。如图 3.9.1 所示，现在要创建一个基准平面 DTM1，使其穿过图中模型的一条边线，并与模型上的一个表面成 45° 的夹角。

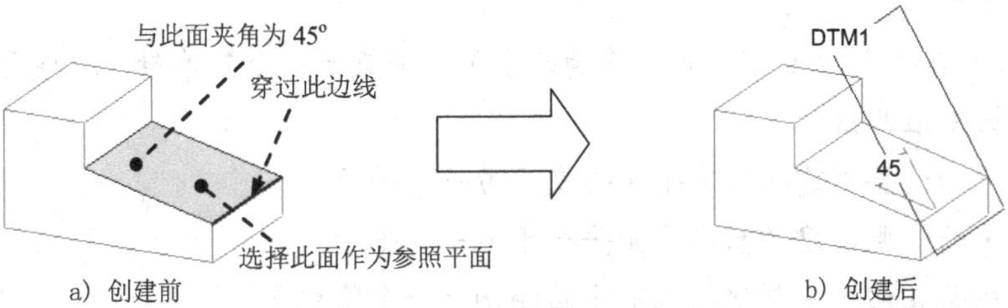

图 3.9.1 基准平面的创建

Step1. 将工作目录设置至 D:\dbproe5.1\work\ch03\ch03.09，打开 create_datum_plane.prt。

Step2. 单击工具栏中的“基准平面”按钮（或者选择下拉菜单 插入(I) → 模型基准(D) → 平面(L)... 命令），系统弹出图 3.9.2 所示的“基准平面”对话框。

Step3. 选取约束。

（1）穿过约束。

选择图 3.9.1 a 所示的边线，此时对话框的显示如图 3.9.2 所示。

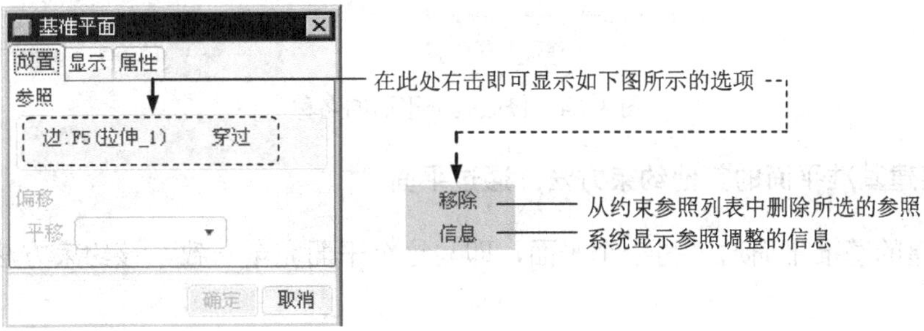

图 3.9.2 “基准平面”对话框

（2）角度约束。

按住 Ctrl 键，选择图 3.9.1 a 所示的参照平面。

（3）给出夹角。

在图 3.9.3 所示的“旋转”文本框中输入夹角值，此例为 45.0，最后单击 确定 按钮。

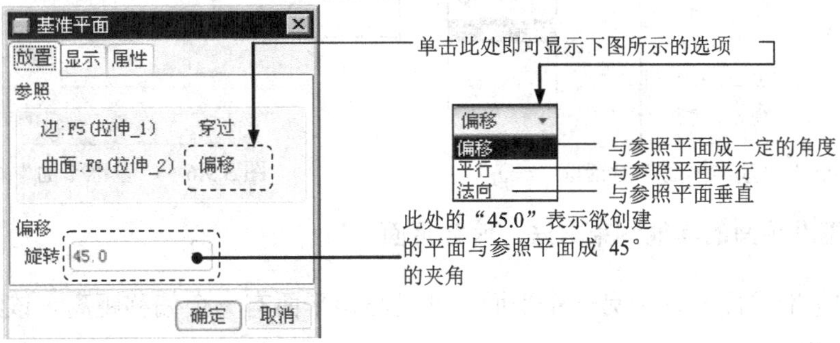

图 3.9.3 键入夹角值

说明：创建基准平面可使用如下一些约束。

- 通过轴/边线/基准曲线：要创建的基准平面通过一个基准轴，或模型上的某条边线，或基准曲线。
- 垂直轴/边线/基准曲线：要创建的基准平面垂直于一个基准轴，或模型上的某条边线，或基准曲线。
- 垂直平面：要创建的基准平面垂直于另一个平面。
- 平行平面：要创建的基准平面平行于另一个平面。
- 与圆柱面相切：要创建的基准平面相切于一个圆柱面。
- 通过基准点/顶点：要创建的基准平面通过一个基准点，或模型上的某顶点。
- 角度平面：要创建的基准平面与另一个平面成一定角度。

Step4. 修改基准平面的名称。如图 3.9.4 所示，可在属性选项卡的名称文本框中输入新的名称。

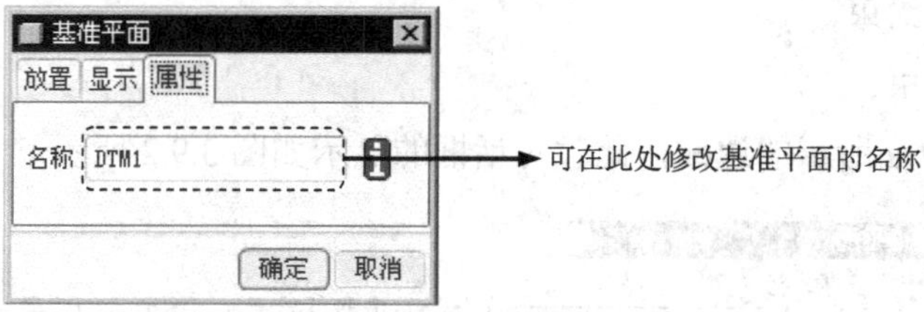

图 3.9.4　修改基准平面的名称

2．创建基准平面的其他约束方法：通过平面

要创建的基准平面通过另一个平面，即与这个平面完全一致，该约束方法能单独确定一个平面。

Step1. 单击“基准平面”按钮。

Step2. 选取某一参照平面，再在对话框中选择穿过选项，如图 3.9.5 和图 3.9.6 所示。

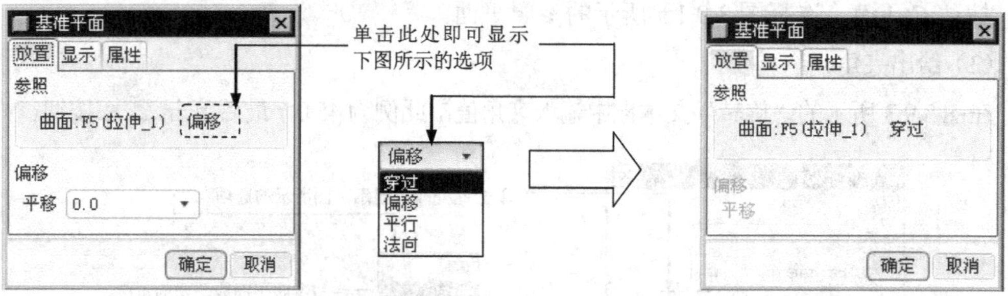

图 3.9.5　“基准平面”对话框（一）　　图 3.9.6　“基准平面”对话框（二）

3．创建基准平面的其他约束方法：偏距平面

要创建的基准平面平行于另一个平面，并且与该平面有一个偏移距离。该约束方法能单独确定一个平面。

Step1. 单击“基准平面”按钮。

Step2. 选取某一参照平面，然后输入偏距的距离值，此例为 20.0，如图 3.9.7 和图 3.9.8 所示。

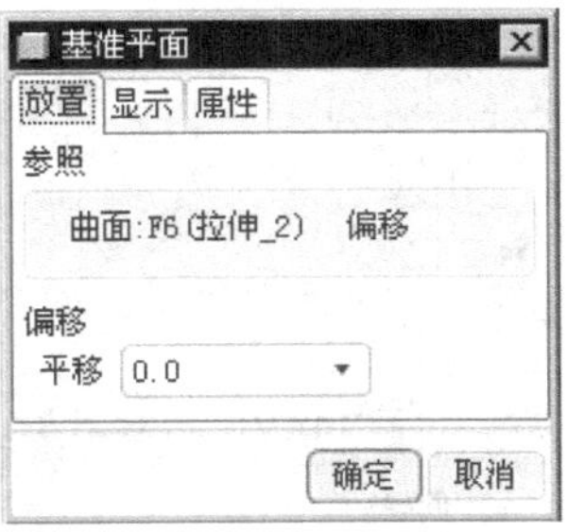

图 3.9.7 “基准平面”对话框（三）

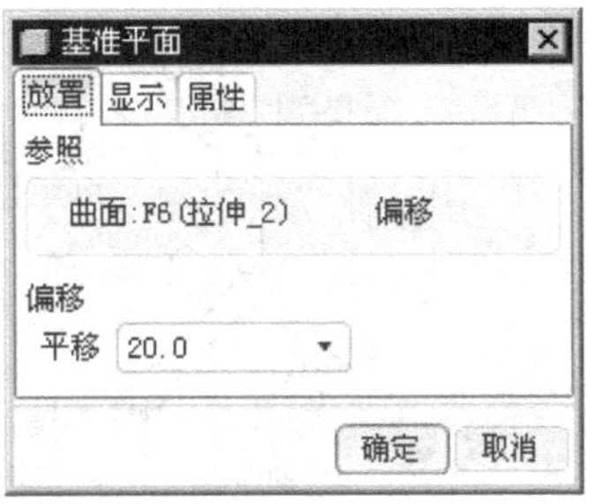

图 3.9.8 “基准平面”对话框（四）

4．创建基准平面的其他约束方法：偏距坐标系

用此约束方法可以创建一个基准平面，使其垂直于一个坐标轴并偏离坐标原点。当使用该约束方法时，需要选择与该平面垂直的坐标轴，以及给出沿该轴线方向的偏距。

Step1. 单击“基准平面”按钮。

Step2. 选取某一坐标系。

Step3. 如图 3.9.9 所示，选取所需的坐标轴，然后输入偏距的距离值，此例为 20.0。

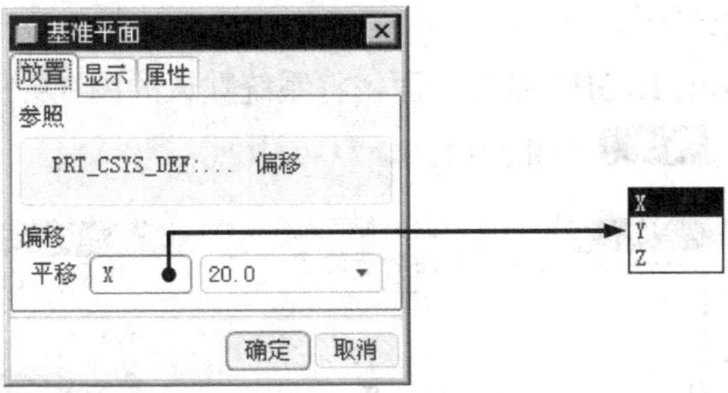

图 3.9.9 “基准平面”对话框（五）

3.9.2 基准轴

如同基准平面，基准轴也可以用于特征创建时的参照。基准轴对创建基准平面、同轴放置项目和径向阵列特别有用。

基准轴的产生也分两种情况：一是基准轴作为一个单独的特征来创建；二是在创建带有圆弧的特征期间，系统会自动产生一个基准轴，但此时必须将配置文件选项 show_axes_for_extr_arcs 设置为 yes。

创建基准轴后，系统用 A_1、A_2 等依次自动分配其名称。要选取一个基准轴，可选择基准轴线自身或其名称。

1. 创建基准轴的一般过程

下面将举例说明基准轴的一般创建过程。在图 3.9.10 所示的 create_datum_axis.prt 零件中，欲创建一个基准轴，使其与轴线 A_1 相距为 42.0，并且位于 RIGHT 基准平面内。

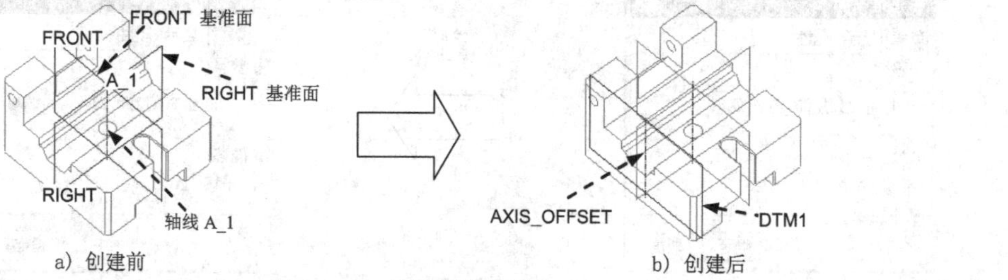

图 3.9.10 基准轴的创建

Step1. 工作目录设置至 D:\dbproe5.1\work\ch03\ch03.09，然后打开文件 create_datum_axis.prt。

Step2. 在 FRONT 左侧，创建一个“偏距”基准平面 DTM1，偏距尺寸为 42.0（创建方法可参考本书 3.9.1 节）。

Step3. 单击工具栏上的“基准轴”按钮 ╱ 。

Step4. 由于所要创建的基准轴通过基准平面 RIGHT 和 DTM1 的相交线，为此应该选取这两个基准平面作为约束参照。

（1）选取第一约束平面。

选取图 3.9.10 所示的 RIGHT 基准平面，将系统默认的图 3.9.11 所示的“基准轴”对话框中的约束类型改为 穿过 （图 3.9.12）。

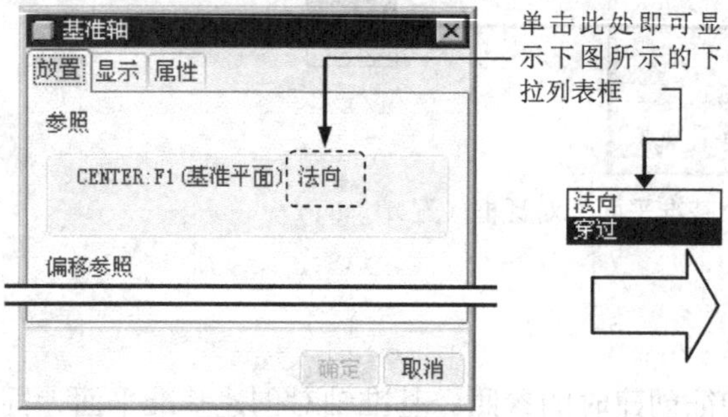

图 3.9.11 “基准轴”对话框（一）

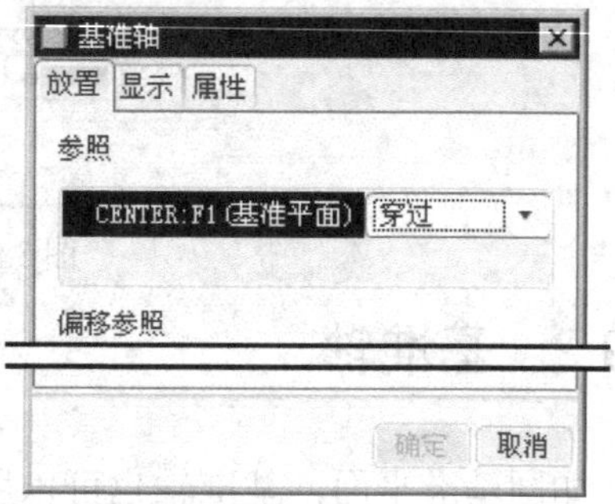

图 3.9.12 “基准轴”对话框（二）

注意：由于 Pro/ENGINEER 具有智能性，这里也可不必将约束类型改为 穿过 ，因为当用户再选取一个约束平面时，系统会自动将第一个平面的约束改为 穿过 。

（2）选取第二约束平面。

按住 Ctrl 键，选取 Step2 中所创建的基准平面 DTM1，此时对话框如图 3.9.13 所示。

说明：创建基准轴有如下一些约束方法：

- 过边界：要创建的基准轴通过模型上的一个直边。

- 垂直平面：要创建的基准轴垂直于某个“平面”。使用此方法时，应先选取要与基准轴垂直的平面，然后分别选取两条定位的参照边，并定义到参考边的距离。
- 过点且垂直于平面：要创建的基准轴通过一个基准点并与一个“平面”垂直，“平面”可以是一个现成的基准平面或模型上的表面，也可以创建一个新的基准平面作为“平面”。
- 过圆柱：要创建的基准轴通过模型上的一个旋转曲面的中心轴。使用此方法时，再选择一个圆柱面或圆锥面即可。
- 两平面：在两个指定平面（基准平面或模型上的平面表面）的相交处创建基准轴。两平面不能平行，但在屏幕上不必显示相交。
- 两个点/顶点：要创建的基准轴通过两个点，这两个点既可以是基准点，也可以是模型上的顶点。

Step5. 修改基准轴的名称。在对话框属性选项卡的“名称”文本框中输入新的名称，如图 3.9.14 所示。

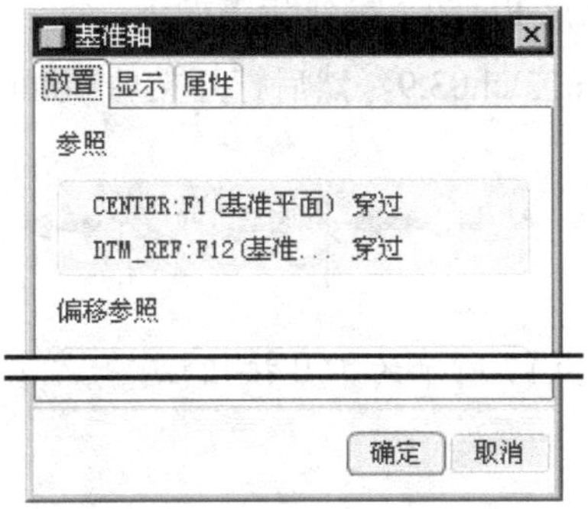

图 3.9.13 “放置”选项卡

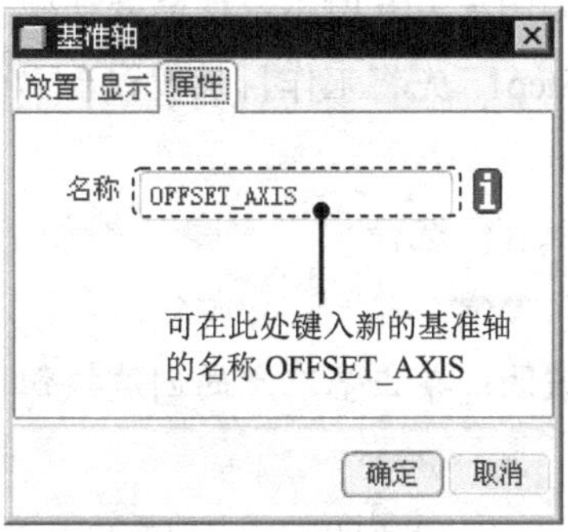

图 3.9.14 “属性”选项卡

2. 练习

练习要求：在图 3.9.15 所示的 create_plane_body.prt 零件模型的一侧创建基准平面 DTM1。

Step1. 将工作目录设置至 D:\dbproe5.1\work\ch03\ch03.09，打开文件 create_plane_body.prt。

Step2. 创建基准轴 A_1。单击“基准轴”按钮，选择图 3.9.15 所示的圆柱面。

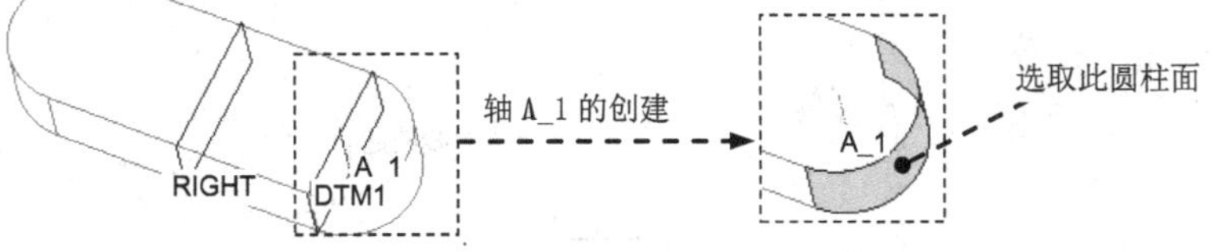

图 3.9.15 create_plane_body.prt 零件模型

Step3. 创建基准平面 DTM1。单击“基准平面”按钮；选取 A_1 轴，约束设置为“穿过”；按住 Ctrl 键，选取 RIGHT 基准平面，约束设置为“平行”，创建完毕。

3.9.3 基准点

基准点用来为网格生成加载点、在绘图中连接基准目标和注释、创建坐标系及管道特征轨迹，也可以在基准点处放置轴、基准平面、孔和轴肩。

默认情况下，Pro/ENGINEER 将一个基准点显示为叉号“×”，其名称显示为 PNTn，其中 n 是基准点的编号。要选取一个基准点，可选择基准点自身或其名称。

可以使用配置文件选项 datum_point_symbol 来改变基准点的显示样式。基准点的显示样式可使用下列任意一个：CROSS、CIRCLE、TRIANGLE 或 SQUARE。

可以重命名基准点，但不能重命名在布局中声明的基准点。

1．创建基准点的方法一：在曲线/边线上

用位置的参数值在曲线或边上创建基准点，该位置参数值确定从一个顶点开始沿曲线的长度。

如图 3.9.16 所示，现需要在模型边线上创建基准点 PNT0，操作步骤如下：

Step1．先将工作目录设置至 D:\dbproe5.1\work\ch03\ch03.9，然后打开文件 point_on_line.prt。

Step2．选择 ➡ 命令（或选择下拉菜单 插入(I) ➡ 模型基准(D) ▸ ➡ 点(P) ▸ ➡ 点(P)... 命令）。

说明：单击基准点的创建按钮，会出现图 3.9.17 所示的工具按钮栏。

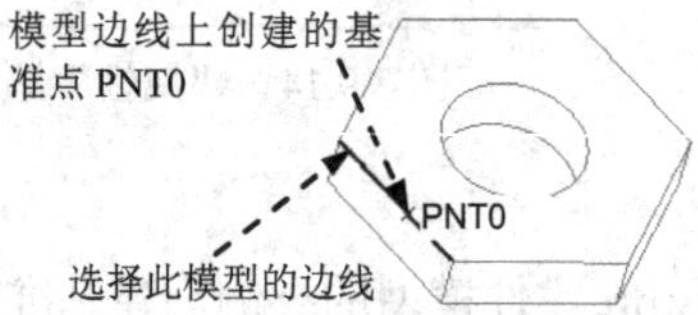

图 3.9.16 线上基准点的创建

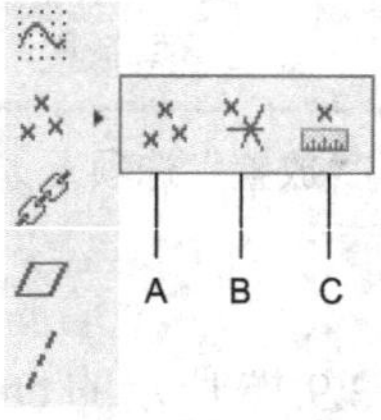

图 3.9.17 工具按钮

图 3.9.17 中各按钮的说明如下：

A：创建基准点。B：创建偏移坐标系基准点。C：创建域基准点。

Step3．选取图 3.9.18 所示的模型的边线，系统立即产生一个基准点 PNT0，如图 3.9.19 所示。

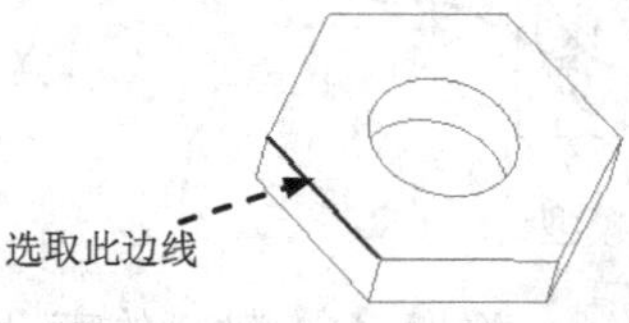

图 3.9.18 选取边线

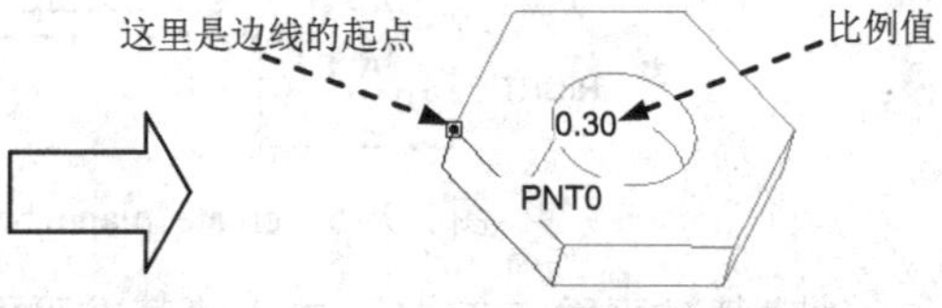

图 3.9.19 产生基准点

Step4．在图 3.9.20 所示的“基准点”对话框中，先选择基准点的定位方式（比率或

实数），再输入基准点的定位数值（比率系数或实际长度值）0.3。

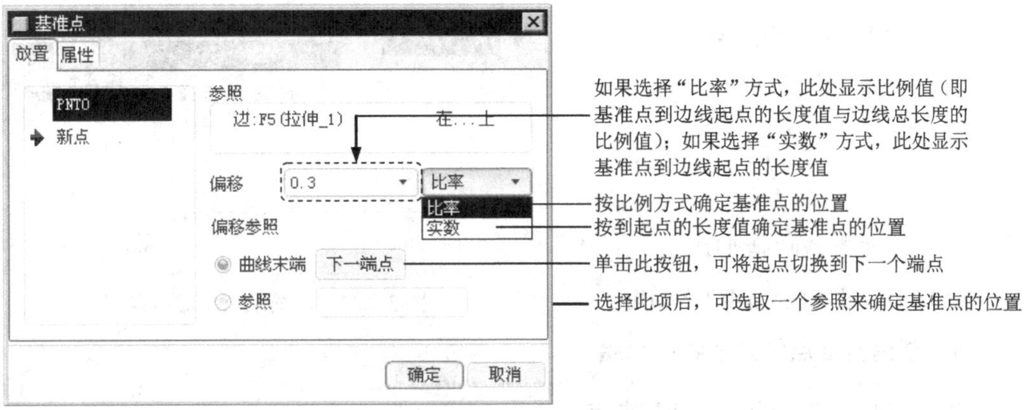

图 3.9.20 “基准点”对话框

2．创建基准点的方法二：顶点

在零件边、曲面特征边、基准曲线或输入框架的顶点上创建基准点。

如图 3.9.21 所示，要在模型的顶点处创建一个基准点 PNT0，操作步骤如下：

Step1．将工作目录设置至 D:\dbproe5.1\work\ch03\ch03.9，打开文件 point_on_vertex.prt。

Step2．单击“基准点”按钮。

Step3．如图 3.9.21 所示，选取模型的顶点，系统立即在此顶点处产生一个基准点 PNT0。此时“基准点”对话框如图 3.9.22 所示。

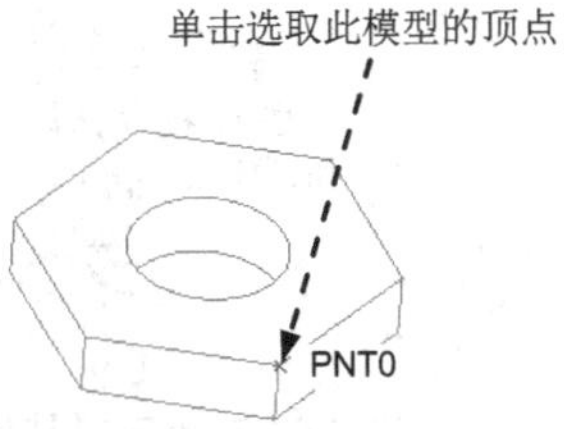

图 3.9.21 顶点基准点的创建

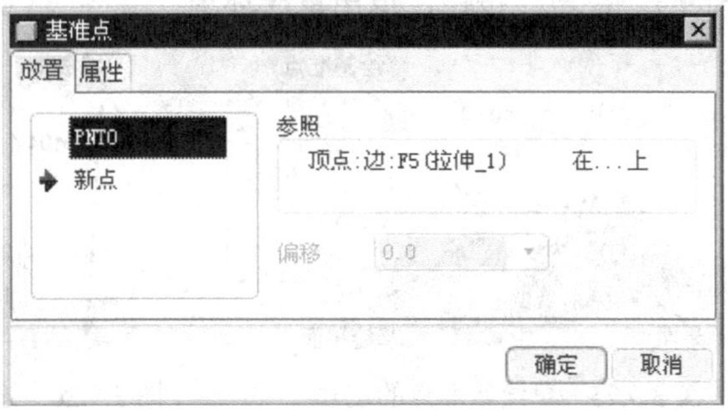

图 3.9.22 “基准点”对话框

3．创建基准点的方法三：过中心点

在一条弧、一个圆或一个椭圆图元的中心处创建基准点。如图 3.9.23 所示，要在模型上表面的孔的中心处创建一个基准点 PNT0，操作步骤如下：

Step1．将工作目录设置至 D:\dbproe5.1\work\ch03\ch03.09，打开文件 center_point.prt。

Step2．单击“点”按钮。

Step3．如图 3.9.23 所示，选取模型上表面的孔边线。

Step4．在图 3.9.24 所示的“基准点”对话框的下拉列表中选择居中选项。

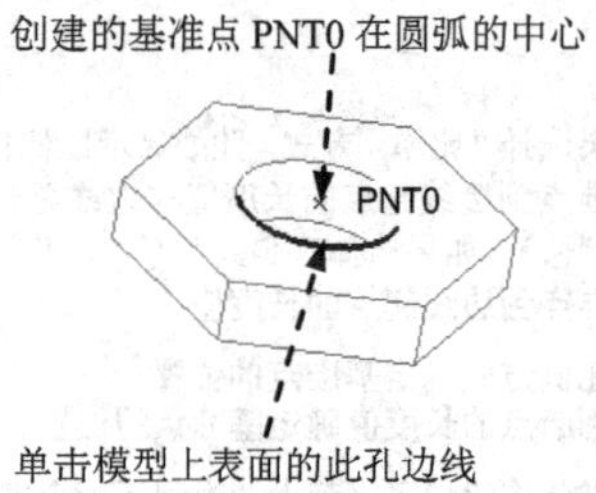

图 3.9.23　过中心点基准点的创建

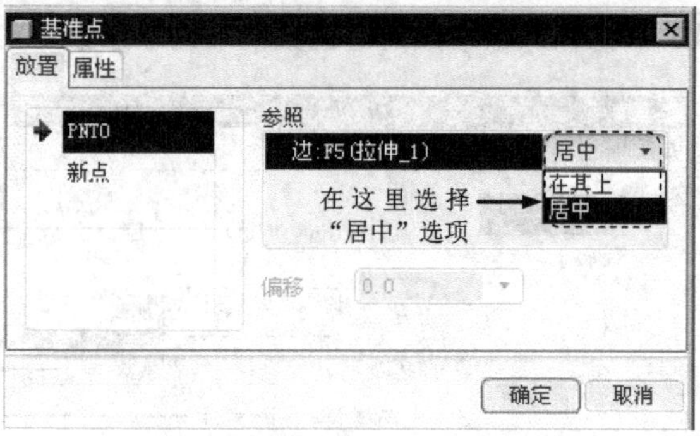

图 3.9.24　“基准点”对话框

4．创建基准点的方法四：草绘

进入草绘环境，绘制一个基准点。

如图 3.9.25 所示，要在模型的表面上创建一个草绘基准点 PNT0，操作步骤如下：

Step1. 先将工作目录设置至 D:\dbproe5.1\work\ch03\ch03.09，然后打开文件 point_by_sketch.prt。

Step2. 选取图 3.9.25 所示的两平面为草绘平面和参照平面，参照方向为左，单击草绘按钮。

Step3. 进入草绘环境后，选取图 3.9.26 所示的模型的边线为草绘环境的参照，单击关闭(C)按钮；然后单击“点”按钮中的“几何点”按钮（图 3.9.27），再在图形区选择一点，定义好尺寸。

Step4. 单击✓按钮，退出草绘环境。

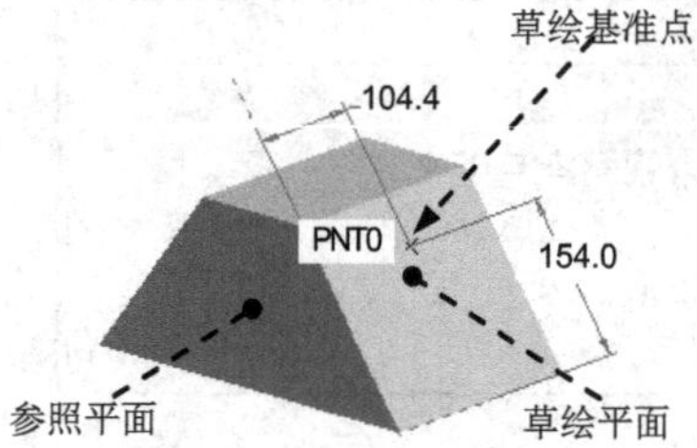

图 3.9.25　草绘基准点的创建

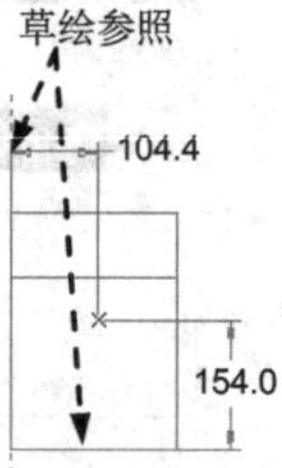

图 3.9.26　选取参照

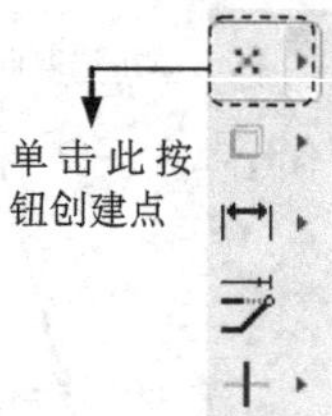

图 3.9.27　点工具按钮位置

3.9.4　坐标系

坐标系是可以增加到零件和装配件中的参照特征，它可用于：

- 计算质量属性。
- 装配元件。
- 为“有限元分析（FEA）”放置约束。
- 为刀具轨迹提供制造操作参照。
- 用于定位其他特征的参照（坐标系、基准点、平面和轴线、输入的几何等）。

在 Pro/ENGINEER 系统中，可以使用下列三种形式的坐标系：

- 笛卡尔坐标系。系统用 X、Y 和 Z 表示坐标值。
- 柱坐标系。系统用半径、theta（θ ）和 Z 表示坐标值。
- 球坐标系。系统用半径、theta（θ ）和 phi（ψ ）表示坐标值。

创建坐标系方法：三个平面

选择三个平面（模型的表平面或基准平面），这些平面不必正交，其交点成为坐标原点，选定的第一个平面的法向定义一个轴的方向，第二个平面的法向定义另一轴的大致方向，系统使用右手定则确定第三轴。

如图 3.9.28 所示，现需要在三个垂直平面（平面 1、平面 2 和平面 3）的交点上创建一个坐标系 CSO，操作步骤如下：

Step1. 将工作目录设置至 D:\dbproe5.1\work\ch03\ch03.09，打开文件 create_csys.prt。

Step2. 单击坐标系“创建”按钮（另一种方法是选择下拉菜单 插入(I) ➡ 模型基准(D) ▸ ➡ 坐标系(C)... 命令）。

Step3. 选择三个垂直平面。如图 3.9.28 所示，选择平面 1；按住键盘的 Ctrl 键，选择平面 2 和平面 3。此时系统就创建了图 3.9.29 所示的坐标系，注意字符 X、Y 和 Z 所在的方向正是相应坐标轴的正方向。

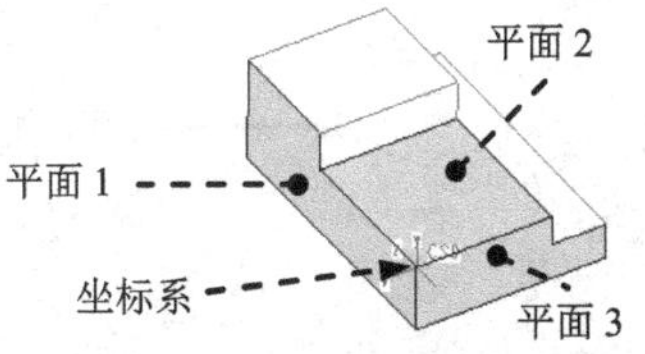

图 3.9.28　由三个平面创建坐标系

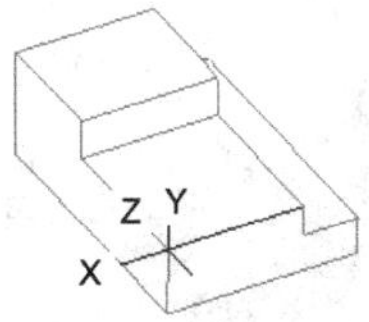

图 3.9.29　生成坐标系

Step4. 修改坐标轴的位置和方向。在图 3.9.30 所示“坐标系”对话框中，打开 方向 选项卡可以修改坐标轴的位置和方向，操作方法参如图 3.9.30 所示。

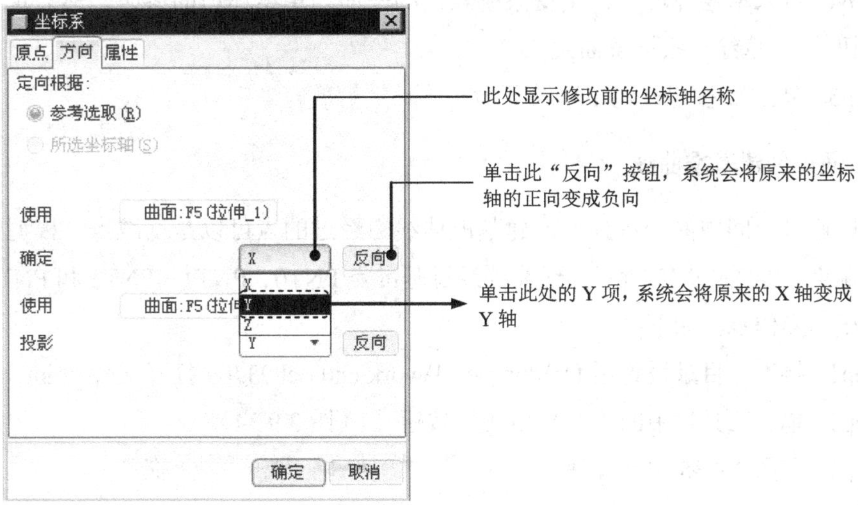

图 3.9.30　“坐标系”对话框的“方向”选项卡

3.9.5 基准曲线

基准曲线可用于创建曲面和其他特征，或作为扫描轨迹。创建曲线有很多方法，下面介绍两种基本方法。

1. 草绘基准曲线

草绘基准曲线的方法与草绘其他特征相同。草绘曲线可以由一个或多个草绘段以及一个或多个开放或封闭的环组成。但是将基准曲线用于其他特征，通常限定在开放或封闭环的单个曲线（它可以由许多段组成）。

草绘基准曲线时，Pro/ENGINEER 在离散的草绘基准曲线上边创建一个单一复合基准曲线。对于该类型的复合曲线，不能重定义起点。

由草绘曲线创建的复合曲线可以作为轨迹选择，例如作为扫描轨迹。使用“查询选取”可以选择底层草绘曲线图元。

如图 3.9.31 所示，现需要在模型的表面上创建一个草绘基准曲线，操作步骤如下：

Step1. 将工作目录设置至 D:\dbproe5.1\work\ch03\ch03.09，打开文件 sketch_curve.prt。

Step2. 单击工具栏上的“草绘”按钮（图 3.9.32）。

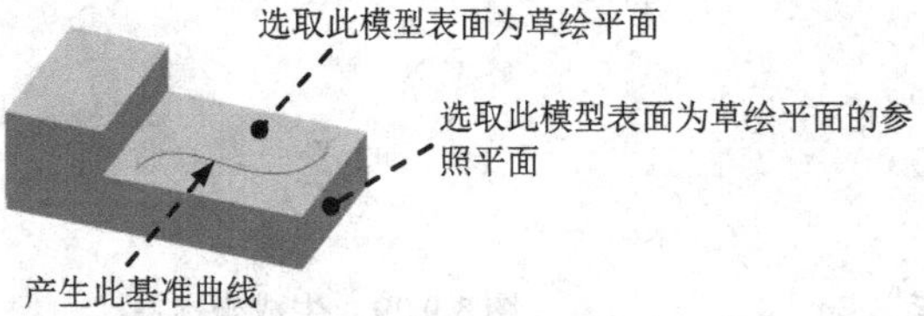

图 3.9.31 创建草绘基准曲线

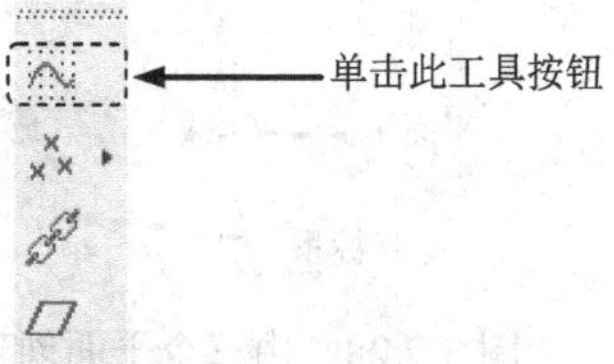

图 3.9.32 工具按钮的位置

Step3. 选取图 3.9.31 中的草绘平面及参照平面，单击 草绘 按钮进入草绘环境。

Step4. 进入草绘环境后，接受系统默认的平面为草绘环境的参照，然后单击“样条曲线”按钮，草绘一条样条曲线。

Step5. 单击按钮，退出草绘环境。

2. 通点创建基准曲线

可以通过空间中的一系列点创建基准曲线，经过的点可以是基准点、模型的顶点以及曲线的端点。如图 3.9.33 所示，现需要经过基准点 PNT0、PNT1、PNT2 和 PNT3 创建一条基准曲线，操作步骤如下：

Step1. 将工作目录设置至 D:\dbproe5.1\work\ch03\ch03.9，打开文件 point_curve.prt。

Step2. 单击工具栏中的“基准曲线”按钮（图 3.9.34）。

Step3. 在图 3.9.35 中选择 Thru Points（通过点） → Done（完成）命令。

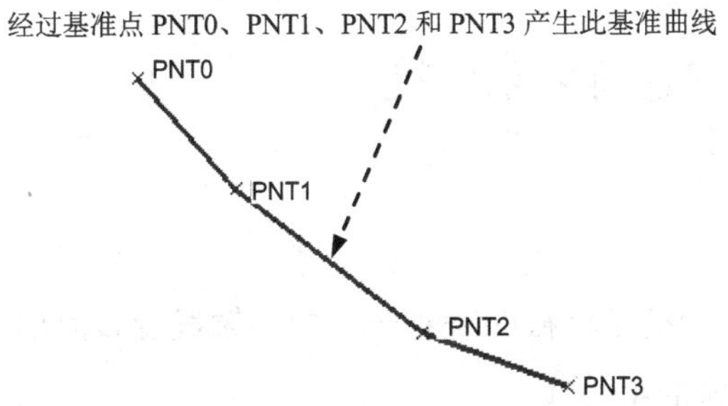

图 3.9.33　通过点基准曲线的创建

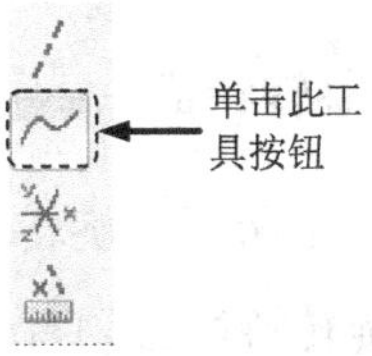

图 3.9.34　工具按钮

Step4. 完成上步操作后，系统弹出图 3.9.36 所示的“曲线特征信息”对话框，该对话框显示创建曲线将要定义的元素。

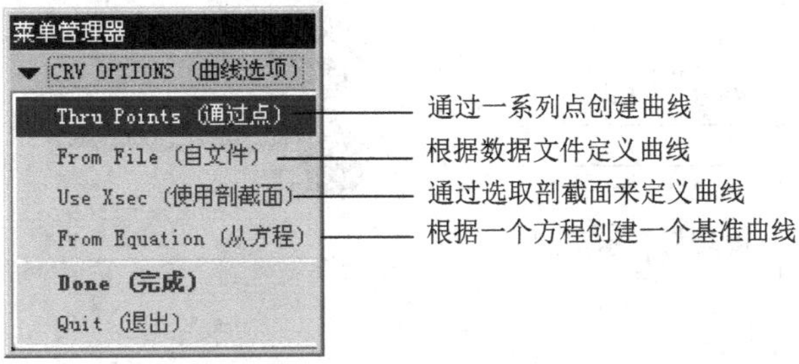

图 3.9.35　“曲线选项”菜单

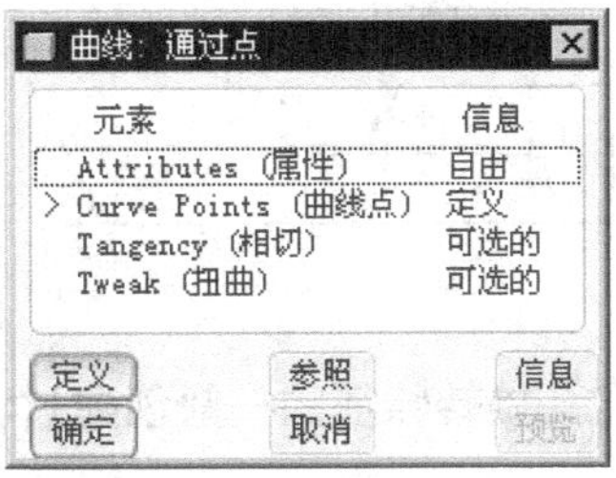

图 3.9.36　“曲线特征信息”对话框

（1）在图 3.9.37 所示的“连结类型”菜单中，选择 Single Rad (单一半径) ➡ Single Point (单个点) ➡ Add Point (添加点) 命令。

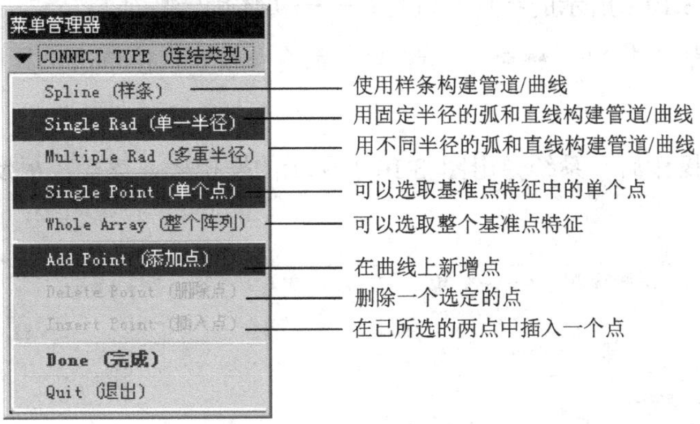

图 3.9.37　“连结类型”菜单

（2）选取图 3.9.33 中的基准点 PNT0、PNT1 和 PNT2。

（3）在系统 ➪ 输入折弯半径 的提示下，输入折弯半径值 3.0。

（4）选取图 3.9.33 中的基准点 PNT3，选择 **Done (完成)** 命令。

Step5. 单击图 3.9.36 所示的对话框中的 确定 按钮，完成基准曲线的创建。

3.10 旋 转 特 征

1. 关于旋转特征

如图 3.10.1 所示，旋转（Revolve）特征是将截面绕着一条中心轴线旋转而形成的形状特征。注意旋转特征必须有一条绕其旋转的中心线。

要创建或重新定义一个旋转特征，可按下列操作顺序给定特征要素：

定义截面放置属性（包括草绘平面、参照平面和参照平面的方向）→绘制旋转中心线→绘制特征截面→确定旋转方向→输入旋转角。

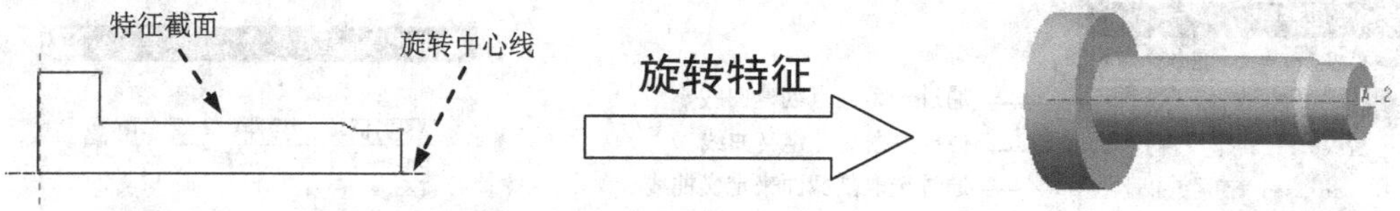

图 3.10.1 旋转特征示意图

2. 旋转特征的一般创建过程

下面说明创建旋转特征的一般操作步骤。

Step1. 将工作目录设置至 D:\dbproe5.1\work\ch03\ch03.10。

Step2. 新建一个零件模型，文件名为 connecting_shaft，使用零件模板 mmns_part_solid。

Step3. 创建图 3.10.1 所示的零件基础特征——实体旋转特征。

（1）选择下拉菜单 插入(I) → 旋转(R)... 命令（或者直接单击工具栏中的“旋转”按钮）。

（2）完成上步操作后，系统弹出图 3.10.2 所示的操控板，该操控板反映了创建旋转特征的过程及状态。

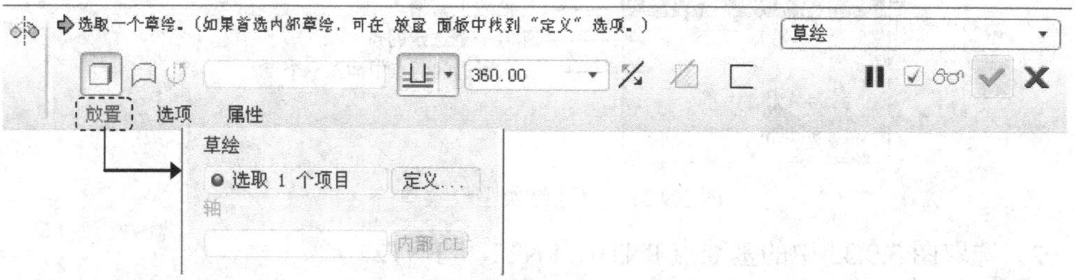

图 3.10.2 旋转特征操控板

Step4. 在操控板中按下“实体类型”按钮（默认选项）。

Step5. 定义旋转特征草绘截面放置属性。

（1） 在绘图区右击，选择 定义内部草绘... 命令。

（2） 选取 TOP 基准平面为草绘平面，采用模型中默认的方向为草绘视图方向；选取 RIGHT 基准平面为参照平面，方向为右；单击对话框中的草绘按钮。

Step6. 绘制图 3.10.3 所示的旋转特征截面草图。

说明： 本例接受系统默认的 RIGHT 基准平面和 FRONT 基准平面为草绘参照。

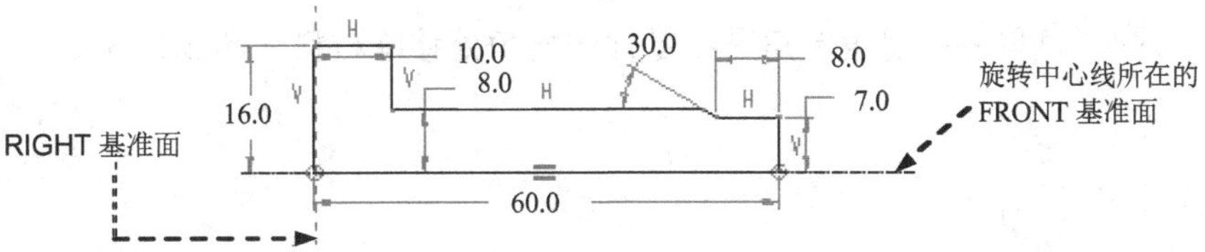

图 3.10.3 截面草图

草绘旋转特征的规则：

- 旋转截面必须有一条中心线，围绕中心线旋转的草图只能绘制在该中心线的一侧。
- 若草绘中使用的中心线多于一条，Pro/ENGINEER 将自动选取草绘的第一条中心线作为旋转轴，除非用户另外选取。
- 实体特征的截面必须是封闭的，而曲面特征的截面则可以不封闭。

（1）单击“线”按钮中的“几何中心线”按钮，在 FRONT 基准平面所在的线上绘制一条旋转中心线（图 3.10.3）。

（2）绘制绕中心线旋转的封闭几何图形。

（3）按图中的要求，标注、修改和整理尺寸。

（4）完成特征截面后，单击“完成”按钮。

Step7. 在操控板中，选取“旋转角度类型”按钮（即草绘平面以指定的角度值旋转），再在角度文本框中输入角度值 360.0，并按 Enter 键。

说明： 如图 3.10.2 所示，单击操控板中的按钮后的按钮，可以选取特征的旋转角度类型，各选项说明如下：

- 单击按钮，特征将从草绘平面开始按照所输入的角度值进行旋转。
- 单击按钮，特征将在草绘平面两侧分别从两个方向以输入角度值的一半进行旋转。
- 单击按钮，特征将从草绘平面开始旋转至选定的点、曲线、平面或曲面。

Step8. 单击操控板中的按钮。至此，图 3.10.1 所示的旋转特征已创建完成。

3.11 倒角特征

倒角特征是一种构建特征，所谓构建特征是指不能单独生成，而只能在其他特征上生成的特征。构建特征还包括圆角特征、孔特征及修饰特征等。

1. 关于倒角特征

倒角（Chamfer）命令位于 插入(I) 下拉菜单中（图 3.11.1），倒角分为以下两种类型：

- 边倒角(E)...：边倒角是在选定边处截掉一块平直剖面的材料，以在共有该选定边的两个原始曲面之间创建斜角曲面（图 3.11.2）。
- 拐角倒角(C)...：拐角倒角是在零件的拐角处移除材料（图 3.11.3）。

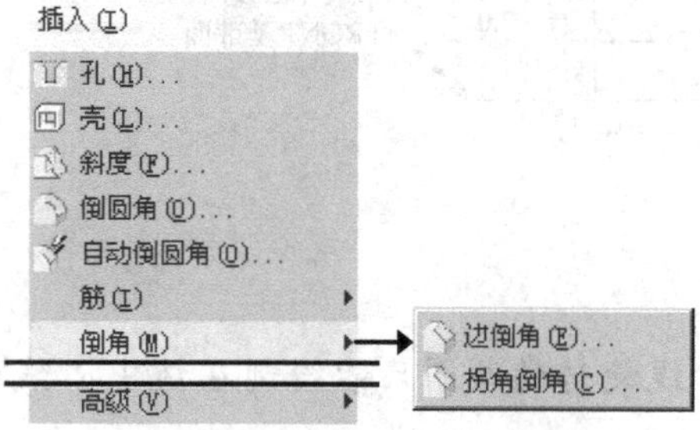

图 3.11.1 “插入”下拉菜单

图 3.11.2 边倒角

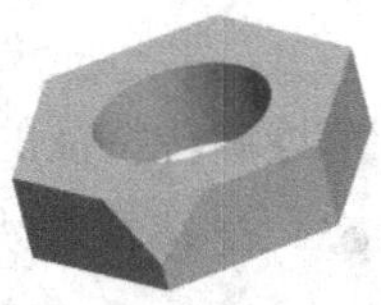

图 3.11.3 拐角倒角

2. 简单倒角特征的一般创建过程

下面说明在一个模型上添加倒角特征的一般操作步骤。

Task1. 打开一个已有的零件三维模型

将工作目录设置至 D:\dbproe5.1\work\ch03\ch03.11，打开文件 chamfer_1.prt。

Task2. 添加倒角（边倒角）

Step1. 选择下拉菜单 插入(I) → 倒角(M) → 边倒角(E)... 命令，或者单击“边倒角”按钮，系统弹出图 3.11.4 所示的倒角特征操控板。

Step2. 选取模型中要倒角的边线，如图 3.11.5 所示。

Step3. 选择边倒角方案。本例选取 45 x D 方案。

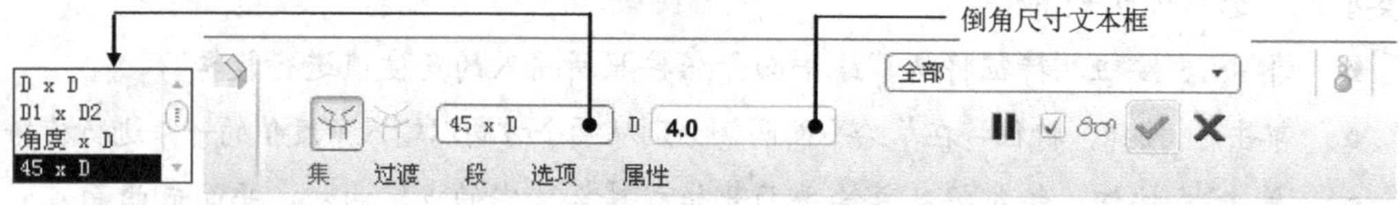

图 3.11.4 倒角特征操控板

说明：如图 3.11.4 所示，倒角有如下几种方案：

- D x D：创建的倒角沿两个邻接曲面距选定边的距离都为 D，随后要输入 D 的值。将来可以通过修改 D 来修改倒角。
- D1 x D2：创建的倒角沿第一个曲面距选定边的距离为 D1，沿第二个曲面距选定边的距离为 D2，随后要输入 D1 和 D2 的值。
- 角度x D：创建的倒角沿一邻接曲面距选定边的距离为 D，并且与该面成一指定夹角。只能在两个平面之间使用该命令，随后要输入角度和 D 的值。

- 45 x D：创建的倒角和两个曲面都成 45°，并且每个曲面边的倒角距离都为 D，随后要输入 D 的值。只有在两个垂直面的交线上才能创建 45 × D 倒角。

Step4. 设置倒角尺寸。在操控板中的倒角尺寸文本框中输入值 4.0，并按 Enter 键。

说明：在一般零件的倒角设计中，通过移动图 3.11.6 中的两个小方框来动态设置倒角尺寸是一种比较好的设计操作习惯。

Step5. 在操控板中单击✓按钮，完成倒角特征的构建。

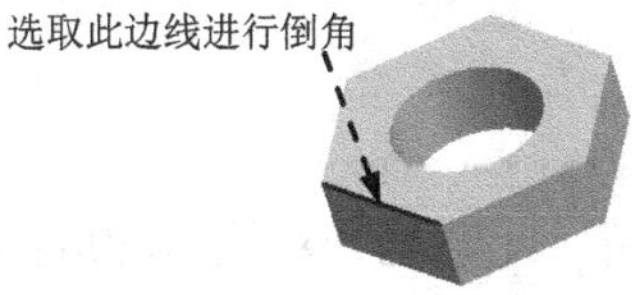

图 3.11.5　选取倒角边线

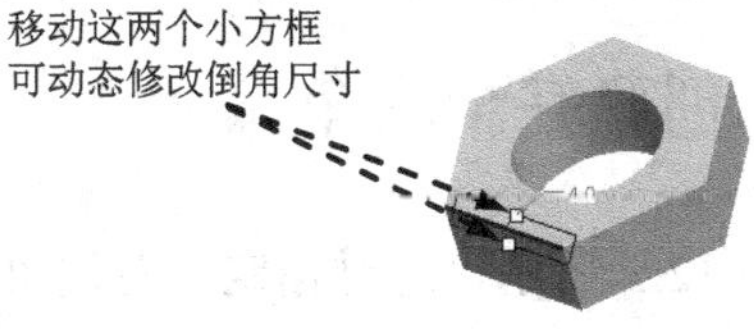

图 3.11.6　调整倒角大小

3.12　圆 角 特 征

3.12.1　圆角特征简述

使用圆角（Round）命令可创建曲面间的圆角或中间曲面位置的圆角。曲面可以是实体模型的表面，也可以是曲面特征。在 Pro/ENGINEER 中，可以创建两种不同类型的圆角：简单圆角和高级圆角。创建简单的圆角时，只能指定单个参照组，并且不能修改过渡类型；当创建高级圆角时，可以定义多个“圆角组”，即圆角特征的段。

创建圆角时，应注意下面几点：

- 在设计中尽可能晚些添加圆角特征。
- 可以将所有圆角放置到一个层上，然后隐含该层，以便加快工作进程。
- 为避免创建从属于圆角特征的子项，标注时，不要以圆角创建的边或相切边为参照。

3.12.2　创建一般简单圆角

下面以图 3.12.1 所示的模型为例，说明创建一般简单圆角的操作步骤：

Step1. 将工作目录设置至 D:\ dbproe5.1\work\ch03\ch03.12，打开文件 simple_round.prt。

Step2. 选择 插入(I) → 倒圆角(O)... 命令或者单击“倒圆角”按钮，系统弹出图 3.12.2 所示的圆角特征操控板。

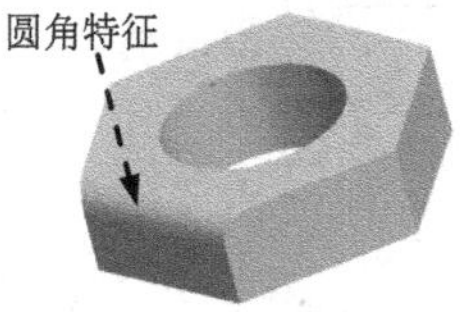

图 3.12.1　创建简单圆角

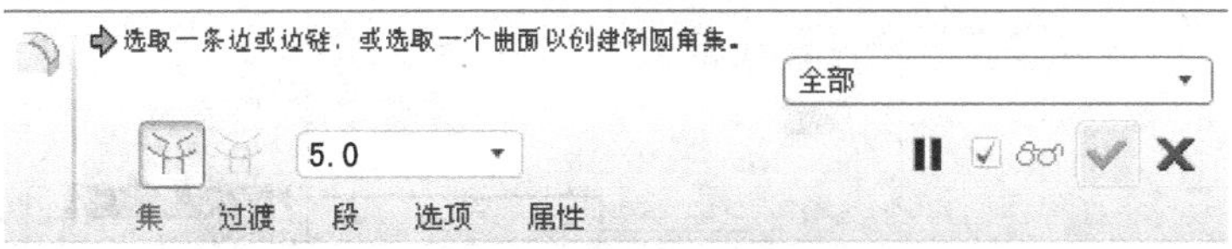

图 3.12.2　圆角特征操控板

Step3. 选取圆角放置参照。在图 3.12.3 中的模型上选取要倒圆角的边线，此时模型的显示状态如图 3.12.4 所示。

Step4. 在操控板中，输入圆角半径值 5.0，然后单击“完成”按钮✓，完成圆角特征的创建。

图 3.12.3 选取圆角边线

图 3.12.4 调整圆角的大小

3.12.3 创建完全圆角

如图 3.12.5 所示，通过指定一对边可创建完全圆角，此时这一对边所构成的曲面会被删除，圆角的大小被该曲面所限制。下面说明创建一般完全圆角的操作步骤。

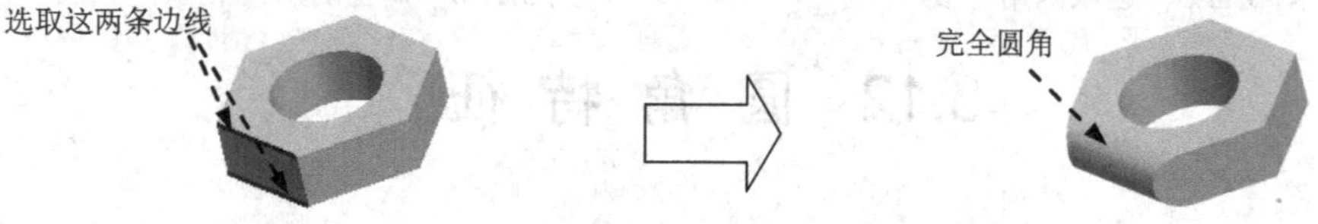

a）圆角前 b）圆角后

图 3.12.5 创建完全圆角

Step1. 将工作目录设置至 D:\dbproe5.1\work\ch03\ch03.12，打开文件 full_round.prt。

Step2. 选择下拉菜单 插入(I) ➡ 倒圆角(O)... 命令。

Step3. 选取圆角的放置参照。在模型上选取图 3.12.5a 所示的两条边线，操作方法为：先选取一条边线，然后按住键盘上的 Ctrl 键，再选取另一条边线。

Step4. 在操控板中单击 集 按钮，系统弹出图 3.12.6 所示圆角的设置界面，在该界面中单击 完全倒圆角 按钮。

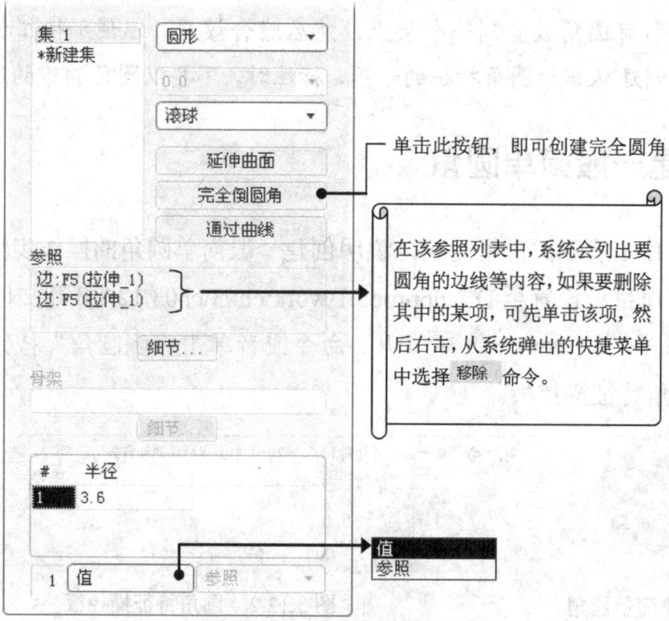

图 3.12.6 圆角的设置界面

Step5. 在操控板中单击“完成”按钮✓，完成特征的创建。

3.12.4 自动倒圆角

通过使用“自动倒圆角”命令可以同时在零件的面组上创建多个恒定半径的倒圆角特征。下面通过图 3.12.7 所示的模型来说明创建自动倒圆角的一般操作过程。

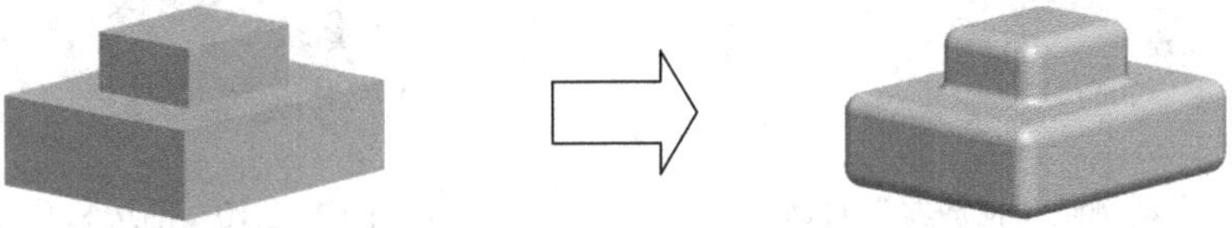

图 3.12.7 创建自动倒圆角

Step1. 将工作目录设置至 D:\dbproe5.1\work\ch03\ch03.12，打开文件 auto_round.prt。

Step2. 选择下拉菜单 插入(I) → 自动倒圆角(O)... 命令，系统弹出图 3.12.8 所示的操控板。

Step3. 设置自动倒圆角的范围。在操控板中单击 范围 按钮，在弹出的图 3.12.8 所示的“范围”界面上选中 ◉ 实体几何 单选项、☑ 凸边 和 ☑ 凹边 复选框。

Step4. 定义圆角大小。在“凸边”文本框中输入凸边的半径值 6.0，在“凹边”文本框中输入凹边的半径值 3.0。

说明：当只在“凸边”文本框中输入半径值时，系统会默认凹边的半径值与凸边的相同。

Step5. 在操控板中单击“完成”按钮✓，系统自动弹出图 3.12.9 所示的“自动倒圆角播放器”对话框，完成“自动倒圆角”特征的创建。

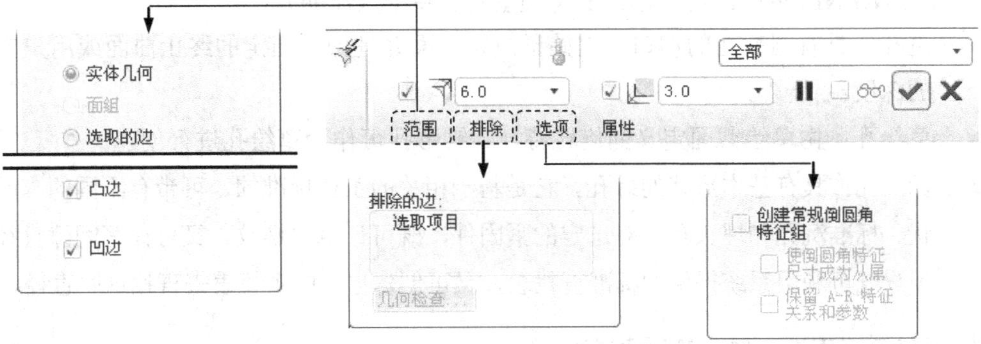

图 3.12.8 自动倒圆角特征操控板

图 3.12.8 所示的自动倒圆角特征操控板中各选项的说明如下：

- 范围 选项卡
  - ☑ ◉ 实体几何 单选项：可以在模型的实体几何上创建自动倒圆角特征。
  - ☑ ◉ 面组 单选项：一般用于曲面中，可为每个面组创建一个单独的自动倒圆角特征。
  - ☑ ◉ 选取的边 单选项：系统只对选取的边或目的链上添加“自动倒圆角”特征。

- ☑ 凸边复选框：可选取模型中所有的凸边，如图 3.12.10 所示。
- ☑ 凹边 复选框：可选取模型中所有的凹边，如图 3.12.10 所示。

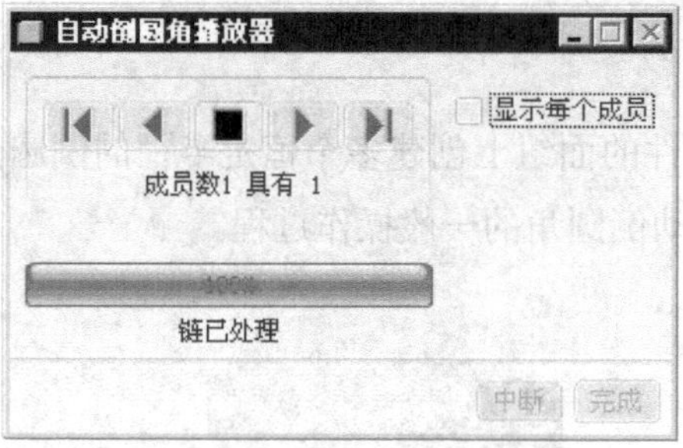

图 3.12.9 “自动倒圆角播放器”对话框

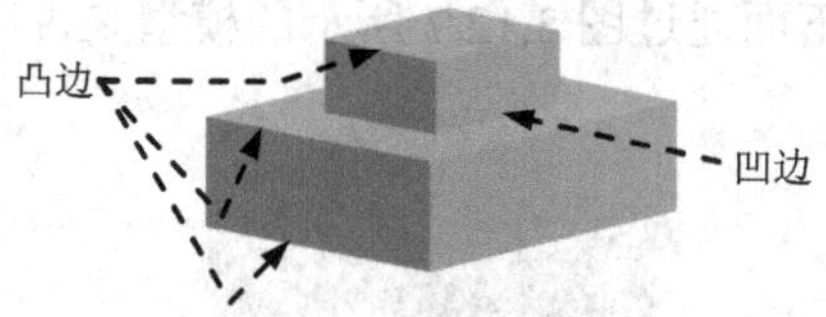

图 3.12.10 凹边和凸边

- 排除选项卡
  - ☑ 排除的边:列表框：如果添加边线到排除的边:列表框中，系统将自动给排除的边:列表框中的边以外的边创建自动倒圆角特征。
- 选项选项卡
  - ☑ 创建常规倒圆角特征组 复选框：可以创建一组常规倒圆角特征，而不是创建“自动倒圆角”特征。

3.13 孔 特 征

1. 关于孔特征

在 Pro/ENGINEER 中，可以创建三种类型的孔特征（Hole）。

- 直孔：具有圆截面的切口，它始于放置曲面并延伸到指定的终止曲面或用户定义的深度。
- 草绘孔：由草绘截面定义的旋转特征。锥形孔可作为草绘孔进行创建。
- 标准孔：具有基本形状的螺孔。它是基于相关的工业标准的，可带有不同的末端形状、标准沉孔和埋头孔。对选定的紧固件，既可计算攻螺纹，又可计算间隙直径；用户既可利用系统提供的标准查找表，又可创建自己的查找表来查找这些直径。

2. 孔特征（直孔）的一般创建过程

下面说明添加图 3.13.1 所示的孔特征（直孔）的详细操作步骤。

a) 创建前 b) 创建后

图 3.13.1 创建孔特征

Task1．打开一个已有的零件模型

将工作目录设置至 D:\dbproe5.1\work\ch03\ch03.13，打开文件 hole_straight.prt（图 3.13.1a）。

Task2．添加孔特征（直孔）

Step1．选择下拉菜单 插入(I) ➡ 孔(H)... 命令或单击“孔”按钮。

Step2．选取孔的类型。完成上步操作后，系统弹出孔特征操控板。本例是添加直孔，由于直孔为系统默认，这一步可省略。如果创建标准孔或草绘孔，可单击“创建标准孔”按钮，或单击“草绘孔轮廓”按钮，如图 3.13.2 所示。

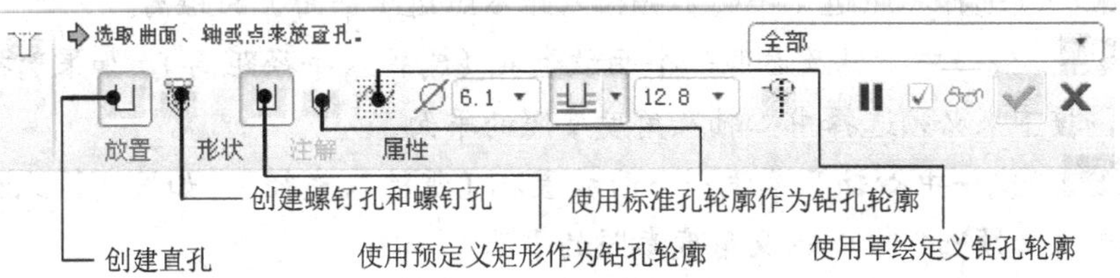

图 3.13.2　孔特征操控板

Step3．定义孔的放置。

（1）定义孔放置的主参照。

选取图 3.13.3 所示的端面为主参照，此时系统以当前默认值自动生成孔的轮廓。可按照图中说明进行相应动态操作。

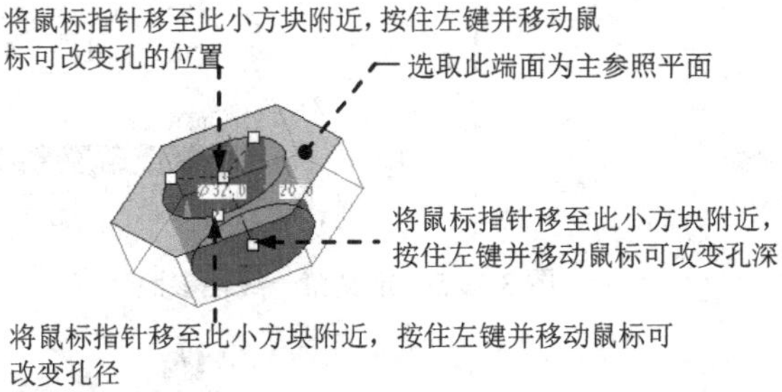

图 3.13.3　选取主参照平面

注意：孔的主参照可以是基准平面或零件模型上的平面或曲面（如柱面、锥面等）。为了直接在曲面上创建孔，该孔必须是径向孔，且该曲面必须是凸起状。

（2）定义孔放置的方向。

单击图 3.13.2 所示的操控板中的 放置 按钮，系统弹出图 3.13.4 所示的“放置”界面，单击 反向 按钮，可改变孔的放置方向（即孔放置在主参照的哪一边），本例采用系统默认的方向，即孔在实体这一侧。

（3）定义孔的定位方式。

单击“放置类型”下拉列表框后的按钮，选取 线性。

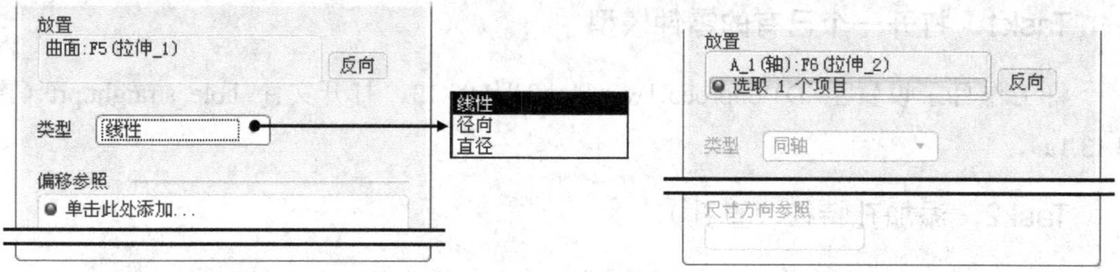

a）放置参照为“面”　　b）放置参照为“轴”

图 3.13.4　“放置”界面

孔的放置类型介绍如下：

- **线性**：参照两边或两平面放置孔（标注两线性尺寸）。如果选择此放置类型，接下来必须选择参照边（平面）并输入距参照边（平面）的距离。
- **径向**：绕一中心轴及参照一个面放置孔（需输入半径距离）。如果选择此放置类型，接下来必须选择中心轴及角度参照的平面。
- **直径**：绕一中心轴及参照一个面放置孔（需输入直径）。如果选择此放置类型，接下来必须选择中心轴及角度参照的平面。

（4）定义次参照及定位尺寸。

单击图 3.13.4 所示的“放置”界面中的偏移参照下的“单击此处添加…”字符，然后选取 RIGHT 基准平面为第一线性参照，将距离设置为“对齐”（图 3.13.5）；按住 Ctrl 键，可选取第二个参照 FRONT 基准平面，将约束设置为“对齐”（图 3.13.6）。

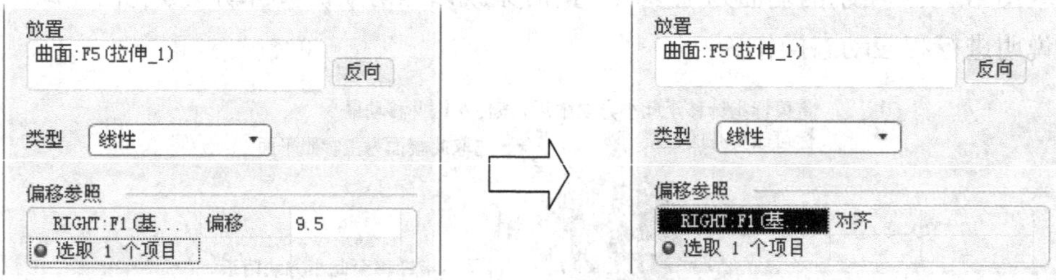

图 3.13.5　定义第一线性参照

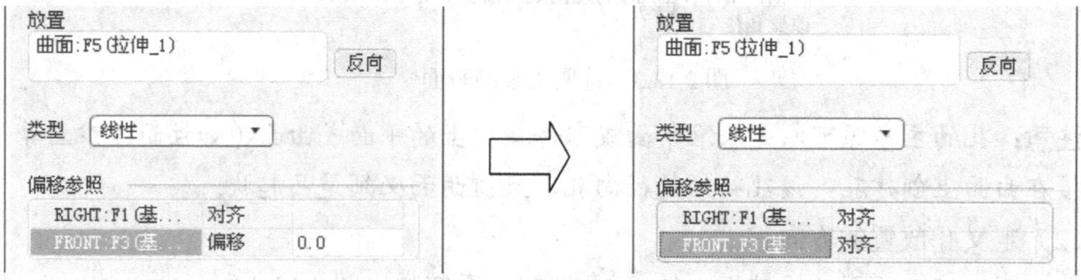

图 3.13.6　定义第二线性参照

Step4. 定义孔的直径及深度。在图 3.13.7 所示的孔特征操控板中输入直径值 30.0，选择“深度类型”按钮（即穿透）。

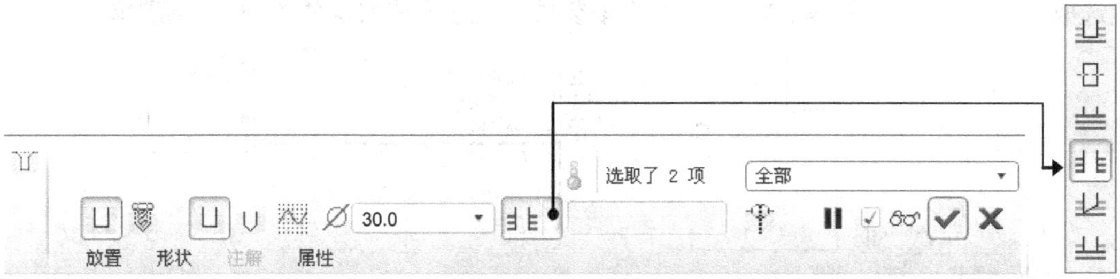

图 3.13.7 孔特征操控板

说明：在图 3.13.7 所示的孔特征操控板中，单击“深度”类型后的按钮，可出现如下几种深度选项：

- 按钮（定值）：创建一个平底孔。如果选中此深度选项，接下来必须指定“深度值”。
- 按钮（穿过下一个）：创建一个一直延伸到零件的下一个曲面的孔。
- 按钮（穿透）：创建一个和所有曲面相交的孔。
- 按钮（穿至）：创建一个穿过所有曲面直到指定曲面的孔。如果选择此深度选项，则必须选取曲面。
- 按钮（指定的）：创建一个一直延伸到指定点、顶点、曲线或曲面的平底孔。
- 按钮（对称）：创建一个在草绘平面的两侧具有相等深度的双侧孔。

Step5. 在操控板中单击“完成”按钮，完成特征的创建。

3. 螺孔的一般创建过程

下面说明创建螺孔（标准孔）的一般操作步骤（图 3.13.8）。

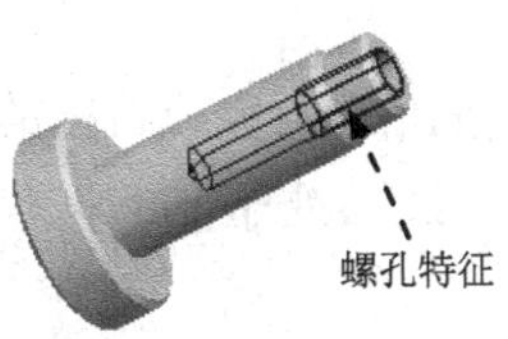

图 3.13.8 创建螺孔

Task1. 打开一个已有的零件三维模型

将工作目录设置至 D:\dbproe5.1\work\ch03\ch03.13，打开文件 hole_thread.prt。

Task2. 添加螺孔特征

Step1. 选择下拉菜单 插入(I) ➡ 孔(H)... 命令，在弹出的孔特征操控板中单击“创建标准孔”按钮，界面转换为图 3.13.9 所示的螺孔操控板。

Step2. 定义孔的放置。定义孔放置的主参照。单击操控板中的 放置 按钮，系统弹出图 3.13.10 所示的界面，选取图 3.13.11 所示的模型表面——圆柱端面为主参照，同时按住 Ctrl

键选取图 3.13.11 所示的基准轴 A_2 为偏移参照，此时系统默认放置类型为同轴。

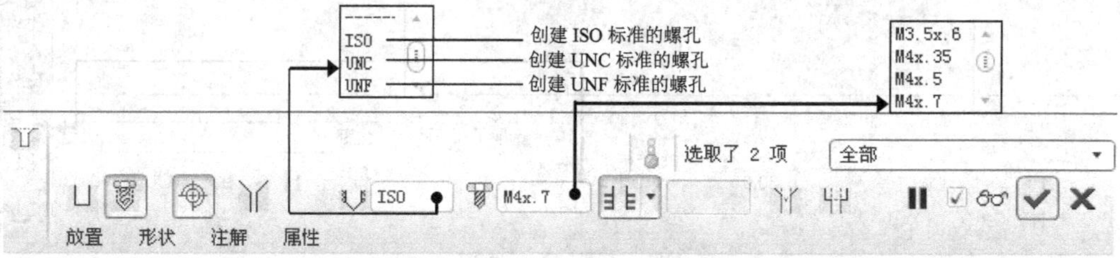

图 3.13.9　螺孔操控板

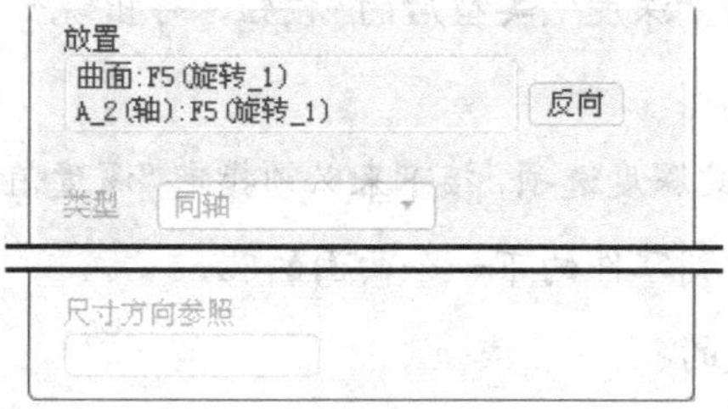

图 3.13.10　定义次参照

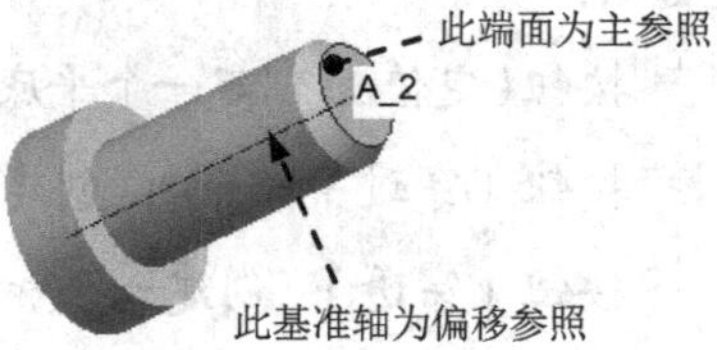

图 3.13.11　孔的放置

Step3. 在操控板中，确认“埋头孔”按钮与“沉孔”按钮处于弹起（不起作用）状态；选择 ISO 螺孔标准，螺孔大小为 M8×1，深度类型为，深度值为 35.0。

Step4. 选择螺孔的结构类型和尺寸。在操控板中，单击形状按钮，再按照图 3.13.12 所示的“形状”界面中的参数设置来定义孔的形状和尺寸。

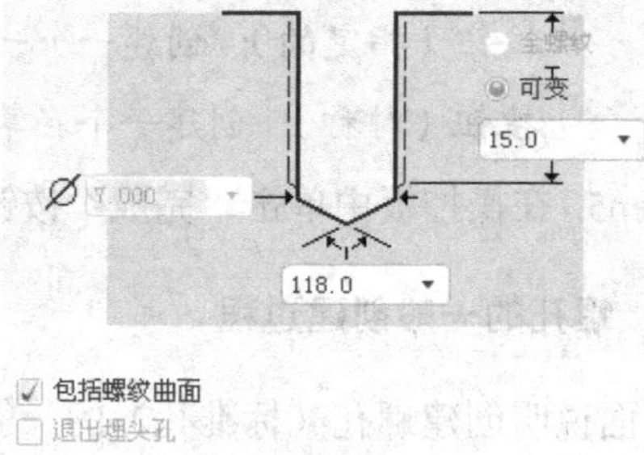

图 3.13.12　螺孔参数设置

Step5. 在操控板中单击“完成”按钮，完成特征的创建。

说明：当选定深度类型为时，按钮处于可用状态，此时螺孔有如下四种结构形式：

（1）一般螺孔形式。

在操控板中单击，再单击形状选项卡，系统弹出图 3.13.13 所示的界面，如果选中全螺纹单选项，则螺孔形式如图 3.13.14 所示。

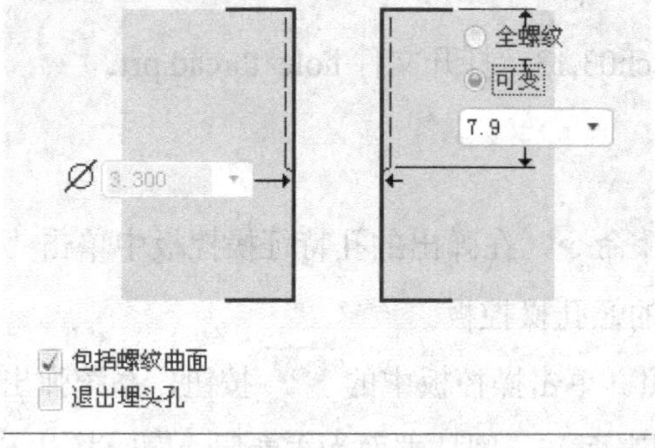

图 3.13.13　深度可变螺孔

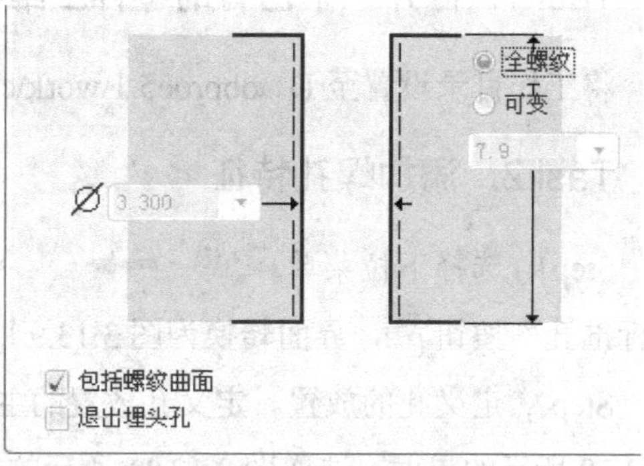

图 3.13.14　全螺纹螺孔

（2）埋头螺钉螺孔形式。

在操控板中，单击和，再单击形状选项卡，系统弹出图 3.13.15 所示的界面，如果选中退出埋头孔复选框，则螺孔形式如图 3.13.16 所示。注意：如果取消选中包括螺纹曲面复选框，则在将来生成工程图时，就不会有螺纹细实线。

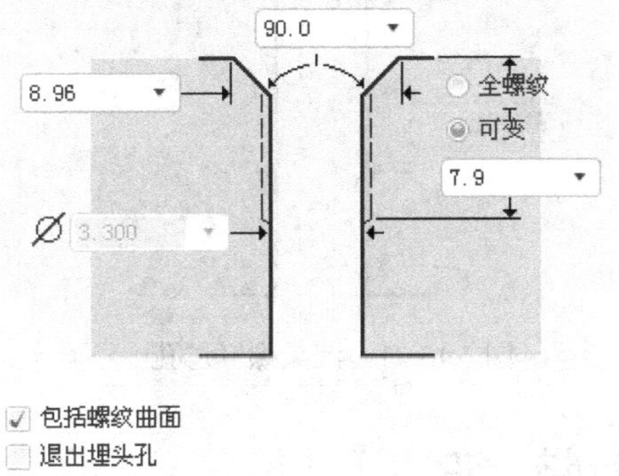

图 3.13.15　埋头螺钉螺孔 1

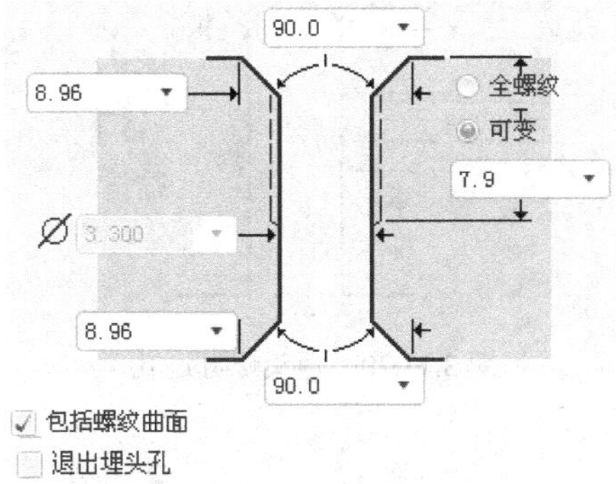

图 3.13.16　埋头螺钉螺孔 2

（3）沉头螺钉螺孔形式。

在操控板中，单击和，再单击形状选项卡，系统弹出图 3.13.17 所示的界面，如果选中全螺纹单选项，则螺孔形式如图 3.13.18 所示。

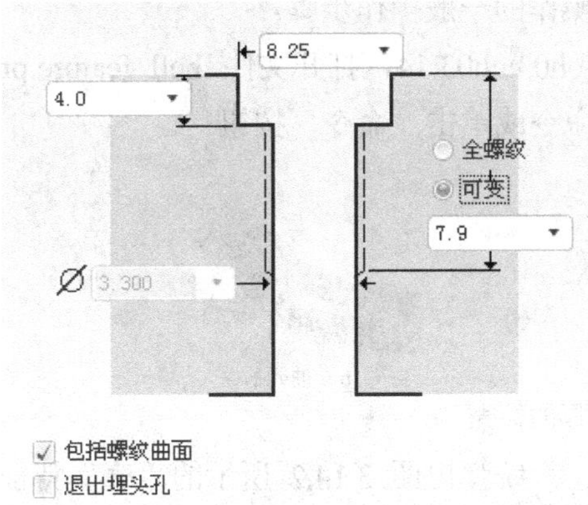

图 3.13.17　沉头螺钉螺孔（可变）

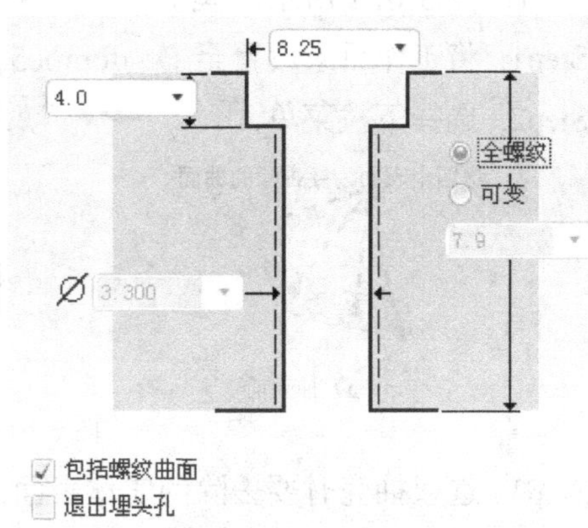

图 3.13.18　沉头螺钉螺孔（全螺纹）

（4）螺钉过孔形式。

有三种形式的过孔：

- 在操控板中取消选择、和，再单击形状选项卡，则螺孔形式如图 3.13.19 所示。

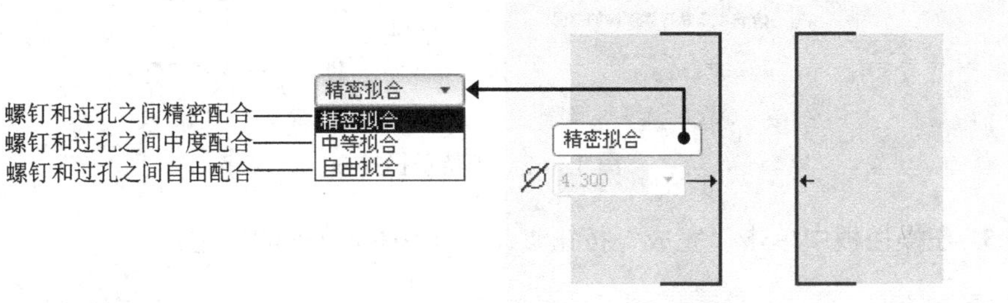

图 3.13.19　螺钉过孔

- 在操控板中单击![]，再单击 形状 选项卡，则螺孔形式如图 3.13.20 所示。
- 在操控板中单击![]，再单击 形状 选项卡，则螺孔形式如图 3.13.21 所示。

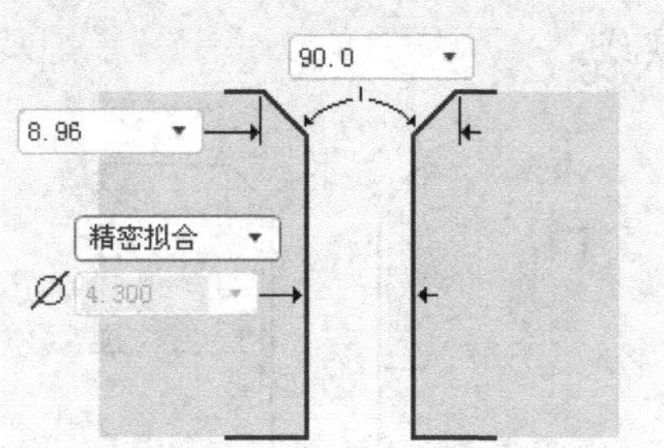

图 3.13.20 埋头螺钉过孔

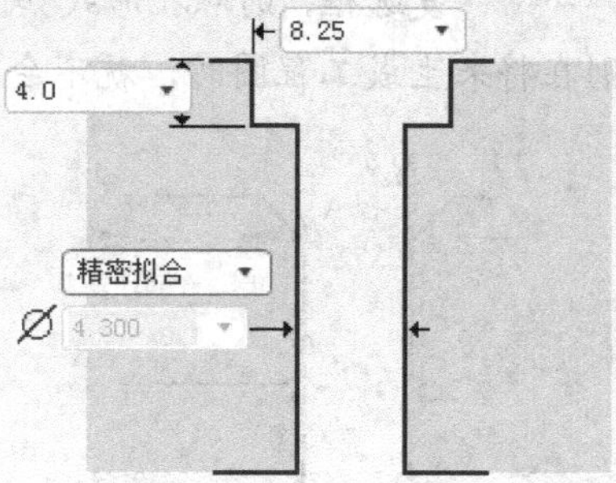

图 3.13.21 沉头螺钉过孔

3.14 抽壳特征

如图 3.14.1 所示，“（抽）壳”特征（Shell）是将实体的一个或几个表面去除，然后掏空实体的内部，留下一定壁厚的壳。在使用该命令时，特征的创建次序非常重要。

下面以图 3.14.1 所示的模型为例，说明抽壳操作的一般操作步骤。

Step1. 将工作目录设置至 D:\dbproe5.1\work\ch03\ch03.14，打开文件 shell_feature.prt。

Step2. 选择下拉菜单 插入(I) ➡ 壳(L)... 命令或单击“命令”按钮。

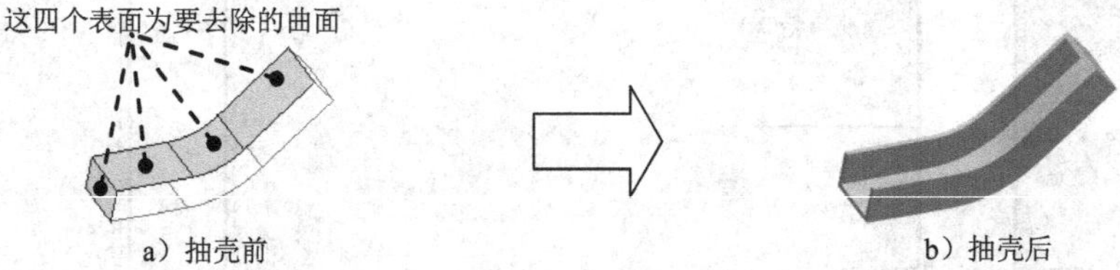

图 3.14.1 等壁厚的抽壳

Step3. 选取抽壳时要去除的实体表面。此时，系统弹出图 3.14.2 所示的“壳”特征操控板，并且在信息区提示 ➡选取要从零件删除的曲面。，按住 Ctrl 键，选取图 3.14.1a 中的四个表面为要去除的曲面。

Step4. 定义壁厚。在操控板的“厚度”文本框中，输入抽壳的壁厚值 10.0。

注意：这里如果输入正值，则壳的厚度保留在零件内侧；如果输入负值，壳的厚度将增加到零件外侧。也可单击按钮来改变内侧或外侧。

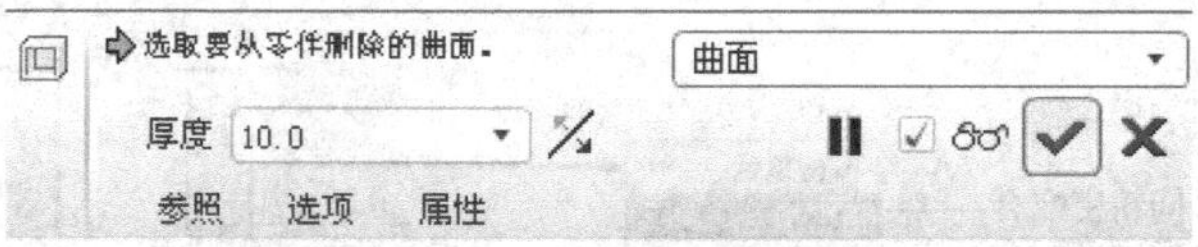

图 3.14.2 壳特征操控板

Step5. 在操控板中单击“完成”按钮，完成抽壳特征的创建。

注意：

- 默认情况下，壳特征的壁厚是均匀的。
- 如果零件有三个以上的曲面形成的拐角，抽壳特征可能无法实现，这种情况下，Pro/ENGINEER 会加亮故障区。
- 在 Pro/ENGINEER 野火版 3.0 或者以前更早的版本中，有一种特例，如果将要去除的表面与相邻曲面相切，就不能选择它。例如有圆角的表面就不能选择被去除，这种情况下的解决办法是先抽壳后圆角。但是在 Pro/ENGINEER 野火版 5.0 中，就可以解决这种问题了，即使有相切的面也可以抽壳。

3.15　筋（肋）特征

筋（肋）是设计用来加固零件的，也常用来防止出现不需要的折弯。筋（肋）特征的创建过程与拉伸特征基本相似，不同的是筋（肋）特征的截面草图是不封闭的，筋（肋）的截面只是一条直线。Pro/ENGINEER5.0 提供了两种筋（肋）特征的创建方法，分别是轨迹筋和轮廓筋。

3.15.1　轨迹筋

轨迹筋常用于加固塑料零件，通过在腔槽曲面之间草绘筋轨迹，或通过选取现有草绘来创建轨迹筋。

下面以图 3.15.1 所示的轨迹筋特征为例，说明轨迹筋特征创建的一般操作步骤。

Step1. 将工作目录设置至 D:\proewf5.1\work\ch03\ch03.15，打开文件 rib_sweep.prt。

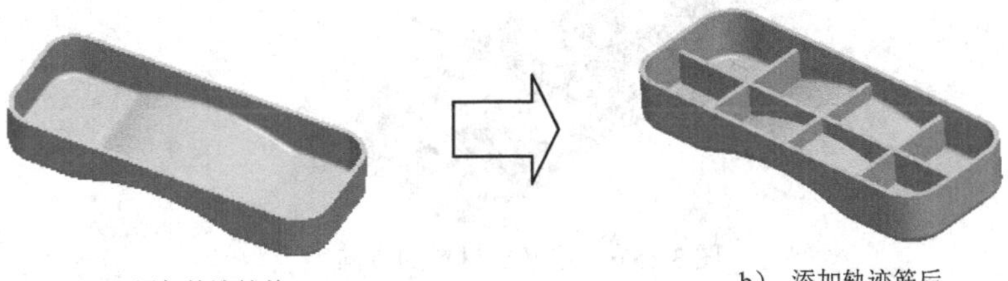

a）添加轨迹筋前　　b）添加轨迹筋后

图 3.15.1　轨迹筋特征

Step2. 选择下拉菜单 插入(I) → 筋(I) ▸ → 轨迹筋(T)... 命令（或者单击“筋”按钮 → ），系统弹出图 3.15.2 所示的操控板，该操控板反映了轨迹筋创建的过程及状态。

Step3. 定义草绘截面放置属性。在图 3.15.2 所示的操控板的 放置 界面中单击 定义... 按钮，选取 DTM1 基准平面为草绘平面，选取 RIGHT 平面为参照面，方向为 右。

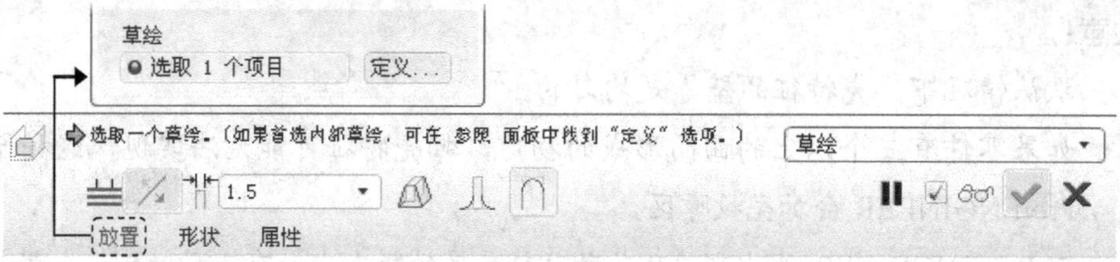

图 3.15.2　轨迹筋特征操控板

Step4. 定义草绘参照。选择下拉菜单 草绘(S) ➡ 参照(R)... 命令，系统弹出图 3.15.3 所示的"参照"对话框，选取图 3.15.4 所示的四条边线为草绘参照，单击 关闭(C) 按钮。

Step5. 绘制图 3.15.5 所示的轨迹筋特征截面图形。完成绘制后，单击"完成"按钮✔。

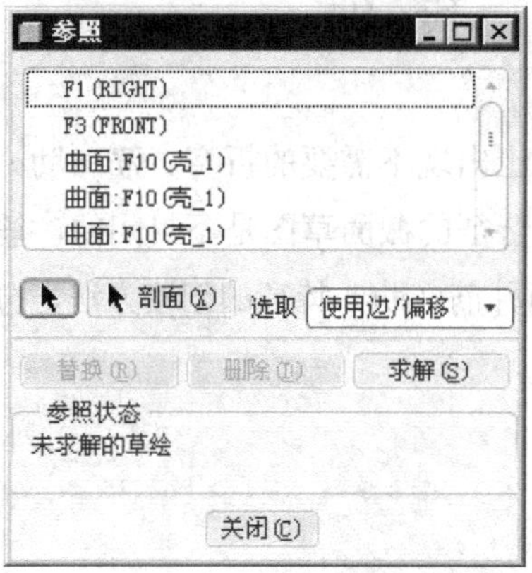

图 3.15.3　"参照"对话框

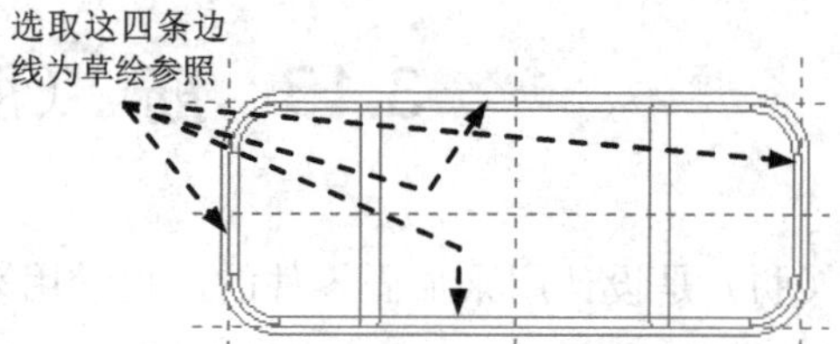

图 3.15.4　定义草绘参照

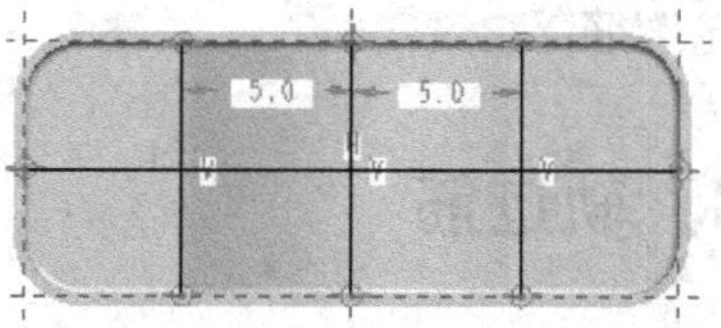

图 3.15.5　轨迹筋特征截面图形

Step6. 定义加材料的方向。在模型中单击"方向"箭头，直至箭头的方向如图 3.15.6 所示。

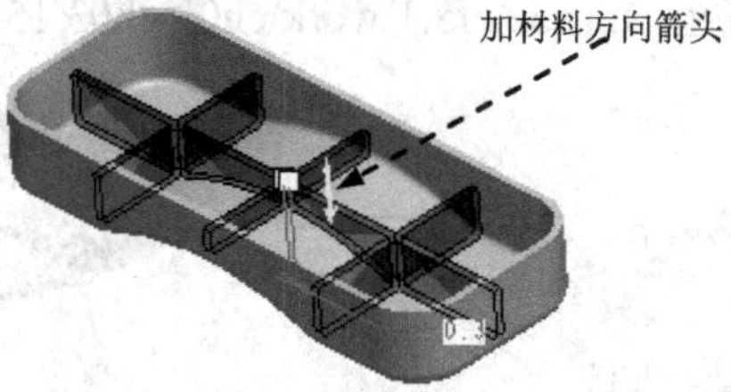

图 3.15.6　定义加材料的方向

Step7. 定义筋的厚度值为 0.3。

Step8. 在操控板中单击"完成"按钮✔，完成筋特征的创建。

3.15.2　轮廓筋

轮廓筋是设计中连接到实体曲面的薄翼或腹板伸出项，一般通过定义两个垂直曲面之间的特征横截面来创建轮廓筋。

下面以图 3.15.7 所示的筋特征为例，说明筋特征创建的一般操作步骤。

Step1. 将工作目录设置至 D:\dbproe5.1\work\ch03\ch03.15，打开文件 rib_feature.prt。

Step2. 选择下拉菜单 插入(I) → 筋(I) ▸ → 轮廓筋(P)... 命令（或者单击工具栏中的“筋”命令按钮 →)）。此时系统显示图 3.15.8 所示的“筋”特征操控板。

a）选取草绘与草绘参照平面　　b）筋特征

图 3.15.7　筋特征

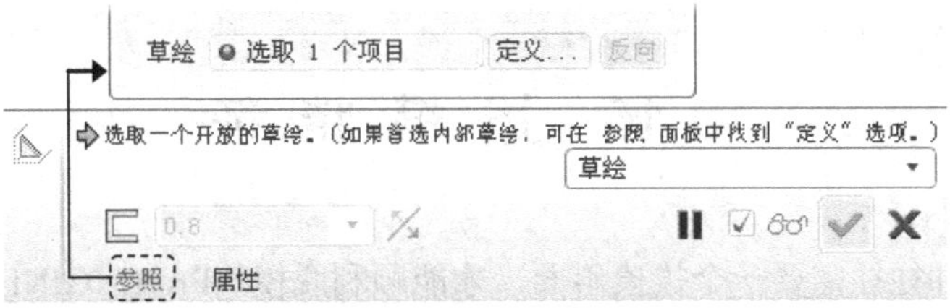

图 3.15.8　筋特征操控板

Step3. 定义草绘截面放置属性。

（1）在绘图区右击，选择 定义内部草绘... 命令。

（2）选取 RIGHT 基准平面为草绘平面。

（3）选取 TOP 基准平面为草绘平面的参照平面，方向为 左。

说明：如果模型的表面选取较困难，可用“列表选取”的方法。其操作步骤介绍如下：

① 将鼠标指针移至目标附近，右击。

② 在系统弹出的图 3.15.9 所示的快捷菜单中选择 从列表中拾取 命令。

③ 在系统弹出的图 3.15.10 所示的“从列表中拾取”对话框中，依次单击各项目，同时模型中对应的元素会变亮，找到所需的目标后，单击对话框下部的 确定(O) 按钮。

Step4. 定义草绘参照。选择下拉菜单 草绘(S) → 参照(R)... 命令；系统弹出图 3.15.11 所示“参照”对话框，选取图 3.15.12 所示的两条边线为草绘参照，单击 关闭(C) 按钮。

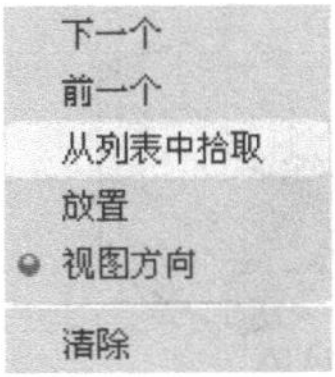

图 3.15.9　快捷菜单

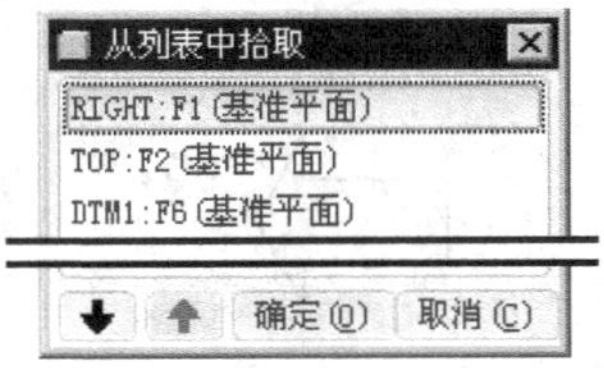

图 3.15.10　“从列表中拾取”对话框

图 3.15.11　“参照”对话框

Step5. 绘制图 3.15.12 所示的筋特征截面草图。完成绘制后，单击“完成”按钮。

Step6. 定义加材料的方向。在模型中单击“方向”箭头，直至箭头的方向如图 3.15.13 所示。

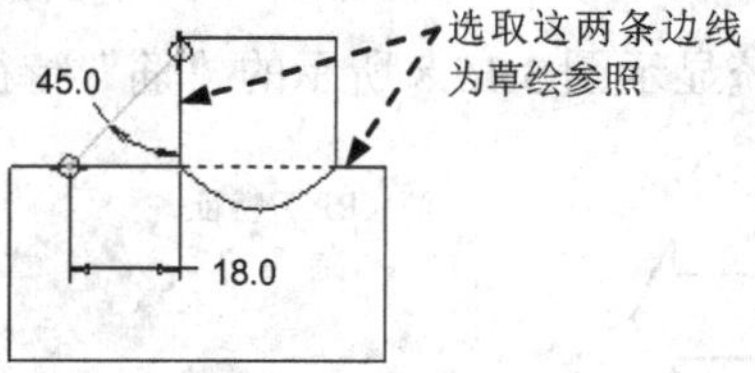

图 3.15.12 截面草图

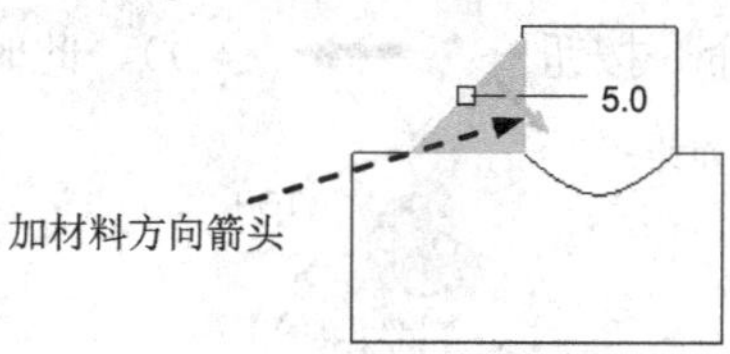

图 3.15.13 定义加材料的方向

Step7. 定义筋的厚度值为 5.0。

Step8. 在操控板中单击“完成”按钮，完成筋特征的创建。

3.16 拔模特征

注射件和铸件往往需要一个拔摸斜面，才能顺利脱模，Pro/ENGINEER 的拔摸（斜度）特征就是用来创建模型的拔摸斜面。下面先介绍有关拔模的几个关键术语。

- 拔模曲面：要进行拔模的模型曲面（图 3.16.1）。
- 枢轴平面：拔模曲面可绕着枢轴平面与拔模曲面的交线旋转而形成拔模斜面（图 3.16.1）。
- 枢轴曲线：拔模曲面可绕着一条曲线旋转而形成拔模斜面。这条曲线就是枢轴曲线，它必须在要拔模的曲面上（图 3.16.1）。
- 拔模参照：用于确定拔模方向的平面、轴和模型的边。
- 拔模方向：拔模方向可用于确定拔模的正负方向，它总是垂直于拔模参照平面或平行于拔模参照轴或参照边。
- 拔模角度：拔模方向与生成的拔模曲面之间的角度（图 3.16.1）。如果拔模曲面被分割，则可为拔模的每个部分定义两个独立的拔模角度。
- 旋转方向：拔模曲面绕枢轴平面或枢轴曲线旋转的方向。
- 分割区域：可对其应用不同拔模角的拔模曲面区域。

下面以图 3.16.1 b 所示的拔模特征为例，说明使用枢轴平面创建不分离的拔模特征的一般操作步骤。

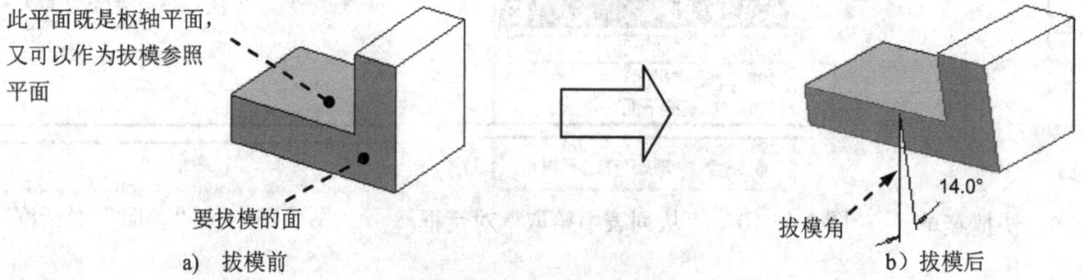

图 3.16.1 拔模（斜度）特征

Step1. 将工作目录设置至 D:\dbproe5.1\work\ch03\ch03.16，打开文件 draft_feature.prt。

Step2. 选择下拉菜单 插入(I) ➡ 斜度(F)... 命令（或直接单击工具栏中的“拔模”按钮），系统弹出图 3.16.2 所示的“拔模”操控板（一）。

图 3.16.2　“拔模”操控板（一）

Step3. 选取要拔模的曲面。在模型中选取图 3.16.3 所示的表面为要拔模的曲面。

Step4. 选取拔模枢轴平面。

（1）在操控板中单击图标后的 单击此处添加项目 字符。

（2）选取图 3.16.4 所示的模型表面为拔模枢轴平面。完成此步操作后，模型如图 3.16.5 所示。

说明：拔模枢轴既可以为一个平面，也可以是一条曲线。当选取一个平面作为拔模枢轴时，该平面称为枢轴平面，此时拔模以枢轴平面的方式进行拔模；当选取一条曲线作为拔模枢轴时，该曲线称为枢轴曲线，此时拔模以枢轴曲线的方式进行拔模。

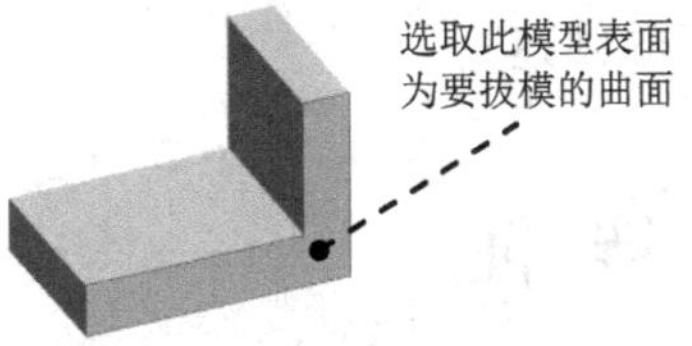

图 3.16.3　选取要拔模的曲面

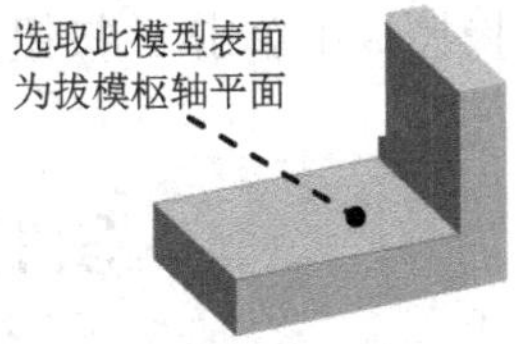

图 3.16.4　选取拔模枢轴平面

Step5. 选取拔模的参照平面及改变拔模方向。一般情况下不进行此步操作，因为用户在选取拔模枢轴平面后，系统通常默认地以拔模枢轴平面为拔模的参照平面（图 3.16.5）；如果要重新选取拔模的参照平面，例如选取图 3.16.6 中的模型表面为拔模的参照平面，可进行如下操作：

（1）在图 3.16.7 所示的“拔模”操控板（二）中，单击图标后的 1个平面 字符。

（2）选取图 3.16.6 所示的模型表面。如果要改变拔模方向，可单击按钮。

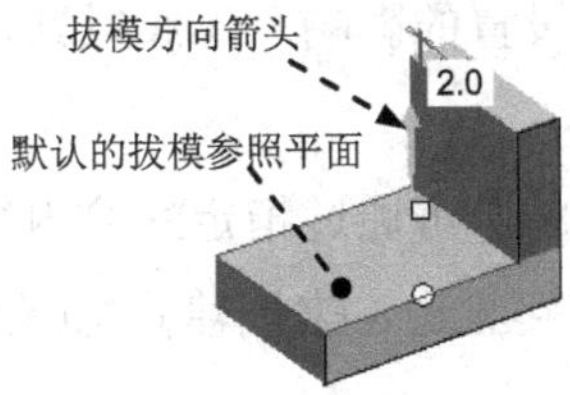

图 3.16.5　默认的拔模参照平面

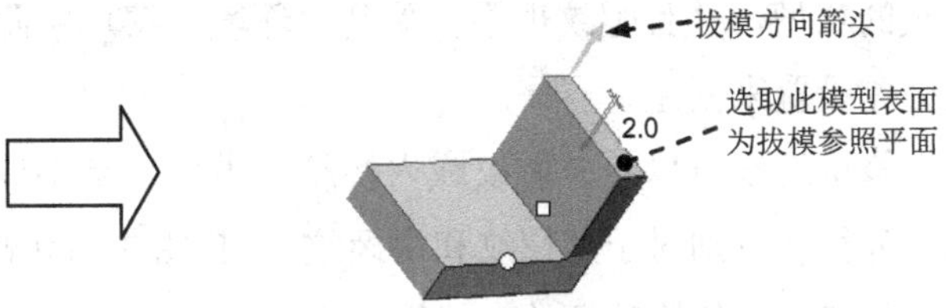

图 3.16.6　重新选取拔模参照平面

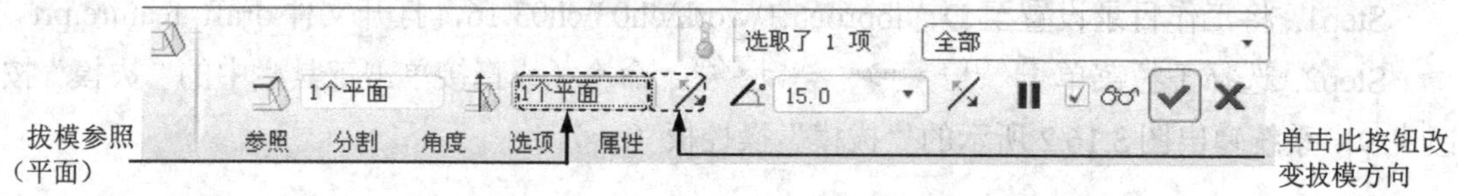

图 3.16.7 “拔模”操控板（二）

Step6. 修改拔模角度及方向。在图 3.16.8 所示的“拔模”操控板（三）中，可输入新拔模角度值，或动态调整拔模角度（图 3.16.9）和改变拔模角的方向（图 3.16.10）。

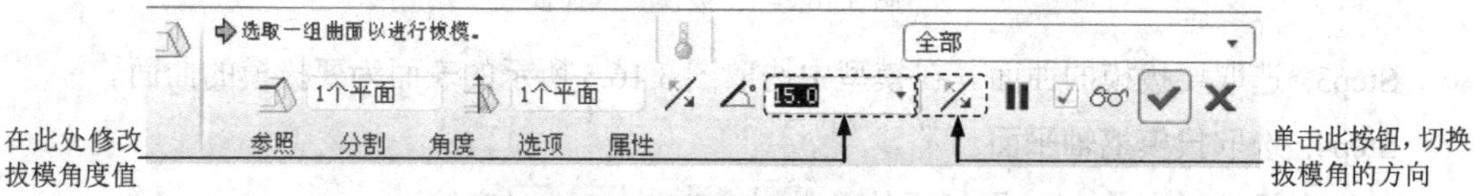

图 3.16.8 “拔模”操控板（三）

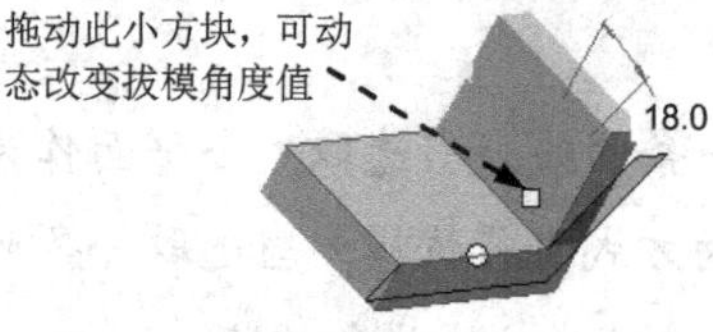

图 3.16.9 调整拔模角大小

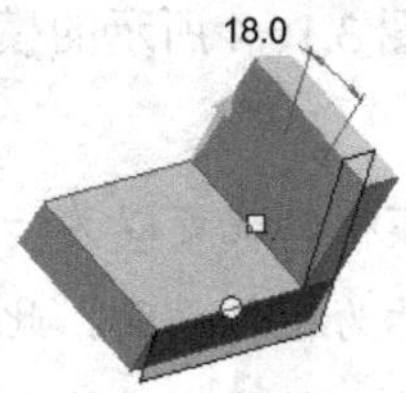

图 3.16.10 改变拔模角方向

Step7. 在操控板中单击按钮，完成拔模特征的创建。

3.17 修 饰 特 征

修饰（Cosmetic）特征是在其他特征上绘制的复杂的几何图形，并能在模型上清楚地显示出来，如螺钉上的螺纹示意线及零件上的公司徽标等。由于修饰特征也被认为是零件的特征，因此它们一般也可以重定义和修改。下面将介绍几种修饰特征：Thread（螺纹）和 Sketch（草图）。

3.17.1 螺纹修饰特征

修饰螺纹（Thread）是表示螺纹直径的修饰特征。与其他修饰特征不同，不能修改修饰螺纹的线型，并且螺纹也不会受到“环境”菜单中隐藏线显示设置的影响。螺纹以默认极限公差设置来创建。

修饰螺纹可以是外螺纹或内螺纹，也可以是不通的或贯通的。可通过指定螺纹内径或螺纹外径（分别对于外螺纹和内螺纹）、起始曲面和螺纹长度或终止边，来创建修饰螺纹。

创建螺纹修饰特征的一般操作步骤。

这里以前面创建的 shaft.prt 零件模型为例，说明如何在模型的圆柱面上创建图 3.17.1

所示的（外）螺纹修饰。

Step1. 先将工作目录设置至 D:\ dbproe5.1\work\ch03\ch03.17，然后打开文件 thread.prt。

Step2. 选择下拉菜单 插入(I) ➡ 修饰(E) ▸ ➡ 螺纹(T)... 命令（图 3.17.2）。

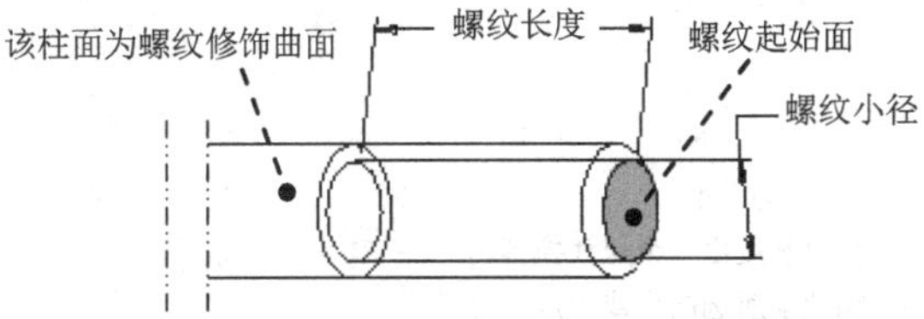

图 3.17.1 创建螺纹修饰特征

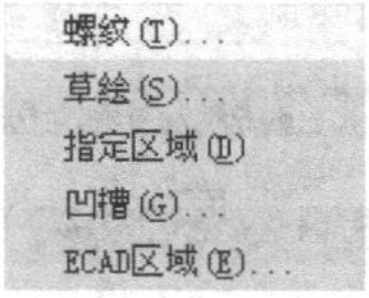

图 3.17.2 “修饰”子菜单

Step3. 选取要进行螺纹修饰的曲面。完成上步操作后，系统弹出图 3.17.3 所示的“修饰：螺纹”对话框以及“选取”对话框。选取图 3.17.1 所示的要进行螺纹修饰的曲面。

Step4. 选取螺纹的起始曲面。选取图 3.17.1 所示的螺纹起始曲面。

注意：对于螺纹的起始曲面，可以是一般模型特征的表面（比如拉伸、旋转、倒角、圆角和扫描等特征的表面）或基准平面，也可以是面组。

Step5. 定义螺纹的长度方向和长度以及螺纹小径。完成上步操作后，模型上显示图 3.17.4 所示的螺纹深度方向箭头和 ▼DIRECTION (方向) 菜单。

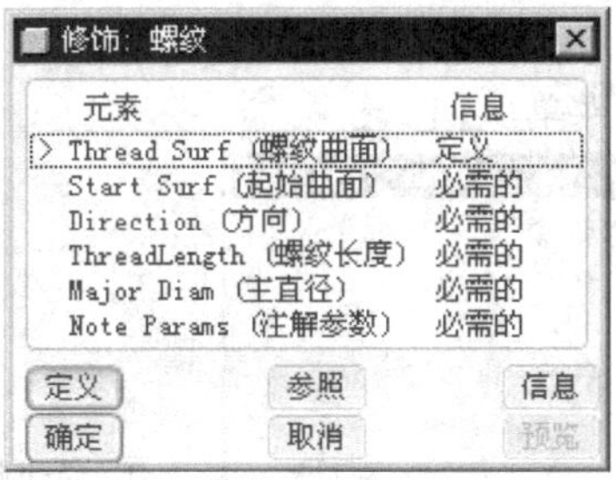

图 3.17.3 “修饰：螺纹”对话框

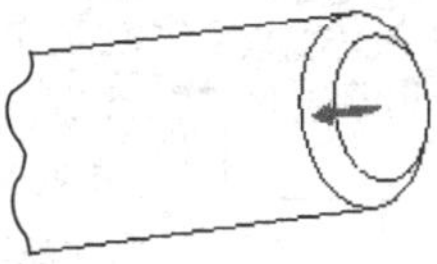

图 3.17.4 螺纹深度方向

（1）在 ▼DIRECTION (方向) 菜单中，选择 Okay (确定) 命令。

（2）在图 3.17.5 所示的菜单中，选择 Blind (盲孔) ➡ Done (完成) 命令，然后输入螺纹深度值 10.0，单击 ✔ 按钮（或按 Enter 键）。

（3）在系统的提示下输入螺纹小径值 3.5。

说明：对于外螺纹，默认外螺纹小径值比轴的直径约小 10%；对于内螺纹，要输入内螺纹大径，默认螺纹大径值比孔的直径约大 10%。

Step6. 检索、修改螺纹注释参数。完成上步操作后，系统弹出图 3.17.6 所示的 ▼FEAT PARAM (特征参数) 菜单，用户可以用此菜单进行相应操作，也可在此选择 Done/Return (完成/返回) 命令直接转到 Step7 步骤的操作。

图 3.17.6 所示的菜单中各命令的说明如下：

- Retrieve (检索)：用户可从硬盘（磁盘）上打开一个包含螺纹注释参数的文件，并把它们应用到当前的螺纹中。

- Save（保存）：保存螺纹注释参数，以便以后可以“检索”而再利用。
- Mod Params（修改参数）：如果不满意“检索”出来的螺纹参数，可进行修改。选取此命令，系统弹出图 3.17.7 所示的对话框。通过该对话框可以对螺纹的各参数（见表 3.17.1）进行修改，修改方法见图中的说明。
- Show（显示）：显示螺纹参数。

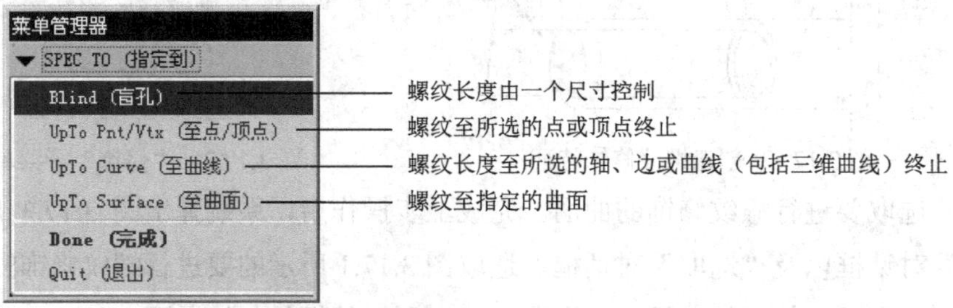

图 3.17.5 “指定到”菜单

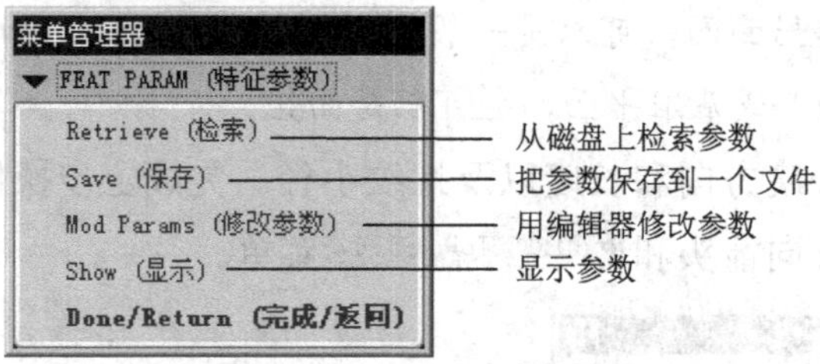

图 3.17.6 “特征参数”菜单

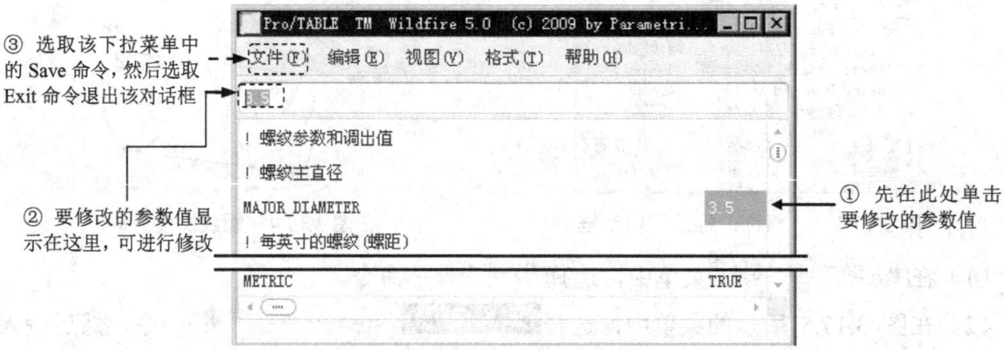

图 3.17.7 “螺纹参数编辑器”对话框

表 3.17.1 螺纹参数列表

参数名称	参数值	参数描述
MAJOR_DIAMETER	数字	螺纹的公称直径
THREADS_PER_INCH	数字	每英寸的螺纹数（1/螺距）
THREAD FORM	字符串	螺纹形式
CLASS	数字	螺纹等级
PLACEMENT（放置）	字符	螺纹放置（A—轴螺纹，B—孔螺纹）
METRIC	TRUE/FALSE	螺纹为米制

表 3.17.1 中列出了螺纹的所有参数的信息，用户可根据需要编辑这些参数。注意：系统会两次提示有关直径的信息，这一重复操作的益处是，用户可将米制螺纹放置到英制单位的零件上，反之亦然。

Step7. 单击“修饰：螺纹”对话框中的 预览 按钮，预览所创建的螺纹修饰特征（将模型显示换到线框状态，可看到螺纹示意线），如果定义的螺纹修饰特征符合设计意图，可单击对话框中的 确定 按钮。

3.17.2 草绘修饰特征

草绘（Sketch）修饰特征被“绘制”在零件的曲面上。例如公司徽标或序列号等可“绘制”在零件的表面上。另外，在进行“有限元”分析计算时，也可利用草绘修饰特征定义“有限元”局部负荷区域的边界。

注意：其他特征不能参照修饰特征，即修饰特征的边线既不能作为其他特征尺寸标注的起始点，也不能作为“使用边”来使用。

与其他特征不同，修饰特征可以设置线体（包括线型和颜色）。特征的每个单独的几何段都可以设置不同的线体，其操作方法如下：

选择下拉菜单 编辑(E) 下的 线造型(Y)... 命令（注意：在选择下拉菜单 插入(I) ➡ 修饰(E) ▸ ➡ 草绘(S)... 命令并进入草绘环境后，此 线造型(Y)... 命令才可见），然后在系统 ➪选取要用新线造型显示的图元。的提示下，选择修饰特征的一个或多个图元（注意：待修改线体的修饰草图必须位于当前的草绘平面上，这样才能将该草图的部分或全部线体选中），单击图 3.17.8 所示的“选取”对话框中的 确定 按钮，系统弹出图 3.17.9 所示的“线造型”对话框，选择所需的线型和颜色，单击 应用 按钮。

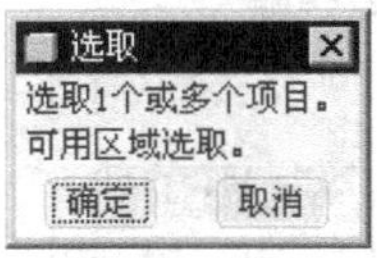

图 3.17.8 “选取”对话框

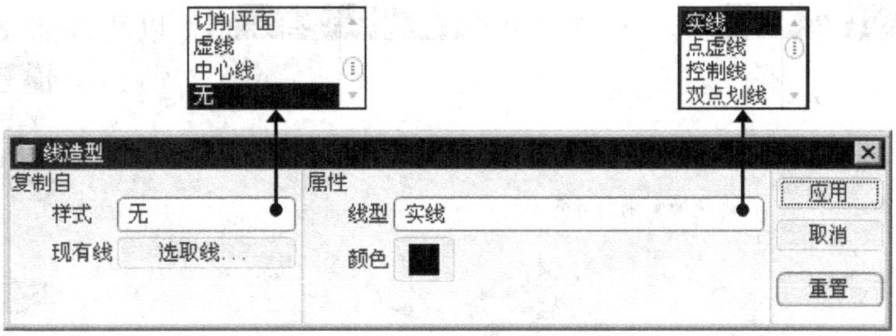

图 3.17.9 “线造型”对话框

草绘修饰特征有两个选项，分别说明如下：

- Regular Sec (规则截面)：不论“在空间”还是在零件的曲面上，规则截面修饰特征总会位于草绘平面处。这是一个平整特征。在创建规则截面修饰特征时，可以给它们加剖面线。剖面线将显示在所有模式中，但只能在“工程图”模式下修改。在“零件”和“装配”模式下，剖面线以 45° 显示。

- Project Sec（投影截面）：投影截面修饰特征被投影到单个零件曲面上，它们不能跨越零件曲面，不能对投影截面加剖面线或进行阵列。

3.17.3 凹槽修饰特征

凹槽修饰特征（Groove）是零件表面上凹下的绘制图形，它是一种投影类型的修饰特征，通过创建草绘图形并将其投影到曲面上即可创建凹槽，凹下的修饰特征是没有定义深度的。注意：凹槽特征不能跨越曲面边界。在数控加工中，应选取凹槽修饰（Groove）特征来定义雕刻加工。

3.18 复 制 特 征

特征的复制（Copy）命令用于创建一个或多个特征的副本。Pro/ENGINEER 的特征复制包括镜像复制、平移复制和旋转复制，下面几节将分别介绍它们的操作步骤。

3.18.1 镜像复制

特征的镜像复制是将源特征相对一个平面（这个平面称为镜像中心平面）进行镜像，从而得到源特征的一个副本。如图 3.18.1 所示，对方孔特征进行镜像复制的操作步骤如下：

Step1. 将工作目录设置至 D:\dbproe5.1\work\ch03\ch03.18，打开文件 mirror_copy.prt。

Step2. 选择下拉菜单 编辑(E) ➡ 特征操作(O) 命令，系统弹出图 3.18.2 所示的菜单管理器；在菜单管理器中选择 Copy（复制）命令。

Step3. 在图 3.18.3 所示的菜单中，选择 A 部分中的 Mirror（镜像）命令、B 部分中的 Select（选取）命令、C 部分中的 Independent（独立）命令以及 D 部分中的 Done（完成）命令。

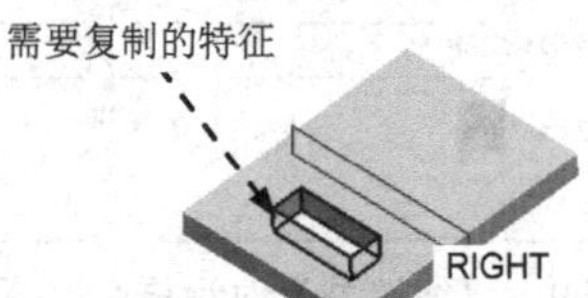

图 3.18.1 镜像复制特征

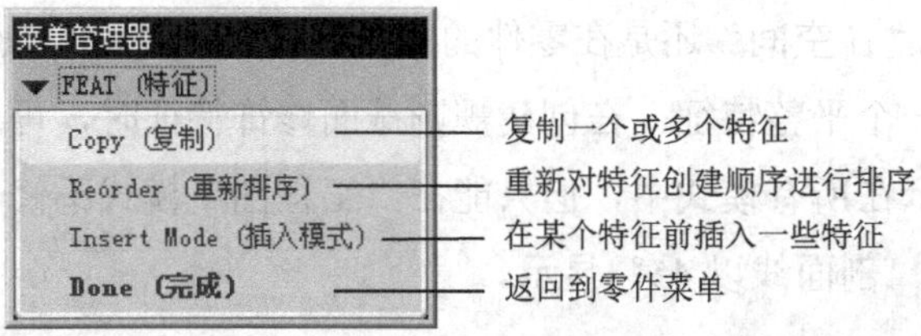

图 3.18.2 “特征”菜单

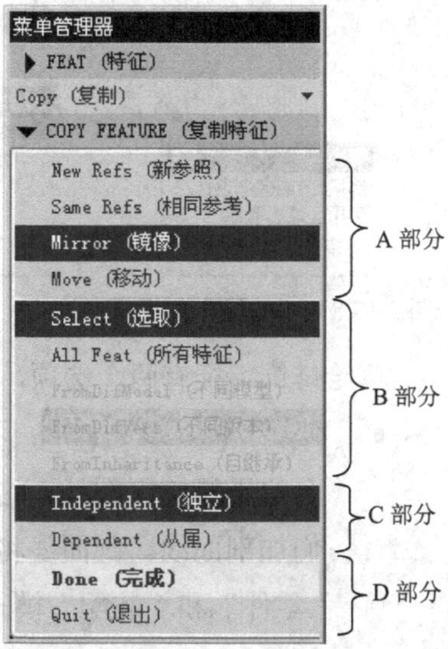

图 3.18.3 “复制特征”菜单

说明：图 3.18.3 所示的 ▼ COPY FEATURE (复制特征) 菜单分为 A、B 和 C 三个部分，各部分的功能介绍如下：

- A 部分的作用是用于定义复制的类型。
  - ☑ New Refs (新参照)：创建特征的新参考复制。
  - ☑ Same Refs (相同参考)：创建特征的相同参考复制。
  - ☑ Mirror (镜像)：创建特征的镜像复制。
  - ☑ Move (移动)：创建特征的移动复制。
- B 部分用于定义复制的来源。
  - ☑ FromDifModel (不同模型)：从不同的三维模型中选取特征进行复制。只有选择了 New Refs (新参照) 命令时，该命令才有效。
  - ☑ FromDifVers (不同版本)：从同一三维模型的不同的版本中选取特征进行复制。该命令对 New Refs (新参照) 或 Same Refs (相同参考) 有效。
- C 部分用于定义复制的特性。
  - ☑ Independent (独立)：复制特征的尺寸独立于源特征的尺寸。从不同模型或版本中复制的特征自动独立。
  - ☑ Dependent (从属)：复制特征的尺寸从属于源特征尺寸。当重定义从属复制特征的截面时，所有的尺寸都显示在源特征上。当修改源特征的截面时，系统同时更新从属复制。该命令只涉及截面和尺寸，所有其他参照和属性都不是从属的。

Step4. 选取要镜像的特征。在系统弹出的图 3.18.4 所示的“选取特征”菜单中，选择 Select (选取) 命令，再选取要镜像复制的方孔特征，单击图 3.18.5 所示的“选取”对话框中的 确定 按钮结束选取。

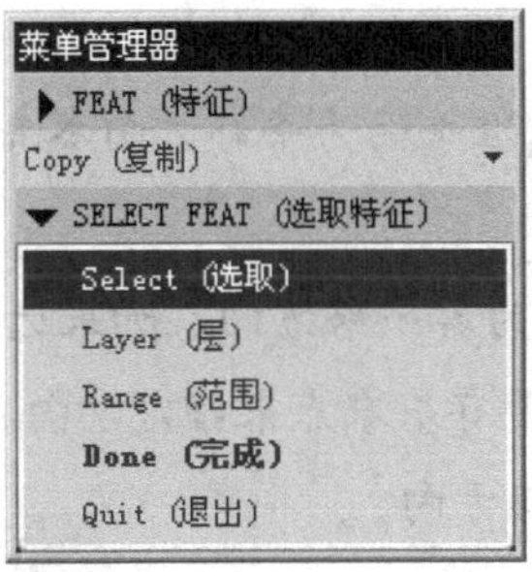

图 3.18.4　“选取特征”菜单

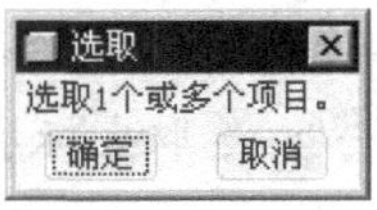

图 3.18.5　“选取”对话框

说明：图 3.18.4 所示的“选取特征”菜单中的各命令介绍如下：

- Select (选取)：在模型中选取要镜像的特征。
- Layer (层)：按层选取要镜像的特征。
- Range (范围)：按特征序号的范围选取要镜像的特征。

注意：一次可以选取多个特征进行复制。

Step5. 定义镜像中心平面。在图 3.18.6 所示的菜单中，选择 Plane (平面) 命令，再选取

RIGHT 基准平面为镜像中心平面，单击 Done（完成）命令，完成效果如图 3.18.7 所示。

图 3.18.6 “设置平面”菜单

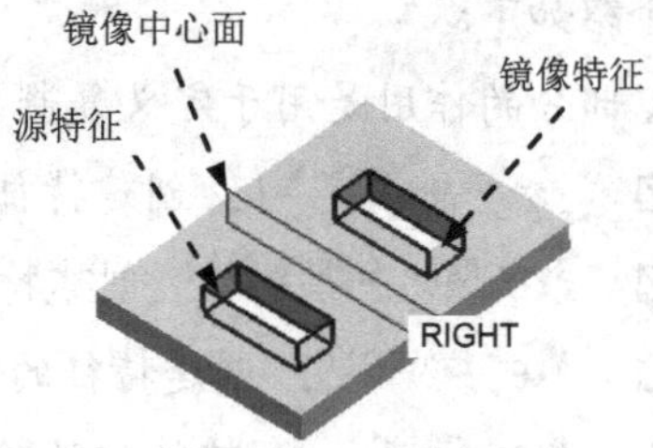

图 3.18.7 镜像特征复制完成图

3.18.2 平移复制

下面介绍对图 3.18.1 所示方孔特征进行平移（Translate）复制，操作步骤如下：

Step1. 将工作目录设置至 D:\dbproe5.1\work\ch03\ch03.18，打开文件 translate_copy.prt。选择下拉菜单 编辑(E) → 特征操作(O) 命令，在屏幕右侧的菜单管理器中选择 Copy（复制）命令。

Step2. 在 COPY FEATURE（复制特征）菜单中，选择 A 部分中的 Move（移动）命令、B 部分中的 Select（选取）命令、C 部分中的 Independent（独立）命令以及 D 部分中的 Done（完成）命令。

Step3. 选取要“移动”复制的源特征。在图 3.18.4 所示的菜单中，选择 Select（选取）命令，再选取要“移动”复制的方孔特征，然后选择 Done（完成）命令。

Step4. 选择“平移”复制子命令。在图 3.18.8 所示的“移动特征”菜单中，选择 Translate（平移）命令。

说明：完成本步操作后，系统弹出图 3.18.9 所示的“选取方向”菜单，其中各命令介绍如下：

- Plane（平面）：选择一个平面，或创建一个新基准平面为平移方向参考面，平移方向为该平面或基准平面的垂直方向。
- Crv/Edg/Axis（曲线/边/轴）：选取边、曲线或轴作为其平移方向。如果选取非线性边或曲线，则系统提示选择该边或曲线上的一个现有基准点来指定切向。
- Csys（坐标系）：选取坐标系的一个轴作为其平移方向。

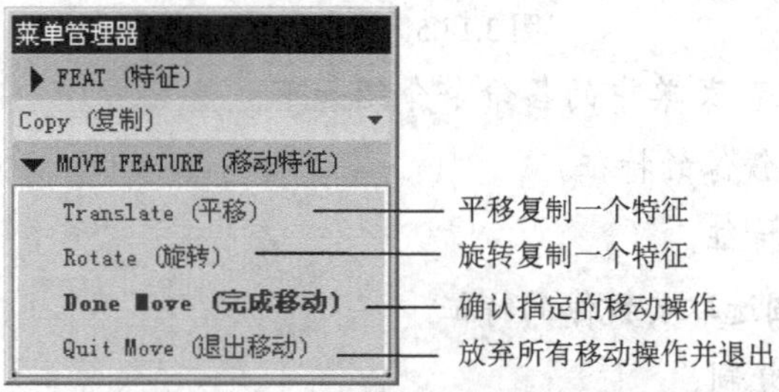

图 3.18.8 “移动特征”菜单

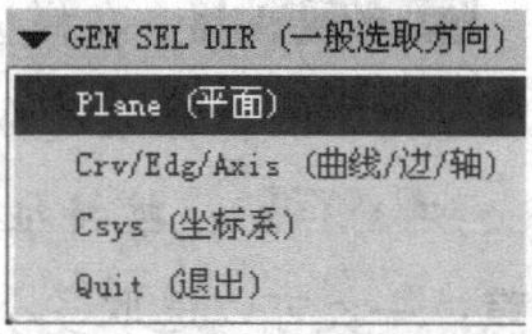

图 3.18.9 “选取方向”菜单

Step5. 选取“平移”的方向。在图 3.18.9 所示“选取方向”的菜单中，选择 Plane (平面) 命令，再选取 RIGHT 基准平面为平移方向参考面；此时模型中出现平移方向的箭头（图 3.18.10），在图 3.18.11 所示的 ▼ DIRECTION (方向) 菜单中选择 Okay (确定) 命令；输入平移的距离 65.0，并按 Enter 键，然后选择 Done Move (完成移动) 命令。

说明：完成本步操作后，系统弹出“组元素”对话框（图 3.18.12）和 ▼ 组可变尺寸 菜单（图 3.18.13），并且模型上显示源特征的所有尺寸（图 3.18.14），当把鼠标指针移至 Dim1、Dim2 或 Dim3 时，系统就加亮模型上的相应尺寸。如果在移动复制的同时要改变特征的某个尺寸，可从屏幕选取该尺寸或在 ▼ 组可变尺寸 菜单的尺寸前面放置选中标记，然后选择 Done (完成) 命令，此时系统会提示输入新值，输入新值后并按 Enter 键。

注意：如果在复制时，不想改变特征的尺寸，可直接选择 Done (完成) 命令。

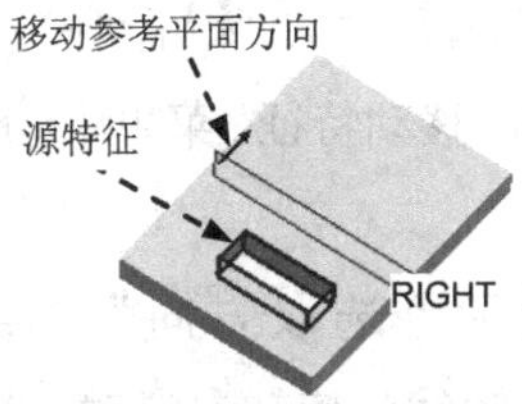

图 3.18.10　平面方向

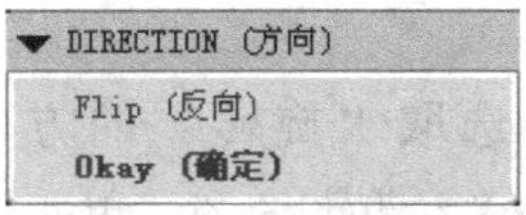

图 3.18.11　“方向”菜单

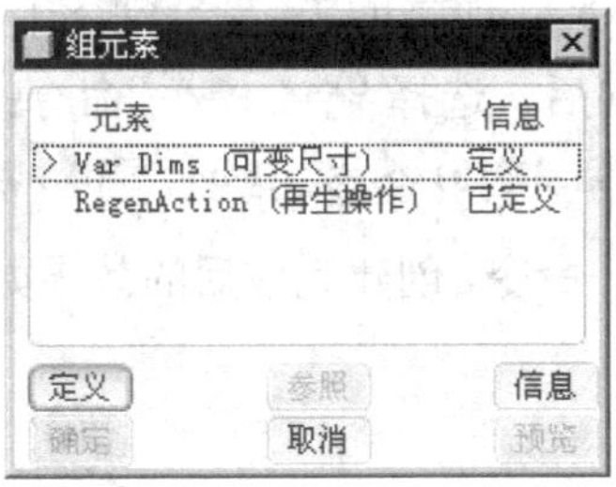

图 3.18.12　“组元素”对话框

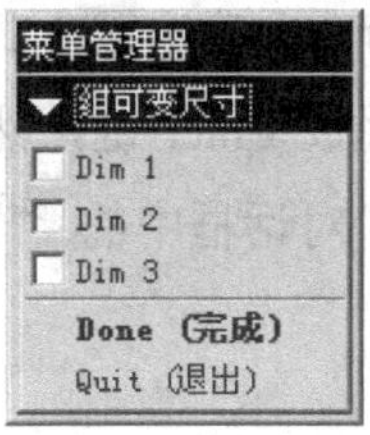

图 3.18.13　“组可变尺寸”菜单

Step6. 选取要改变的尺寸，选择 Done (完成) 命令。本例选取 Dim2，修改此尺寸为 32；单击“组元素”对话框中的 确定 按钮，选择 Done (完成) 命令，完成“平移”复制。最终效果如图 3.18.14 所示。

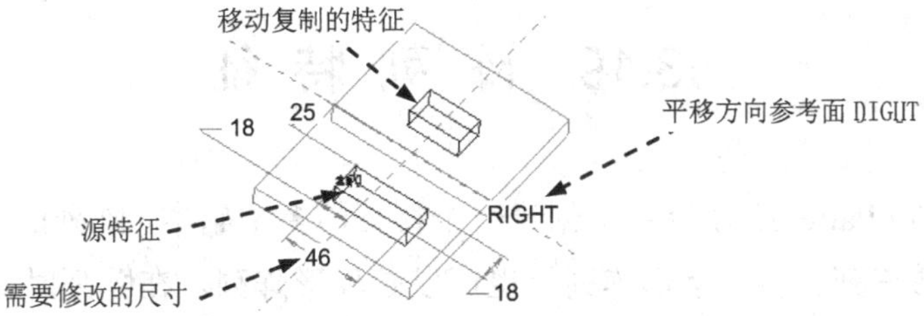

图 3.18.14　源特征尺寸及创建的复制特征

3.18.3 旋转复制

同镜像复制和平移复制一样，旋转复制也需要具备复制移动所需的参照。旋转复制所需的参照可以是绕其转动的轴线、边线或者坐标系的坐标轴等。下面介绍如何对图 3.18.15 所示的拉伸特征进行旋转（Rotate）复制，操作的步骤如下：

Step1. 将工作目录设置至 D:\dbproe5.1\work\ch03\ch03.18，打开文件 rotate_copy.prt。

Step2. 选择 编辑(E) ➡ 特征操作(O) ➡ Copy（复制）命令。

Step3. 在图 3.18.3 所示 ▼ COPY FEATURE（复制特征）菜单中，选择 A 部分中的 Move（移动）命令、B 部分中的 Select（选取）命令、C 部分中的 Independent（独立）命令及 D 部分中的 Done（完成）命令。

Step4. 选取要“旋转”复制的源特征。在图 3.18.4 所示的菜单中，选择 Select（选取）命令，再选取要“旋转”复制的圆柱体拉伸特征，然后选择 Done（完成）命令。

Step5. 选取“旋转”复制子命令。在图 3.18.8 所示的“移动特征”菜单中，选择 Rotate（旋转）命令。

Step6. 选取“旋转”的方向。在图 3.18.9 所示“选取方向”的菜单中，选择 Crv/Edg/Axis（曲线/边/轴）命令，再选取图 3. 18.15 a 所示的轴线为旋转参考轴；此时模型中出现旋转方向的箭头（旋转方向遵循右手定则），在图 3. 18.11 所示的 ▼ DIRECTION（方向）菜单中选择 Flip（反向）命令，确定图 3.18.15a 所示的方向为正向后，选择 Okay（确定）命令；输入旋转的角度 90，并按 Enter 键，然后相继选择 Done Move（完成移动）命令和 Done（完成）命令，最后单击“组元素”对话框中的 确定 按钮，选择 Done（完成）命令，创建完成后的效果如图 3.18.15 b 所示。

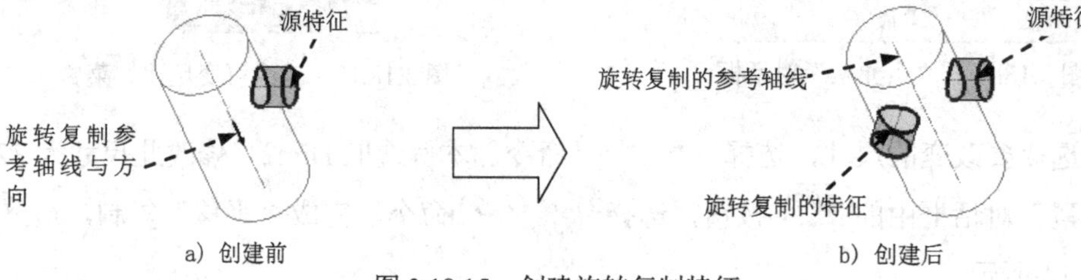

图 3.18.15 创建旋转复制特征

3.19 阵 列 特 征

特征的阵列（Pattern）命令用于创建一个特征的多个副本，阵列的副本称为“实例”。阵列可以是矩形阵列、斜一字形阵列，也可以是环形阵列。在阵列时，各个实例的大小也可以递增或递减变化。下面将分别介绍其操作步骤。

3.19.1　矩形阵列

下面介绍图 3.19.1 中孔特征的矩形阵列的操作步骤。

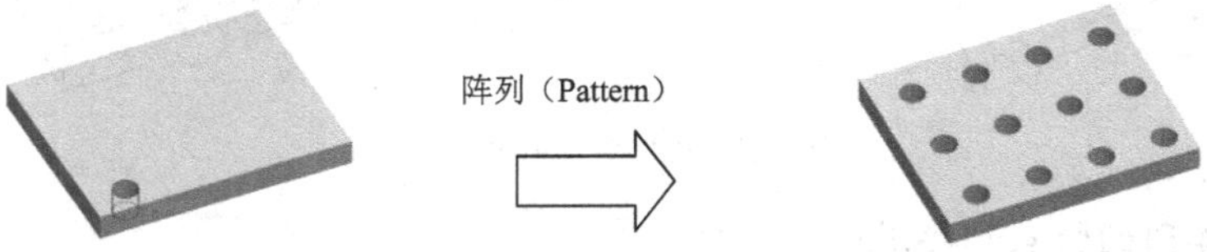

a)　阵列前　　　　b)　阵列后

图 3.19.1　创建矩形阵列

Step1. 将工作目录设置至 D:\dbproe5.1\work\ch03\ch03.19，然后打开文件 rectangular_pattern.prt。

Step2. 在模型树中选取要阵列的特征——孔特征，再右击，在弹出的菜单中选择 阵列... 命令（另一种方法是先选取要阵列的特征，然后选择下拉菜单 编辑(E) ➡ 阵列(P)... 命令，或选取特征后单击“阵列”按钮）。

注意：一次只能选取一个特征进行阵列，如果要同时阵列多个特征，应预先把这些特征组成一个“组”（Group）。

Step3. 选取阵列类型。在图 3.19.2 所示的“阵列”操控板（一）的 选项 界面中选中 一般 单选项。

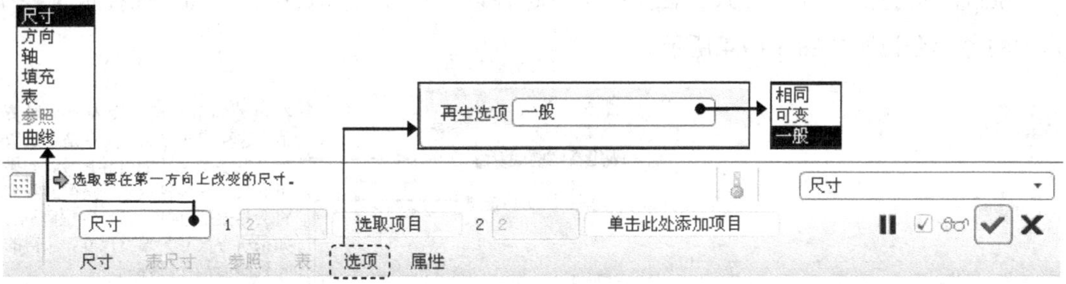

图 3.19.2　“阵列”操控板（一）

说明：在图 3.19.2 所示的阵列操控板中，单击操控板中的 选项 按钮，可以看到 Pro/ENGINEER 将阵列分为三类。

- 相同 阵列的特点和要求：
  - ☑ 所有阵列的实例大小相同。
  - ☑ 所有阵列的实例放置在同一曲面上。
  - ☑ 阵列的实例不与放置曲面边、任何其他实例边或放置曲面以外任何特征的边相交。

例如在图 3.19.3 所示的阵列中，虽然孔的直径大小相同，但其深度不同，所以不能用 相同 阵列，可用 可变 或 一般 进行阵列。

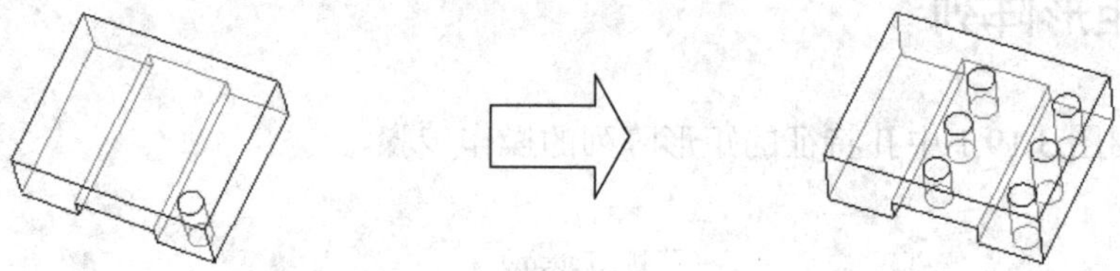

图 3.19.3 矩形阵列

- 可变 阵列的特点和要求：
  - ☑ 实例大小可变化。
  - ☑ 实例可放置在不同曲面上。
  - ☑ 没有实例与其他实例相交。

注意：对于“可变”阵列，Pro/ENGINEER 分别为每个实例特征生成几何，然后一次生成所有交截。

- 一般 阵列的特点：

系统对“一般”特征的实例不做什么要求。系统计算每个单独实例的几何，并分别对每个特征求交。可用该命令使特征与其他实例接触、自交，或与曲面边界交叉。如果实例与基础特征内部相交，即使该交截不可见，也需要进行“一般”阵列。在进行阵列操作时，为了确保阵列创建成功，建议读者优先选中 一般 单选项。

Step4. 选择阵列控制方式。在操控板中选择以“尺寸”方式控制阵列。操控板中控制阵列的各命令说明如图 3.19.4 所示。

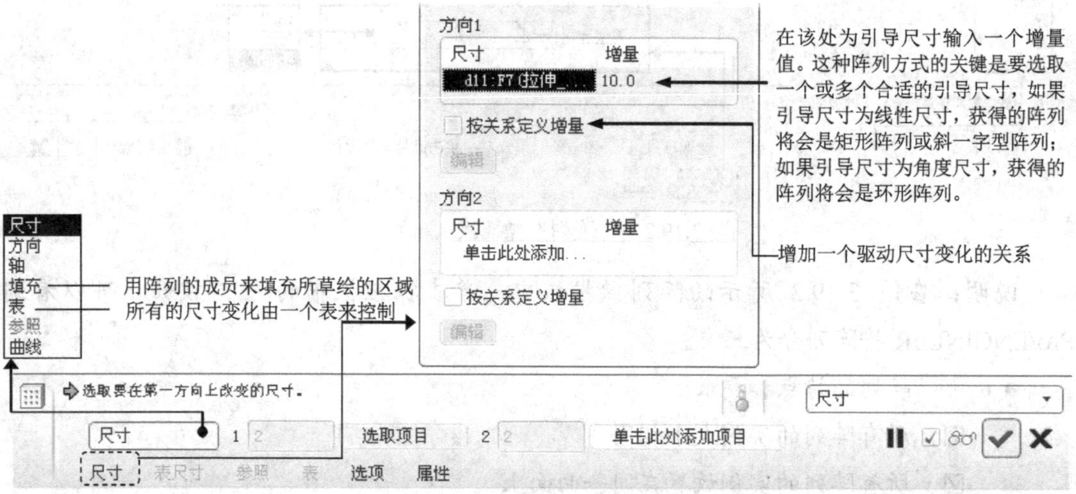

图 3.19.4 “阵列”操控板（二）

Step5. 选取第一方向、第二方向引导尺寸并给出增量（间距）值。

（1）选取图 3.19.5 中的第一方向阵列引导尺寸 10，再在“方向 1”的“增量”文本栏中输入 28.0。

（2）在操控板中单击 尺寸 按钮后，在图 3.19.6 所示的界面中，单击“方向 2”区域内的“尺寸”栏中的“单击此处添加…”字符，然后选取图 3.19.5 中第二方向阵列引导尺寸 15，再在“方向 2”的“增量”文本栏中输入 25.0。完成操作后的界面如图 3.19.7 所示。

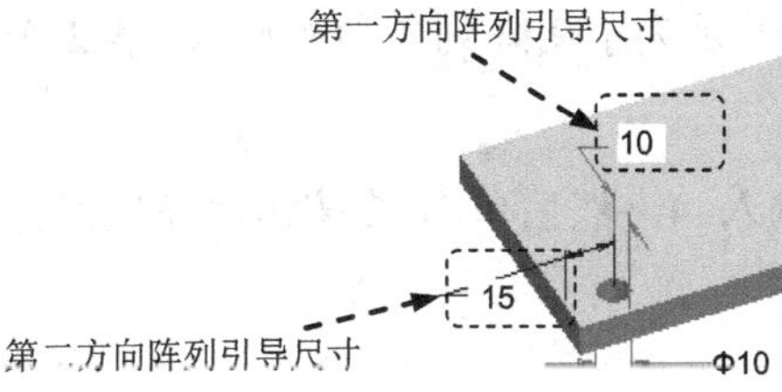

图 3.19.5　阵列引导尺寸

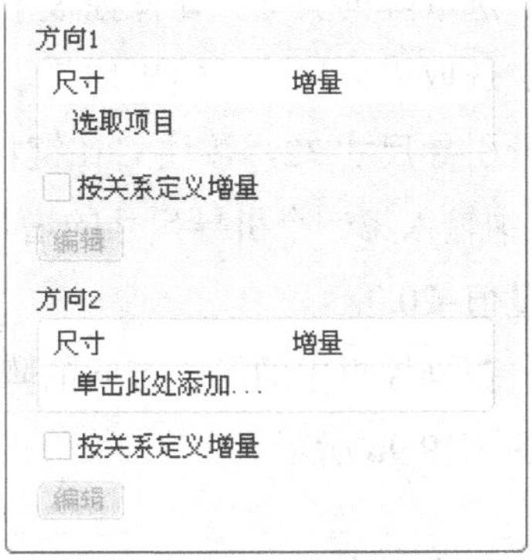

图 3.19.6　“尺寸”界面

Step6. 给出第一方向、第二方向阵列的个数。在操控板中的第一方向的阵列个数栏中输入 3，在第二方向的阵列个数栏中输入 4。

Step7. 在操控板中单击“完成”按钮。完成后的模型如图 3.19.8 所示。

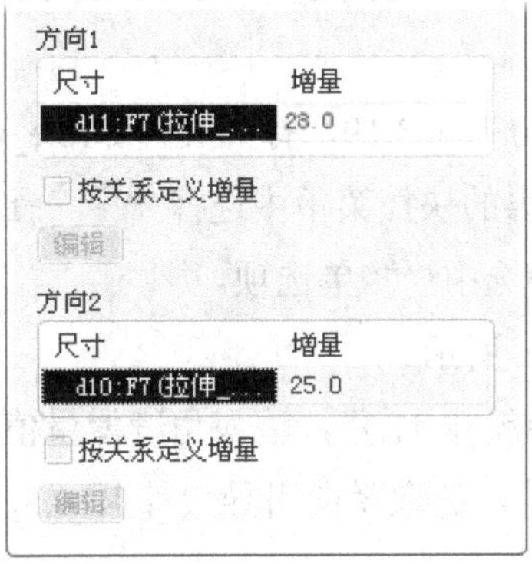

图 3.19.7　完成操作后的“尺寸”界面

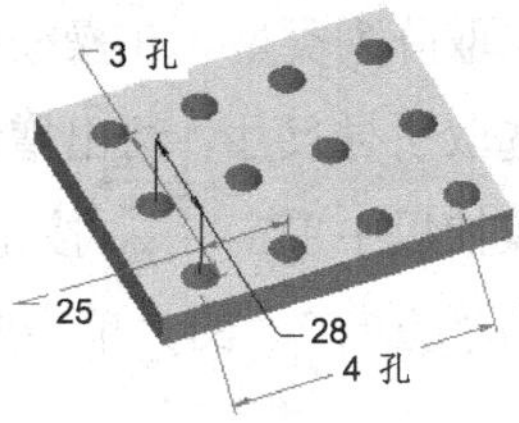

图 3.19.8　完成后的模型

3.19.2　斜一字形阵列

下面将要创建图 3.19.9 b 所示的圆柱体特征的斜一字形阵列。

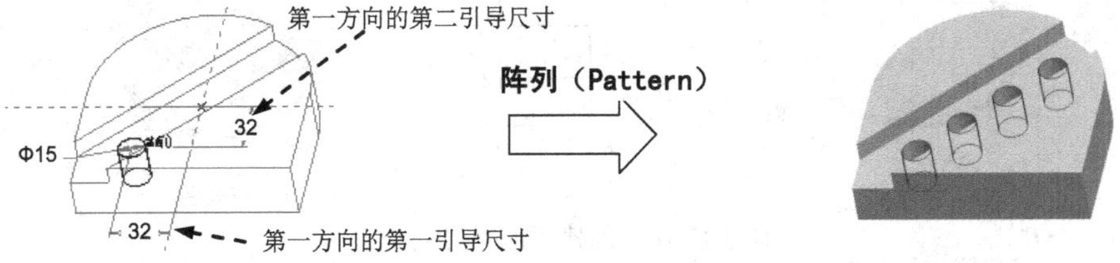

a）阵列前　　b）阵列后

图 3.19.9　创建斜一字形阵列

Step1. 将工作目录设置至 D:\dbproe5.1\work\ch03\ch03.19，打开文件 italic_pattern.prt。

Step2. 在模型树中右击圆柱体拉伸切除特征，选择 阵列... 命令（或选中此特征后单击“阵列”按钮）。

Step3. 选取阵列类型。在操控板中单击 选项 按钮，选中 一般 单选项。

Step4. 选取引导尺寸、给出增量。在操控板中单击 尺寸 按钮，选取图 3.19.9 a 中第一方向的第一引导尺寸 32，按住 Ctrl 键再选取第一方向的第二引导尺寸 32；在“方向 1”的“增量”栏中输入第一个引导尺寸的增量值–20.0（负号是为了使阵列方向相反），第 2 个引导尺寸增量值–20.0。

Step5. 在操控板中的第一方向的阵列个数栏中输入 4，然后单击 按钮，完成操作，效果图如图 3.19.9b 所示。

3.19.3 环形阵列

首先介绍用“引导尺寸”的方法来创建环形阵列。下面要创建图 3.19.10 所示的孔特征的环形阵列。作为阵列前的准备，先创建一个圆盘形的特征，再添加一个孔特征，由于环形阵列需要有一个角度引导尺寸，因此在创建孔特征时，要选择“径向”选项来放置这个孔特征。对该孔特征进行环形阵列的操作步骤如下：

Step1. 将工作目录设置至 D:\dbproe5.1\work\ch03\ch03.19，打开文件 circle_pattern.prt。

Step2. 在模型树中单击孔特征，再右击，从弹出的快捷菜单中选择 阵列... 命令。

Step3. 选取阵列类型。在操控板的 选项 界面中选中 一般 单选项。

Step4. 选取引导尺寸、给出增量，如图 3.19.10a 所示。

（1）在操控板中单击 尺寸 按钮，选取角度引导尺寸 41.1°，输入角度增量值 60.0。

（2）单击“方向 2”的“单击此处添加...”字符，选取径向引导尺寸 R16.5，输入径向增量值 15.0。

Step5. 在操控板中输入第一方向的阵列个数 6，第二个方向的阵列个数 3，单击 按钮，完成操作。最终效果图如图 3.19.10b 所示。

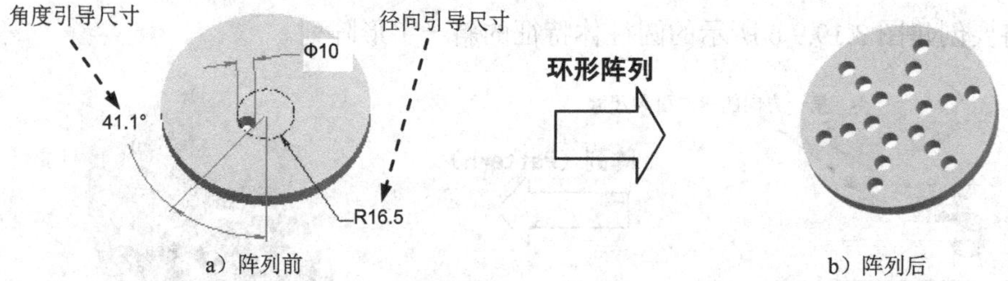

图 3.19.10 创建环形阵列

另外，还有一种 “使用轴”的方法来创建环形阵列。下面以图 3.19.11 为例进行说明。

Step1. 将工作目录设置至 D:\dbproe5.1\work\ch03\ch03.19，然后打开文件 axis_circle_pattern.prt。

Step2. 在图 3.19.12 所示的模型树中单击拉伸切除特征，再右击，选择 阵列... 命令。

Step3. 选取阵列中心轴和阵列数目。

（1）在操控板的阵列类型下拉列表框中，选择 轴 选项，再选取绘图区中模型的基准轴 A_3，如图 3.19.11 所示。

（2）在操控板中的阵列数量栏中输入数量值 6，在增量栏中输入角度增量值 60.0。

Step4. 在操控板中单击 ✓ 按钮，完成操作。

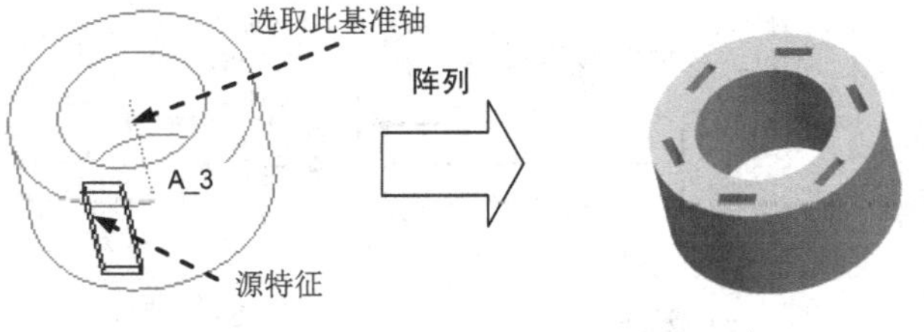

a）阵列前　　b）阵列后

图 3.19.11　使用“轴”创建环形阵列

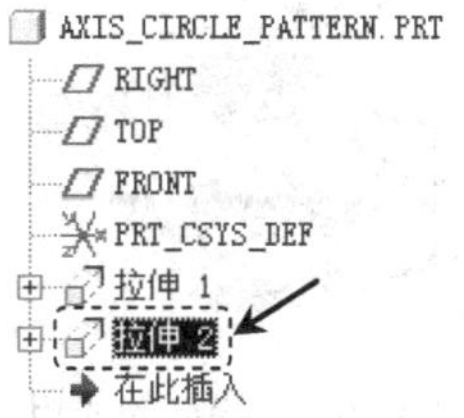

图 3.19.12　模型树

注意：“引导尺寸”和“使用轴”这两种方法都可以创建环形阵列，不同点在于“引导尺寸”方法适用于引导尺寸比较容易控制的特征；对于创建图 3.19.11b 所示的长方体的环形阵列，其引导尺寸不易控制，此时采用“使用轴”的方法来创建。

3.19.4　删除阵列

下面举例简单说明删除阵列的操作方法。

在模型树中单击任一阵列特征，本例为“阵列 1 / 孔 1”，再右击，选择 删除阵列 命令。

说明：在删除阵列时，在模型树中右击阵列特征在弹出的快捷菜单中选中“删除”命令，就会把阵列源特征一起删除。

3.20　特征的成组

图 3.20.1 所示的模型中的凸台由三个特征组成：实体拉伸特征、孔特征和倒角特征，如果要对这个带孔和倒角的凸台进行阵列，必须将它们归成一组，这就是 Pro/ENGINEER 中特征成组（Group）的概念（注意：欲成为一组的多个特征在模型树中必须是连续的）。下面以此为例说明创建“组”的一般步骤。

Step1. 将工作目录设置至 D:\dbproe5.1\work\ch03\ch03.20，打开文件 create_group.prt。

Step2. 按住 Ctrl 键，在图 3.20.2a 所示的模型树中选取拉伸 2、孔 1 和倒角 1 特征。

Step3. 选择下拉菜单 编辑(E) → 组 命令（图 3.20.3），此时拉伸 2、孔 1 和倒角 1 的特征合并为 组LOCAL_GROUP（图 3.20.2b），至此完成组的创建（或直接右击从弹出的菜单选择 组 命令完成组的创建）。

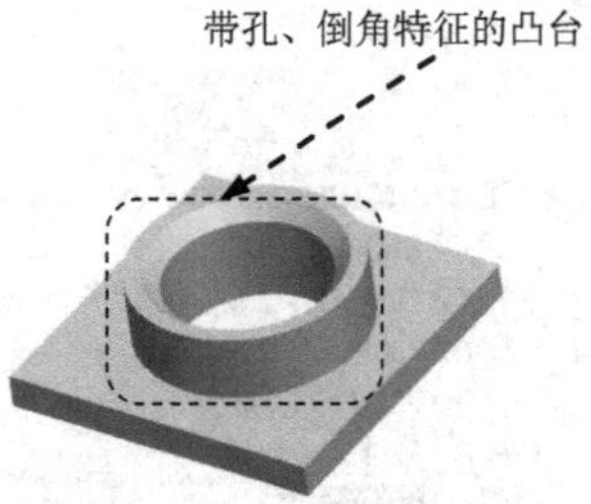

图 3.20.1 特征的成组

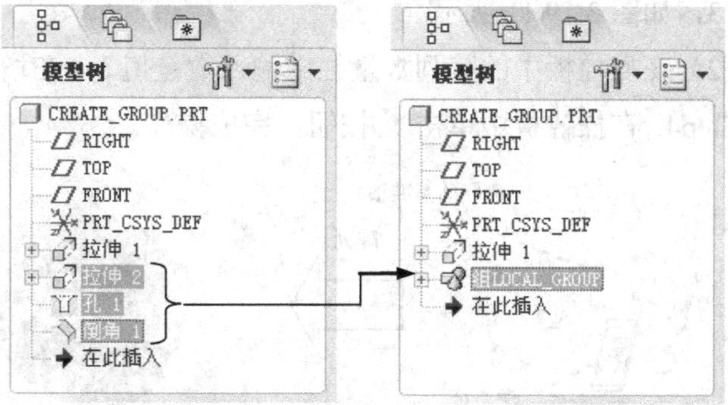

a）成组前 b）成组后

图 3.20.2 模型树

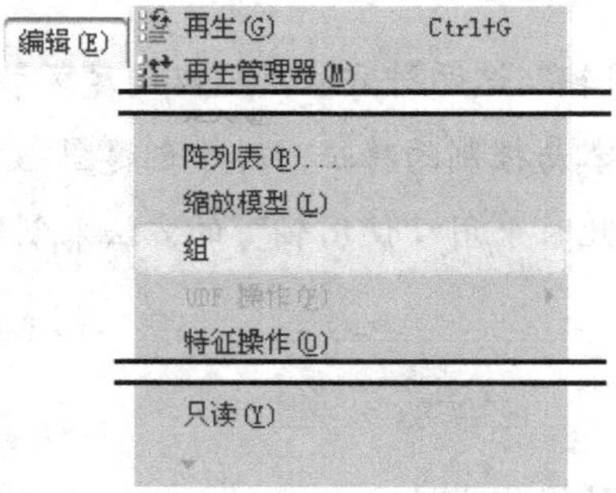

图 3.20.3 下拉菜单

3.21 扫 描 特 征

3.21.1 关于扫描特征

如图 3.21.1 所示，扫描（Sweep）特征是将一个截面沿着给定的轨迹“掠过”而生成的，所以也叫“扫掠”特征。要创建或重新定义一个扫描特征，必须给定两大特征要素，即扫描轨迹和扫描截面。

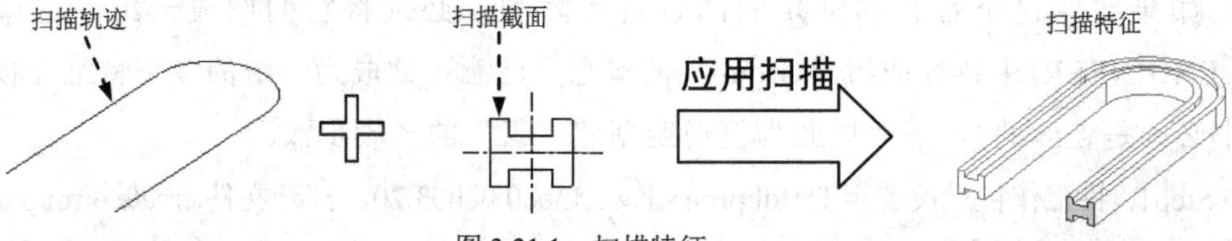

图 3.21.1 扫描特征

3.21.2　扫描特征的一般创建过程

下面以图 3.21.1 为例，说明创建扫描特征的一般过程。

Step1. 将工作目录设置至 D:\dbproe5.1\work\ch03\ch03.21，新建文件，并将其命名为 sweep_example.prt。

Step2. 选择下拉菜单 插入(I) → 扫描(S) ▸ → 伸出项(P)... 命令（图 3.21.2），此时系统弹出图 3.21.3 所示的“伸出项：扫描”对话框，同时还弹出图 3.21.4 所示的 ▼ SWEEP TRAJ (扫描轨迹) 菜单。

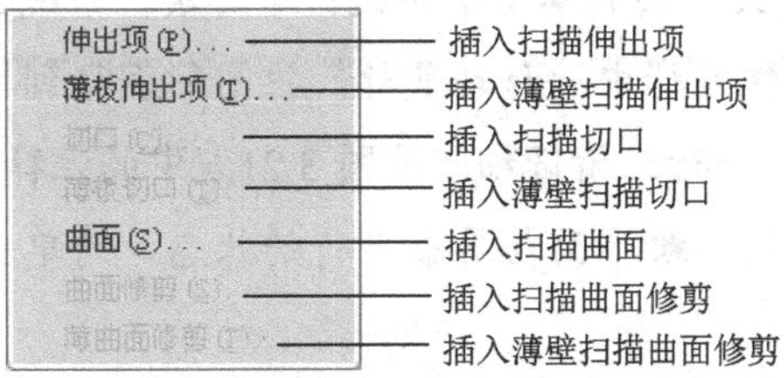

图 3.21.2　“扫描”子菜单

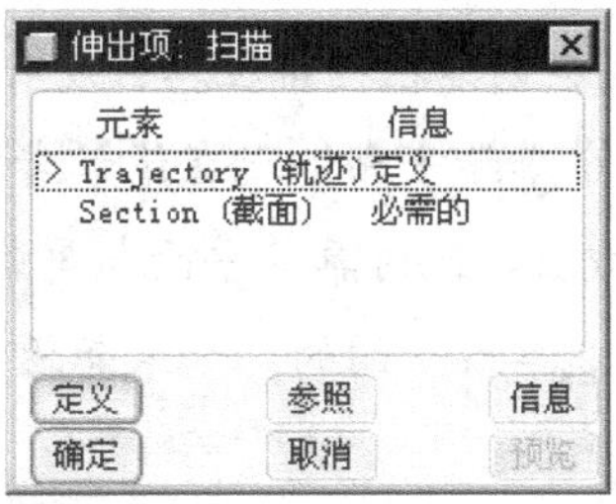

图 3.21.3　“伸出项：扫描”对话框

图 3.21.4　菜单管理器

图 3.21.4 所示的 ▼ SWEEP TRAJ (扫描轨迹) 菜单中命令的说明：

- Sketch Traj (草绘轨迹)：在草绘环境中草绘扫描轨迹。
- Sketch Traj (草绘轨迹)：选取现有曲线或边作为扫描轨迹。

Step3. 定义扫描轨迹。

（1）选择 ▼ SWEEP TRAJ (扫描轨迹) 菜单中的 Sketch Traj (草绘轨迹) 命令。

（2）定义扫描轨迹的草绘平面及其参照面。选择 Plane (平面) 命令，选取 TOP 基准平面作为草绘面；选择 Okay (确定) → Right (右) → Plane (平面) 命令，选取 RIGHT 基准面作为参照面。系统进入草绘环境。

（3）定义扫描轨迹的参照。接受系统给出的默认参照 FRONT 和 RIGHT。

（4）绘制并标注扫描轨迹，如图 3.21.5 所示。

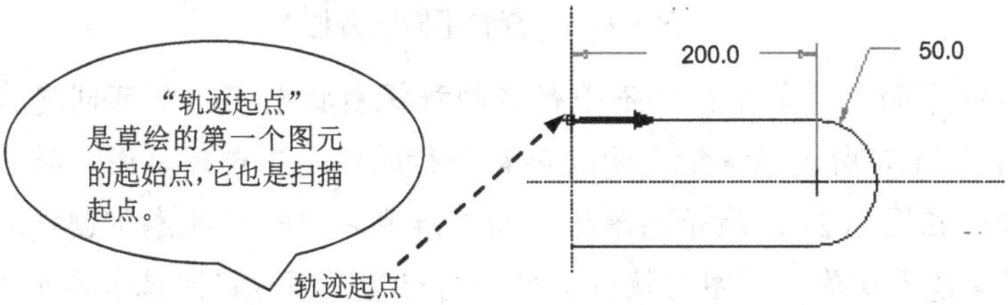

图 3.21.5　扫描轨迹

创建扫描轨迹时应注意下面几点，否则扫描可能失败：

- 轨迹不能自身相交。
- 相对于扫描截面的大小，扫描轨迹中的弧或样条半径不能太小，否则扫描特征在经过该弧时会由于自身相交而出现特征生成失败。例如，图 3.21.5 中的圆角半径 R50.0，相对于后面将要创建的扫描截面不能太小。

（5）完成轨迹的绘制和标注后，单击“完成”按钮。完成以上操作后，系统自动进入扫描截面的草绘环境。

Step4. 创建扫描特征的截面。

说明： 现在系统已经进入扫描截面的草绘环境。一般情况下，草绘区显示的情况如图 3.21.6 左边的部分所示。此时草绘平面与屏幕平行。前面在讲述拉伸（Extrude）特征和旋转（Revolve）特征时，都是建议在进入截面的草绘环境之前要定义截面的草绘平面，因此有的读者可能要问：“现在创建扫描特征怎么没有定义截面的草绘平面呢？”其实，系统已经自动为我们生成了一个草绘平面。现在请读者按住鼠标中键移动鼠标，把图形调整到图 3.21.6 右边部分所示的方位，此时草绘平面与屏幕不平行。请仔细阅读图 3.21.6 中的注释，便可明白系统是如何生成草绘平面的。如果想返回到草绘平面与屏幕平行的状态，请单击工具栏中的按钮。

（1）定义截面的参照：此时系统自动以 L1 和 L2 为参照，使截面完全放置。

注： L1 和 L2 虽然不在对话框中的“参照”列表区显示，但它们实际上是截面的参照。

（2）绘制并标注扫描截面的草图。

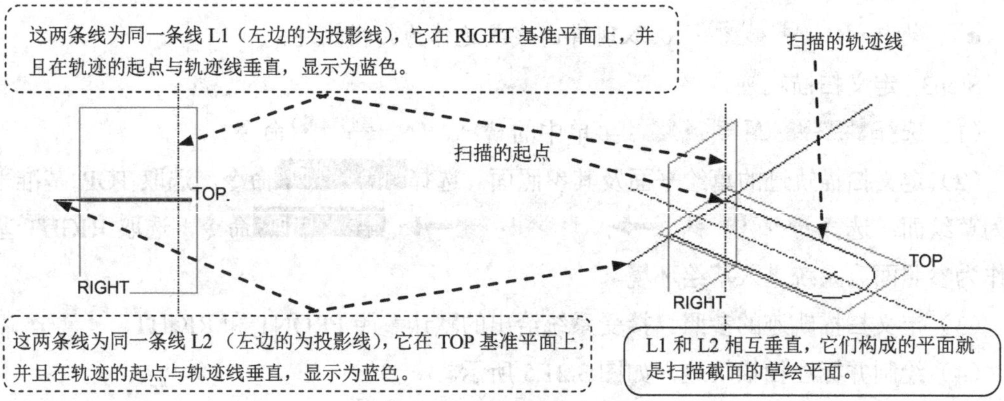

图 3.21.6 查看不同的方位

说明： 在草绘平面与屏幕平行和不平行这两种视角状态下，都可创建截面草图，它们各有利弊，在图 3.21.7 所示的草绘平面与屏幕平行的状态下创建草图，符合用户在平面上进行绘图的习惯；在图 3.21.8 所示的草绘平面与屏幕不平行的状态下创建草图，一些用户虽不习惯，但可清楚看到截面草图与轨迹间的相对位置关系。建议读者在创建扫描特征（也包括其他特征）的二维截面草图时，交替使用这两种视角显示状态，在非平行状态下进行草图的定位；在平行的状态下进行草图形状的绘制和大部分标注。但在绘制三维草图时，草图的定位、形状的绘制和相当一部分标注需在非平行状态下进行。

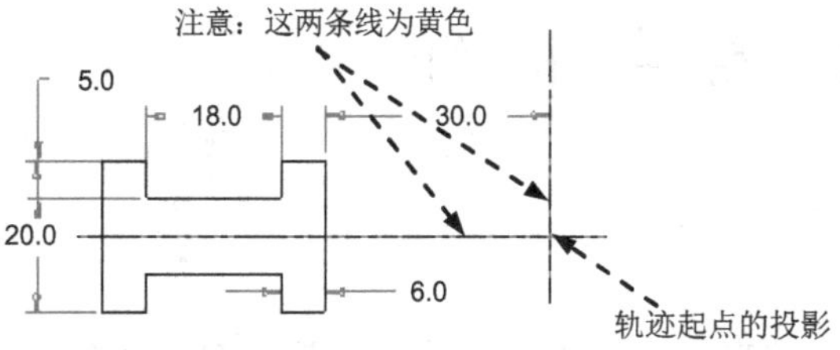

图 3.21.7　草绘平面与屏幕平行

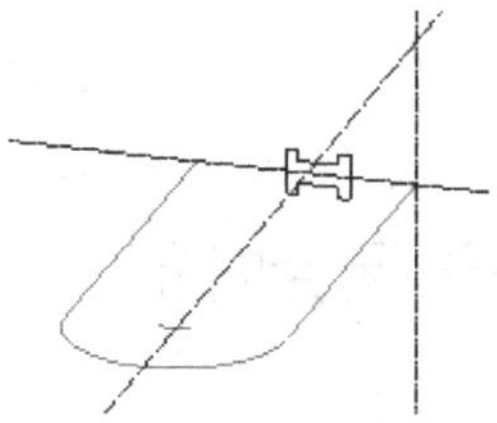

图 3.21.8　草绘平面与屏幕不平行

（3）完成截面的绘制和标注后，单击“完成”按钮。

Step5. 预览所创建的扫描特征。单击图 3.21.3 所示的对话框下部的预览按钮，此时信息区出现提示不能构建特征几何图形.。特征失败的原因可从所定义的轨迹和截面两个方面来查找。

（1）查找轨迹方面的原因：检查是不是图 3.21.5 中的尺寸 R50 太小，将它改成 R55 试试看。操作步骤如下：

① 在图 3.21.9 所示的扫描特征信息对话框中，双击 Trajectory（轨迹）这一元素后，系统弹出图 3.21.10 所示的“截面”菜单。

② 选择图 3.21.10 中的 Modify (修改) ⟶ Done (完成) 命令，系统进入草绘环境。

③ 在草绘环境中，将图 3.21.5 中的圆弧半径尺寸 R50 改成 R55（在某些情况下增大草绘轨迹折弯处的半径，可以成功生成扫描特征，但是过大的折弯半径会破坏原始的设计意图），然后单击“完成”按钮。

④ 再单击对话框中的预览按钮，仍然出现错误信息，说明不是草绘轨迹中折弯处半径过小的原因。

（2）查找特征截面方面的原因：检查是不是截面距轨迹起点太远，或截面尺寸太大（相对于轨迹尺寸）。操作步骤如下：

① 在扫描特征信息对话框中，双击 Section（截面）这一元素，系统进入草绘环境。

② 在草绘环境中，按图 3.21.11 所示修改截面尺寸。所有尺寸修改完毕后，单击“完成”按钮。

③ 再单击对话框中的预览按钮，扫描特征预览成功。

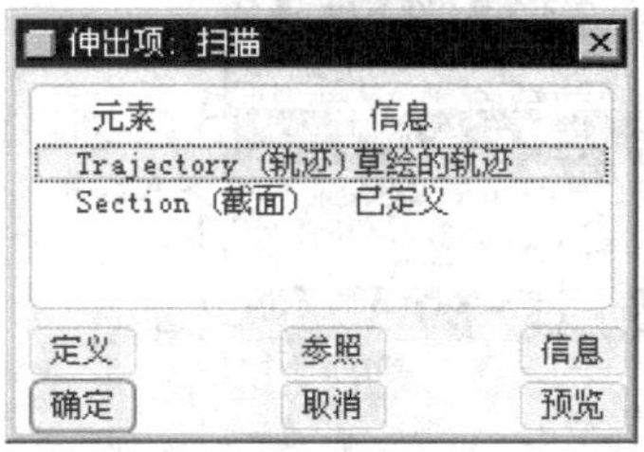

图 3.21.9　扫描特征信息对话框

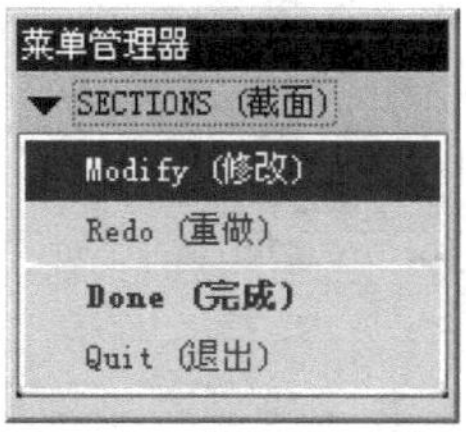

图 3.21.10　“截面”菜单

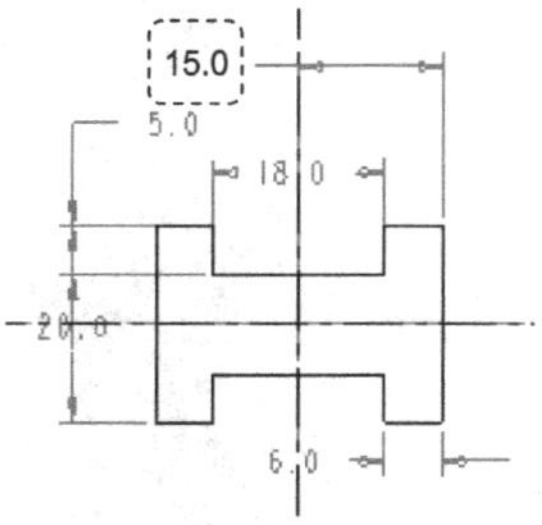

图 3.21.11　修改截面尺寸

Step6. 完成扫描特征的创建。单击图 3.21.9 中扫描特征信息对话框下部的确定按钮，完成扫描特征的创建。

3.22 混 合 特 征

3.22.1 关于混合特征

将一组截面沿其边线用过渡曲面连接形成一个连续的特征，就是混合（Blend）特征。混合特征至少需要两个截面。图 3.22.1 所示的混合特征是由三个截面混合而成的。

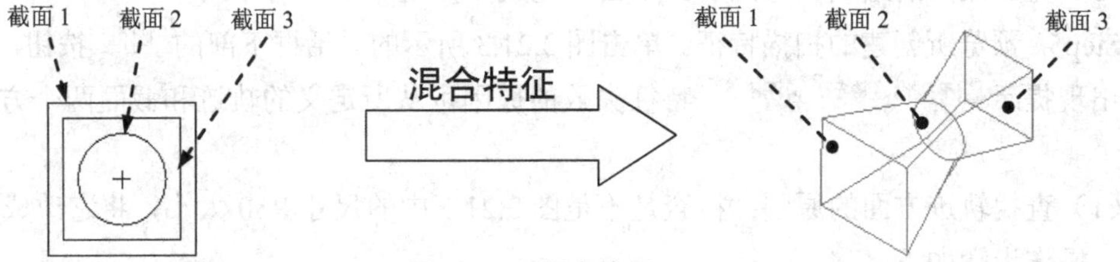

图 3.22.1 混合特征

3.22.2 混合特征的一般创建过程

下面以图 3.22.2 所示的混合特征为例，说明创建混合特征的一般操作步骤。

Step1. 将工作目录设置至 D:\dbproe5.1\work\ch03\ch03.22，新建文件，并将其命名为 blend_body.prt。选择下拉菜单 插入(I) ➡ 混合(B) ▸ ➡ 伸出项(P)... 命令。

说明：完成此步操作后，系统弹出图 3.22.3 所示的 ▼ BLEND OPTS (混合选项) 菜单，该菜单分为 A、B 和 C 三个部分，各部分的基本功能介绍如下：

- A 部分用于确定混合类型。
  - ☑ Parallel (平行)：所有混合截面在相互平行的多个平行平面上。
  - ☑ Rotational (旋转的)：混合截面绕 Y 轴旋转，最大角度可达 120°。每个截面都单独草绘并用截面坐标系对齐。
  - ☑ General (一般)：一般混合截面可以绕 X 轴、Y 轴和 Z 轴旋转，也可以沿这三个轴平移。每个截面都单独草绘，并用截面坐标系对齐。

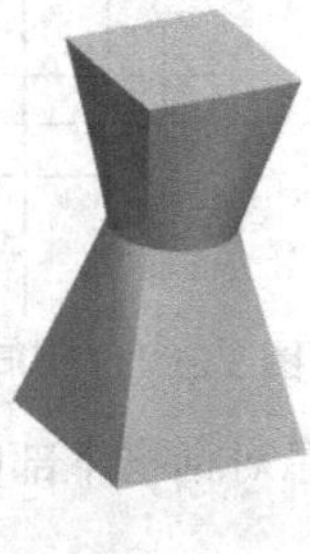

图 3.22.2 平行混合特征

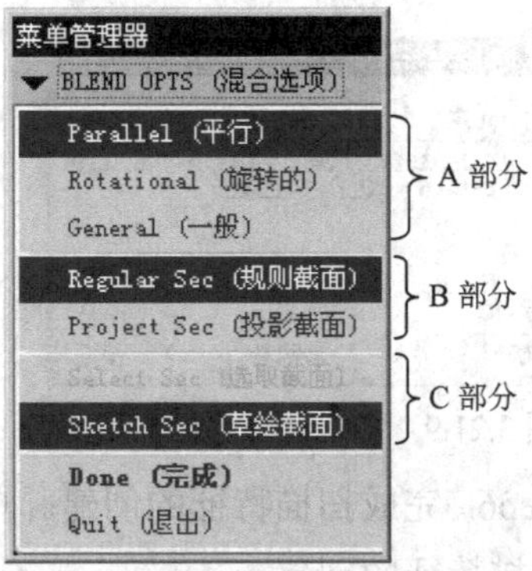

图 3.22.3 “混合选项”菜单

- B 部分用于定义混合特征截面的类型。
  - ☑ Regular Sec（规则截面）：特征截面使用截面草图。
  - ☑ Project Sec（投影截面）：特征截面使用截面草图在选定曲面上的投影。该命令只用于平行混合。
- C 部分用于定义截面的来源。
  - ☑ Select Sec（选取截面）：选择截面图元。该命令对平行混合无效。
  - ☑ Sketch Sec（草绘截面）：草绘截面图元。

Step2. 定义混合类型、截面类型。选择 A 部分中的 Parallel（平行）命令、B 部分中的 Regular Sec（规则截面）命令以及 C 部分中的 Sketch Sec（草绘截面）命令，然后选择 Done（完成）命令。

说明：完成此步操作后，系统弹出图 3.22.4 所示的“特征信息”对话框，还弹出图 3.22.5 所示的 ▼ ATTRIBUTES（属性）菜单。该菜单下面有两个命令：

- Straight（直的）：用直线段连接各截面的顶点，截面的边用平面连接。
- Smooth（光滑）：用光滑曲线连接各截面的顶点，截面的边用样条曲面光滑连接。

Step3. 定义混合属性。选择 ▼ ATTRIBUTES（属性）菜单中的 Straight（直的） ⟶ Done（完成）命令。

Step4. 创建混合特征的第一个截面。

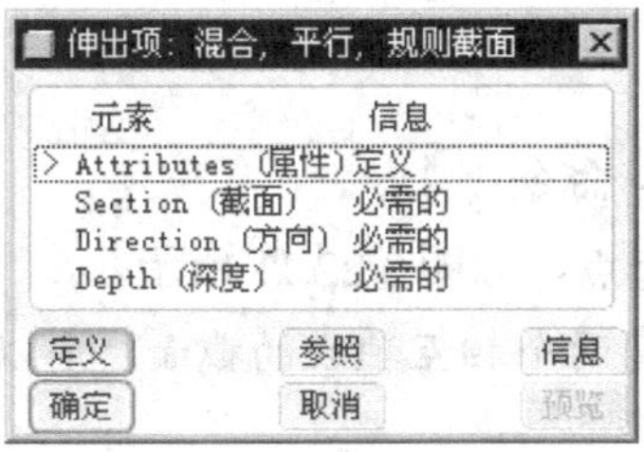

图 3.22.4　“特征信息”对话框

图 3.22.5　“属性”菜单

（1）定义混合截面的草绘平面及垂直参照面。选择 Plane（平面）命令，选择 TOP 基准平面作为草绘面；选择 Okay（确定） ⟶ Right（右）命令，选择 RIGHT 基准平面作为参照面。

（2）定义草绘截面的参照。进入草绘环境后，接受系统默认参照 FRONT 和 RIGHT。

（3）绘制并标注草绘截面，如图 3.22.6 所示。

提示：先绘制两条中心线，再单击 □ 按钮绘制长方形，进行对称、相等约束，修改、调整尺寸后即得图 3.22.6 所示的正方形。

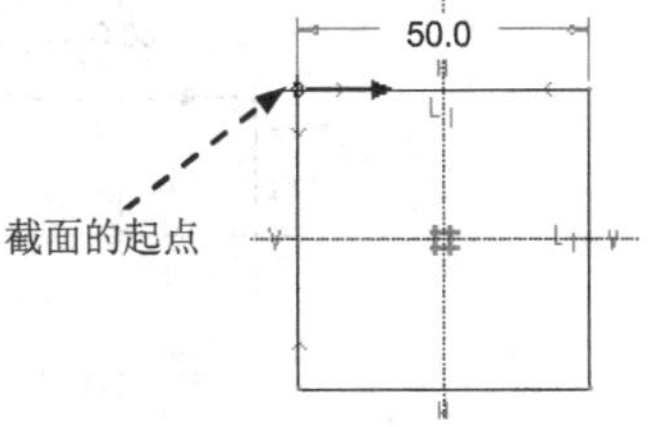

注意：草绘混合特征中的每一个截面时，Pro/ENGINEER 系统会在第一个图元的绘制起点产生一个带方向的箭头，此箭头表明截面的起点和方向。

图 3.22.6　第一个截面图形

Step5. 创建混合特征的第二个截面。

（1）在绘图区右击，从弹出的快捷菜单中选择 切换截面(T) 命令（或选择下拉菜单 草绘(S) ➡ 特征工具(U) ▸ ➡ 切换截面(T) 命令）。

（2）绘制并标注草绘截面，如图 3.22.7 所示。

Step6. 将第二个截面（圆）切分成四个图元。

注意：在创建混合特征的多个截面时，Pro/ENGINEER 要求各个截面的图元数（或顶点数）相同（当第一个截面或最后一个截面为一个单独的点时，不受此限制）。在本例中，前一个截面是长方形，它有四条直线（即四个图元），而第二个截面为一个圆，只是一个图元，没有顶点。所以这一步要做的是将第二个截面（圆）变成四个图元。

（1）单击 中的 按钮（或选择下拉菜单 编辑(E) ➡ 修剪(T) ▸ ➡ 分割(D) 命令）。

（2）分别在图 3.22.8 所示的四个位置选择四个点。

（3）绘制两条中心线，对四个点进行对称约束，修改、调整第一个点的尺寸。

Step7. 改变第二个截面的起点和起点的方向。

（1）选择图 3.22.9 所示的点，再右击，从弹出的快捷菜单中选择 起点(S) 命令（或选择下拉菜单 草绘(S) ➡ 特征工具(U) ▸ ➡ 起点(S) 命令）。

（2）如果想改变起点处的箭头方向，再右击，从弹出的快捷菜单中选择 起点(S) 命令。

注意：混合特征中的各个截面的起点应该靠近，且方向相同（同为顺时针或逆时针方向），否则会生成图 3.22.10 所示的扭曲形状。

Step8. 创建混合特征的第三个截面。

（1）右击，从弹出的快捷菜单中选择 切换截面(T) 命令。

（2）绘制和标注草绘截面，并定义好截面的起点，如图 3.22.11 所示。

注意：由于第三个截面与第一个截面实际上是两个相互独立的截面，所以在进行对称约束时，必须重新绘制中心线。

Step9. 完成前面的所有截面后，单击草绘工具栏中的“完成”按钮 。

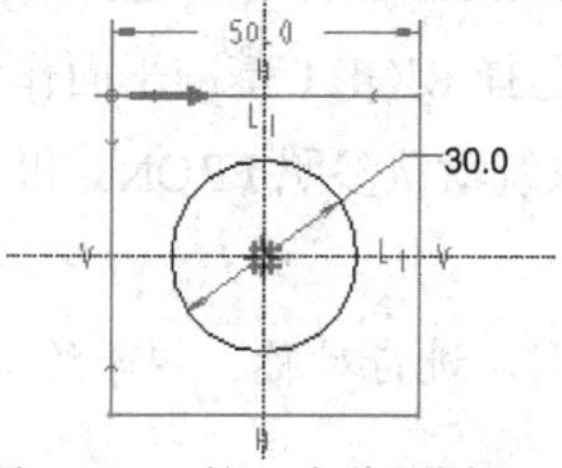

图 3.22.7 第二个截面图形

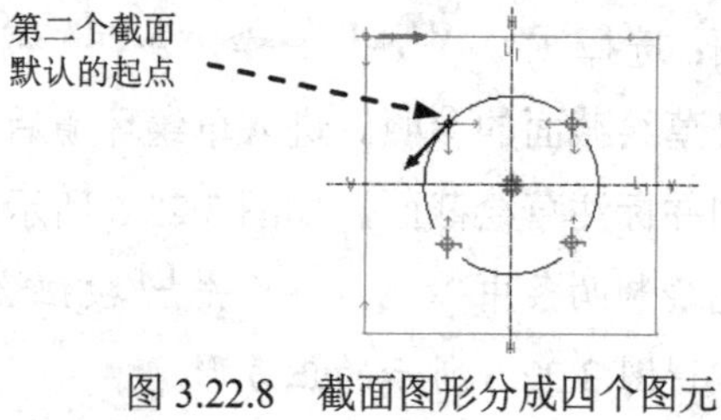

图 3.22.8 截面图形分成四个图元

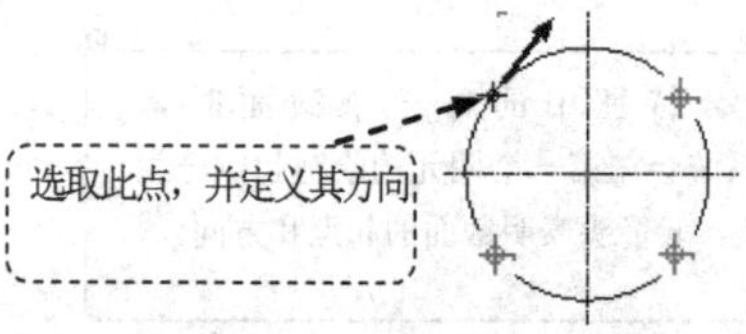

图 3.22.9 定义截面起点

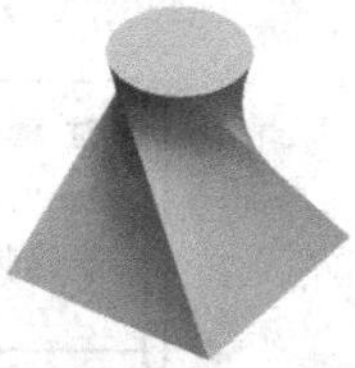

图 3.22.10 扭曲的混合特征

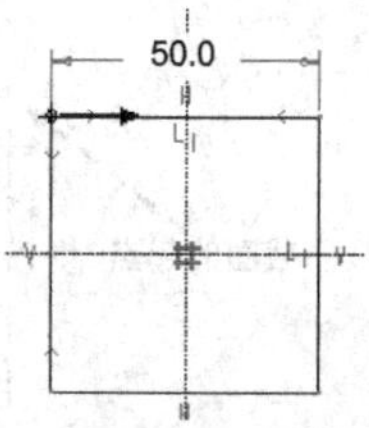

图 3.22.11 第三个截面图形

Step10. 输入截面间的距离。

（1）在系统 输入截面2的深度 的提示下，输入第二截面到第一截面的距离 50.0，单击操控板中的“完成”按钮。

（2）在系统 输入截面3的深度 的提示下，输入 40.0，单击操控板“完成”按钮。

Step11. 单击“混合特征信息”对话框中的 预览 按钮，预览所创建的混合特征。

Step12. 单击“混合特征信息”对话框中的 确定 按钮。至此，完成混合特征的创建。

3.23　螺旋扫描特征

3.23.1　关于螺旋扫描特征

如图 3.23.1 所示，将一个截面沿着螺旋轨迹线进行扫描，可形成螺旋扫描（Helical Sweep）特征。

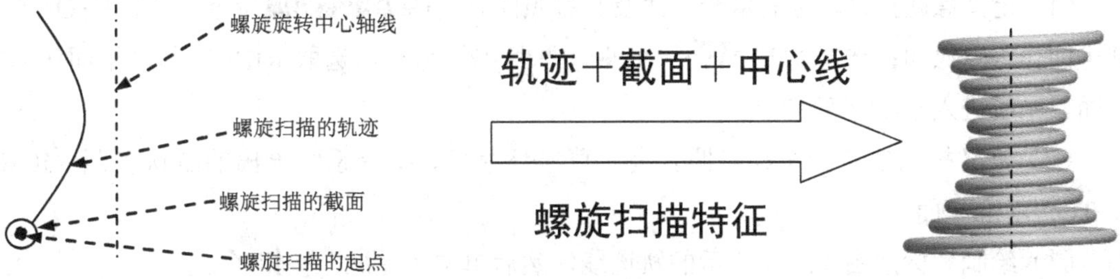

图 3.23.1　螺旋扫描特征

3.23.2　螺旋扫描特征的一般创建过程

这里以图 3.23.1 所示的螺旋扫描特征为例，说明创建这类特征的一般操作步骤。

Step1. 将工作目录设置至 D:\dbproe5.1\work\ch03\ch03.23，新建文件，并将其命名为 helical_sweep.prt。选择下拉菜单 插入(I) ➡ 螺旋扫描(H) ▸ ➡ 伸出项(P)... 命令。

完成此步操作后，系统弹出图 3.23.2 所示的螺旋扫描特征信息对话框和图 3.23.3 所示的 ▼ ATTRIBUTES (属性) 菜单，该菜单分为 A、B、C 三个部分，各命令说明如下：

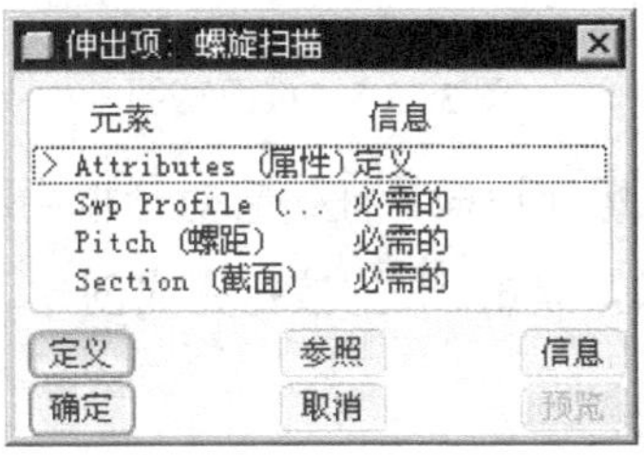

图 3.23.2　“螺旋扫描”特征信息对话框

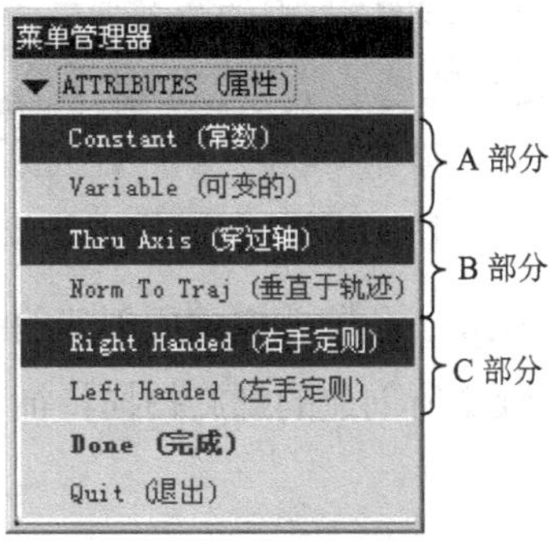

图 3.23.3　“属性”菜单

- A 部分
  - ☑ Constant（常数）：螺距为常数。
  - ☑ Variable（可变的）：螺距是可变的，并可由一个图形来定义。
- B 部分
  - ☑ Thru Axis（穿过轴）：截面位于穿过旋转轴的平面内。
  - ☑ Norm To Traj（垂直于轨迹）：横截面方向垂直于轨迹（或旋转面）。
- C 部分
  - ☑ Right Handed（右手定则）：使用右手定则定义轨迹。
  - ☑ Left Handed（左手定则）：使用左手定则定义轨迹。

Step2. 定义螺旋扫描的属性。在图 3.23.3 所示的菜单中，依次选择 A 部分中的 Constant（常数）命令、B 部分中的 Thru Axis（穿过轴）命令以及 C 部分中的 Right Handed（右手定则）命令，然后选择 Done（完成）命令。

Step3. 定义螺旋的扫描线。

（1）定义螺旋扫描轨迹的草绘平面及其参照面。选择 Plane（平面）命令，选取 FRONT 基准平面作为草绘面；选择 Okay（确定） ➡ Right（右）命令，选取 RIHGT 基准平面作为参照面。系统进入草绘环境。

（2）定义扫描轨迹的草绘参照。进入草绘环境后，接受系统给出的默认参照 RIGHT 和 TOP 基准平面。

（3）绘制和标注图 3.23.4 所示的轨迹线，然后单击“完成”按钮✔。

Step4. 定义螺旋节距。在系统提示下输入节距值 30.0。

Step5. 创建螺旋扫描特征的截面。进入草绘环境后，绘制和标注图 3.23.5 所示的截面——圆，然后单击“完成”按钮✔。

注意：系统将自动选取草绘平面并进行定向。在三维场景中绘制截面比较直观。

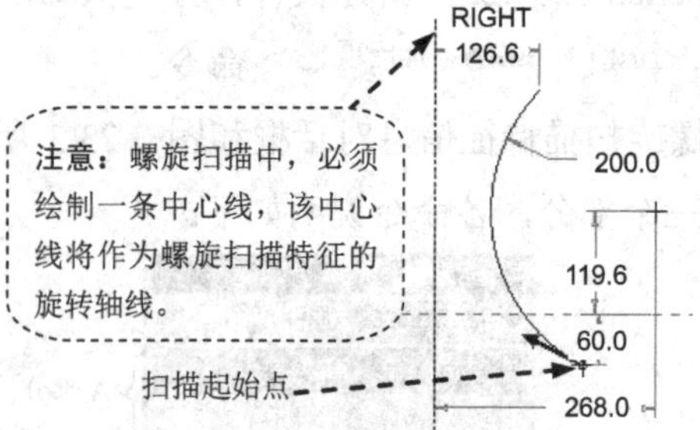

图 3.23.4　螺旋扫描轨迹线

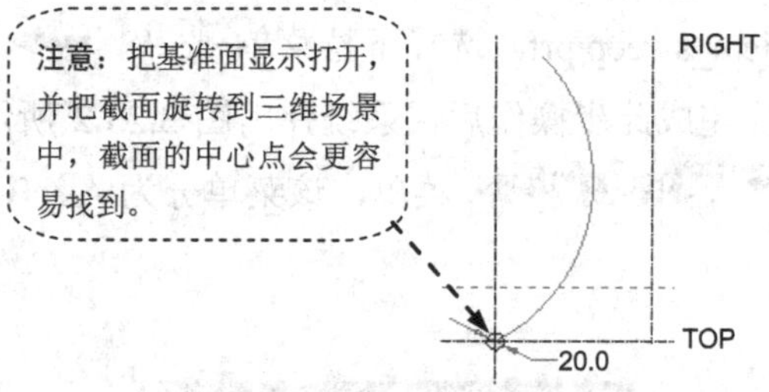

图 3.23.5　截面草图

Step6. 预览并完成所创建的螺旋扫描特征。单击螺旋扫描特征信息对话框中的 预览 按钮，预览所创建的螺旋扫描特征。如果符合设计要求，单击 确定 按钮完成创建。

3.24　特征的重新排序及插入操作

3.24.1　概述

在 3.14 节中，曾提到对一个零件进行抽壳时，零件中特征的创建顺序非常重要。如果各特征的顺序安排不当，抽壳特征会生成失败，有时即使能生成抽壳，但结果也不会符合设计的要求。读者可按下面的操作步骤进行验证。

Step1. 将工作目录设置至 D:\dbproe5.1\work\ch03\ch03.24，打开文件 tea_cup.prt。

Step2. 将底部圆角(模型树的“倒圆角 2”)半径从 5 改为 20，然后选择下拉菜单 编辑(E) ➡ 再生(G) 命令，会看到茶杯的底部裂开一条缝（图 3.24.1）。显然这不符合设计意图，之所以会产生这样的问题，是因为圆角特征和抽壳特征的顺序安排不当，解决办法是将“倒圆角 2”调整到抽壳特征的前面，这种特征顺序的调整就是特征的重新排序。

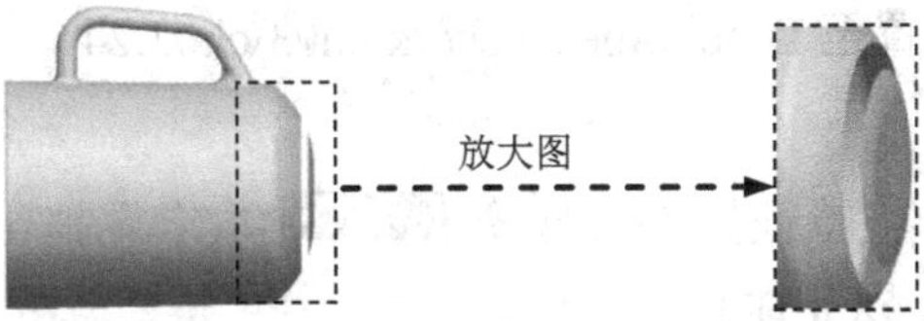

图 3.24.1　注意抽壳特征的顺序

3.24.2　特征的重新排序操作

这里以前面的茶杯(tea_cup)为例，说明特征重新排序(Reorder)的操作步骤。如图 3.24.2 所示，在零件的模型树中，单击瓶底“倒圆角 2”特征，按住左键不放并拖动鼠标，拖至“壳 1”特征的上面，然后松开左键，这样瓶底“倒圆角 2”就调整到抽壳特征的前面了。

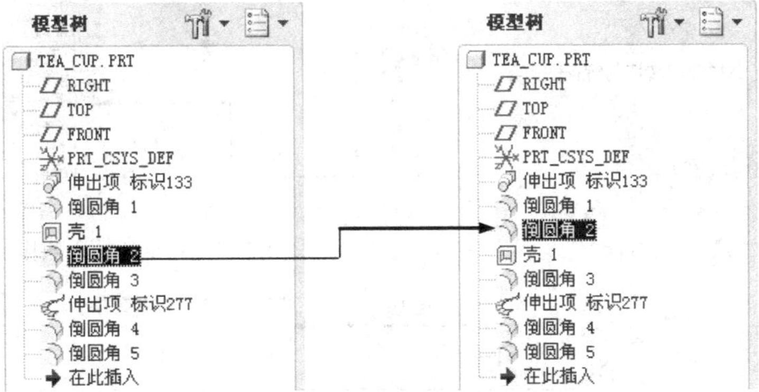

图 3.24.2　特征的重新排序

注意： 特征的重新排序（Reorder）是有条件的，条件是不能将一个子特征拖至其父特征的前面。例如在这个茶杯的例子中，不能把茶杯的倒圆角特征 倒圆角 4 移到伸出项特征 伸出项 标识277 的前面，因为它们存在父子关系，该倒圆角特征是伸出项特征的子特征。为什么存在这种父子关系呢？因为该倒圆角特征以及后面的倒圆角特征是在该伸出项创建后形成的边线上进行倒圆角操作，这样就在该伸出项特征与倒圆角特征之间建立了父子关系。

如果要调整有父子关系的特征的顺序，必须先解除特征间的父子关系。解除特征间的父子关系有两种办法：一是改变特征截面的标注参照基准或约束方式；二是特征的重定次序（Reroute），即改变特征的草绘平面和草绘平面的参照平面。

3.24.3 特征的插入操作

在建立一个三维模型的过程中，当所有的特征完成以后，假如还要添加其他的特征，并且要求所添加的特征位于某两个已有特征之间，此时可利用“特征的插入”功能来满足这一要求。下面以创建图 3.24.3 所示的切削旋转特征（要求该特征添加在模型的旋转 1 特征的后面、倒角 1 特征的前面）为例，来说明其操作步骤。

Step1. 将工作目录设置至 D:\dbproe5.1\work\ch03\ch03.24，打开文件 connecting_ shaft .prt。

Step2. 在模型树中，将特征插入符号 ➔ 在此插入 从末尾拖至倒角 1 特征的前面、旋转特征 1 的后面，如图 3.24.4 所示。

Step3. 选择下拉菜单 插入(I) ➡ 旋转(R)... 命令，创建旋转切削特征，截面草图的尺寸如图 3.24.5 所示。

Step4. 完成旋转切削特征创建后，再将插入符号 ➔ 在此插入 拖至模型树的底部。

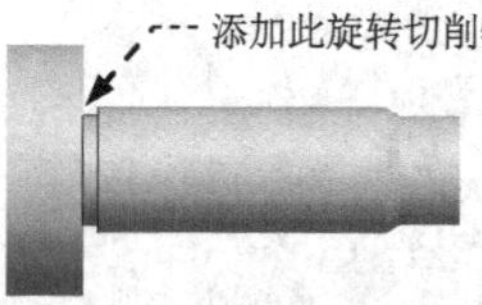

图 3.24.3 切削旋转特征

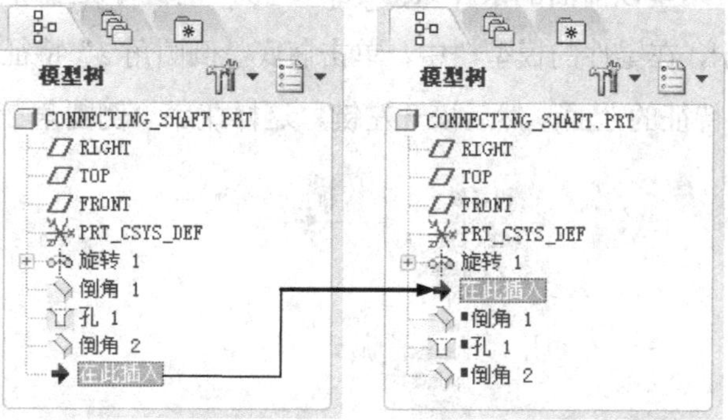

图 3.24.4 特征的插入操作

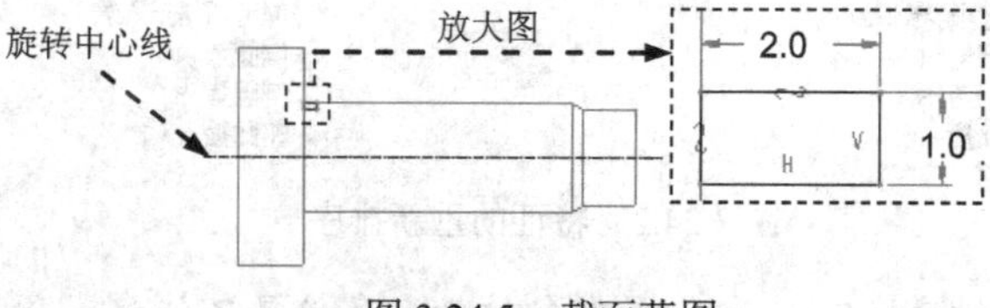

图 3.24.5 截面草图

3.25 特征失败及其解决方法

在创建或重定义特征时，由于给定的数据不当或参照的丢失，会出现特征生成失败。本小节主要介绍特征失败的出现和特征失败的解决方法。

3.25.1 特征失败的出现

这里以一个酒瓶（bottle）为例进行说明。如果进行下列“编辑定义”操作（图 3.25.1），将会出现特征生成失败。

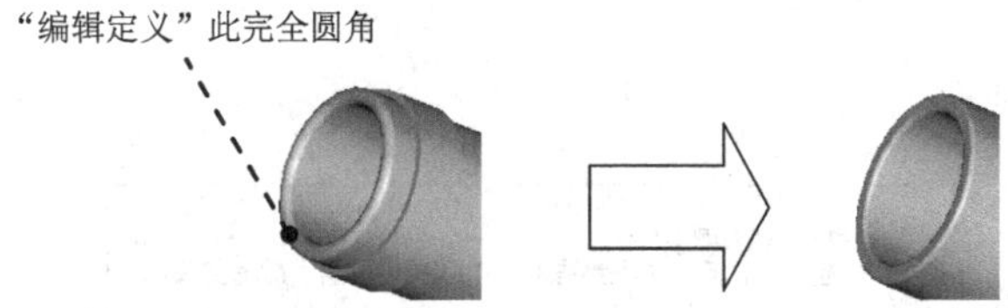

图 3.25.1 “编辑定义”圆角

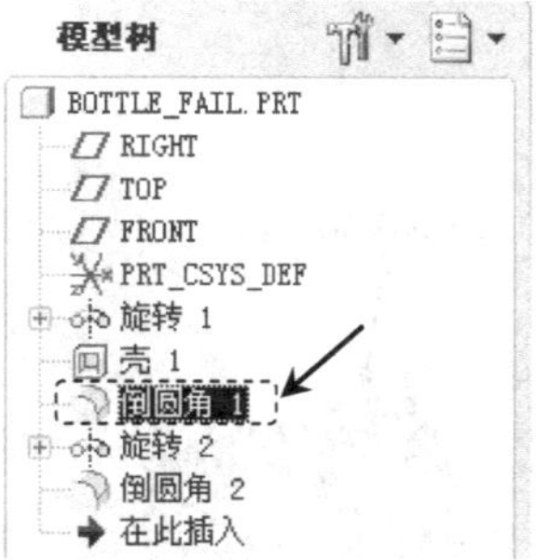

图 3.25.2 模型树

Step1. 将工作目录设置至 D:\dbproe5.1\work\ch03\ch03.25，打开文件 bottle_fail.prt。

Step2. 在图 3.25.2 所示的模型树中，先单击完全圆角标识 倒圆角 1，然后右击，从弹出的快捷菜单中选择 编辑定义 命令。

Step3. 重新选取圆角选项。在系统弹出的图 3.25.3 所示的圆角特征操控板中，单击 集 按钮；在“设置”界面的 参照 栏中右击，从快捷菜单中选择 全部移除 命令（图 3.25.4）；按住 Ctrl 键，依次选取图 3.25.5 所示的瓶口的两条边线；在半径栏中输入圆角半径 0.6，按 Enter 键。

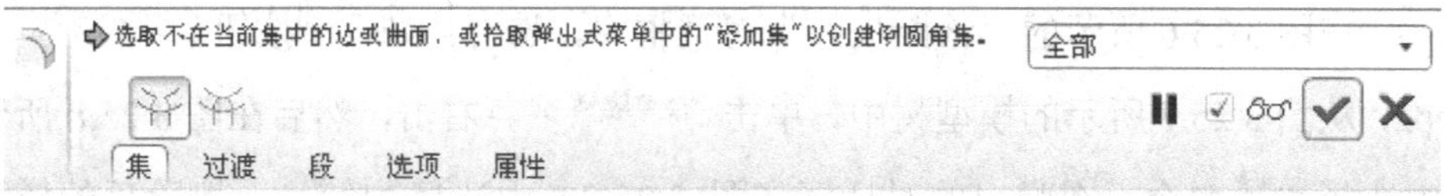

图 3.25.3 圆角特征操控板

Step4. 在操控板中，单击“完成”按钮后，系统弹出图 3.25.6 所示的“诊断失败”对话框，该特征截面中的一个尺寸（5.0）的标注是以完全圆角的一条边线为参照的，重定义后，完全圆角不存在，瓶口伸出项旋转特征截面的参照便丢失，所以便出现特征生成失败。

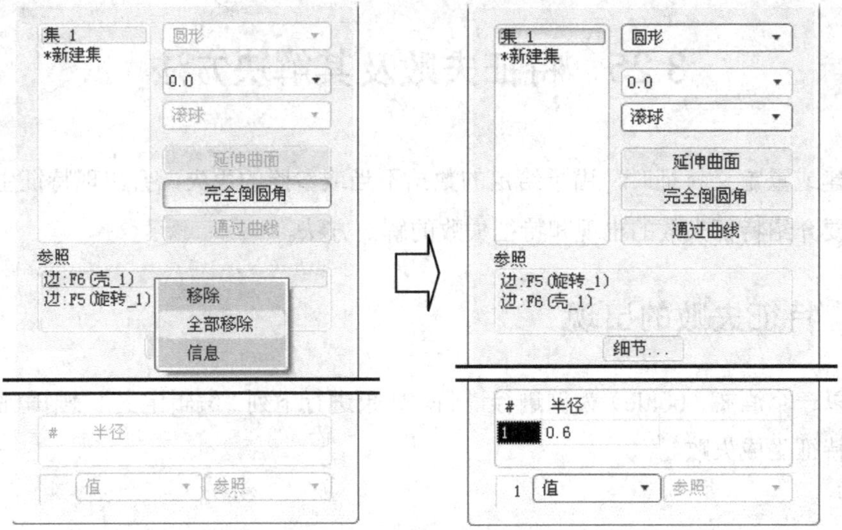

图 3.25.4 圆角的设置

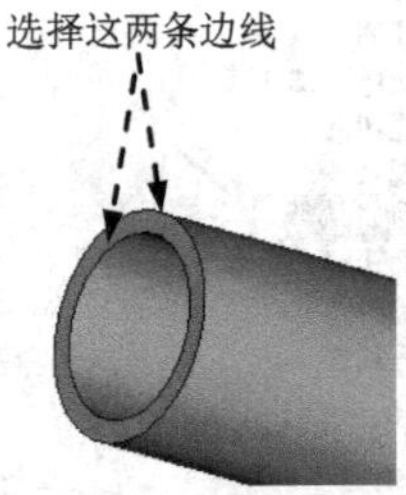

图 3.25.5 选择圆角边线

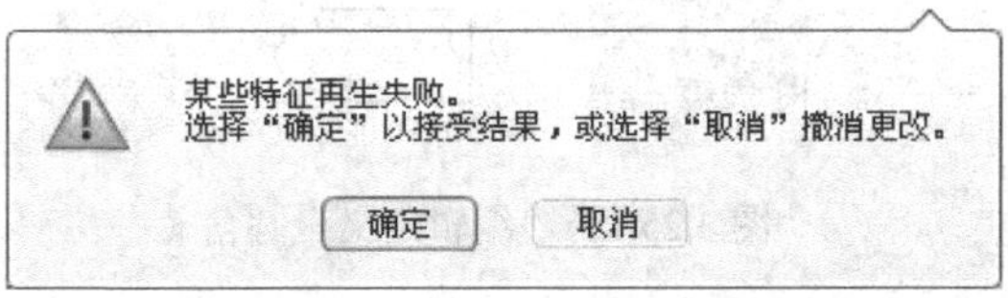

图 3.25.6 “诊断失败”对话框

3.25.2 特征失败的解决方法

1．解决方法一：取消改变

在图 3.25.6 所示的“诊断失败”对话框中，选择 取消 按钮。

2．解决方法二：删除特征

Step1. 在图 3.25.6 所示的“诊断失败”对话框中，选择 确定 按钮。

Step2. 从图 3.25.7 所示的模型树中，单击 旋转 2，右击，然后在图 3.25.8 所示的快捷菜单中选择 删除 命令，在弹出的对话框（图 3.25.9）中选择 确定 ，删除后的模型如图 3.25.10 所示。

注意：

- 从模型树和模型上可看到瓶口伸出项旋转特征被删除。
- 如果想找回以前的模型文件，请按如下方法操作：

① 选择下拉菜单 窗口(W) ➡ 关闭(C) 命令，关闭当前对话框。

② 选择下拉菜单 文件(F) ➡ 拭除(E) ▸ ➡ 不显示(D) 命令，拭除不显示的内存中的文件。再次打开酒瓶模型文件 bottle_fail.prt。

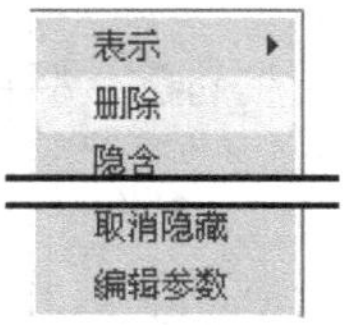

图 3.25.8　快捷菜单

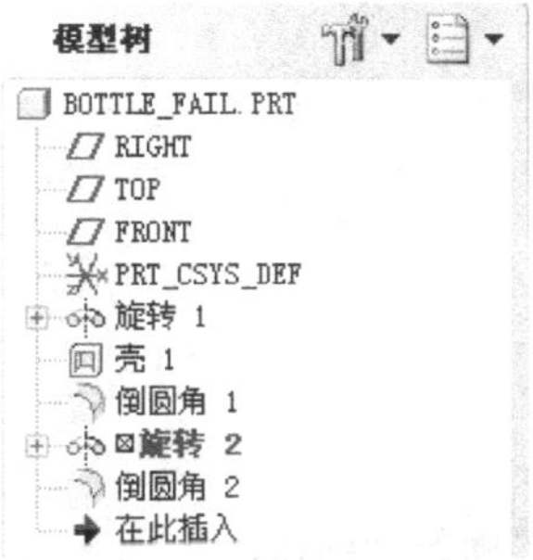

图 3.25.7　模型树

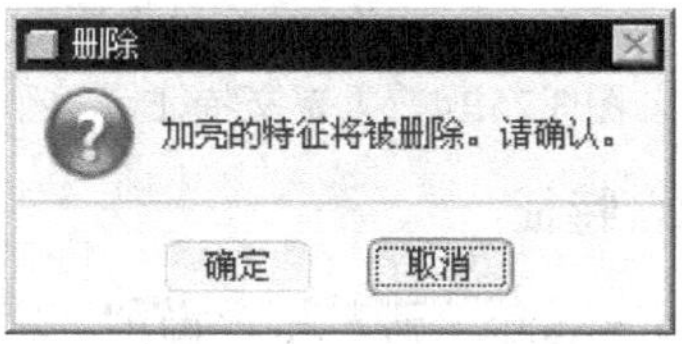

图 3.25.9　“删除”对话框

图 3.25.10　删除操作后的模型

3. 解决方法三：重定义特征

Step1. 在图 3.25.6 所示的“诊断失败”对话框中，选择 确定 按钮。

Step2. 从图 3.25.7 所示的模型树中，单击 旋转 2，右击在图 3.25.11 所示的快捷菜单中选择 编辑定义 命令，然后会弹出图 3.25.12 所示的“旋转”操控板。

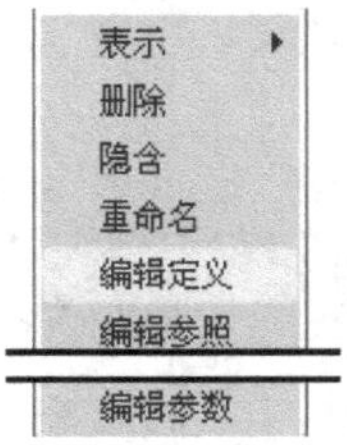

图 3.25.11　快捷菜单

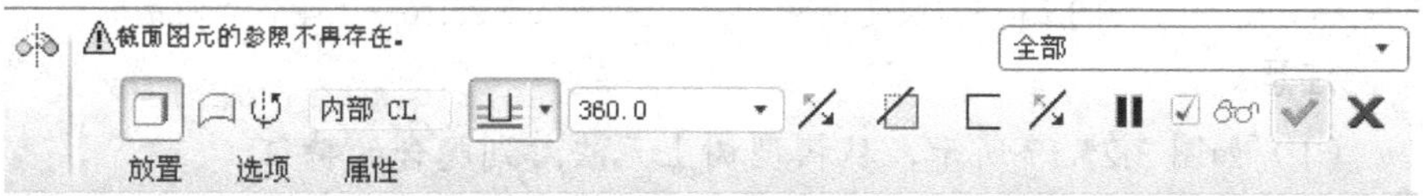

图 3.25.12　“旋转”操控板

Step3. 重定义草绘参照并进行标注。

（1）在操控板中单击 放置 按钮，然后在弹出的菜单区域中单击 编辑... 按钮。

（2）在弹出的图 3.25.13 所示的草图“参照”对话框中，先删除过期和丢失的参照，再选取新的参照 TOP 和 FRONT 基准平面，关闭“参照”对话框。

图 3.25.13　“参照”对话框

（3）在草绘环境中，相对新的参照进行尺寸标注（即标注 195.0 这个尺寸），如图 3.25.14 所示。完成后，单击操控板中的✓按钮。

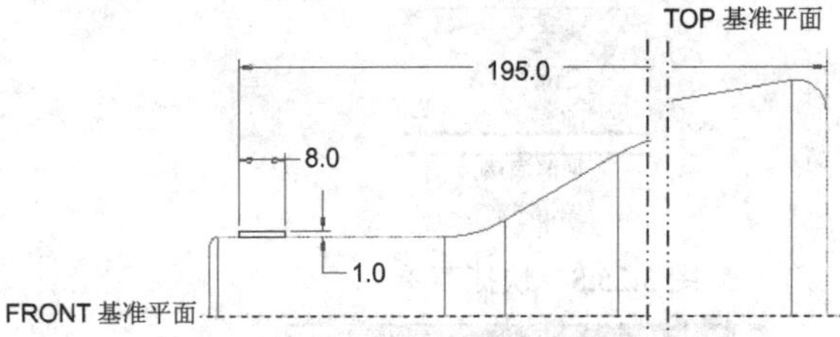

图 3.25.14　重定义特征

4．解决方法四：修剪隐含特征

Step1. 在图 3.25.6 所示的“诊断失败”对话框中，单击 确定 按钮。

Step2. 从图 3.25.7 所示的模型树中，单击 旋转 2，右击图 3.25.15 所示的快捷菜单中选择 隐含 命令，然后在弹出的隐含对话框（图 3.25.16）中单击 确定 按钮。至此，特征失败已经解决，如果想进一步解决被隐含的瓶口伸出项旋转特征，请继续下面的操作。

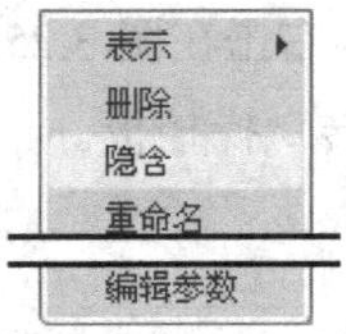

图 3.25.15　快捷菜单

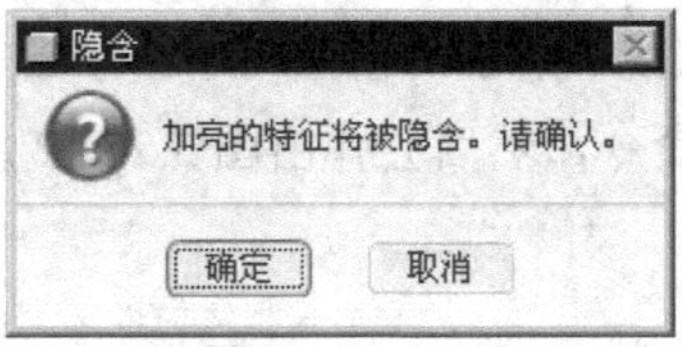

图 3.25.16　“隐含“对话框

注意：

（1）如图 3.25.17 所示，从模型树上无法看到隐含的特征。

（2）如果在模型树上看不到被隐含的特征，可进行下列的操作：

① 选取导航选项卡中的下拉菜单 ➡ 树过滤器(F)... 命令。

② 在弹出的模型树项目对话框中，选中 ☑隐含的对象 复选框，然后单击该对话框中的 确定 按钮，被隐含的特征又出现在模型树中（图 3.25.18）。

Step3. 如果右击该隐含的特征，然后从弹出的快捷菜单中选择 恢复 命令，那么系统再次进入特征“失败模式”，可参照上节介绍的方法进行重定义。

图 3.25.17　模型树（一）

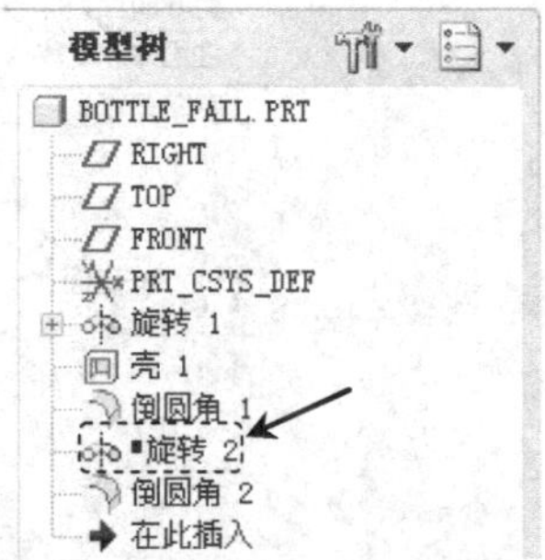

图 3.25.18　模型树（二）

3.26 零件模型的测量与分析

3.26.1 测量距离

下面以一个钻模底座模型为例，说明测量距离的一般操作步骤和测量类型。

Step1. 将工作目录设置至 D:\dbproe5.1\work\ch03\ch03.26，然后打开文件 distance _measure.prt。

Step2. 选择下拉菜单 分析(A) ➡ 测量(M) ▸ ➡ 距离(D) 命令，系统弹出“距离”对话框。

Step3. 测量面到面的距离。

（1）在图 3.26.1 所示的“距离”对话框中，打开 分析 选项卡。

（2）先选取图 3.26.2 所示的模型表面 1，然后再选取模型表面 2。

（3）在图 3.26.1 所示的 分析 选项卡的结果区域中，可查看测量后的结果。

说明：也可以不在 分析 选项卡的结果区域中查看测量结果，在模型上也会显示测量结果或分析结果。

Step4. 测量点到面的距离，如图 3.26.3 所示。操作方法参见 Step3。

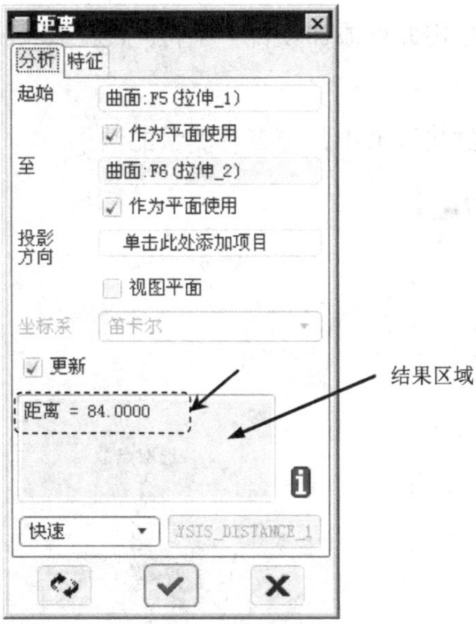

图 3.26.1 “距离”对话框

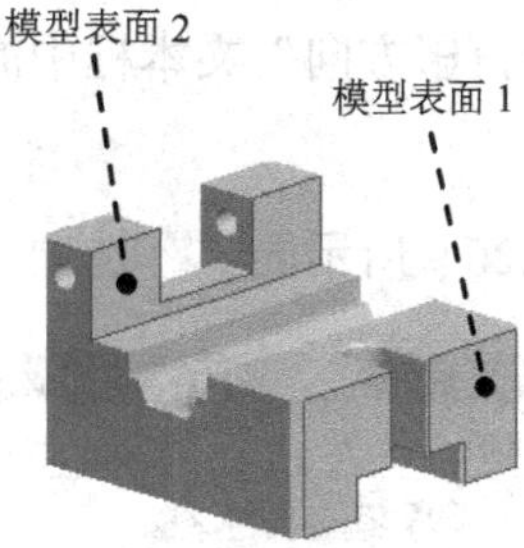

图 3.26.2 测量面到面的距

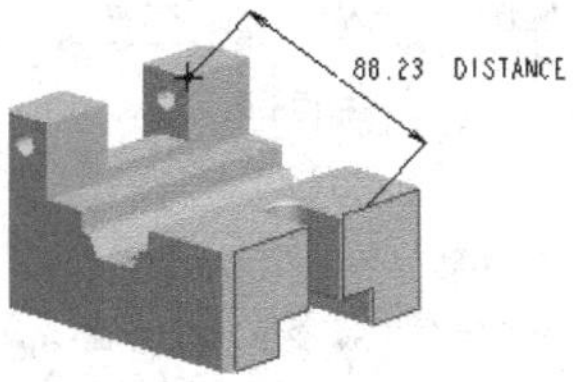

图 3.26.3 点到面的距离

Step5. 测量点到线的距离，如图 3.26.4 所示。操作方法参见 Step3。

Step6. 测量线到线的距离，如图 3.26.5 所示。操作方法参见 Step3。

Step7. 测量点到点的距离，如图 3.26.6 所示。操作方法参见 Step3。

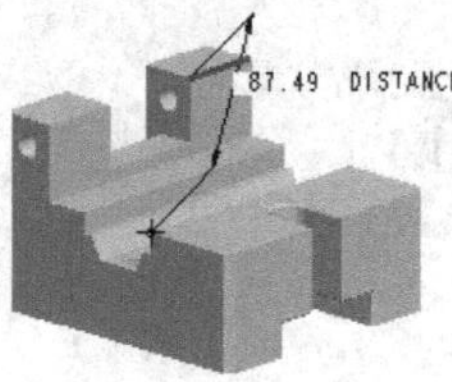

图 3.26.4 点到线的距离

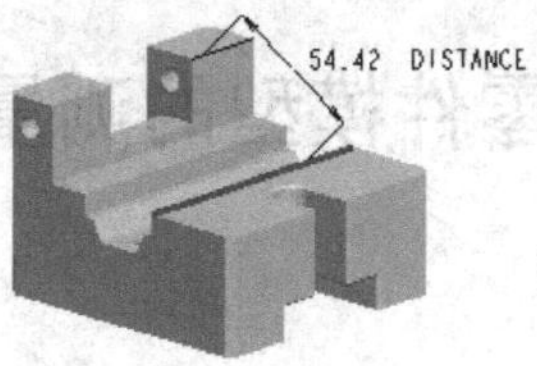

图 3.26.5 线到线的距离

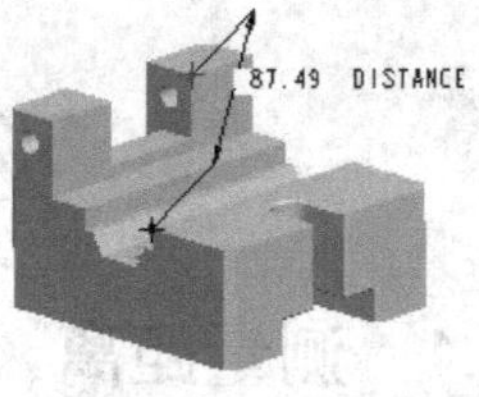

图 3.26.6 点到点的距离

Step8. 测量点到坐标系距离，如图 3.26.7 所示。操作方法参见 Step3。

Step9. 测量点到曲线的距离，如图 3.26.8 所示。操作方法参见 Step3。

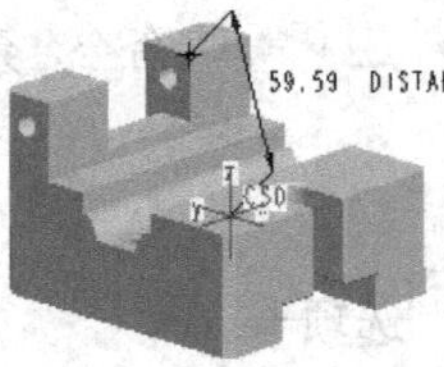

图 3.26.7 点到坐标系的距离

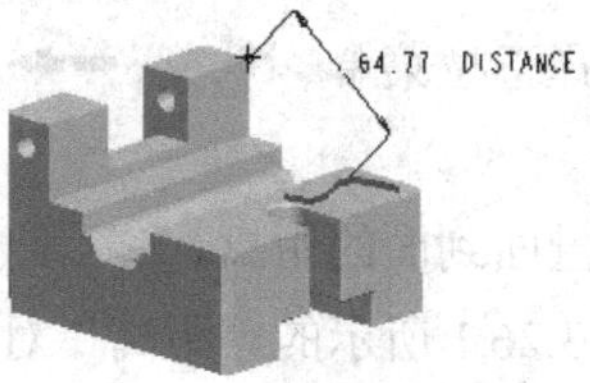

图 3.26.8 点到曲线的距离

Step10. 测量点与点间的投影距离，投影参照为平面。在图 3.26.9 所示的“距离”对话框中打开 分析 选项卡，进行下列操作：

（1）选取图 3.26.10 所示的点 1。

（2）选取图 3.26.10 所示的点 2。

（3）单击“投影方向”文本框中的“单击此处添加项目”字符，然后选取图 3.26.10 中的模型表面 3。

（4）在图 3.26.9 所示的 分析 选项卡的结果区域中，可查看测量的结果。

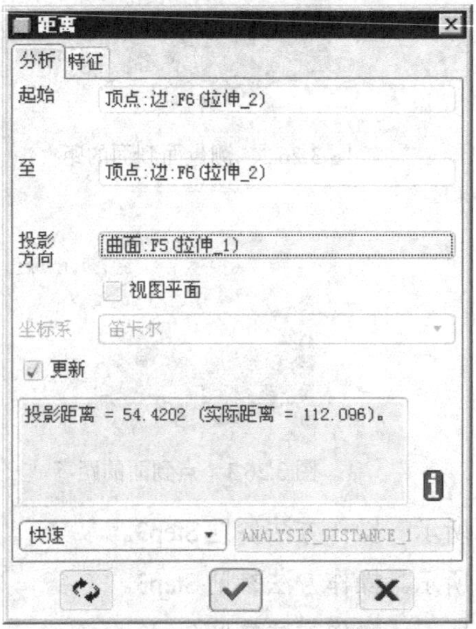

图 3.26.9 “距离”对话框

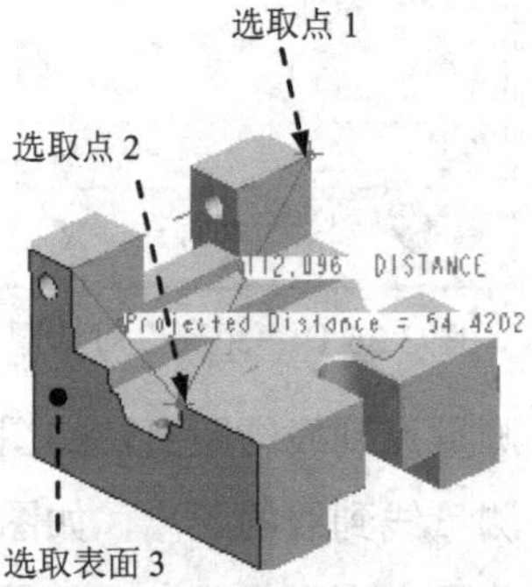

图 3.26.10 投影参照为平面

Step11. 测量点与点间的投影距离，投影参照为直线。

（1）选取图 3.26.11 所示的点 1。

（2）选取图 3.26.11 所示的点 2。

（3）单击“投影方向”文本框中的“单击此处添加项目”字符, 然后选取图 3.26.11 中的模型边线。

（4）在图 3.26.12 所示的分析选项卡的结果区域中，可查看测量的结果。

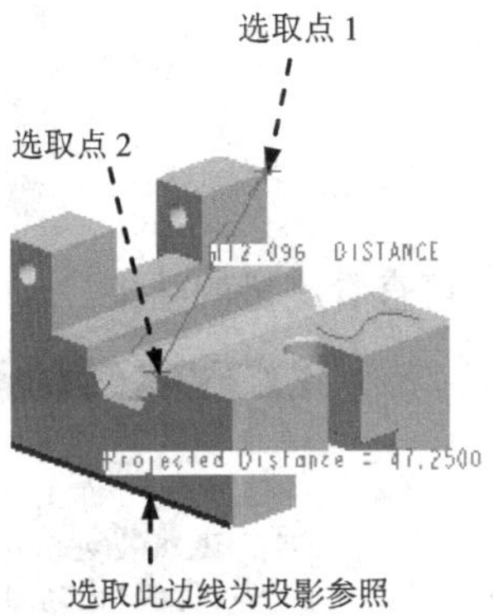

图 3.26.11 投影参照为直线

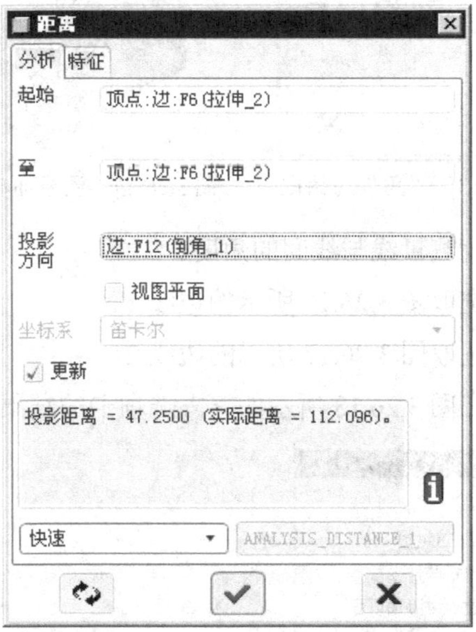

图 3.26.12 “分析”选项卡

3.26.2 测量角度

Step1. 将工作目录设置至 D:\dbproe5.1\work\ch03\ch03.26，打开文件 angle_ measure.prt。

Step2. 选择下拉菜单 分析(A) → 测量(M) → 角度(N) 命令。

Step3. 在弹出的“角”对话框中，打开分析选项卡，如图 3.26.13 所示。

Step4. 测量面与面间的角度。

（1）选取图 3.26.14 所示的模型表面 1。

（2）选取图 3.26.14 所示的模型斜表面 2

（3）在图 3.26.13 所示的分析选项卡的结果区域中，可查看测量的结果。

Step5. 测量线与面间的角度。

（1）选取图 3.26.15 所示的模型表面 1。

（2）选取图 3.26.15 所示的边线 1。

（3）在图 3.26.16 所示的分析选项卡的结果区域中，可查看测量的结果。

图 3.26.13 “角”对话框中

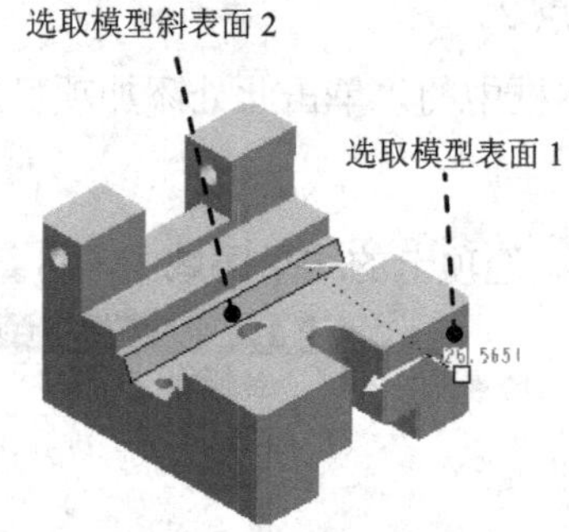

图 3.26.14 测量面与面间的角度

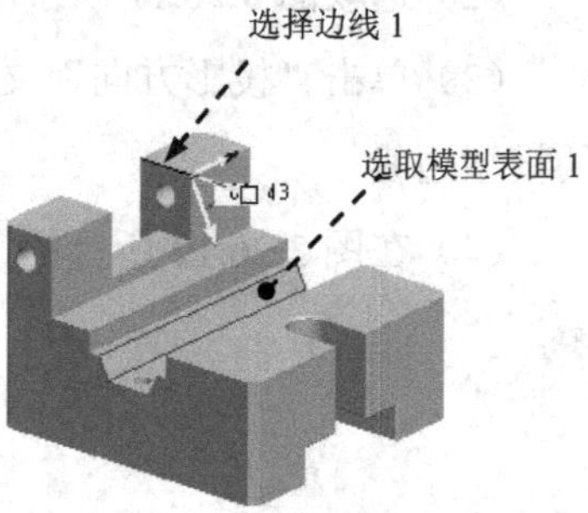

图 3.26.15 测量线与面间的角度

Step6. 测量线与线间的角度。

（1）选取图 3.26.17 所示的边线 1。

（2）选取图 3.26.17 所示的边线 2。

（3）在图 3.26.18 所示的 分析 选项卡的结果区域中，可查看测量的结果。

图 3.26.16 “分析”选项卡

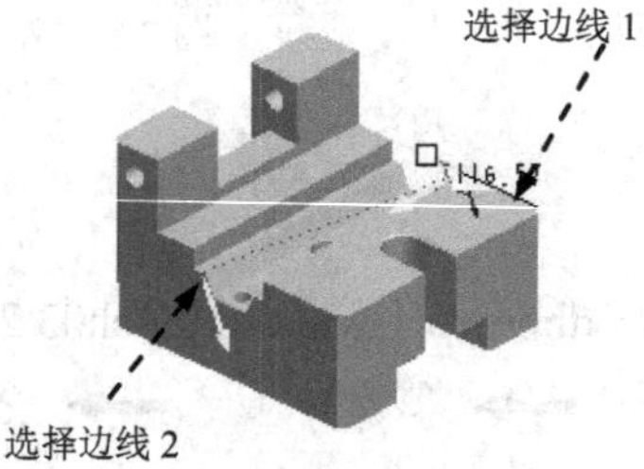

图 3.26.17 测量线与线间的角度

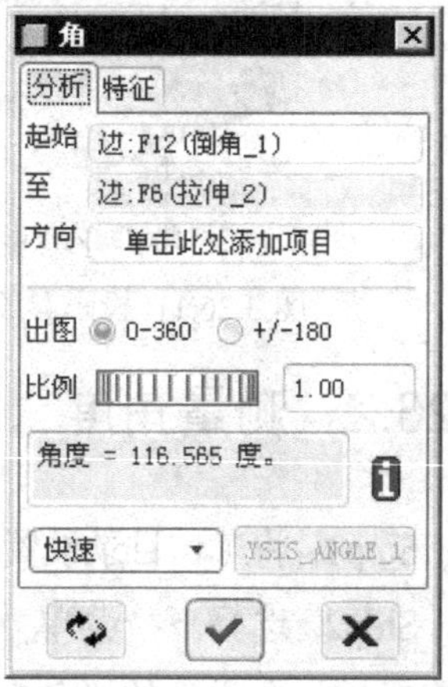

图 3.26.18 “分析”选项卡

3.26.3 测量曲线长度

Step1. 将工作目录设置至 D:\dbproe5.1\work\ch03\ch03.26，打开文件 curve_length.prt。

Step2. 选择下拉菜单 分析(A) ➡ 测量(M) ▸ ➡ 长度(L) 命令。

Step3. 在弹出的“长度”对话框中，打开 分析 选项卡，如图 3.26.19 所示。

Step4. 测量曲线长度。

（1）测量多个相连曲线的长度。

① 在 曲线 文本框中单击 选取项目 ，首先选取图 3.26.20 所示的边线 1，再按住

Shift 键不放，选取图 3.26.20 所示的边线 2 和边线 3（边线 1、2、3 均为该处倒角的内边线）。

② 在图 3.26.19 所示的分析选项卡的结果区域中，可查看测量的结果。

图 3.26.19 “分析”选项卡

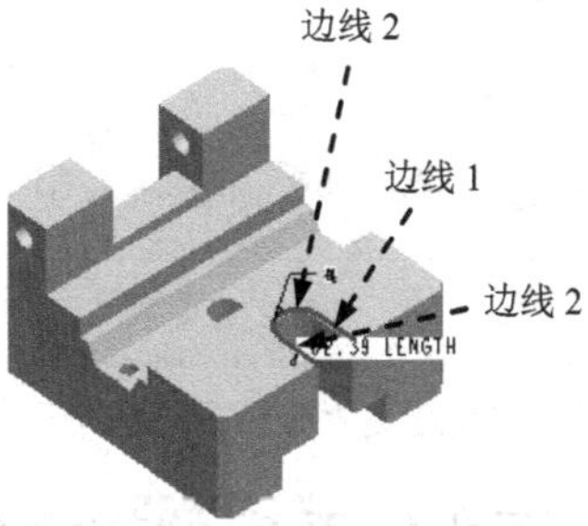

图 3.26.20　测量模型边线

（2）测量草绘曲线特征的总长。

① 在曲线文本框中单击“选取项目”字符，在模型树中选取图 3.26.21 所示的草绘曲线特征。

② 在图 3.26.22 所示的分析选项卡的结果区域中，可查看测量的结果。

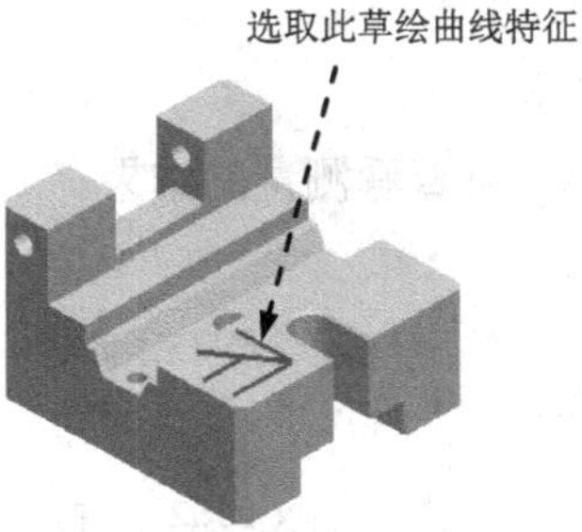

图 3.26.21　测量草绘曲线

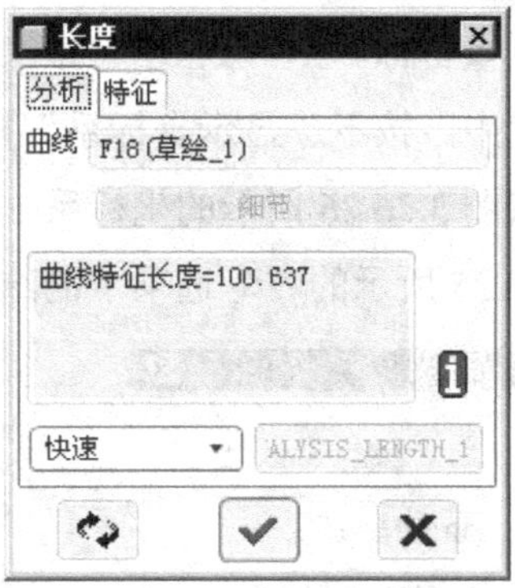

图 3.26.22　“分析”选项卡

3.26.4　测量面积

Step1. 将工作目录设置至 D:\dbproe5.1\work\ch03\ch03.26，打开文件 area_measure.prt。

Step2. 选择下拉菜单 分析(A) ➡ 测量(M) ▸ ➡ 面积(R) 命令。

Step3. 在弹出的“区域”对话框中，打开分析选项卡，如图 3.26.23 所示。

Step4. 测量曲面的面积。

（1）在几何文本框中单击“选取项目”字符，然后选取图 3.26.24 所示的模型表面。

（2）在图 3.26.23 所示的分析选项卡的结果区域中，可查看测量的结果。

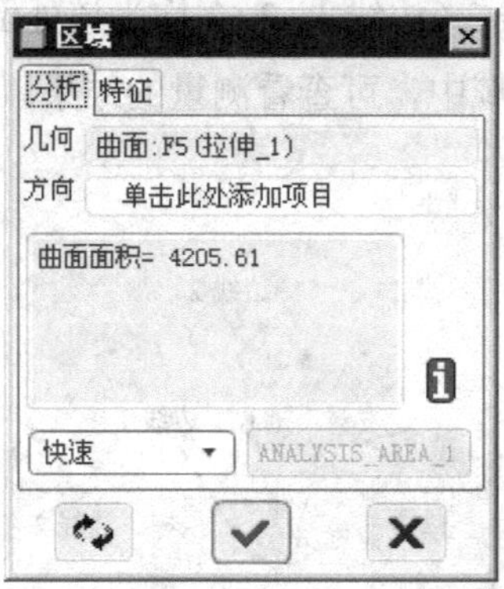

图 3.26.23 “分析”选项卡

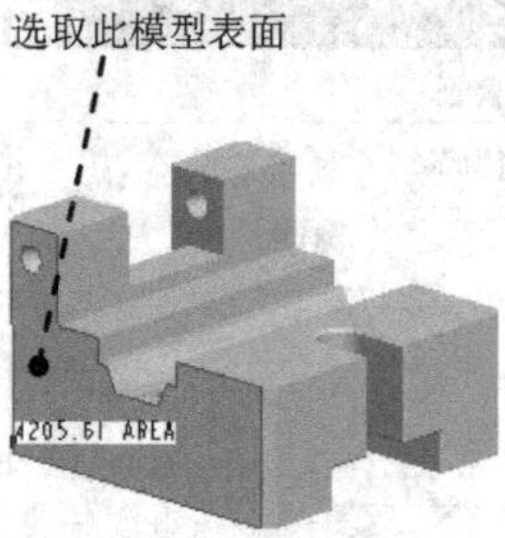

图 3.26.24 测量面积

3.26.5 计算两坐标系间的转换值

模型测量功能还可以对任意两个坐标系间的转换值进行计算。

Step1. 将工作目录设置至 D:\dbproe5.1\work\ch03\ch03.26，打开文件 csys_transform.prt。

Step2. 选择下拉菜单 分析(A) ➡ 测量(M) ▸ ➡ 变换(T) 命令。

Step3. 在弹出的“变换”对话框中，打开 分析 选项卡，如图 3.26.25 所示。

Step4. 选取测量目标。

（1）在工具栏中，按下“显示坐标系”按钮，显示坐标系。

（2）依次选取图 3.26.26 所示的坐标系 1 和坐标系 2。

（3）在图 3.26.25 所示的 分析 选项卡的结果区域中，可查看测量的结果。

图 3.26.25 “分析”选项卡

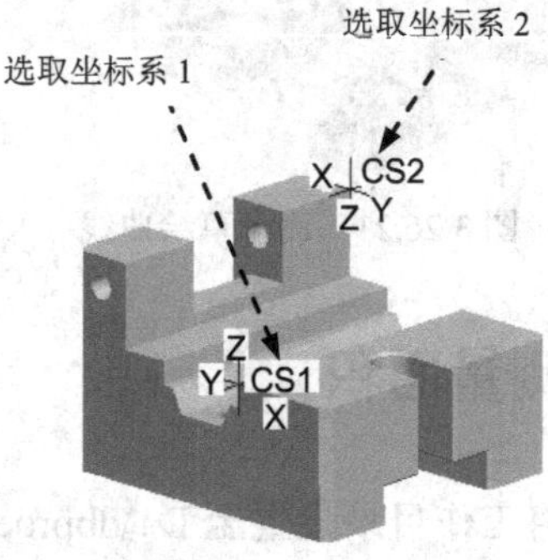

图 3.26.26 选取两坐标系

3.26.6 质量属性分析

通过模型质量属性分析，可以获得模型的体积、总的表面积、质量、重心位置、惯性力矩以及惯性张量等数据。下面简要说明其操作步骤。

Step1. 将工作目录设置至 D:\dbproe5.1\work\ch03\ch03.26，打开文件 mass_analysis.prt。

Step2. 选择下拉菜单 分析(A) → 模型(L) ▸ → 质量属性(M) 命令。

Step3. 在弹出的“质量属性”对话框中，打开 分析 选项卡，如图 3.26.27 所示。

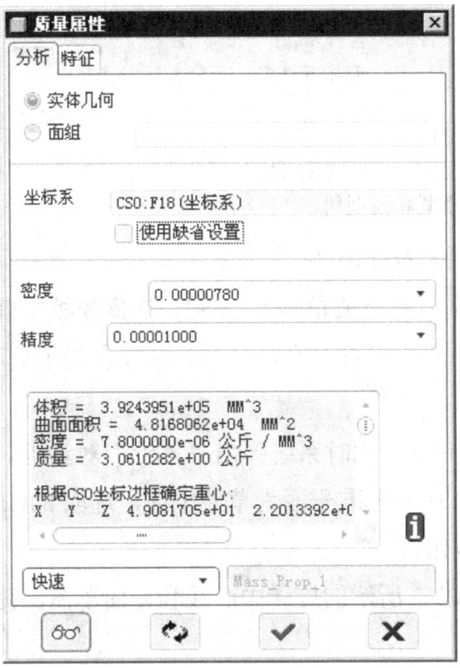

图 3.26.27　“分析”选项卡

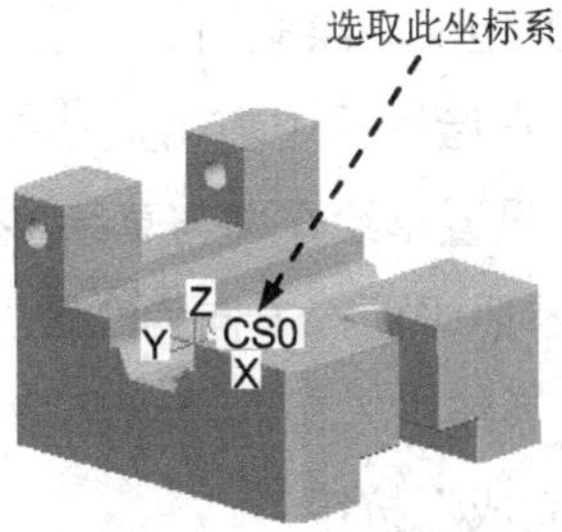

图 3.26.28　模型质量属性分析

Step4. 按下工具栏中的“坐标系显示”按钮，显示坐标系。

Step5. 在 坐标系 区域取消选中 使用缺省设置 复选框（否则系统自动选取默认的坐标系），然后选取图 3.26.28 所示的坐标系。

Step6. 在图 3.26.27 所示的 分析 选项卡的结果区域中，显示出分析后的各项数据。

说明：在这里，模型质量的计算是采用默认的密度，如果要改变模型的密度，可选择下拉菜单 文件(F) → 属性(I) 命令。

3.27　范例 1——连轴零件

范例概述

本范例是连轴零件的设计，主要运用了实体旋转、实体旋转切削、孔、倒角等创建特征的命令。零件实体模型及相应的模型树如图 3.27.1 所示。

Step1. 新建一个零件的三维模型。选择下拉菜单 文件(F) → 新建(N)... 命令；模型的 类型 为 ◉ 零件 、其 子类型 为 ◉ 实体 ，名称为 connecting_shaft；模板为 mmns_part_solid 选项。

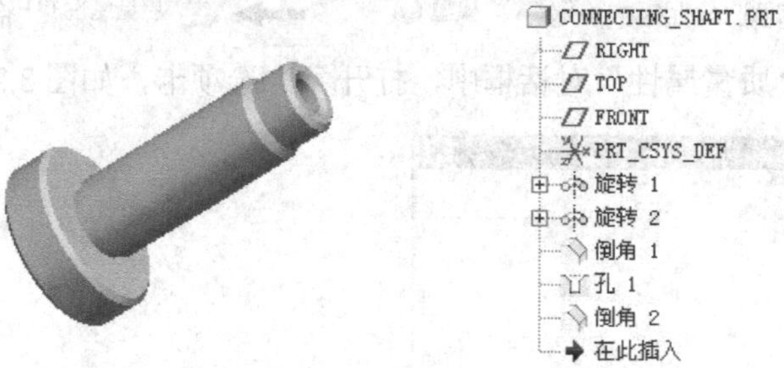

图 3.27.1　连轴模型和模型树

Step2. 创建图 3.27.2 所示的旋转特征——旋转 1。

（1）选择下拉菜单 插入(I) ➡ 旋转(R)... 命令或单击按钮，在操控板中确认“实体类型”按钮被按下。

（2）定义草绘截面。

① 在绘图区中右击，选择 定义内部草绘... 命令，此时系统弹出“草绘”对话框。

② 设置草绘平面与草绘参照平面。选取 TOP 基准平面为草绘平面，选取 RIGHT 基准平面为参照平面，方向为 右；单击 草绘 按钮。

③ 系统进入截面草绘环境后，绘制图 3.27.3 所示的旋转中心线和截面草图，完成后，单击“完成”按钮。

图 3.27.2　旋转 1

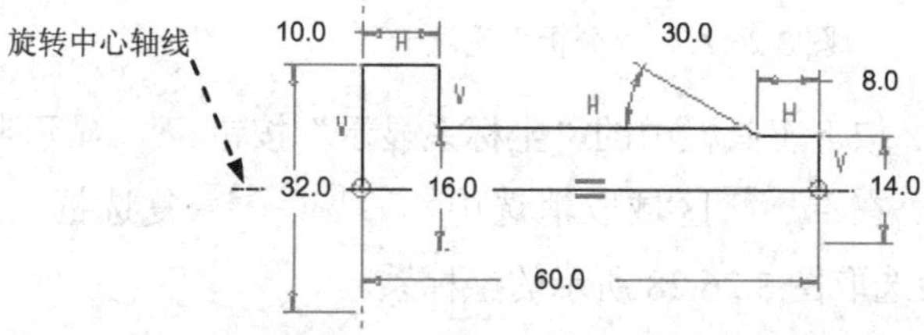

图 3.27.3　截面草图

（3）在操控板中，单击“旋转类型”按钮（即定值旋转），输入旋转角度值 360.0。

（4）在操控板中，单击按钮，预览所创建的特征；单击“完成”按钮。

Step3. 创建图 3.27.4 所示的旋转移除材料特征——旋转 2。选择下拉菜单 插入(I) ➡ 旋转(R)... 命令，确认“实体类型”按钮被按下；选取 TOP 基准平面为草绘平面，选取 RIGHT 基准平面为参照平面，方向为 右，如图 3.27.5 所示；绘制图 3.27.6 所示的截面草图；单击“旋转类型”按钮，旋转角度为 360°，并按下“移除材料”按钮；单击“完成”按钮。

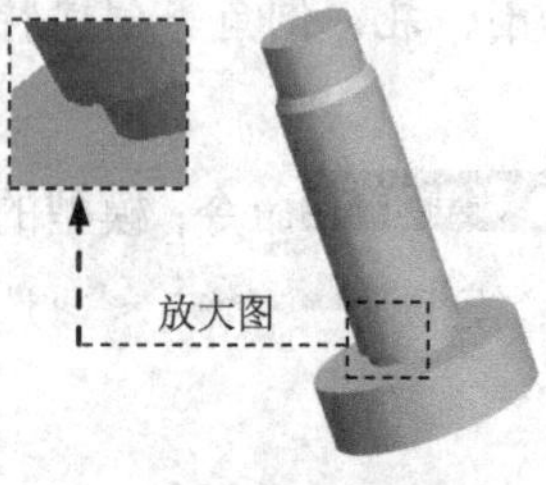

图 3.27.4　旋转 2

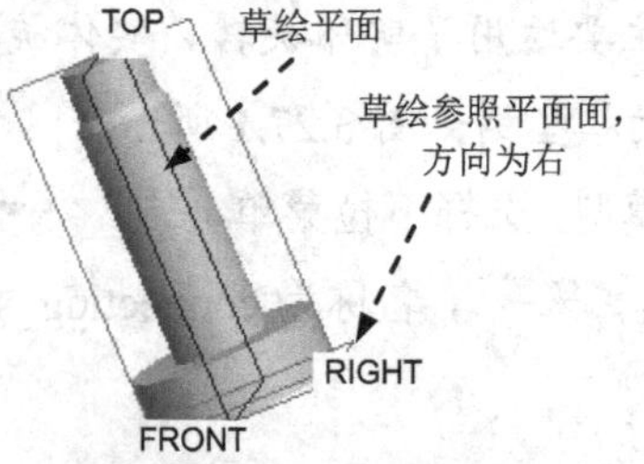

图 3.27.5　定义草绘平面

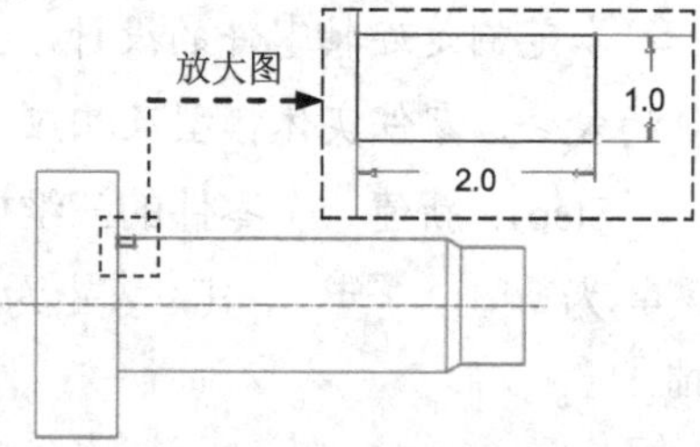

图 3.27.6　截面草图

Step4. 创建图 3.27.7b 所示倒角特征——倒角 1。

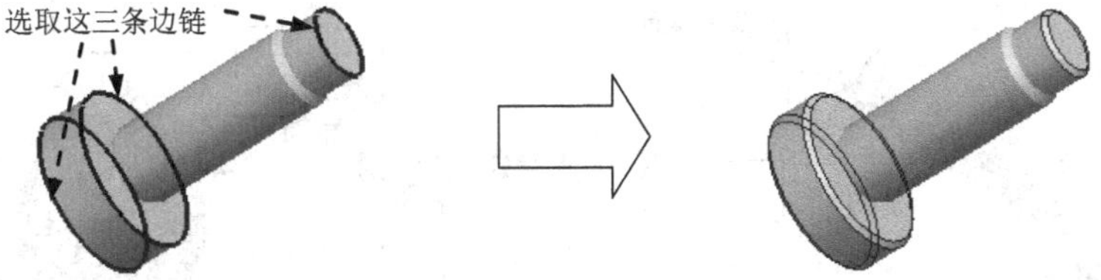

a）倒角前　　b）倒角后

图 3.27.7　倒角 1

（1）选择下拉菜单 插入(I) → 倒角(M) ▸ → 边倒角(E)... 命令，此时系统弹出倒角操控板。

（2）选取倒角放置参照。按住 Ctrl 键，选取图 3.27.7a 所示的三条边链。

（3）设置倒角方案。在操控板中，选取倒角方案 D x D；输入 D 值 1.0。

（4）在操控板中，单击按钮预览所创建的倒角特征；单击“完成”按钮。

Step5. 创建图 3.27.8 所示的孔特征——孔 1。

（1）选择 插入(I) → 孔(H)... 命令，系统弹出孔特征操控板。

（2）定义孔的放置。选取图 3.27.9 所示的面为主参照；按住 Ctrl 键，选取如图 3.27.8 所示的轴为次参照。

（3）在操控板中，按下“创建标准孔”按钮，并确认“埋头孔”按钮与“沉孔”按钮处于弹起状态；选择 ISO 标准螺孔，螺孔大小 M8×1，深度类型，输入深度值 35.00。

（4）在操控板中，单击 形状 按钮，按照图 3.27.10 所示的“形状”界面中的参数设置来定义孔的形状。

（5）在操控板中，单击按钮预览所创建的特征；单击“完成”按钮。

图 3.27.8　孔 1

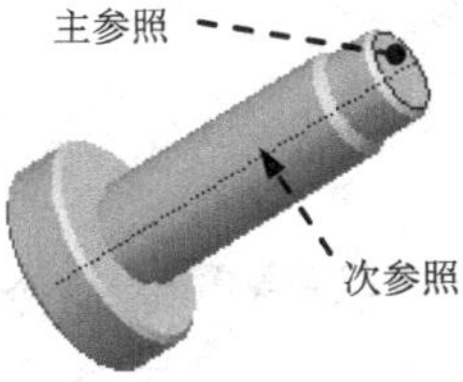

图 3.27.9　孔的放置

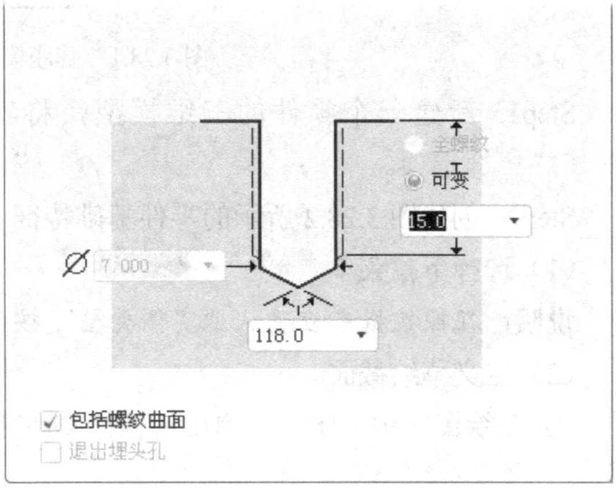

图 3.27.10　螺孔参数设置

Step6. 创建图 3.27.11b 所示倒角特征——倒角 2。选择 插入(I) → 倒角(M) ▸ → 边倒角(E)... 命令；选取图 3.27.11a 所示的边线（链）为倒角放置参照；选取倒角方案为

D x D，输入 D 值 1.0；预览并完成倒角特征 2。

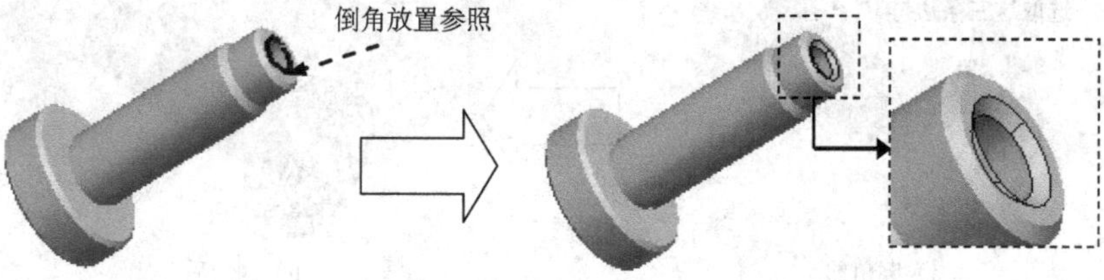

a）倒角前　　b）倒角后

图 3.27.11　倒角 2

Step7. 保存零件模型文件。

3.28 范例 2——基座零件

范例概述

本范例是基座零件的设计，主要运用了实体拉伸、实体旋转切削、圆孔切削、圆角及倒角等创建特征的命令。在创建特征的过程中，需要注意在选取草绘参照、选取旋转切削方向、倒圆角顺序等过程中用到的技巧和注意事项。所建的零件实体模型及相应的模型树如图 3.28.1 所示。

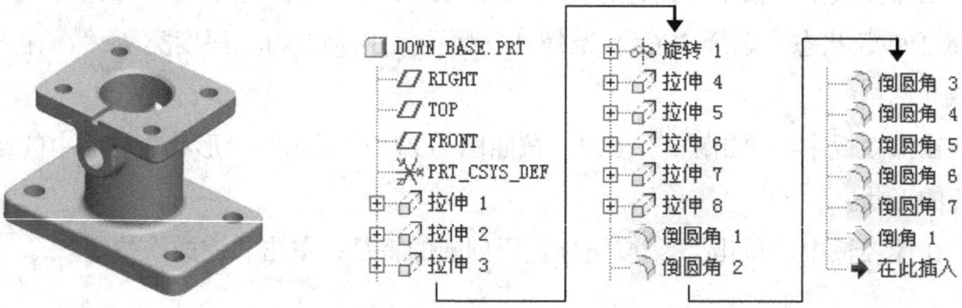

图 3.28.1　基座模型和模型树

Step1. 新建一个零件的三维模型，将其命名为 down_base。零件模型模板使用 mmns_part_solid 选项。

Step2. 创建图 3.28.2 所示的零件基础特征——拉伸 1。

（1）选择下拉菜单 插入(I) ➡ 拉伸(E)... 命令。

说明：在操控板中应确认“实体类型”按钮 □ 被按下。

（2）定义草绘截面。

① 在绘图区中右击，从弹出的快捷菜单中选择 定义内部草绘... 命令，进入“草绘”对话框。

② 设置草绘平面与草绘参照平面。选取 RIGHT 基准平面为草绘平面，选取 TOP 基准平面为参照平面，方向为 左；单击对话框中的 草绘 按钮。

③ 进入截面草绘环境后，绘制图 3.28.3 所示的特征截面草图；完成特征截面绘制后，

单击“完成”按钮。

图 3.28.2　拉伸 1

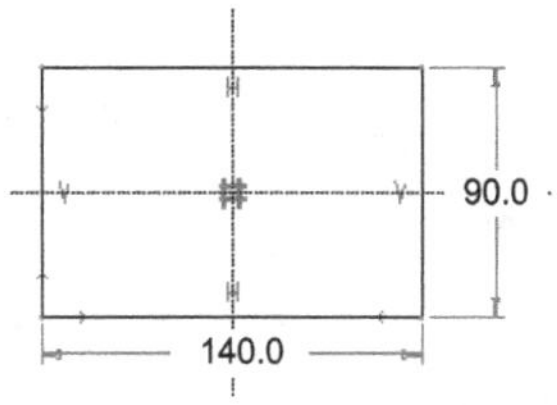

图 3.28.3　截面草图

（3）在操控板中，单击“深度类型”按钮（即定值拉伸），输入深度值 16.0。

（4）在操控板中，单击按钮，预览所创建的特征；单击“完成”按钮。

Step3. 创建图 3.28.4 所示的拉伸特征——拉伸 2。选择下拉菜单 插入(I) → 拉伸(E)... 命令；选取图 3.28.5 所示的模型平面为草绘平面，选取 FRONT 基准平面为草绘参照平面，参照方向为 底部；绘制图 3.28.6 所示的特征截面草图；在操控板中，选取深度类型，输入深度值 65.0，单击“完成”按钮。

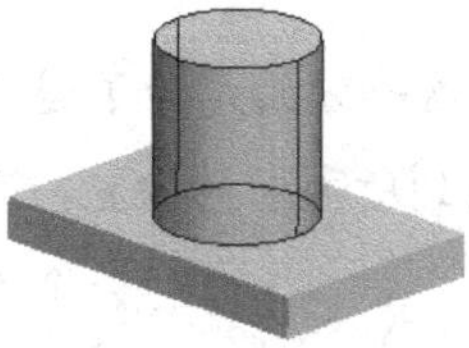

图 3.28.4　拉伸 2

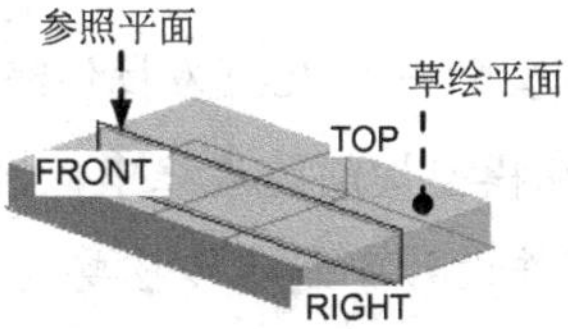

图 3.28.5　定义草绘平面

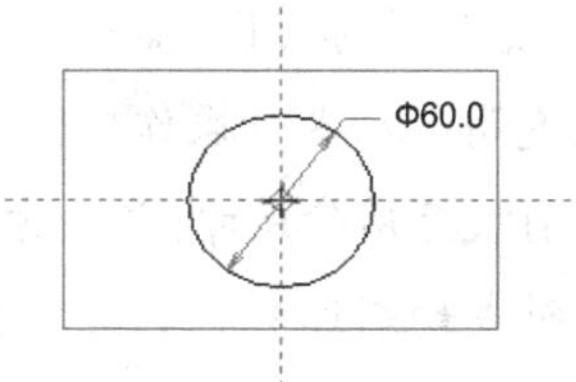

图 3.28.6　截面草图

Step4. 创建图 3.28.7 所示的拉伸特征——拉伸 3。选择下拉菜单 插入(I) → 拉伸(E)... 命令；草绘平面和草绘参照平面如图 3.28.8 所示，参照方向为 左；特征截面草图如图 3.28.9 所示，深度类型为，深度值为 14.0。

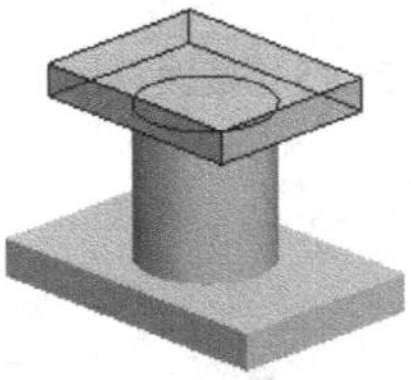

图 3.28.7　拉伸 3

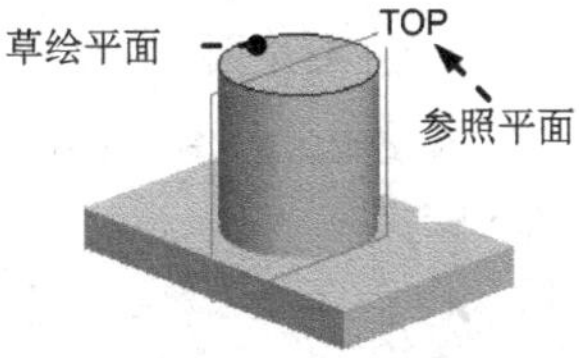

图 3.28.8　定义草绘平面

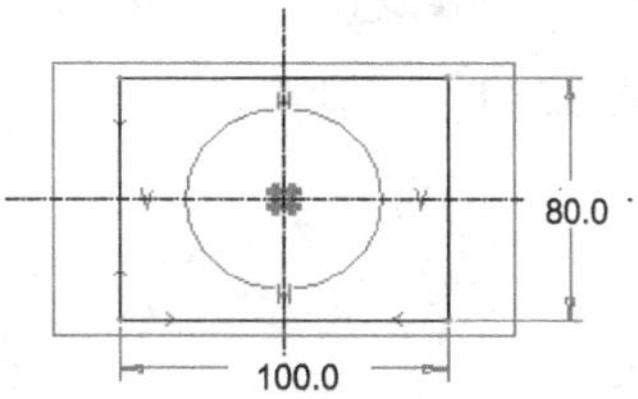

图 3.28.9　截面草图

Step5. 创建图 3.28.10 所示的旋转移除材料特征——旋转 1。选择下拉菜单 插入(I) → 旋转(R)... 命令；在操控板中按下“移除材料”按钮；在绘图区中右击，从弹出的快捷菜单中选择 定义内部草绘... 命令；选取 FRONT 基准平面为草绘平面，选取 RIGHT 基准面为参照平面，方向为 顶；选择下拉菜单 草绘 → 参照(R)... 命令，选取图 3.28.11 所示的边线为参照；绘制图 3.28.11 所示的旋转中心线和特征截面草图；在操控板中，单击“深度类型”按钮（即定值旋转），输入旋转角度值 360.0；单击“完成”按钮。

注意： 在创建切削类特征时，要注意图 3.28.12 中所示的切削箭头方向，通过预览可查看切削结果；如果要求切削的方向相反，可通过操控板中的按钮或在图中直接单击箭头来改变方向。

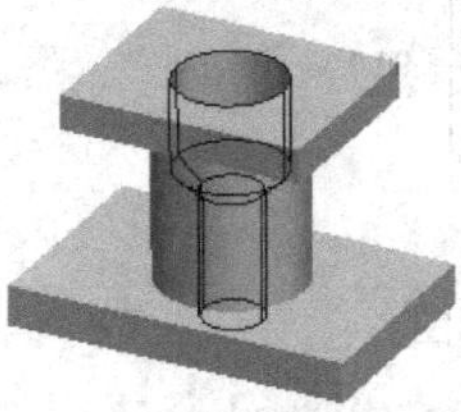

图 3.28.10　旋转 1

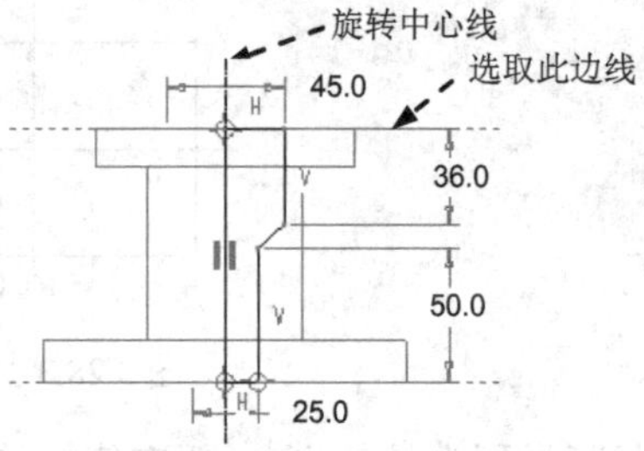

图 3.28.11　截面草图

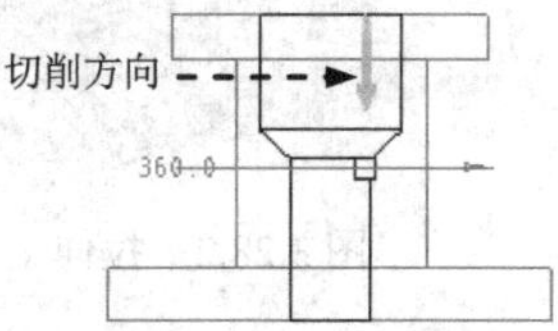

图 3.28.12　定义切削方向

Step6. 创建图 3.28.13 所示拉伸特征——拉伸 4。选择下拉菜单 插入(I) → 拉伸(E)... 命令；在操控板中，将“移除材料”按钮按下；分别选取图 3.28.14 所示的模型平面为草绘平面和草绘参照平面，参照方向为 右；绘制图 3.28.15 所示的特征截面草图；在操控板中，单击“拉伸深度类型”按钮（即穿至），选取拉伸特征 1 的下表面为拉伸终止面；单击“完成”按钮。

说明：在本步操作中，选择模型的一个表面为拉伸终止面，这一方面是为了避免在模型中引入无用的尺寸；另一方面是在模型切削的过程中，恰好切削到所要求的位置，避免切削不够或切削过头的现象，这在零件设计中是非常重要的。

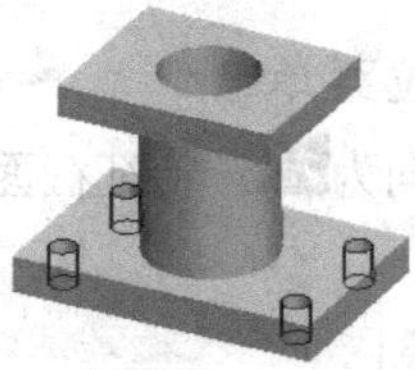

图 3.28.13　拉伸 4

图 3.28.14　定义草绘平面

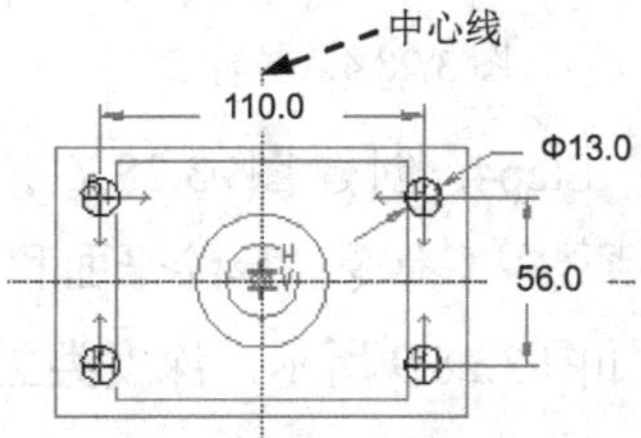

图 3.28.15　截面草图

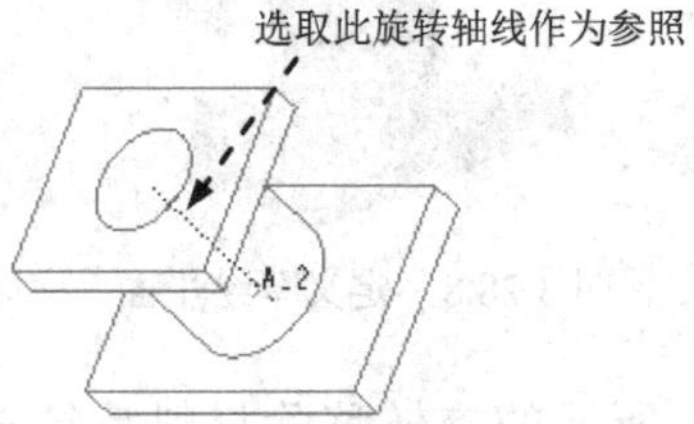

图 3.28.16　旋转图形选取参照

注意：在绘制图 3.28.15 所示竖直对称中心线的过程中，需要选取旋转中心轴作为参照。在草绘状态下，此轴线不易选取，所以在选取参照的过程中，把视图旋转到图 3.28.16 所示的位置，选取 A_2 轴线作为参照后，再回到草绘初始视图。这种通过旋转图形来选取所需参照的技巧，在以后的选取操作过程中会经常用到。

Step7. 创建图 3.28.17 所示拉伸特征——拉伸 5。操作步骤参照 Step6，特征草绘平面与参照平面参见图 3.28.18，特征的截面草图参见图 3.28.19。

图 3.28.17 拉伸 5

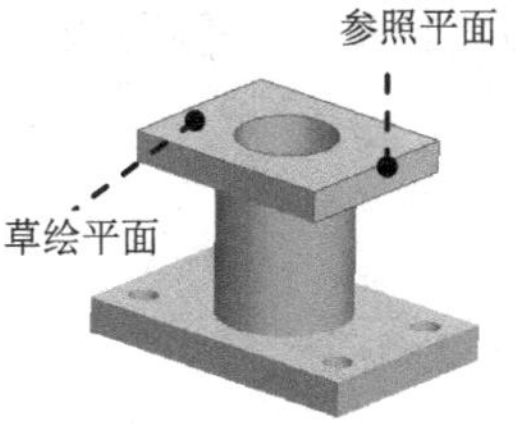

图 3.28.18 定义草绘平面

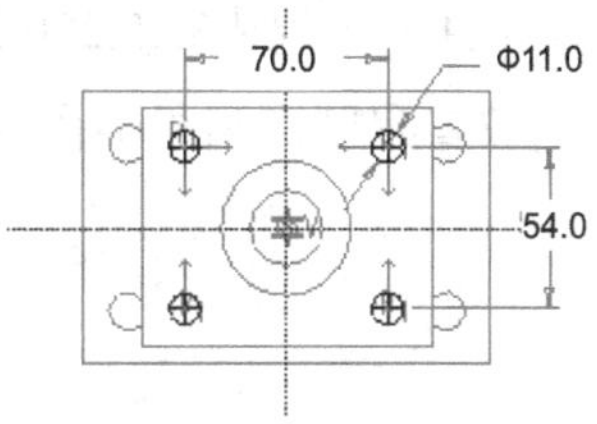

图 3.28.19 截面草图

Step8. 创建图 3.28.20 所示拉伸特征——拉伸 6。选择下拉菜单 插入(I) → 拉伸(E)... 命令；草绘平面和草绘参照平面如图 3.28.21 所示，参照方向为 顶；特征截面草图如图 3.28.22 所示；深度类型为，选取拉伸特征 6 的圆柱表面为拉伸终止面。

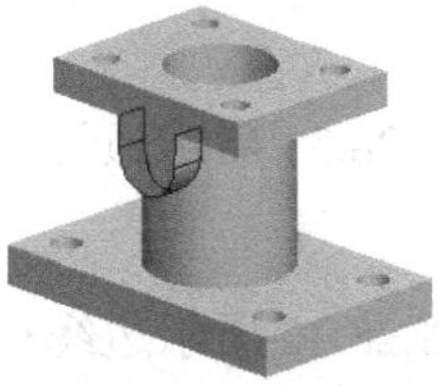

图 3.28.20 拉伸 6

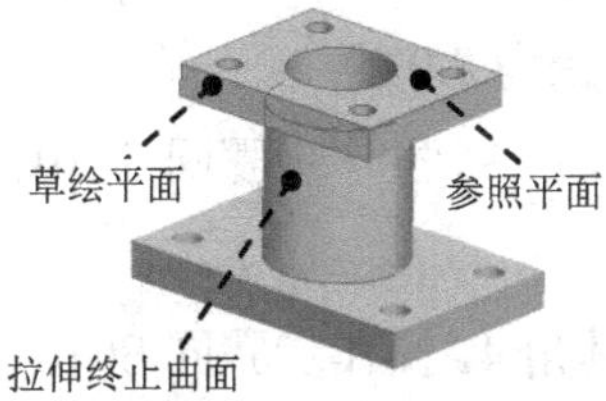

图 3.28.21 定义草绘平面

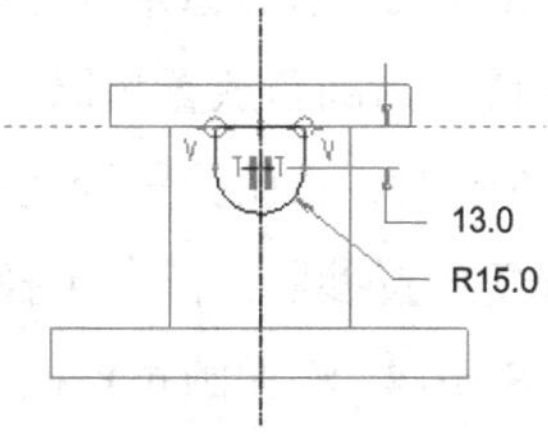

图 3.28.22 截面草图

Step9. 创建图 3.28.23 所示拉伸特征——拉伸 7。操作步骤参照 Step6，草绘平面和草绘参照平面如图 3.28.24 所示，参照方向为 顶；特征截面草图如图 3.28.25 所示，深度类型为。

图 3.28.23 拉伸 7

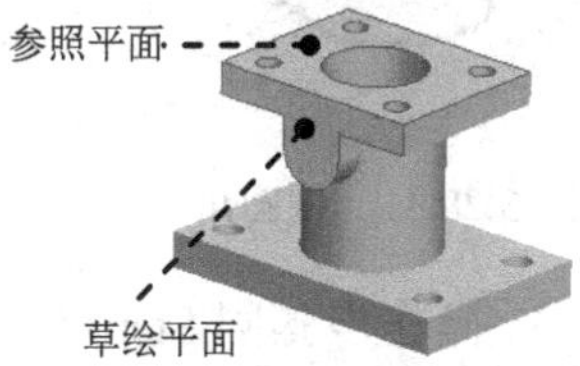

图 3.28.24 定义草绘平面

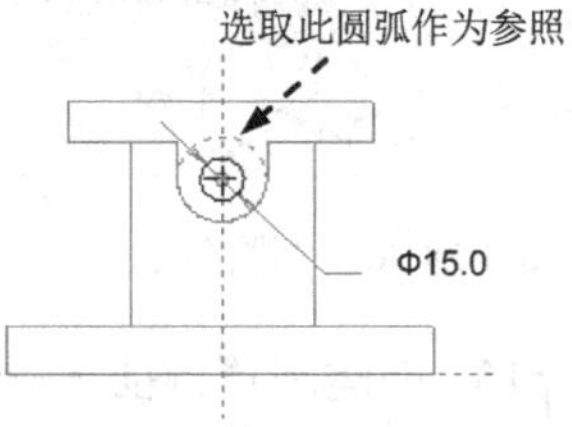

图 3.28.25 截面草图

Step10. 创建图 3.28.26 所示拉伸移除材料特征——拉伸 8。操作步骤参照 Step6，以图 3.28.27 所示的平面为草绘平面和草绘参照平面，完成图 3.28.28 所示的截面草图。拉伸深度类型为（到下一个），在操控板中按下“移除材料”按钮；预览并完成拉伸特征 8。

图 3.28.26 拉伸 8

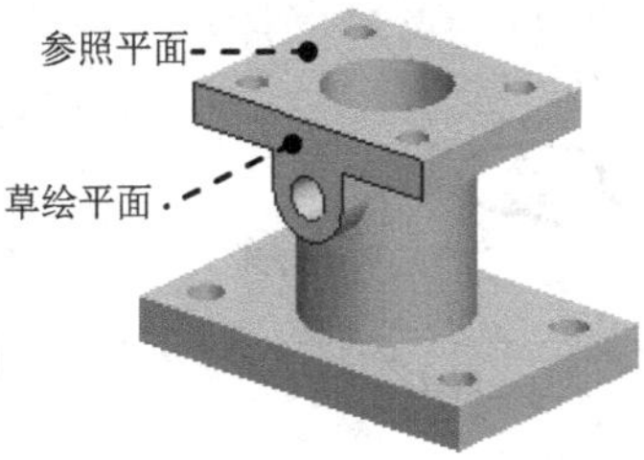

图 3.28.27 定义草绘平面

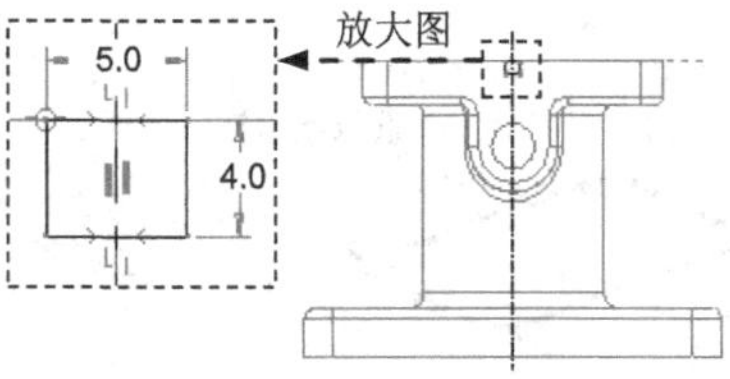

图 3.28.28 截面草图

Step11. 创建图 3.28.29b 所示的圆角特征——倒圆角 1。选取图 3.28.29a 所示四条边线为圆角放置参照，圆角半径为 10.0。

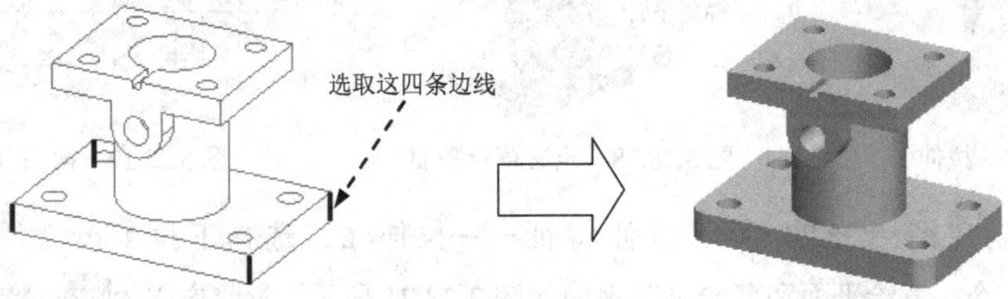

a）圆角前　　b）圆角后

图 3.28.29　倒圆角 1

Step12. 添加圆角特征——倒圆角 2。操作步骤同 Step11，选取图 3.28.30 所示的四条边线（链）为圆角放置参照，圆角半径为 8.0。

Step13. 添加圆角特征——倒圆角 3。操作步骤同 Step11，选取图 3.28.31 所示边线（链）为圆角放置参照，圆角半径为 5.0。

Step14. 添加圆角特征——倒圆角 4。操作步骤同 Step11，选取图 3.28.32 所示边线（链）为圆角放置参照，圆角半径为 3.0。

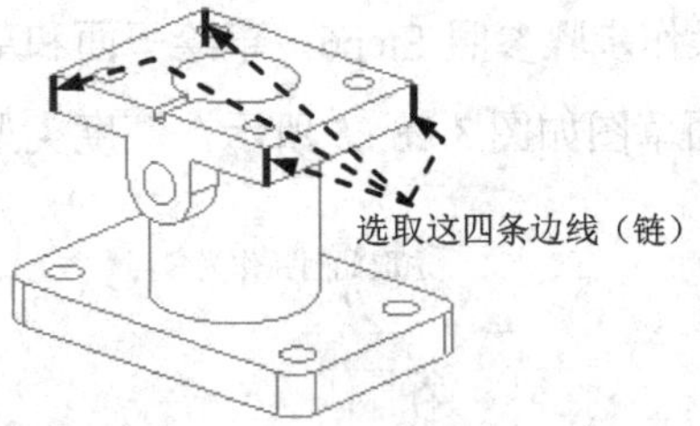

图 3.28.30　倒圆角 2

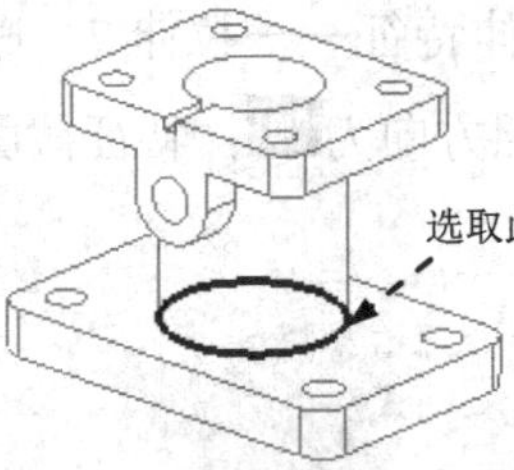

图 3.28.31　倒圆角 3

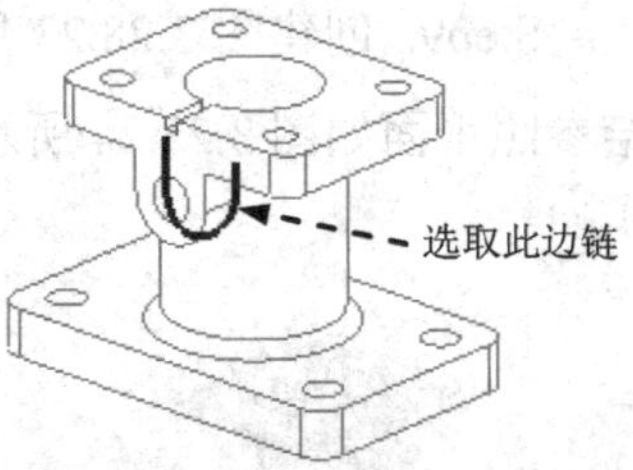

图 3.28.32　倒圆角 4

Step15. 创建圆角特征——倒圆角 5。操作步骤同 Step11，选取图 3.28.33 所示边线（链）为圆角放置参照，圆角半径为 3.0。

Step16. 创建圆角特征——倒圆角 6。操作步骤同 Step11，选取图 3.28.34 所示边线（链）为圆角放置参照，圆角半径为 3.0。

Step17. 创建圆角特征——倒圆角 7。操作步骤同 Step11，选取图 3.28.35 所示边线（链）为圆角放置参照，圆角半径为 3.0。

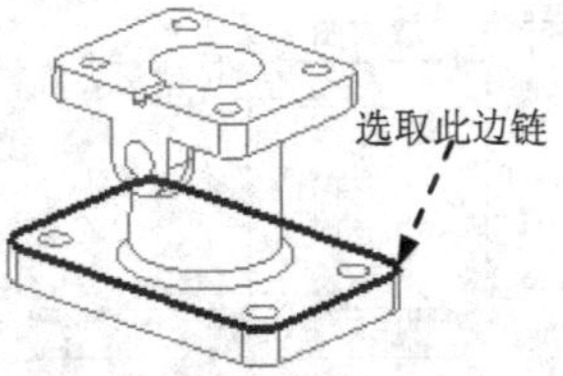

图 3.28.33　倒圆角 5

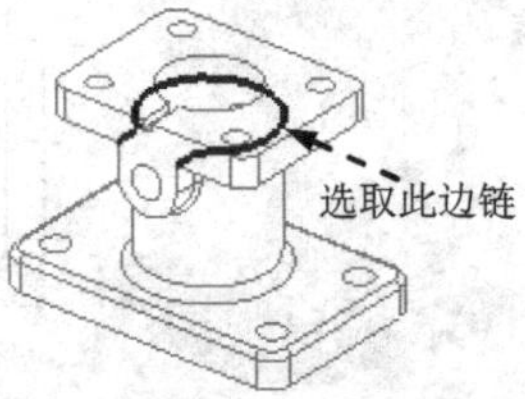

图 3.28.34　倒圆角 6

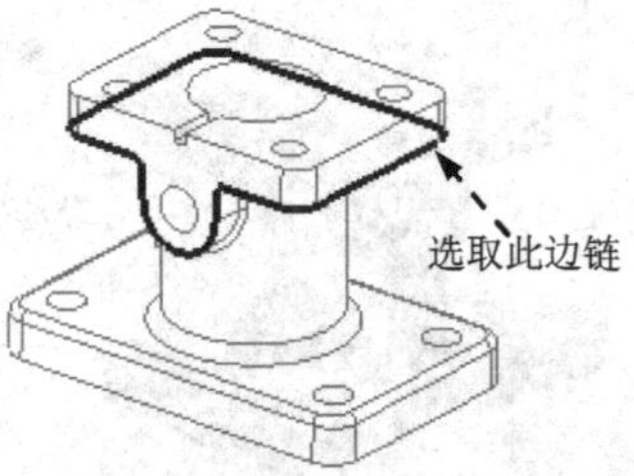

图 3.28.35　倒圆角 7

Step18. 创建图 3.28.36b 所示倒角特征——倒角 1。选择 插入(I) ➡ 倒角(M) ▸ ➡ 边倒角(E)... 命令；选取图 3.28.36a 所示的边线（链）为倒角放置参照；选取倒角方案为 D x D，输入 D 值 2；预览并完成倒角特征 1。

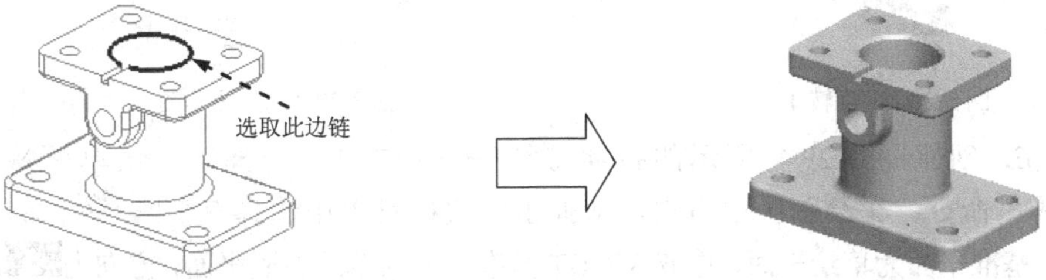

b）倒角前　　b）倒角后

图 3.28.36　倒角 1

Step19. 保存零件模型文件。

3.29　范例 3——蝶形螺母

范例概述

本范例是一个标准件——蝶形螺母，在创建过程中，运用了实体旋转、实体拉伸、圆角、可变圆角及螺旋扫描切削等命令。其中可变圆角、螺旋扫描切削命令的使用是要掌握的重点。零件模型及模型树如图 3.29.1 所示。

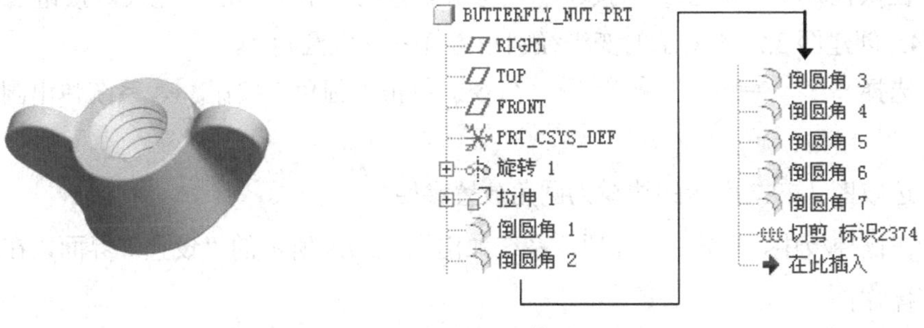

图 3.29.1　零件模型及模型

Step1. 新建一个零件模型并命名为 butterfly_nut，使用零件模板 mmns_part_solid。

Step2. 创建图 3.29.2 所示旋转特征——旋转 1。选择下拉菜单 插入(I) ➡ 旋转(R)... 命令，确认“实体类型”按钮被按下；选取 FRONT 基准平面为草绘平面，选取 RIGHT 基准平面为参照平面，方向为 右；绘制图 3.29.3 所示的截面草图；单击“旋转类型”按钮，旋转角度为 360°；单击“完成”按钮。

图 3.29.2 旋转 1

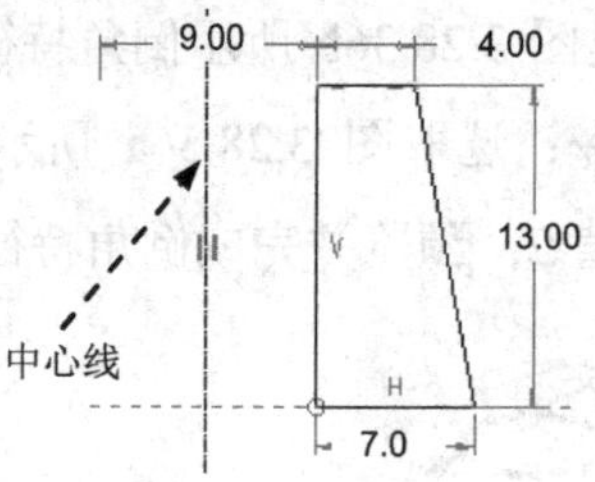

图 3.29.3 截面草图

Step3. 创建图 3.29.4 所示的拉伸特征——拉伸 1。选择下拉菜单 插入(I) → 拉伸(E)... 命令；在绘图区中右击，从弹出的快捷菜单中选择 定义内部草绘... 命令；选取 FRONT 基准平面为草绘平面，选取 RIGHT 基准平面为草绘参照平面，方向为 右；绘制图 3.29.5 所示的特征截面草图；完成后，单击“完成”按钮✓。

提示：*在绘制图 3.29.5 所示的截面草图时，可以先绘制一边图形，再利用“镜像”命令得到另一边图形。*

图 3.29.4 拉伸 1

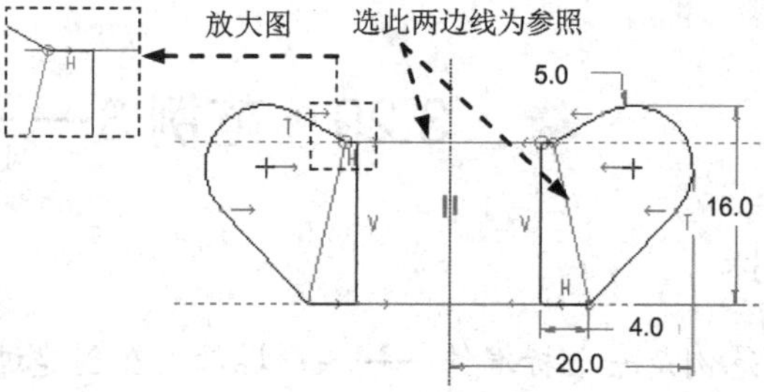

图 3.29.5 截面草图

（1）在操控板中，单击“深度类型”按钮，输入深度值 4.0。

（2）在操控板中，单击 按钮，预览所创建的特征；单击“完成”按钮✓。

Step4. 创建图 3.29.6 所示的变半径圆角特征——倒圆角 1。

（1）选择 插入(I) → 倒圆角(O)... 命令或单击“圆角”按钮，系统弹出圆角特征操控板。

（2）选取图 3.29.7 所示的边线为圆角放置参照。

（3）在操控板中，单击 集 选项，系统弹出图 3.29.8 所示的“设置”界面，在该界面中进行如下操作：

图 3.29.6 倒圆角 1

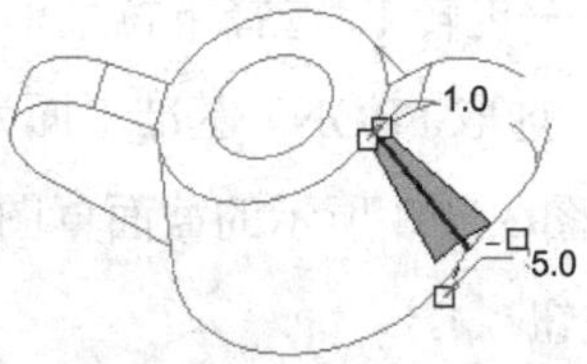

图 3.29.7 圆角的放置参照

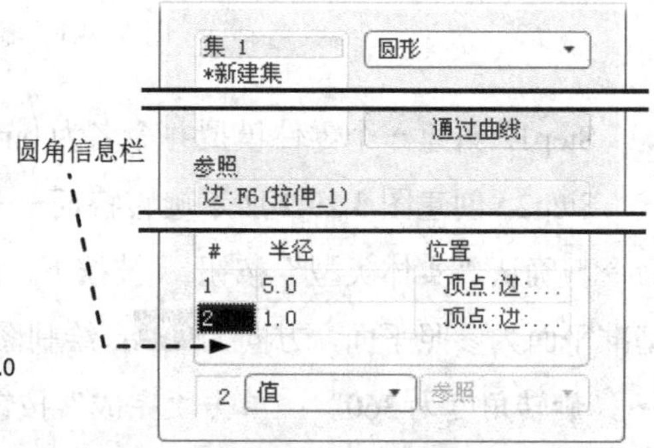

图 3.29.8 “设置”界面

① 将鼠标指针移至圆角信息栏的空白处，然后右击，在弹出的快捷菜单中选择 添加半径 命令。

② 在圆角信息栏中，分别输入上端半径值 1、下端半径值 5。

（4）在操控板中，单击 按钮，预览所创建的特征；单击“完成”按钮。

Step5. 创建图 3.29.9 所示的其他三处可变圆角特征，操作步骤参照 step4。

Step6. 创建图 3.29.10b 所示的圆角特征——倒圆角 5。

（1）选择 插入(I) ➡ 倒圆角(O)... 命令，系统弹出圆角特征操控板。

（2）选取圆角放置参照。按住 Ctrl 键，选取图 3.29.10a 所示的边线为圆角放置参照，在操控板的圆角尺寸框中输入圆角半径为 2.0。

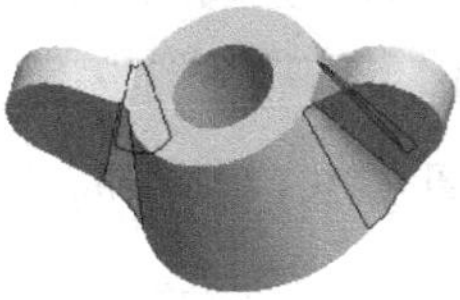

图 3.29.9　其他三处倒圆角后

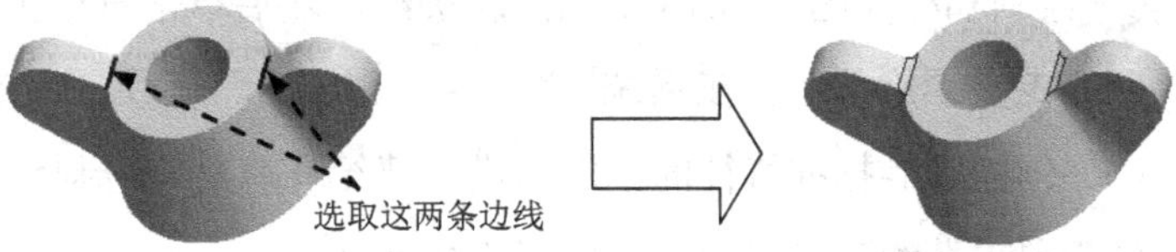

a）圆角前　　b）圆角后

图 3.29.10　倒圆角 5

（3）在操控板中，单击 按钮，预览所创建的圆角特征；单击“完成”按钮。

Step7. 添加圆角特征 6。操作步骤同 Step6，以图 3.29.11 所示的两条边线为圆角放置参照，圆角半径为 2.0。

Step8. 添加圆角特征 7。操作步骤同 Step6，以图 3.29.12 所示的两条边链为圆角放置参照，圆角半径为 0.5。

Step9. 创建图 3.29.13 所示的螺旋扫描切削特征——“剪切”标识。

图 3.29.11　倒圆角 6

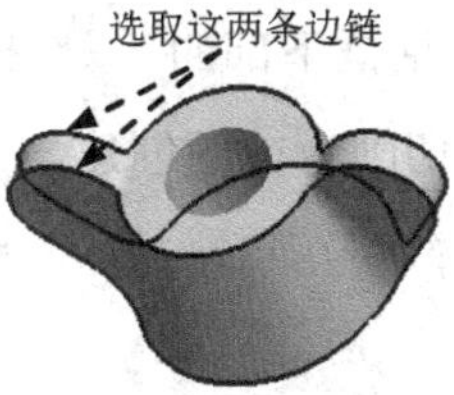

图 3.29.12　倒圆角 7

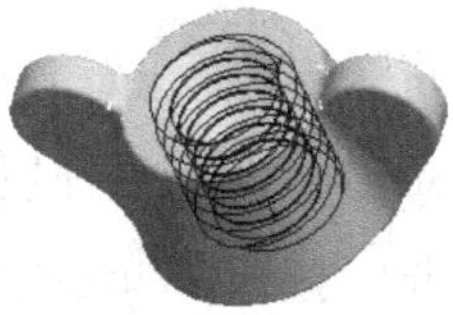

图 3.29.13　“剪切”标识

（1）选择 插入(I) ➡ 螺旋扫描(H) ▸ ➡ 切口(C)... 命令，系统弹出图 3.29.14 所示的“切剪：螺旋扫描”对话框和图 3.29.15 所示的 ▼ ATTRIBUTES（属性） 菜单。

图 3.29.14　“切剪：螺旋扫描”对话框

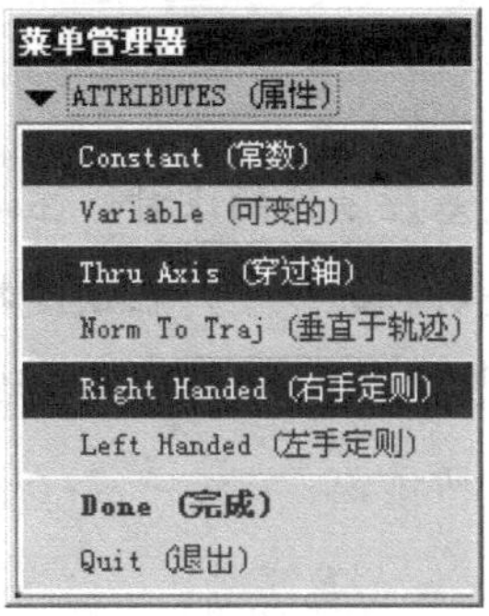

图 3.29.15　“属性”菜单

（2）定义螺旋扫描属性。选择Constant（常数）、Thru Axis（穿过轴）和Right Handed（右手定则）命令，然后选择Done（完成）命令。

（3）定义螺旋的扫描线。

① 定义扫描螺旋轨迹的草绘平面及其垂直参考面。选择Plane（平面）命令，选取 FRONT 基准平面作为草绘平面，选择Okay（确定）→Right（右）命令，选取 RIHGT 基准平面作为参考面。

② 定义扫描轨迹草绘参照。进入草绘环境后，接受系统给出的默认参照，并选取图 3.29.16 所示的边线为参照。

③ 绘制和标注图 3.29.16 所示的轨迹线，然后单击草绘工具栏中的“完成”按钮✓。

（4）定义螺旋节距。在系统⇨输入节距值的提示下输入节距值 2.0。

（5）创建螺旋扫描特征的截面。进入草绘环境后，绘制和标注图 3.29.17 所示的截面草图，然后单击草绘工具栏中的“完成”按钮✓。

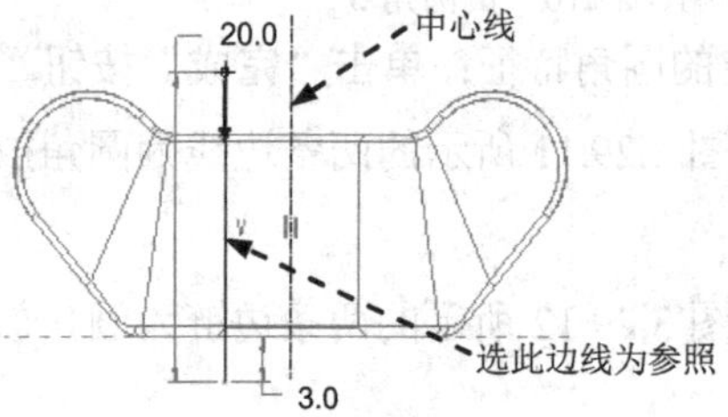

图 3.29.16 扫描轨迹线

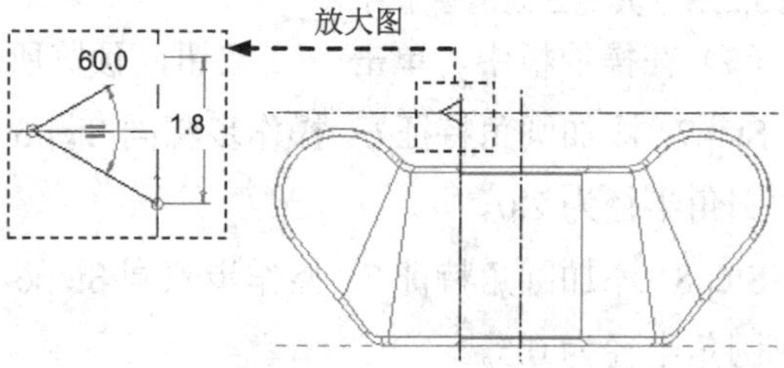

图 3.29.17 截面草图

（6）单击“剪切：螺旋扫描”对话框下部的预览按钮，预览所创建的螺旋扫描切削特征；并单击确定按钮完成螺旋扫描切削特征的创建。

Step10. 保存零件模型文件。选择下拉菜单文件(F)→保存(S)命令(或在工具栏按钮区单击按钮)，单击确定按钮。

3.30 范例 4——基座零件

范例概述

本范例是基座零件的设计，主要运用了实体拉伸、实体旋转切削、圆孔切削、圆角以及倒角等创建特征的命令。在创建特征的过程中，需要注意在选取草绘参照、选取旋转切削方向、倒圆角顺序等过程中用到的技巧和注意事项。所建的零件实体模型及相应的模型树如图 3.30.1 所示。

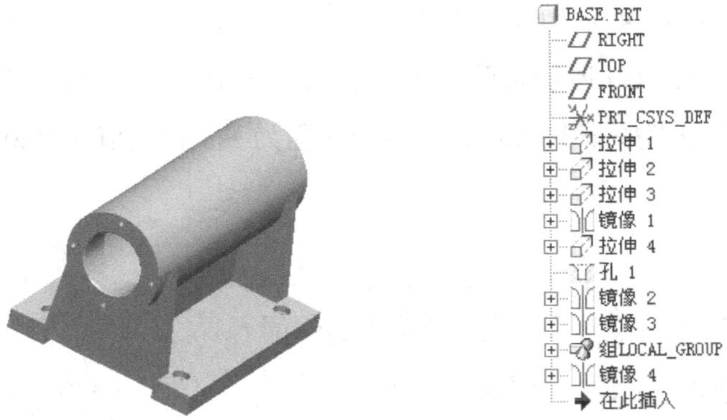

图 3.30.1　零件模型及模型树

Step1. 新建一个零件的三维模型，将其命名为 base。并选用mmns_part_solid模板选项。

Step2. 创建图 3.30.2 所示的拉伸特征——拉伸 1。

（1）选择下拉菜单 插入(I) ➡ 拉伸(E)... 命令。

（2）定义草绘截面。

① 在绘图区中右击，从弹出的快捷菜单中选择 定义内部草绘... 命令，进入“草绘”对话框。

② 设置草绘平面与草绘参照平面。选取 TOP 基准平面为草绘平面，选取 RIGHT 基准平面为参照平面，方向为 右；　单击对话框中的 草绘 按钮。

③ 进入截面草绘环境后，绘制图 3.30.3 所示的特征截面草图；完成特征截面绘制后，单击“完成”按钮✔。

（3）在操控板中，单击“对称拉伸”按钮，输入深度值 350.0。

（4）在操控板中，单击按钮，预览所创建的特征；单击“完成”按钮✔。

图 3.30.2　拉伸 1

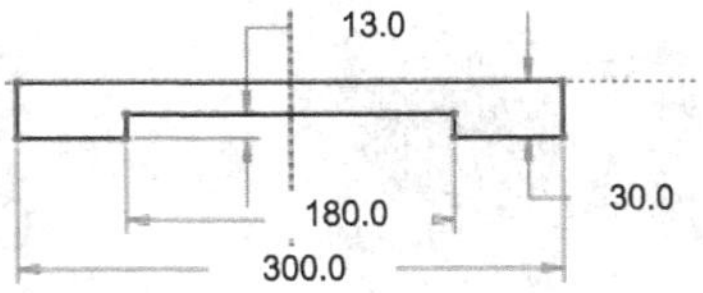

图 3.30.3　截面草图

Step3. 创建图 3.30.4 所示的拉伸特征——拉伸 2。选择下拉菜单 插入(I) ➡ 拉伸(E)... 命令；选取 TOP 基准平面为草绘平面，选取 RIGHT 基准平面为参照平面，方向为 右；绘制图 3.30.5 所示的特征截面草图；在操控板中，单击“深度类型”按钮，输入深度值 400.0，单击“完成”按钮✔。

图 3.30.4　拉伸 2

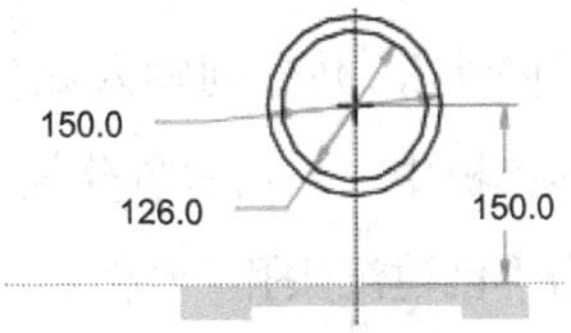

图 3.30.5　截面草图

Step4. 创建图 3.30.6 所示的拉伸特征——拉伸 3。选择下拉菜单 插入(I) ➡ 拉伸(E)... 命令；选取图 3.30.7 所示的平面为草绘平面，选取 RIGHT 基准平面为参照平面，方向为 右；特征截面草图如图 3.30.8 所示，深度类型为，深度值为 30.0，单击按钮，调整拉伸方向。

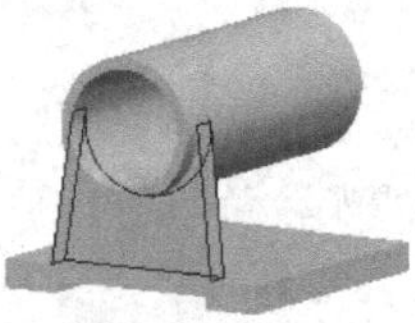

图 3.30.6 拉伸 3

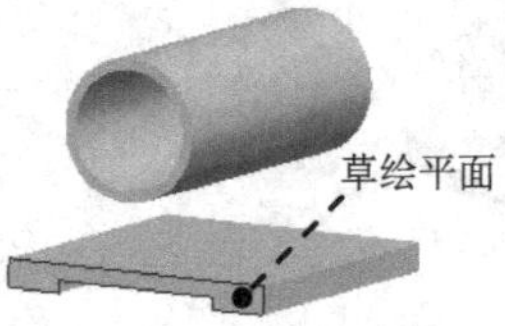

图 3.30.7 定义草绘平面

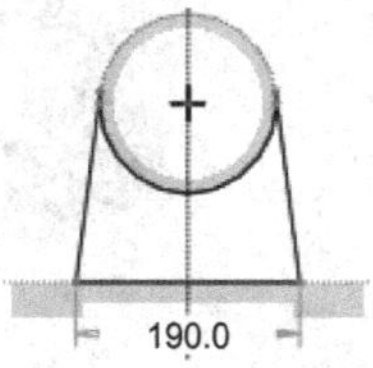

图 3.30.8 截面草图

Step5. 创建图 3.30.9 所示的镜像特征——镜像 1，在模型树中选择“拉伸 3”。选择下拉菜单 编辑(E) ➡ 镜像(I)... 命令；选取镜像平面 TOP 基准平面。单击操控板中的“完成”按钮。

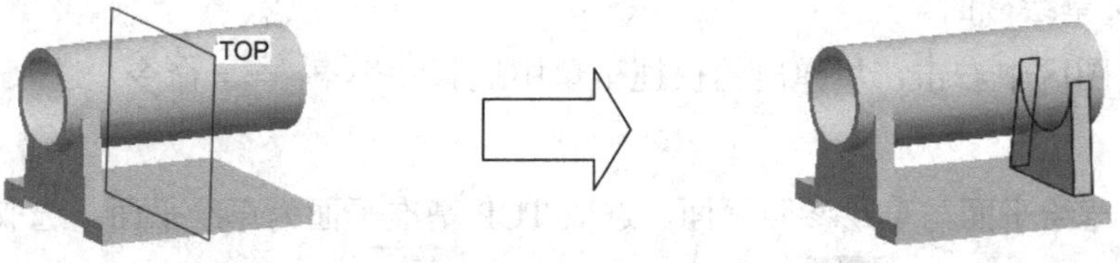

a）镜像前 b）镜像后

图 3.30.9 镜像 1

Step6. 创建图 3.30.10 所示的拉伸特征——拉伸 4。选择下拉菜单 插入(I) ➡ 拉伸(E)... 命令；选取图 3.30.11 所示的平面为草绘平面，选取 RIGHT 基准平面为参照平面，方向为 右；特征截面草图如图 3.30.12 所示，深度类型为。

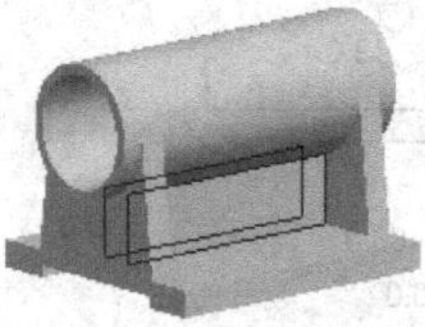

图 3.30.10 拉伸 4

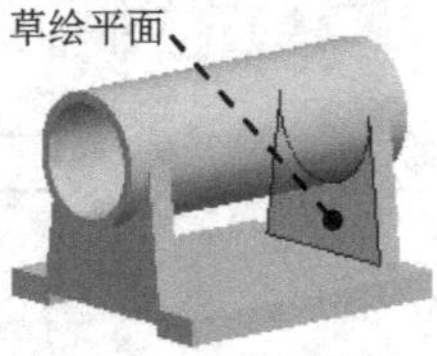

图 3.30.11 定义草绘平面

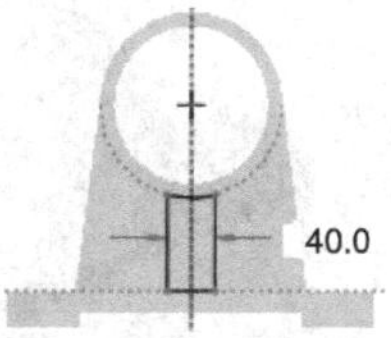

图 3.30.12 截面草图

Step7. 创建图 3.30.13 所示的孔特征——孔 1。

（1）选择下拉菜单 插入(I) ➡ 孔(H)... 命令，系统弹出孔操控板。

（2）定义孔的放置。在操控板中单击 放置 按钮，选取图 3.30.14 所示的平面为主参照，单击 偏移参照 下的文本框，按住 Ctrl 键选取图 3.30.14 所示的两个平面为偏移参照平面，定义参照方式为“偏移”，并分别输入偏移值 40。

（3）在操控板中，单击“创建简单孔”按钮，单击“使用标准孔轮廓作为钻孔轮廓”按钮，单击“创建沉头孔”按钮。

（4）在操控板中单击 形状 按钮，按照图 3.30.15 所示的“形状”界面中的参数设置来定义孔的形状。

（5）在操控板中单击 ☑ 👓 按钮，预览所创建的特征；单击“完成”按钮 ✔。

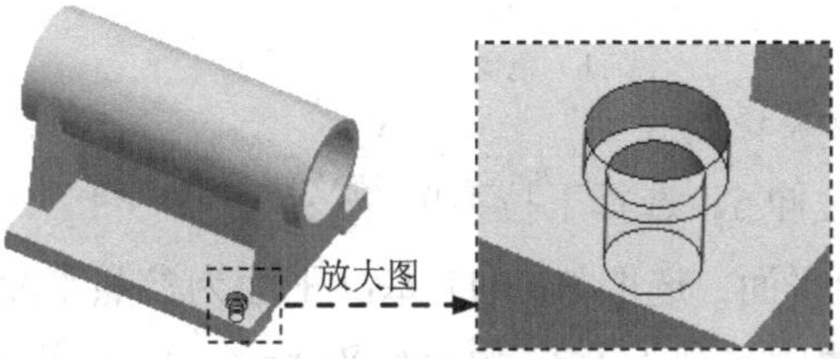

图 3.30.13 孔 1

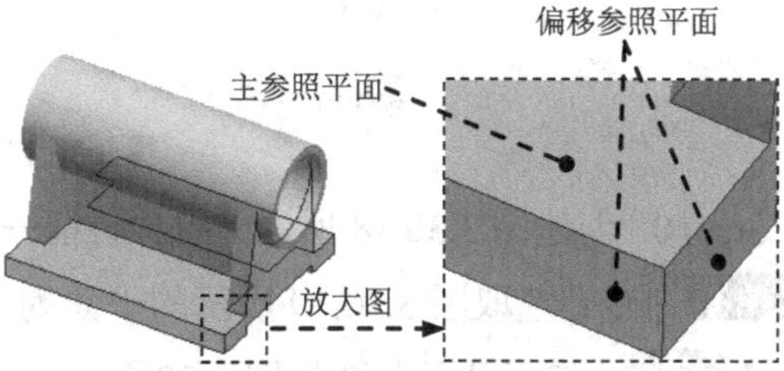

图 3.30.14 定义孔的放置

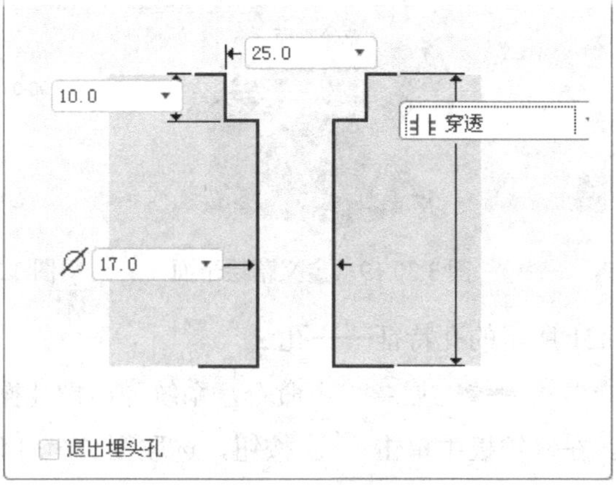

图 3.30.15 螺孔参数设置

Step8. 创建图 3.30.16 所示的镜像特征——镜像 2，在模型树中选取“孔 1”。选择下拉菜单 编辑(E) ➡ 镜像(I)... 命令；选取镜像平面 RIGHT 基准平面。单击操控板中的“完成”按钮 ✔。

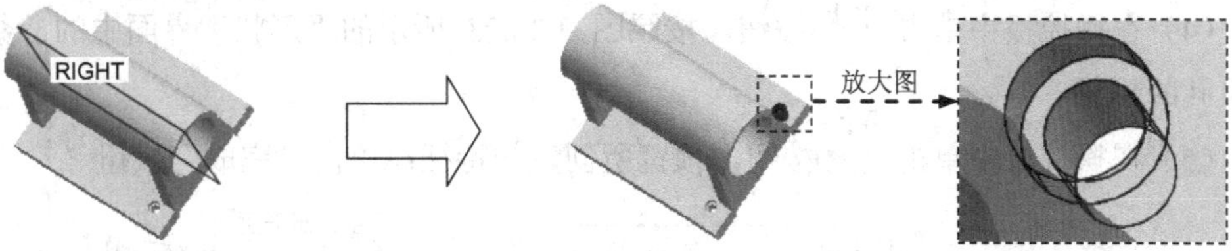

a）镜像前　　b）镜像后

图 3.30.16 镜像 2

Step9. 创建图 3.30.17 所示的镜像特征——镜像 3，在模型树中选取“孔 1”和“镜像 2”。选择下拉菜单 编辑(E) ➡ 镜像(I)... 命令；选取镜像平面 TOP 基准平面。单击操控板中的“完成”按钮 ✔。

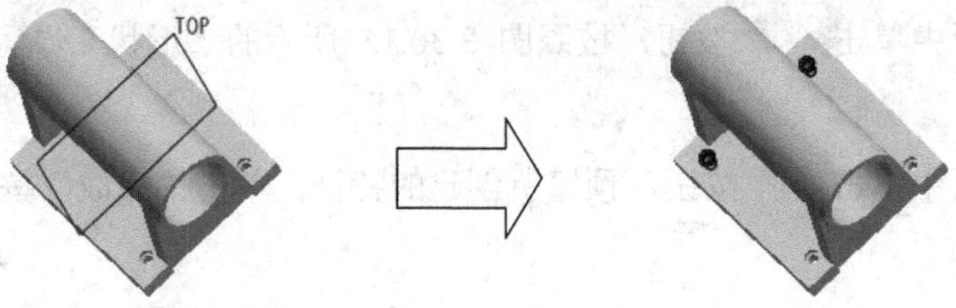

a）镜像前　　b）镜像后

图 3.30.17　镜像 3

Step10. 创建图 3.30.18 所示的拉伸特征——拉伸 5。选择下拉菜单 插入(I) ➡ 拉伸(E)... 命令；选取图 3.30.19 所示的平面为草绘平面，选取 RIGHT 基准平面为参照平面，方向为 右；特征截面草图如图 3.30.20 所示，深度类型为⊥，深度值为 55.0，单击％按钮，调整拉伸方向。

图 3.30.18　拉伸 5

图 3.30.19　定义草绘平面

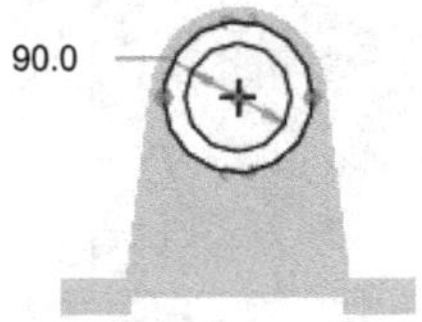

图 3.30.20　截面草图

Step11. 创建图 3.30.21 所示的孔特征——孔 2。

（1）选择下拉菜单 插入(I) ➡ 孔(H)... 命令，系统弹出螺孔操控板。

（2）定义孔的放置。在操控板中单击 放置 按钮，选取图 3.30.14 所示的平面为主参照平面，单击 偏移参照 下的文本框，选取图 3.30.22 所示的 RIGHT 为基准平面，定义参照方式为“对齐”，按住 Ctrl 键选取 A_1 基准轴为偏移参照，定义参照方式为“偏移”，并输入偏移值 60.0。

（3）在操控板中，单击“创建标准孔”按钮，单击“攻螺纹”按钮；选择 ISO 标准螺孔，螺孔大小 M8×1，深度类型为⊥，输入深度值 52.0。

（4）在操控板中单击 形状 按钮，按照图 3.30.23 所示的“形状”界面中的参数设置来定义孔的形状。

（5）在操控板中单击☑ 60 按钮，预览所创建的特征；单击“完成”按钮✔。

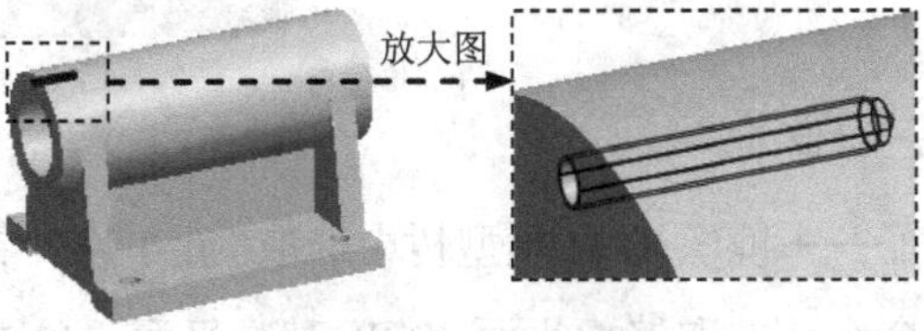

图 3.30.21　孔 2

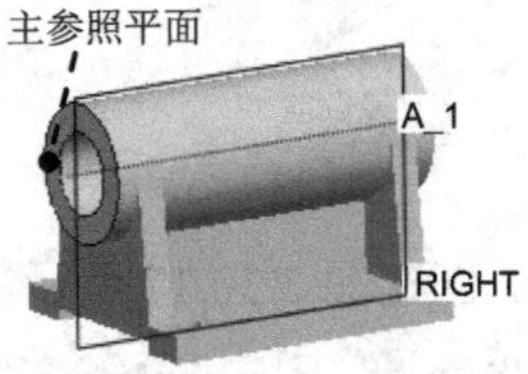

图 3.30.22　定义孔的放置

Step12. 创建图 3.30.24 所示的阵列特征——阵列 1。

（1）在模型树中单击选择孔 2，然后右击，从快捷菜单中选择 阵列... 命令，弹出阵列操控板。

（2）选取阵列类型。在操控板的选项界面中选中一般单选项。

（3）选择阵列控制方式。在操控板中选择以轴方式控制阵列。

（4）选取 A_1 基准轴为参照，输入阵列个数值 4，并在其后的文本框中输入 90.0，在操控板中单击“完成”按钮。

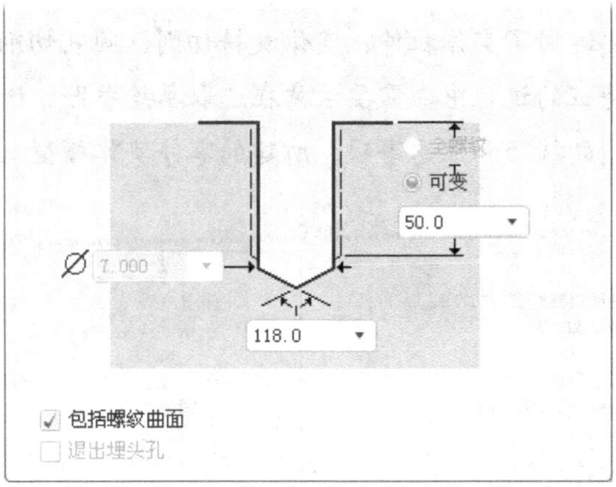

图 3.30.23　螺孔参数设置

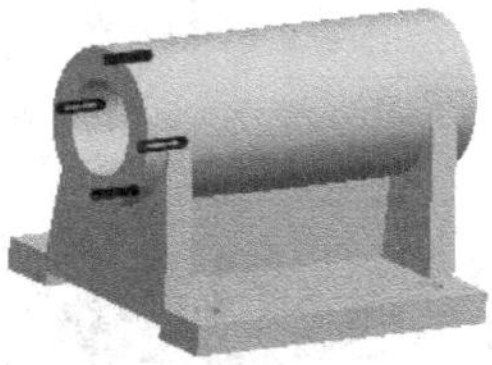
图 3.30.24　阵列 1

Step13. 创建倒角特征——倒角 1。选择插入(I) ➡ 倒角(M) ▸ ➡ 边倒角(E)... 命令；选取图 3.30.25 所示的两条边线（链）为倒角放置参照；选取倒角方案为D x D，输入 D 值 2.0；预览并完成倒角特征 1。

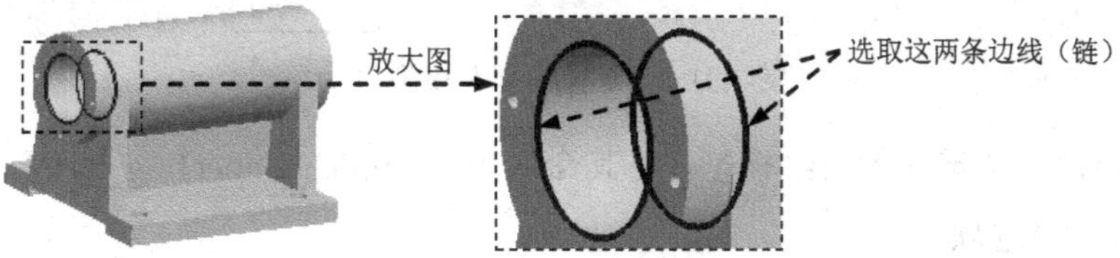

图 3.30.25　倒角 1

Step14. 创建组。按住 Ctrl 键在特征树中选择拉伸 5、阵列 1 和倒角 1，并单击右键，在弹出的快捷菜单中选择组，完成组的添加。

Step15. 创建图 3.30.26 所示的镜像特征——镜像 4，在模型树中选取“组”。选择下拉菜单编辑(E) ➡ 镜像(I)... 命令；选取镜像平面 TOP 基准平面。单击操控板中的“完成”按钮。

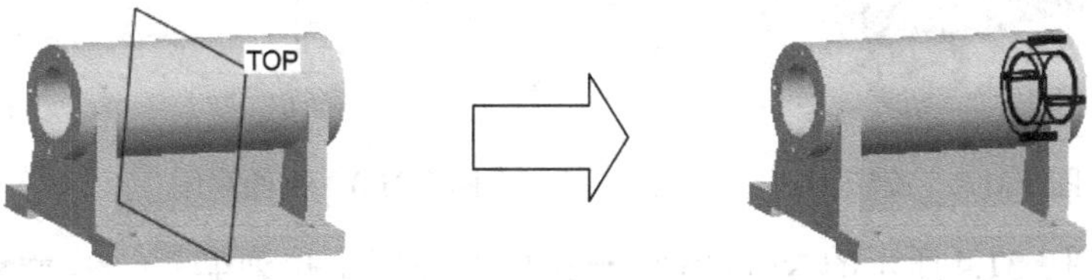

a）镜像前　　b）镜像后

图 3.30.26　镜像 4

Step16. 保存零件模型文件。

3.31 范例 5——多头连接机座

范例概述

本范例是多头连接机座的设计，主要运用了实体拉伸、实体旋转切削、圆孔切削、圆角以及倒角等创建特征的命令。在创建特征的过程中，需要注意在选取草绘参照、选取旋转切削方向以及倒圆角顺序等过程中用到的技巧和注意事项。所建的零件实体模型及相应的模型树如图 3.31.1 所示。

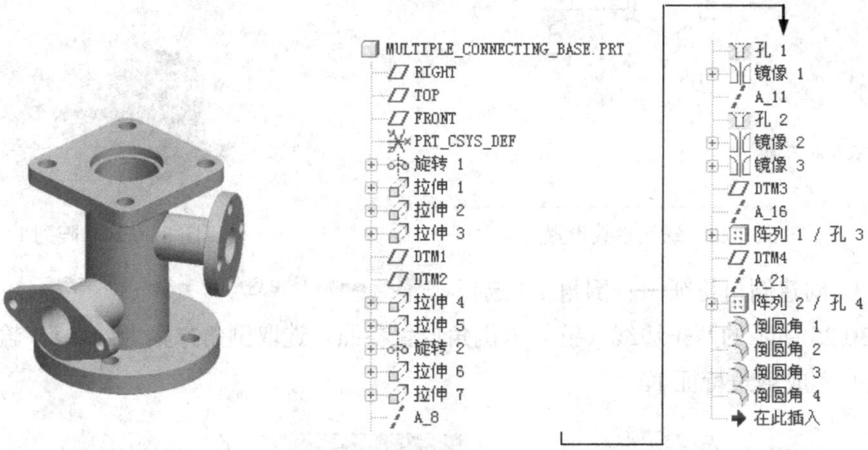

图 3.31.1 零件模型及模型树

Step1. 新建一个零件的三维模型，将其命名为 multiple_connecting_base。零件模型模板使用mmns_part_solid选项。

Step2. 创建图3.31.2所示旋转特征——旋转1。选择下拉菜单插入(I) ➡ 旋转(R)... 命令，确认“实体类型”按钮被按下；选取 FRONT 基准平面为草绘平面，选取 RIGHT 基准平面为参照平面，方向为右；绘制图 3.31.3 所示的截面草图；单击“定值旋转”按钮，旋转角度为 360°；单击“完成”按钮。

图 3.31.2 旋转 1

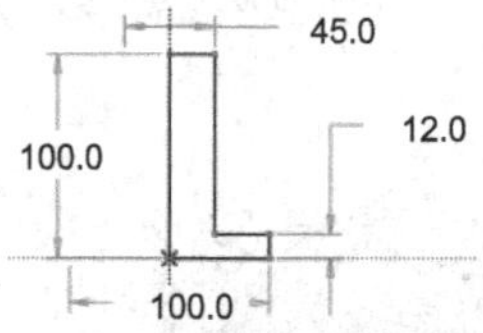

图 3.31.3 截面草图

Step3. 创建图 3.31.4 所示的拉伸特征——拉伸 1。选择下拉菜单插入(I) ➡ 拉伸(E)... 命令；选取 3.31.5 所示的平面为草绘平面，选取 RIGHT 基准平面为参照平面，方向为右；

绘制图 3.31.6 所示的特征截面草图；在操控板中，单击“定值拉伸”按钮，输入深度值 10.0，单击“完成”按钮。

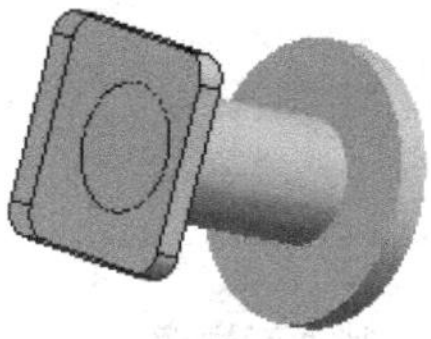
图 3.31.4　拉伸 1

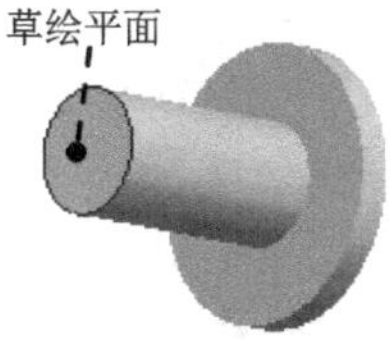

图 3.31.5　定义草绘平面

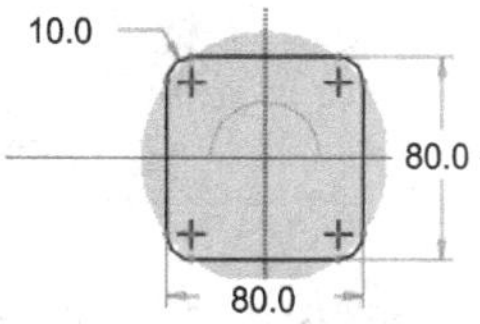

图 3.31.6　截面草图

Step4. 创建图 3.31.7 所示的拉伸特征——拉伸 2。选择下拉菜单 插入(I) ➡ 拉伸(E)... 命令；选取 FRONT 基准平面为草绘平面，选取 RIGHT 基准平面为参照平面，方向为 右；特征截面草图如图 3.31.8 所示，深度类型为，深度值为 45.0。

图 3.31.7　拉伸 2

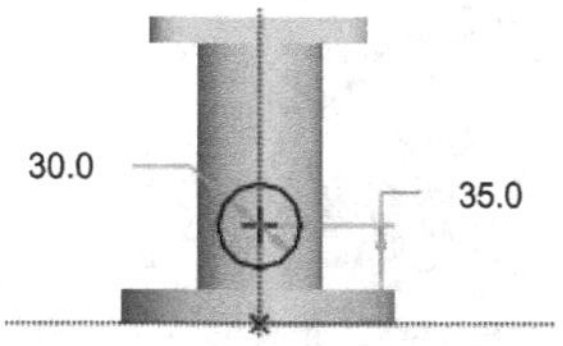

图 3.31.8　截面草图

Step5. 创建图 3.31.9 所示的拉伸特征——拉伸 3。选择下拉菜单 插入(I) ➡ 拉伸(E)... 命令；选取图 3.31.10 所示的平面为草绘平面，选取 RIGHT 基准平面为参照平面，方向为 右；特征截面草图如图 3.31.11 所示，深度类型为，深度值为 8.0。

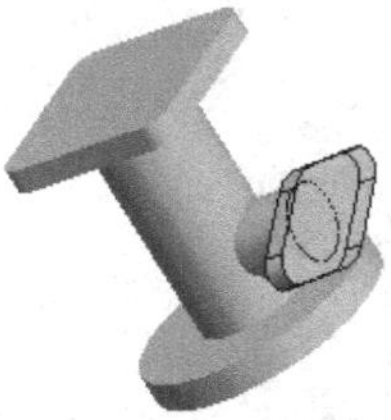
图 3.31.9　拉伸 3

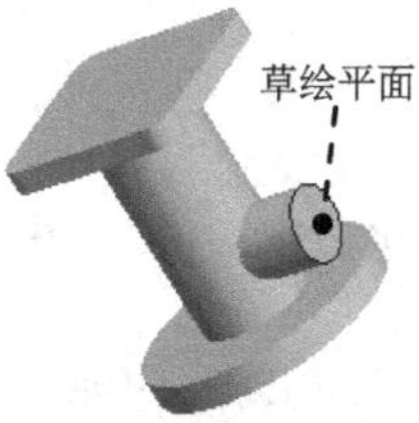

图 3.31.10　定义草绘平面

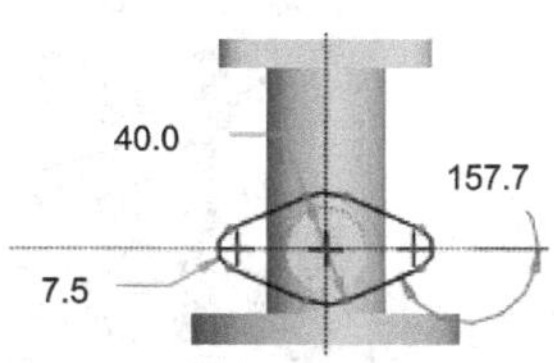

图 3.31.11　截面草图

Step6. 创建图 3.31.12 所示的基准平面——DTM1。

（1）单击“基准平面”按钮（或选择下拉菜单 插入(I) ➡ 模型基准(D) ▸ ➡ 平面(L)... 命令），系统弹出“基准平面”对话框。

（2）定义约束。

① 第一个约束。选取图 3.31.13 所示 FRONT 基准平面为参照，在对话框中选择约束类型为 偏移。

② 第二个约束。按住 Ctrl 键，选取图 3.31.13 所示的 A_1 基准轴为参照；在对话框中选择约束类型为 穿过。

（3）在对话框中的 旋转 文本框中输入 120.0。

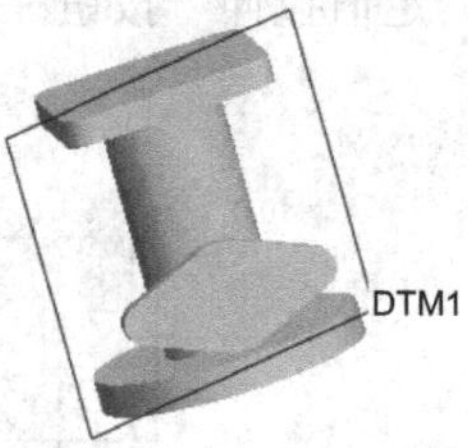

图 3.31.12 基准平面 DTM1

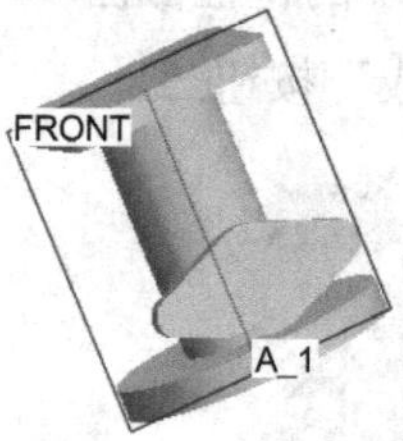

图 3.31.13 定义基准面参照

Step7. 创建图 3.31.14 所示的基准平面——DTM2。选取图 3.31.15 所示 DTM1 基准平面为参照，在对话框中选择约束类型为偏移。按住 Ctrl 键，选取图 3.31.15 所示的 A_1 基准轴为参照；在对话框中选择约束类型为穿过；在对话框中的旋转文本框中输入 90.0。

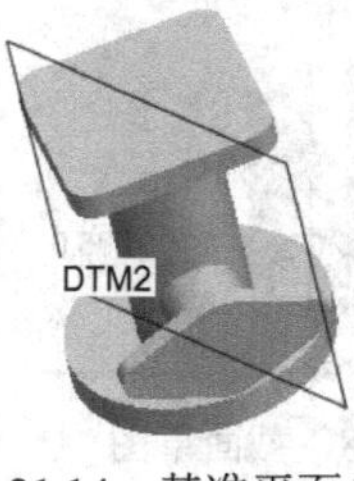

图 3.31.14 基准平面 DTM2

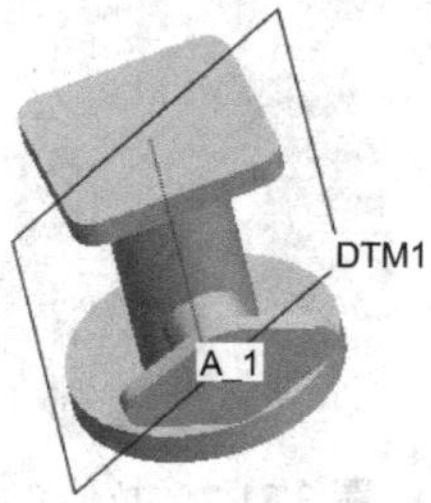

图 3.31.15 定义基准面参照

Step8. 创建图 3.31.16 所示的拉伸特征——拉伸 4。选择下拉菜单插入(I) ➡ 拉伸(E)...命令；选取 DTM2 平面为草绘平面，选取 TOP 基准平面为参照平面，方向为底部；特征截面草图如图 3.31.17 所示，深度类型为，深度值为 50.0。

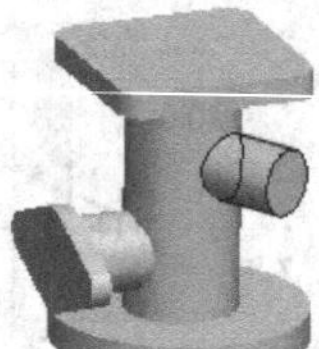

图 3.31.16 拉伸 4

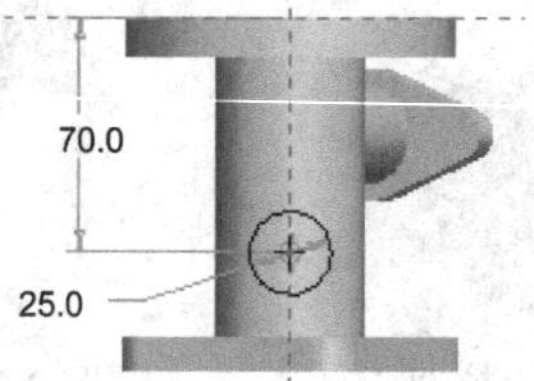

图 3.31.17 截面草图

Step9. 创建图 3.31.18 所示的拉伸特征——拉伸 5。选择下拉菜单插入(I) ➡ 拉伸(E)...命令；选取图 3.31.19 所示的平面为草绘平面，选取 TOP 基准平面为参照平面，方向为底部；特征截面草图如图 3.31.20 所示，深度类型为，深度值为 8.0。

图 3.31.18 拉伸 5

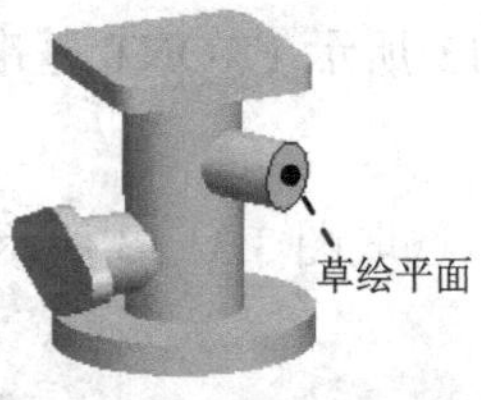

图 3.31.19 定义草绘平面

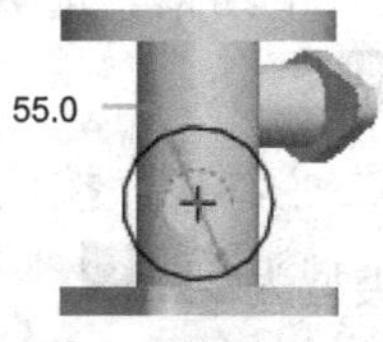

图 3.31.20 截面草图

Step10. 创建图 3.31.21 所示旋转移除材料特征——旋转 2。选择下拉菜单 插入(I) → 旋转(R)... 命令，确认“移除材料”按钮被按下；选取 FRONT 基准平面为草绘平面，选取 RIGHT 基准平面为参照平面，方向为 右；绘制图 3.31.22 所示的截面草图；单击“旋转类型”按钮，旋转角度为 360°；单击“完成”按钮。

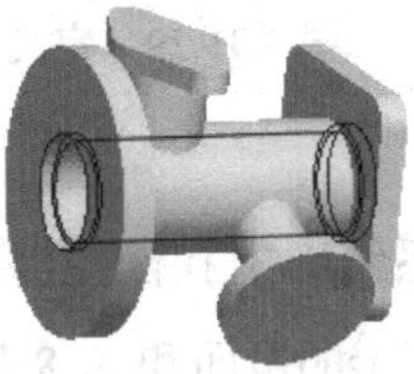

图 3.31.21 旋转 2

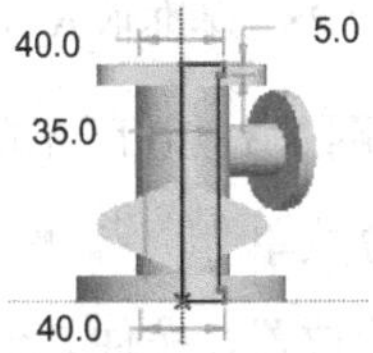

图 3.31.22 截面草图

Step11. 创建图 3.31.23 所示的拉伸移除材料特征——拉伸 6。选择下拉菜单 插入(I) → 拉伸(E)... 命令，确认“移除材料”按钮被按下；选取图 3.31.23 中所示的模型表面为草绘平面，采用系统默认的参照平面；特征截面草图如图 3.31.24 所示，深度类型为。

图 3.31.23 拉伸 6

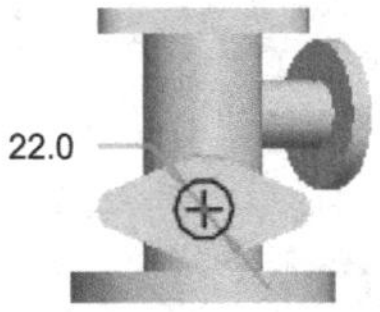

图 3.31.24 截面草图

Step12. 创建图 3.31.25 所示的拉伸移除材料特征——拉伸 7。选择下拉菜单 插入(I) → 拉伸(E)... 命令，确认“移除材料”按钮被按下；选取图 3.31.26 所示的平面为草绘平面，选取图 3.31.26 所示的平面为参照平面，方向为 顶；特征截面草图如图 3.31.27 所示，深度类型为。

图 3.31.25 拉伸 7

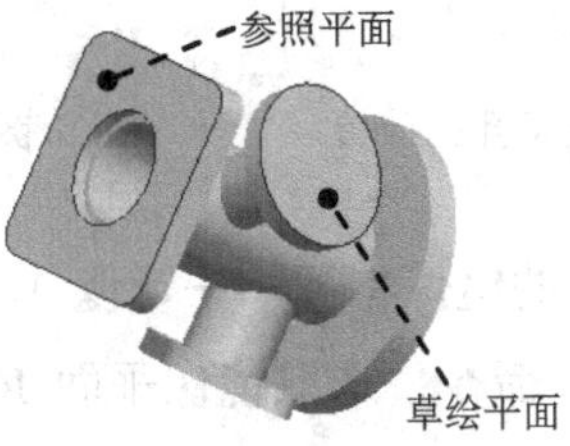

图 3.31.26 定义草绘平面

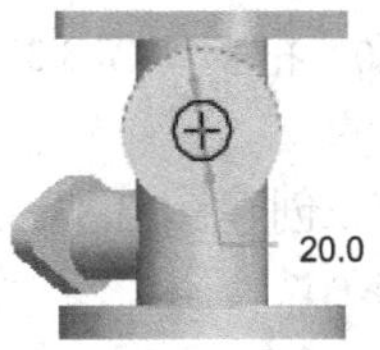

图 3.31.27 截面草图

Step13. 创建图 3.31.28 所示的基准轴——A_8。

（1）单击“创建基准平面”按钮（或选择下拉菜单 插入(I) → 模型基准(D) → 轴(X)... 命令），系统弹出“基准轴”对话框。

（2）定义约束。选取图 3.31.29 所示的面为放置参照，在对话框中选择约束类型为 穿过。

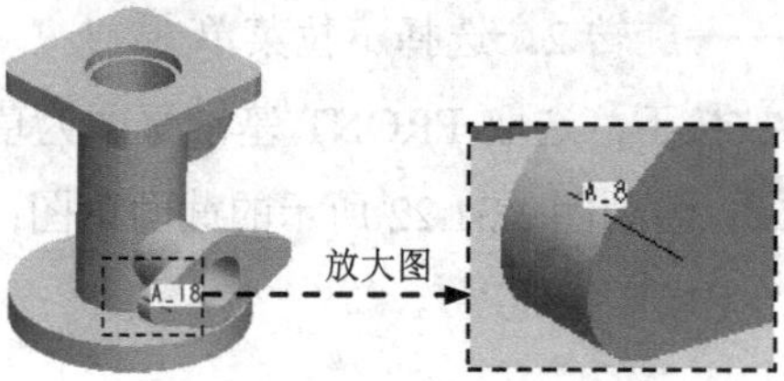

图 3.31.28　基准轴 A_8

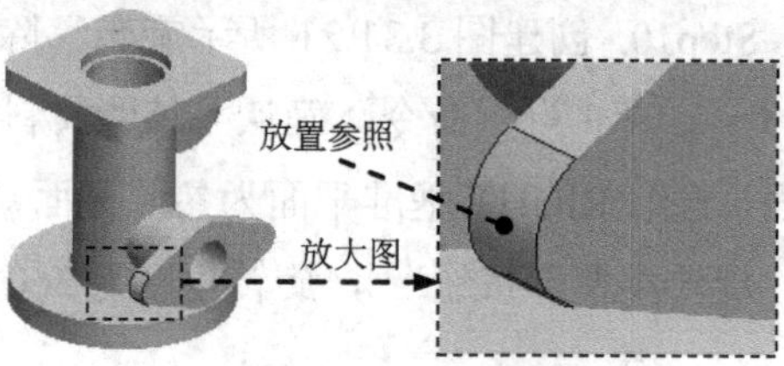

图 3.31.29　定义放置参照

Step14. 创建图 3.31.30 所示的孔特征——孔 1。

（1）选择下拉菜单 插入(I) → 孔(H)... 命令，系统弹出孔操控板。

（2）定义孔的放置。按住 Ctrl 键，选取图 3.31.31 所示的平面和 A_8 基准轴为放置参照。

（3）在操控板中，单击“创建简单孔”按钮，单击“使用预定义矩形作为钻孔轮廓”按钮。

（4）在操控板中单击 形状 按钮，按照图 3.31.32 所示的“形状”界面中的参数设置来定义孔的形状。

（5）在操控板中单击按钮，预览所创建的特征；单击“完成”按钮。

图 3.31.30　孔 1

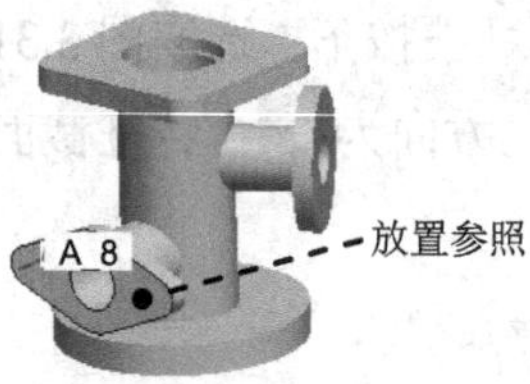

图 3.31.31　定义孔的放置

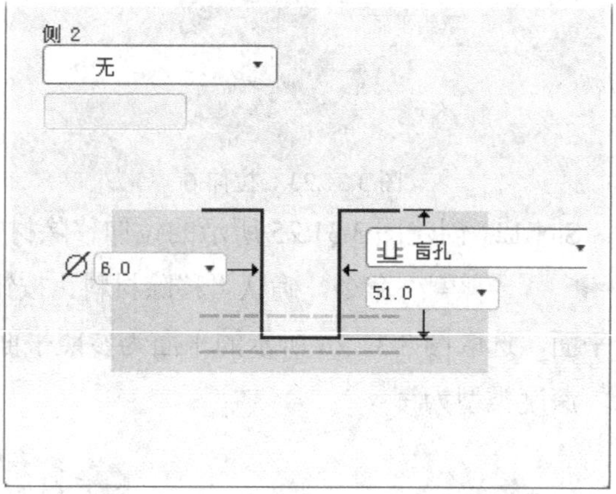

图 3.31.32　螺孔参数设置

Step15. 创建图 3.31.33 所示的镜像特征——镜像 1，在模型树中选取“孔 1”。选择下拉菜单 编辑(E) → 镜像(I)... 命令；选取镜像平面 RIGHT 基准平面。单击操控板中的“完成”按钮。

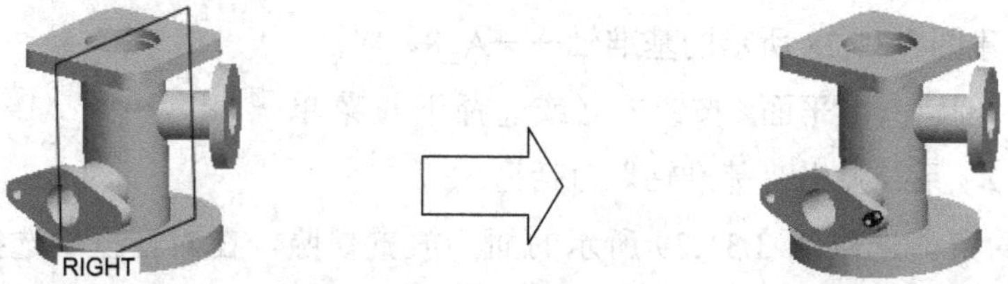

a）镜像前　　b）镜像后

图 3.31.33　镜像 1

Step16. 创建图3.31.34所示的基准轴——A_11。选取图3.31.35所示的面为放置参照，在对话框中选择约束类型为 穿过 。

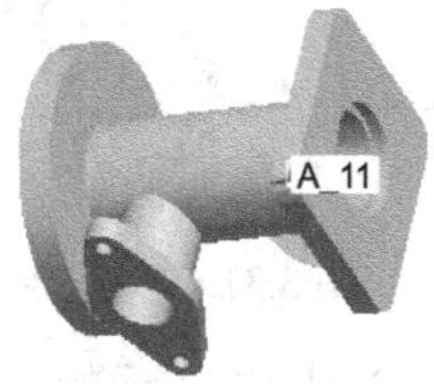

图3.31.34 基准轴A_11

图3.31.35 定义放置参照

Step17. 创建图3.31.36所示的孔特征——孔2。

（1）选择下拉菜单 插入(I) → 孔(H)... 命令，系统弹出孔操控板。

（2）定义孔的放置。按住Ctrl键，选取图3.31.37所示的平面和A_11基准轴为放置参照。

（3）在操控板中，单击“创建简单孔”按钮，单击“使用预定义矩形作为钻孔轮廓”按钮。

（4）在操控板中输入直径10.0，拉伸类型为。

（5）在操控板中单击按钮，预览所创建的特征；单击“完成”按钮。

图3.31.36 孔2

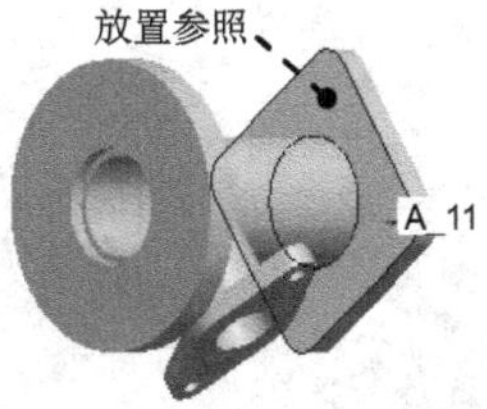

图3.31.37 定义孔的放置

Step18. 创建图3.31.38所示的镜像特征——镜像2，在模型树中选取“孔2”。选择下拉菜单 编辑(E) → 镜像(I)... 命令；选取镜像平面RIGHT基准平面。单击操控板中的“完成”按钮。

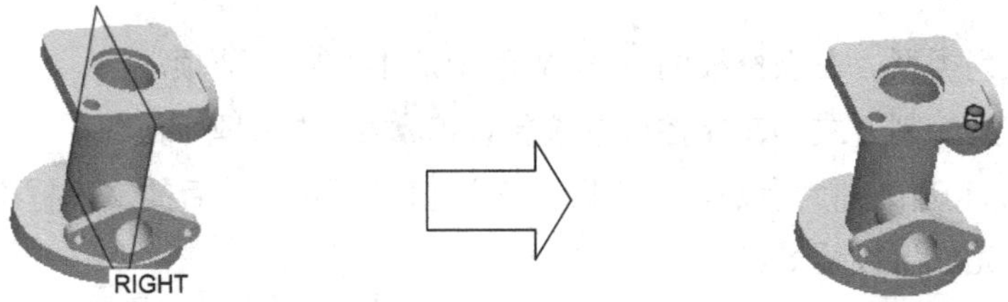

a）镜像前　　b）镜像后

图3.31.38 镜像2

Step19. 创建图3.31.39所示的镜像特征——镜像3，在模型树中选取“孔2”和“镜像2”。选择下拉菜单 编辑(E) → 镜像(I)... 命令；选取镜像平面FRONT基准平面。单击操控板中的“完成”按钮。

Step20. 创建图3.31.40所示的基准平面——DTM3。选取图3.31.40所示的DTM2基准平面为参照，在对话框中选择约束类型为 偏移 。在 平移 文本框中输入35.0。

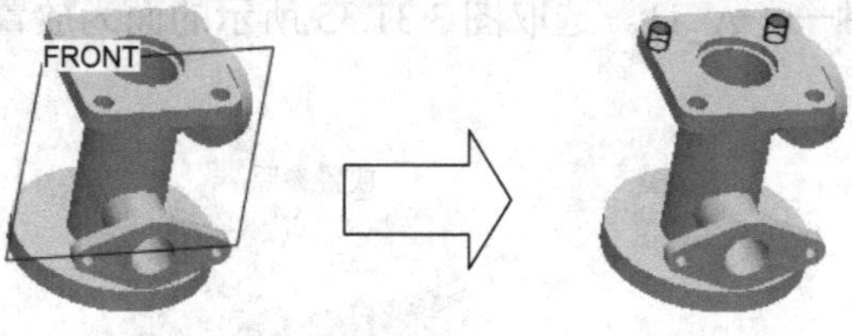

a）镜像前　　b）镜像后

图 3.31.39　镜像 3

图 3.31.40　基准平面 DTM3

Step21. 创建图 3.31.41 所示的基准轴——A_16。选取图 3.31.42 所示的基准平面 DTM1 和基准平面 DTM3 为放置参照，在对话框中选择约束类型均为 穿过 。

Step22. 创建图 3.31.43 所示的孔特征——孔 3。

（1）选择下拉菜单 插入(I) ➡ 孔(H)... 命令，系统弹出孔操控板。

（2）定义孔的放置。按住 Ctrl 键，选取图 3.31.44 所示的平面和 A_16 基准轴为放置参照。

（3）在操控板中，单击“创建简单孔”按钮，单击“使用预定义矩形作为钻孔轮廓”按钮。

（4）在操控板中输入直径 10.0，拉伸类型为。

（5）在操控板中单击按钮，预览所创建的特征；单击“完成”按钮。

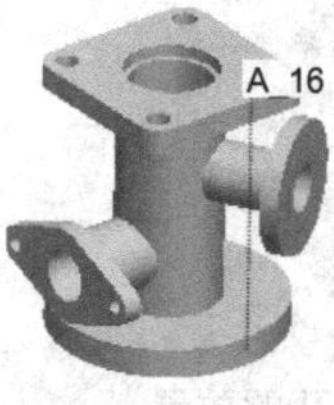

图 3.31.41　基准轴 A_16

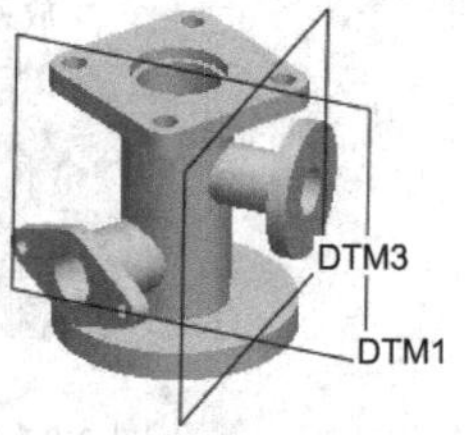

图 3.31.42　定义放置参照

图 3.31.43　孔 3

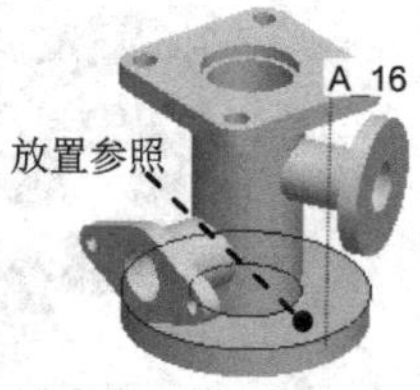

图 3.31.44　定义孔的放置

Step23. 创建图 3.31.45 所示的阵列特征——阵列 1。

（1）在模型树中单击选择孔 3，然后右击，从快捷菜单中选择 阵列... 命令，弹出阵列操控板。

（2）选取阵列类型。在操控板的 选项 界面中选中 一般 单选项。

（3）选择阵列控制方式。在操控板中选择以 轴 方式控制阵列。

（4）选取 A_1 基准轴为参照，输入阵列个数值 4，并在其后的文本框中输入 90.0，在操控板中单击“完成”按钮。

Step24. 创建图 3.31.46 所示的基准平面——DTM4。选取图 3.31.46 所示 TOP 基准平面为参照，在对话框中选择约束类型为 偏移 。在 平移 文本框中输入 92.0。

图 3.31.45　阵列 1

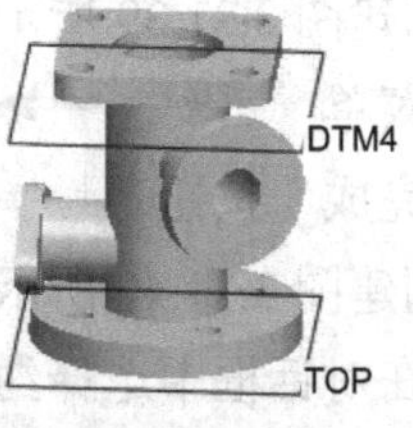

图 3.31.46　基准平面 DTM3

Step25. 创建图 3.31.47 所示的基准轴——A_21。选取图 3.31.48 所示的基准平面 DTM1 和基准平面 DTM4 为放置参照，在对话框中选择约束类型均为 穿过 。

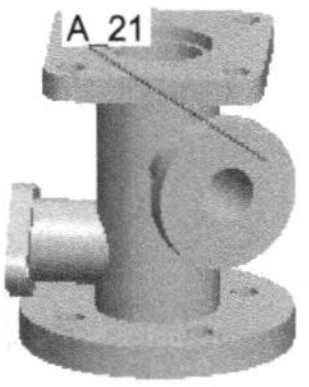

图 3.31.47　基准轴 A_21

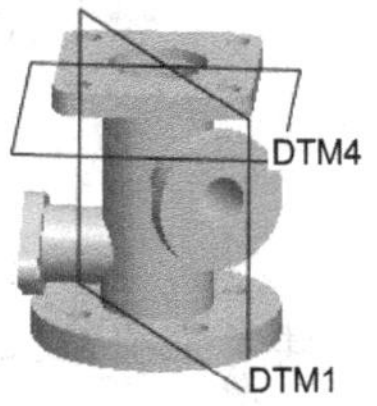

图 3.31.48　定义放置参照

Step26. 创建图 3.31.49 所示的孔特征——孔 4。

（1）选择下拉菜单 插入(I) ➡ 孔(H)... 命令，系统弹出孔操控板。

（2）定义孔的放置。按住 Ctrl 键，选取图 3.31.50 所示的平面和 A_21 基准轴为放置参照。

（3）在操控板中，单击“创建简单孔”按钮，单击“使用预定义矩形作为钻孔轮廓”按钮。

（4）在操控板中输入直径 8.0，拉伸类型为，并在其后的文本框中输入 8.0。

（5）在操控板中单击按钮，预览所创建的特征；单击“完成”按钮。

Step27. 创建图 3.31.51 所示的阵列特征——阵列 2。

（1）在模型树中单击选择孔 4，然后右击，从快捷菜单中选择 阵列... 命令，弹出阵列操控板。

（2）选取阵列类型。在操控板的 选项 界面中选中 一般 单选项。

（3）选择阵列控制方式。在操控板中选择以 轴 方式控制阵列。

（4）选取 A_4 基准轴为参照，输入阵列个数值 4，并在其后的文本框中输入 90.0，在操控板中单击“完成”按钮。

图 3.31.49　孔 4

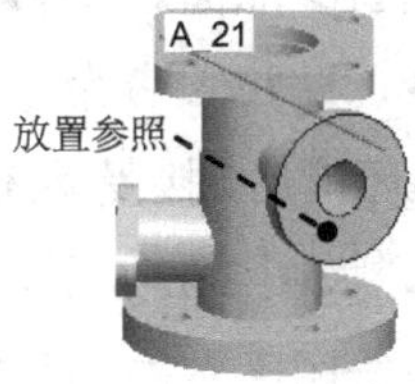

图 3.31.50　定义孔的放置

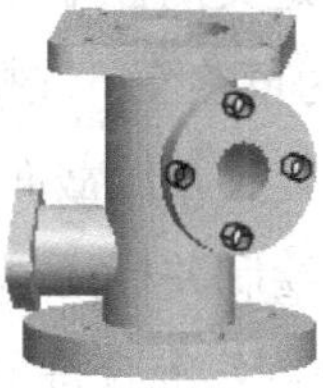

图 3.31.51　阵列 2

Step28. 分别对图 3.31.52～图 3.31.55 所示的边线倒圆角，圆角半径均为 0.5。

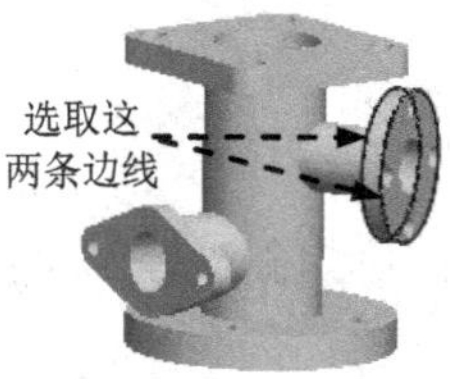

图 3.31.52　倒圆角 1

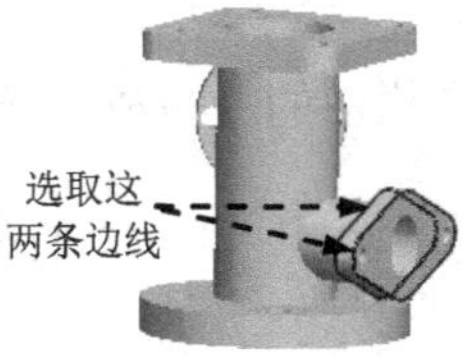

图 3.31.53　倒圆角 2

图 3.31.54　倒圆角 3

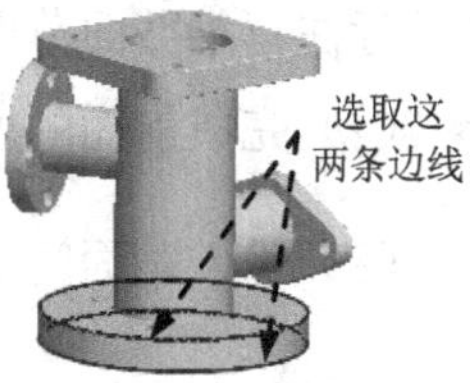

图 3.31.55　倒圆角 4

Step29. 保存零件模型文件。

3.32 范例 6——茶杯

范例概述

在该范例中，读者主要应注意以下几点：（1）混合特征——杯体的创建过程。（2）杯体上的圆角 1 和圆角 2 特征要在抽壳之前创建。（3）在创建杯子把手这一扫描特征时，“合并终点”属性的设置。该零件模型及模型树如图 3.32.1 所示。

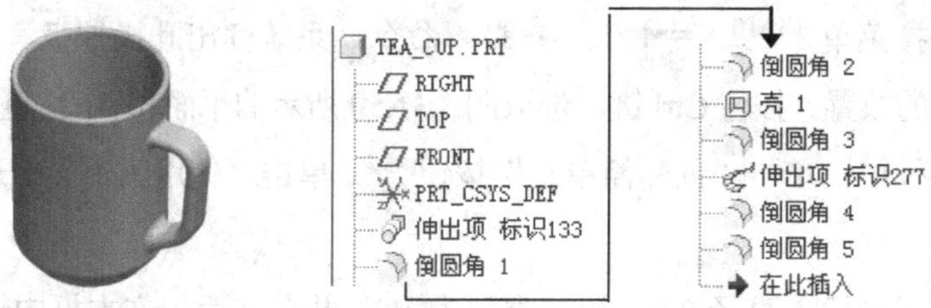

图 3.32.1 零件模型及模型树

Step1. 新建一个零件模型并命名为 tea_cup。使用零件模板 mmns_part_solid。

Step2. 创建图 3.32.2 所示的混合特征——“伸出项”标识 1。

（1）选择下拉菜单 插入(I) ➡ 混合(B) ▸ ➡ 伸出项(P)... 命令。

（2）依次选择 Parallel (平行) ➡ Regular Sec (规则截面) ➡ Sketch Sec (草绘截面) ➡ Done (完成) 命令。

（3）在 ▼ ATTRIBUTES (属性) 菜单中选择 Straight (直) ➡ Done (完成) 命令。

（4）创建混合特征的第一个截面。

① 定义混合截面的草绘平面及其垂直参照面。选择 Plane (平面) 命令，选择 RIGHT 基准平面作为草绘面；选择 Okay (确定) ➡ Right (右) 命令，选择 TOP 基准平面作为参照面。

② 定义草绘截面的参照。进入草绘环境后，接受系统给出的默认参照 FRONT 和 TOP。

③ 绘制并标注草绘截面草图（一），如图 3.32.3 所示。

（5）创建混合特征的第二个截面。在绘图区右击，从弹出的快捷菜单中选择 切换截面(T) 命令；绘制并标注截面草图（二），如图 3.32.4 所示。

（6）创建混合特征的第三个截面。右击，从弹出的快捷菜单中选择 切换截面(T) 命令；绘制并标注草绘截面草图（三），如图 3.32.5 所示。

（7）完成前面的所有截面后，单击草绘工具栏中的“完成”按钮 ✔。

（8）输入截面间的距离。在系统 输入截面2的深度 40 ✔ ✖ 的提示下，输入第二截面到第一截面的距离值 65，单击操控板“完成”按钮 ✔；在系统 输入截面3的深度 8.00 ✔ ✖ 的提示下，输入第三截面到第二截面的距离值 10，单击操控板“完成”按钮。

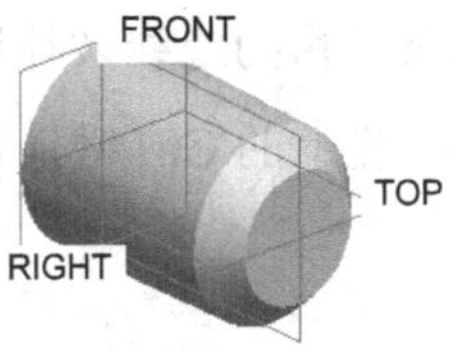

图 3.32.2 “伸出项” 标识 1

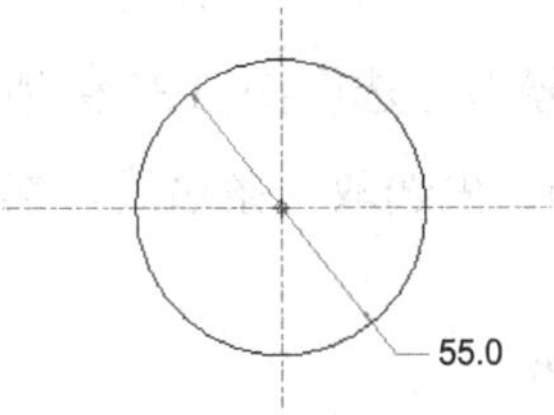

图 3.32.3 截面草图（一）

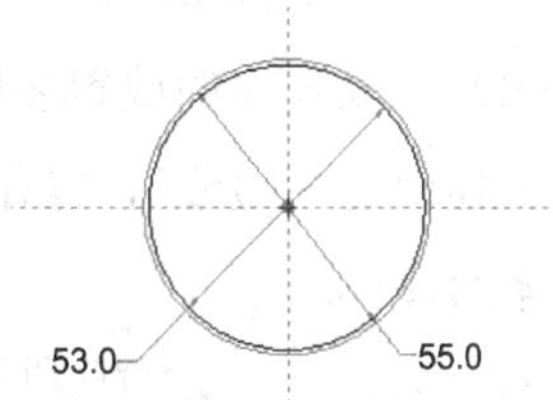

图 3.32.4 截面草图（二）

（9）预览所创建的混合特征；单击“特征信息”对话框中的 确定 按钮。

Step3. 创建图 3.32.6b 所示的圆角特征——倒圆角 1。

（1）选择下拉菜单 插入(I) → 倒圆角(O)... 命令，系统弹出操控板。

（2）选取圆角的放置参照。在模型上选择图 3.32.6a 所示的边线；在操控板中的“圆角半径”文本框中输入 4.0，并按 Enter 键。

（3）单击“完成”按钮，完成特征的创建。

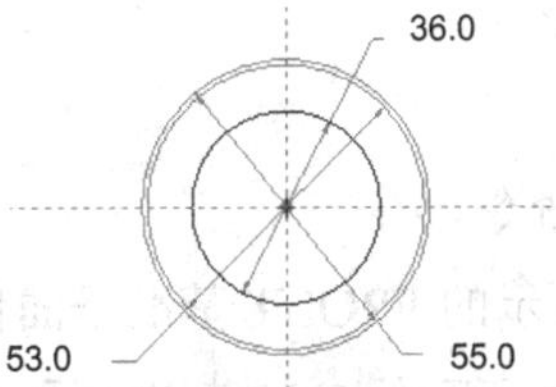

图 3.32.5 截面草图（三）

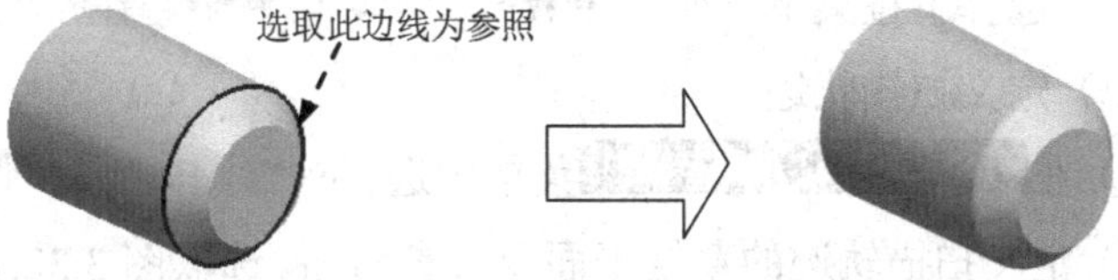

a）圆角前 b）圆角后

图 3.32.6 倒圆角 1

Step4. 创建图 3.32.7b 所示的圆角特征——倒圆角 2。以图 3.32.7a 所示的边线为参照，圆角的半径值为 5.0。

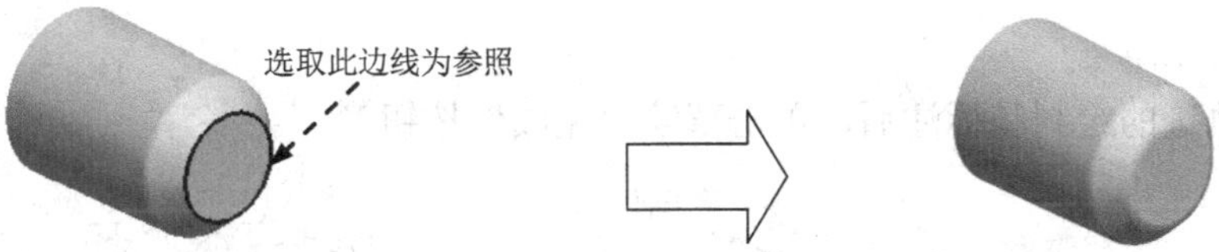

a）圆角前 b）圆角后

图 3.32.7 倒圆角 2

Step5. 创建图 3.32.8b 所示的抽壳特征——壳 1。选择下拉菜单 插入(I) → 壳(L)... 命令；选取图 3.32.8a 所示的面为要去除的面；在操控板中输入抽壳的壁厚值 2.5，并按 Enter 键；单击“完成”按钮，则完成特征的创建。

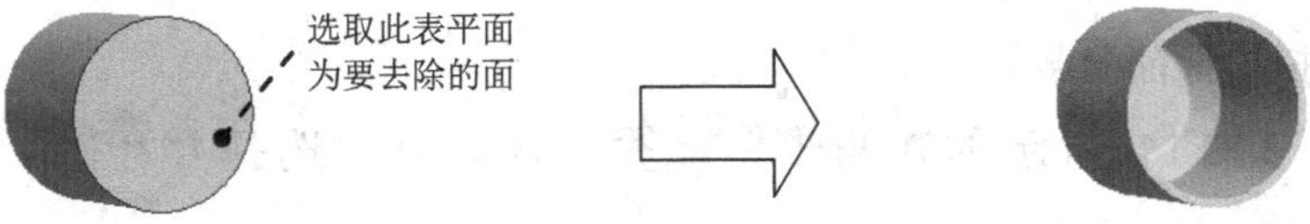

a）抽壳前 b）抽壳后

图 3.32.8 壳 1

Step6. 创建图 3.32.9 所示的完全倒圆角特征——倒圆角 3。

（1）选择下拉菜单 插入(I) ➡ 倒圆角(O)... 命令。

（2）选取圆角的放置参照。在模型上选取图 3.32.9 所示的两条加粗的边线（杯口的外边线和杯口的内边线），操作方法为：先选取一条边线，然后按住键盘上的 Ctrl 键，再选取另一条边线。

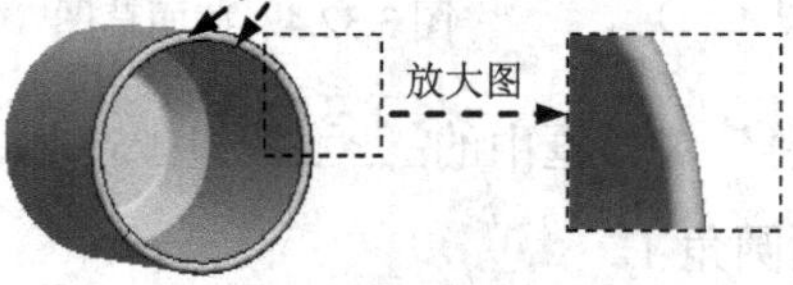

图 3.32.9 倒圆角 3

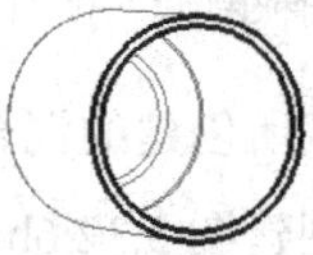

图 3.32.10 添加完全倒圆角特征

（3）在操控板中单击 集 按钮，在弹出的界面中单击 完全倒圆角 按钮。

（4）在操控板中单击“完成”按钮✓，完成特征的创建。

Step7. 创建图 3.32.11 所示的扫描特征——“伸出项” 标识 2。

（1）选择下拉菜单 插入(I) ➡ 扫描(S) ▸ ➡ 伸出项(P)... 命令。

（2）定义扫描轨迹。

① 在 ▼ SWEEP TRAJ (扫描轨迹) 菜单中选择 Sketch Traj (草绘轨迹) 命令。

② 定义扫描轨迹的草绘平面及其参照面。选取图 3.32.12 所示的 FRONT 基准平面作为草绘平面，选择 Okay (确定) ➡ Top (顶) 命令，选取图 3.32.12 所示的 TOP 基准平面作为参照平面。

③ 选择下拉菜单 草绘(S) ➡ 参照(R)... 命令，先接受系统默认的草绘参照 RIGHT 基准平面和 TOP 基准平面，然后选取图 3.32.13 中箭头所指的边线为参照边，关闭参照的对话框。

④ 完成轨迹的绘制和标注后，单击草绘“完成”按钮✓。

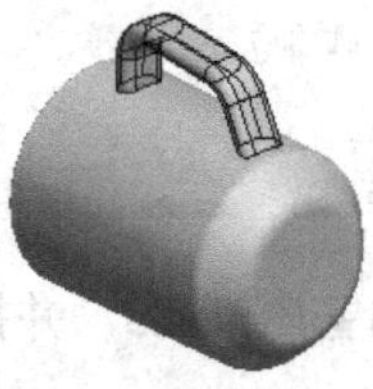

图 3.32.11 “伸出项” 标识 2

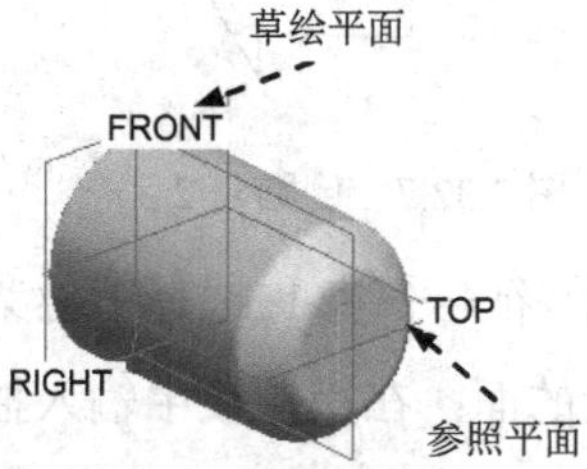

图 3.32.12 定义草绘平面

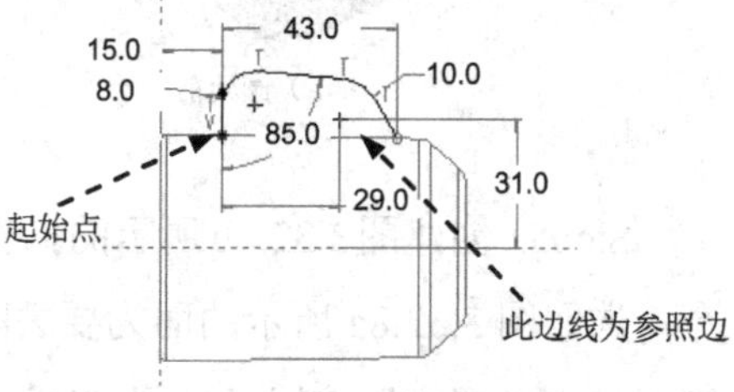

图 3.32.13 截面草图

（3）创建扫描特征的截面。

① 在图 3.32.14 所示的 ▼ ATTRIBUTES (属性) 菜单中，选择 Merge Ends (合并端) ➡ Done (完成) 命令。

② 绘制并标注图 3.32.15 所示的扫描截面草图，完成截面的绘制和标注后，单击草绘

“完成”按钮。

（4）单击“特征信息”对话框下部的 预览 按钮，预览所创建的特征，然后单击“特征信息”对话框下部的 确定 按钮。

图 3.32.14　“属性”菜单

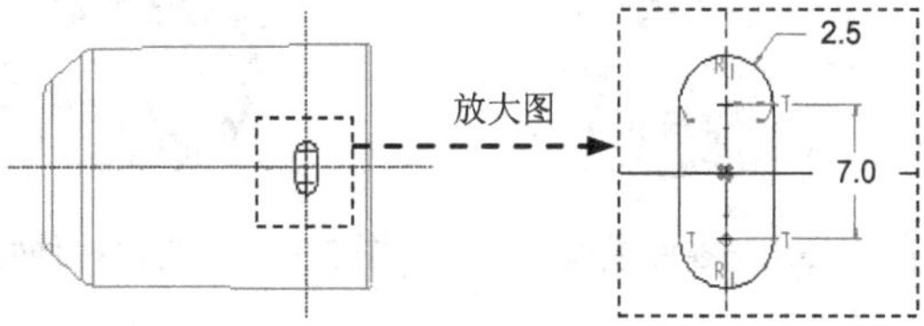

图 3.32.15　截面草图

Step8. 创建图 3.32.16b 所示的圆角特征——倒圆角 4。在模型上选择图 3.32.16a 中的加粗边线；圆角的半径值为 2.0。

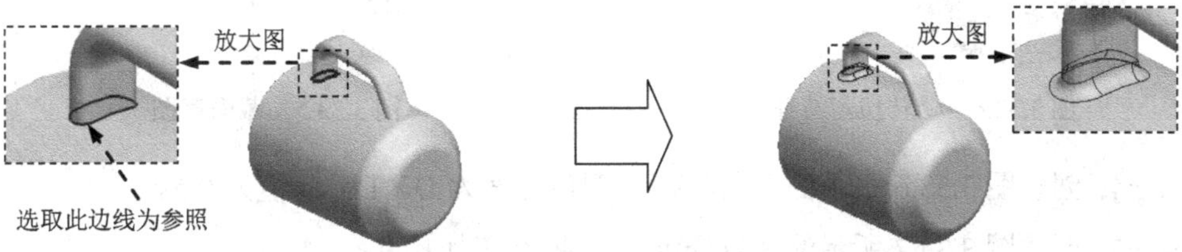

a）倒圆角前　　b）倒圆角后

图 3.32.16　倒圆角 4

Step9. 创建图 3.32.17b 所示的圆角特征——倒圆角 5。选取图 3.32.17a 所示的边线为参照；圆角的半径值为 3.0。

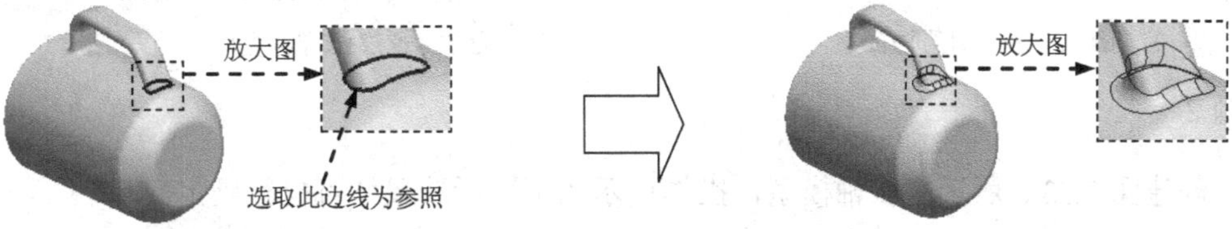

a）倒圆角前　　b）　倒圆角后

图 3.32.17　倒圆角 5

Step10. 保存模型文件。

3.33　习　　题

习题 1

创建图 3.33.1 所示的六角螺母模型，操作提示如下：

Step1. 新建一个零件的三维模型，将零件的模型命名为 fix_nut.prt。

Step2. 创建图 3.33.2 所示的实体拉伸特征，截面草图如图 3.33.3 所示，深度值为 5.0。

图 3.33.1 零件模型

图 3.33.2 实体拉伸特征

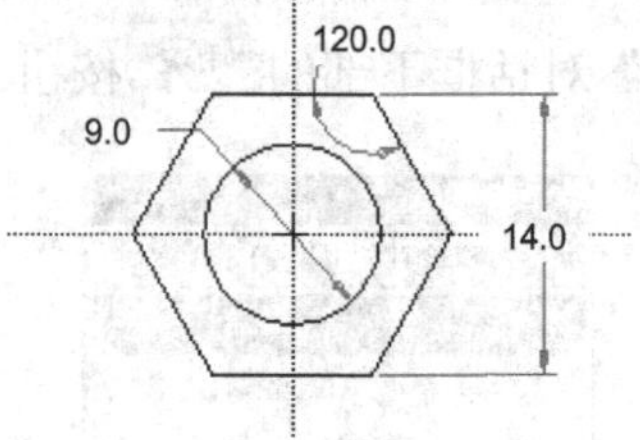

图 3.33.3 截面草图

Step3. 创建图 3.33.4 所示的旋转切削特征，截面草图如图 3.33.5 所示。

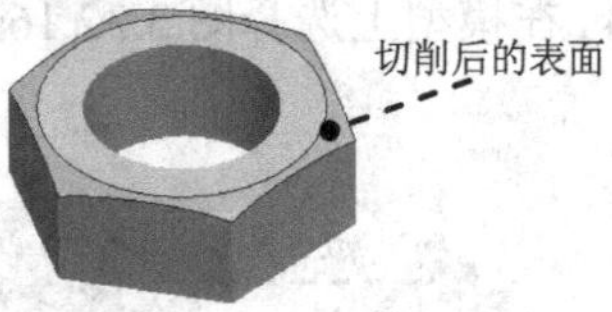

图 3.33.4 旋转切削特征

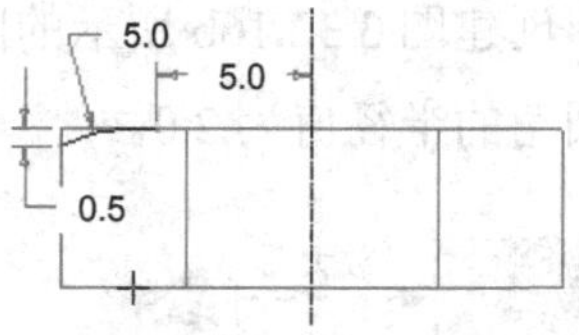

图 3.33.5 截面草图

Step4. 创建图 3.33.6 所示的倒角特征，倒角方案为 D×D，D 值为 0.5。

Step5. 创建图 3.33.7 所示的螺纹修饰，主直径值为 10.0。

图 3.33.6 倒角特征

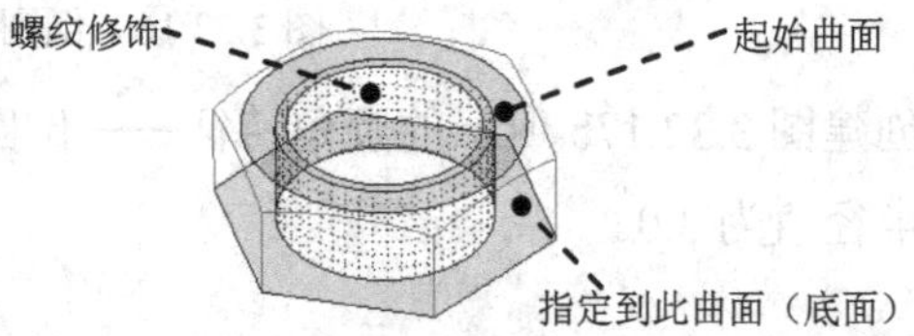

图 3.33.7 螺纹修饰特征

习题 2

创建图 3.33.8 所示的转轴模型，操作提示如下（所缺尺寸可自行确定）：

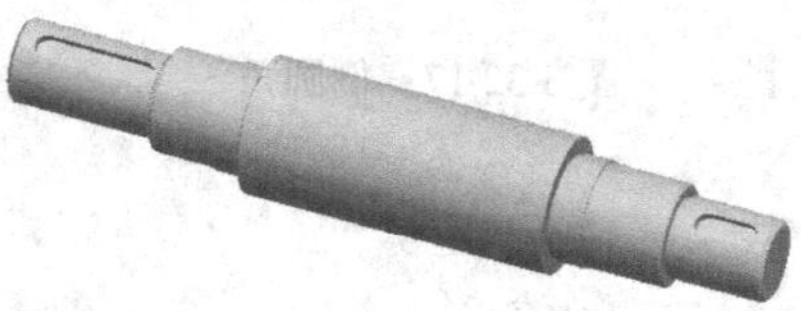

图 3.33.8 转轴模型

Step1. 新建一个零件的三维模型，将零件的模型命名为 shaft.prt。

Step2. 创建图 3.33.9 所示的实体旋转特征 1，截面草图如图 3.33.10 所示，旋转类型为 ，旋转角度值为 360.0。

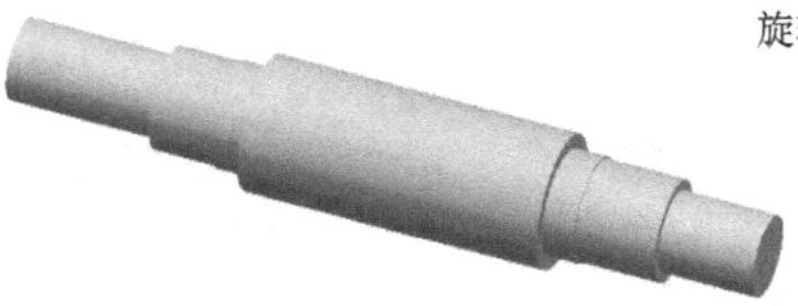

图 3.33.9 实体旋转特征 1

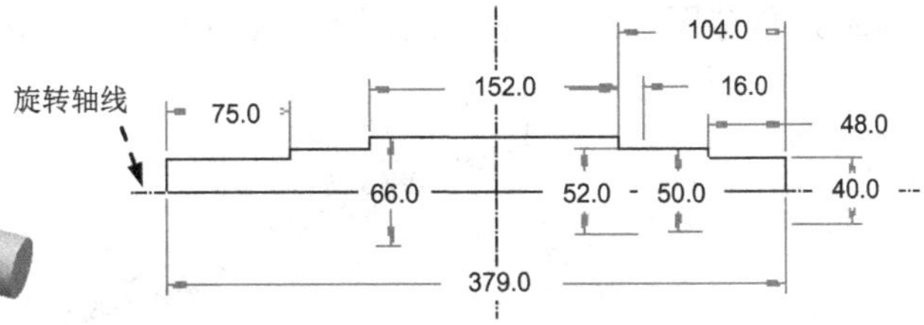

图 3.33.10 截面草图

Step3. 创建图 3.33.11 所示的旋转切削特征 2、3（均为 3×1 的退刀槽）。

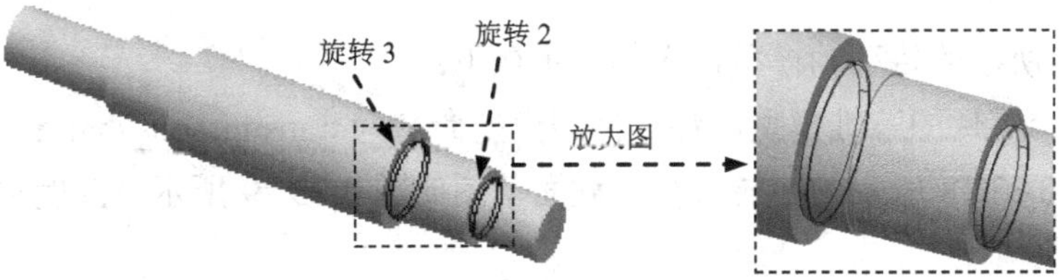

图 3.33.11 旋转切削特征 2、3

Step4. 创建图 3.33.12 所示的镜像特征 1，镜像 Step3 中所创建的旋转切削特征 3。

Step5. 创建图 3.33.13 所示的旋转切削特征 4（也是 3×1 的退刀槽）。

Step6. 创建图 3.33.14 所示的拉伸切削特征 1（键槽 1）。

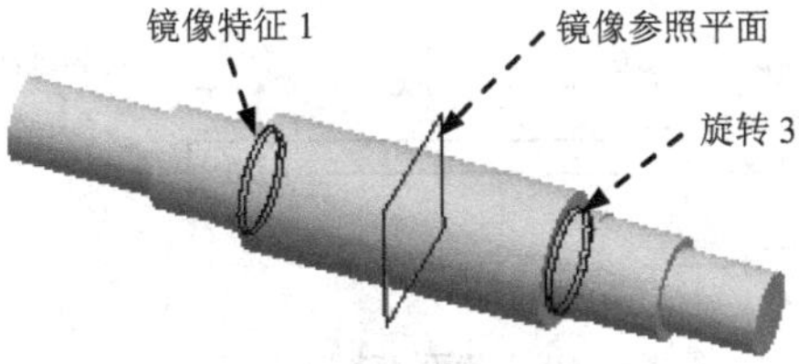

图 3.33.12 镜像特征 1

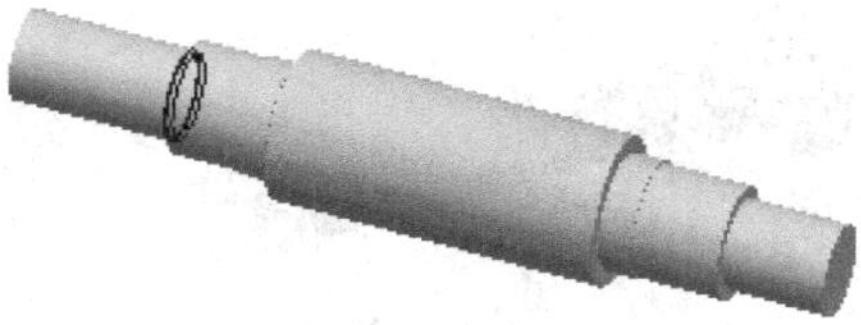

图 3.33.13 旋转切削特征 4

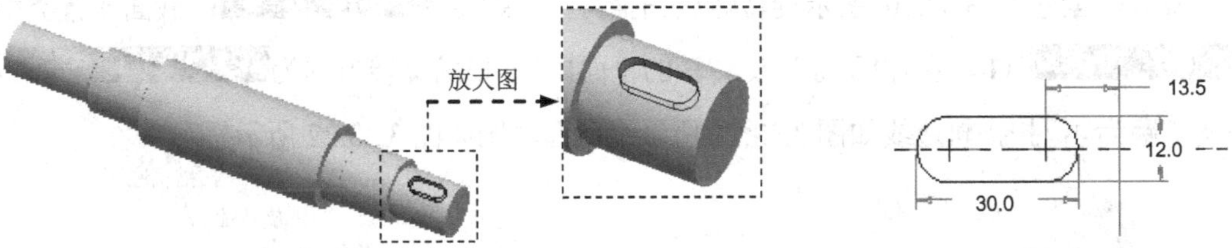

a）拉伸切削特征 1　　b）截面草图

图 3.33.14 拉伸切削特征 1

Step7. 创建图 3.33.15 所示的拉伸切削特征 2（键槽 2）。

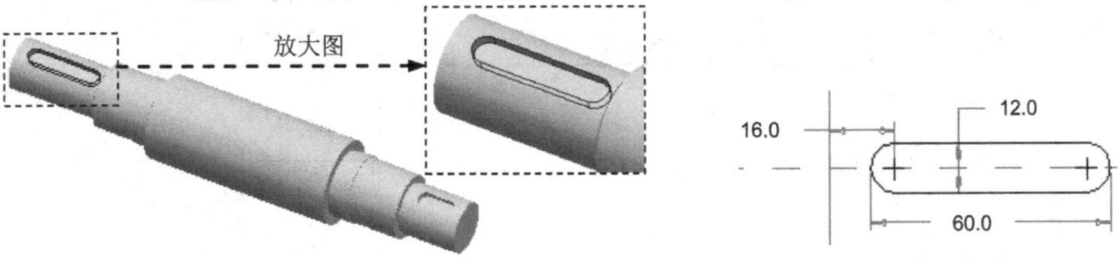

a）拉伸切削特征 2　　b）截面草图

图 3.33.15 拉伸切削特征 2

Step8. 创建图 3.33.16 所示的倒角特征（可以分步进行，也可以一次创建完成）。

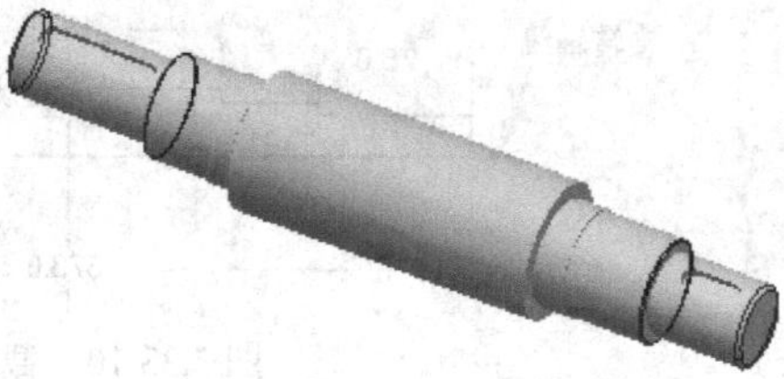

图 3.33.16 倒角特征

习题 3

创建图 3.33.17 所示的传动轴模型，操作提示如下：

Step1. 新建一个零件的三维模型，将零件的模型命名为 transmisson_shaft.prt。

Step2. 创建图 3.33.18 所示的旋转特征，截面草图如图 3.33.19 所示，深度类型为，深度值为 360.0。

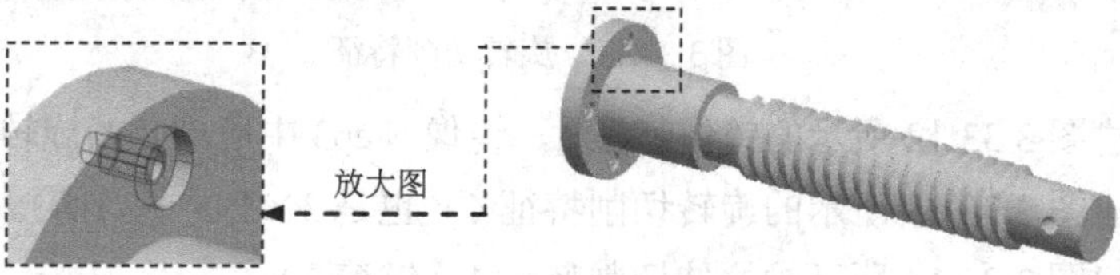

图 3.33.17 零件模型

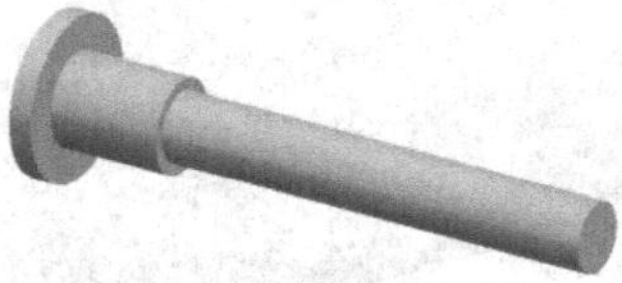

图 3.33.18 旋转特征

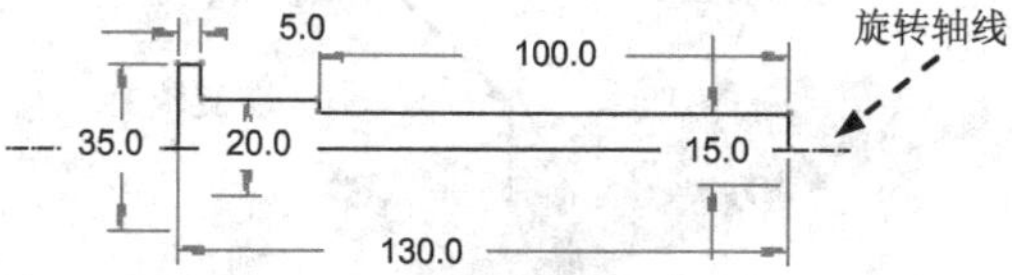

图 3.33.19 截面草图

Step3. 创建图 3.33.20 所示旋转螺旋扫描特征。螺距为 Constant（常数）；截面放置类型为 Thru Axis（穿过轴）（即截面位于穿过旋转轴的平面内）；扫描旋转方向为 Right Handed（右手定则），螺旋节距为 4；扫描轨迹线如图 3.33.21 所示；截面草图如图 3.33.22 所示。

图 3.33.20 螺旋扫描

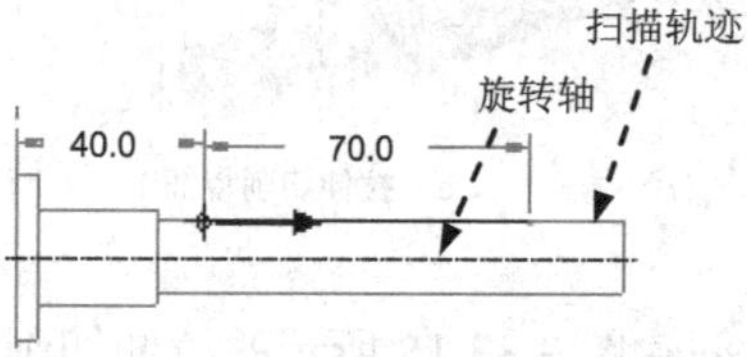

图 3.33.21 螺旋的扫描轨迹线

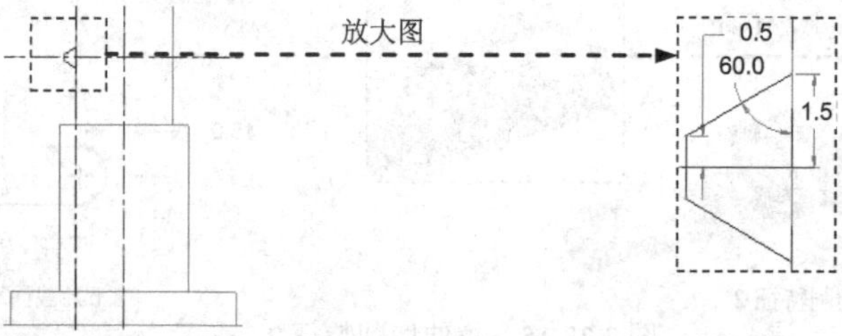

图 3.33.22 截面草图

Step4. 创建图 3.33.23 所示的孔特征 1。孔轴线位置如图 3.33.23 所示，孔类型为；孔为“ISO 螺孔标准”并按下“螺纹”按钮和“沉头孔”，螺孔大小为 M2×.4，深度类型为。

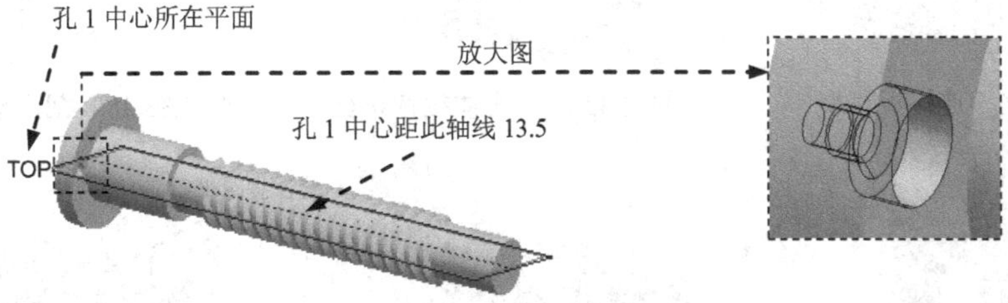

图 3.33.23 孔特征 1

Step5. 阵列 Step4 中所创建的孔特征 1，阵列类型为轴阵列，阵列后的特征如图 3.33.24 所示。

Step6. 创建图 3.33.25 所示的孔特征 2。孔轴线位置如图 3.33.25 所示，轴线所在平面为 TOP 基准平面，距次参照平面 2 的距离为 8.0；孔类型为直孔，直径为 4.0，深度类型为。

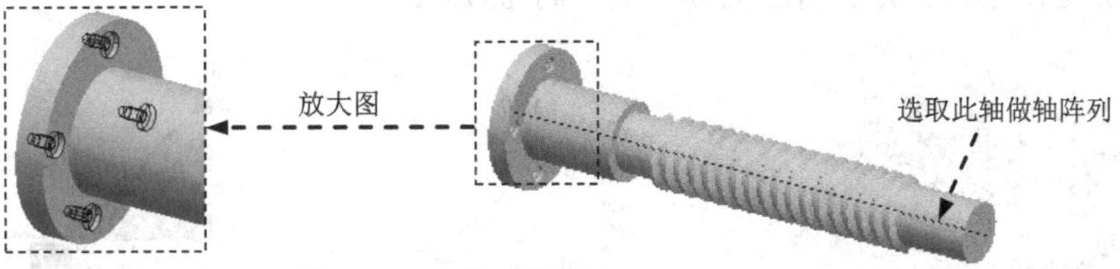

图 3.33.24 阵列特征 1

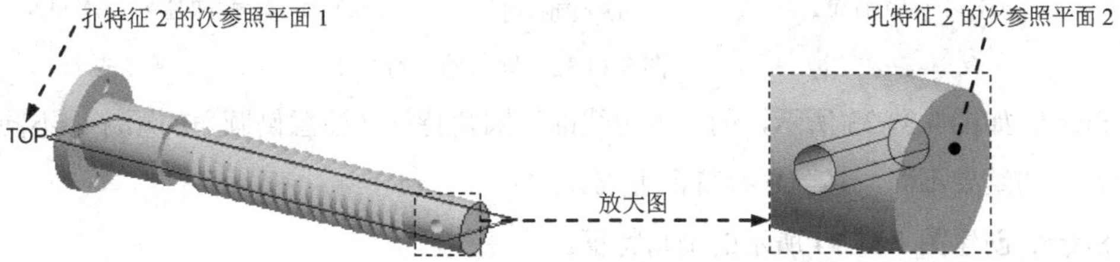

图 3.33.25 孔特征 2

习题 4

创建图 3.33.26 所示的连接板模型，操作提示如下（所缺尺寸可自行确定）：

Step1. 新建一个零件的三维模型，将零件的模型命名为 connection_board.prt。

Step2. 创建图 3.33.27 所示的实体拉伸特征，截面草图如图 3.33.28 所示，拉伸类型为，拉伸厚度为 300.0。

Step3. 创建图 3.33.29 所示的倒圆角特征 1。

Step4. 创建图 3.33.30 所示的孔特征 1、2。

Step5. 创建图 3.33.31 所示的镜像特征 1，镜像 Step4 中创建的孔特征 1、2。

图 3.33.26 连接板模型

图 3.33.27 实体拉伸特征

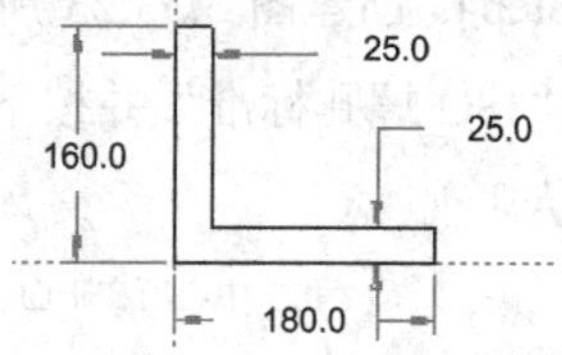

图 3.33.28 截面草图

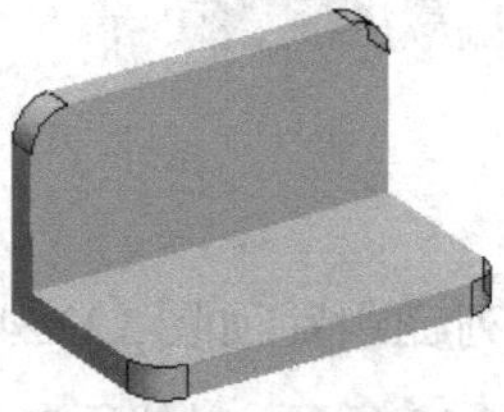

图 3.33.29 倒圆角特征 1

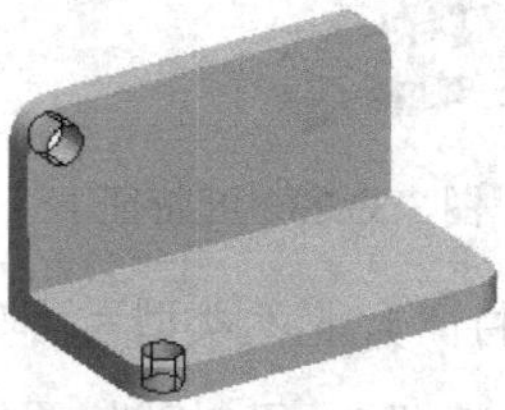

图 3.33.30 孔特征 1、2

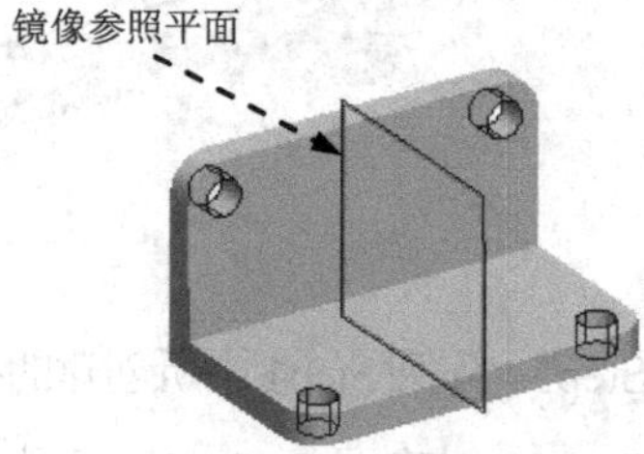

图 3.33.31 镜像特征 1

Step6. 创建图 3.33.32 所示的筋（肋）特征 1。.

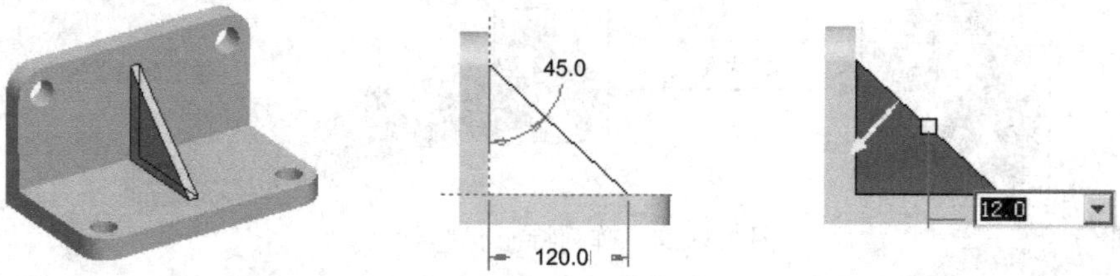

a）筋（肋）特征 1　　b）截面草图　　c）加材料方向及筋（肋）的厚度

图 3.33.32 筋（肋）特征 1

Step7. 如图 3.33.33 所示，创建各边线的倒圆角特征（注意倒圆角的顺序，不同的顺序可能得出的结果不同，甚至导致特征生成失败）。

Step8. 创建图 3.33.34 所示的倒角特征。

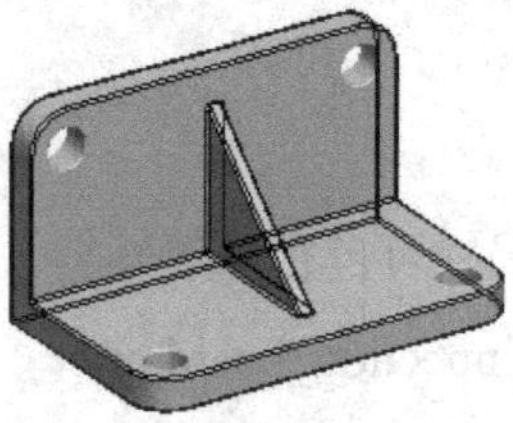

图 3.33.33 各个倒圆角特征

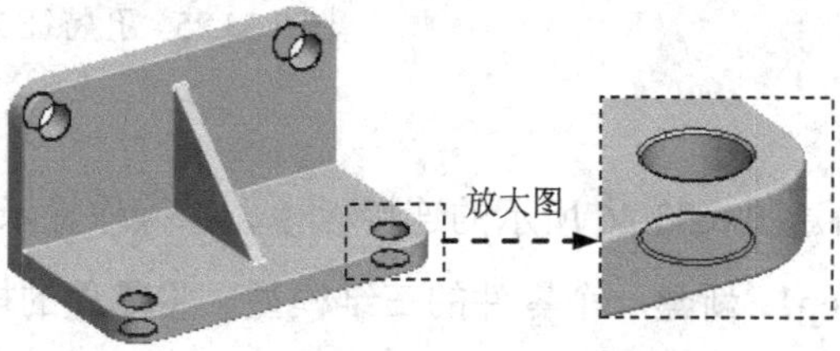

图 3.33.34 倒角特征

习题 5

创建图 3.33.35 所示的幸运星模型，操作提示如下：

Step1. 新建一个零件的三维模型，将零件的模型命名为 lucky_star.prt。

Step2. 创建图 3.33.36 所示的实体拉伸特征 1（轴阵列），截面草图如图 3.33.37 所示。深度类型为，深度值为 4.0。

图 3.33.35 零件模型

图 3.33.36 实体拉伸特征 1

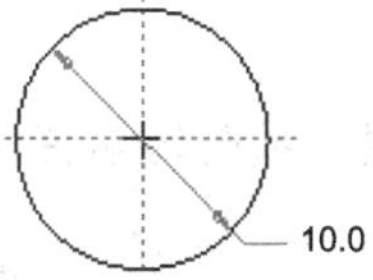

图 3.33.37 截面草图

Step3. 创建图 3.33.38a 所示的实体拉伸特征 2。深度类型为，深度值为 3.5。

Step4. 创建图 3.33.39 所示的阵列特征 1（轴阵列）。选择拉伸特征 2，选取图 3.33.39 中的轴线作为阵列的中心轴。

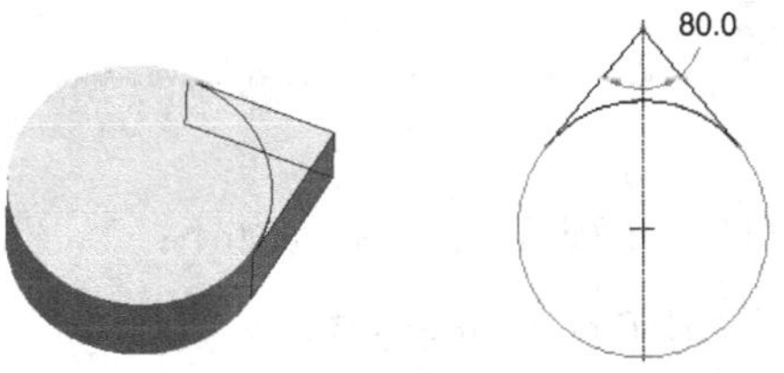

a）拉伸特征 2　　b）截面草图

图 3.33.38 实体拉伸特征 2

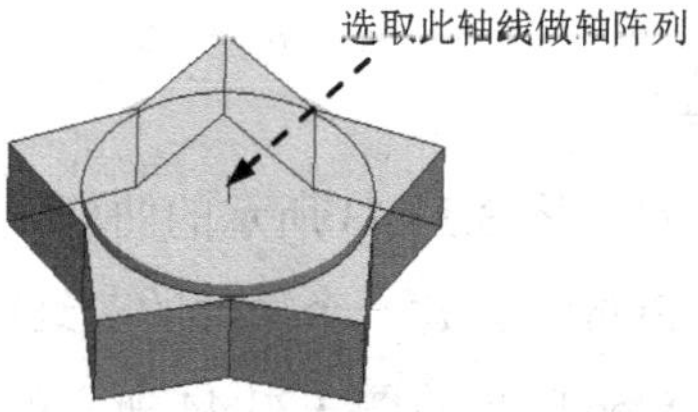

图 3.33.39 阵列特征 1

Step5. 创建图 3.33.40a 所示的旋转切削特征 1。

Step6. 创建倒圆角特征。

（1）创建图 3.33.41a 所示的倒圆角特征 1。

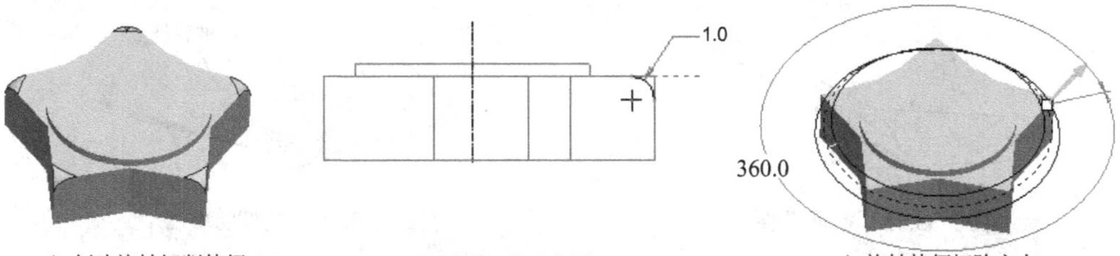

a）创建旋转切削特征 1　　b）旋转特征截面草图　　c）旋转特征切除方向

图 3.33.40 旋转切削特征 1

（2）创建图 3.33.41b 所示的倒圆角特征 2。

（3）创建图 3.33.41c 所示的倒圆角特征 3。

（4）创建图 3.33.41d 所示的倒圆角特征 4。

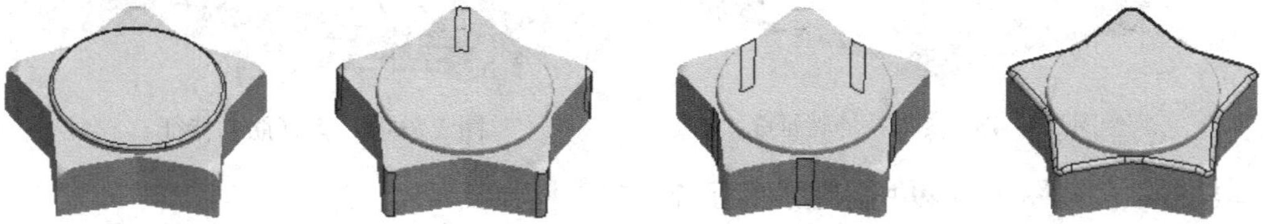

a）创建倒圆角特征 1　　b）创建倒圆角特征 2　　c）创建倒圆角特征 3　　d）创建倒圆角特征 4

图 2.33.41 倒圆角特征

Step7. 创建图 3.33.42a 所示的壳特征，要除去的曲面如图 3.33.42b 所示，抽壳厚度为 0.08。

注意：抽壳的厚度过大可能导致特征生成失败。

a）抽壳特征　　b）旋转特征截面草图

图 3.33.42　壳特征

习题 6

创建图 3.33.43 所示的曲柄模型（所缺尺寸可自行确定），操作提示如下：

Step1. 新建一个零件的三维模型，将零件的模型命名为 crank.prt。

Step2. 创建图 3.33.44 所示的实体拉伸特征 1，截面草图如图 3.33.45 所示。

Step3. 创建图 3.33.46 所示的实体拉伸特征 2。

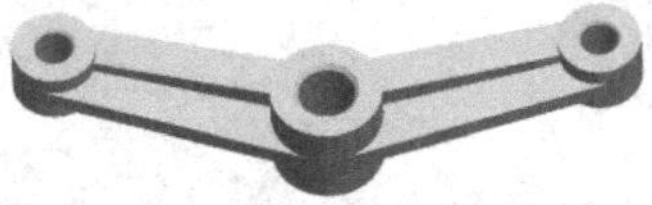

图 3.33.43　零件模型

图 3.33.44　实体拉伸特征 1

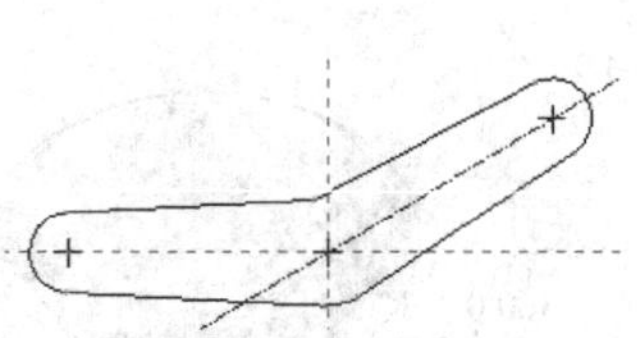

图 3.33.45　截面草图

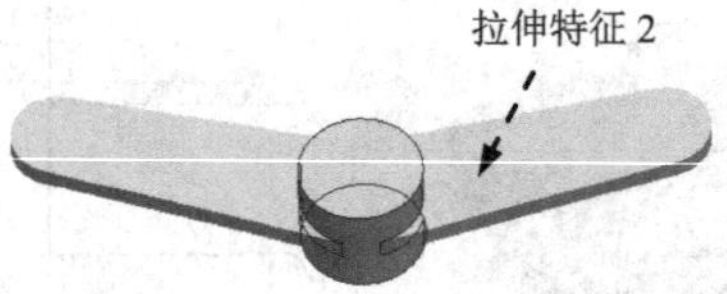

图 3.33.46　拉伸特征 2

Step4. 创建图 3.33.47 所示的实体拉伸特征 3。

Step5. 创建图 3.33.48 所示的四个筋（肋）特征（可使用复制、镜像等操作）。

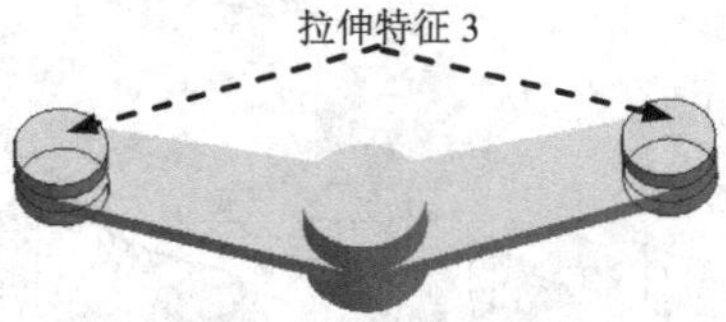

图 3.33.47　实体拉伸特征 3

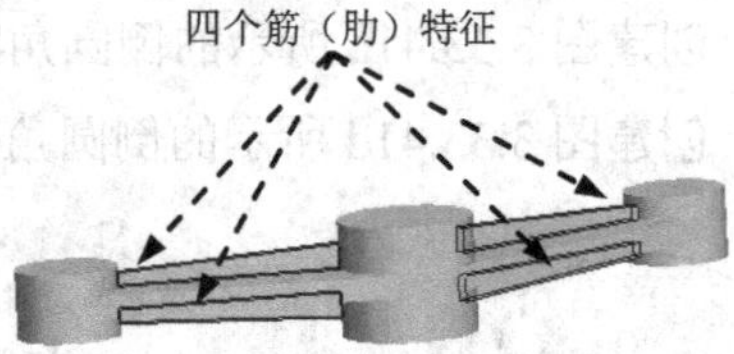

图 3.33.48　筋（肋）特征

Step6. 创建图 3.33.49 所示的孔特征 1。

Step7. 创建图 3.33.50 所示的孔特征 2、3。

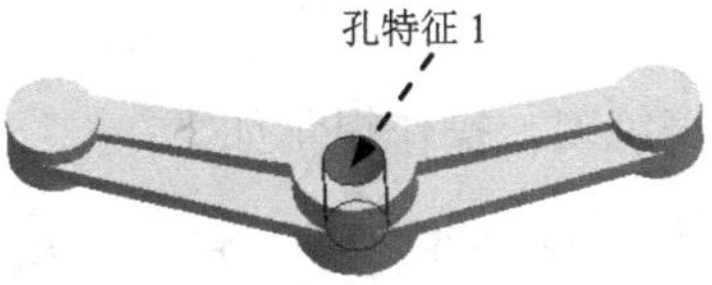

图 3.33.49 孔特征 1

图 3.33.50 孔特征 2、3

Step8. 创建图 3.33.51 所示的倒角特征 1。

Step9. 创建图 3.33.52 所示的倒角特征 2。

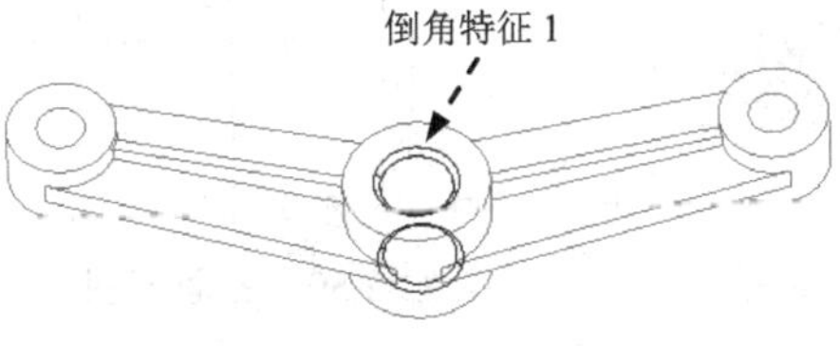

图 3.33.51 倒角特征 1

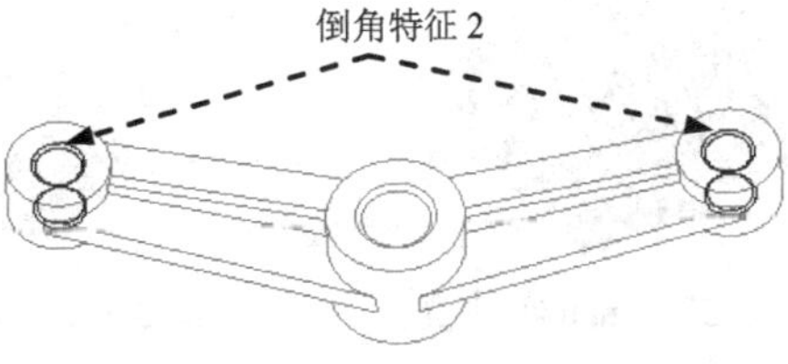

图 3.33.52 倒角特征 2

习题 7

创建图 3.33.53 所示的“热得快”模型（所缺尺寸可自行确定），操作提示如下：

Step1. 新建一个零件的三维模型，将零件的模型命名为 liquids_electric_heater.prt。

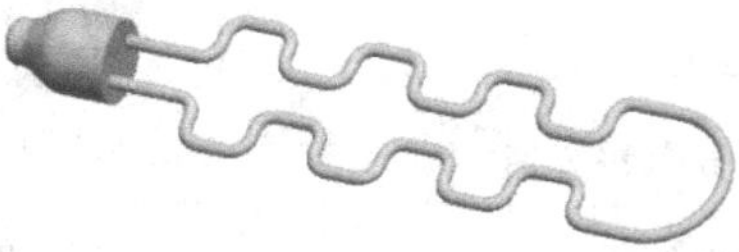

图 3.33.53 零件模型

Step2. 创建图 3.33.54 所示的旋转特征。

Step3. 创建扫描特征。扫描轨迹如图 3.33.55 所示；扫描截面如图 3.33.56 所示。

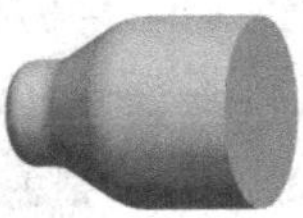

图 3.33.54 旋转特征

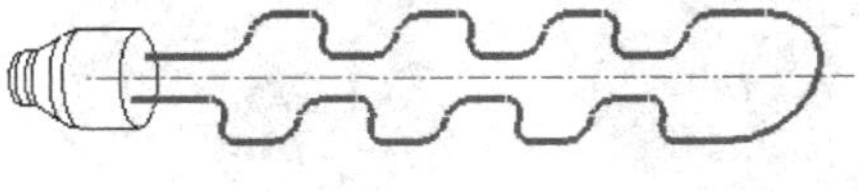

图 3.33.55 草绘扫描轨迹

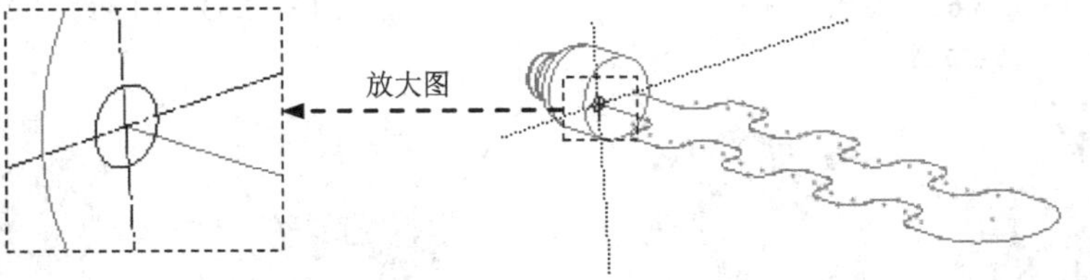

图 3.33.56 扫描截面（从空间位置看）

习题 8

创建图 3.33.57 所示的 shell.prt 模型，并进行抽壳练习。操作提示如下：

Step1. 新建一个零件的三维模型，将零件的模型命名为 shell.prt。

Step2. 创建图 3.33.58 所示的混合特征，两截面草图如图 3.33.59 所示，两截面深度为 70。

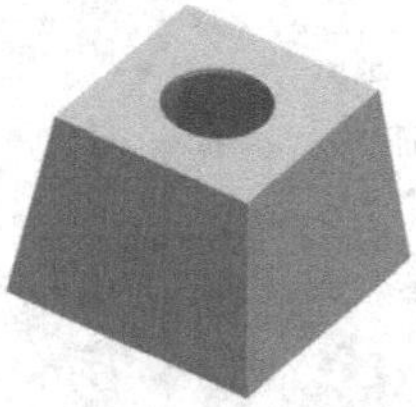

图 3.33.57 shell 零件模型

图 3.33.58 混合特征

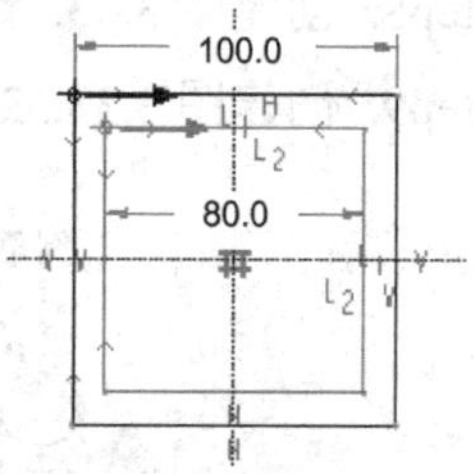

图 3.33.59 截面草图

Step3. 创建图 3.33.60a 所示的旋转切削特征，截面草图如图 3.33.60b 所示。

Step4. 对 shell 进行抽壳。选取图 3.33.61 所示的面为抽壳要去除的面，抽壳厚度为 2.0。

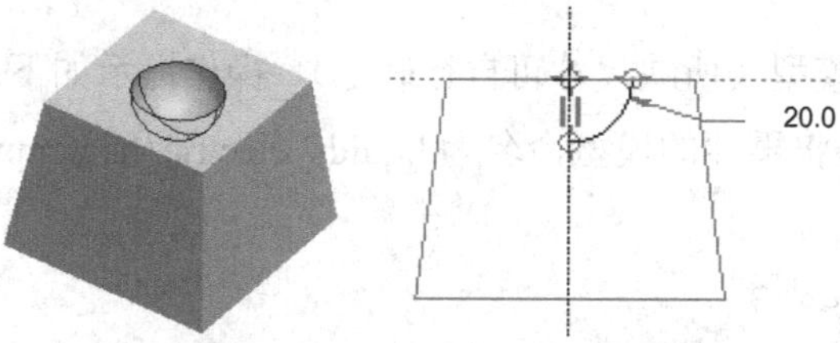

a）旋转切削特征 1　　b）截面草图

图 3.33.60 旋转切削特征 1

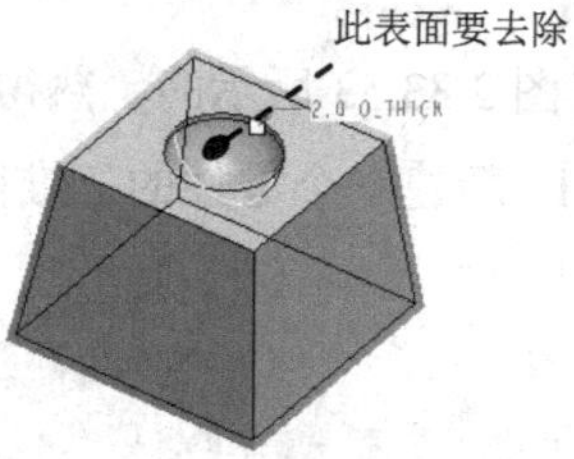

图 3.33.61 抽壳特征

Step5. 进行图 3.33.62～图 3.33.65 所示的抽壳练习，选取不同的要去除的面，会得到不同的抽壳结果。

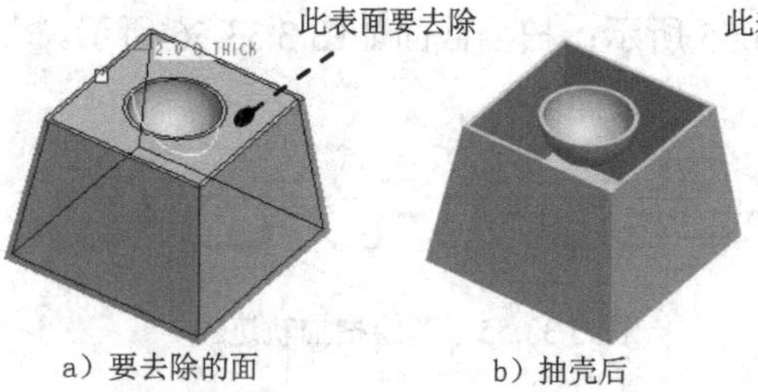

a）要去除的面　　b）抽壳后

图 3.33.62 抽壳练习 1

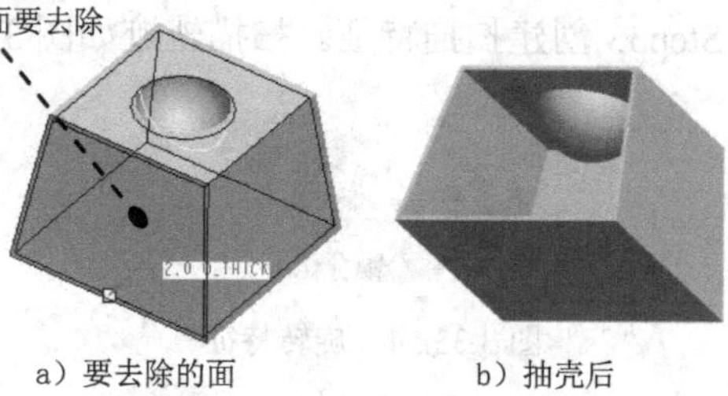

a）要去除的面　　b）抽壳后

图 3.33.63 抽壳练习 2

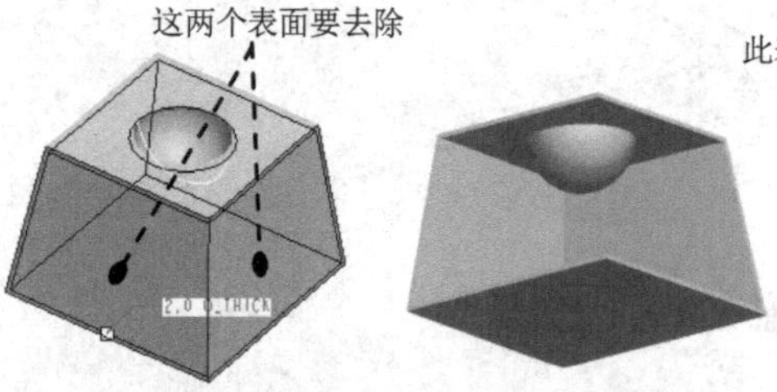

a）要去除的面　　b）抽壳后

图 3.33.64 抽壳练习 3

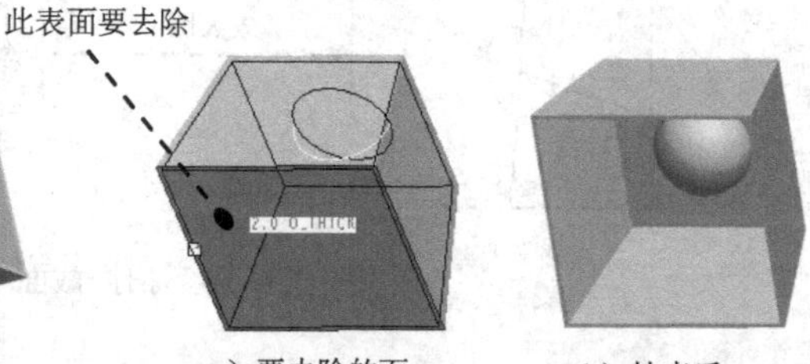

a）要去除的面　　b）抽壳后

图 3.33.65 抽壳练习 4

习题 9

创建图 3.33.66 所示的手轮模型（所缺尺寸可自行确定），操作提示如下：

Step1. 新建一个零件的三维模型，将零件的模型命名为 handwheel.prt。

Step2. 创建图 3.33.67a 所示的旋转特征，特征截面形状如图 3.33.67b 所示。

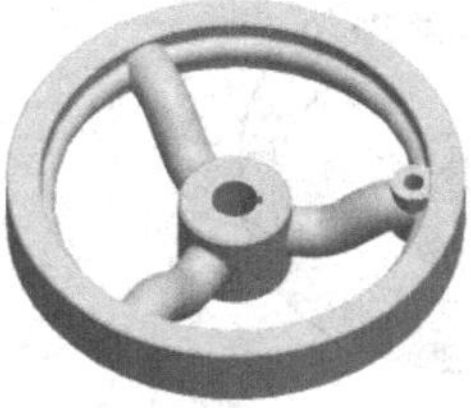

图 3.33.66　手轮模型

a）旋转特征　　b）旋转特征截面形状

图 3.33.67　旋转特征

Step3. 创建图 3.33.68 所示的拉伸特征。

Step4. 创建图 3.33.69a 所示的扫描特征，其扫描轨迹如图 3.33.69b 所示。

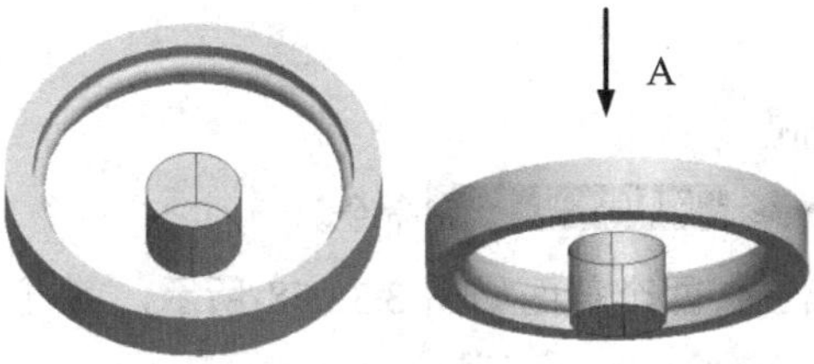

从 A 向看

图 3.33.68　拉伸特征

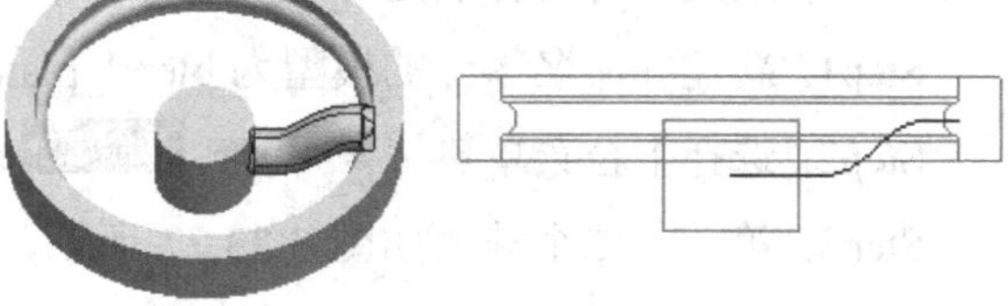

a）扫描特征　　b）扫描轨迹

图 3.33.69　扫描特征及扫描轨迹

Step5. 添加阵列特征，阵列 Step4 中所创建的扫描特征，如图 3.33.70 所示。

Step6. 创建图 3.33.71a 所示的拉伸特征 2，截面形状如图 3.33.71b 所示。

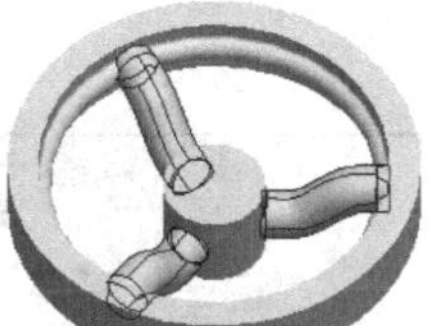

图 3.33.70　阵列特征

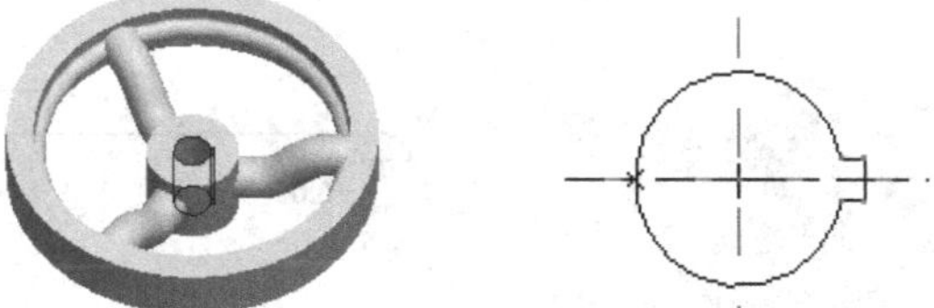

a）拉伸特征 2　　b）截面形状

图 3.33.71　拉伸特征 2 及截面草图

Step7. 创建图 3.33.72 所示的拉伸特征 3。

Step8. 创建图 3.33.73 所示的螺纹孔。

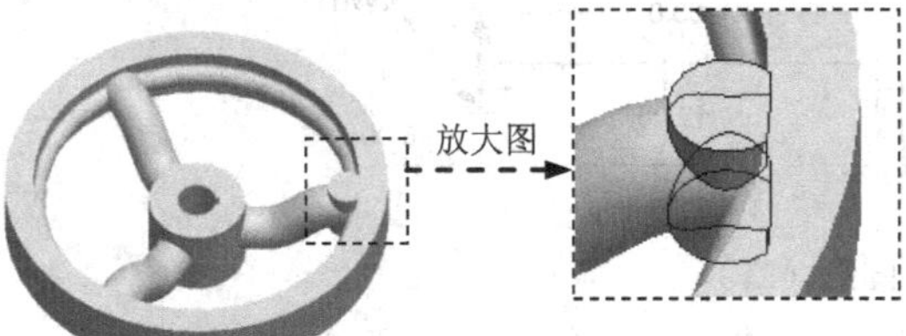

图 3.33.72　拉伸特征 3

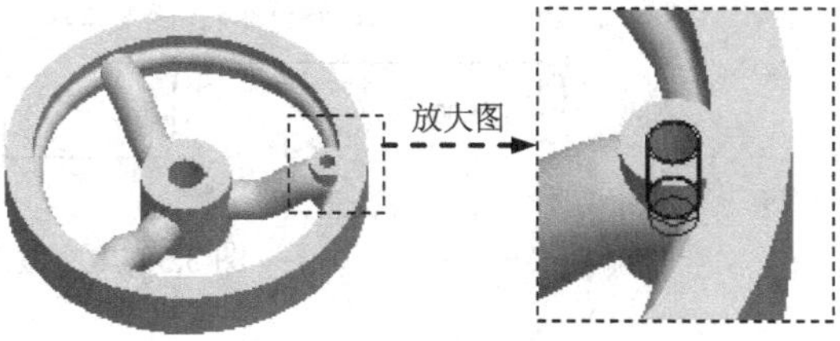

图 3.33.73　螺纹孔

Step9. 创建图 3.33.74 所示的倒圆角特征。

Step10. 创建图 3.33.75 所示的倒角特征。

注意：倒圆角的顺序若安排不当，则可能导致特征生成失败，或者生成的倒圆角凌乱、不圆滑。

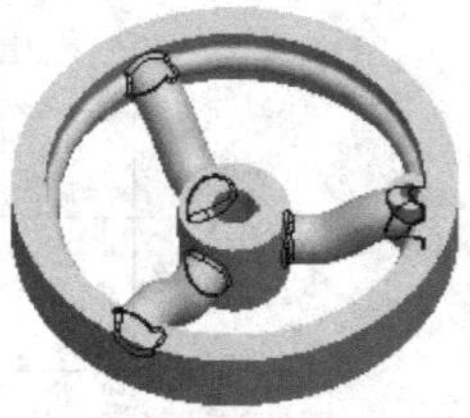

图 3.33.74 倒圆角

图 3.33.75 倒角

习题 10

本习题是一个薄板混合特征，它由六个截面组成，零件模型如图 3.33.76 所示，操作提示如下（所缺尺寸可自行确定）：

Step1. 新建并命名零件的模型为 blend_plate.prt。

Step2. 选择下拉菜单 插入(I) → 混合(B) ▸ → 薄板伸出项(T)... 命令。

Step3. 第一、二个截面如图 3.33.77 所示，第三、四个截面如图 3.33.78 所示，第五、六个截面如图 3.33.77 所示。

Step4. 薄板厚度值为 1.5。

Step5. 第二截面到第一截面的距离为 100，第三截面到第二截面的距离为 50，第四截面到第三截面的距离为 100，第五截面到第四截面的距离为 50，第六截面到第五截面的距离为 100。

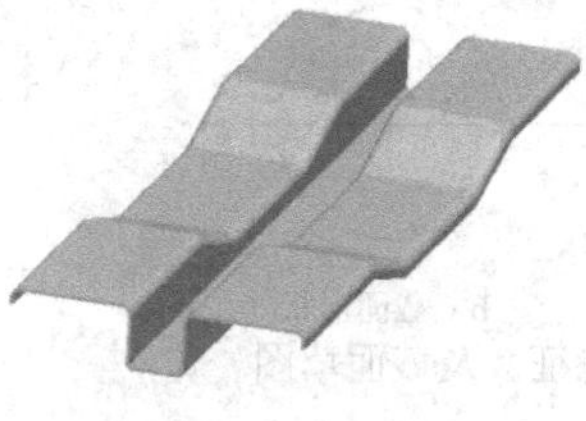

图 3.33.76 模型

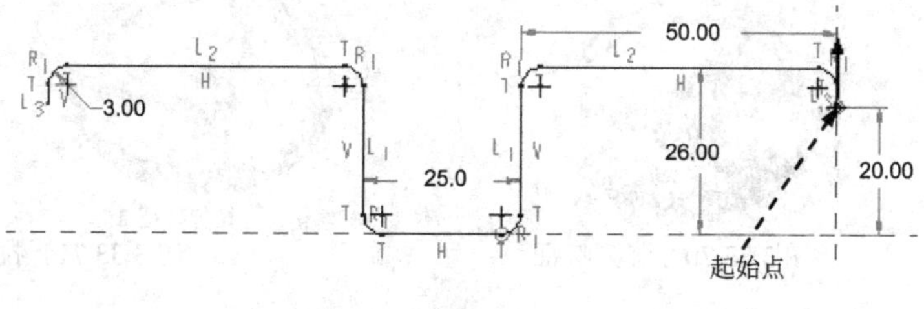

图 3.33.77 截面图形（一）

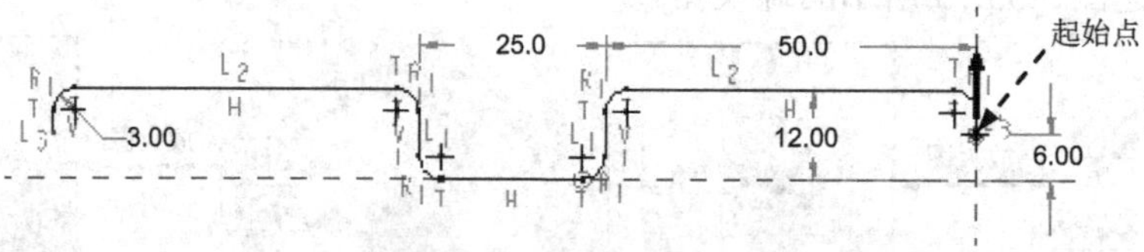

图 3.33.78 截面图形（二）

习题 11

本习题主要运用了实体拉伸、扫描、倒圆角和抽壳等命令，零件模型如图 3.33.79 所示（所缺尺寸可自行确定）。操作提示如下：

Step1. 新建一个零件的三维模型，将零件的模型命名为 up_cover.prt。

Step2. 创建图 3.33.80 所示的零件基础特征——实体拉伸特征。截面草图如图 3.33.81 所示，深度值为 200.0。

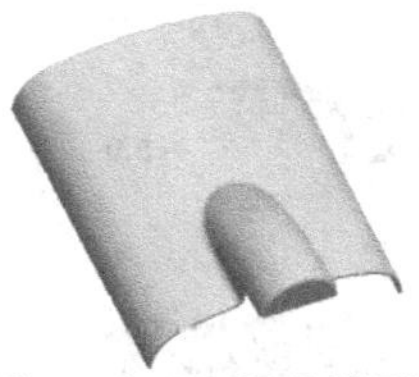
图 3.33.79 零件模型

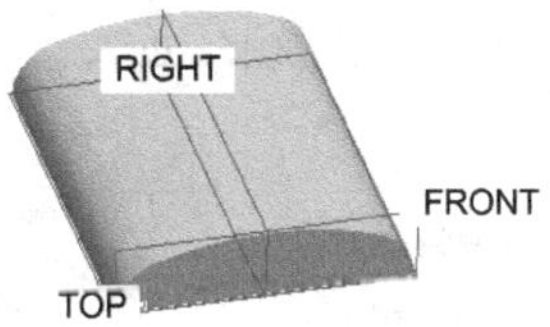

图 3.33.80 拉伸特征

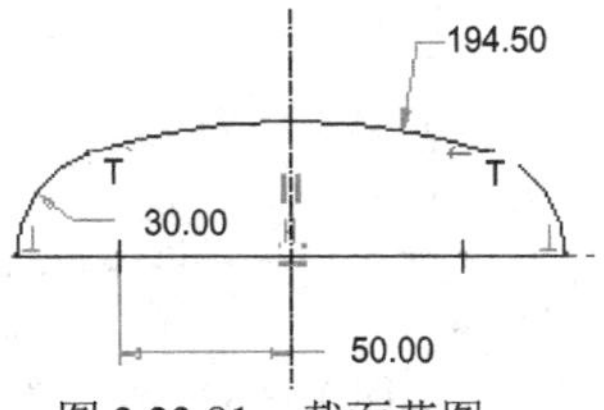

图 3.33.81 截面草图

Step3. 创建图 3.33.82 所示的伸出项扫描特征。轨迹草图及标注如图 3.33.83 所示，扫描截面草图如图 3.33.84 所示。

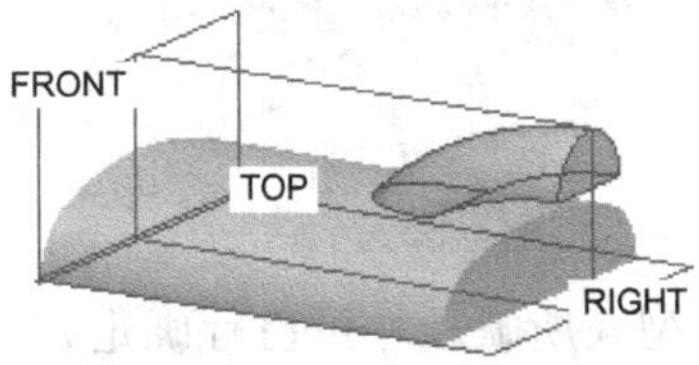

图 3.33.82 添加扫描特征

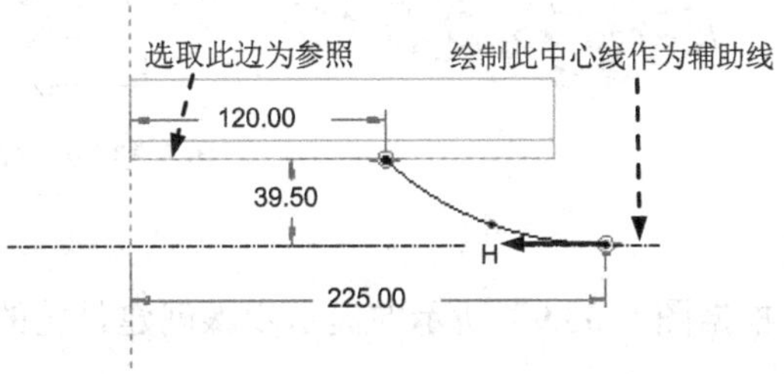

图 3.33.83 绘制并标注轨迹草图

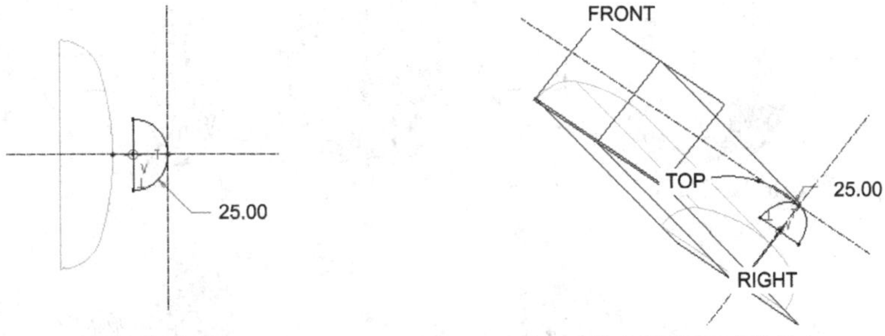

a）与屏幕平行的状态　　b）与屏幕不平行的状态

图 3.33.84 截面草图

Step4. 创建图 3.33.85 所示的零件实体拉伸特征。特征的截面草图如图 3.33.86 所示（四条边线均为“使用边”）；拉伸方式为 （即至曲面），然后选取图 3.33.85 所示的曲面。

Step5. 创建图 3.33.87 所示的圆角特征，圆角半径值为 3.0。

Step6. 创建图 3.33.88 所示的圆角特征，圆角半径值为 5.0。

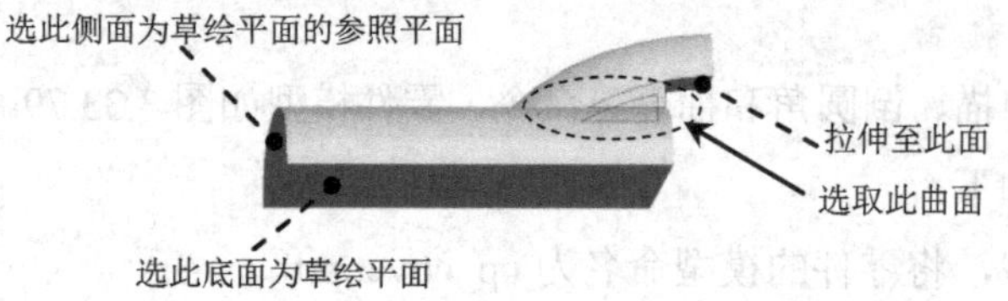

图 3.33.85　实体拉伸特征

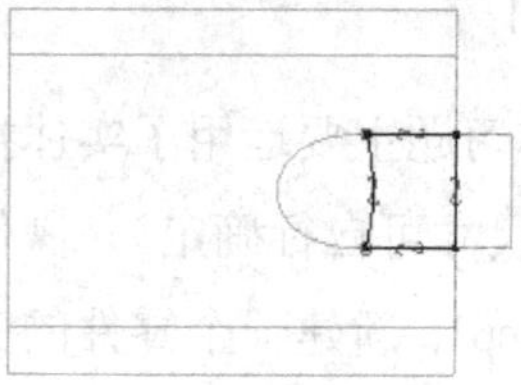

图 3.33.86　截面草图

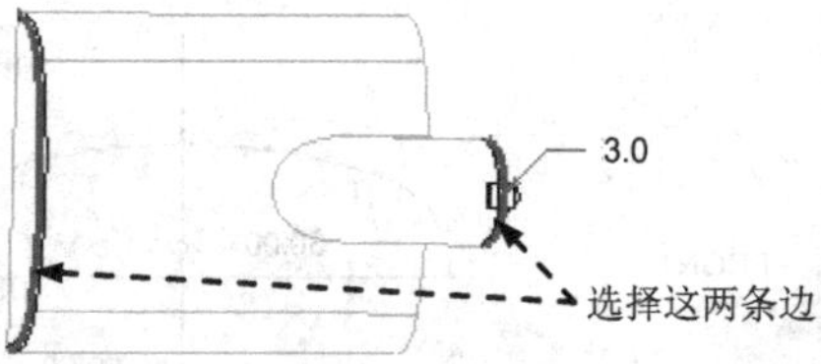

图 3.33.87　添加圆角特征

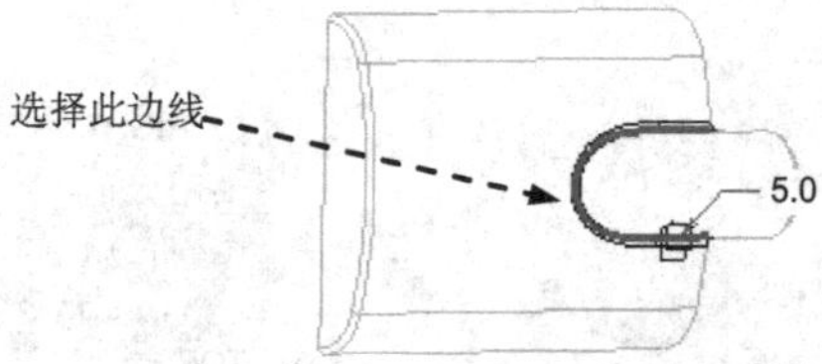

图 3.33.88　添加圆角特征

Step7. 创建抽壳特征，要去除的面如图 3.33.89 所示，壁厚值为 2.0。

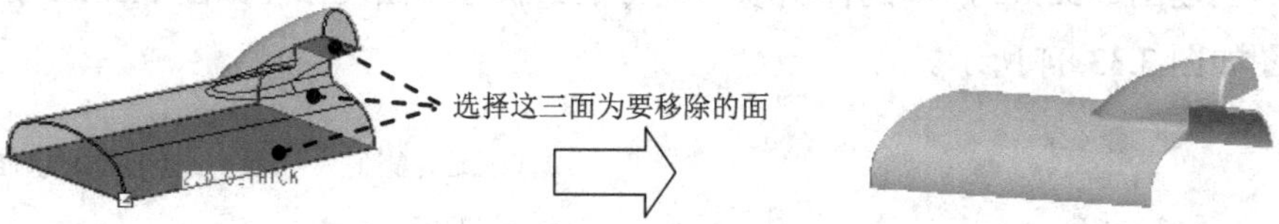

图 3.33.89　抽壳特征

习题 12

根据图 3.33.90 所示的提示步骤创建带轮的三维模型（所缺尺寸可自行确定），将零件的模型命名为 strap_wheel.prt。

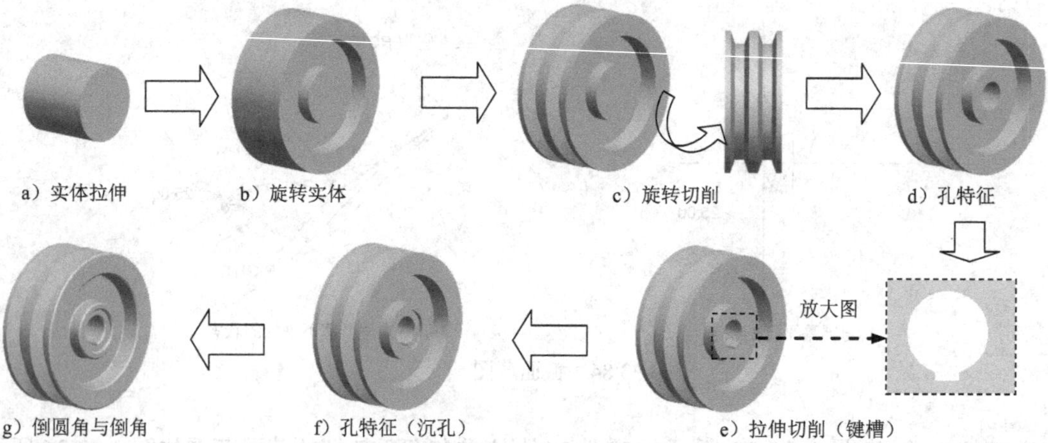

图 3.33.90　带轮三位模型的创建步骤

习题 13

根据图 3.33.91 及图 3.33.92 所示的基座（base.prt）的各个视图，创建零件三维模型（所缺尺寸可自行确定）。

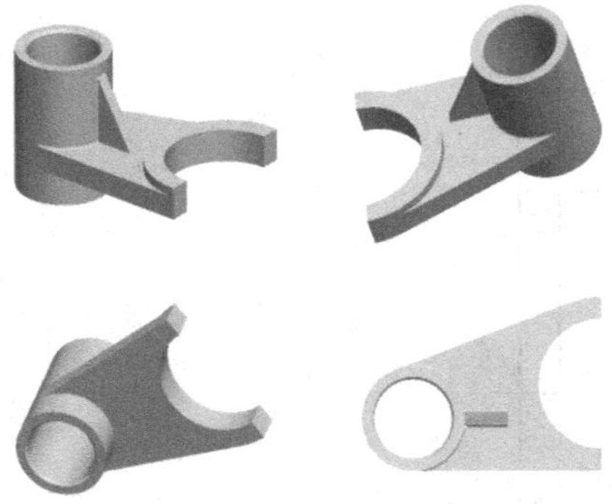

图 3.33.91 bracket.prt 的各个方位视图

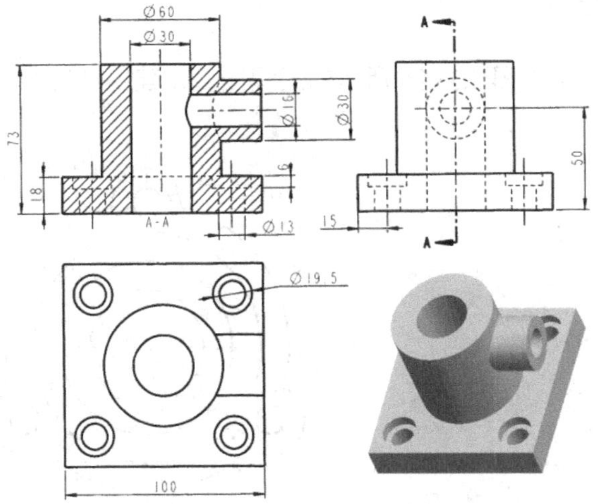

图 3.33.92 基座的视图及尺寸

习题 14

根据图 3.33.93 所示的轴承座（bearing_best）各个视图，创建零件三维模型（所缺尺寸可自行确定）。

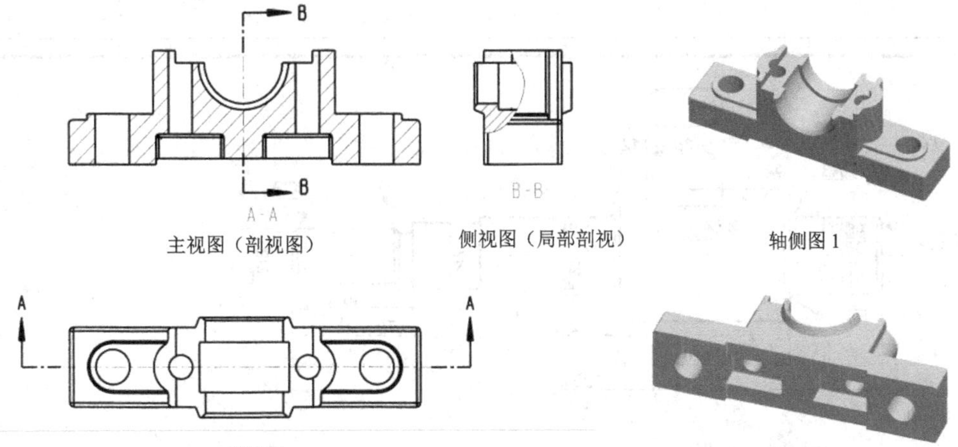

主视图（剖视图） 侧视图（局部剖视） 轴侧图 1

俯视图 轴侧图 2

图 3.33.93 轴承座的各个视图

习题 15

根据图 3.33.94 所示的工程图，创建零件三维模型——螺钉（bolt.prt）。

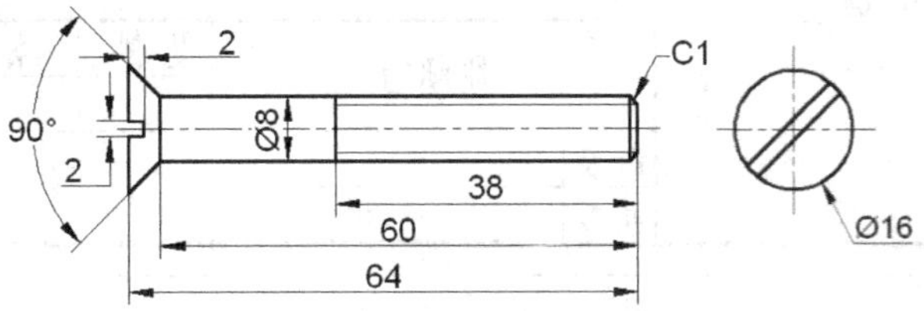

图 3.33.94 螺钉工程图

习题 16

根据图 3.33.95 所示的工程图，创建零件三维模型——法兰盘（flange_plate.prt）。

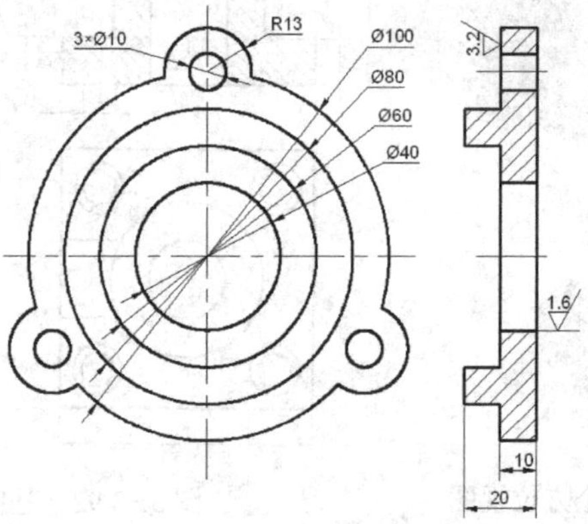

图 3.33.95 法兰盘工程图

习题 17

根据图 3.33.96 所示的工程图，创建零件三维模型——阶梯轴（shaft.prt）。

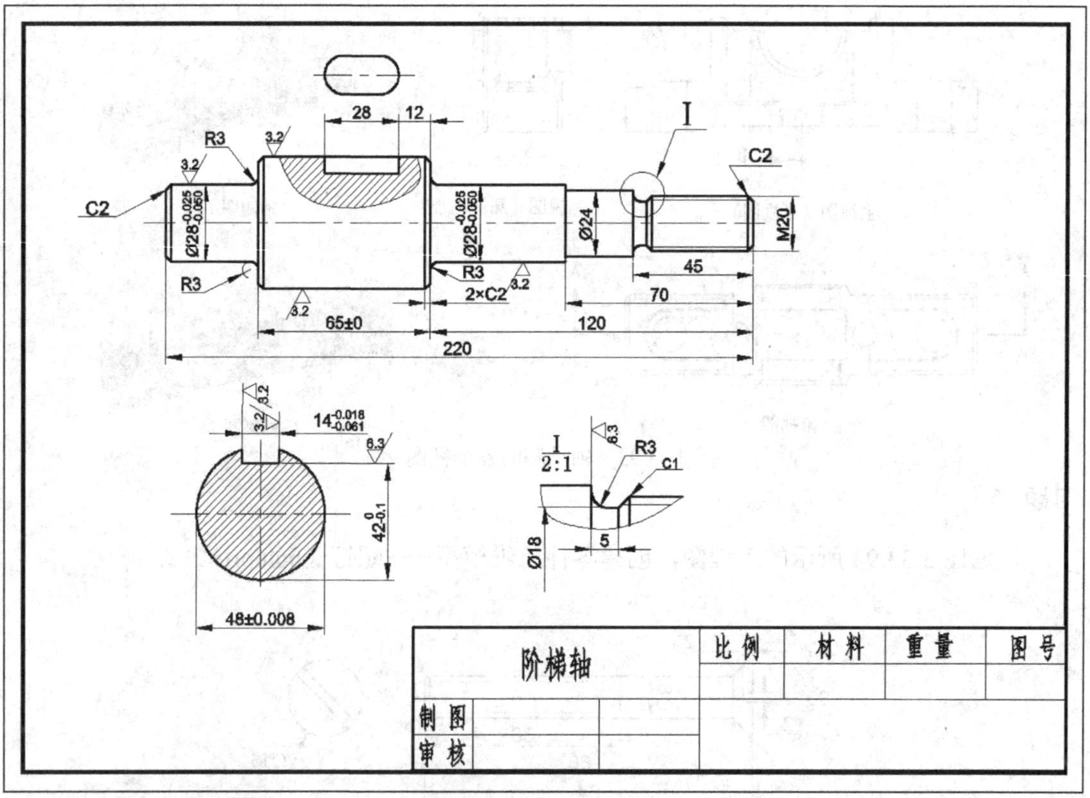

图 3.33.96 阶梯轴工程图

习题 18

根据图 3.33.97 所示的工程图，创建零件三维模型——齿轮箱（gear_housing.prt）。

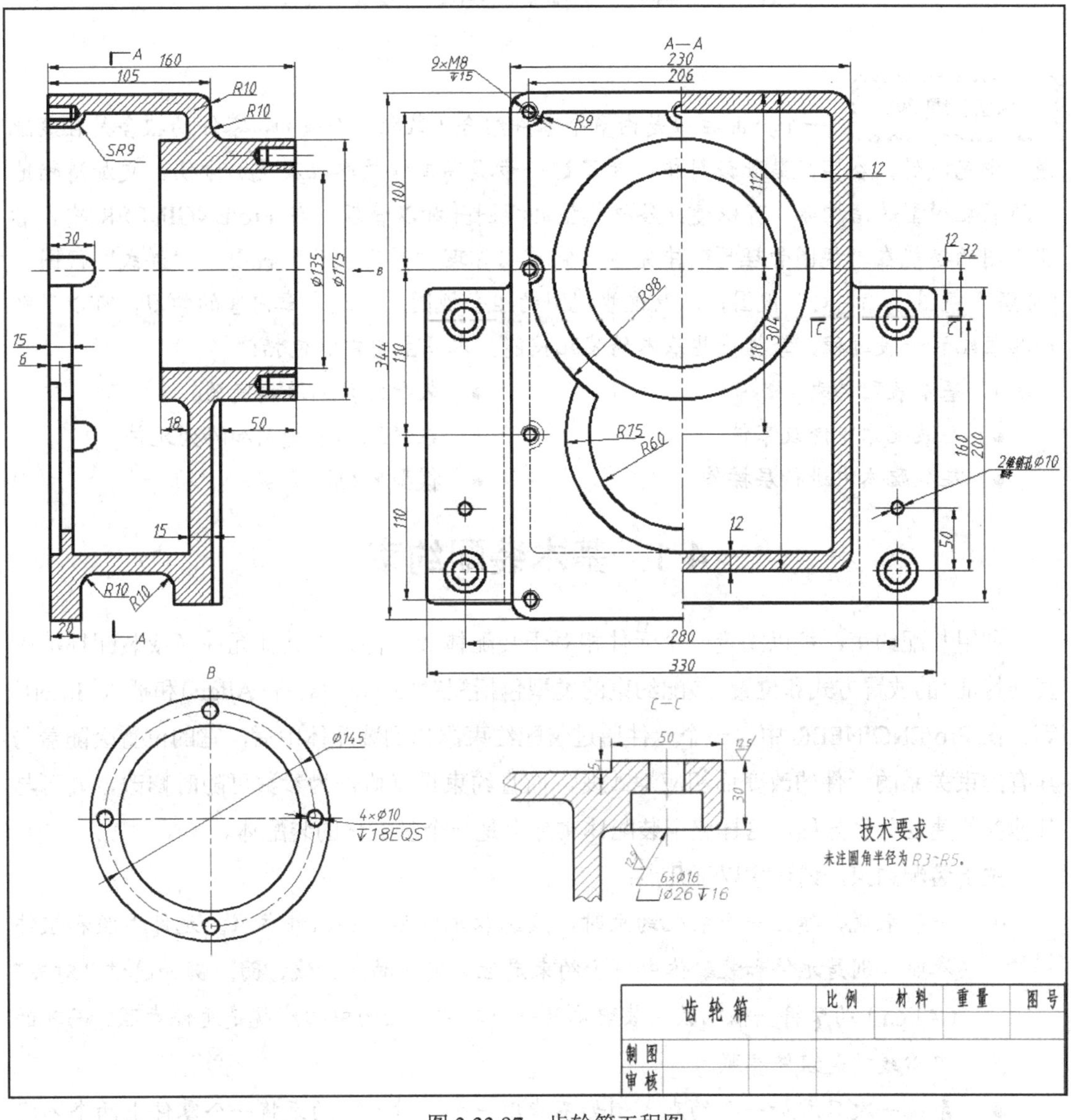

图 3.33.97　齿轮箱工程图

第4章 装配设计

本章提要 一个产品往往是由多个零件组合（装配）而成的，零件的组合是在装配模块中完成的。在实际装配设计中，为了进一步提高工作效率以及更加方便、更加清晰地了解装配模型的结构等，可以建立各种模型的视图并加以管理。在 Pro/ENGINEER 中，管理视图的功能在“视图管理器”中完成，它可以管理“简化表示”视图、“样式”视图、“分解”视图、“定向”视图，以及这些视图的组合视图。通过本章内容的学习，可以了解产品装配的一般过程，掌握一些基本的装配技能。本章主要内容包括：

- 基本装配约束
- 装配约束的编辑定义
- 在装配体中修改零件
- 在装配体中复制和阵列元件
- 在装配体中进行层操作
- 模型的视图管理

4.1 基本装配约束

利用装配约束，可以指定一个元件相对于装配体（组件）中其他元件（或装配环境中基准特征）的放置方式和位置。装配约束的类型包括配对（Mate）、对齐（Align）和插入（Insert）等。在 Pro/ENGINEER 中，一个元件通过装配约束添加到装配体中后，它的位置会随着与其有约束关系的元件的改变而相应地改变，而且约束设置值作为参数可随时修改，并可与其他参数建立关系方程，这样整个装配体实际上是一个参数化的装配体。

关于装配约束，请注意以下几点：

- 一般来说，建立一个装配约束时，应选取元件参照和组件参照。元件参照和组件参照分别是元件和装配体中用于约束定位和定向的点、线、面。例如通过“对齐”（Align）约束将一根轴放入装配体的一个孔中，轴的中心线就是元件参照，而孔的中心线就是组件参照。
- 系统一次只添加一个约束。例如不能用一个“对齐”约束将一个零件上两个不同的孔与装配体中的另一个零件上的两个不同的孔对齐，必须定义两个不同的对齐约束。
- 要对一个元件在装配体中完整地指定放置和定向（即完整约束），往往需要定义数个装配约束。
- 在 Pro/ENGINEER 中装配元件时，可以将多于所需的约束添加到元件上。即使从数学的角度来说，元件的位置已完全约束，也可能需要指定附加约束，以确保装配件达到设计意图。建议将附加约束限制在 10 个以内，系统最多允许指定 50 个约束。

1. “配对”约束

“配对（Mate）”约束可使装配体中的两个平面（表面或基准平面）重合并且朝向相反，如图 4.1.1b 所示；也可输入偏距值，使两个平面离开一定的距离，如图 4.1.1c 所示。

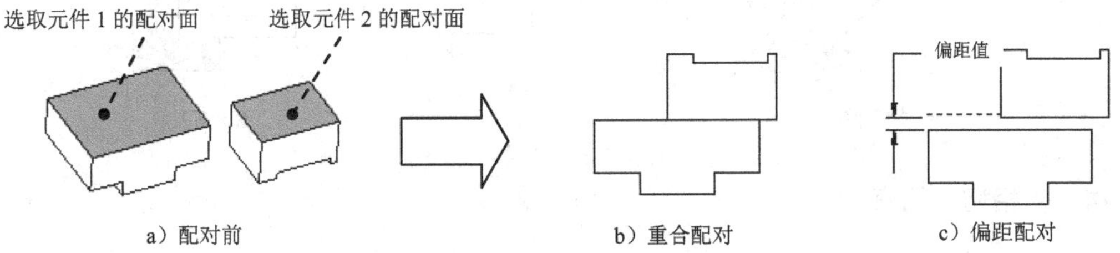

图 4.1.1　“配对”约束

2. “对齐”约束

用“对齐（Align）”约束可使装配体中的两个平面（表面或基准平面）重合并且朝向相同方向，如图 4.1.2b 所示；也可输入偏距值，使两个平面离开一定的距离，如图 4.1.2c 所示。“对齐”约束也可使两条轴线同轴，如图 4.1.3 所示，或者使两个点重合。另外，“对齐”约束还能使两条边或两个旋转曲面对齐。

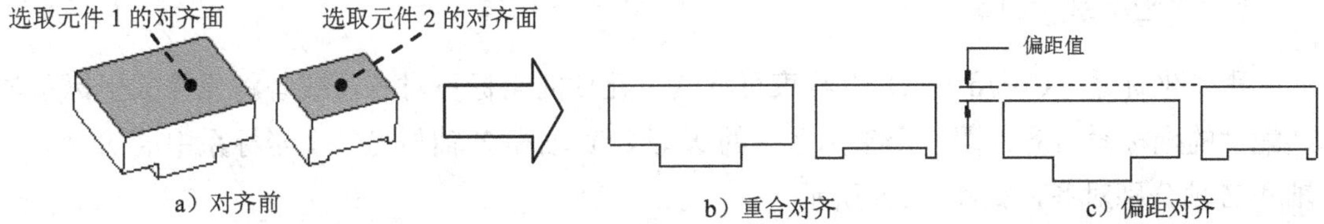

图 4.1.2　平面“对齐”约束

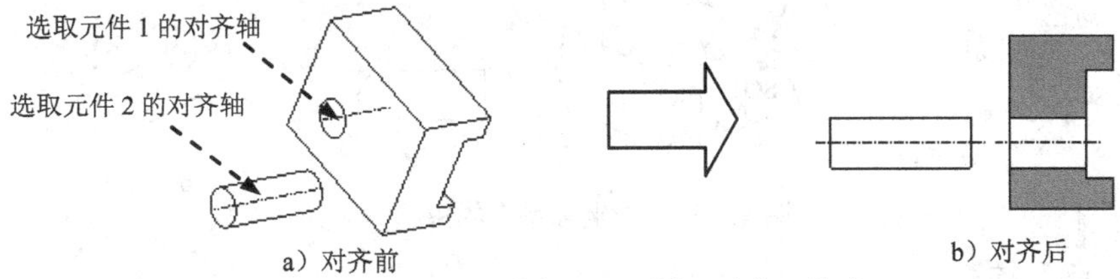

图 4.1.3　轴“对齐”约束

注意：

- 使用“配对”和“对齐”约束时，两个参照必须为同一类型（例如平面对平面、旋转曲面对旋转曲面、点对点、轴线对轴线）。旋转曲面指的是通过旋转一个截面，或者通过拉伸圆弧/圆而形成的一个曲面。只能在放置约束中使用下列曲面：平面、圆柱面、圆锥面、环面和球面。
- 使用“配对”和“对齐”并输入偏距值后，系统将显示偏距方向，对于反向偏距，要用负偏距值。

3. “插入”约束

“插入（Insert）”约束可使两个装配元件中的两个旋转面的轴线重合，注意：两个旋转曲面的直径不要求相等。当轴线选取无效或不方便时，可以用这个约束，如图 4.1.4 所示。

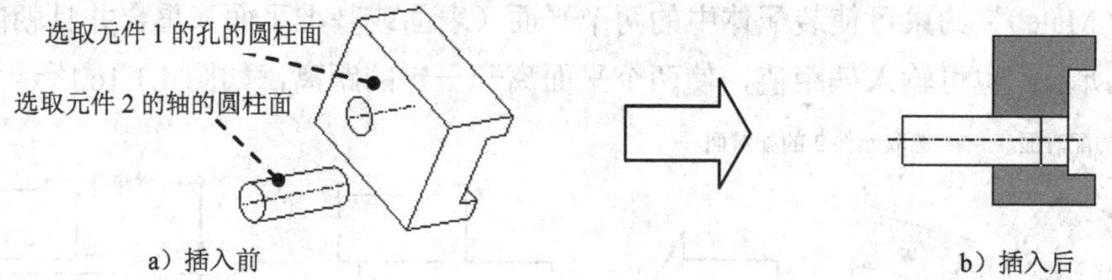

图 4.1.4 “插入”约束

4. “相切”约束

用“相切（Tangent）”约束可控制两个曲面相切，如图 4.1.5 所示。

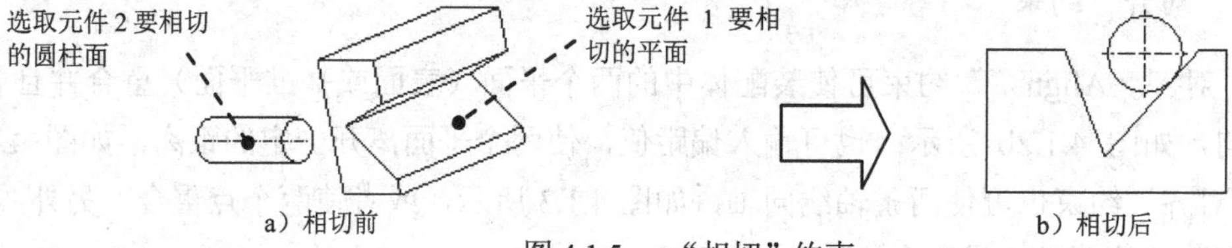

图 4.1.5 “相切”约束

5. “坐标系”约束

用“坐标系（Coord Sys）”约束可将两个元件的坐标系对齐，或者将元件的坐标系与装配件的坐标系对齐，即一个坐标系中的 X 轴、Y 轴和 Z 轴与另一个坐标系中的 X 轴、Y 轴和 Z 轴分别对齐，如图 4.1.6 所示。

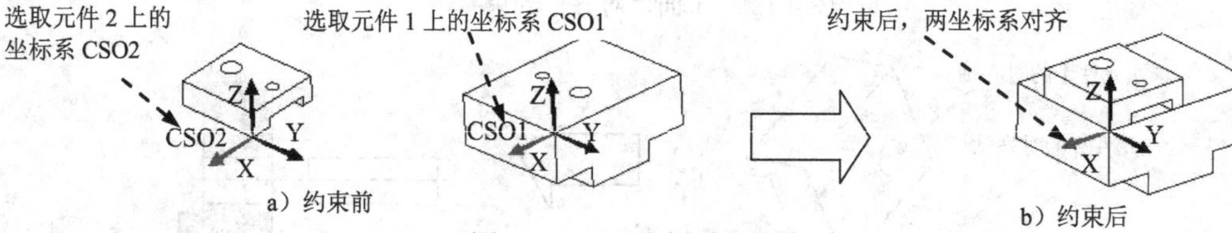

图 4.1.6 “坐标系”约束

6. “线上点”约束

用“线上点（Pnt On Line）”约束可将一条线与一个点对齐。“线”可以是零件或装配件上的边线、轴线或基准曲线；“点”可以是顶点或基准点，如图 4.1.7 所示。

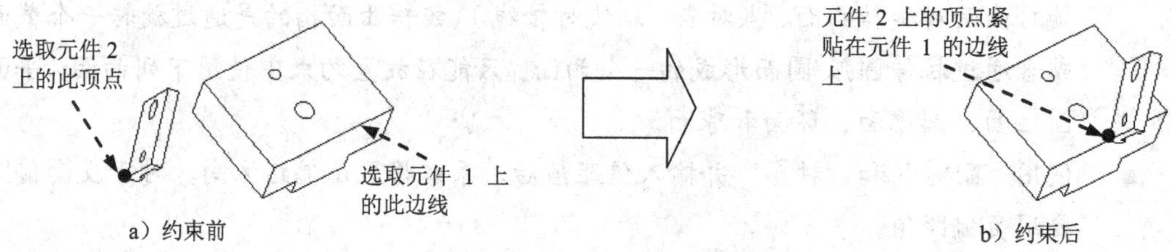

图 4.1.7 “线上点”约束

7. “曲面上的点”约束

用“曲面上的点（Pnt On Srf）”约束可使一个曲面和一个点对齐。“曲面”可以是零件或装配件上的基准平面、曲面特征或零件的表面；“点”可以是零件或装配件上的顶点或基准点，如图 4.1.8 所示。

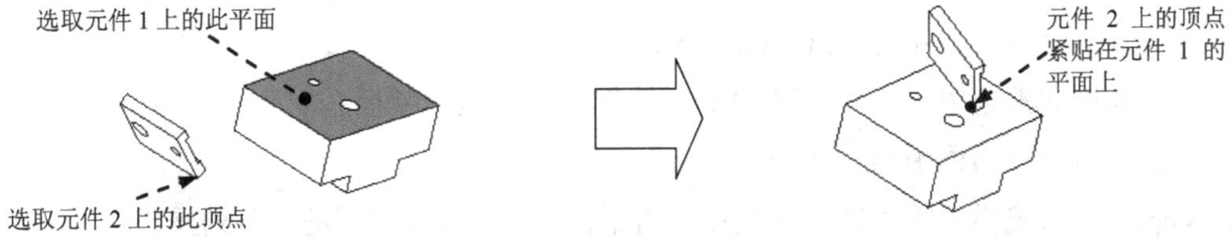

a）约束前　　　　b）约束后

图 4.1.8　“曲面上的点”约束

8. “曲面上的边”约束

用“曲面上的边（Edge On Srf）”约束可将一个曲面与一条边线对齐。“曲面”可以是零件或装配件中的基准平面、表面或曲面面组；“边线”为零件或装配件上的边线，如图 4.1.9 所示。

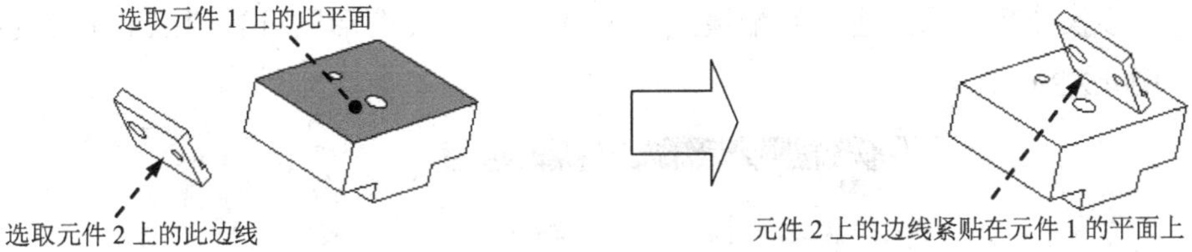

a）约束前　　　　b）约束后

图 4.1.9　“曲面上的边”约束

9. “缺省”约束

“缺省”约束也称为“默认”约束，可以用该约束将元件上的默认坐标系与装配环境的默认坐标系对齐。当向装配环境中引入第一个元件（零件）时，常常对该元件实施这种约束形式。

10. “固定”约束

“固定”约束也是一种装配约束形式，可以用该约束将元件固定在图形区的当前位置。当向装配环境中引入第一个元件（零件）时，也可对该元件实施这种约束形式。

4.2　装配模型的一般过程

下面以一个装配体模型——传动轴和齿轮装配（asm_shaft_gear.asm）为例（图 4.2.1），说明装配体创建的一般操作步骤。

4.2.1　新建装配文件

Step1. 选择下拉菜单 文件(F) → 设置工作目录(W)... 命令，将工作目录设置至 D:\dbproe5.1\work\ch04\ch04.02。

Step2. 单击“新建”按钮，在弹出的文件“新建”对话框中，进行下列操作：

（1）选中类型选项组下的 组件 单选项；选中子类型选项组下的 设计 单选项；在名称文本框中输入文件名 asm_shaft_gear。

（2）通过取消选中 使用缺省模板 复选框，取消使用默认模板。

（3）单击该对话框中的确定按钮。

Step3. 在系统弹出的“新文件选项”对话框中（图 4.2.2），进行下列操作：

（1）选取适当的装配模板。在模板选项组中，选取mmns_asm_design 模板。

（2）对话框中的两个参数 DESCRIPTION 和 MODELED_BY 与 PDM 有关，一般不对此进行操作。

（3）复制相关绘图 复选框一般不用进行操作。

（4）单击该对话框中的确定按钮。

完成这一步操作后，系统进入装配模式（环境），此时在图形区可看到三个正交的装配基准平面（图 4.2.3）。

图 4.2.1 齿轮和传动轴的装配

图 4.2.2 “新文件选项”对话框

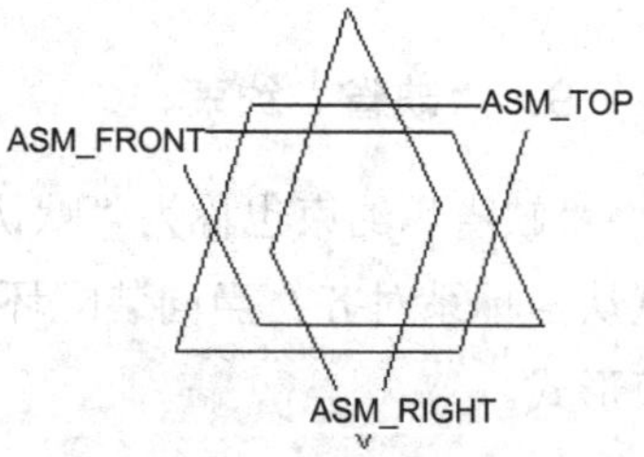

图 4.2.3 三个默认的基准平面

4.2.2 装配第一个零件

在向装配环境中添加装配元件之前，一般应先建立三个正交的装配基准平面，方法为：进入装配模式后，单击“基准平面”按钮（或者选择下拉菜单 插入(I) ➡ 模型基准(D) ▸ ➡ 平面(L)... 命令），系统便自动创建三个正交的装配基准平面。

如果不创建三个正交的装配基准平面，那么基础元件就是放置到装配环境中的第一个零件、子组件或骨架模型，此时无需定义位置约束，元件只按默认放置。如果用互换元件来替换基础元件，则替换元件也总是按默认放置。

说明：本例中，由于选择了mmns_asm_design 模板命令，系统便自动创建三个正交的装配基准平面，所以无需再创建装配基准平面。

Step1. 引入第一个零件。

（1）如图 4.2.4、图 4.2.5 所示，选择下拉菜单 插入(I) ➡ 元件(C) ▸ ➡ 装配(A)...

命令。

元件(C) ▸ 菜单下的几个命令的说明：

- 装配(A)...：将已有的元件（零件、子装配件或骨架模型）装配到装配环境中。用“元件放置”对话框，可将元件完全约束在装配件中。
- 创建(C)...：选择此命令，可在装配环境中创建不同类型的元件：零件、子装配件、骨架模型及主体项目，也可创建一个空元件。
- 封装...：选择此命令可将元件不加装配约束地放置在装配环境中，它是一种非参数形式的元件装配。
- 包括(I)...：选择此命令，可在活动组件中包括未放置的元件。
- 挠性...：选择此命令可以向所选的组件添加挠性元件（如弹簧）。

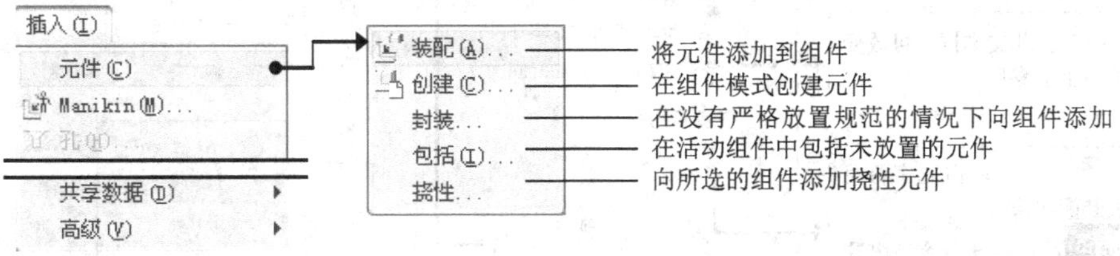

图 4.2.4 “插入”菜单　　　　图 4.2.5 “元件”子菜单

（2）此时系统弹出文件“打开”对话框，选择传动轴零件模型文件 transmission_shaft.prt，然后单击 打开 按钮。

Step2. 完全约束放置第一个零件。完成上步操作后，系统弹出图 4.2.6 所示的元件放置操控板，在该操控板中单击 放置 按钮，在其界面的 约束类型 下拉列表中选择 缺省 选项，将元件按默认放置，此时 状态 区域显示的信息为 完全约束；单击操控板中的 ✓ 按钮。

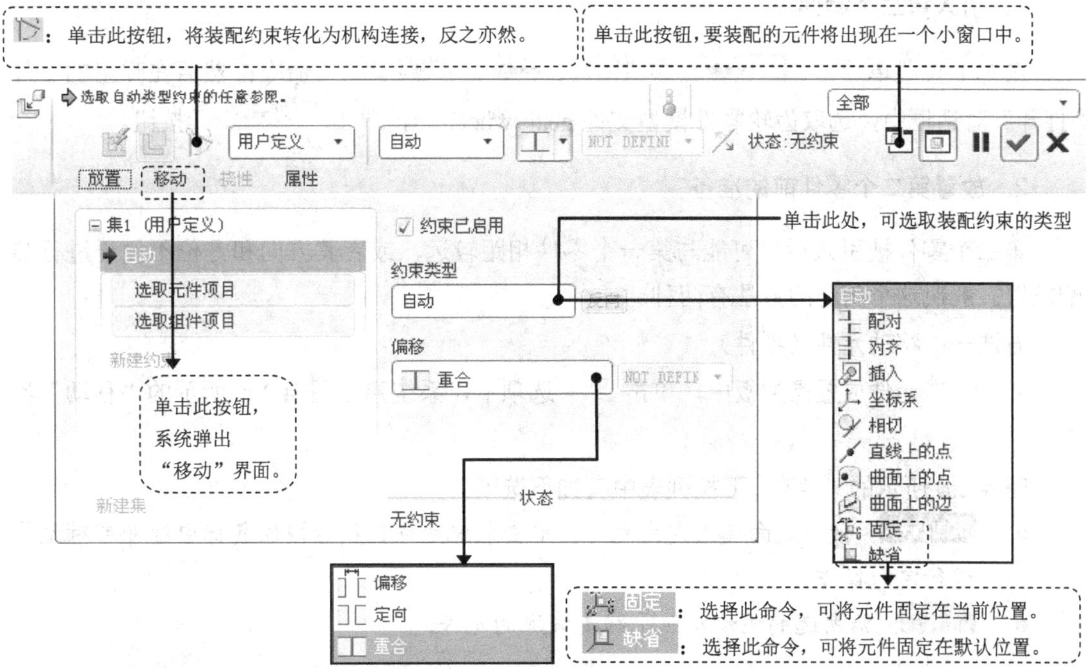

图 4.2.6 “元件放置”操控板

注意：还有如下两种完全约束放置第一个零件的方法：

- 选择 固定 选项，将其固定，完全约束放置在当前的位置。
- 也可以让第一个零件中的某三个正交的平面与装配环境中的三个正交的基准平面（ASM_TOP、ASM_FRONT 和 ASM_RIGHT）配对或对齐，以实现完全约束放置。

“放置”界面中各按钮的说明如图 4.2.7 所示。

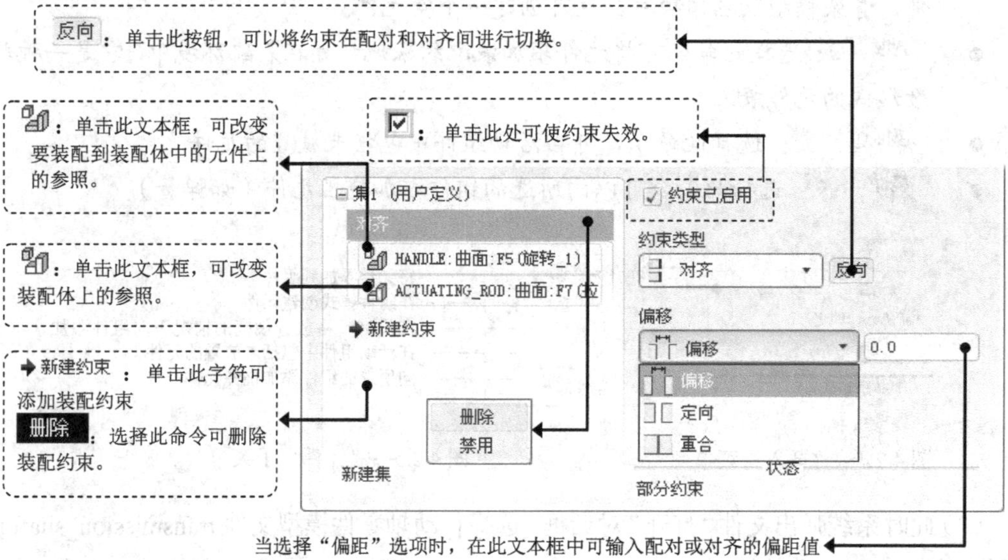

图 4.2.7 “放置”界面

4.2.3 装配第二个零件

1. 引入第二个零件

选择下拉菜单 插入(I) ➡ 元件(C) ▸ ➡ 装配(A)... 命令；然后在弹出的文件“打开”对话框中，选取齿轮零件模型文件 gear_wheel.prt，单击 打开 按钮。

2. 放置第二个零件前的准备

第二个零件被引入后，可能与第一个零件相距较远，或者其方向和方位不便于进行装配放置。解决这个问题的方法有两种。

方法一：移动元件（零件）

Step1. 在元件放置操控板中，单击 移动 选项卡，系统弹出图 4.2.8 所示的“移动”界面（一）。

图 4.2.8 所示的 运动类型 下拉列表中有如下选项：

- 定向模式：使用定向模式定向元件。单击装配元件，然后按住鼠标中键即可对元件进行定向操作。
- 平移：沿所选的运动参照平移要装配的元件。

- 旋转：沿所选的运动参照旋转要装配的元件。
- 调整：将要装配元件上的某个参照图元（如平面）与装配体的某个参照图元（如平面）对齐或配对。它不是一个固定的装配约束，只是非参数性地移动元件，但其操作方法与固定约束的“配对”或“对齐”类似。

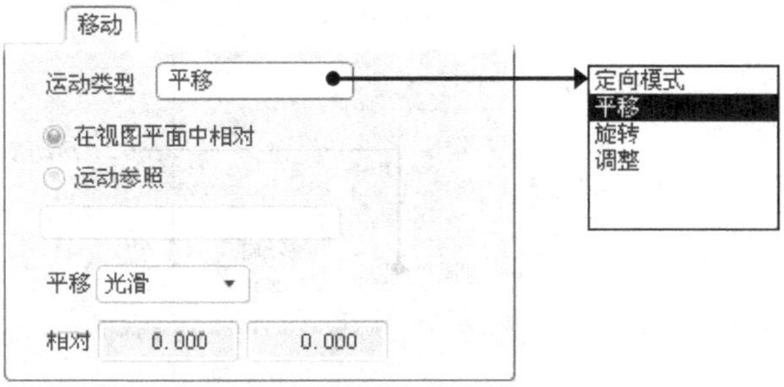

图 4.2.8 “移动”界面（一）

Step2. 在 运动类型 下拉列表中选择 平移 选项。

Step3. 选择平移方式。在“移动”界面中选中 在视图平面中相对 单选项（相对于视图平面移动元件）。

说明：若在图 4.2.9 所示的“移动”界面（二）中选中 运动参照 单选项，则屏幕下部的智能选取栏中有如下选项：

- 全部：可以选择 曲面、基准平面、边、轴、顶点、基准点 或者 坐标系 作为运动参照。
- 曲面：选择一个曲面作为运动参照。
- 基准平面：选择一个基准平面作为运动参照。
- 边：选择一个边作为运动参照。
- 轴：选择一个轴作为运动参照。
- 顶点：选择一个顶点作为运动参照。
- 基准点：选择一个基准点作为运动参照。

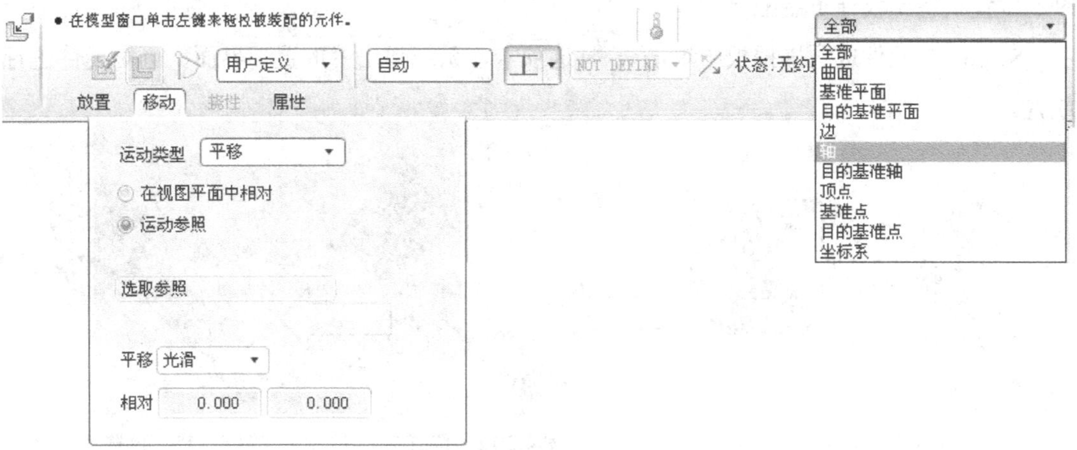

图 4.2.9 “移动”界面（二）

- 基准点：选择一个基准点作为运动参照。
- 坐标系：选择一个坐标系的某个坐标轴作为运动方向，即要装配的元件可沿着 X、Y 和 Z 轴移动，或绕其转动（该选项是旋转装配元件较好的方法之一）。

图 4.2.10 所示的“移动”界面（三）中各选项的说明如下：

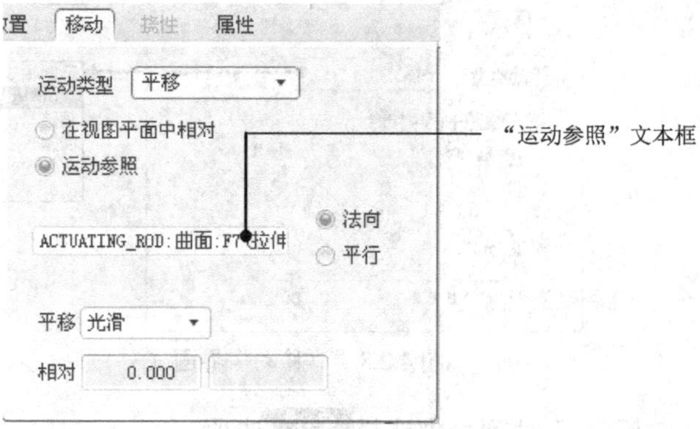

图 4.2.10 “移动”界面（三）

- 在视图平面中相对 单选项：相对于视图平面（即显示器屏幕平面）移动元件。
- 运动参照 单选项：相对于参照移动元件。选中此按钮便激活“参照”文本框。
- “参照”文本框：搜集元件移动的参照。最多可收集两个参照。选取一个参照以后，便激活 法向 和 平行 单选项。
  - ☑ 法向：垂直于选定参照移动元件。
  - ☑ 平行：平行于选定参照移动元件。
- 相对 区域：显示出元件相对于移动操作前位置的当前位置。

Step4. 在绘图区按住鼠标左键，并移动鼠标，可看到装配元件（如齿轮零件模型）随着鼠标的移动而平移，将其从图 4.2.11 所示的位置平移到图 4.2.12 所示的位置。

Step5. 与前面的操作相似，在“移动”界面的 运动类型 下拉列表中选择 旋转，然后选中 在视图平面中相对 单选项，将齿轮从图 4.2.12 所示的状态旋转至图 4.2.13 所示的状态，此时的位置状态比较便于装配元件。

Step6. 在元件放置操控板中单击 放置 选项卡，系统弹出“放置”界面，可对元件进行放置。

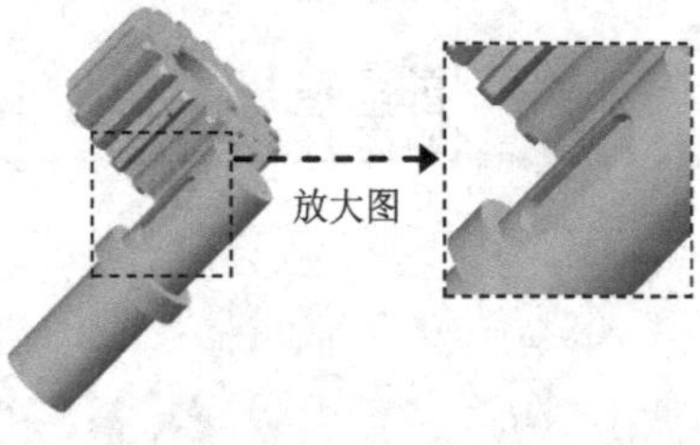

图 4.2.11 位置 1

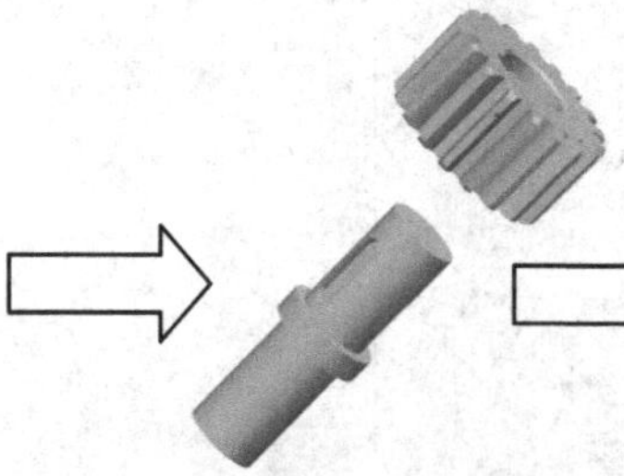

图 4.2.12 位置 2

图 4.2.13 位置 3

方法二：打开辅助窗口

在图 4.2.9 所示的“元件放置”操控板中，单击按钮，即可打开一个包含要装配元件的辅助窗口，如图 4.2.14 所示。在此窗口中可单独对要装入的元件（如齿轮零件模型）进行缩放（中键滚轮）、旋转（中键）和平移（Shift＋中键）。这样就可以将要装配的元件调整到方便选取装配约束参照的位置。

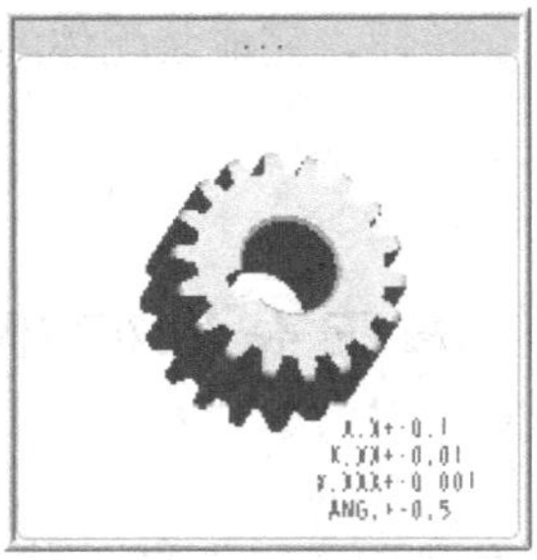

图 4.2.14　辅助窗口

3．完全约束放置第二个零件

当引入元件到装配件中时，系统将选择“自动”放置，如图 4.2.9 所示。从装配体和元件中选择一对有效参照后，系统将自动选择适合指定参照的约束类型。约束类型的自动选择可省去手动从约束列表中选择约束的操作步骤，从而有效地提高工作效率。但在某些情况下，系统自动指定的约束不一定符合设计意图，需要重新进行选取。这里需要说明一下，本书中的例子，都是采用手动选择装配的约束类型，这主要是为了方便讲解，使讲解内容条理清楚。

Step1．定义第一个装配约束。

（1）在“放置”界面的 约束类型 下拉列表框中选择 配对 选项，如图 4.2.15 所示。

（2）分别选取两个元件上要配对的面（图 4.2.16）；然后在 偏移 下拉列表框中选择 偏移，配对面间的距离值为 0.0。

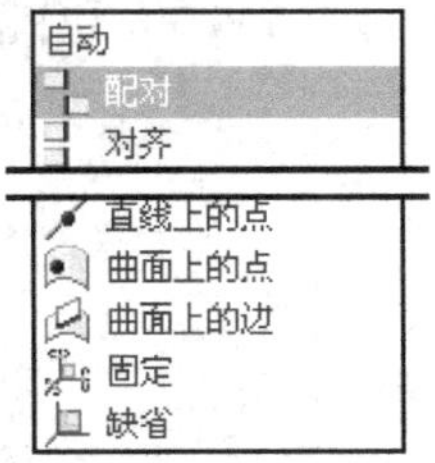

图 4.2.15　装配放置列表

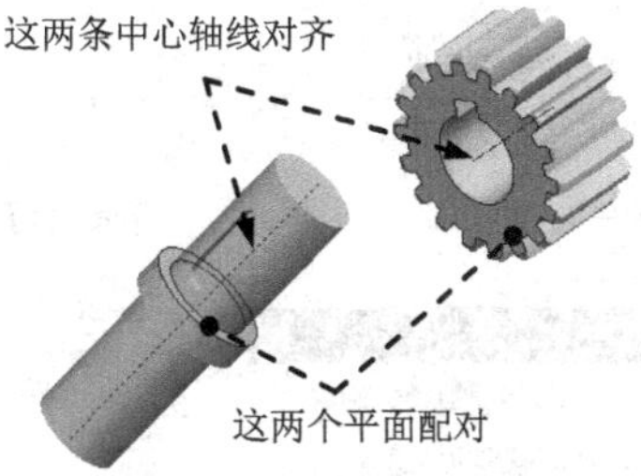

图 4.2.16　选取配对面和对齐轴

注意：

- 为了保证参照选择的准确性，建议采用列表选取的方法选取参照。
- 此时“放置”界面的 状态 选项组中显示的信息为 部分约束，所以还得继续添加装配约束，直至显示 完全约束 。

Step2. 定义第二个装配约束。

（1）在图 4.2.7 所示的“放置”界面中，单击“新建约束”字符，在 约束类型 下拉列表框中选择 对齐 约束。

（2）分别选取两个元件上要对齐的轴线（图 4.2.16），此时界面下部的 状态 栏中显示的信息为 完全约束 。

Step3. 单击元件放置操控板中的 ✓ 按钮，完成装配体的创建。

Step4. 保存装配模型。

4.3 使用允许假设

在装配过程中，Pro/ENGINEER 会自动启用“允许假设”功能，通过假设存在某个装配约束，使元件自动地被完全约束，从而帮助用户高效率地装配元件。 ☑ 允许假设 复选框位于“放置”界面的 状态 选项组，用以切换系统的约束定向假设开关。在装配时，只要能够做出假设，系统即显示 ☑ 允许假设 复选框，并自动将其选中（即使之有效）。“允许假设”的设置是针对具体元件的，并与该元件一起保存。

例如：对于图 4.3.1 所示的例子，现要将图中的一个齿轮装配到传动轴上，在分别添加一个平面配对约束和一个对齐约束后，“元件放置”操控板中的 状态 选项组就显示 完全约束 （图 4.3.2），这是因为系统自动启用了“允许假设”，假设存在第三个约束，该约束限制齿轮在传动轴中的径向位置，这样就完全约束了该齿轮，完成了传动轴与齿轮的装配。

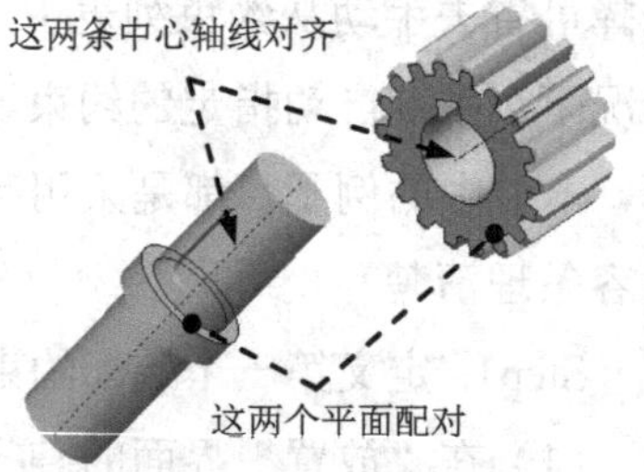

图 4.3.1 元件装配

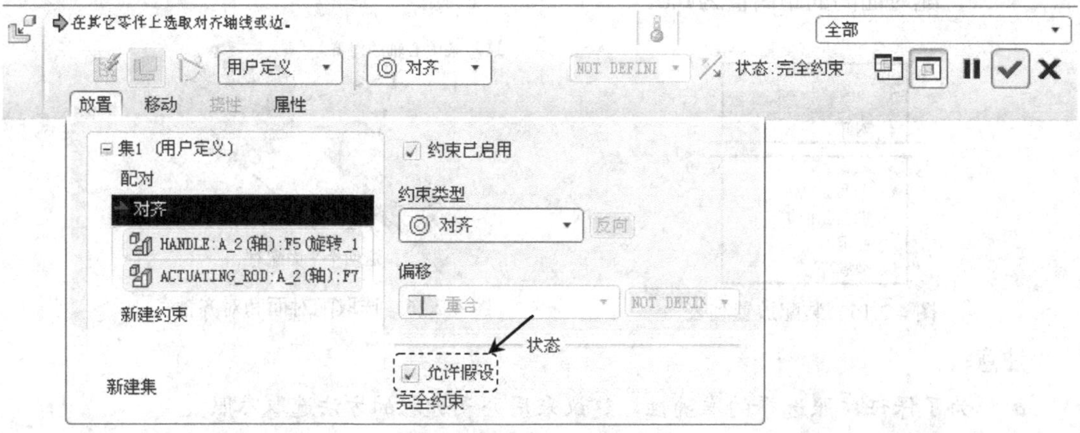

图 4.3.2 “元件放置”操控板

有时系统假设的约束，虽然能使元件完全约束，但有可能并不符合设计意图，如何处理这种情况呢？可以先取消选中☐允许假设复选框，添加和明确定义另外的约束，使元件重新完全约束。下面以图 4.3.1 所示的例子来进行说明。

先将元件 1 引入装配环境中，并使其完全约束，然后引入元件 2，并分别添加“对齐”和“配对”约束，此时—状态—选项组下的☑允许假设复选框被自动选中，并且系统在对话框中显示完全约束信息，此时两个元件的装配效果如图 4.3.3a 所示，而我们的设计意图如图 4.3.3b 所示，即轴上的键槽与齿轮上的键槽要相吻合。

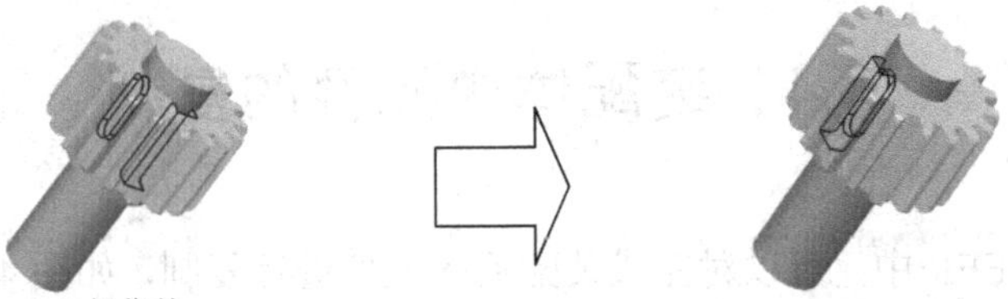

a）操作前　　b）操作后

图 4.3.3　取消允许假设

下面将通过控制“允许假设”的使用来达到预期的设计意图。

Step1. 设置工作目录和打开文件。

（1）选择下拉菜单 文件(F) ➡ 设置工作目录(W)... 命令，将工作目录设置至 D:\dbproe5.1\work\ch04\ch04.03。

（2）选择下拉菜单 文件(F) ➡ 打开(O)... 命令，打开文件 if_asm_shaft_gear.asm。

Step2. 编辑定义元件 GEAR_WHEEL.PRT，在系统弹出的元件“放置”操控板中进行如下操作：

（1）在元件放置操控板中单击 放置 选项卡，在系统弹出的“放置”界面中取消选中☐允许假设复选框。

（2）设置元件的定向。

① 在“放置”界面中，单击“新建约束”字符。

② 选取 约束类型 为 对齐，在 偏移 下拉列表中选择 定向（图 4.3.4）。

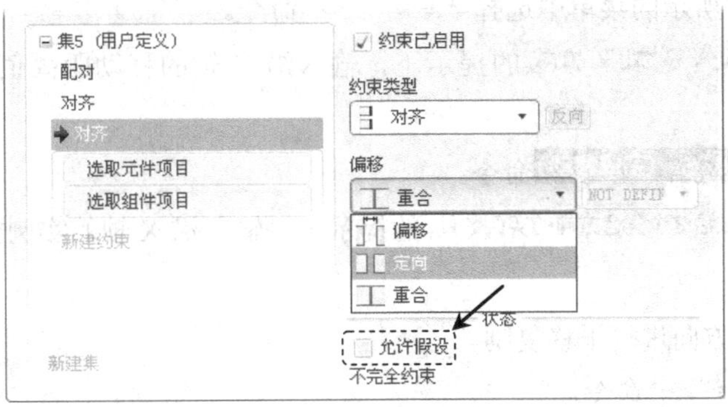

图 4.3.4　“放置”界面

③ 分别选取图 4.3.5 所示的元件 1 上的表面 1 以及元件 2 上的表面 2。

（3）在元件放置操控板中单击✓按钮，完成后的装配效果如图 4.3.3b 所示。

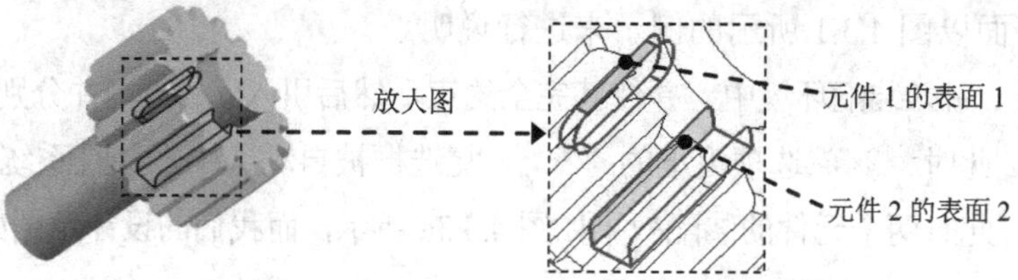

图 4.3.5 对齐表面选取

4.4 装配体中元件的复制

在 Pro/ENGINEER 中，可以对完成装配后的元件进行复制，如图 4.4.1 所示。现需要对图 4.4.2 中的螺钉元件进行复制，下面介绍其操作步骤。

Step1. 将工作目录设置至 D:\dbproe5.1\work\ch04\ch04.04，打开 component_ copy.asm。

Step2. 作为元件复制的准备工作，先创建一个图 4.4.2 所示的坐标系。

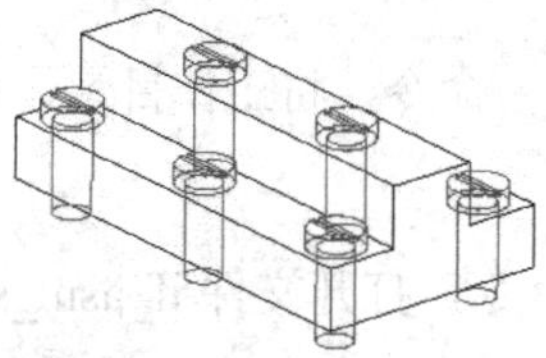

图 4.4.1 元件复制

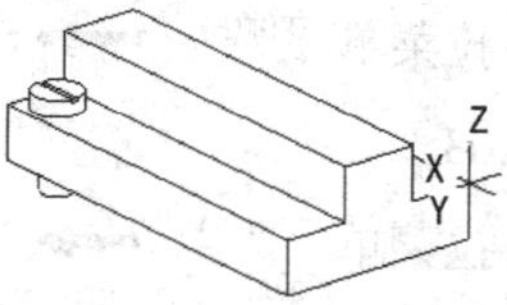

图 4.4.2 创建坐标系

Step3. 选择下拉菜单 编辑(E) ➡ 元件操作(O) 命令。

Step4. 在系统弹出的图 4.4.3 所示的“元件”菜单中选择 Copy (复制) 命令。

Step5. 在图 4.4.3 所示的“元件”菜单中选择 Select (选取) 命令，并选取刚创建的坐标系。

Step6. 选取要复制的螺钉元件，并在“选取”对话框中单击 确定 按钮。

Step7. 选择复制类型。在图 4.4.4 所示的“复制”菜单中选择 Translate (平移) 命令。

Step8. 在 X 轴方向进行平移复制。

（1）在图 4.4.4 所示的菜单中选择 X Axis (X 轴) 命令。

（2）在系统 输入 平移的距离x方向: 的提示下，输入沿 X 轴的移动距离值-63.0，并单击✓按钮。

（3）选择 Done Move (完成移动) 命令。

（4）在系统 输入沿这个复合方向的实例数目: 的提示下，输入沿 X 轴的实例数 3，并单击✓按钮。

Step9. 在 Y 轴方向进行平移复制。

（1）选择 Y Axis (Y 轴) 命令。

（2）在系统提示下，输入沿 Y 轴的移动距离值-56.0，并单击✓按钮。

（3）选择 Done Move (完成移动) 命令。

（4）在系统提示下，输入沿 Y 轴的实例数 2，并单击按钮。

Step10. 在 Z 轴方向进行平移复制。

（1）选择 Z Axis (Z 轴) 命令。

（2）在系统提示下，输入沿 Z 轴的移动距离值 0，并单击按钮。

（3）选择 Done Move (完成移动) 命令。

（4）在系统提示下，输入沿 Z 轴的实例数 1，并单击按钮。

注意：在定义三个轴向的复制位移和实例个数时，每个方向都必须定义一次，否则无法完成元件的复制。

Step11. 选择 Done Move (完成移动) 命令，完成元件的复制。

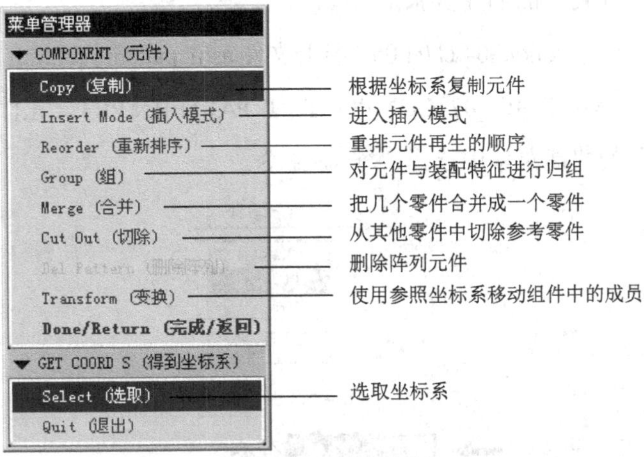

图 4.4.3　“元件”菜单

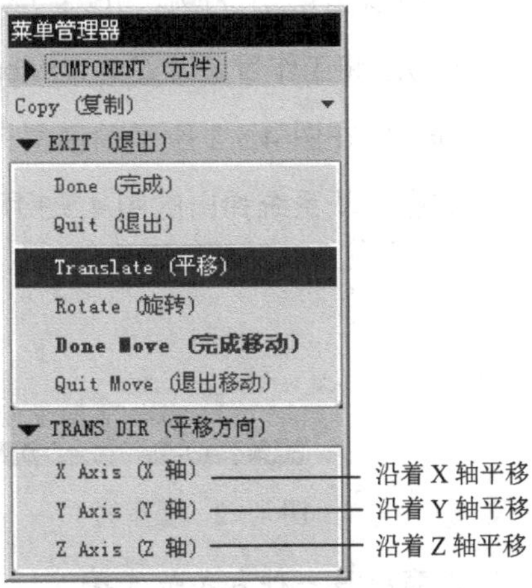

图 4.4.4　“复制”菜单

4.5　装配体中元件的阵列

与在零件模型中特征的阵列（Pattern）一样，在装配体中，也可以进行元件的阵列（Pattern），装配体中的元件包括零件和子装配件。元件阵列的类型主要包括“参照阵列”和“尺寸阵列”。

4.5.1　参照阵列

在 Pro/ENGINEER 中，元件“参照阵列”是以装配体中某一零件中的特征阵列为参照来进行元件的阵列。在图 4.5.1c 中，六个阵列螺钉是参照装配体中元件 1 上的六个阵列孔来进行创建的，所以在创建“参照阵列”之前，应提前在装配体的某一零件中创建参照特征的阵列。

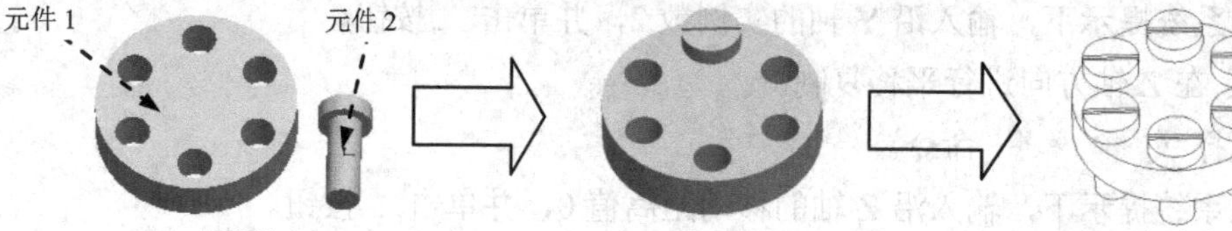

a) 装配前　　b) 装配后　　c) 阵列后

图 4.5.1 元件参照阵列

此外，用户还可以用参照阵列后的元件为另一元件创建“参照阵列”。在图 4.5.1c 的例子中，已使用“参照阵列”选项创建了六个螺钉阵列，因此可以再一次使用“参照阵列”命令将螺母阵列装配到螺钉上。

下面以图 4.5.1 为例，介绍“参照阵列”的创建步骤。

Step1. 将工作目录设置至 D:\dbproe5.1\work\ch04\ch04.05，打开文件 asm_pattern_ref.asm。

Step2. 在图 4.5.2 所示的模型树中单击 PART_02_COMPONENT_PATTERN.PRT（元件 2），右击，从系统弹出的图 4.5.3 所示的快捷菜单中选择 阵列... 命令。

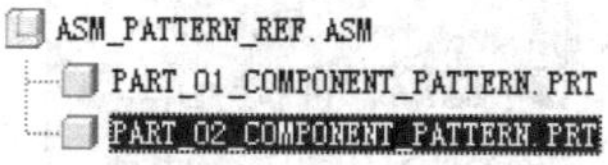

图 4.5.2 模型树

图 4.5.3 快捷菜单

注意：另一种方式是选择下拉菜单 编辑(E) → 阵列(P)... 命令。

Step3. 在“阵列”操控板（图 4.5.4）的阵列类型框中选择 参照 选项，单击“完成”按钮✓。此时，系统便自动参照元件 1 中的孔的阵列，创建出图 4.5.1c 所示的元件阵列。如果修改阵列中的某一个元件，则系统就会像在特征阵列中一样修改每一个元件。

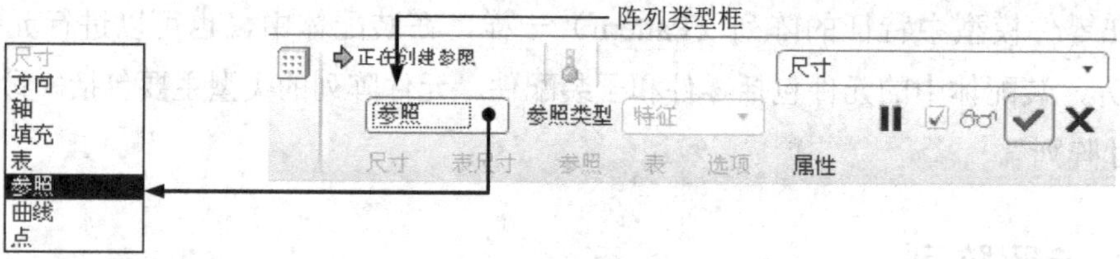

图 4.5.4 “阵列”操控板

4.5.2 尺寸阵列

元件的“尺寸阵列”是使用装配中的约束偏距尺寸创建元件的阵列，所以只有使用诸如“配对偏距”或“对齐偏距”这样的约束类型才能创建元件的“尺寸阵列”。创建元件的“尺寸阵列”，也要遵循“零件”模式中“特征阵列”的规则。这里请注意：如果要重定义阵列化的元件，必须在重定义元件放置后，再重新创建阵列。

例如要创建图 4.5.5 所示的元件 2 的尺寸阵列，操作步骤如下：

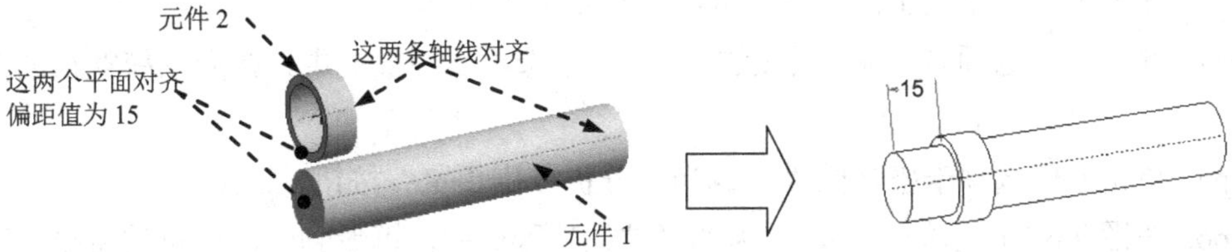

a）装配前　　b）装配后

图 4.5.5　装配元件

Step1. 将工作目录设置至 D:\dbproe5.1\work\ch04\ch04.05，打开 scale_pattern.asm。

Step2. 在模型树中选取元件 2，右击，从弹出的快捷菜单中选择 阵列... 命令。

Step3. 系统提示 ➔选取要在第一方向上改变的尺寸。，选取图 4.5.5 b 中的尺寸 15。

Step4. 在出现的尺寸增量文本框中输入 20.0，并按 Enter 键；也可单击阵列操控板中的 尺寸 按钮，在系统弹出的图 4.5.6 所示的“尺寸”界面中作相应的设置或修改。

Step5. 在“阵列”操控板中输入实例总数 4，如图 4.5.7 所示。

Step6. 单击阵列操控板中的“完成”按钮✔，此时即得到图 4.5.8 所示的元件 2 的阵列。

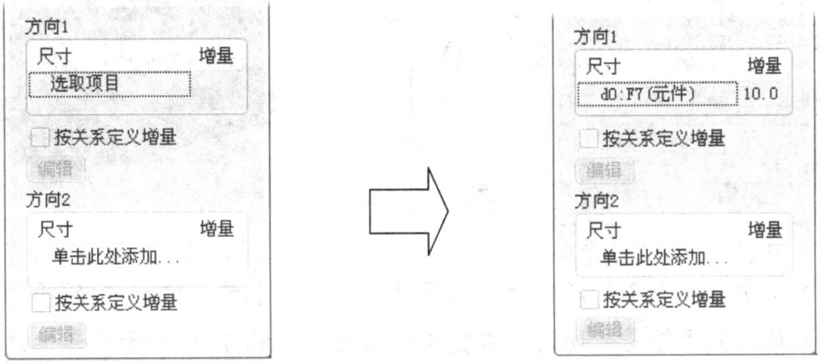

图 4.5.6　“尺寸”界面

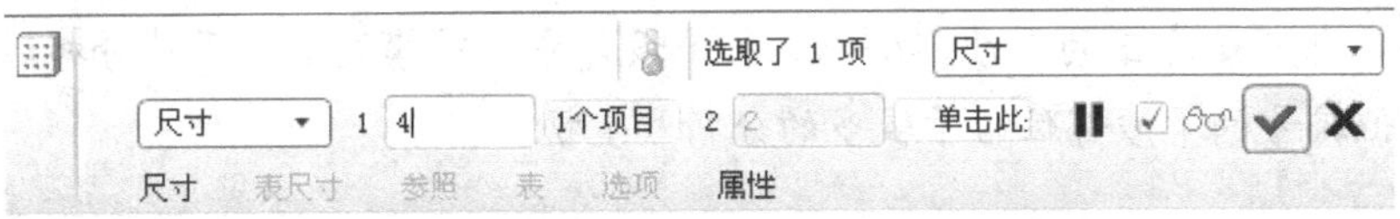

图 4.5.7　“阵列”操控板

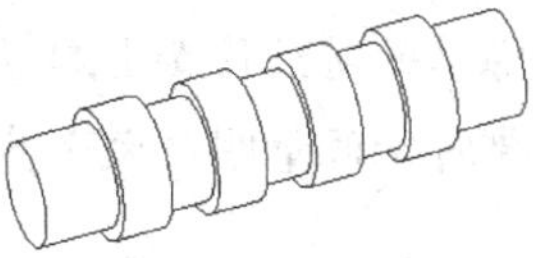

图 4.5.8　阵列后

4.6　装配干涉检查

在实际的产品设计中，当产品中的各个零部件组装完成后，设计人员往往比较关心产品中各个零部件间的干涉情况：有没有干涉？哪些零件间有干涉？干涉量是多大？而通过 模型(L) ▸ 子菜单中的 全局干涉 命令可以解决这些问题。下面以一个简单的装配体模型为例，说明干涉分析的一般操作步骤。

Step1. 将工作目录设置至 D:\dbproe5.1\work\ch04\ch04.06，打开文件 inter_analysis.asm。

Step2. 在装配模块中，选择下拉菜单 分析(A) ➡ 模型(L) ▸ ➡ 全局干涉 命令。

Step3. 在弹出的“全局干涉”对话框中，单击 分析 选项卡。

Step4. 此时 分析 选项卡 设置 区域的 ◉ 仅零件 单选项已经被选中，接受系统默认的参数设置。

Step5. 单击 分析 选项卡下部的“计算当前分析以供预览”按钮 [66']。

Step6. 在图 4.6.1 所示的 分析 选项卡的“结果”区域中，可看到干涉分析的结果：干涉的零件名称以及干涉的体积大小。单击相应的干涉项，则可以在模型上看到干涉的部位以黑色加亮的方式显示（图 4.6.2 所示为编号为 1 的干涉部位）。如果装配体中没有干涉的元件，则系统在信息区显示 没有零件。。

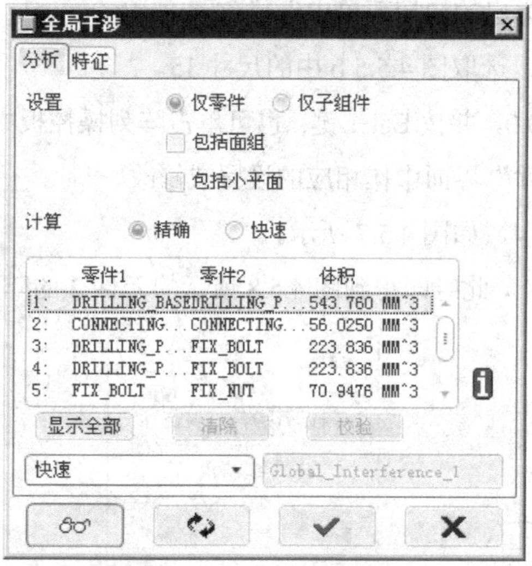

图 4.6.1 “分析”选项卡

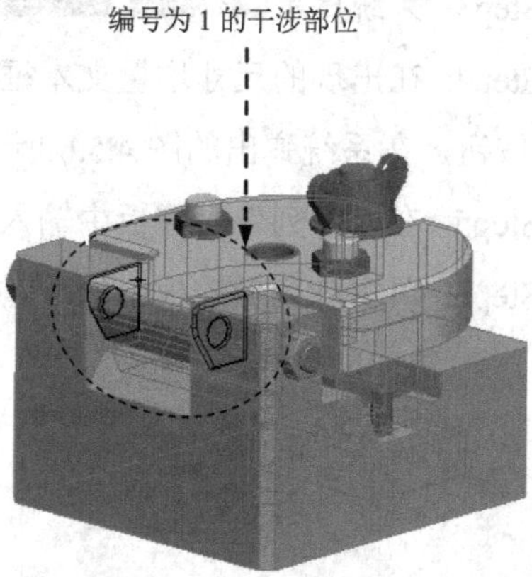

图 4.6.2 装配干涉检查

说明：本例中共有七个干涉部位，从干涉的体积量来看，编号 1 的两个零件的干涉量远远大于其他编号的干涉量。通过查看模型可以发现，编号 1 的干涉部位是由配合零件的较大尺寸误差引起的，是真正的干涉；而其他六个部位的干涉量是由装配过程中对螺栓和螺母的螺纹修饰引起的，并不是真正的干涉。所以在装配设计中，对模型进行干涉分析时要对干涉量明显大于其他编号的干涉部位给予较多的分析和重视。

4.7 修改装配体中的元件

一个装配体完成后，可以对该装配体中的任何元件（包括零件和子装配件）进行下面的一些操作：元件的打开与删除、元件尺寸的修改、元件装配约束偏距值的修改（如配对约束和对齐约束偏距的修改）以及元件装配约束的重定义等。这些操作命令一般从模型树中获取。

下面举例说明如何修改装配体中的元件。

Step1. 将工作目录设置至 D:\dbproe5.1\work\ch04\ch04.07，然后打开文件 asm_shaft_gear _modify.asm。

Step2. 在图 4.7.1 所示的装配模型树界面中选择 → 树过滤器(F)... 命令，然后在弹出的“模型树项目”对话框中选中 显示 选项组下的 特征 复选框，这样每个零件中的特征都将在模型树中显示。

Step3. 如图 4.7.2 所示，单击模型树中 GEAR_WHEEL_MODIFY.PRT 前面的“+”号。

Step4. 此时 GEAR_WHEEL_MODIFY.PRT 中的特征显示出来，如图 4.7.3 所示，图中没有显示基准平面；右击要修改的特征，如 拉伸 1，系统弹出图 4.7.4 所示的快捷菜单，可从该菜单中选取所需的编辑、编辑定义等命令，对所选特征进行相应操作。

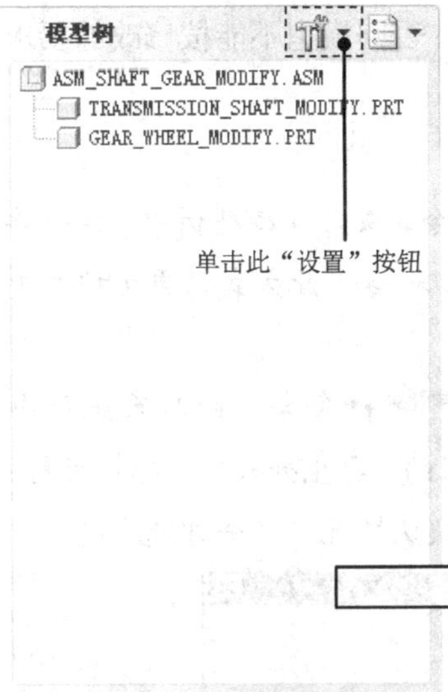

图 4.7.1　模型树（一）

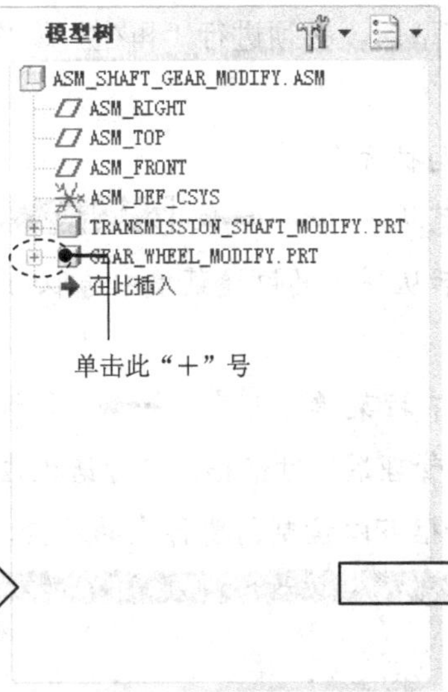

图 4.7.2　模型树（二）

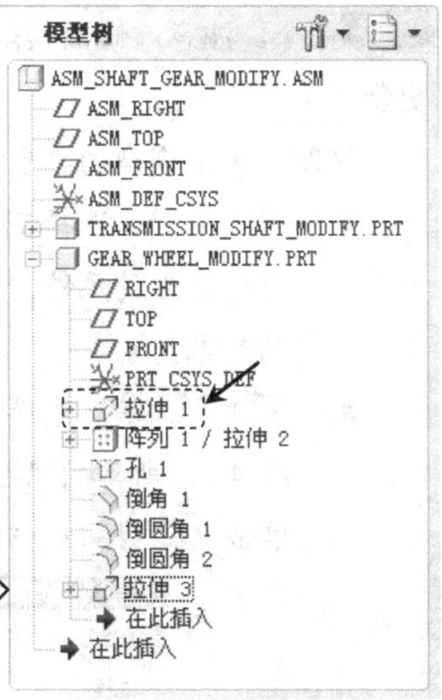

图 4.7.3　模型树（三）

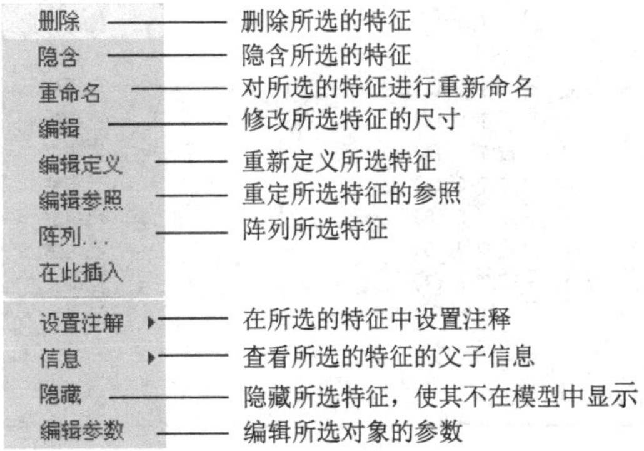

图 4.7.4　快捷菜单

如图 4.7.5 所示，在装配体 asm_shaft_gear_modify.asm 中，如果要将零件 gear_wheel_modify.prt 中的尺寸 16 改成 10，操作步骤如下：

Step1. 显示元件中要修改的尺寸。在图 4.7.3 所示的模型树中，先右击零件 GEAR_WHEEL_MODIFY.PRT 中的 拉伸 1 特征，然后从弹出的快捷菜单中选择 编辑 命令，系统即显示该特征的尺寸，如图 4.7.5a 所示。

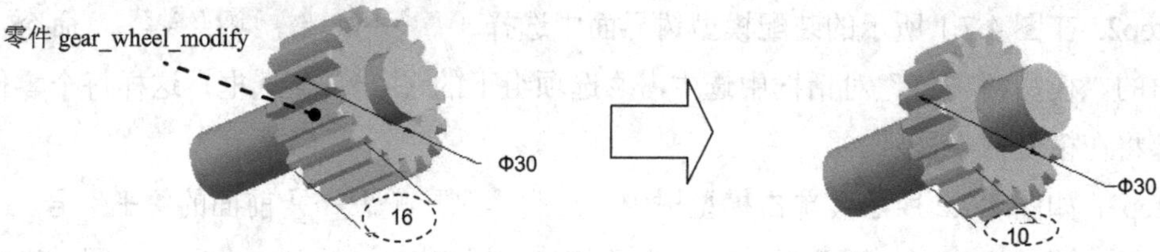

a）修改前　　　　b）修改后

图 4.7.5　修改尺寸

Step2. 双击要修改的尺寸 16，输入新尺寸值 10，然后按 Enter 键（图 4.7.5b）。

Step3. 再生装配模型。右击零件 GEAR_WHEEL_MODIFY.PRT，在弹出的快捷菜单中选择 再生 命令。注意：修改装配模型后，必须进行“再生”操作，否则模型不能按修改的要求更新。

说明：装配模型的再生有两种方式：

- 再生(G)：选择下拉菜单 编辑(E) ➡ 再生(G) 命令，或者在模型树中，右击要进行再生的元件，然后从弹出的快捷菜单中选取 再生 命令，此方式只再生被选中的对象。
- 再生管理器(M)：选择下拉菜单 编辑(E) ➡ 再生管理器(M) 命令，此时系统弹出图 4.7.6 所示的“再生管理器”对话框。在对话框左栏的“再生列表”中选择目标，单击 再生 按钮，对话框可以控制需要再生的元素，默认情况下是全部选中的。

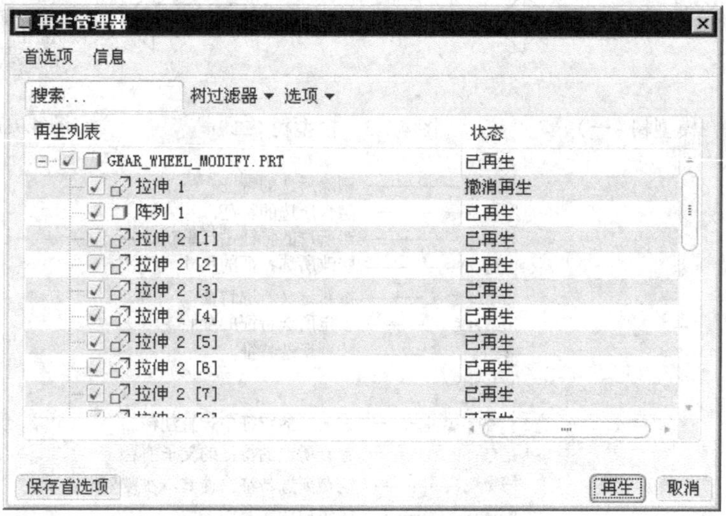

图 4.7.6　“再生管理器”对话框

4.8　装配体中的层操作

当向装配体中引入更多的元件时，屏幕中的基准平面、基准轴等显得太多，这就要用“层”的功能，将暂时不用的基准元素遮蔽起来。

可以对装配体中的各元件分别进行层的操作，下面以装配体 layer.asm 为例介绍其操作步骤。

Step1. 将工作目录设置至 D:\dbproe5.1\work\ch04\ch04.08，打开文件 layer.asm。

Step2. 在工具栏中按下“层”按钮，此时在导航区显示图 4.8.1 所示的装配层树。

Step3. 选取对象。在导航区的下拉列表框中选取零件 TRANSMISSION_SHAFT.PRT（图 4.8.2）。此时 transmission_shaft 零件所有的层显示在层树中，如图 4.8.3 所示。

Step4. 对 transmission_shaft 零件中的层进行诸如隐藏、新建层及设置层的属性等操作。

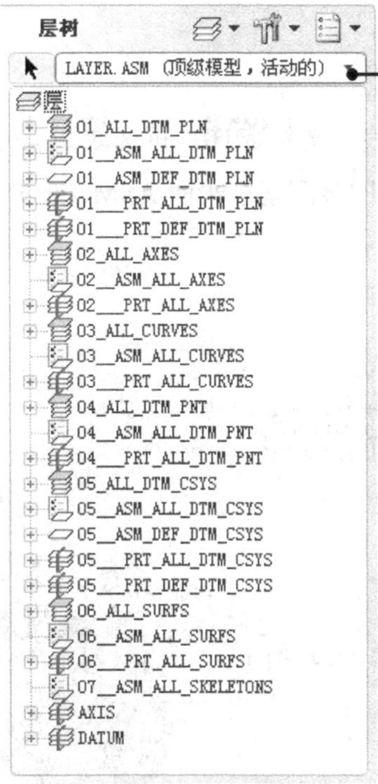

图 4.8.1　装配层树

图 4.8.2　装配元件列表

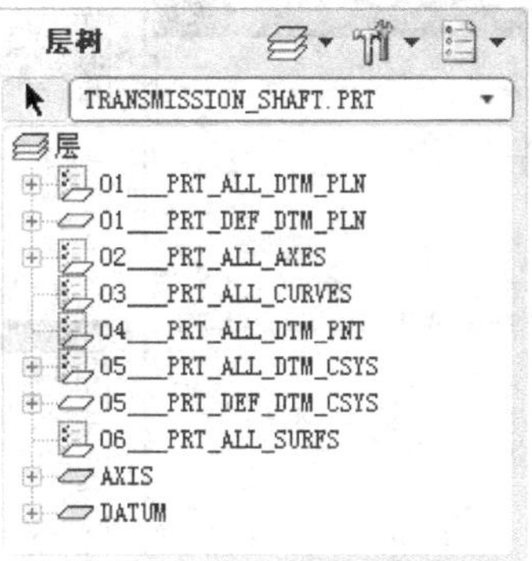

图 4.8.3　零件层树

4.9　模型的视图管理

4.9.1　定向视图

定向（Orient）视图功能可以将装配组件以指定的方位进行摆放，以便观察模型或为将来生成工程图做准备。图 4.9.1 是装配体 drilling_die_orient.asm 定向视图的例子，下面说明创建定向视图的操作步骤。

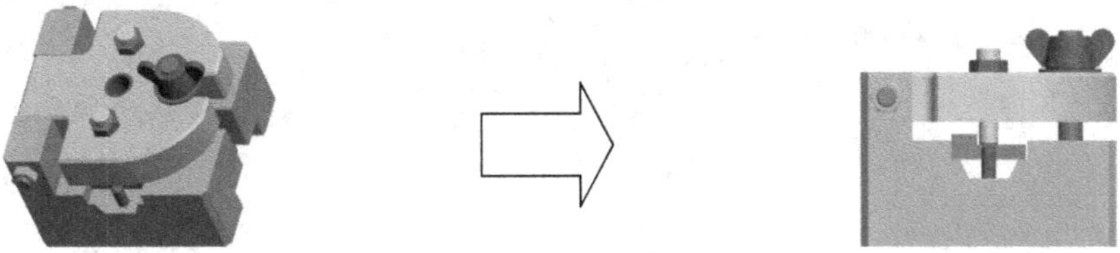

图 4.9.1　定向视图

1. 创建定向视图

Step1. 将工作目录设置至 D:\dbproe5.1\work\ch04\ch04.09\ch04.09.01，打开文件 drilling_die_orient.asm。

Step2. 选择下拉菜单 视图(V) → 视图管理器(W) 命令，在“视图管理器”对话框的 定向 选项卡中单击 新建 按钮，命名新建视图为 View_1，并按 Enter 键。

Step3. 在对话框中选择 编辑 → 重定义 命令，系统弹出“方向”对话框；在 类型 下拉列表中选取 按参照定向，如图 4.9.2 所示。

Step4. 定向组件模型。

（1）定义放置参照 1。在 参照1 下面的下拉列表中选择 前，再选取图 4.9.3 中的装配基准平面 ASM_FRONT。该步操作的意义是使所选的装配基准平面 ASM_FRONT 朝前（即与屏幕平行且面向操作者）。

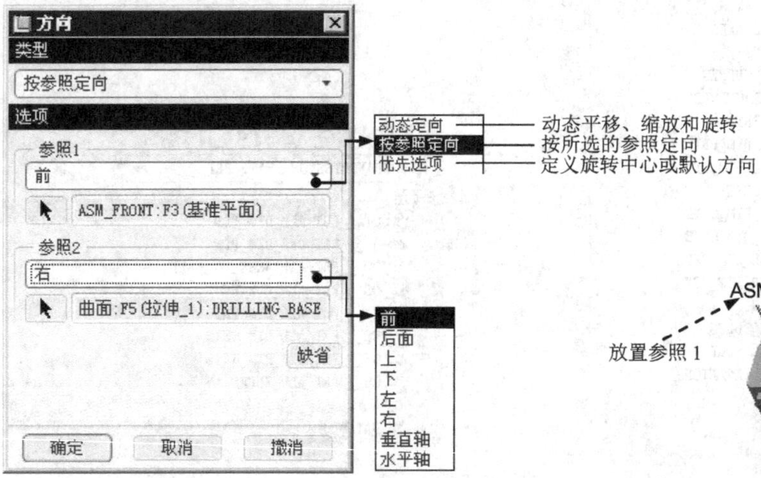

图 4.9.2 “方向”对话框

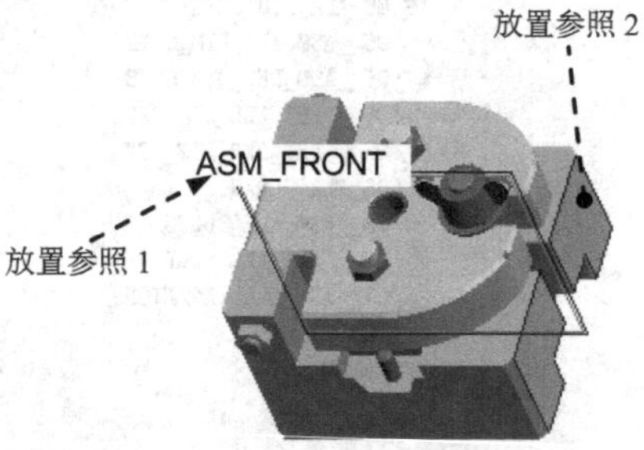

图 4.9.3 定向组件模型

（2）定义放置参照 2。在 参照2 下面的列表中选择 右，再选取图中的模型表面，即使所选表面朝向右侧。

Step5. 单击 确定 按钮，关闭“方向”对话框，再单击“视图管理器”对话框的 关闭 按钮。

2. 设置活动的定向视图

用户可以为装配体创建多个定向视图，每一个都对应于装配体的某个局部或层，在进行不同局部的设计时，可将相应的定向视图设置到当前工作区中，操作方法是在“视图管理器”对话框的 定向 选项卡中，选择相应的视图名称，然后双击；或选择视图名称后，选择 选项 → 设置为活动 命令。

4.9.2　样式视图

样式（Style）视图可以将指定的零部件遮蔽起来，或以线框、隐藏线等样式显示。图 4.9.4 是装配体 drilling_die_style.asm 样式视图的例子，下面说明创建样式视图的操作步骤。

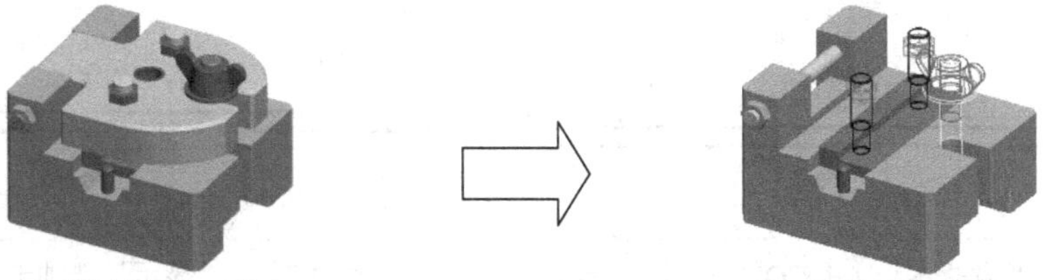

a）样式视图表示前　　b）样式视图表示后

图 4.9.4　样式视图

1. 创建样式视图

Step1. 将工作目录设置至 D:\dbproe5.1\work\ch04\ch04.09\ch04.09.02，打开文件 drilling_die_style.asm。

Step2. 选择下拉菜单 视图(V) → 视图管理器(W) 命令。

Step3. 在视图管理器对话框的 样式 选项卡中，单击 新建 按钮，输入样式视图的名称 Style_Course，并按 Enter 键。

Step4. 系统弹出图 4.9.5 所示的"编辑:STYLE_COURSE"对话框，此时 遮蔽 选项卡中提示"选取将被遮蔽的元件"，在模型树中选择 drilling_plate 和 bush。

Step5. 在"编辑"对话框中单击 显示 选项卡，在 方法 选项组中选中 ◉ 线框 单选项，如图 4.9.6 所示，然后在模型树中选取 FIX_BOLT 和 FIX_NUT 零件。

Step6. 在 方法 选项组中选中 ◉ 隐藏线 单选项，然后在模型树中选择子装配 bolt_washer.asm 以及元件 washer 和 butterfly_nut。

Step7. 先在 方法 选项组中选中 ◉ 着色 单选项，然后在模型树中选择元件 drilling_base.prt、dog_pin.prt、connecting_bolt.prt、connecting_nut.prt 和 workpiece.prt。

图 4.9.6 中"显示"选项卡的 方法 区域中的各项说明如下：

- ◉ 线框 单选项：将所选元件以"线条框架"的形式显示，显示其所有的线，对线的前后位置关系不加以区分，如图 4.9.4b 所示。
- ◉ 隐藏线 单选项：与"线框"方式的区别在于它区分线的前后位置关系，将被遮挡的线以"灰色"线表示。
- ◉ 消隐 单选项：将所选元件以"线条框架"的形式显示，但不显示被遮挡的线。
- ◉ 着色 单选项：以"着色"方式显示所选元件。
- ◉ 透明 单选项：以"透明"方式显示所选元件。

Step8. 完成上述步骤后，模型树显示如图 4.9.7 所示。单击"编辑: STYLE_COURSE"对话框中的 ✔ 按钮，完成视图的编辑，再单击"视图管理器"对话框中的 关闭 按钮。

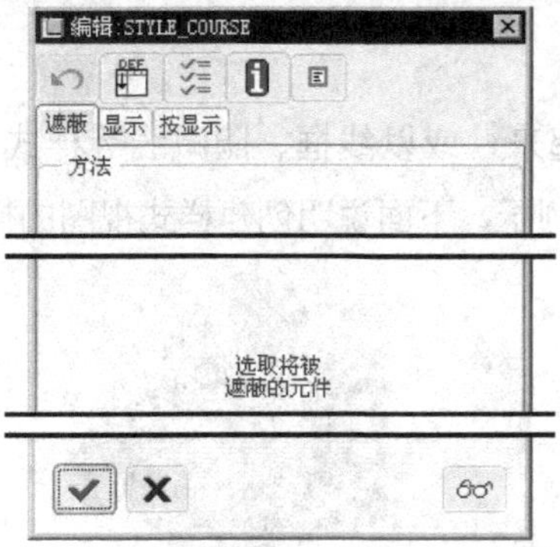

图 4.9.5 “编辑: STYLE_COURSE”对话框

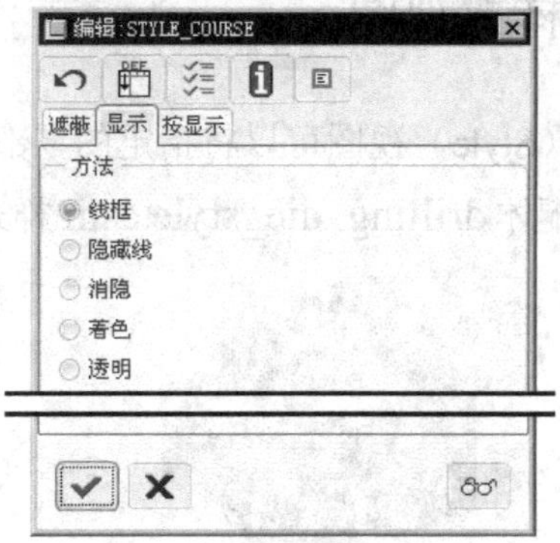

图 4.9.6 “显示”选项卡

图 4.9.7 模型树

2. 设置活动的样式视图

用户可以为装配体创建多个样式视图，每一个都对应于装配体的某个局部，在进行不同局部的设计时，可将相应的样式视图设置到当前工作区中。操作步骤：在“视图管理器”对话框中的 样式 选项卡中，选择相应的视图名称，然后双击，或选择视图名称后，选择 选项 → 设置为活动 命令。此时在当前视图名称前有一个红色箭头指示。

4.9.3 剖截面

1. 剖截面概述

剖截面（X-Section）也称 X 截面、横截面，它的主要作用是查看模型剖切的内部形状和结构。在零件模块或装配模块中创建的剖截面，可用于在工程图模块中生成剖视图。

在 Pro/ENGINEER 中，剖截面分两种类型：

- “平面”剖截面：用平面对模型进行剖切，如图 4.9.8 所示。
- “偏移”剖截面：用草绘的曲面对模型进行剖切，如图 4.9.9 所示。

图 4.9.8　“平面”剖截面

图 4.9.9　“偏移”剖截面

选择下拉菜单 视图(V) → 视图管理器(W) 命令，在弹出的对话框中单击 剖面 选项卡，即可进入“剖截面”操作界面，操作界面中各命令的说明如图 4.9.10 所示。

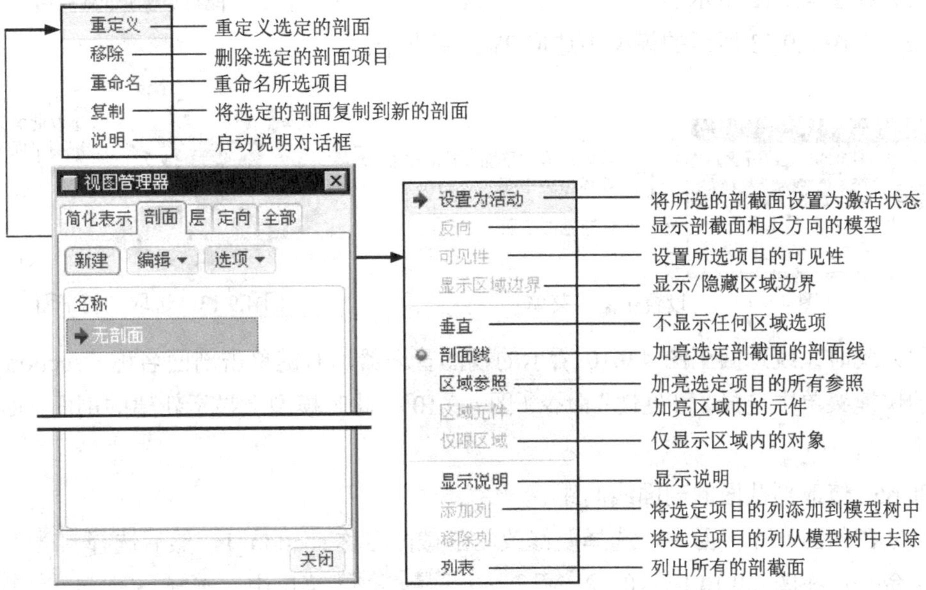

图 4.9.10　设置剖截面

2. 创建一个“平面”剖截面

下面以零件模型 x_section1.prt 为例，说明创建图 4.9.8 所示的“平面”剖截面的一般操作步骤。

Step1. 将工作目录设置至 D:\dbproe5.1\work\ch04\ch04.09\ch04.09.03，打开文件 x_section_1.prt。

Step2. 选择下拉菜单 视图(V) → 视图管理器(W) 命令。

Step3. 单击 剖面 标签，在弹出的图 4.9.10 所示的视图管理器中，单击 新建 按钮，输入名称 section_1，并按 Enter 键。

Step4. 选择截面类型。在弹出的图 4.9.11 所示的菜单管理器中，选择默认的 Planar (平面) → Single (单一) 命令，并选择 Done (完成) 命令。

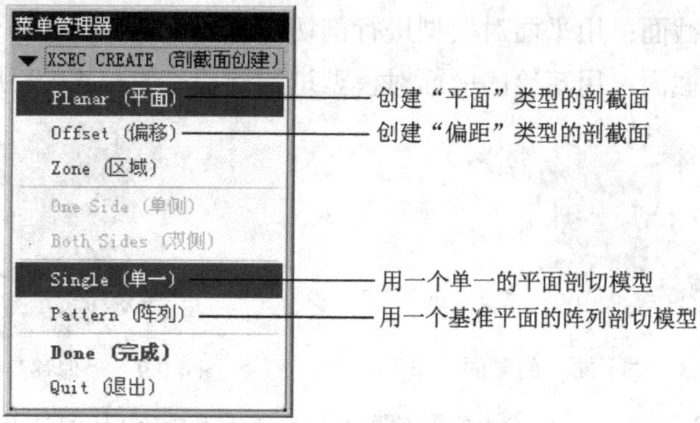

图 4.9.11　“剖截面创建”菜单

Step5. 定义剖切平面。

（1）在图 4.9.12 所示的▼ SETUP PLANE (设置平面)菜单中，选择Plane (平面)命令。

（2）在图 4.9.13 所示的模型中选取 TOP 基准平面。

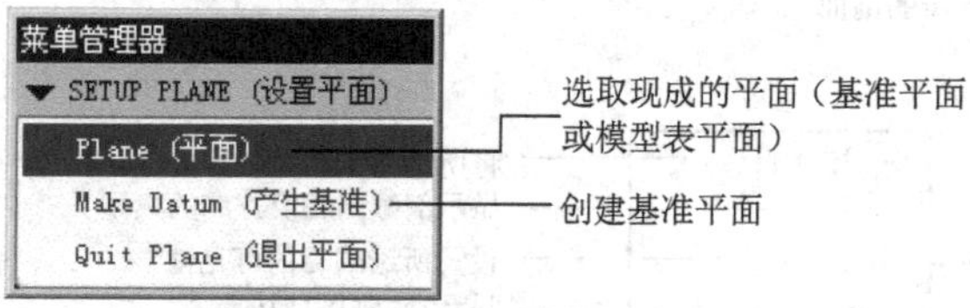

图 4.9.12　“设置平面”菜单

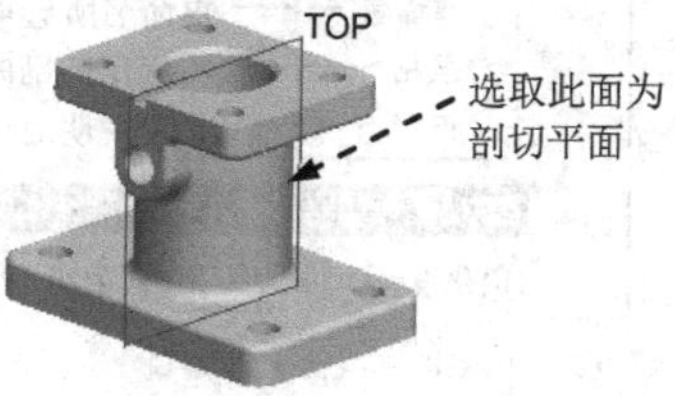

图 4.9.13　选取剖切平面

（3）此时系统返回至图 4.9.10 所示的视图管理器，右键单击剖面名称“section_1”，在弹出的快捷菜单中选择“可见性”命令（图 4.9.10）。此时模型上显示新建的剖面，如图 4.9.8 所示。

Step6. 修改剖截面的剖面线间距。

（1）在剖面操作界面中，选择要修改的剖截面名称 section_1，然后选择 编辑 ▼ → 重定义 命令；在图 4.9.14 所示的▶ XSEC MODIFY (剖截面修改)菜单中，选择Hatching (剖面线)命令。

（2）在图 4.9.15 所示的▶ XSEC MODIFY (剖截面修改)菜单中，选择Spacing (间距)命令。

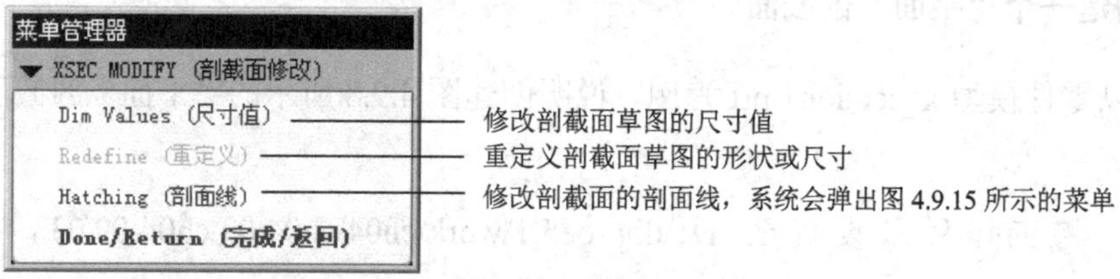

图 4.9.14　“剖截面修改”菜单

（3）在图 4.9.16 所示的▼ MODIFY MODE (修改模式)菜单中，连续选择 Half (一半)命令，观察零件模型中剖面线间距的变化，直到调到合适的间距，然后选择 Done (完成) → Done/Return (完成/返回)命令。

Step7. 此时系统返回至图 4.9.10 所示的视图管理器，单击 关闭 按钮。

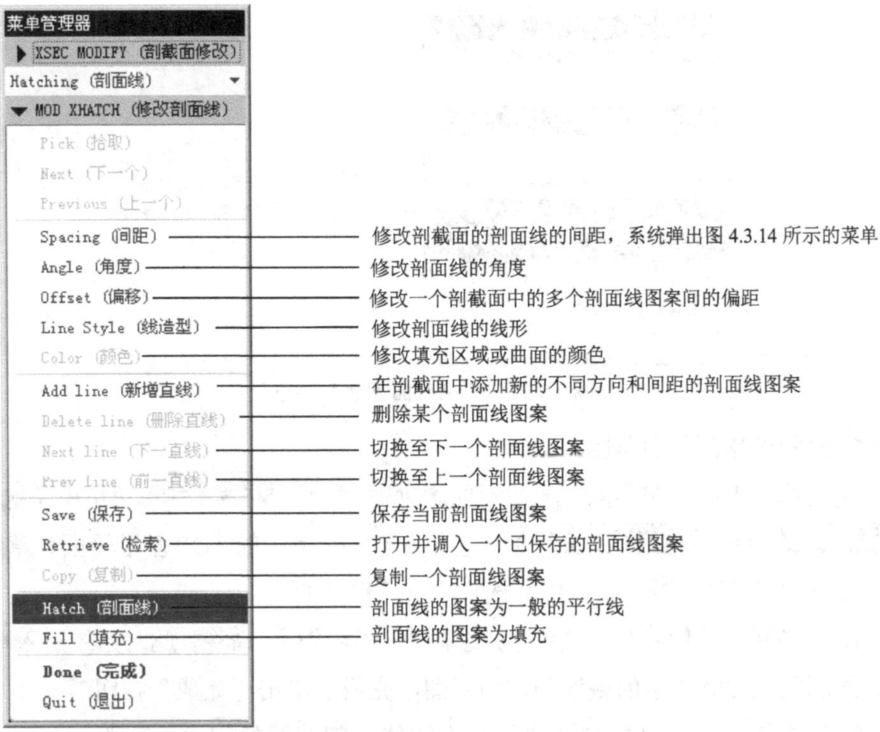

图 4.9.15　“修改剖面线”菜单

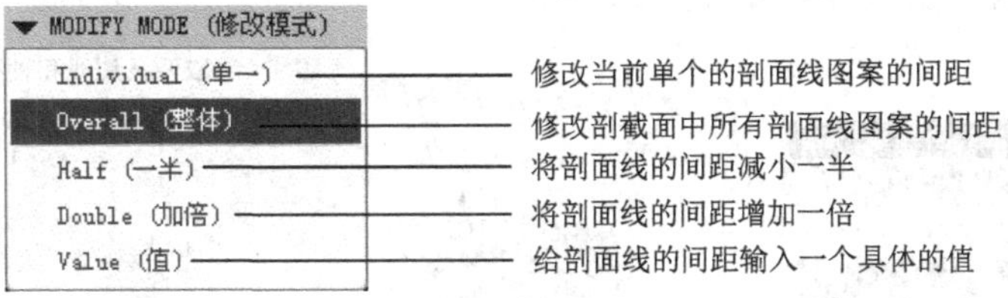

图 4.9.16　“修改模式”菜单

3．创建一个“偏移”剖截面

下面以零件模型 x_section_2.prt 为例，说明创建图 4.9.9 所示的“偏移”剖截面的一般操作步骤。

Step1. 将工作目录设置至 D:\dbproe5.1\work\ch04\ch04.09\ch04.09.03，打开文件 x_section_2.prt。

Step2. 选择下拉菜单 视图(V) → 视图管理器(W) 命令。

Step3. 单击 剖面 选项卡，在剖面操作界面中单击 新建 按钮，输入名称 section_2，并按 Enter 键。

Step4. 选择截面类型。在图 4.9.17 所示的 ▼ XSEC CREATE（剖截面创建）菜单中，依次选择 Offset（偏移） → Both Sides（双侧） → Single（单一） → Done（完成）命令。

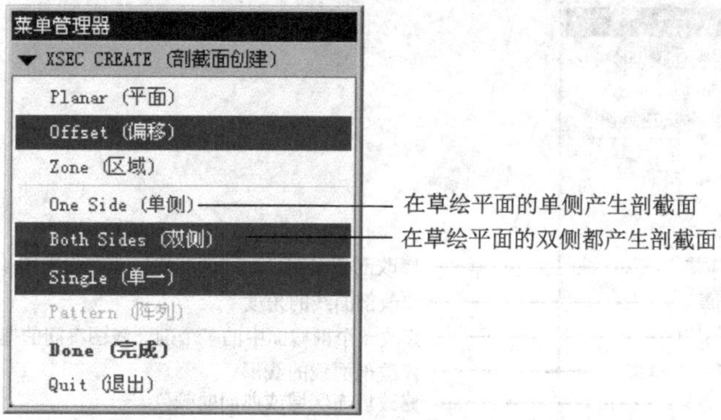

图 4.9.17　“剖截面创建”菜单

Step5. 绘制偏移剖截面草图。

（1）定义草绘平面。在图 4.9.18 所示的 ▼ SETUP SK PLN（设置草绘平面） 菜单中，选择 Setup New（新设置） → Plane（平面） 命令，选取图 4.9.19 所示的 TOP 基准平面为草绘平面。

（2）在 ▼ DIRECTION（方向） 菜单中，选择 Okay（确定） 命令。

（3）在 ▼ SKET VIEW（草绘视图） 菜单中，选择 Default（缺省） 命令，此时系统进入草绘环境。

（4）绘制图 4.9.20 所示的偏移剖截面草图，完成后单击“完成”按钮 ✓。

Step6. 如果有必要，可按前面介绍的方法修改剖截面的剖面线间距。

Step7. 在剖面操作界面中单击 关闭 按钮。

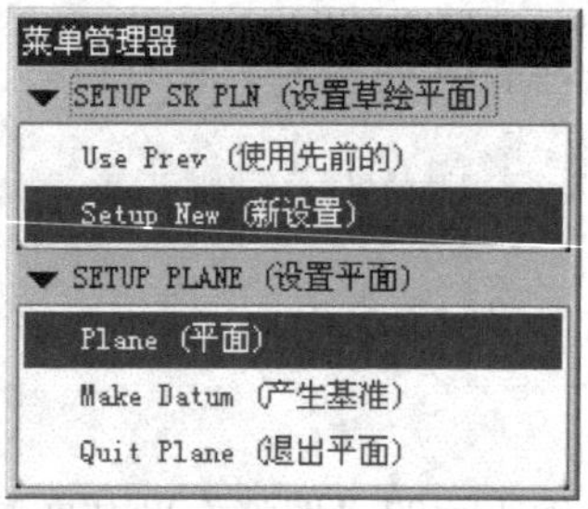

图 4.9.18　“设置草绘平面”菜单

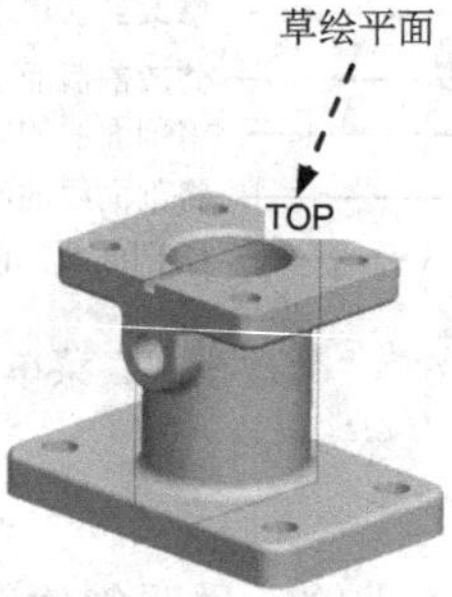

图 4.9.19　选取草绘平面

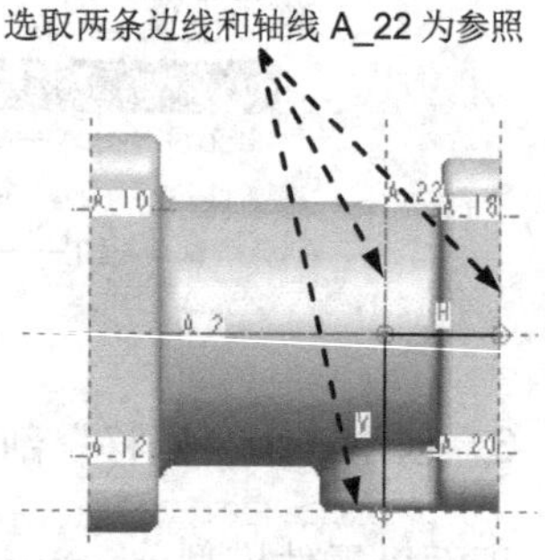

图 4.9.20　偏移剖截面草图

4. 创建装配的剖截面

下面以图 4.9.21 为例，说明创建装配件剖截面的一般操作步骤。

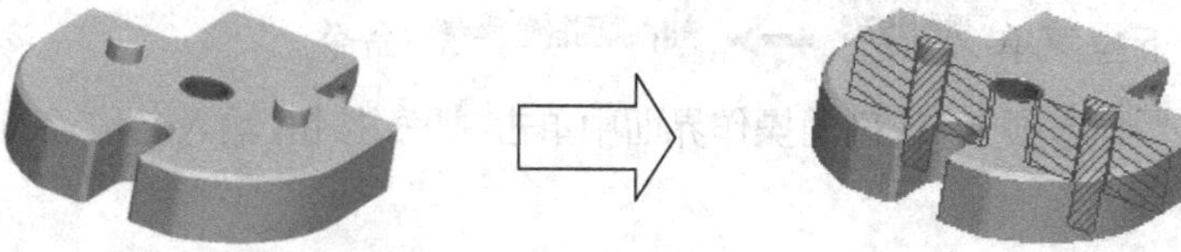

a）创建“剖截面”前　　　b）创建“剖截面”后

图 4.9.21　装配件的剖截面

Step1. 将工作目录设置至 D:\dbproe5.1\work\ch04\ch04.09\ch04.09.03\asm_section，打开

文件 asm_section.asm。

Step2. 选择下拉菜单 视图(V) ➡ 视图管理器(W) 命令。

Step3. 输入截面名称。在图 4.9.22 所示的 剖面 选项卡中，单击 新建 按钮，接受系统默认的名称，并按 Enter 键。

Step4. 选择截面类型。在图 4.9.23 所示的 ▼ XSEC OPTS (剖截面选项) 菜单中，选择 Model (模型) ➡ Planar (平面) ➡ Single (单一) ➡ Done (完成) 命令。

Step5. 选取装配基准平面作为剖切平面。

(1) 在 ▼ SETUP PLANE (设置平面) 菜单中选择 Plane (平面) 命令。

(2) 在系统 ⇨选取或创建装配基准 的提示下，将鼠标指针移至需要选取的基准平面（图 4.9.24 所示的 ASM_RIGHT 基准平面）的附近并右击，选择 从列表中拾取 命令，然后在图 4.9.25 所示的对话框中选择“F1（ASM_RIGHT）”选项，并单击 确定(O) 按钮。

注意： *在选取基准平面时，必须选取顶级装配模型的基准平面；如果在图 4.9.25 所示的“从列表中拾取”对话框中选择 曲面:F5(拉伸_1):DRILLING_PLATE 选项，系统将不接受此基准平面。*

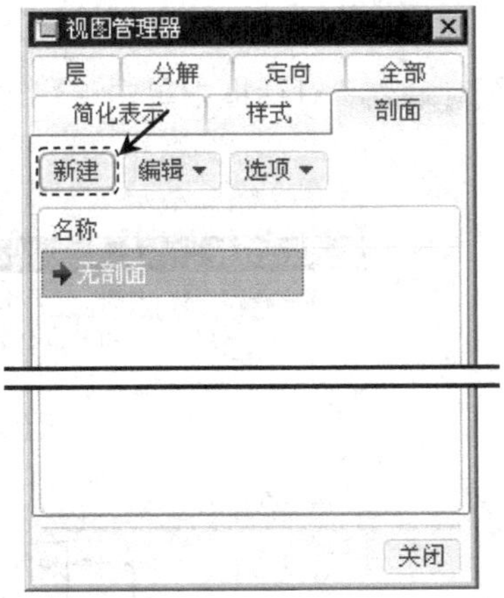

图 4.9.22 “剖面”选项卡

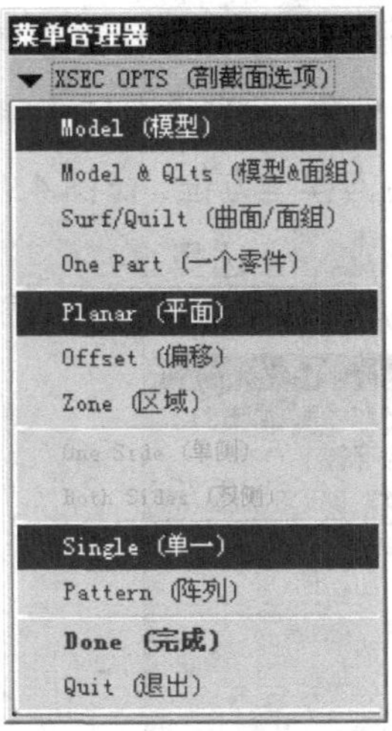

图 4.9.23 “剖截面选项”菜单

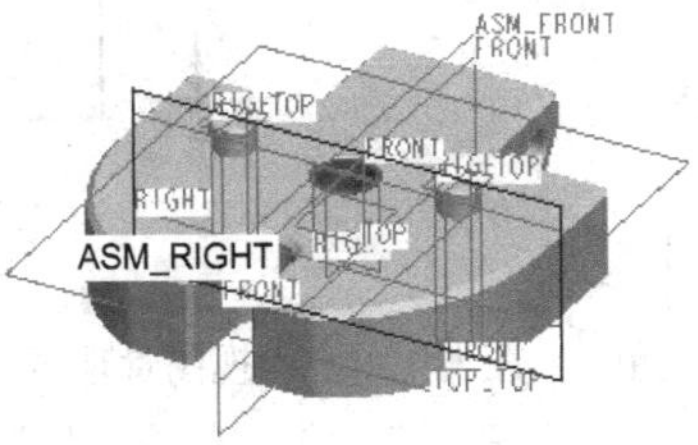

图 4.9.24 选取装配基准平面

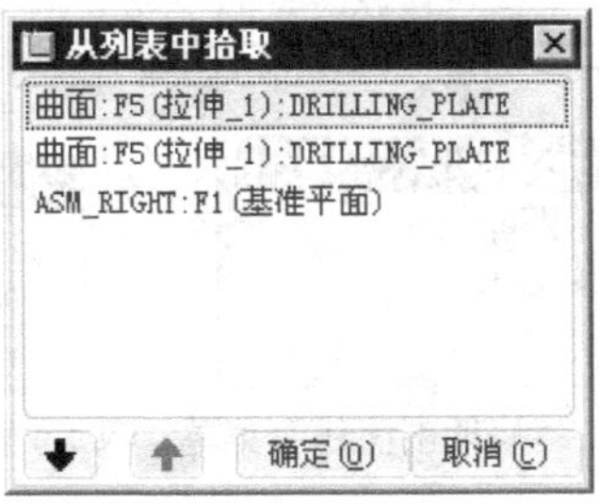

图 4.9.25 “从列表中拾取”对话框

Step6. 设置剖面线。

(1) 在图 4.9.26 所示的 剖面 选项卡中选择 Xsec0001，然后选择 编辑 ▾ ➡ 重定义命令。

（2）在图 4.9.27 所示的 ▶ XSEC MODIFY（剖截面修改）菜单中，选择 Hatching（剖面线）命令。

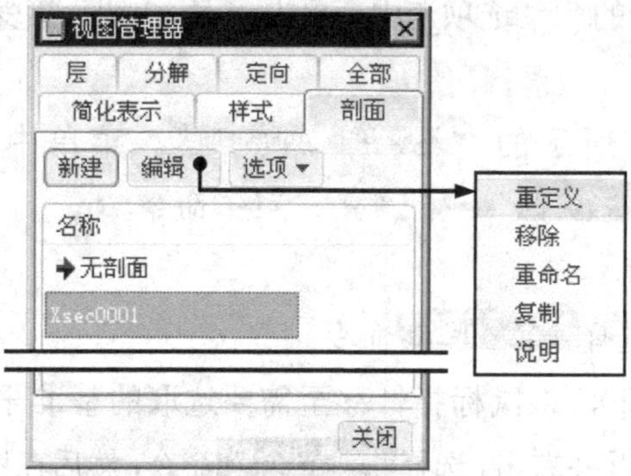

图 4.9.26 “剖面”选项卡

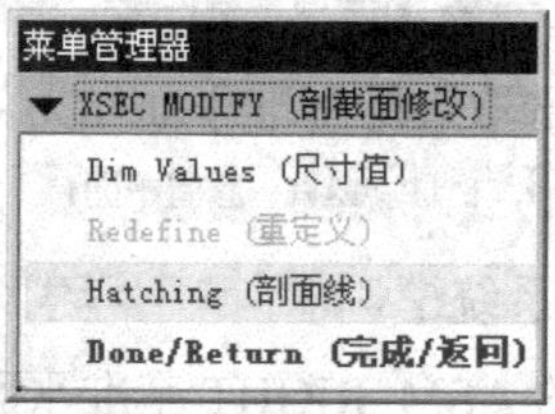

图 4.9.27 “剖截面修改”菜单

（3）在图 4.9.28 所示的 ▼ MOD XHATCH（修改剖面线）菜单中，选择 Pick（拾取）➡ Hatching（剖面线）命令，然后在绘图区选取零件 DRILLING_PLATE.PRT，此时该零件的剖面线加亮显示；然后在 ▼ MOD XHATCH（修改剖面线）菜单中选择 Spacing（间距）命令。

（4）在图 4.9.29 所示的 ▼ MODIFY MODE（修改模式）菜单中选择 Half（一半），然后选择 Done（完成）➡ Done/Return（完成/返回）命令。

Step7. 定向模型方位。在图 4.9.30 所示的“视图管理器”对话框中单击 定向 选项卡，然后右击 ➔ View (+)，选择 ➔ 设置为活动 命令。

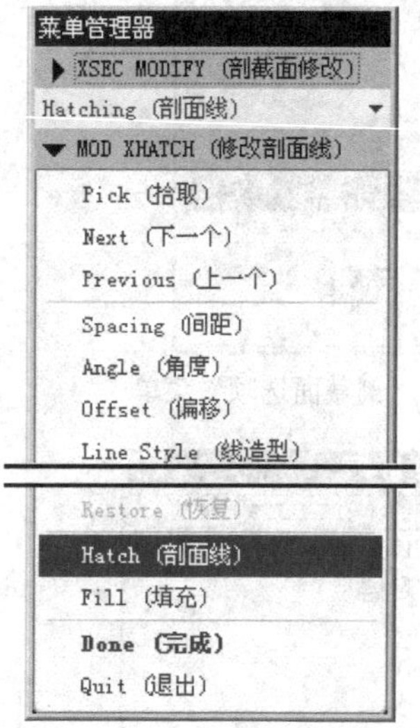

图 4.9.28 “修改剖面线”菜单

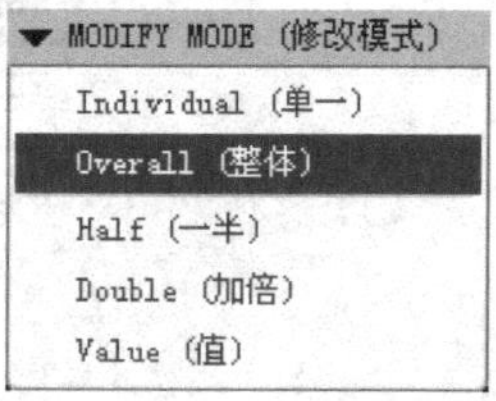

图 4.9.29 “修改模式”菜单

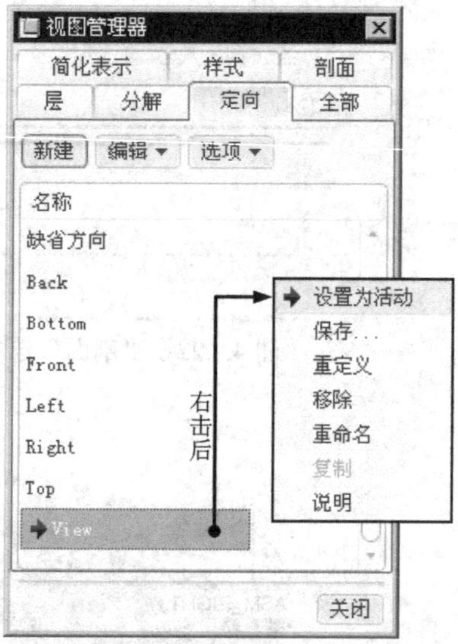

图 4.9.30 “视图管理器”对话框

Step8. 查看剖截面。在“视图管理器”对话框中单击 剖面 选项卡，单击选择 Xsec0001，此时绘图区中显示装配件的剖截面，如图 4.9.31 所示。

Step9. 在“视图管理器”对话框中单击 关闭 按钮。

a）三维视图　　b）View 方位视图

图 4.9.31　装配件的剖截面

5．剖截面质量属性分析

通过剖截面（X 截面）质量属性分析，可以获得模型上某个剖截面的面积、重心位置、惯性张量以及截面模数等数据。

Step1．将工作目录设置至 D:\dbproe5.1\work\ch04\ch04.09\ch04.ch09.03，打开文件 x_section_mass.prt。

Step2．选择下拉菜单 分析(A) ➡ 模型(L) ▸ ➡ 剖面质量属性(X) 命令。

Step3．在弹出的“剖面属性”对话框中，单击 分析 选项卡，如图 4.9.32 所示。

Step4．在 分析 区域的 名称 下拉列表框中选择 XSEC0001 剖截面。

说明： XSEC0001 是提前创建的一个剖截面。

Step5．按下“坐标系开/关”按钮，显示坐标系；按下“基准平面开/关”按钮，显示基准平面。

Step6．在 坐标系 区域中取消选中的 使用缺省设置 复选框，然后选取图 4.9.33 所示的坐标系。

Step7．在图 4.9.32 所示的 分析 选项卡的结果区域中，显示出分析后的各项数据。

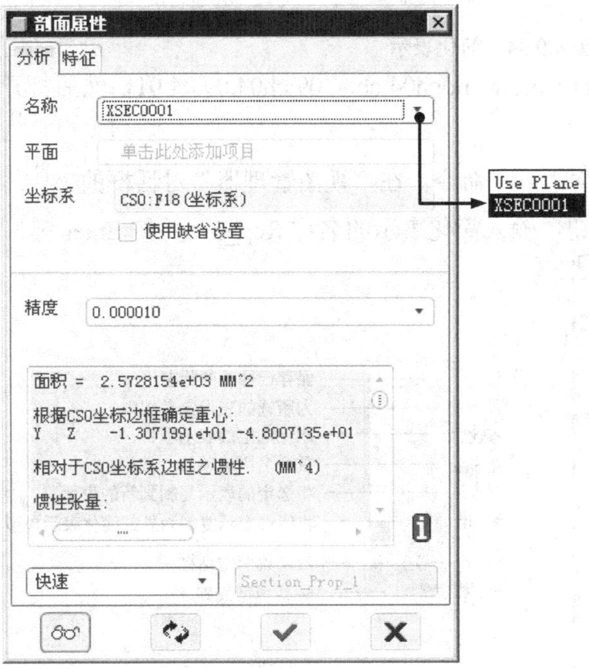

图 4.9.32　“剖面属性”对话框

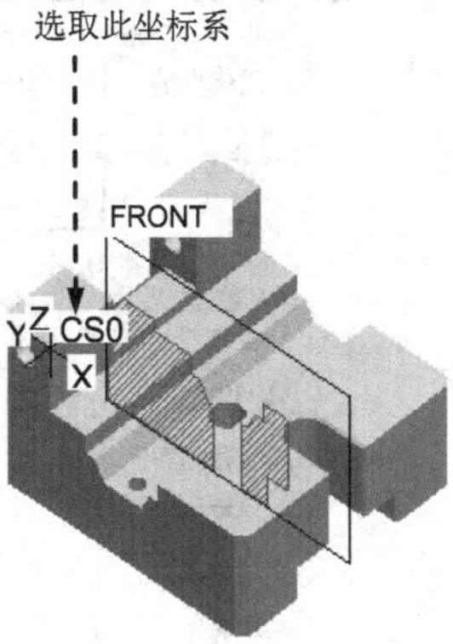

图 4.9.33　剖截面质量属性分析

4.9.4 简化表示

复杂装配体的设计，存在下列问题：

（1）重绘、再生和检索的时间太长。

（2）在设计局部结构时，感觉图面太复杂、太乱，不利于局部零部件的设计。

为了解决这些问题，可以利用简化表示（Simplfied Rep）功能，将设计中暂时不需要的零部件从装配体的工作区中移除，从而可以减少装配体的重绘、再生和检索的时间，并且简化装配体。例如在设计轿车的过程中，设计小组在设计车厢里的座椅时，并不需要发动机、油路系统和电气系统，这时就可以用简化表示的方法将这些暂时不需要的零部件从工作区中移除。

1. 创建简化表示的一般过程

图 4.9.34a 所示为钻模的装配模型，为了能够清楚地观察和表达被夹紧工件的形状和位置，并且为了缩短装配模型的再生、检索时间，需要对装配模型的某些零件进行简化表示。下面以图 4.9.34b 所示简化表示后的效果图为例，说明创建简化表示的操作步骤。

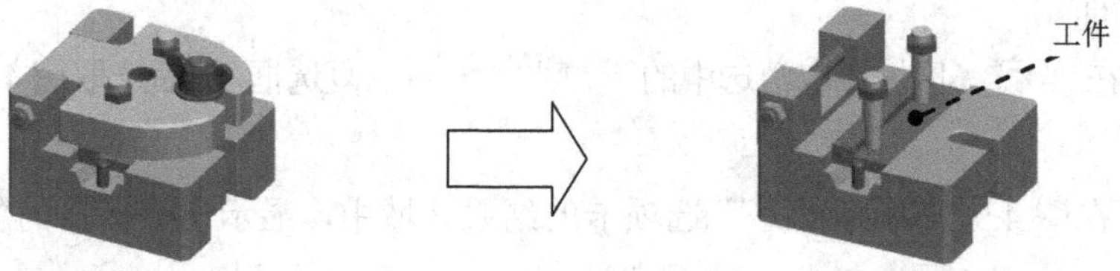

a） 简化表示前　　b）简化表示后

图 4.9.34 简化表示

Step1. 将工作目录设置至 D:\dbproe5.1\work\ch04\ch04.09\ch04.09.04\01，然后打开文件 drilling_die_rep.asm。

Step2. 选择 视图(V) → 视图管理器(W) 命令；在“视图管理器”对话框的 简化表示 选项卡中（图 4.9.35），单击 新建 按钮，输入简化表示的名称 Rep_1，并按 Enter 键。

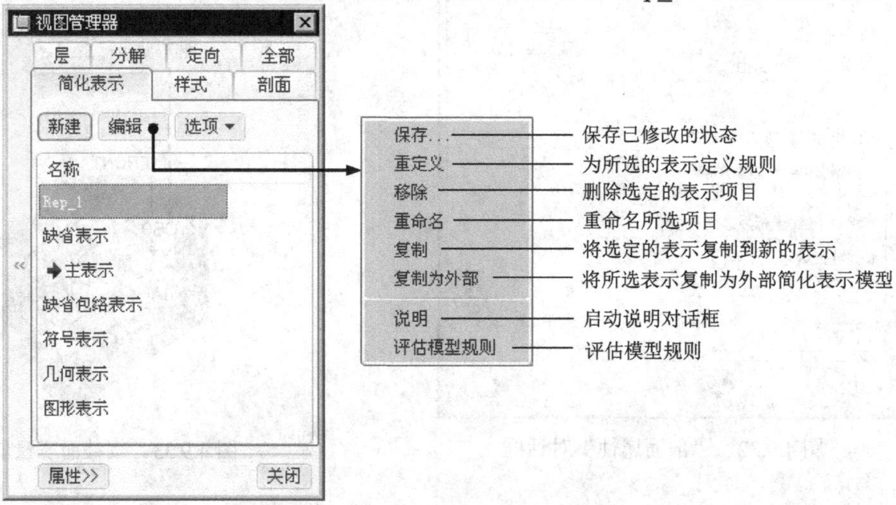

图 4.9.35 “简化表示”选项卡

Step3. 完成上步操作后，系统弹出图 4.9.36 所示的“编辑：REP_1”对话框（一），单击图 9.4.36 所示的位置，系统弹出图 4.9.36 所示的下拉列表。

Step4. 在“编辑：REP_1”对话框（二）中进行图 4.9.37 所示的设置。

Step5. 单击“编辑：REP_1”对话框中的按钮 确定 ，完成视图的编辑，然后单击“视图管理器”对话框中的 关闭 按钮。

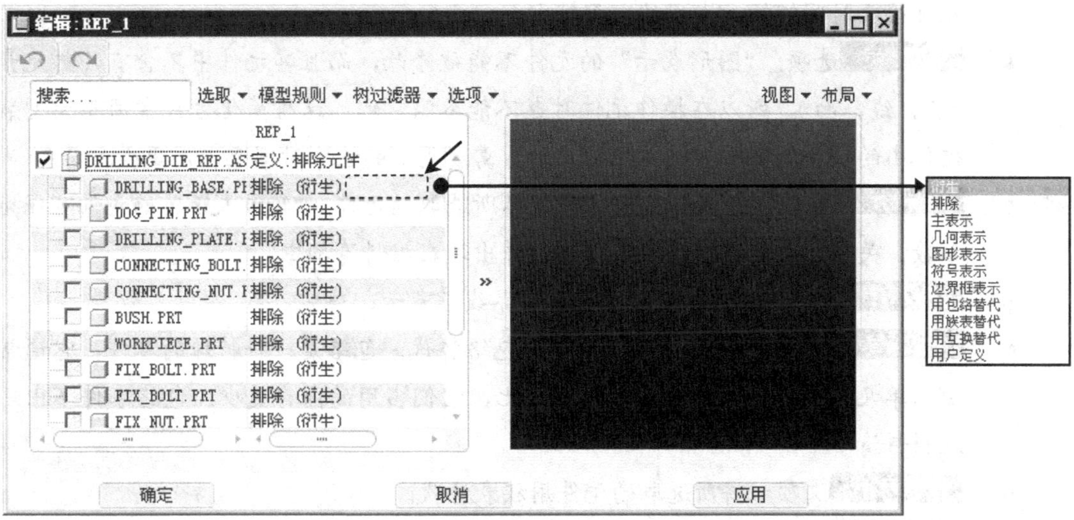

图 4.9.36　“编辑：REP_1”对话框（一）

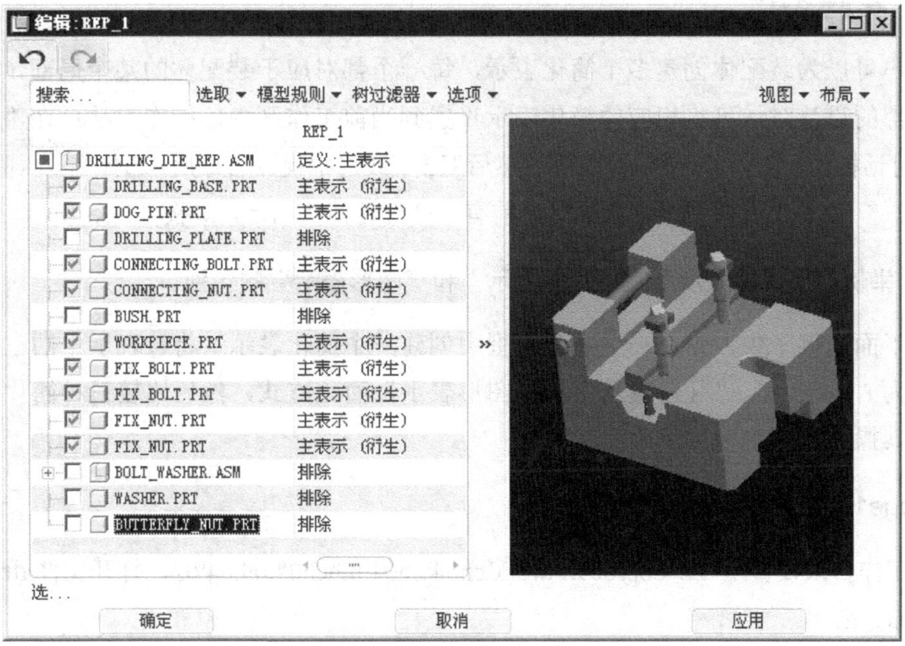

图 4.9.37　“编辑：REP_1”对话框（二）

图 4.9.36 所示的下拉列表中的部分说明：

- 衍生 选项：表示系统默认的简化表示方法。

- 排除 选项：从装配体中排除所选元件，接受排除的元件将从工作区中移除，但是在模型树上还保留它们。
- 主表示 选项："主表示"的元件与正常元件一样，可以对其进行正常的各种操作。
- 几何表示 选项："几何表示"的元件不能被修改，但其中的几何元素（点、线、面）保留，所以在操作元件时也可参照它们。与"主表示"相比，"几何表示"的元件检索时间较短、占用的内存较少。
- 图形表示 选项："图形表示"的元件不能被修改，而且其元件中不含有几何元素（点、线、面），所以在操作元件时也不能参照它们。这种简化方式常用于大型装配体中的快速浏览，它比"几何表示"需要更少的检索时间且占用更少内存。
- 符号表示 选项： 用简单的符号来表示所选取的元件。"符号表示"的元件可保留参数、关系、质量属性和族表信息，并出现在材料清单中。
- 边界框表示 选项：将所选取的元件用边界线框表示。
- 用包络替代 选项：将所选取的元件用包络替代。包络是一种特殊的零件，它通常由简单几何创建，与所表示的元件相比，它们占用的内存更少。包络零件不出现在材料清单中。
- 用族表替代 选项：将所选取的元件用族表替代。
- 用互换替代 选项：将所选取的元件用互换性替代。
- 用户定义 选项：通过用户自定义的方式来定义简化表示。

用户可以为装配体创建多个简化表示，每一个都对应于装配体的某个局部，在进行不同局部的设计时，可将相应的简化表示设置到当前工作区中。操作方法：在"视图管理器"对话框中，选择相应的视图名称，然后双击；或选中视图名称后，选择 选项 ▾ ➡ ➔ 设置为活动 命令。此时在当前视图名称前有一个红色箭头指示，如图 4.9.35 所示。

2．举例说明"主表示"、"几何表示"和"图形表示"的区别

在下面的例子中，先在一个装配模型中创建一个简化表示，将该表示中的三个元件分别设为"主表示"、"几何表示"和"图形表示"简化方式，然后比较三种简化表示的区别，其操作步骤说明如下：

Stage1．设置工作目录和打开文件

将工作目录设置至 D:\dbproe5.1\work\ch04\ch04.09\ch04.09.04\02，打开文件 drilling_die_rep.asm。

注意：由于本书许多练习中的模型名称可能相同，在打开一个新的练习文件前，务必将内存中所有的文件清除，否则在新的练习中会出现一些异常问题。

Stage2．创建简化表示

Step1. 选择下拉菜单 视图(V) → 视图管理器(W) 命令，在“视图管理器”对话框的 简化表示 选项卡中单击 新建 按钮，输入简化表示的名称 Difference，并按 Enter 键。

Step2. 完成上步操作后，系统弹出“编辑”对话框。

（1）将 drilling_base. prt 设置为“主表示”。

（2）将 dog_pin. prt 设置为“几何表示”。

（3）将 workpiece. prt 设置为“图形表示”，如图 4.9.38 所示。

（4）单击“编辑”对话框中的 确定 按钮，完成视图的设置。

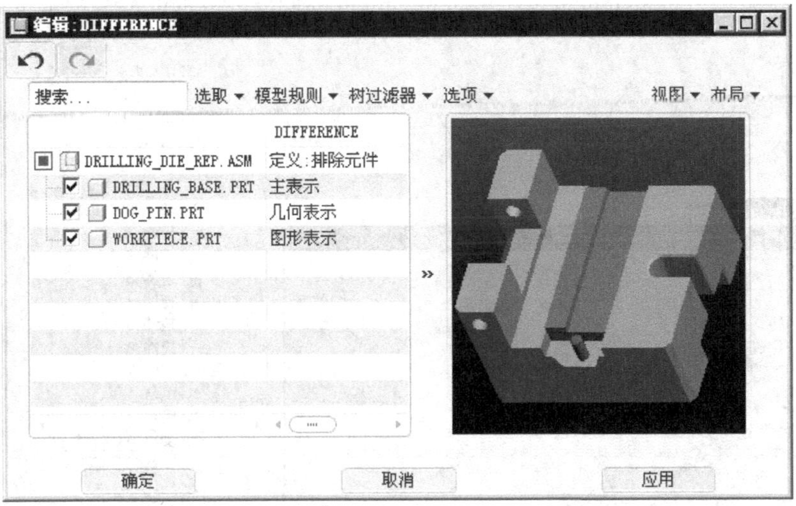

图 4.9.38 “编辑：DIFFERENCE”对话框

Step3. 先确认创建的简化表示 Difference 为活动状态，然后在“视图管理器”对话框中单击 关闭 按钮。

Stage3. 设置模型树

为了方便地从模型树上查看各元件特征结构和表示状态，现进行如下的操作步骤：

Step1. 设置模型树的过滤器。在模型树操作界面中，选择 → 树过滤器(F)... 命令，然后在“模型树项目”对话框中，选中 ☑ 特征 、☑ 隐含的对象 复选框，并单击 确定 按钮。

Step2. 设置模型树的数列。

（1）在模型树操作界面中，选择 → 树列(C)... 命令。

（2）在 不显示 区域的 类型 下拉列表框中选择 简化表示，然后选择视图 DIFFERENCE 并单击 >> 按钮，将其移至 显示 选项栏中，此时对话框如图 4.9.39 所示。

（3）单击 确定 按钮，此时模型树如图 4.9.40 所示。

Stage4. 观察“主表示”、“几何表示”和“图形表示”三者之间的区别

（1）检查各元件的可修改性。从图 4.9.40 所示的模型树可以看出，在装配体的 Difference

简化表示下，零件 dog_pin. prt（设为“几何表示”）和 workpiece. prt（设为“图形表示”）中的所有特征在模型树上无法展开，所以此时对这两个零件无法修改。而零件 drilling_base. prt（设为“主表示”）的所有特征在模型树上可见，因而可以对该零件中的特征进行修改。由此可见，“主表示”的零件具有修改权限，“几何表示”和“图形表示”的零件没有修改权限。

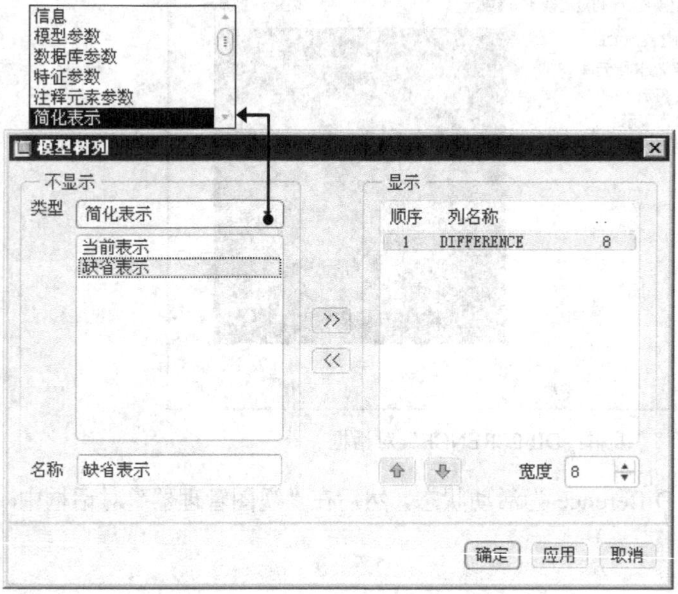

图 4.9.39 “模型树列”对话框

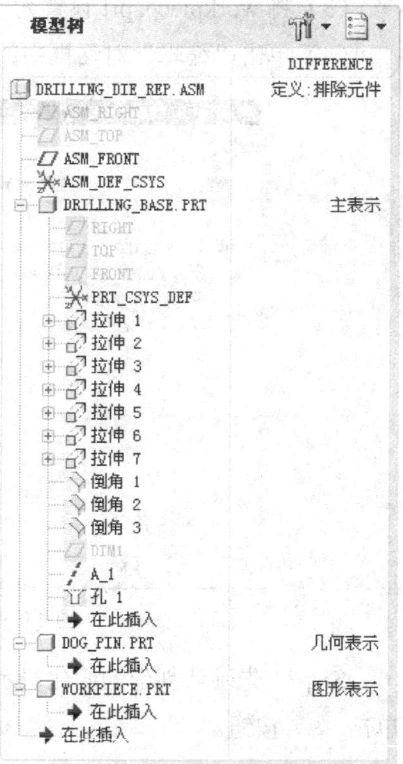

图 4.9.40 模型树

（2）检查各元件中是否含有几何元素。下面举例进行说明：在图 4.9.41 中，表面 1、表面 2 和表面 3 分别是零件 drilling_base. prt（设为“主表示”）、dog_pin. prt（设为“几何表示”）和 workpiece. pr（设为“图形表示”）的模型表面。现检查这些表面是否能被选取：先从 Pro/ENGINEER 软件窗口下部的智能选取栏中选择几何选项，然后分别尝试选取表面 1、表面 2 和表面 3，操作后的结果表明表面 1 和表面 2 能被选取，而表面 3 无法选取，由此可见“图形表示”元件中不含有几何元素。

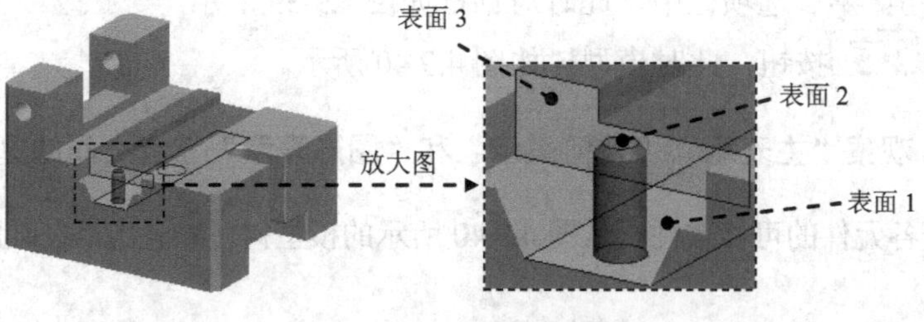

图 4.9.41 简化表示的模型

4.9.5　创建装配模型的分解视图

装配体的分解（Explode）视图也叫爆炸视图，就是将装配体中的各零部件沿着直线或坐标轴移动或旋转，使各个零件从装配体中分解出来，如图 4.9.42 所示。分解视图对于表达各元件的相对位置十分有帮助，因而常常用于表达装配体的装配过程以及装配体的构成。

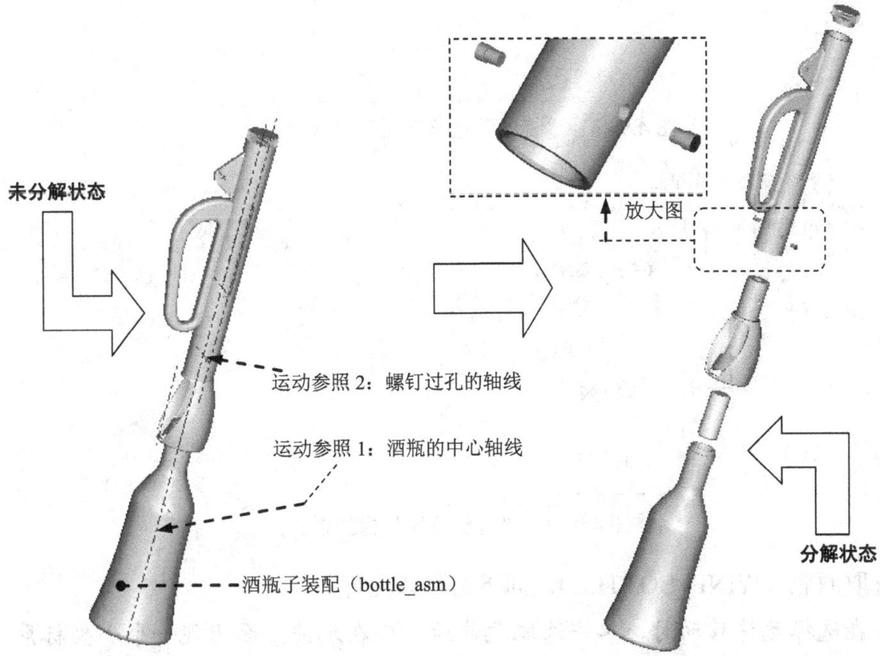

图 4.9.42　装配体的分解视图

1. 创建分解视图

下面以装配体 asm_exercise1.asm 为例，说明创建装配体的分解视图的一般操作步骤。

Step1. 将工作目录设置至 D:\dbproe5.1\work\ch04\ch04.09\ch04.09.05，打开文件 asm_exercise1.asm。

Step2. 选择下拉菜单 视图(V) ➡ 视图管理器(W) 命令，在“视图管理器”对话框的 分解 选项卡中单击 新建 按钮，输入分解的名称 asm_exp1，并按 Enter 键。

Step3. 单击“视图管理器”对话框中的 属性>> 按钮，在图 4.9.43 所示的“视图管理器”对话框（一）中单击按钮，系统弹出图 4.9.44 所示的“分解位置”操控板。

Step4. 定义沿运动参照 1 的平移运动。

（1）在“分解位置”操控板中单击“平移”按钮。

（2）在图 4.9.44 所示的“分解位置”操控板中激活 单击此处添加项目，再选取图 4.9.42 所示的酒瓶的中心轴线作为运动参照，即各零件将沿该中心线平移。

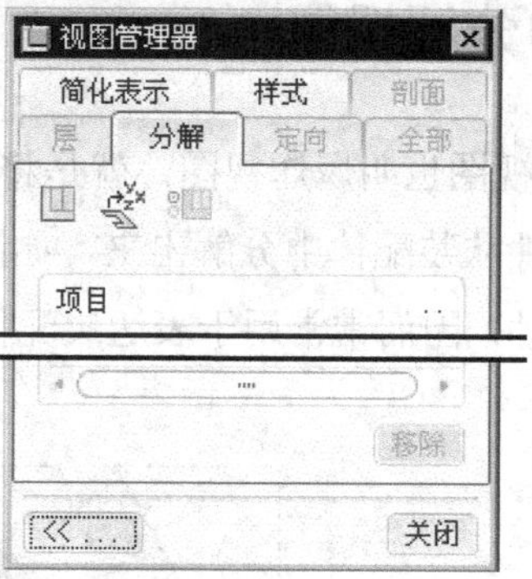

图 4.9.43 “视图管理器”对话框（一）

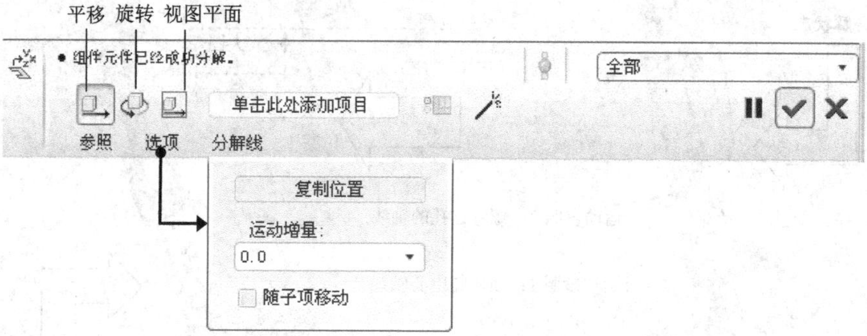

图 4.9.44 “分解位置”操控板

（3）选取酒瓶（WINE_BOTTLE），向下拖移该元件。

注意： *在选择元件移动时，单击选取元件后，会在元件上面出现一个小坐标系，选取一坐标轴方向即可将元件沿该坐标轴方向移动。*

（4）选择酒瓶塞（cork），向下移动该零件。

（5）选取瓶口座零件（socket），向下移动该零件。

（6）选择主体盖零件（body_cap），向上移动该零件。

Step5. 定义沿运动参照 2 的平移运动。

（1）在“分解位置”操控板中单击“平移”按钮。

（2）在“分解位置”操控板中激活 1个项目 ，再选取图 4.9.42 所示的螺钉和孔的轴线作为运动参照，即两个固定螺钉将沿该轴线平移。

（3）分别移动两个紧固螺钉，移动后的结果如图 4.9.42 所示。

（4）完成以上分解移动后，单击“分解位置”操控板中的按钮。

Step6. 保存分解状态。

（1）在图 4.9.45 所示的“视图管理器”对话框（二）中单击 << ... 按钮。

（2）在图 4.9.46 所示的“视图管理器”对话框（三）中依次单击 编辑 ▾ → 保存... 按钮，系统弹出“保存显示元素”对话框。

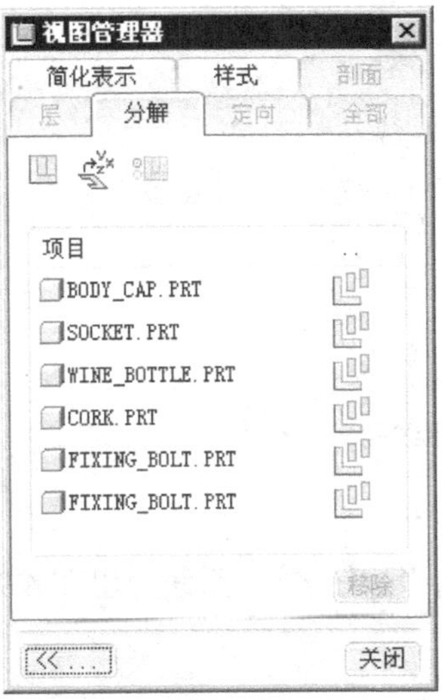

图 4.9.45　“视图管理器”对话框（二）

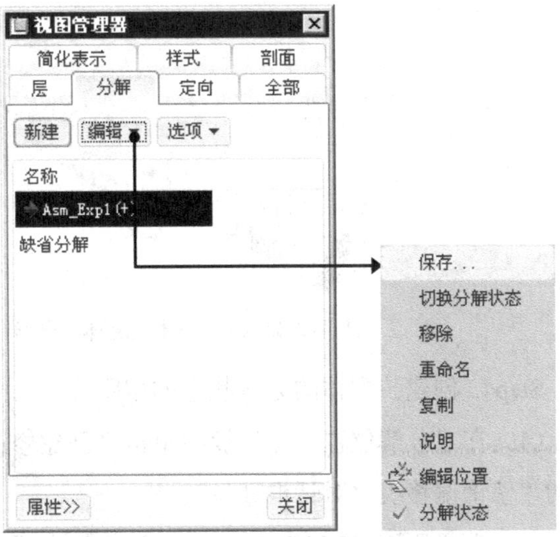

图 4.9.46　“视图管理器”对话框（三）

（3）在“保存显示元素”对话框中单击 确定 按钮。

Step7. 单击“视图管理器”对话框（三）中的 关闭 按钮。

2. 设定当前状态

用户可以为装配体创建多个分解状态，根据需要，可以将某个分解状态设置到当前工作区中。操作步骤：在“视图管理器”对话框的 分解 选项卡中，选择相应的视图名称，然后双击，或选择视图名称后，选择 选项 ▾ ➡ ➜ 设置为活动 命令。此时在当前视图位置有一个红色箭头指示。

3. 取消分解视图的分解状态

选择下拉菜单 视图(V) ➡ 分解(X) ▸ ➡ 取消分解视图(U) 命令，可以取消分解视图的分解状态，从而回到正常状态。

4.9.6　创建分解状态的偏距线

下面以图 4.9.47 为例，说明创建偏距线的一般操作步骤。

Step1. 将工作目录设置至 D:\dbproe5.1\work\ch04\ch04.09\ch04.09.06，打开文件 asm_exercise2.asm。

Step2. 选择下拉菜单 视图(V) ➡ 视图管理器(W) 命令，在“视图管理器”对话框的 分解 选项卡中单击 新建 按钮，输入分解视图名称 asm_exp2。

Step3. 创建装配体的分解状态。将装配体中的各零件移至图 4.9.47 所示的方位。

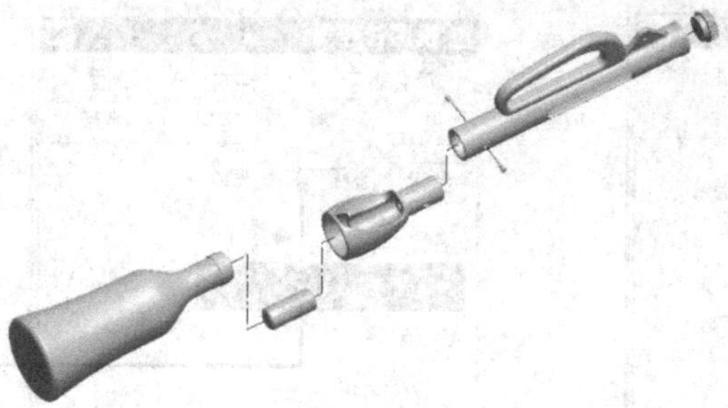

图 4.9.47 创建装配体的分解状态的偏距线

Step4. 创建装配体的分解状态的偏距线。

（1）在“分解位置”操控板中单击“创建修饰偏移线“按钮，系统弹出图 4.9.48 所示的“修饰偏移线“对话框（一）。

（2）选择酒瓶（WINE_BOTTLE）的中心线作为“参照 1”，选择酒瓶塞（cork）的中心线作为“参照 2”，如图 4.9.49 所示，单击 应用 按钮，完成偏移线的创建。

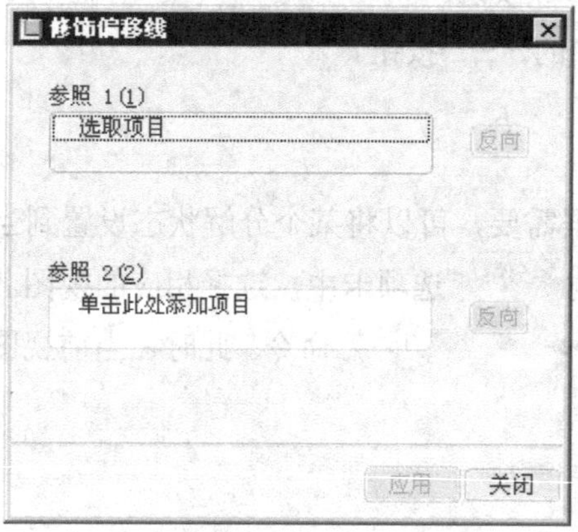

图 4.9.48 “修饰偏移线”对话框（一）

图 4.9.49 “修饰偏移线”对话框（二）

注意：选取轴线时，在轴线上单击的位置不同，会出现不同的结果，如图 4.9.50 所示。另外，为了方便选取轴线，可在“智能选取栏”中选择“轴”选项。

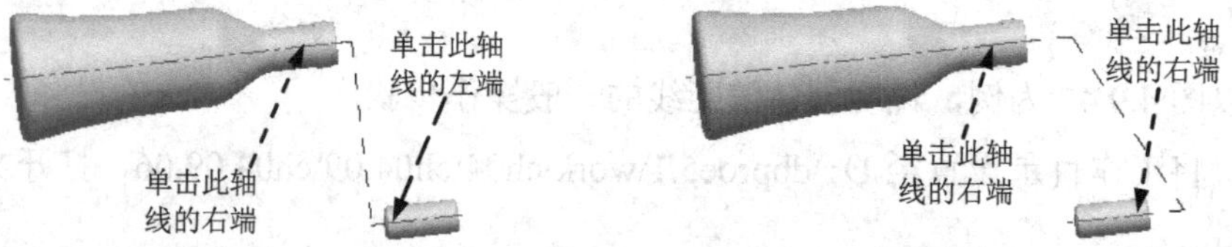

a）结果 1　　b）结果 2

图 4.9.50 不同的结果对比

（3）参照步骤（2）中的操作，分别在图 4.9.51 中创建其他零件之间的分解偏移线。

（4）单击 关闭 按钮，关闭“修饰偏移线”对话框。

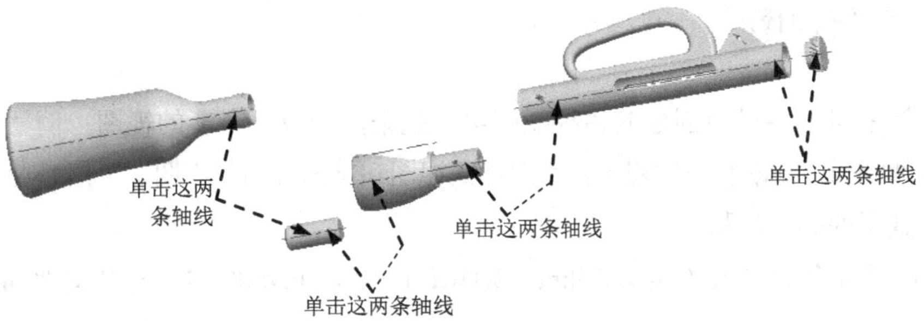

图 4.9.51　操作过程

Step5. 修改偏距线的样式。

（1）选中要编辑的偏移分界线，在图 4.9.52 所示的“分解位置”操控板中单击 分解线 选项卡，在选项卡中单击 编辑线造型 按钮。

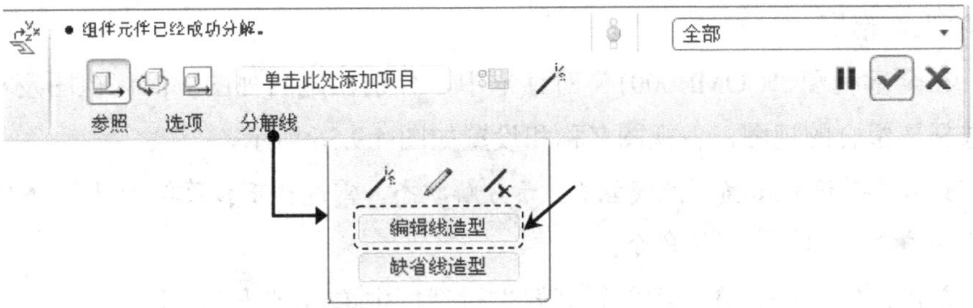

图 4.9.52　“分解位置”操控板

（2）系统弹出“线造型”对话框，在“线型”下拉列表框中选择 短划线 线型，单击 应用 → 关闭 按钮。

Step6. 保存分解状态。

（1）在“视图管理器”对话框中单击 << ... 按钮。

（2）在图 4.9.53 所示的“视图管理器”对话框中依次单击 编辑 ▾ → 保存... 按钮。

（3）在图 4.9.54 所示的“保存显示元素”对话框中单击 确定 按钮。

Step7. 单击“视图管理器”对话框（四）中的 关闭 按钮。

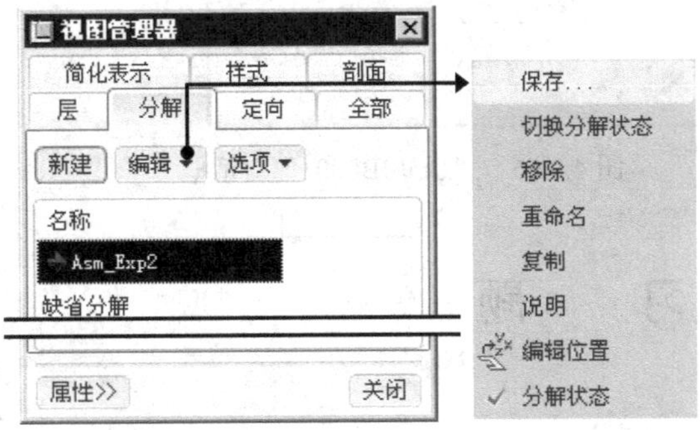

图 4.9.53　“视图管理器”对话框（四）

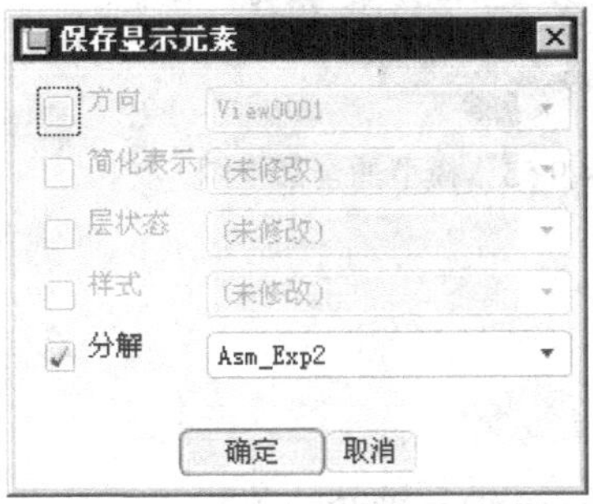

图 4.9.54　“保存显示元素”对话框

4.9.7 全部视图

全部视图可以将以前创建的各种视图组合起来，形成一个新的视图，例如在图 4.9.55 所示的全部视图中，既有分解视图，又有样式视图和剖面视图等视图。下面以此为例，说明创建全部视图的操作步骤。

Step1. 将工作目录设置至 D:\dbproe5.1\work\ch04\ch04.09.07，打开文件 drilling_die_comb.asm。

Step2. 选择下拉菜单 视图(V) ➡ 视图管理器(W) 命令，在“视图管理器”对话框的 全部 选项卡中，单击 新建 按钮，接受系统默认的全部视图名称 Comb0001，并按 Enter 键。

Step3. 如果系统弹出“新建显示状态”对话框，可在该对话框中单击 参照原件 按钮。

Step4. 在“视图管理器”对话框中选择 编辑 ▾ ➡ 重定义 命令，系统弹出“COMB0001”对话框。

Step5. 在全部视图“COMB0001”对话框中，分别在定向视图、简化视图及样式视图等列表中选择要组合的视图，各视图名称和设置如图 4.9.56 所示。

说明：如果各项设置正确，但模型不显示分解状态，需选择下拉菜单 视图(V) ➡ 分解(X) ▸ ➡ 分解视图(X) 命令。

Step6. 单击 ✔ 按钮，在“视图管理器”对话框中单击 关闭 按钮。

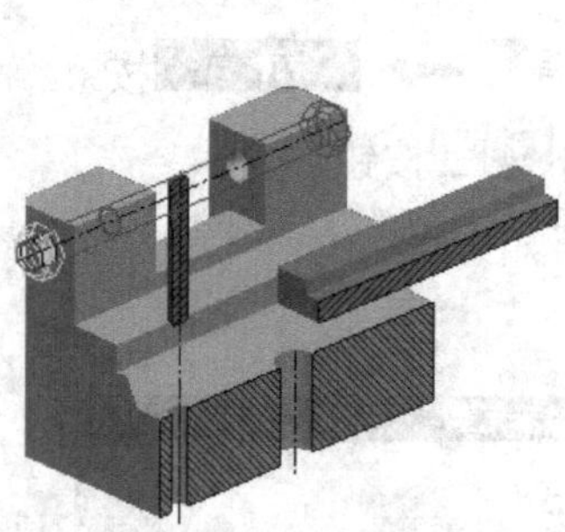

图 4.9.55 模型的全部视图

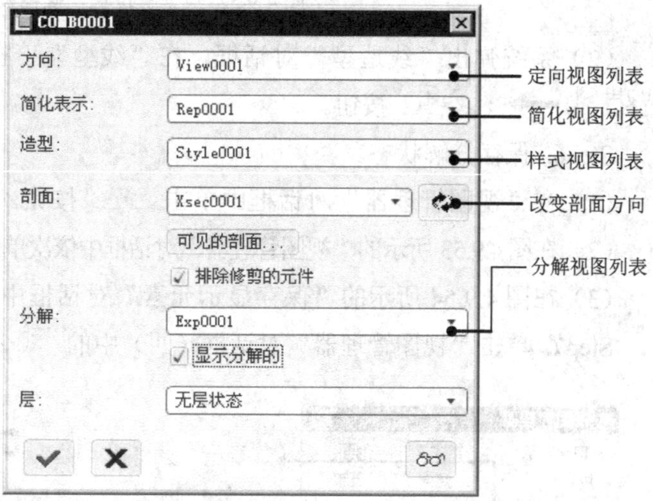

图 4.9.56 “COMB0001”对话框

4.10 习 题

习题 1——轴与轴套的装配

将工作目录设置至 D:\dbproe5.1\work\ch04\ch04.10\ch04.10.01，将零件 bush.prt 和

shaft.prt 装配起来，如图 4.10.1 所示。

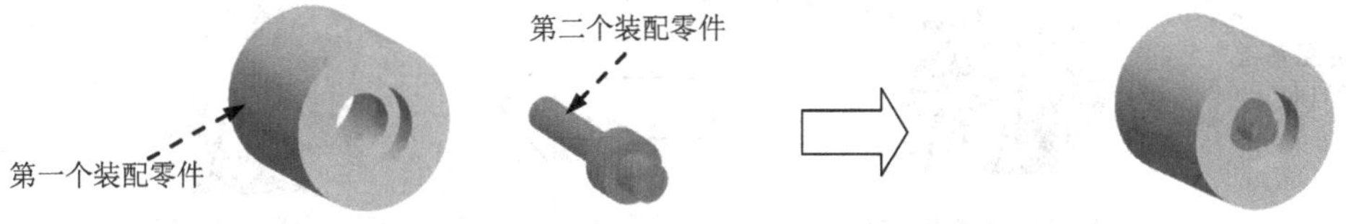

a）装配零件　　b）装配后

图 4.10.1 轴与轴套的装配

习题 2——螺栓与垫圈的装配

将工作目录设置至 D:\dbproe5.1\work\ch04\ch04.10\ch04.10.02。将零件 bolt.prt 和 washer.prt 装配起来，如图 4.10.2 所示。

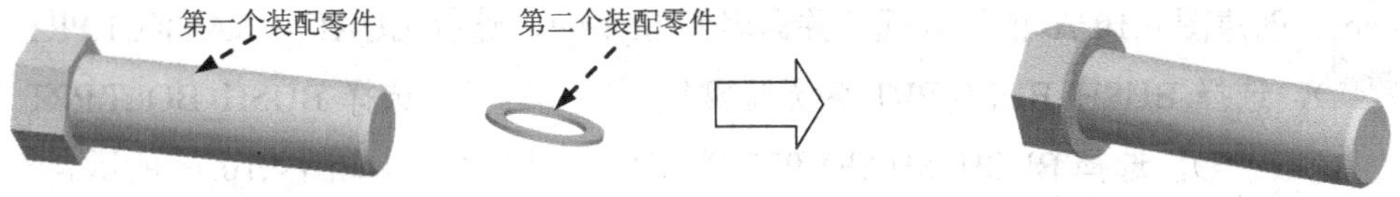

a）装配零件　　b）装配后

图 4.10.2 螺栓与垫圈的装配

习题 3——机座与轴套的装配

Step1. 将工作目录设置至 D:\dbproe5.1\work\ch04\ch04.10\ch04.10.03。如图 4.10.3a 所示，要求将零件 bush_bracket.prt 和 bush_bush.prt 装配起来，装配结果如图 4.10.3b 所示。

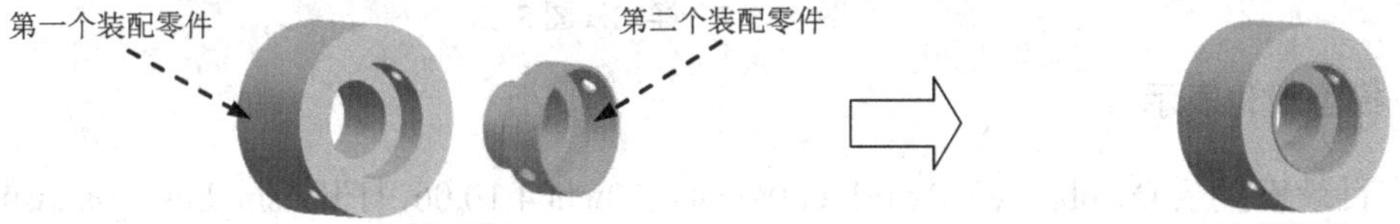

a）装配零件　　b）装配后

图 4.10.3 机座与轴套的装配

Step2. 建立第一个和第二个装配约束，如图 4.10.4 所示；在操控板单击“放置”按钮，系统弹出“放置”界面，取消选中□允许假设复选框，并建立图 4.10.5 所示的两条轴线“对齐”约束。

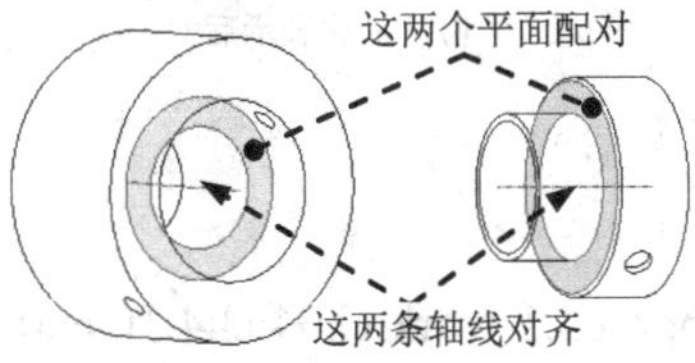

图 4.10.4 装配约束 1、2

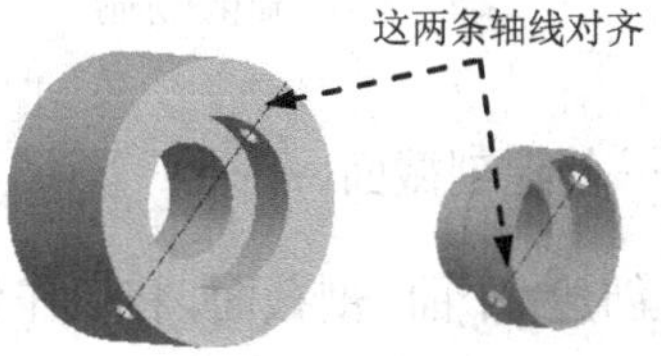

图 4.10.5 第三个装配约束

习题 4——创建定向视图

将工作目录设置至 D:\dbproe5.1\work\ch04\ch04.10\ch04.10.04，打开 asm_bush_pin.asm。创建图 4.10.6b 所示的定向视图，并命名为 View_1。

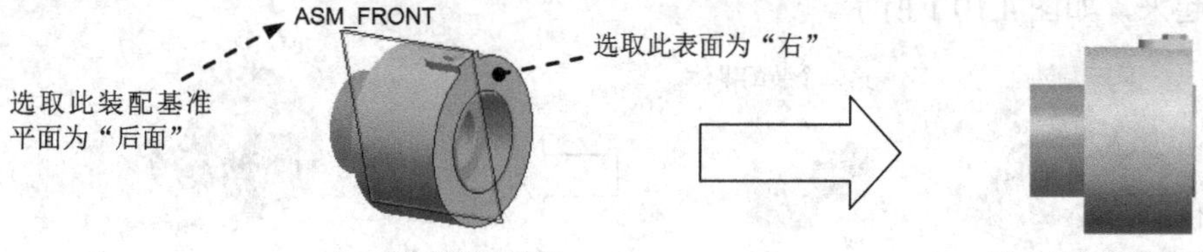

a) 定向视图表示前　　b) 定向视图表示后

图 4.10.6 定向视图 View_1

习题 5——创建样式视图

Step1. 将工作目录设置至 D:\dbproe5.1\work\ch04\ch04.10\ch04.10.05，打开 asm_bush_pin.asm。

Step2. 创建图 4.10.7b 的样式视图并命名为 Style_1。选择 BUAH_BRACKET.PRT 为遮蔽（遮蔽），选择 BUSH_BUSH.PRT 为无隐藏线（消隐），选择 BUSH_BOLT.PRT 为隐藏线（隐藏线），选择 BUSH_SHAFT.PRT 为着色（着色），如图 4.10.7a 所示。

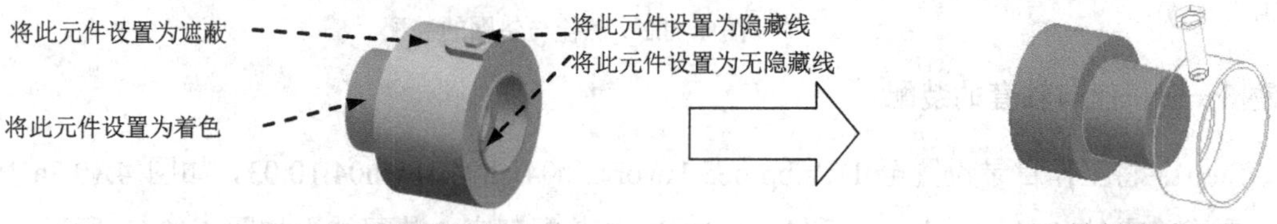

a) 样式视图表示前　　b) 样式视图表示后

图 4.10.7 样式视图 Style_1

习题 6——模型简化表示

将工作目录设置至 D:\dbproe5.1\work\ch04\ch04.10\ch04.10.06，打开 asm_bush_pin.asm。创建图 4.10.8b 所示的模型简化表示。

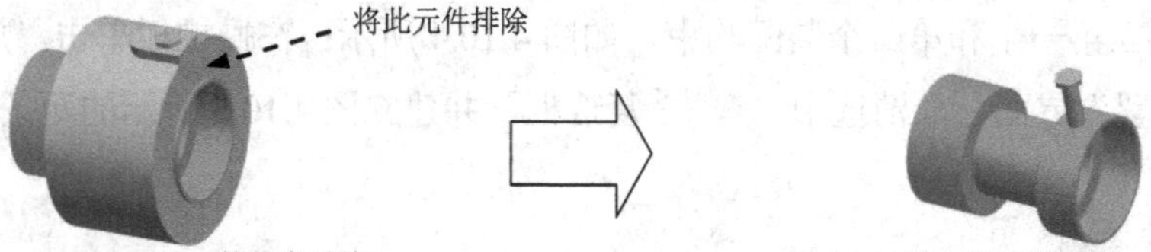

a) 简化表示前　　b) 简化表示后

图 4.10.8 模型简化表示

习题 7——创建剖截面

（1）创建“平面”剖截面。将工作目录设置至 D:\dbproe5.1\work\ch04\ch4.10\ch04.10.07，打开文件 directional_1.prt，创建图 4.10.9a 所示的“平面”剖截面，选取图 4.10.9b 所示的 DTM2 基准平面为剖切平面。

（2）创建“偏距”剖截面。将工作目录设置至 D:\dbproe5.1\work\ch04\ch04.10\ch04.10.07，打开文件 directional_2.prt，创建图 4.10.10a 所示的“偏距”剖截面，偏距剖截面草图如图 4.10.10b 所示。

a）“平面”剖截面　　b）选取剖切平面

图 4.10.9 “平面”剖截面

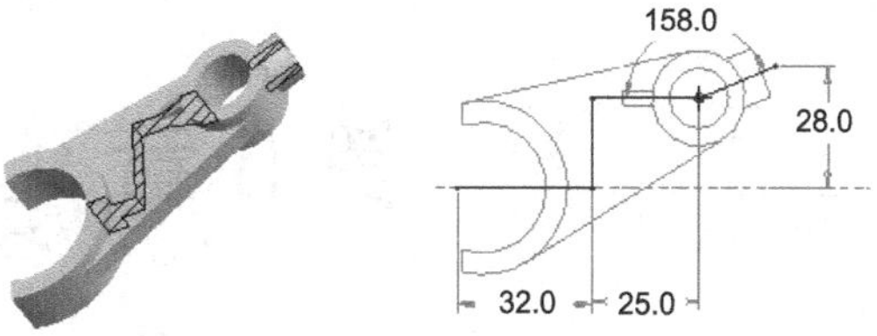

a）“偏距”剖截面　　b）“偏距”截面草图

图 4.10.10 “偏距”剖截面

（3）创建装配剖截面。将工作目录设置至 D:\dbproe5.1\work\ch04\ch04.10\ch04.10.07，打开文件 asm_bush_pin.asm，创建图 4.10.11a 所示的装配剖截面，选取图 4.10.11b 所示的 ASM_RIGHT 基准平面为剖切平面。

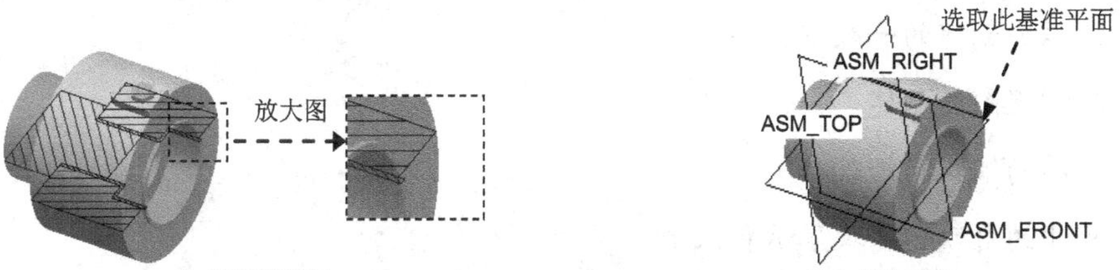

a）装配剖截面　　b）选取基准平面

图 4.10.11 装配剖截面

习题 8——装配模型的分解

将工作目录设置至 D:\dbproe5.1\work\ch04\ch04.10\ch04.10.08，打开文件 asm_bush_pin.asm，创建图 4.10.12a 所示的装配体的分解状态，选取的运动参照如图 4.10.12b 所示。

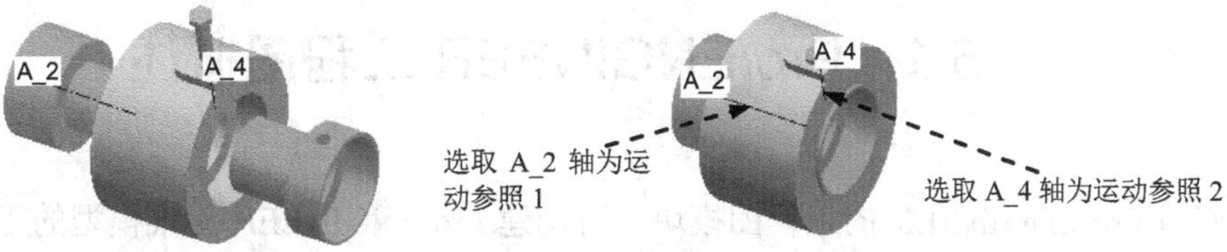

a）装配体的分解状态　　b）选取运动参照

图 4.10.12 装配模型的分解

第 5 章　创建工程图

本章提要　在产品的研发、设计、制造等过程中，各类参与者需要经常进行交流和沟通，工程图则是常用的交流工具，因而工程图制作是产品设计过程中的重要环节，本章将介绍工程图模块的基本知识，包括以下内容：

- 工程图环境中的菜单命令简介
- 工程图创建的一般过程
- 各种视图的创建
- 视图的编辑与修改
- 尺寸的自动创建及显示和拭除
- 尺寸的手动标注
- 尺寸公差的设置
- 基准的创建，形位公差的标注
- 表面粗糙度（表面光洁度）的标注
- 在工程图里建立注释，书写技术要求

5.1　Pro/ENGINEER 工程图概述

使用 Pro/ENGINEER 的工程图模块，可创建 Pro/ENGINEER 三维模型的工程图，可以用注解来注释工程图、处理尺寸以及使用层来管理不同项目的显示等。工程图中的所有视图都是相关的，例如改变一个视图中的尺寸值，系统就相应地更新其他工程图视图。

工程图模块还支持多个页面，允许定制带有草绘几何的工程图和工程图格式等。另外，还可以利用有关接口命令，将工程图文件输出到其他系统或将文件从其他系统输入到工程图模块中。

工程图环境中的菜单简介。

（1）“布局”选项区域中的命令主要是用来设置绘图模型、模型视图的放置以及视图的线型显示等，如图 5.1.1 所示。

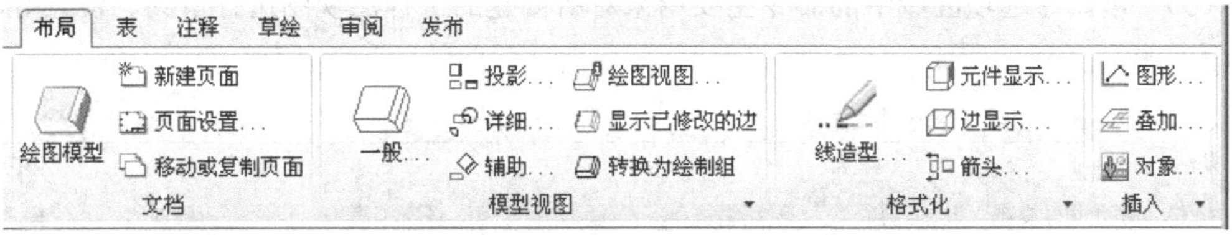

图 5.1.1　“布局”选项区域

（2）“表”选项区域中的命令主要是用来创建、编辑表格等，如图 5.1.2 所示。

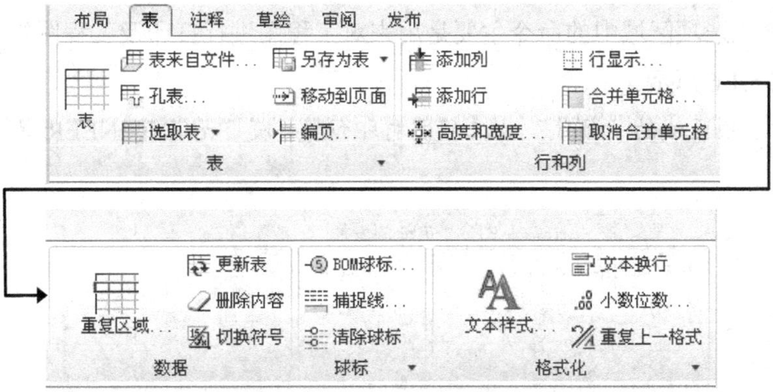

图 5.1.2　“表”选项区域

（3）“注释”选项区域中的命令主要是用来添加尺寸及文本注释等，如图 5.1.3 所示。

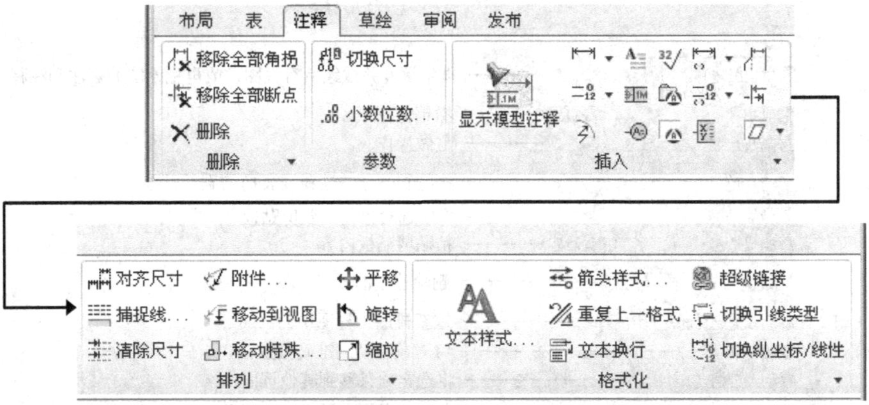

图 5.1.3　“注释”选项区域

（4）“草绘”选项区域中的命令主要用来在工程图中绘制及编辑所需要的视图等，如图 5.1.4 所示。

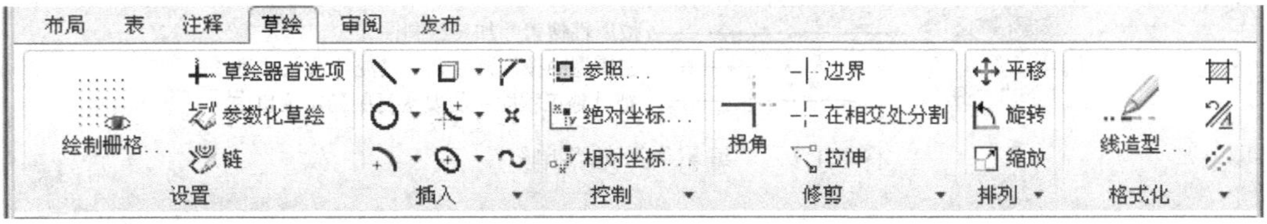

图 5.1.4　“草绘”选项区域

（5）“审阅”选项区域中的命令主要用来对所创建的工程图视图进行审阅、检查等，如图 5.1.5 所示。

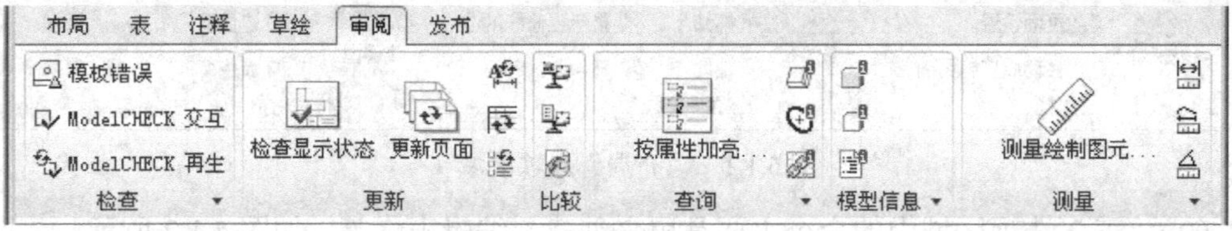

图 5.1.5 “审阅”选项区域

（6）“发布”选项区域中的命令主要是用来对工程图进行打印及工程图视图格式的转换等操作，如图 5.1.6 所示。

说明：该选项区域的“预览”为工程图打印预览，是 Pro/ENGINEER 野火版 5.0 新增功能之一。

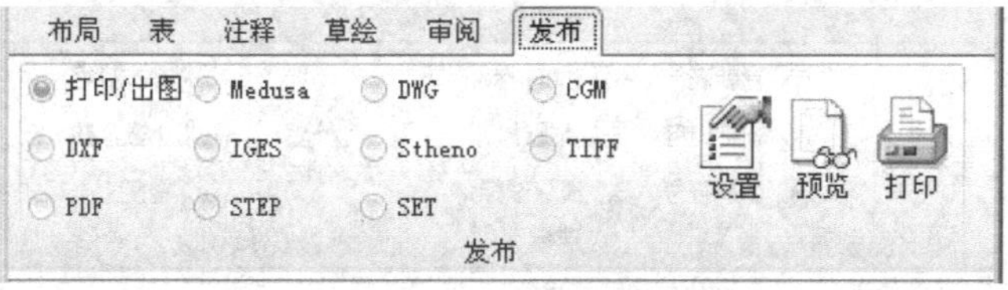

图 5.1.6 “发布”选项区域

（7）“编辑”菜单的说明如图 5.1.7 所示。

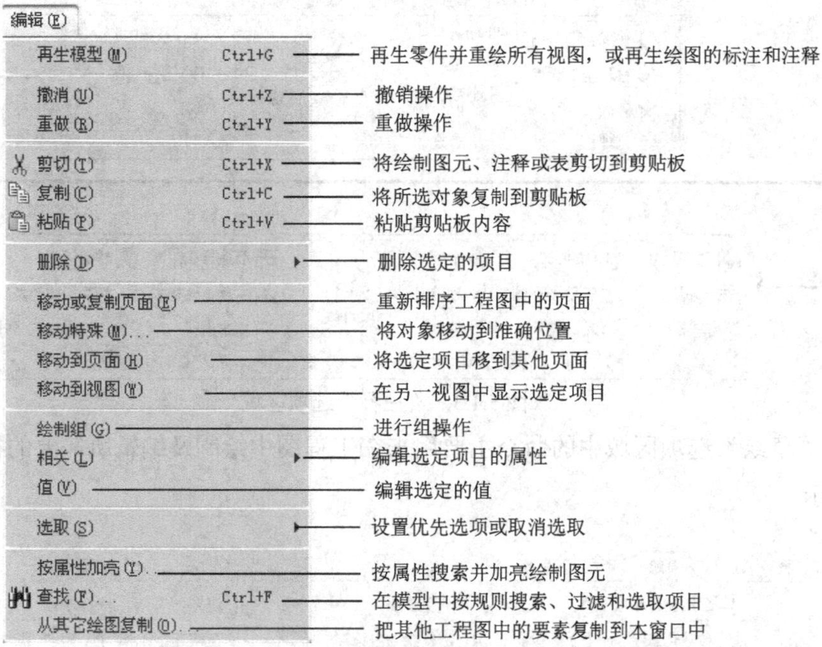

图 5.1.7 “编辑”下拉菜单

创建工程图的一般步骤如下：

1．通过新建一个工程图文件，进入工程图模块环境

（1）单击“新建”按钮[新建图标]，系统弹出“新建”对话框。

（2）在对话框中，选择文件类型为“绘图”（即工程图）。

（3）输入文件名称，选择工程图模型及工程图图框格式或模板。

2．创建视图

（1）创建主视图。

（2）创建主视图的投影图（左视图、右视图、俯视图和仰视图）。

（3）如果有必要，可添加详细视图（即放大图）、辅助视图等。

（4）利用视图移动命令，调整视图的位置。

（5）设置视图的显示模式，如视图中的不可见的孔，可进行消隐或用虚线显示。

3．尺寸标注

（1）显示模型尺寸，将多余的尺寸拭除。

（2）添加必要的草绘尺寸。

（3）添加尺寸公差。

（4）创建基准，进行几何公差标注，标注表面粗糙度（表面光洁度）。

注意：Pro/ENGINEER 软件的中文简化汉字版和有些参考书，将 Drawing 翻译成“绘图”，本书则一律翻译成“工程图”。

5.2　设置符合国标的工程图环境

我国国标（GB 标准）对工程图作出了许多规定，例如尺寸文本的方位与字高、尺寸箭头的大小等都有明确的规定。本书下载文件夹中的 proewf5_system_file 文件夹中提供了一些 Pro/ENGINNER 软件的系统文件，这些系统文件中的配置可以使创建的工程图基本符合我国国标。请读者按下面的方法将这些文件复制到指定目录，并对其进行有关设置。

Step1. 将本书下载文件夹中的 proewf5_system_file 文件夹复制到 C 盘中。

Step2. 假设 Pro/ENGINEER 野火版 5.0 软件被安装在 C:\Program Files 目录中，将本书下载的 proewf5_system_file 文件夹中的 config.pro 文件复制到 Pro/ENGINEER 安装目录中的 \text 文件夹下面，即 C:\ Program Files\proeWildfire 5.0\text 中。

Step3. 启动 Pro/ENGINEER 野火版 5.0。注意如果在进行上述操作前，已经启动了 Pro/ENGINEER，应先退出 Pro/ENGINEER，然后再次启动 Pro/ENGINEER。

Step4. 选择下拉菜单 工具(T) ➡ 选项(O) 命令，系统弹出图 5.2.1 所示的对话框。

Step5. 设置配置文件 config.pro 中的相关选项的值，如图 5.2.1 所示。

（1）drawing_setup_file 的值设置为 C:\ proewf5_system_file\drawing.dtl。

（2）format_setup_file 的值设置为 C:\ proewf5_system_file\FORMAT.dtl。

（3）pro_format_dir 的值设置为 C:\proewf5_system_file\GB_format。

（4）template_designasm 的值设置为 C:\ proewf5_system_file\temeplate\asm_start.asm。

（5）template_drawing 的值设置为 C:\ proewf5_system_file\temeplate\draw.drw。

（6）template_mfgcast 的值设置为 C:\ proewf5_system_file\temeplate\cast.mfg。

（7）template_mfgmold 的值设置为 C:\ proewf5_system_file\temeplate\mold.mfg。

（8）template_sheetmetalpart 的值设置为 C:\ proewf5_system_file\temeplate\sheetstart.prt。

（9）template_solidpart 的值设置为 C:\ proewf5_system_file\temeplate\start.prt。

这些选项值的设置基本相同，下面仅以 drawing_setup_file 为例说明操作步骤。

① 在图 5.2.1 所示的“选项”对话框中，先在对话框中部的选项列表中找到并单击选项 drawing_setup_file 。

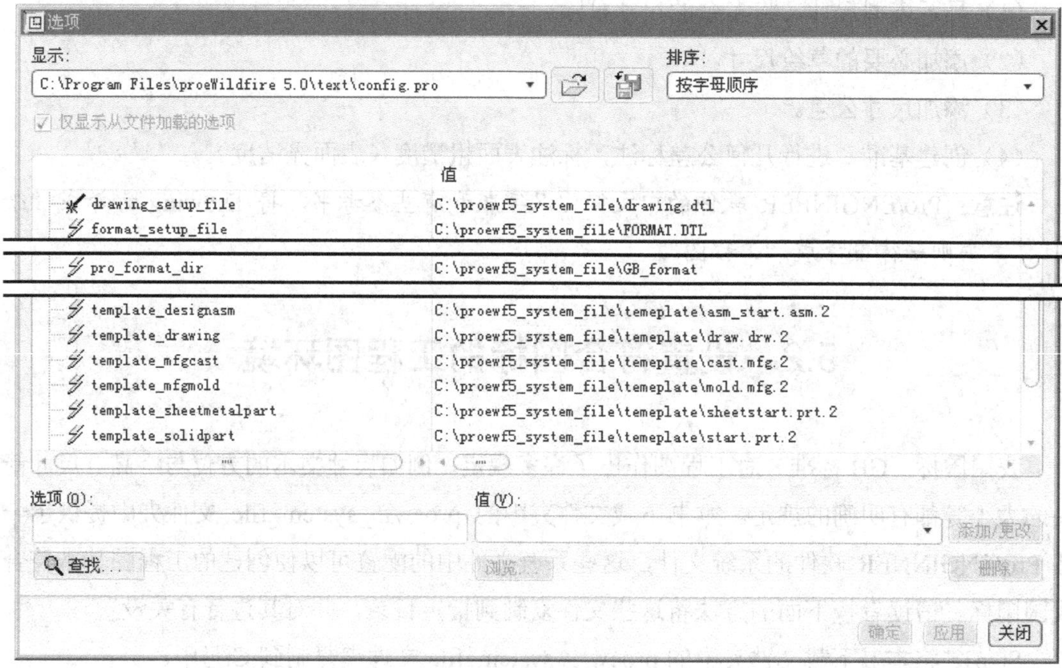

图 5.2.1 “选项”对话框

② 单击“选项”对话框下部的 浏览... 按钮，如图 5.2.2 所示。

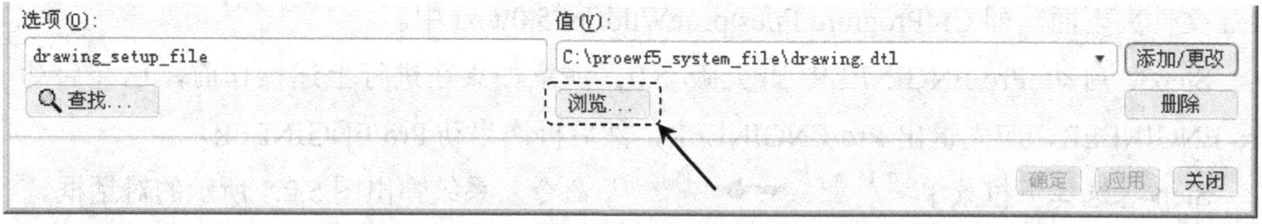

图 5.2.2 “浏览”按钮的位置

③ 在图 5.2.3 所示的“Select File”对话框中，选择 C:\ proewf5_system_file 目录中的文件 drawing.dtl，单击该对话框中的 打开 按钮。

④ 单击“选项”对话框右边的 添加/更改 按钮。

Step6. 把设置加到工作环境中并存盘。单击 应用 按钮，再单击“存盘”按钮；保存的文件名为 config. pro；单击 Ok 按钮。

Step7. 退出 Pro/ENGINEER，再次启动 Pro/ENGINEER，系统新的配置即可生效。

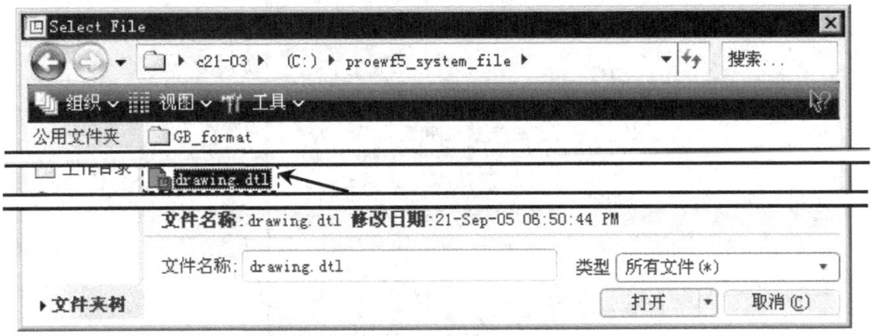

图 5.2.3 “选择文件”对话框

5.3 新建工程图

新建工程图的操作步骤如下：

Step1. 在工具栏中单击“新建”按钮。

Step2. 选择文件类型，输入文件名，取消使用默认模板。在系统弹出的文件“新建”对话框中（图 5.3.1），进行下列操作：

（1）选中 类型 选项组中的 绘图 单选项。

注意：在这里不要将“草绘”和“绘图”两个概念相混淆。

（2）在 名称 文本框中输入工程图的文件名，例如 down_base。

（3）取消选中 使用缺省模板 复选框，不使用默认的模板。

（4）单击该对话框中的 确定 按钮。

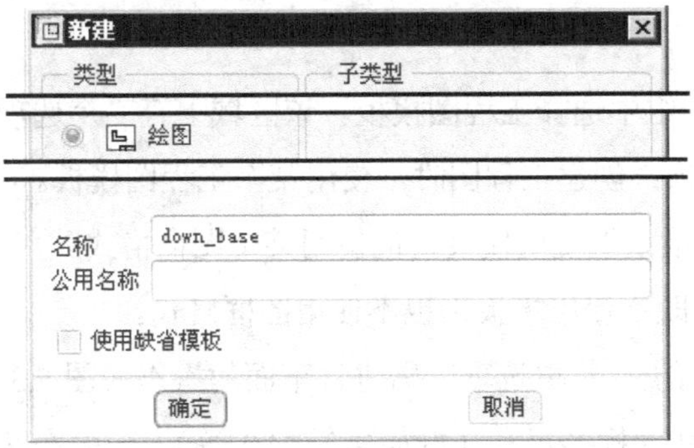

图 5.3.1 “新建”对话框

Step3. 选择适当的工程图模板或图框格式。在系统弹出的“新建绘图”对话框中（图 5.3.2），进行下列操作。

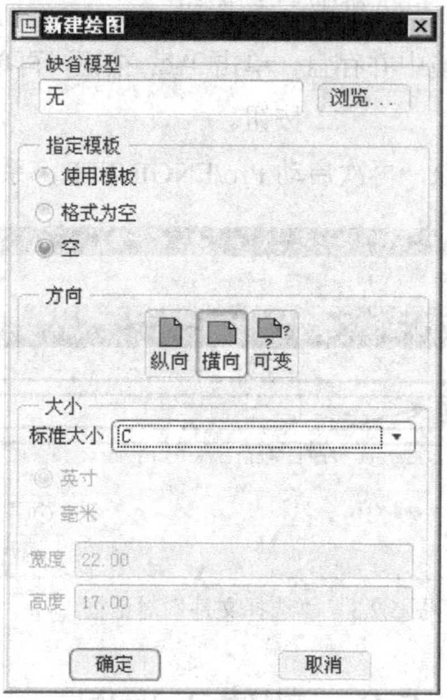

图 5.3.2 “新建绘图”对话框

（1）在“缺省模型”选项组中选取要对其生成工程图的零件或装配模型。一般系统会自动选取当前活动的模型，如果要选取活动模型以外的模型，单击 浏览... 按钮，然后选择模型文件，并将其打开，如图 5.3.3 所示。

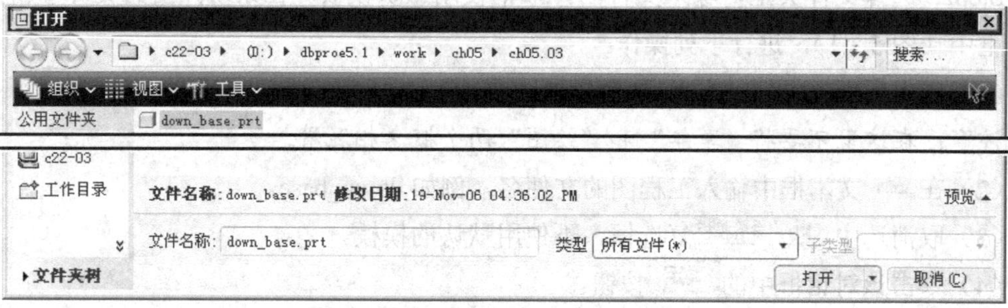

图 5.3.3 “打开”对话框

（2）在 指定模板 选项组中选择工程图模板。该区域下有三个选项：

- 使用模板 单选项：创建工程图时，使用某个工程图模板。
- 格式为空 单选项：不使用模板，但使用某个图框格式。
- 空 单选项：既不使用模板，也不使用图框格式。

a）如果选中了其中的 空 单选项，需进行下面的操作（图 5.3.2）。

如果图纸的幅面尺寸为标准尺寸（例如 A2、A0 等），应先在 方向 选项组中，单击“纵向”放置按钮或“横向”放置按钮，然后在大小选项组中选取图纸的幅面；如果图纸的尺寸为非标准尺寸，则应先在方向选项组中，单击“可变”按钮，然后在大小选项组中输入图幅的高度和宽度尺寸及采用的单位。

b）如果选中了◉格式为空单选项，需进行下面的操作（图 5.3.4）。

在格式选项组中，单击浏览...按钮，然后选择某个格式文件，并将其打开。

注意：在实际工作中，经常采用◉格式为空单选项。

c）如果选中了◉使用模板单选项，需进行下面的操作（图 5.3.5）。

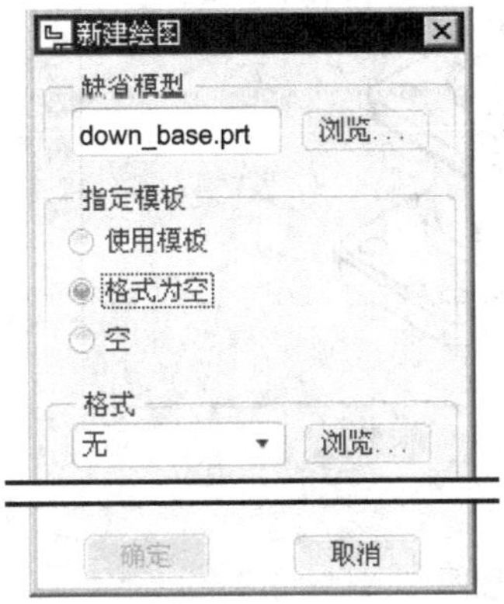

图 5.3.4 格式为空

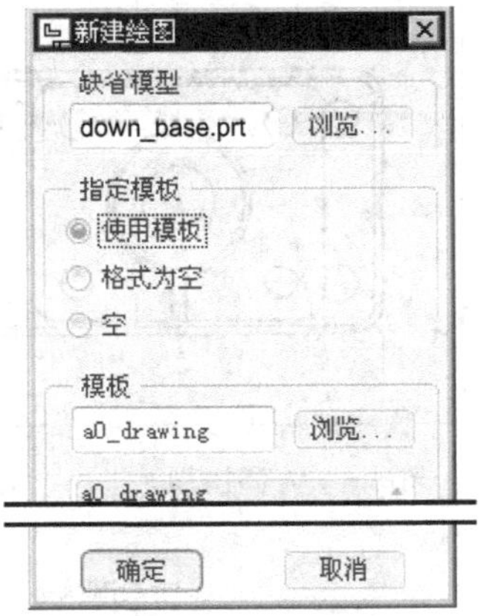

图 5.3.5 使用模板

在模板选项组中，从模板文件列表中选择某个模板或单击浏览...按钮，然后选择其他某个模板，并将其打开。

（3）单击“新建绘图”对话框中的确定按钮，系统即进入工程图模式（环境）。

5.4 视图创建与编辑

5.4.1 创建基本视图

图 5.4.1 所示为 down_base 零件模型的工程图，本节先介绍其中的两个基本视图：主视图和投影侧视图的一般创建步骤。

1. 创建主视图

下面以图 5.4.2 所示的 down_base.prt 零件的主视图为例，说明创建主视图的操作步骤。

Step1. 设置工作目录。选择下拉菜单 文件(F) ➡ 设置工作目录(W)... 命令，将工作目录设置至 D:\ dbproe5.1\work\ch05\ch05.04。

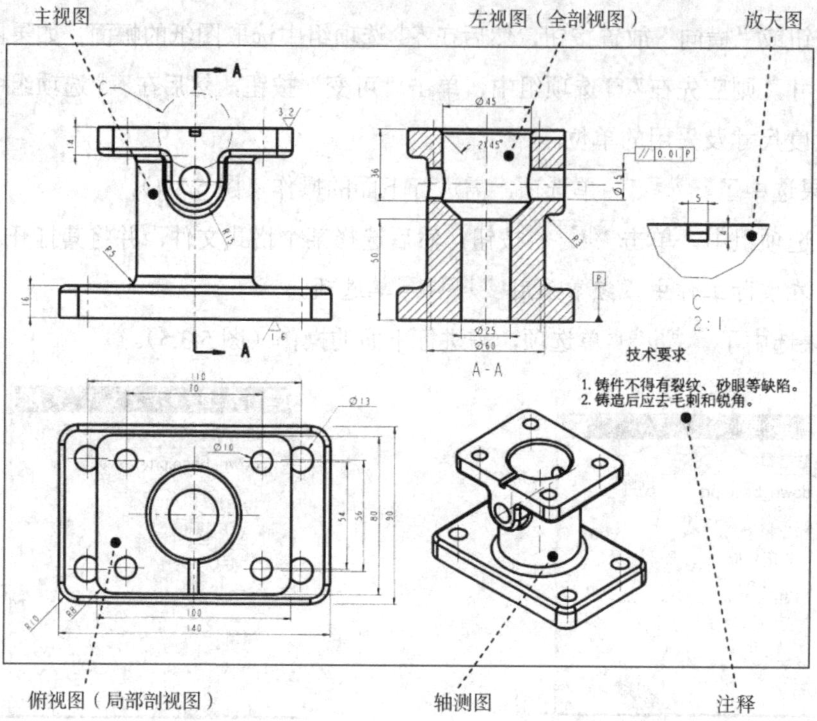

图 5.4.1 down_base 零件工程图

Step2. 在工具栏中单击“新建”按钮；按照 5.3 节中“新建工程图”的操作步骤，选择三维模型 down_base.prt 为绘图模型，本例选用“空”模板，图纸大小选用 A3，单击“新建绘图”对话框中的 确定 按钮，进入工程图模块。

Step3. 在绘图区中右击，系统弹出图 5.4.3 所示的快捷菜单，在该快捷菜单中选择 插入普通视图... 命令。

说明:

（1）还有一种进入“普通视图”（即“一般视图”）命令的方法，就是在工具栏区选择 布局 → 一般 命令。

（2）如果在图 5.3.2 所示的“新建绘图”对话框中没有默认模型，也没有选取模型，那么在执行 插入普通视图... 命令后，系统会弹出一个文件“打开”对话框，让用户选择一个三维模型来创建其工程图。

Step4. 在系统 选取绘制视图的中心点。 的提示下，在屏幕图形区选取一点。此时绘图区会出现系统默认的零件斜轴测图，并弹出图 5.4.4 所示的“绘图视图”对话框。

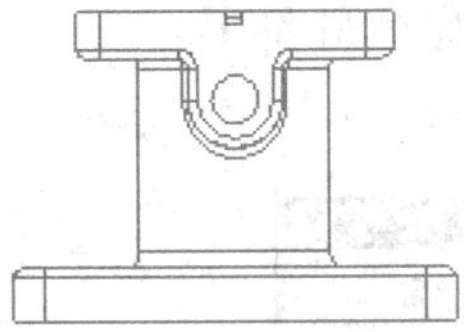

图 5.4.2　主视图

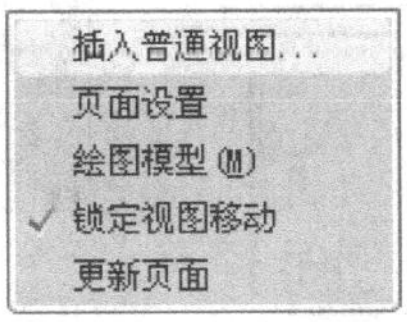

图 5.4.3　快捷菜单

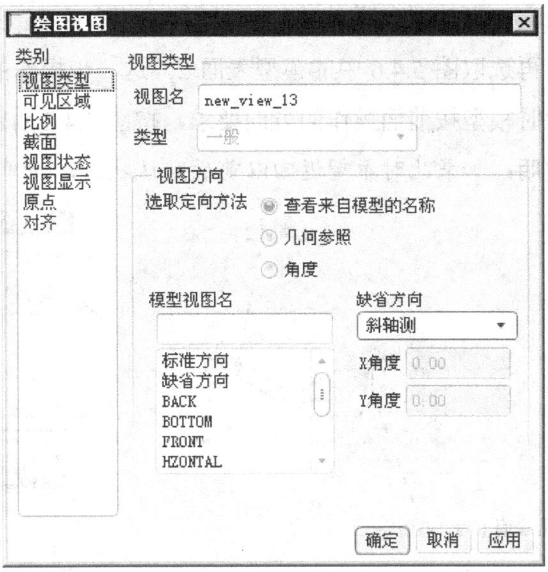

图 5.4.4　“绘图视图”对话框

Step5. 定向视图。视图的定向一般采用下面两种方法。

方法一：采用参照进行定向

（1）定义放置参照 1。

① 在“绘图视图”对话框中，单击“类别”区域下的“视图类型”选项卡；在该选项卡的视图方向选项组中，选中选取定向方法中的 几何参照 单选项，如图 5.4.5 所示。

② 单击对话框中“参照 1”列表框中的箭头 ，在弹出的方位列表中，选择“前”选项，（图 5.4.5），再选择图 5.4.6 中的模型表面 1，这一步操作的意义是将所选模型表面朝向前面，即与屏幕平行且面向操作者。

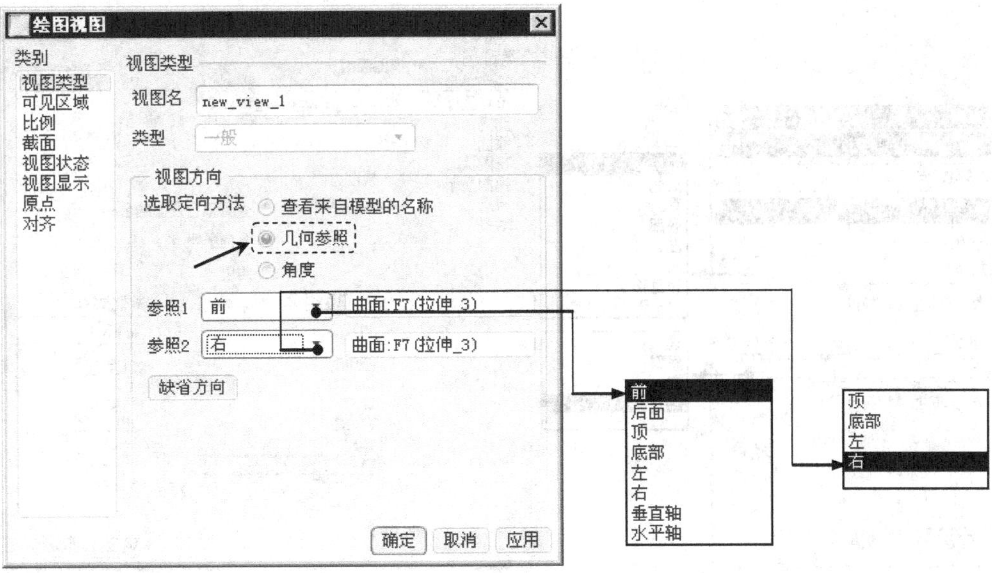

图 5.4.5　“绘图视图”对话框

（2）定义放置参照 2。单击对话框中“参照 2”的箭头▾，在弹出的方位列表中，选择“右”，再选取图 5.4.6 中的模型表面 2。这一步操作的意义是将所选模型表面朝向屏幕的右部。此时模型按前面操作的方向要求，按图 5.4.2 所示的方位摆放在屏幕中。

说明：如果此时希望返回以前的默认状态，请单击对话框中的 缺省方向 按钮。

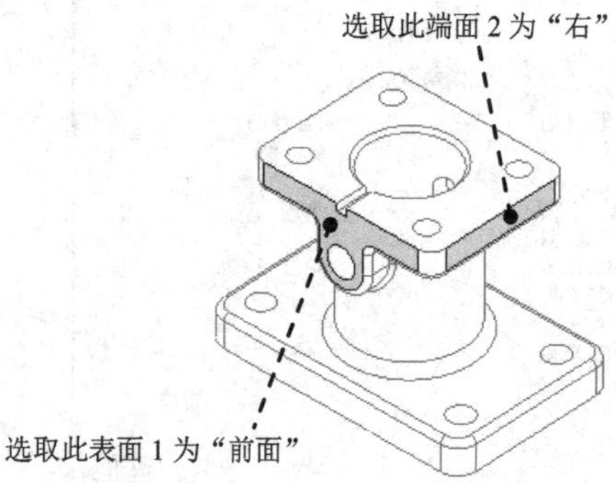

图 5.4.6 模型的定向

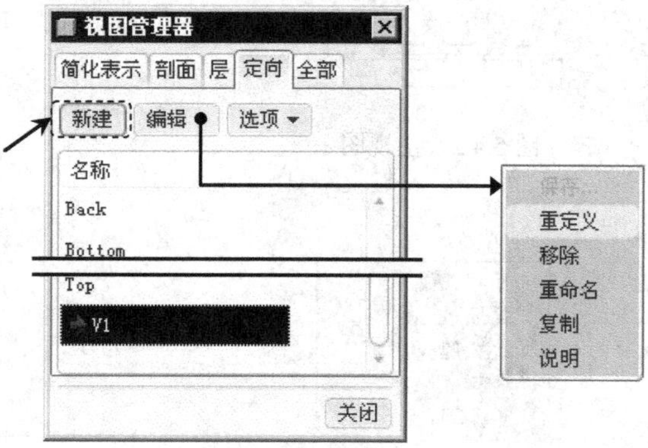

图 5.4.7 “视图管理器”对话框

方法二：采用已保存的视图方位进行定向

先介绍以下预备知识：

在模型的零件或装配环境中，可以很容易地将模型摆放在工程图视图所需要的方位。

（1）选择下拉菜单 视图(V) ➡ 视图管理器(W) 命令，系统弹出图 5.4.7 所示的“视图管理器”对话框，在 定向 选项卡中单击 新建 按钮，并命名新建视图为“V1”，然后选择 编辑 ▾ ➡ 重定义 命令。

（2）系统弹出图 5.4.8 所示的“方向”对话框，可以按照方法一中同样的操作步骤将模型在空间摆放好，然后单击 确定 ➡ 关闭 按钮。

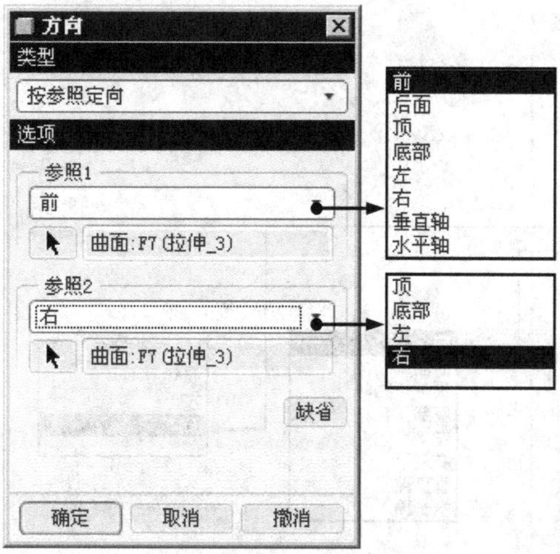

图 5.4.8 “方向”对话框

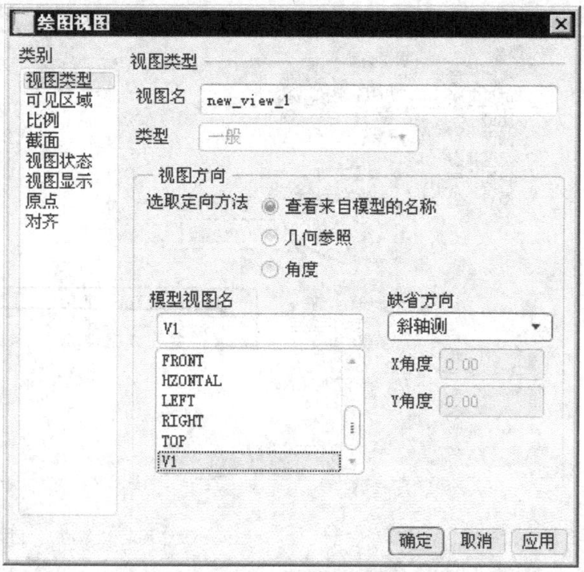

图 5.4.9 “绘图视图”对话框（一）

（3）在模型的零件或装配环境中保存了视图 V1 后，就可以在工程图环境中用第二种方法定向视图。操作方法：在图 5.4.9 所示的“绘图视图”对话框（一）中，找到视图名称 V1，则系统即按 V1 的方位定向视图。

（4）在图 5.4.10 所示的“绘图视图”对话框（二）中，选择 类别 选项组中的 比例 选项卡，选中 定制比例 单选项，并输入比例值 1.0。

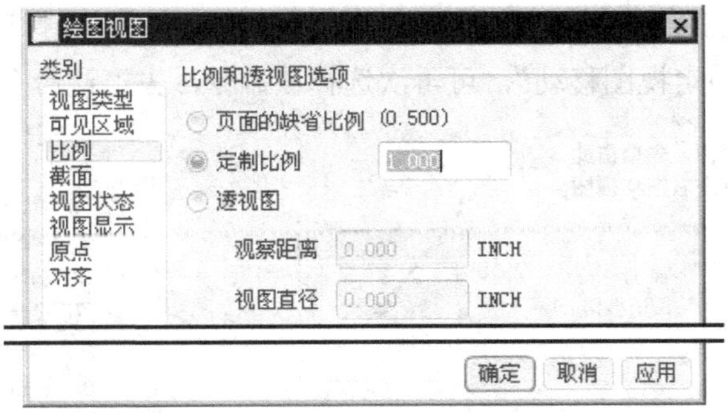

图 5.4.10　“绘图视图”对话框（二）

（5）单击“绘图视图”对话框中的 确定 按钮，关闭对话框。至此，就完成了主视图的创建。

2. 创建投影图

在 Pro/ENGINEER 中，可以创建投影视图，投影视图包括右视图、左视图、俯视图和仰视图。下面以创建左视图为例，说明创建这类视图的一般操作步骤。

Step1. 选择图 5.4.11 所示的主视图，然后右击，系统弹出图 5.4.12 所示的快捷菜单，然后选择该快捷菜单中的 插入投影视图... 命令。

说明：还有一种进入“投影视图”命令的方法，就是在工具栏区选择 布局 ➡ 投影... 命令。利用这种方法创建投影视图，必须先单击选中其父视图。

Step2. 在系统 ◇选取绘制视图的中心点。 的提示下，在图形区的主视图的右部任意选择一点，系统自动创建左视图，如图 5.4.11 所示。如果在主视图的左边任意选择一点，则会产生右视图（本例视图为按下 按钮显示的状态）。

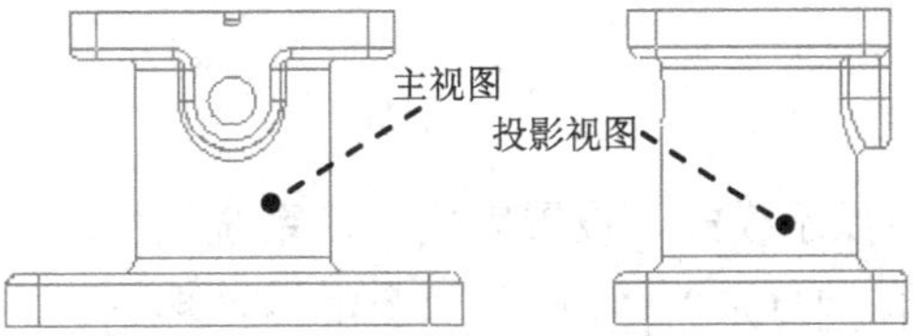

图 5.4.11　投影视图

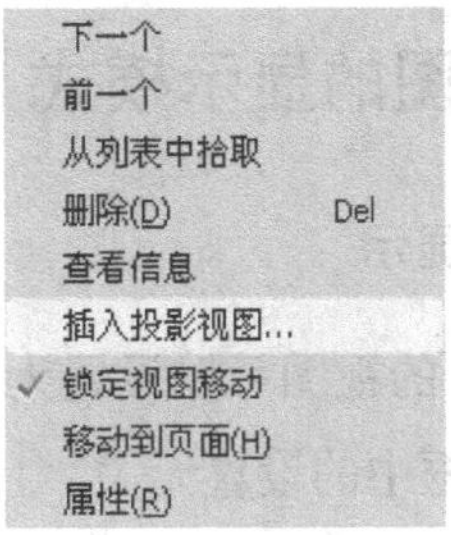

图 5.4.12　快捷菜单

5.4.2　移动视图与锁定视图移动

在创建完主视图和左视图后，如果它们在图样上的位置不合适、视图间距太紧或太松，用户可以移动视图，操作方法如图 5.4.13 所示（如果移动的视图有子视图，子视图也随着移动）。如果视图被锁定了，就不能移动视图，只有取消锁定后才能移动。

如果视图位置已经调整好，可启动“锁定视图移动”功能，禁止视图的移动。操作方法：在绘图区的空白处右击，系统弹出图 5.4.14 所示的快捷菜单，选择该菜单中的锁定视图移动命令。如果要取消“锁定视图移动”，可再次选择该命令，去掉该命令前面的✓。

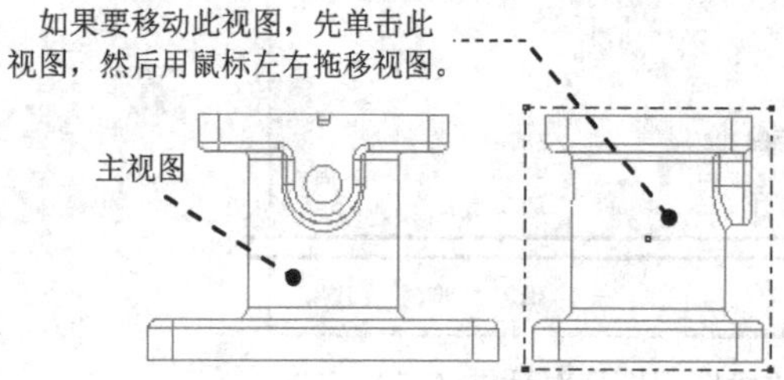

图 5.4.13　移动视图

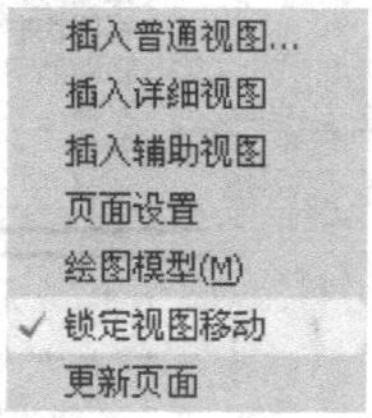

图 5.4.14　快捷菜单

5.4.3　删除视图

要将某个视图删除，可先选择该视图，然后右击，系统弹出图 5.4.15 所示的快捷菜单，选择删除(D)命令。注意：当要删除一个带有子视图的视图时，系统会弹出图 5.4.16 所示的提示窗口，要求确认是否删除该视图，此时若选择“是”，就会将该视图的所有子视图连同该视图一并删除，因此在删除带有子视图的视图时，务必注意这一点。

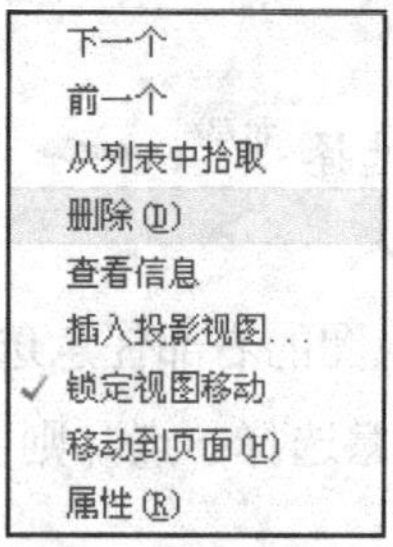

图 5.4.15　快捷菜单

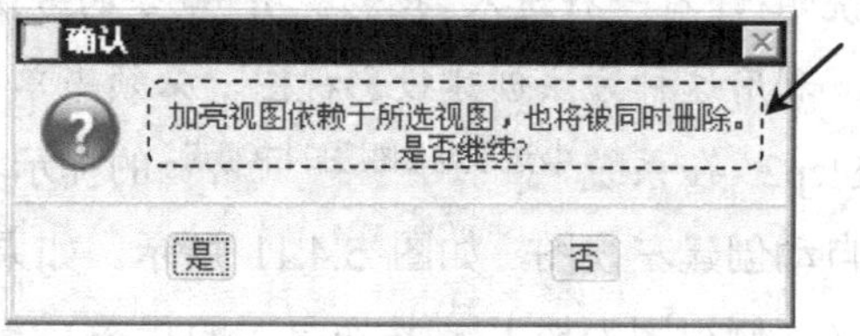

图 5.4.16　“确认”对话框

5.4.4　视图的显示模式

1．视图显示

工程图中的视图可以设置为下列几种显示模式，设置完成后，系统保持这种设置而与“环境”对话框中的设置无关，且不受“视图显示”按钮、和的控制。

- 隐藏线：视图中的不可见边线以虚线显示。

- 线框：视图中的不可见边线以实线显示。
- 消隐：视图中的不可见边线不显示。

配置文件 config.pro 中的选项 hlr_for_quilts 控制隐藏线的删除是否包括面组。如果将其设置为 yes，则隐藏线的删除中包括面组；如果设置为 no，则在隐藏线的删除中不包括面组。

下面以图 5.4.17 所示的模型 down_base 的左视图为例，说明如何通过“视图显示”操作将左视图设置为消隐显示状态。

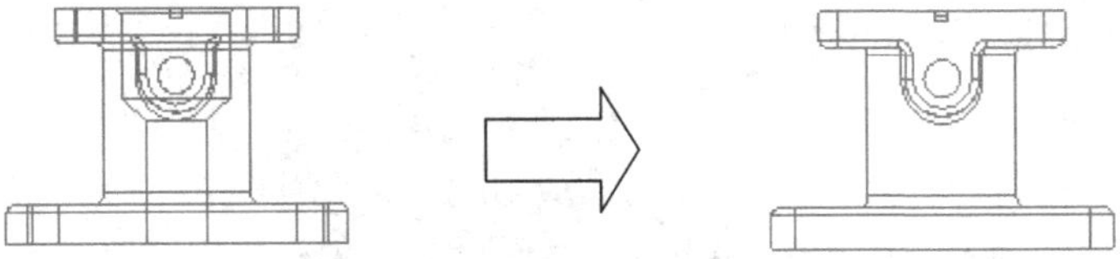

a） 视图的默认显示　　b） 视图的消隐显示

图 5.4.17　视图的消隐

Step1. 先选择图 5.4.17 a 所示的视图，然后双击。

说明：还有一种方法：选择图 5.4.17a 所示的视图，然后右击，从弹出的快捷菜单中选择 属性(R) 命令。

Step2. 系统弹出图 5.4.18 所示的“绘图视图”对话框，在该对话框中，选择 类别 选项组中的 视图显示 选项卡。

Step3. 按照图 5.4.18 所示的“绘图视图”对话框进行参数设置，即“显示线型”设置为“消隐”，然后单击对话框中的 确定 按钮，关闭对话框。

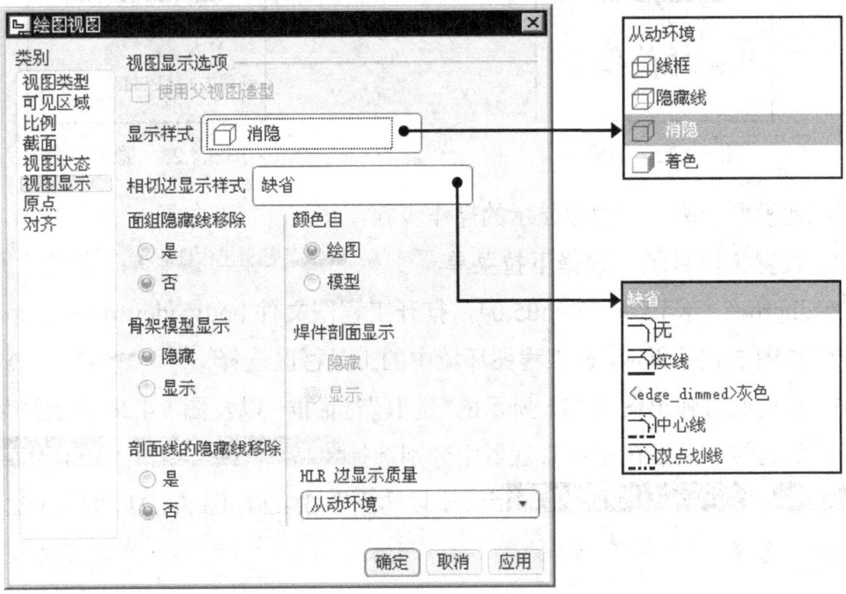

图 5.4.18　“绘图视图”对话框

Step4. 如果有必要，单击“重画”命令按钮，查看视图显示的变化。

2．边显示

可以设置视图中个别边线的显示方式。例如在图 5.4.19 所示的模型中，箭头所指的边线有隐藏线、拭除直线、消隐和隐藏方式等几种显示方式，分别如图 5.4.20、图 5.4.21、图 5.4.22 和图 5.4.23 所示。

配置文件 config.pro 中的命令 select_hidden_edges_in_dwg 用于控制工程图中的不可见边线能否被选取。

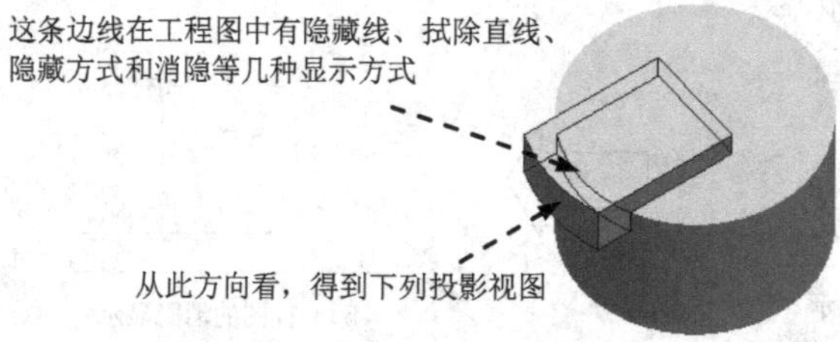

图 5.4.19 三维模型

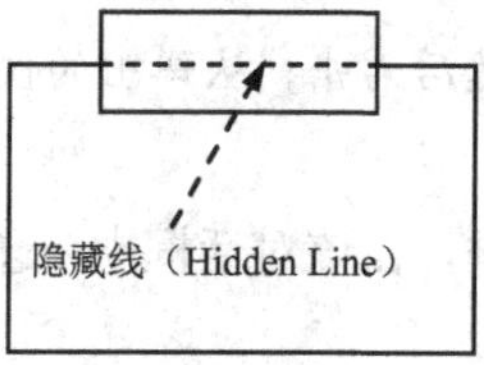

图 5.4.20 隐藏线

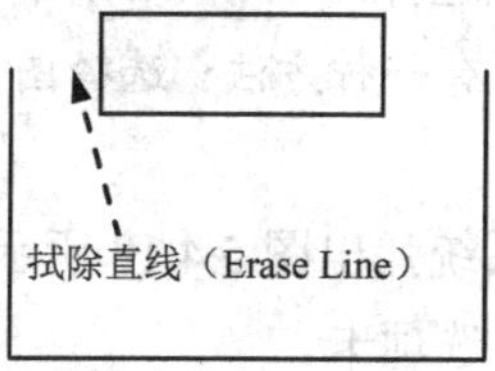

图 5.4.21 拭除直线

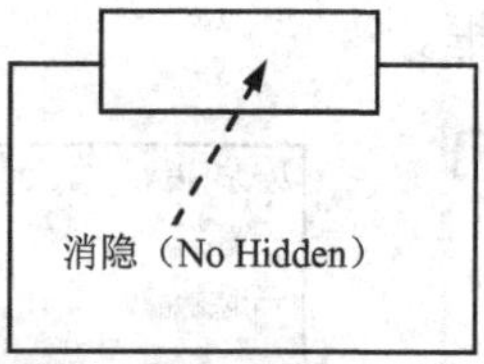

图 5.4.22 消隐

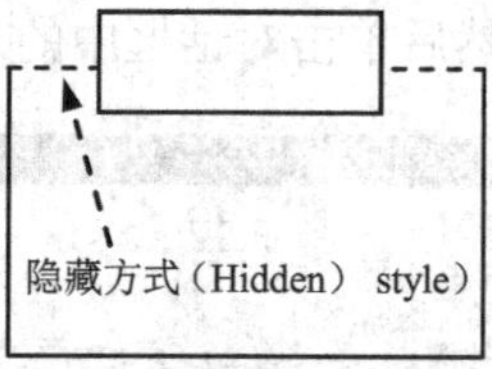

图 5.4.23 隐藏方式

下面以此模型为例，说明边显示的操作步骤。

Step1. 设置工作目录。选择下拉菜单 文件(F) ➡ 设置工作目录(W)... 命令，将工作目录设置至 D:\dbproe5.1\work\ch05\ch05.04，打开工程图文件 body_view.drw。

Step2. 如图 5.4.24 所示，在工程图环境中的工具栏区选择 布局 ➡ 边显示... 命令。

Step3. 系统此时弹出图 5.4.25 所示的“选取”对话框，以及图 5.4.26 所示的菜单管理器，选取要设置的边线，然后在菜单管理器中分别选择 Hidden Line (隐藏线)、Erase Line (拭除直线)、No Hidden (消隐) 或 Hidden Style (隐藏方式) 命令，以达到图 5.4.20、图 5.4.21、图 5.4.22 和图 5.4.23 所示的效果；选择 Done (完成) 命令。

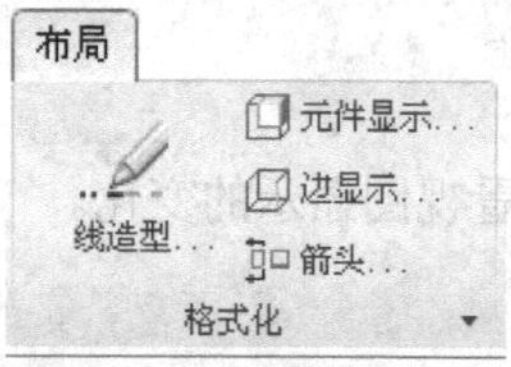

图 5.4.24 “视图”下拉菜单

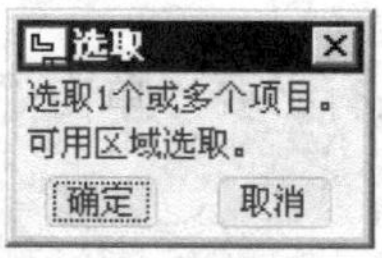

图 5.4.25 “选取”对话框

Step4. 如果有必要，单击重画命令按钮，查看视图显示的变化。

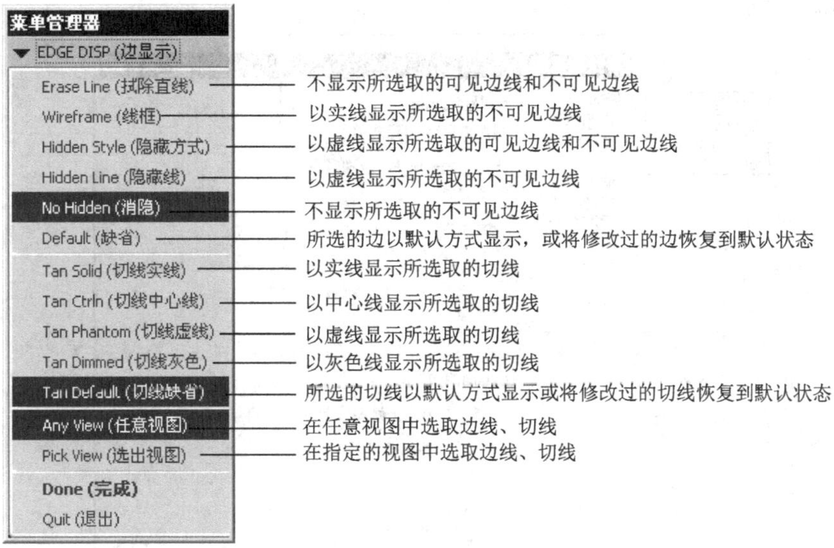

图 5.4.26　“边显示”菜单

5.4.5　创建高级视图

1. 创建“局部”视图

下面创建图 5.4.27 所示的“局部”视图，操作步骤如下：

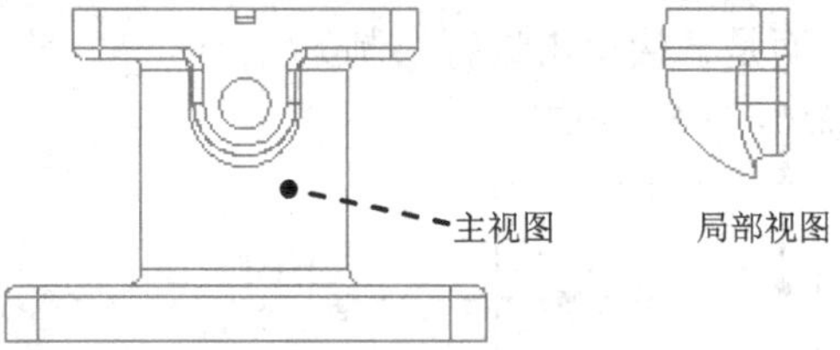

图 5.4.27　“局部”视图

Step1. 先单击图 5.4.27 所示的主视图，然后右击，从系统弹出的快捷菜单中选择 插入投影视图... 命令。

Step2. 在系统 ◆选取绘制视图的中心点。的提示下，在图形区的主视图的右侧选择一点，系统立即产生投影图。

Step3. 双击上一步中创建的投影视图。

Step4. 系统弹出图 5.4.28 所示的“绘图视图”对话框，在该对话框中，选择 类别 选项组中的 可见区域 选项，将 视图可见性 设置为 局部视图 。

Step5. 绘制局部视图的边界线。

（1）此时系统提示 ◆选取新的参照点。单击"确定"完成。，在投影视图的边线上选取一点（如果不在模型的边线上选取点，系统则不认可），此时在选取的点附近出现一个蓝色的十字线，如图 5.4.29 所示。

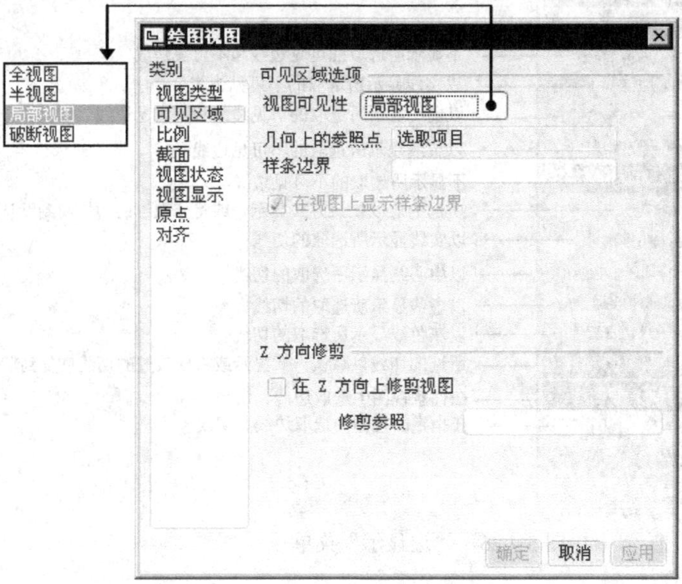

图 5.4.28 “绘图视图”对话框

注意：*在视图较小的情况下，此十字线不易看见，可通过放大视图来观察。十字线是否可见，并不妨碍操作的进行。*

（2）在系统 在当前视图上草绘样条来定义外部边界。 的提示下，直接绘制图 5.4.30 所示的样条线来定义部分视图的边界，当绘制到封合时，单击鼠标中键结束绘制（在绘制边界线前，不要选择样条线的绘制命令，而是直接单击进行绘制）。

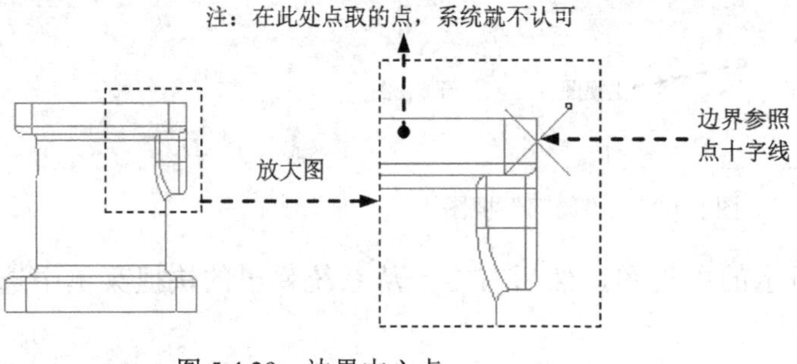

图 5.4.29 边界中心点

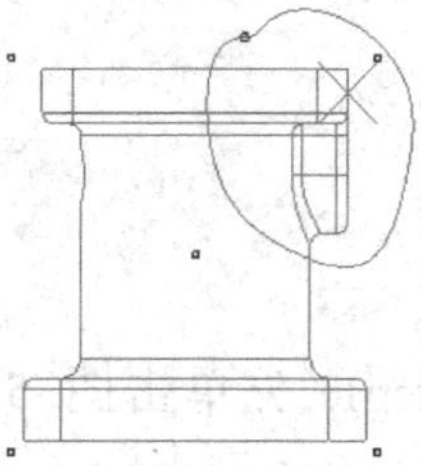

图 5.4.30 草绘轮廓线

Step6. 单击对话框中的 确定 按钮，关闭对话框。

2．创建“局部放大”视图

下面将创建图 5.4.31 所示的“局部放大”视图，操作步骤如下：

Step1. 选择 布局 → 详细... 命令。

注意：*若视图为被选中状态，则“详细”命令可能为未激活状态。所以，在创建局部*

放大图之前，应确认没有视图被选中。

Step2. 在系统 ➪在一现有视图上选取要查看细节的中心点。 的提示下，在图 5.4.32 所示的槽的边线上选取一点（在主视图的非边线的地方选取的点，系统不认可），此时在选取的点附近出现一个红色的十字线。

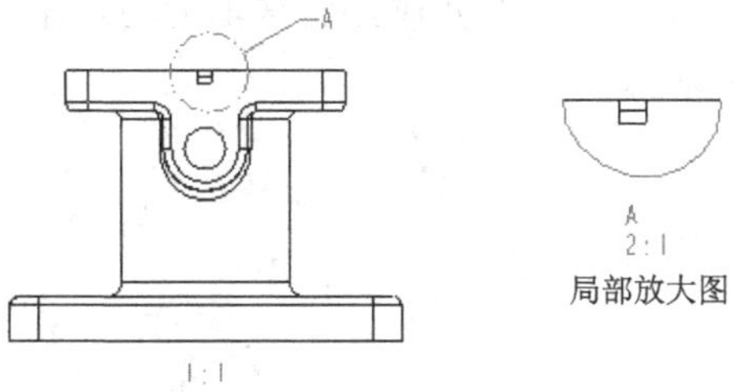

图 5.4.31　“局部放大”视图

Step3. 绘制放大视图的轮廓线。在系统 ➪草绘样条，不相交其它样条，来定义一轮廓线。 的提示下，绘制图 5.4.33 所示的样条线以定义放大视图的轮廓，当绘制到闭合时，单击鼠标中键结束绘制（在绘制边界线前，不要选择样条线的绘制命令，而是直接单击进行绘制）。

Step4. 在系统 ➪选取绘制视图的中心点。 的提示下，在图形区中选取一点用来放置放大图。

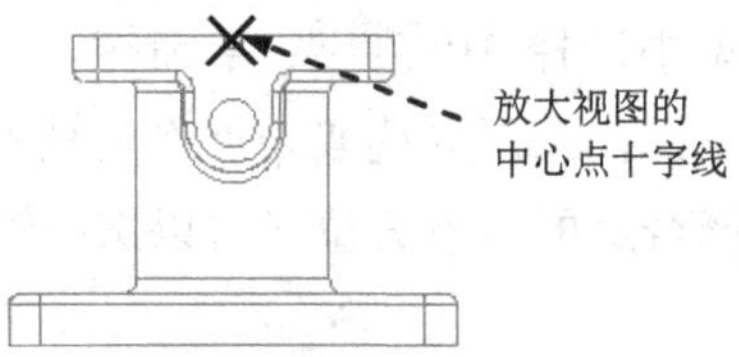

图 5.4.32　放大视图的中心点

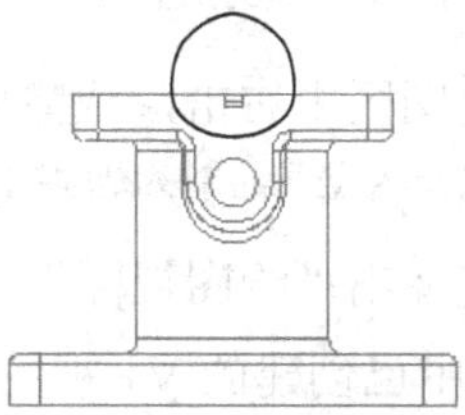
图 5.4.33　放大视图的轮廓线

Step5. 设置轮廓线的边界类型。

（1）在创建的局部放大视图上双击，系统弹出图 5.4.34 所示的“绘图视图”对话框。

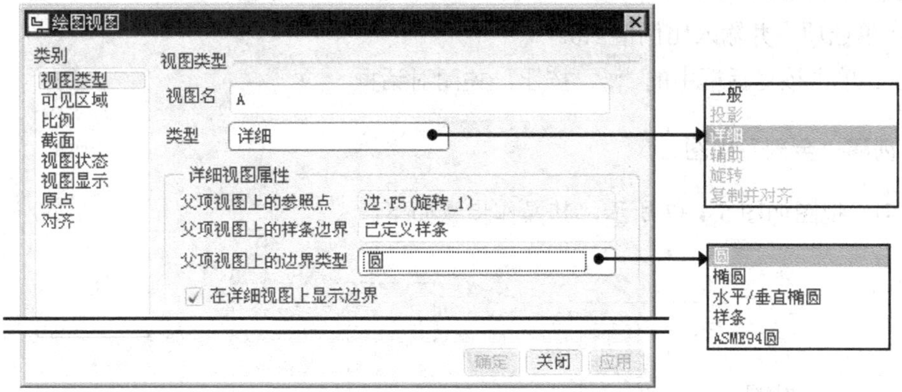

图 5.4.34　“绘图视图”对话框

（2）在 视图名 文本框中输入放大图的名称 A；在 父项视图上的边界类型 下拉列表中，选择“圆”选项，然后单击 应用 按钮，此时轮廓线变成一个双点划线的圆，如图 5.4.35 所示。

Step6. 单击对话框中的 关闭 按钮，关闭对话框。

3. 创建轴测图

在工程图中创建图 5.4.36 所示的轴测图的目的主要是为方便读图，其创建方法与主视图基本相同，它也是作为“一般”视图来创建。通常轴测图是作为最后一个视图添加到图样上的。下面说明操作的一般步骤。

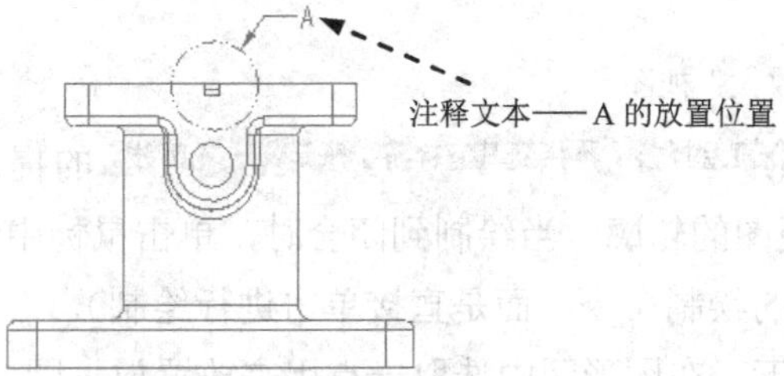

图 5.4.35　注释文本的放置位置

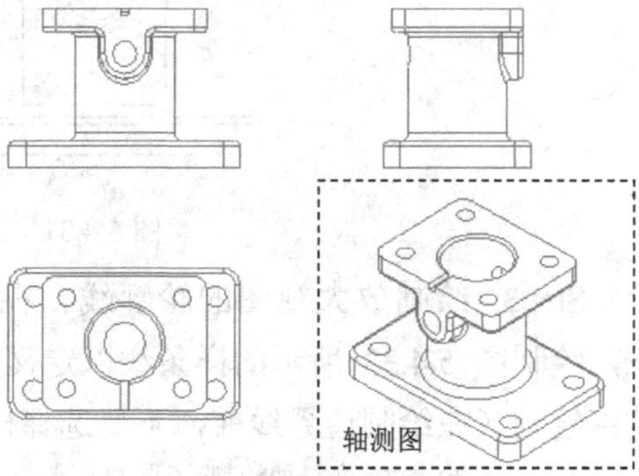

图 5.4.36　轴测图

Step1. 在绘图区中右击，从弹出的快捷菜单中选择 插入普通视图... 命令。

Step2. 在系统 ➪选取绘制视图的中心点。 的提示下，在图形区选取一点作为轴测图位置点。

Step3. 系统弹出“绘图视图”对话框，选择合适的查看方位（可以选择 缺省方向），本例中选择 3D 模型中已创建的 V1 视图。

注意：轴测图的定位方法一般是先在零件或装配模块中，将模型在空间摆放到合适的视角方位，然后将这个方位存成一个视图名称（如 V1）；然后在工程图中，在添加轴测图时，选取已保存的视图方位名称（如 V1），即可进行视图定位。

Step4. 定制比例。在“绘图视图”对话框中，选择 类别 选项组中的 比例 选项，选中 ◉ 定制比例 单选项，并输入比例值 1.0。

Step5. 单击该对话框中的 确定 按钮，关闭对话框。

4. 创建“全剖”视图

“全剖”视图如图 5.4.37 所示，其操作步骤如下：

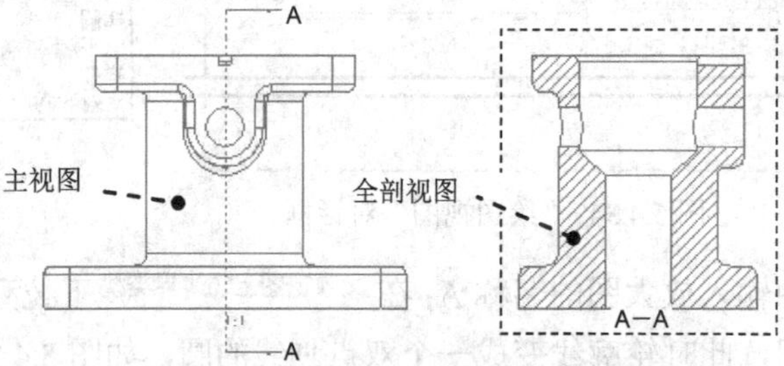

图 5.4.37　主视图及“全剖”视图

Step1. 选择图 5.4.37 所示的主视图，然后右击，从弹出的快捷菜单中选择 插入投影视图... 命令。

Step2. 在系统 ➪选取绘制视图的中心点。的提示下，在图形区的主视图的右侧选择一点。

Step3. 双击上一步创建的投影视图，系统弹出图 5.4.38 所示的“绘图视图”对话框。

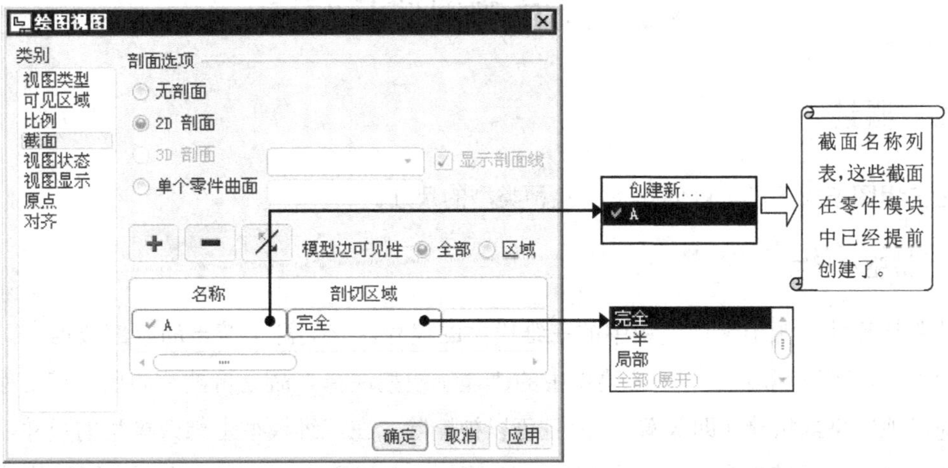

图 5.4.38　“绘图视图”对话框

Step4. 设置剖视图选项。在图 5.4.38 所示的“绘图视图”对话框中，选择 类别 选项组中的 截面 选项；将 剖面选项 设置为 ◉ 2D 剖面，然后单击 ✚ 按钮；将 模型边可见性 设置为 ◉ 全部；在 名称 下拉列表框中选择剖截面 ✓ A （A 剖截面在零件模块中已提前创建），在 剖切区域 下拉列表框中选择 完全；单击对话框中的 确定 按钮，关闭对话框。

注意： 如果在 Step4 中，在图 5.4.38 所示的“绘图视图”对话框中，选择 模型边可见性 中的 ◯ 区域 单选项，则产生的视图如图 5.4.39 所示，一般将这样的视图称为“断面图”。

Step5. 添加剖视箭头。

（1）选择图 5.4.37 所示的“全剖”视图，然后右击，从图 5.4.40 所示的快捷菜单中选择 添加箭头 命令。

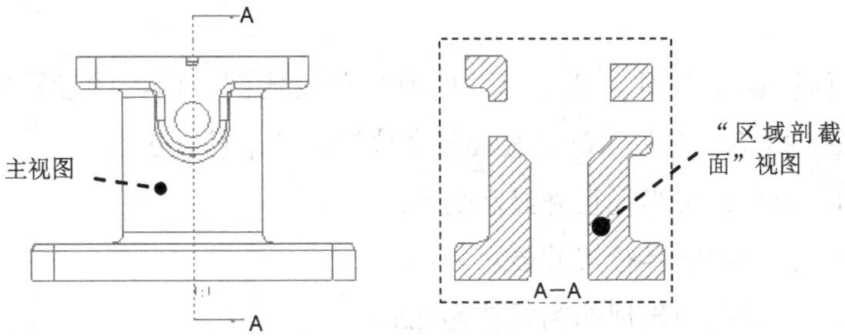

图 5.4.39　“区域剖截面”视图

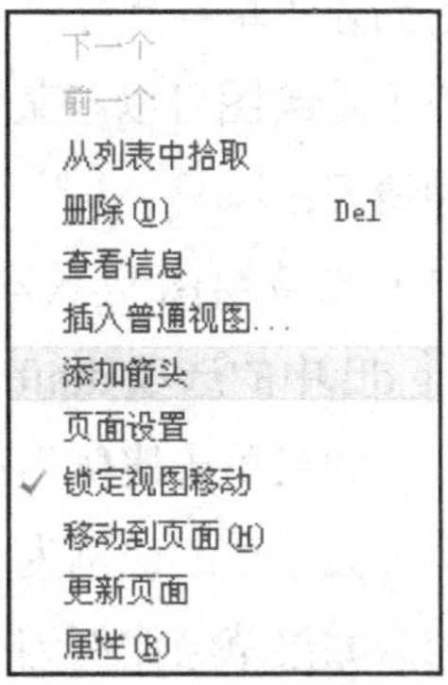

图 5.4.40　快捷菜单

（2）在系统 ➪给箭头选出一个截面在其处垂直的视图。中键取消。的提示下，单击主视图，系统自动生成箭头。

注意：本章在选择新制工程图模板时选用了“空”模板，如果选用了其他模板，所得到的剖视箭头可能会有所差别。

5.5 尺寸的创建与编辑

5.5.1 概述

在工程图模式下，可以创建下列几种类型的尺寸。

1. 被驱动尺寸

被驱动尺寸来源于零件模块中的三维模型的尺寸，它们源于统一的内部数据库。在工程图模式下，可以利用 注释 下拉菜单中的“显示模型注释”命令将被驱动尺寸在工程图中自动地显现出来或拭除（即隐藏），而且可以被删除。在三维模型上修改模型的尺寸，在工程图中，这些尺寸随着变化，反之亦然。这里有一点需要注意：在工程图中可以修改被驱动尺寸值的小数位数，但是舍入之后的尺寸值不驱动模型几何。

2. 草绘尺寸

在工程图模式下利用 注释 工具栏下的 ⟷ 命令，可以手动标注草绘图元之间、草绘图元与模型对象之间以及模型对象本身的尺寸，这类尺寸称为“草绘尺寸”，可以被删除。还要注意：在模型对象上创建的“草绘尺寸”不能驱动模型，也就是说，在工程图中改变“草绘尺寸”的大小，不会引起零件模块中的相应模型的变化，这一点与“被驱动尺寸”有根本的区别，所以如果在工程图环境中发现模型尺寸标注不符合设计的意图（例如标注的基准不对），最佳的方法是进入零件模块环境，重定义截面草绘图的标注，而不是简单地在工程图中创建“草绘尺寸”来满足设计意图。

由于草绘图可以与某个视图相关，也可以不与任何视图相关，因此“草绘尺寸”的值有两种情况：

（1）当草绘图元不与任何视图相关时，草绘尺寸的值与草绘比例（由绘图设置文件 drawing.dtl 中的选项 draft_scale 指定）有关，例如假设某个草绘圆的半径为 5：

- 如果草绘比例为 1.0，该草绘圆半径尺寸显示为 5。
- 如果草绘比例为 2.0，该草绘圆半径尺寸显示为 10。
- 如果草绘比例为 0.5，在绘图中出现的图元就为 2.5。

注意：

- 改变选项 draft_scale 的值后，应该进行再生。方法为选择下拉菜单 视图(V) ➡ 更新(U) ▸ ➡ 绘制(D) 命令。

- 虽然草绘图的草绘尺寸的值随草绘比例变化而变化，但草绘图的显示大小不受草绘比例的影响。
- 配置文件 config.pro 中的选项 create_drawing_dims_only 用于控制系统如何保存被驱动尺寸和草绘尺寸，该选项设置为 no（默认）时，系统将被驱动尺寸保存在相关的零件模型（或装配模型）中；设置为 yes 时，仅将草绘尺寸保存在绘图中。所以用户正在使用 Intralink 时，如果尺寸被存储在模型中，则在修改时要对此模型进行标记，并且必须将其重新提交给 intralink，为避免绘图中每次参照模型时都进行此操作，可将选项设置为 yes。

（2）当草绘图元与某个视图相关时，草绘图的草绘尺寸的值不随草绘比例而变化，草绘图的显示大小也不受草绘比例的影响，但草绘图的显示大小随着与其相关的视图的比例变化而变化。

3. 草绘参照尺寸

在工程图模式下，选择下拉菜单 注释 → 命令，可以将草绘图元之间、草绘图元与模型对象之间以及模型对象本身的尺寸标注成参照尺寸，参照尺寸是草绘尺寸中的一个分支。所有的草绘参照尺寸一般都带有符号 REF，从而与其他尺寸相区别；如果配置文件选项 parenthesize_ref_dim 设置为 yes，系统则将参照尺寸放置在括号中。

注意：当标注草绘图元与模型对象之间的参照尺寸时，应提前将它们关联起来。

5.5.2 创建被驱动尺寸

下面以图 5.5.1 所示的零件 down_base 为例，说明创建被驱动尺寸的一般操作步骤。

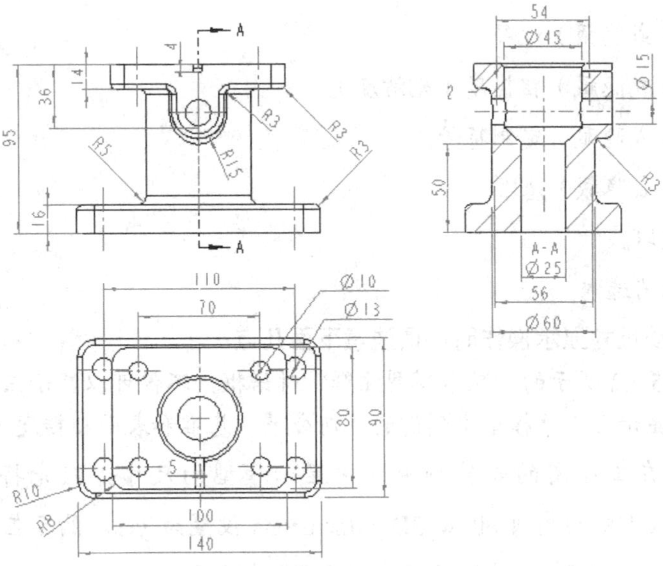

图 5.5.1　创建被驱动尺寸

Step1. 选择下拉菜单 注释 ➡ 显示模型注释 命令。

Step2. 在系统弹出的图 5.5.2 所示的“显示模型注释”对话框中，进行下列操作：

（1）单击对话框顶部的 选项卡。

（2）选取显示类型：在对话框的 类型 下拉列表中选择 全部 选项，然后单击 按钮，如果还想显示轴线，则在对话框中单击 选项卡，然后单击 按钮。

（3）单击对话框底部的 确定 按钮。

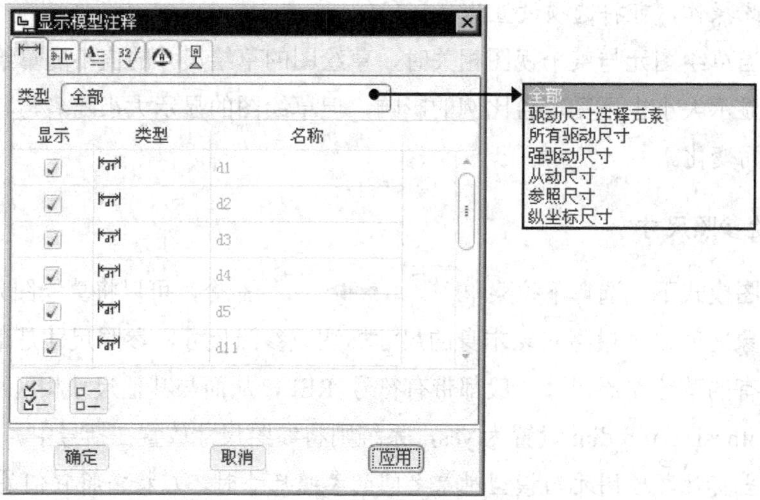

图 5.5.2 “显示模型注释”对话框

图 5.5.2 所示的“显示模型注释”对话框中各选项卡说明如下：

- ：显示（或隐藏）尺寸。
- ：显示（或隐藏）几何公差。
- ：显示（或隐藏）注释。
- ：显示（或隐藏）粗糙度（光洁度）。
- ：显示（或隐藏）定制符号。
- ：显示（或隐藏）基准。
- ：全部选取。
- ：全部取消选取。

在进行被驱动尺寸显示操作时，请注意下面几点：

- 使用图 5.5.2 所示的“显示模型注释”对话框，不仅可以显示三维模型中的尺寸，还可以显示在三维模型中创建的几何公差、基准和表面粗糙度（光洁度）等。
- 如果要在工程图的等轴测视图中显示模型的尺寸，应先将工程图设置文件 drawing.dtl 中的选项 allow_3D_dimensions 设置为 yes，然后在“显示模型注释”对话框中的“显示方式”区域中单击 选项卡。

- 在工程图中，显示尺寸的位置取决于视图定向，对于模型中拉伸或旋转特征的截面尺寸，在工程图中显示在草绘平面与屏幕垂直的视图上。
- 如果用户想拭除被驱动尺寸，可以通过在“绘图树”中选中要拭除的被动尺寸并右击，在弹出的快捷菜单中选择 拭除 命令，即可将被动尺寸拭除，这里要特别注意：在拭除后，如果再次显示尺寸，各尺寸的显示位置、格式和属性（包括尺寸公差、前缀、后缀等），均恢复为上一次拭除前的状态，而不是更改以前的状态。
- 如果用户想删除被驱动尺寸，可以通过在“绘图树”中选中要拭除的被动尺寸并右击，在弹出的快捷菜单中选择 删除(D) 命令，即可将被动尺寸删除。

5.5.3 创建草绘尺寸

在 Pro/ENGINEER 中，草绘尺寸分为一般的草绘尺寸、草绘参照尺寸和草绘坐标尺寸三种类型，它们主要用于手动标注工程图中两个草绘图元之间、草绘图元与模型对象之间以及模型对象本身的尺寸，坐标尺寸是一般草绘尺寸的坐标表达形式。

在 注释 选项板中，“尺寸”和“参照尺寸”菜单中都有如下几个选项：

- “新参照”：每次选取新的参照进行标注。
- “公共参照”：使用某个参照进行标注后，可以以这个参照为公共参照，连续进行多个尺寸的标注。
- “纵坐标尺寸”：创建单一方向的坐标表示的尺寸标注。
- “自动标注纵坐标”：在模具设计和钣金件平整形态零件上自动创建纵坐标尺寸。

由于草绘尺寸和草绘参照尺寸的创建方法一样，所以下面仅以一般的草绘尺寸为例，说明“新参照”和“公共参照”这两种类型尺寸创建的操作步骤。

➢ **“新参照”尺寸标注**

下面以图 5.5.3 所示的零件模型 down_base 为例，说明在模型上创建草绘“新参照”尺寸的一般操作步骤。

Step1. 选择下拉菜单 注释 ➡ ⟼ 命令。

Step2. 在图 5.5.4 所示的 ▼ ATTACH TYPE (依附类型) 菜单中，选择 Midpoint (中点) 命令，然后在图 5.5.3 所示的 1 点处单击（1 点在模型的边线上），以选取该边线。

Step3. 在图 5.5.4 所示的 ▼ ATTACH TYPE (依附类型) 菜单中，选择 Center (中心) 命令，然后在图 5.5.3 所示的 2 点处单击（2 点在圆的弧线上），以选取该圆的圆心。

Step4. 在图 5.5.3 所示的 3 点处单击鼠标中键，确定尺寸文本的位置。

Step5. 在图 5.5.5 所示的 ▼ DIM ORIENT (尺寸方向) 菜单中，选择 Vertical (垂直) 命令，创建竖直方向的尺寸（在标注点到点的距离时，图 5.5.5 所示的“尺寸方向”菜单才可见）。

Step6. 如果继续标注，重复 Step2、Step3、Step4 和 Step5；如果要结束标注，在 ATTACH TYPE (依附类型) 菜单中，选择 Return (返回) 命令。

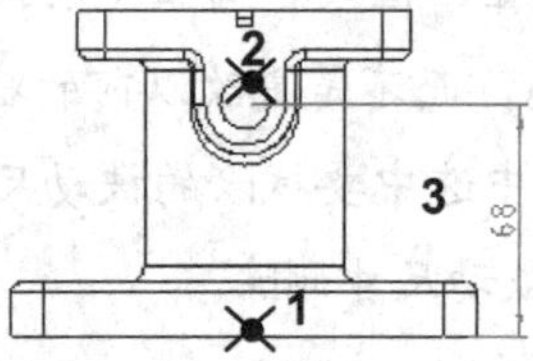

图 5.5.3 “新参照”尺寸标注

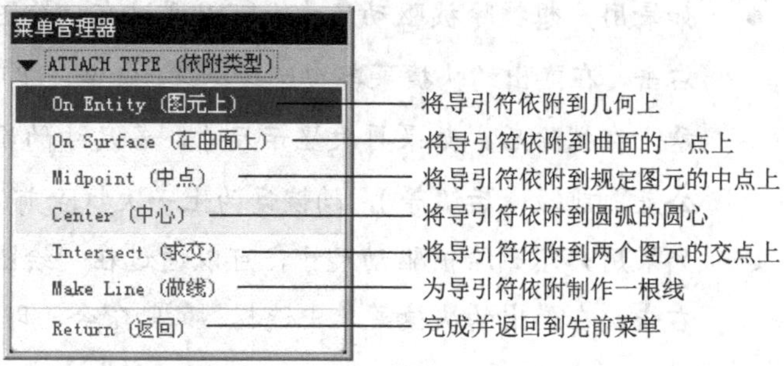

图 5.5.4 “依附类型”菜单

➢ **“公共参照”尺寸标注**

下面以图 5.5.6 所示的零件模型 down_base 为例，说明在模型上创建草绘“公共参照”尺寸的一般操作步骤。

Step1. 选择下拉菜单 注释 ➡ 命令。

Step2. 在 ATTACH TYPE (依附类型) 菜单中选择 Midpoint (中点) 命令，单击图 5.5.6 所示的 1 点处。

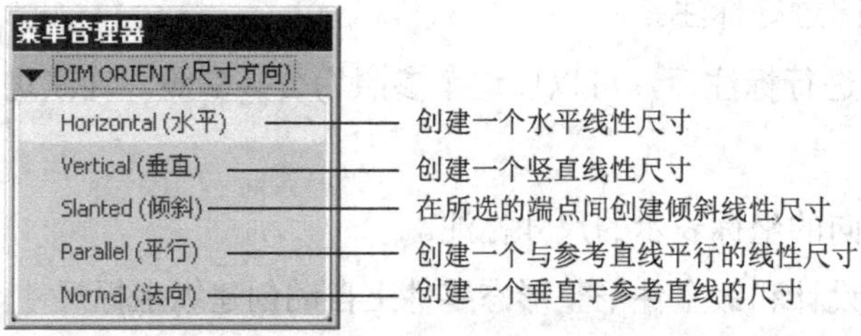

图 5.5.5 “尺寸方向”菜单

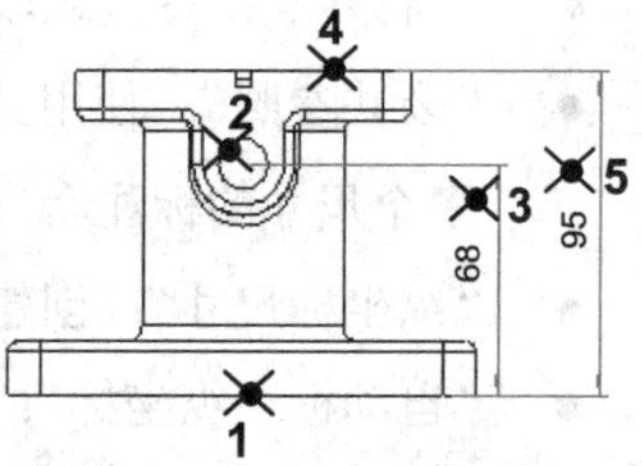

图 5.5.6 “公共参照”尺寸标注

Step3. 在 ATTACH TYPE (依附类型) 菜单中选择 Center (中心) 命令，单击图 5.5.6 所示的 2 点处（2 点在圆的弧线上）。

Step4. 用鼠标中键单击图 5.5.6 所示的 3 点处，确定尺寸文本的位置。

Step5. 在 DIM ORIENT (尺寸方向) 菜单中选择 Vertical (垂直) 命令，创建出竖直尺寸 68。

Step6. 在 ATTACH TYPE (依附类型) 菜单中选择 Center (中心) 命令，单击图 5.5.6 所示的 4 点处。

Step7. 用鼠标中键单击图 5.5.6 所示的 5 点处，确定尺寸文本的位置。

Step8. 在 DIM ORIENT (尺寸方向) 菜单中选择 Vertical (垂直) 命令，创建出竖直尺寸 95。

Step9. 如果要结束标注，选择 ATTACH TYPE (依附类型) 菜单中的 Return (返回) 命令。

5.5.4 尺寸的操作

从前面一节创建被驱动尺寸的操作中，我们注意到，由系统自动显示的尺寸在工程图上有时会显得杂乱无章，尺寸相互遮盖，尺寸间距过松或过密，某个视图上的尺寸太多，出现重复尺寸（例如：两个半径相同的圆标注两次），这些问题通过尺寸的操作工具都可以解决，尺寸的操作包括尺寸（包括尺寸文本）的移动、拭除和删除（仅对草绘尺寸），尺寸的切换视图，修改尺寸的数值和属性（包括尺寸公差、尺寸文本字高和尺寸文本字型）等。下面分别对它们进行介绍。

1. 移动尺寸及其尺寸文本

移动尺寸及其尺寸文本的方法：选择要移动的尺寸，当尺寸加亮变红后，再将鼠标指针放到要移动的尺寸文本上，按住鼠标的左键，并移动鼠标，尺寸及尺寸文本会随着鼠标移动，移到所需的位置后，松开鼠标的左键。

说明：当在要移动的尺寸文本上单击后，可能会没有小圆圈出现，此时可以在尺寸文本上换一个位置单击，直到出现小圆圈为止。

2. 尺寸编辑的快捷菜单

如果要对尺寸进行其他的编辑，可以这样操作：选择要编辑的尺寸，当尺寸加亮后，将鼠标指针放到要移动的尺寸文本上单击（要移动的尺寸的各个顶点处会出现小圆圈），然后右击，此时系统会依照单击位置的不同弹出不同的快捷菜单，具体有以下几种情况。

第一种情况：如果右击在尺寸标注位置线或尺寸文本上，则系统弹出图 5.5.7 所示的快捷菜单，其各主要选项的说明如下：

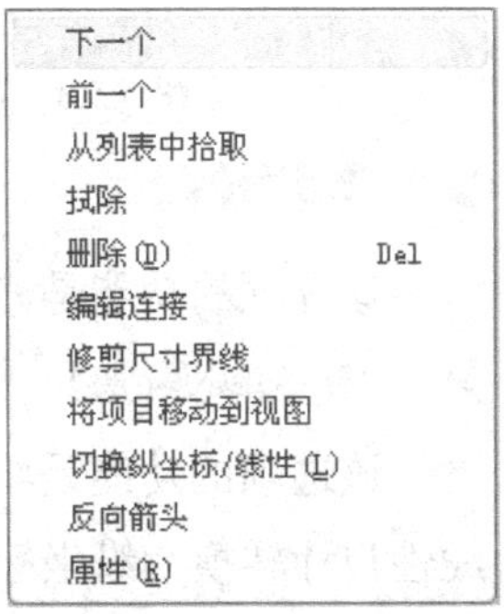

图 5.5.7　快捷菜单

➢ 拭除

选择该选项后，系统会拭除选取的尺寸（包括尺寸文本和尺寸界线），也就是使该尺寸在工程图中不显示。

尺寸“拭除”操作完成后，如果要恢复它的显示，操作方法如下：

Step1. 在绘图树中单击⊞ 注释前的节点。

Step2. 然后选择被拭除的尺寸并右击，在弹出的快捷菜单中选择 取消拭除 命令。

➢ 将项目移动到视图

该选项的功能是将尺寸从一个视图移动到另一个视图，操作方法是：选择该选项后，接着选择要移动到的目的视图。

下面将在模型 down_base 的工程图的放大图中创建图 5.5.8 所示的尺寸，以此说明在工程图模块中将尺寸从“主视图”移动到“放大图”的一般操作步骤。

Step1. 将工作目录设置至 D:\dbproe5.1\work\ch05\ch05.05，打开文件 move_dim_drw.drw。

Step2. 在图 5.5.8 所示的主视图中选取尺寸“4”，然后右击，从弹出的快捷菜单中选择将项目移动到视图命令。

Step3. 在系统➩选取模型视图或窗口的提示下，选择图 5.5.8 所示的放大图，此时“主视图”中的尺寸“4”被移动到“放大图”中，如图 5.5.9 所示。

Step4. 参照 Step2 和 Step3。将“主视图”中的尺寸“5”移动到“放大图”中。

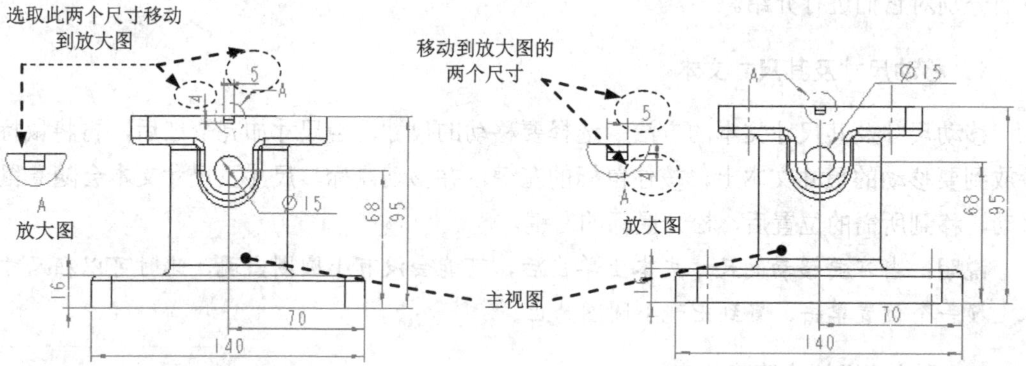

图 5.5.8　移动尺寸　　　　图 5.5.9　将尺寸从“主视图”移动到“放大图”

➢ 修剪尺寸界线

该选项的功能是修剪尺寸界限。

➢ 切换纵坐标/线性(L)

该选项的功能是将线性尺寸转换为纵坐标尺寸或将纵坐标尺寸转换为线性尺寸。在由线性尺寸转换为纵坐标尺寸时，需选取纵坐标基线尺寸。

➢ 反向箭头

选择该选项即可切换所选尺寸的箭头方向，如图 5.5.10 所示。

➢ 属性(R)

选择该选项后，系统弹出图 5.5.11 所示“尺寸属性”对话框，该对话框有三个选项卡，即属性、显示和文本样式选项卡，三个选项卡的内容分别如图 5.5.11、图 5.5.12 和图 5.5.13 所示，下面对其中各功能进行简要介绍。

（1）属性选项卡。

① 在公差选项组中，可单独设置所选尺寸的公差，设置项目包括公差显示模式、尺寸的公称值和尺寸的上、下公差值。

② 在格式选项组中，可选择尺寸显示的格式，即尺寸是以小数形式显示还是以分数形式显示，保留几位小数位数，角度单位是度还是弧度。

③ 在值和显示选项组中，用户可以将工程图中零件的外形轮廓等基础尺寸按“基本”形式显示，将零件中重要的、需检验的尺寸按“检查”形式显示。另外在该区域中，还可以设置尺寸箭头的反向。

④ 在对话框下部的区域中，可单击相应的按钮来移动尺寸及其文本或修改尺寸的附件。

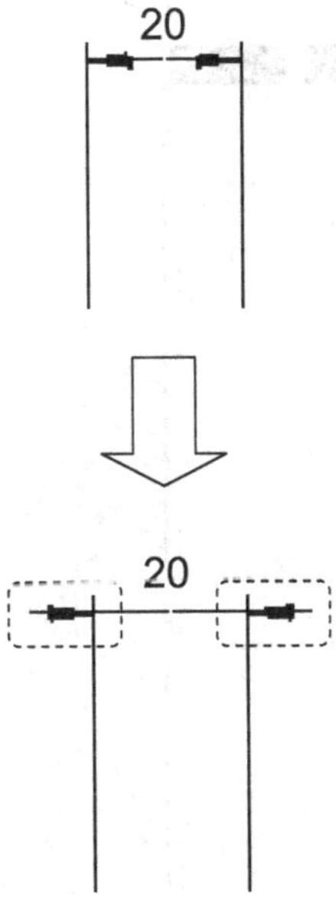

图 5.5.10　切换箭头方向

图 5.5.11　“尺寸属性”对话框的“属性”选项卡

（2）显示选项卡。

可在“前缀”文本栏内输入尺寸的前缀，例如可将尺寸Φ4 加上前缀 2-，变成 2-Φ4。当然也可以给尺寸加上后缀。

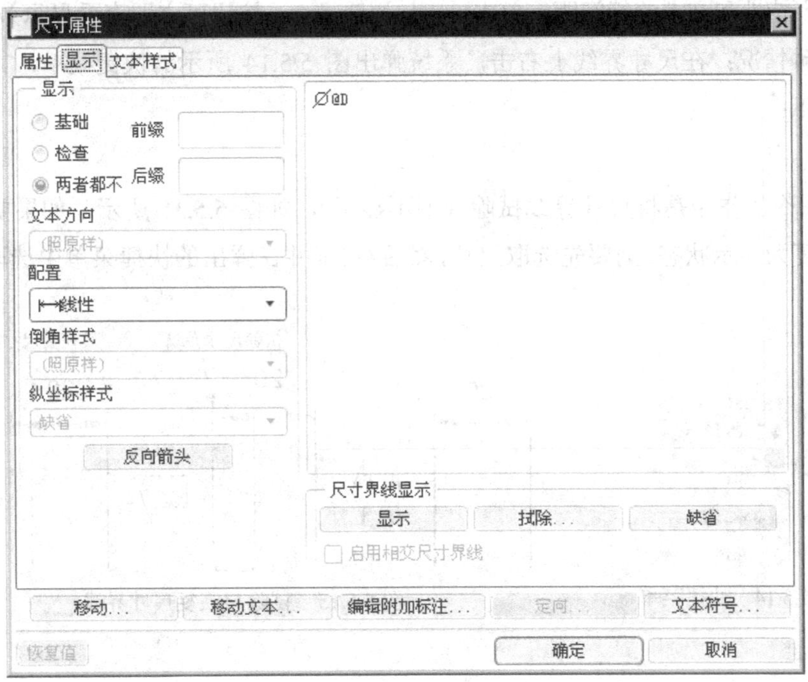

图 5.5.12　“尺寸属性”对话框的“显示”选项卡

（3）文本样式选项卡。

① 在字符选项组中，可选择尺寸和文本的字体，取消“缺省”复选框可修改文本的字高等。

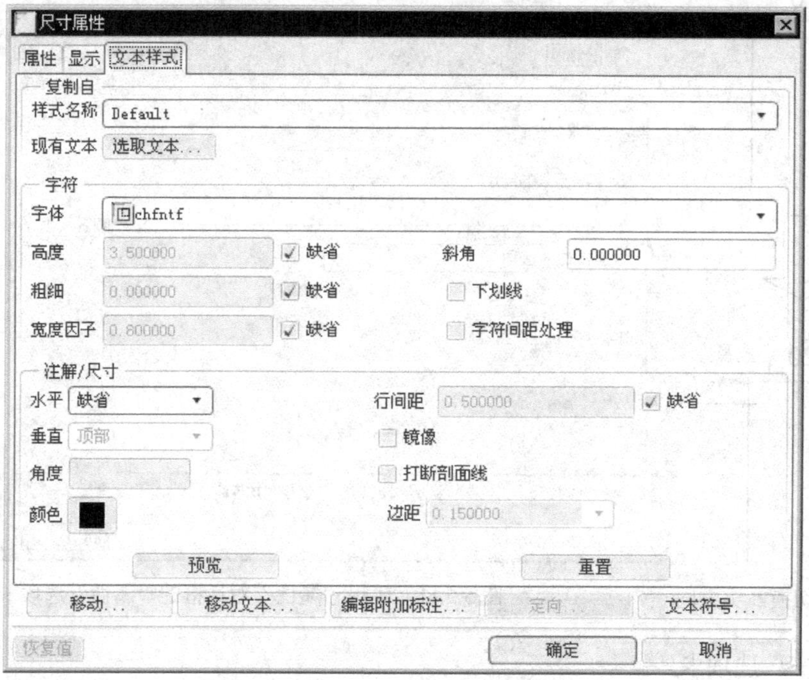

图 5.5.13　“尺寸属性”对话框的“文本样式”选项卡

② 如果选取的是注释文本，在注释/尺寸选项组中，可调整注释文本的水平和竖直两个方向的对齐特性和文本的行间距，单击预览按钮可立即查看显示效果。

第二种情况：在尺寸界线上右击，系统弹出图 5.5.14 所示的快捷菜单，其各主要选项的说明如下：

➢ 拭除

拭除命令的作用是将尺寸界线拭除（即不显示），如图 5.5.15 所示；如果要将拭除的尺寸界线恢复为显示状态，则要先选取尺寸，然后右击，并在弹出的快捷菜单中选取显示尺寸界线命令。

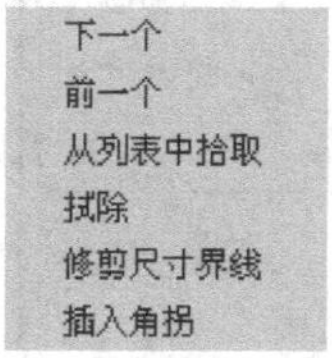

图 5.5.14　快捷菜单

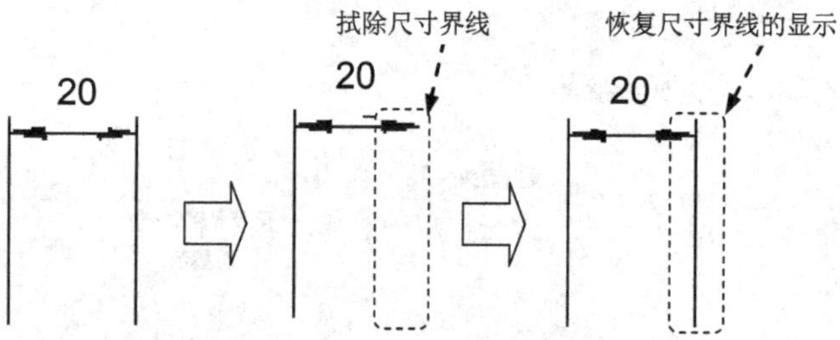

图 5.5.15　拭除与恢复尺寸界线

➢ 插入角拐

该选项的功能是创建尺寸边线的角拐，如图 5.5.16 所示。操作方法：选择该选项后，接着选择尺寸边线上的一点作为角拐点，移动鼠标，直到该点移动到所希望的位置，然后再次单击，最后单击中键结束操作。

选取尺寸后，右击角拐点的位置，在弹出的快捷菜单中选择 删除 命令，即可删除角拐。

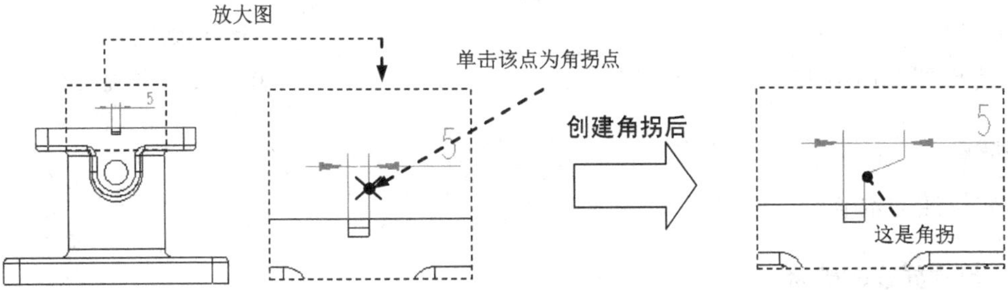

图 5.5.16　创建角拐

第三种情况： 在尺寸标注线的箭头上右击，系统弹出图 5.5.17 所示的快捷菜单，其各主要选项的说明如下：

➢ 箭头样式(A)...

该选项的功能是修改尺寸箭头的样式，箭头的样式可以是箭头、实心点和斜杠等，如图 5.5.18 所示，可以将尺寸箭头改成实心点，其操作步骤如下：

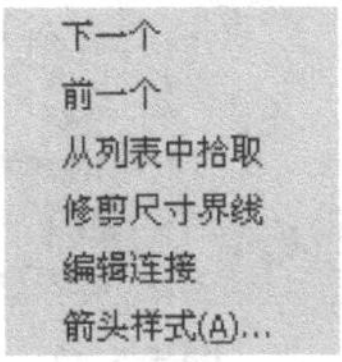

图 5.5.17　快捷菜单

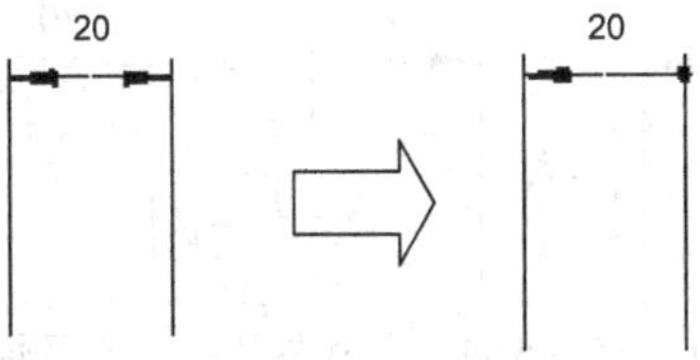

图 5.5.18　箭头样式

Step1. 选择 箭头样式(A)... 命令。

Step2. 系统弹出图 5.5.19 所示的“箭头样式”菜单，从该菜单中选择 Filled Dot (实心点) 命令，选择 Done/Return (完成/返回) 命令。

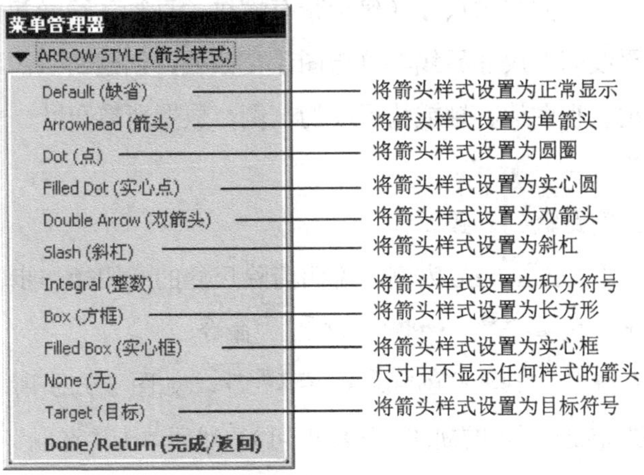

图 5.5.19　“箭头样式”菜单

第四种情况：如果先选择某尺寸，再单击该尺寸的尺寸文本，然后右击，则系统弹出图 5.5.20 所示的快捷菜单，其各主要选项的说明如下：

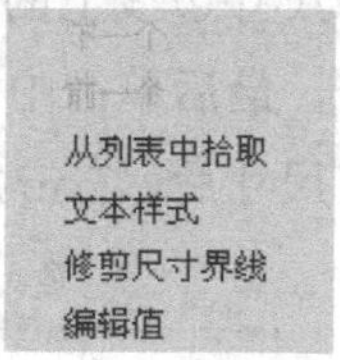

图 5.5.20 快捷菜单

- 文本样式

  参见 属性(R) 说明中的“文本样式”。

- 编辑值

  编辑标注文本值。

3. 尺寸界线的破断

尺寸界线的破断是将尺寸界线的一部分断开，如图 5.5.21 所示；而删除破断的作用是将尺寸线断开的部分恢复。其操作方法是选择 注释 ➡ 命令，在要破断的尺寸界线上选择两点，破断即可形成；如果选择该尺寸，然后在尺寸界线破断的点上右击，在系统弹出的图 5.5.22 所示的快捷菜单中选择 删除 命令，即可将断开的部分恢复。

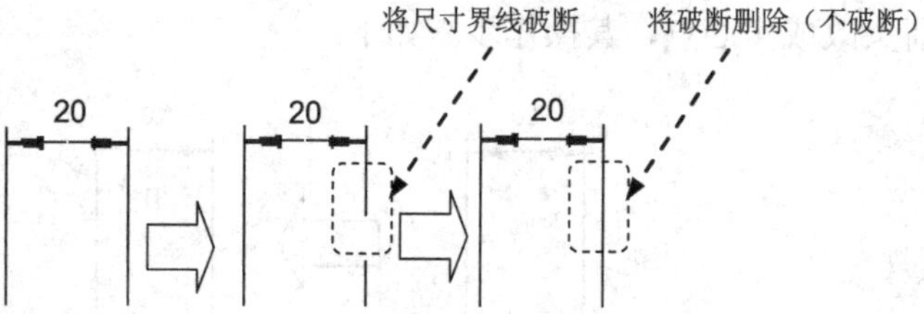

图 5.5.21 尺寸界线的破断及恢复

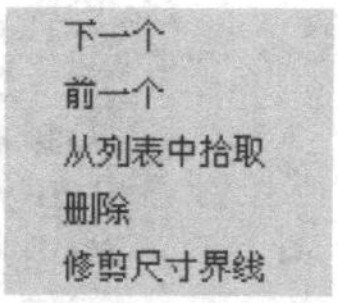

图 5.5.22 快捷菜单

4. 清除尺寸（Clean Dims）

对于杂乱无章的尺寸，Pro/ENGINEER 系统提供了一个强有力的整理工具，这就是“清除尺寸（clean Dims）”。通过该工具，系统可以：

- 在尺寸界线之间居中尺寸（包括带有螺纹、直径、符号和公差等的整个文本）。
- 在尺寸界线间或尺寸界线与草绘图元交截处，创建断点。
- 向模型边、视图边、轴或捕捉线的一侧，放置所有尺寸。
- 反向箭头。
- 将尺寸的间距调到一致。

下面以零件模型 down_base 为例，说明清除尺寸的一般操作步骤。

Step1. 选择下拉菜单 注释 ➡ 清除尺寸 命令。

Step2. 此时系统提示 ➪选取要清除的视图或独立尺寸。，如图 5.5.23 所示，选取模型 down_base 的主视图（选取图 5.5.23 所示的视图轮廓线即可），然后单击“选取”对话框中的 确定 按钮。

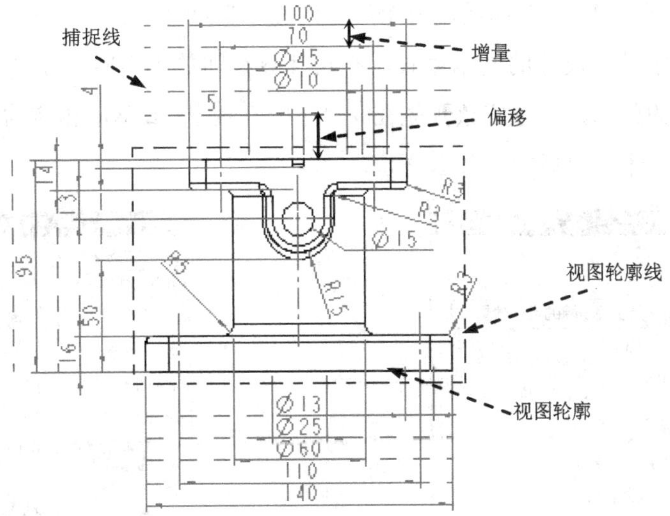

图 5.5.23　清除尺寸

Step3. 完成上步操作后，图 5.5.24 所示的“清除尺寸”对话框被激活，该对话框有 放置 选项卡和 修饰 选项卡，这两个选项卡的内容分别如图 5.5.24 和图 5.5.25 所示，现对其中各选项的操作进行简要介绍：

➢ 放置 选项卡

- 选中 ☑ 分隔尺寸 复选框后，可调整尺寸线的偏距值和增量值。
- 偏移 是视图轮廓线（或所选基准线）与视图中最靠近它们的某个尺寸间的距离（图 5.5.23）。输入偏移值，并按下 Enter 键，然后单击对话框中的 应用 按钮，可将输入的偏移值立即施加到视图中，并可看到效果。
- 增量 是两相邻尺寸的间距（图 5.5.23）。输入增量值，并按下 Enter 键，然后单击对话框中的 应用 按钮，可将输入的增量值立即施加到视图中，并可看到效果。
- 一般以各“视图的轮廓”（注意图 5.5.23 中所示的“视图轮廓线”与“视图轮廓”的区别）为“偏移参照”，也可以选取某个基准线为参照。
- 选中 ☑ 创建捕捉线 复选框后，工程图中便显示捕捉线，捕捉线是表示水平或垂直尺寸位置的一组虚线。单击对话框中的 应用 按钮，可看到屏幕中立即显示这些虚线。
- 选中 ☑ 破断尺寸界线 复选框后，在尺寸界限与其他草绘图元相交位置处，尺寸界限会自动产生破断。

➢ 修饰 选项卡

- 选中 ☑ 反向箭头 复选框后，如果视图中某个尺寸的尺寸界线内放不下箭头，该尺寸的箭头会自动反向到外面。

- 选中 ☑居中文本 复选框后，每个尺寸的文本自动居中。
- 当视图中某个尺寸的文本太长，在尺寸界线间放不下时，系统可自动将它们放到尺寸线的外部，不过应该预先在 水平 和 垂直 区域单击相应的方位按钮，以确定将尺寸文本移出后放在什么方位。

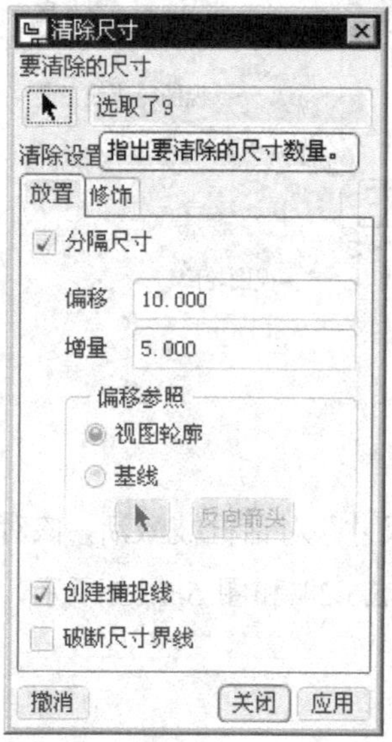

图 5.5.24 “清除尺寸”中的“放置”选项卡

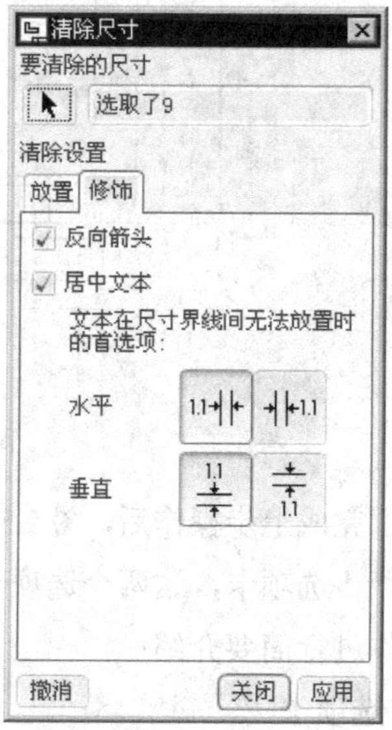

图 5.5.25 “清除尺寸”中的“修饰”选项卡

5.5.5 显示尺寸公差

配置文件 drawing.dtl 中的选项 tol_display 和配置文件 config.pro 中的选项 tol_mode 与工程图中的尺寸公差有关，如果要在工程图中显示和处理尺寸公差，必须先配置这两个选项。

（1）tol_display 选项。

该选项控制尺寸公差的显示。

如果设置为 yes，则尺寸标注显示公差；

如果设置为 no，则尺寸标注不显示公差。

（2）tol_mode 选项。

该选项控制尺寸公差的显示形式。

如果设置为 nominal，则尺寸只显示名义值，不显示公差；

如果设置为 limits，则公差尺寸显示为上限和下限；

如果设置为 plusminus，则公差值为正负值，正值和负值是独立的；

如果设置为 plusminussym，则公差值为正负值，正负公差的值用一个值表示。

5.6　创建注解文本

5.6.1　注解菜单简介

选择 注释 → 命令，系统弹出 ▼ NOTE TYPES (注解类型) 菜单（图 5.6.1），在该菜单下，可以创建用户所要求的属性的注解，例如注解可连接到模型的一个或多个边上，也可以是“自由的”。创建第一个注解后，Pro/ENGINEER 使用先前指定的属性要求来创建后面的注解。

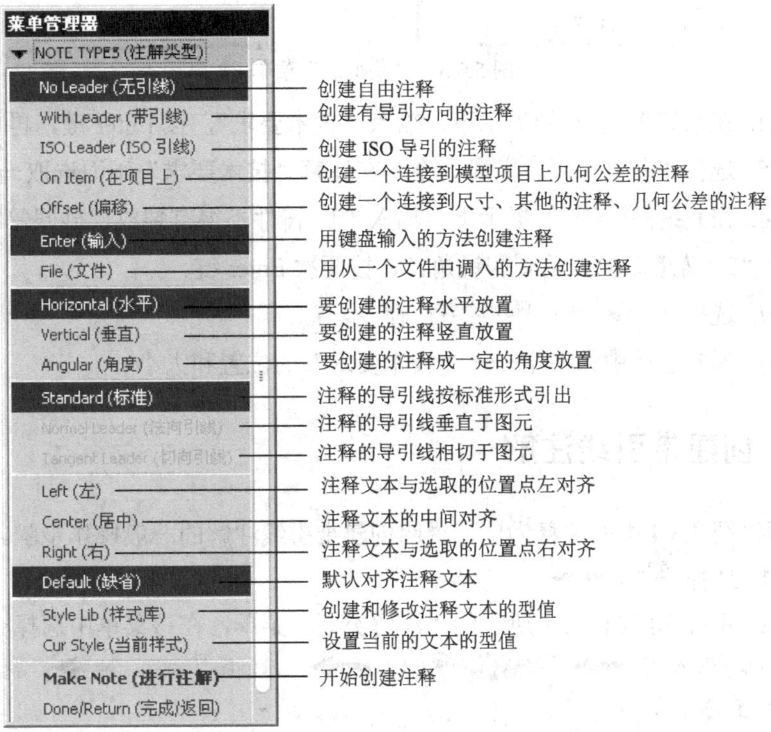

图 5.6.1　“注解类型”菜单

5.6.2　创建无引线注解

下面以图 5.6.2 中所示的注释为例，说明创建无引线注解的一般操作步骤。

Step1. 选择 注释 → 命令。

Step2. 在图 5.6.1 所示的菜单中，选择 No Leader (无引线) → Enter (输入) → Horizontal (水平) → Standard (标准) → Default (缺省) → Make Note (进行注解) 命令。

Step3. 在系统弹出的图 5.6.3 所示的 ▼ GET POINT (获得点) 菜单中选择 Pick Pnt (选出点) 命令，并在屏幕选取一点作为注释的放置点。

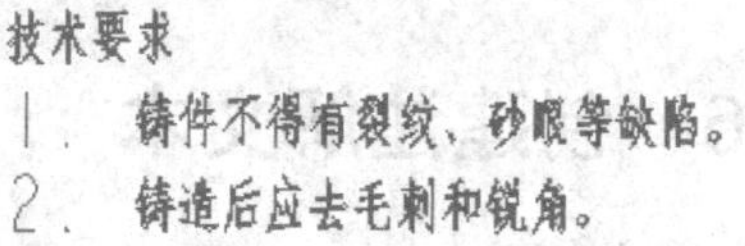

图 5.6.2 无引线注解

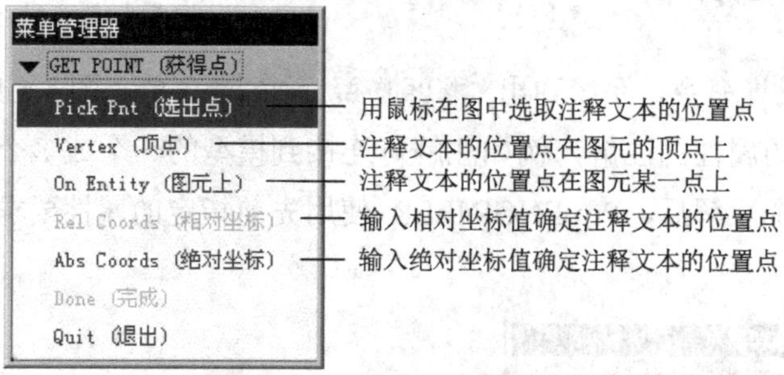

图 5.6.3 “获得点”菜单

Step4. 在系统 输入注解: 的提示下，输入“技术要求”，按 Enter 键，再按 Enter 键。

Step5. 选择 Make Note (进行注解) 命令，在注解“技术要求”下面选取一点。

Step6. 在系统 输入注解: 的提示下，输入“1. 铸件不得有裂纹、砂眼等缺陷。”，按 Enter 键，输入“2. 铸造后应去毛刺和锐角。”，按两次 Enter 键。

Step7. 选择 Done/Return (完成/返回) 命令。

Step8. 调整注释中的文本——“技术要求”的位置和大小。

5.6.3 创建带引线注解

下面以图 5.6.4 中的注释为例，说明创建带引线注解的一般操作步骤。

Step1. 选择 注释 → A 命令。

Step2. 系统弹出图 5.6.1 所示的“注解类型”菜单，在该菜单中选择 With Leader (带引线) → Enter (输入) → Horizontal (水平) → Standard (标准) → Default (缺省) → Make Note (进行注解) 命令。

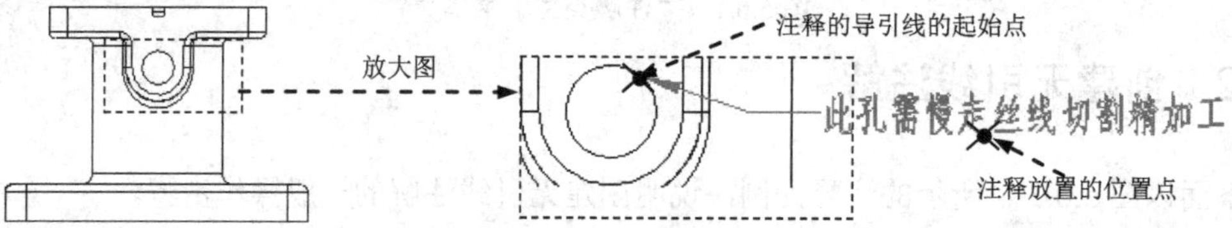

图 5.6.4 带引线注解

Step3. 定义注释导引线的起始点：此时系统弹出图 5.6.5 所示的 ATTACH TYPE (依附类型) 菜单，在该菜单中选择 On Entity (图元上) → Arrow Head (箭头) 命令，然后选择注解指引线的起始点，如图 5.6.4 所示，再单击“选取”对话框中的 确定 按钮，选择 Done (完成) 命令。

Step4. 定义注释文本的位置点：在屏幕选取一点作为注解的放置点，如图 5.6.4 所示。

Step5. 在系统 输入注解: 的提示下，输入“此孔需慢走丝线切割精加工”，按两次 Enter 键。

Step6. 选择 Done/Return (完成/返回) 命令。

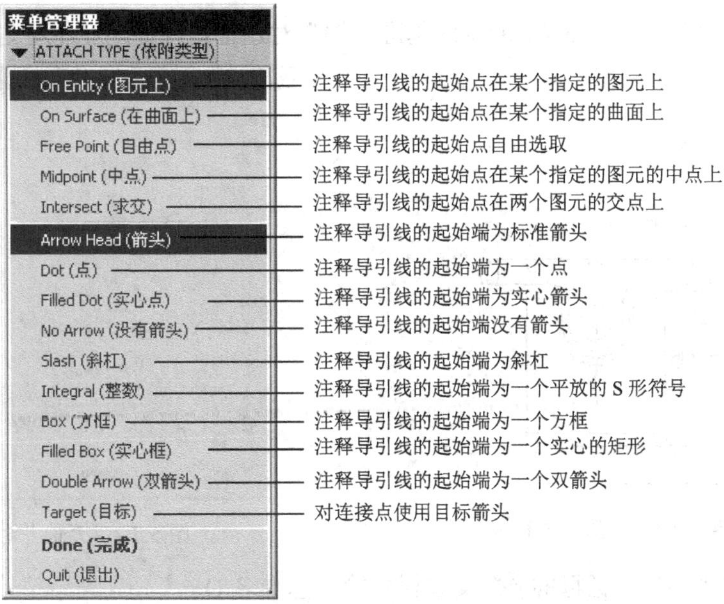

图 5.6.5　“依附类型”菜单

5.6.4　注解的编辑

与尺寸的编辑操作一样，单击要编辑的注解，再右击，在弹出的快捷菜单中选择 属性(R) 命令，此时系统弹出图 5.6.6 所示的“注解属性”对话框，在该对话框的 文本 选项卡中可以修改注解文本，在 文本样式 选项卡中可以修改文本的字型、字高以及字的粗细等造型属性。

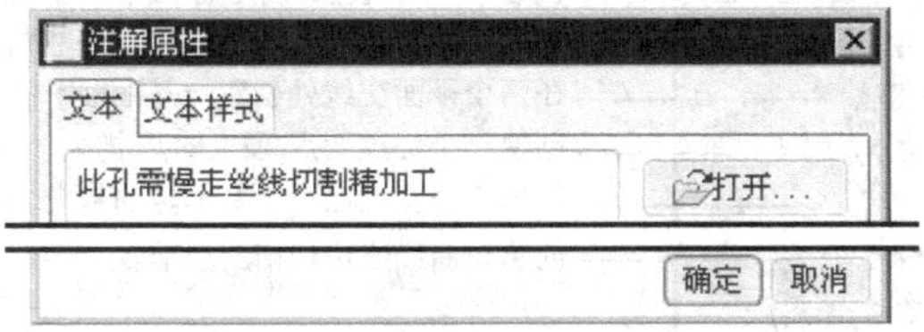

图 5.6.6　“注解属性”对话框

5.7　工程图基准

5.7.1　创建基准

1．在工程图模块中创建基准轴

下面将在模型 down_base 的工程图中创建图 5.7.1 所示的基准轴 D，以此说明在工程图模块中创建基准轴的一般操作步骤。

Step1. 将工作目录设置至 D:\dbproe5.1\work\ch05\ch05.07，打开文件 create_datum.drw。

Step2. 选择 注释 ➡ 插入 ▾ ➡ 模型基准平面 ▾ ➡ 模型基准轴 命令。

Step3. 系统弹出图 5.7.2 所示的基准“轴”对话框，在此对话框中进行下列操作：

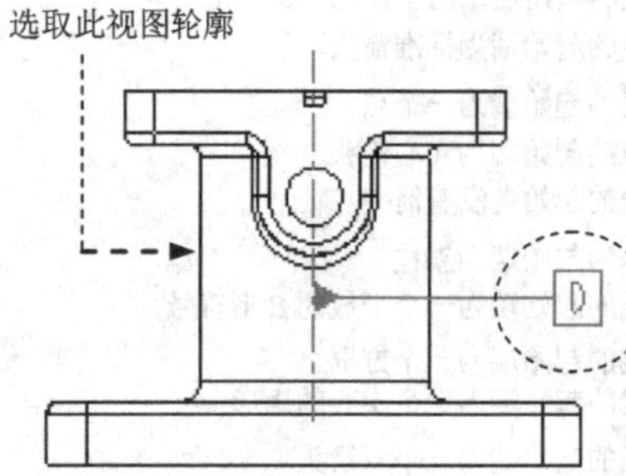

图 5.7.1 创建基准轴 D

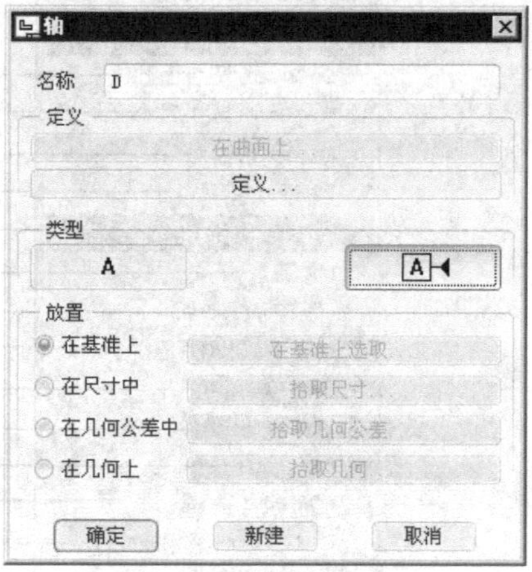

图 5.7.2 “轴”对话框

（1）在“轴”对话框的 名称 文本栏中输入基准名 D。

（2）单击该对话框中的 定义... 按钮，在系统弹出的图 5.7.3 所示的“基准轴”菜单中选取 Thru Cyl (过柱面) 命令，然后选取图 5.7.1 所示的视图轮廓（即模型圆柱的边线）。

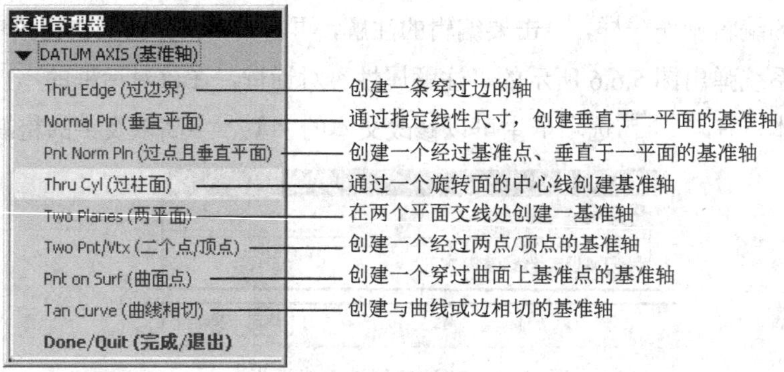

图 5.7.3 “基准轴”菜单

（3）在“轴”对话框的 类型 选项组中单击 A◂ 按钮。

（4）在“轴”对话框的 放置 选项组中选择 ◉ 在基准上 单选项。

（5）在“轴”对话框中单击 确定 按钮，系统即在每个视图中创建基准符号。

Step4. 分别将基准符号移至合适的位置，基准的移动操作方法与尺寸的移动操作一样。

Step5. 视情况将某个视图中不需要的基准符号拭除。

2. 在工程图模块中创建基准平面

下面将在模型 down_base 的工程图中创建图 5.7.4 所示的基准平面 P，以此说明在工程图模块中创建基准平面的一般操作步骤。

Step1. 选择 注释 ➡ 插入 ▾ ➡ 模型基准平面 ▾ ➡ 模型基准平面 命令。

Step2. 系统弹出图 5.7.5 所示的“基准”对话框，在此对话框进行下列操作：

（1）在“基准”对话框中的名称文本栏中输入基准名 P。

（2）单击该对话框中的定义选项组中的在曲面上...按钮，然后选取图 5.7.4 所示的视图轮廓边线（即模型下底面的投影）。

说明： 如果没有现成的平面可选取，可单击“基准”对话框中定义选项组中的定义...按钮，此时系统弹出图 5.7.6 所示的菜单管理器，利用该菜单管理器可以定义所需要的基准平面。

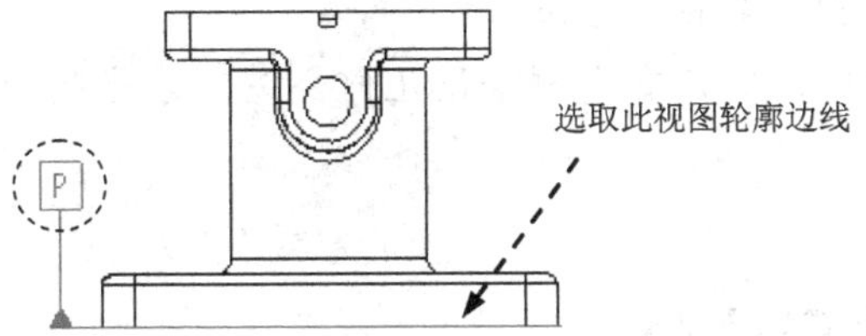

图 5.7.4 创建基准平面 P

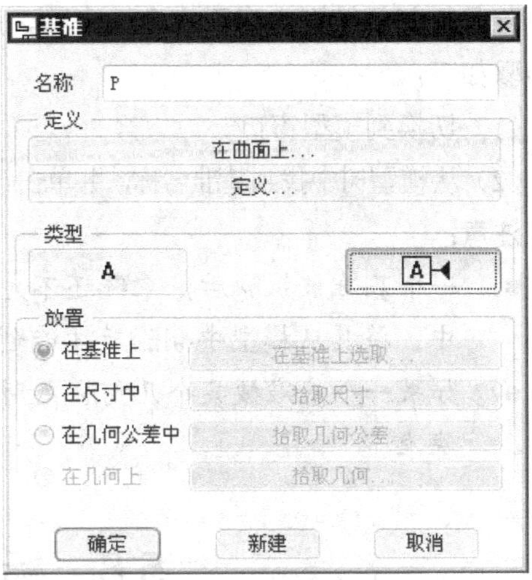

图 5.7.5 “基准”对话框

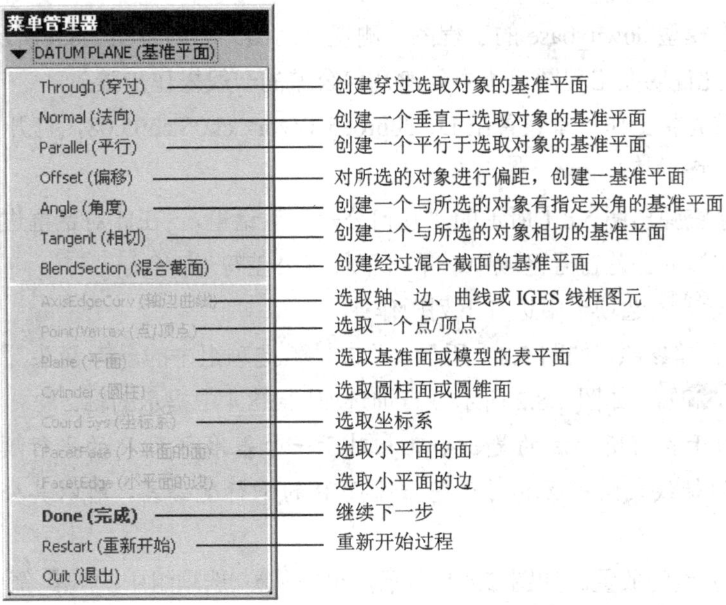

图 5.7.6 “基准平面”菜单

（3）在“基准”对话框的类型选项组中单击 A 按钮。

（4）在“基准”对话框的放置选项组中选中 ◉ 在基准上单选项。

（5）在“基准”对话框中单击 确定 按钮。

Step3. 将基准符号移至合适的位置。

Step4. 视情况将某个视图中不需要的基准符号拭除。

5.7.2 基准的拭除与删除

拭除基准的真正含义是在工程图环境中不显示基准符号，同尺寸的拭除一样；而基准的删除是将其从模型中真正完全地去除，所以基准的删除要切换到零件模块中进行，其操作步骤如下：

（1）切换到模型窗口。

（2）从模型树中找到基准名称，并单击该名称，再右击，从弹出的菜单中选择“删除”命令。

注意：

- 一个基准被拭除后，系统还不允许创建相同名称的基准，只有切换到零件模块中，将其从模型中删除后才能创建相同名称的基准。
- 如果一个基准被某个几何公差所使用，则只有先删除该几何公差，才能删除该基准。

5.8 标注形位公差

下面将在模型 down_base 的工程图（侧视全剖图）中创建图 5.8.4 所示的几何公差（形位公差），以此说明在工程图模块中创建几何公差的一般操作步骤。

Step1. 首先将工作目录设置至 D:\dbproe5.1\work\ch05\ch05.08，打开文件 tol_drw.drw。

Step2. 选择 注释 ➡ 命令。

Step3. 系统弹出图 5.8.1 所示的“几何公差”对话框， 在此对话框进行下列操作：

（1）在左边的公差符号区域中，单击平行度公差符号 // 。

（2）在 模型参照 选项卡中进行下列操作：

① 定义公差参照。如图 5.8.1 所示，单击 参照: 选项组中的 类型 箭头 ▾ ，从系统弹出的菜单中选择 轴 ，如图 5.8.2 所示；查询选取图 5.8.4 中提示的轴。

注意：由于当前所标注的是一个孔相对于一个基准平面 P 的平行度公差，它实质上是指这个孔的轴线或圆柱面相对于基准平面 P 的平行度公差，所以其公差参照要选取孔的轴线。

② 定义公差的放置。如图 5.8.1 所示，单击 放置: 选项组中的 类型 箭头 ▾ ，从系统弹出的菜单中选择 法向引线 ，如图 5.8.3 所示；系统弹出 ▼ LEADER TYPE（引线类型） 菜单和“选取”对话框。选择 Arrow Head（箭头） 命令，再选取图 5.8.4 中的尺寸 Φ15 的上尺寸界线，最后选取图 5.8.4 所提示的箭头，则随即生成平行度公差。

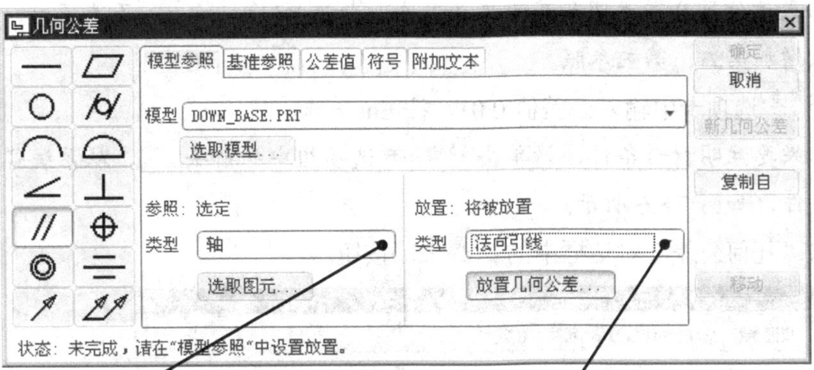

图 5.8.1　“几何公差”对话框

图 5.8.2　参照“类型”选项

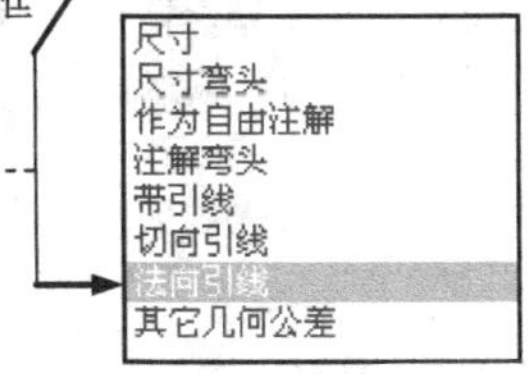

图 5.8.3　放置“类型”选项

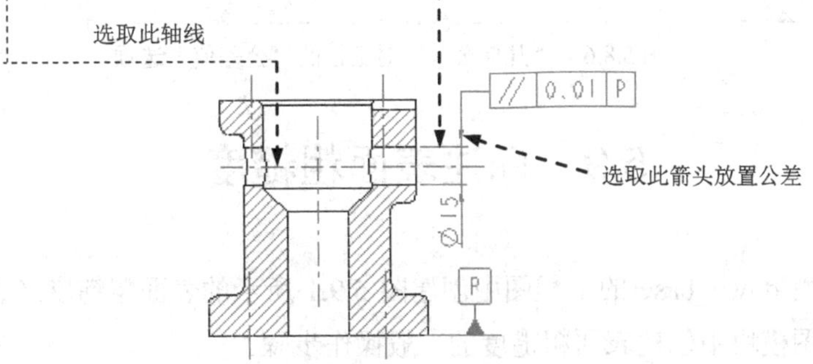

图 5.8.4　几何公差

注意：选取“法向引线”选项的意义，是要把该平行度公差附着在尺寸 Φ15 的尺寸界线的垂直方向上。

（3）在 基准参照 选项卡中进行下列操作。

① 选择“几何公差”对话框顶部的 基准参照 选项卡。

② 如图 5.8.5 所示，单击 首要 子选项卡中的 基本 箭头 ▾，从弹出的列表中选取基准 P。

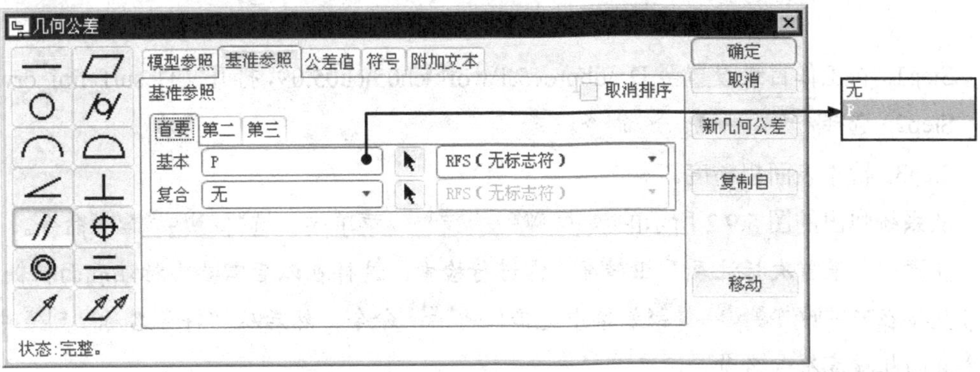

图 5.8.5　“几何公差”对话框的“基准参照”选项卡

注意：如果该位置公差参照的基准不止一个，请选择 第二 和 第三 子选项卡，再进行同样的操作，以增加第二、第三参照。

（4）在 公差值 选项卡中输入公差值 0.01，按 Enter 键。

注意：如果要注明材料条件，请单击 材料条件 选项组中的箭头 ▼，从系统弹出的列表中选择材料条件，如图 5.8.6 所示。

（5）单击"几何公差"对话框中的 确定 按钮。

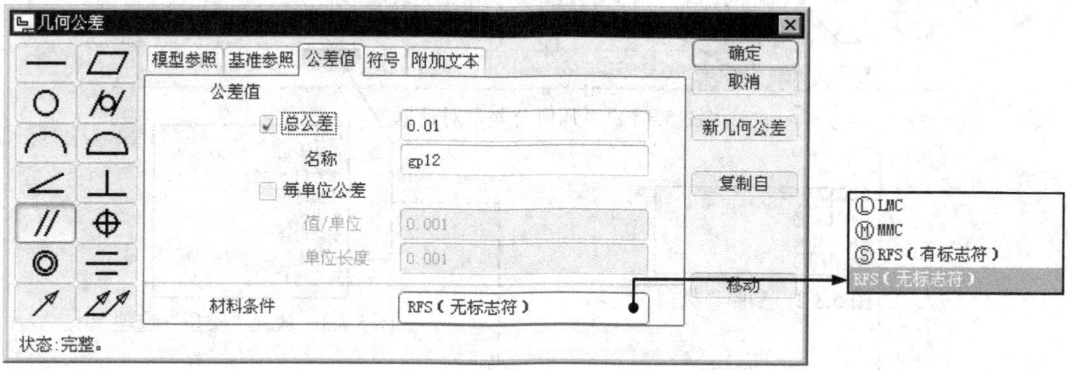

图 5.8.6 "几何公差"对话框的"公差值"选项卡

5.9 标注表面粗糙度

下面将在模型 down_base 的工程图中创建图 5.9.1 所示的表面粗糙度（表面光洁度），以此说明在工程图模块中创建表面粗糙度的一般操作步骤。

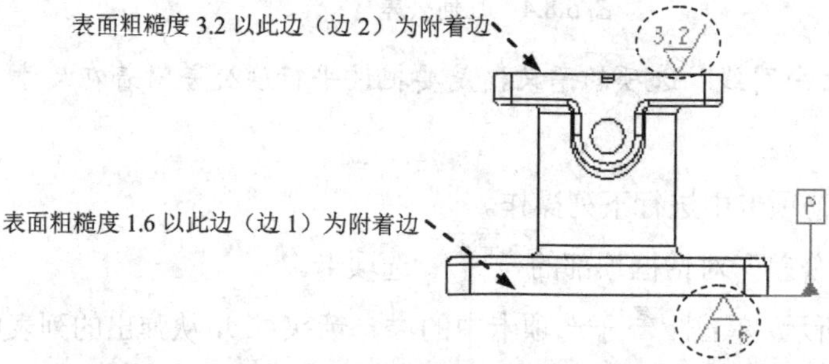

图 5.9.1 创建表面粗糙度

Step1. 将工作目录设置至 D:\dbproe5.1\work\ch05\ch05.09，打开文件 surf_fini_drw.drw。

Step2. 选择 注释 ➡ 32√ 命令。

Step3. 检索表面粗糙度。

从系统弹出的图 5.9.2 所示的 ▼ GET SYMBOL (得到符号) 菜单中，选择 Retrieve (检索) 命令。

注意：如果首次标注表面粗糙度，需进行检索，这样在以后需要再标注表面粗糙度时，便可直接在 ▼ GET SYMBOL (得到符号) 菜单中选择 Name (名称) 命令，然后从"符号名称"列表中选择一个表面粗糙度符号名称。

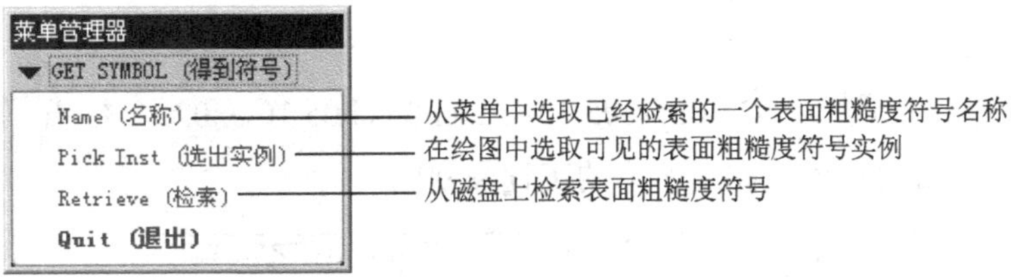

图 5.9.2　“得到符号”菜单

从“打开”对话框中，选择 machined，单击 打开 按钮，选择 standard1.sym，单击 打开 按钮。

Step4. 选取附着类型。从系统弹出的图 5.9.3 所示的 ▼ INST ATTACH (实例依附) 菜单中，选择 Normal (法向) 命令，系统弹出“选取”对话框。

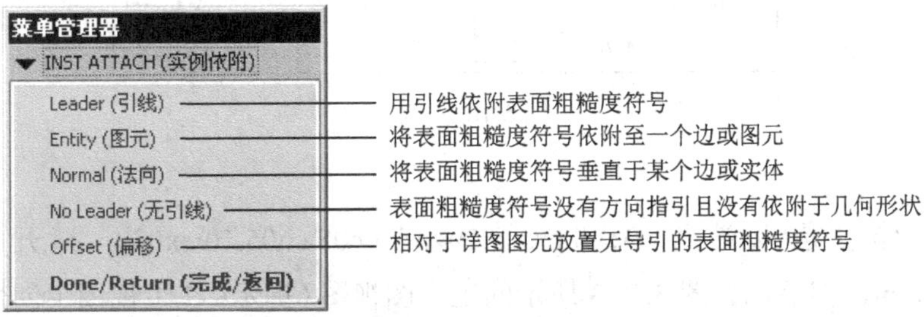

图 5.9.3　“实例依附”菜单

Step5. 选取附着边并定义表面粗糙度值。选取图 5.9.1 所示的边 1 为附着边，在系统 输入roughness_height的值 的提示下，输入值 1.6，然后单击 ✓ 按钮或按 Enter 键，单击鼠标中键，然后在 ▼ INST ATTACH (实例依附) 菜单中选择 Done/Return（完成/返回）命令，完成粗糙度的标注。

Step6. 按上述步骤完成表面粗糙度为 3.2 的标注。

5.10　习　　题

习题 1

将工作目录设置至 D:\dbproe5.1\work\ch05\ch05.10\ex01，打开零件模型文件 ex01_shaft.prt，然后创建图 5.10.1 所示的工程视图。

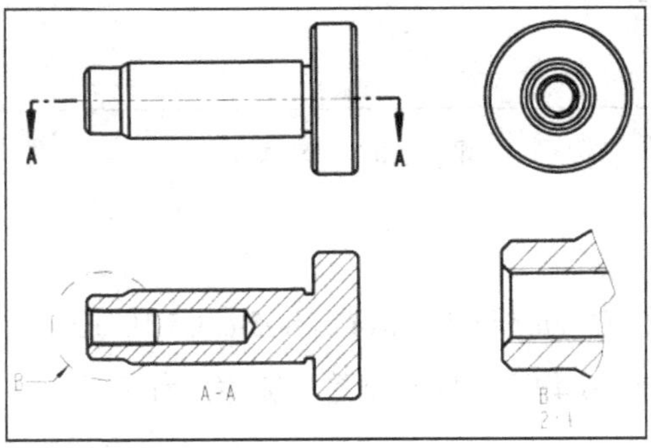

图 5.10.1　习题 1

习题 2

将工作目录设置至 D:\dbproe5.1\work\ch05\ch05.10\ex02，打开零件模型文件 ex02_fork.prt，然后创建图 5.10.2 所示的工程图视图。

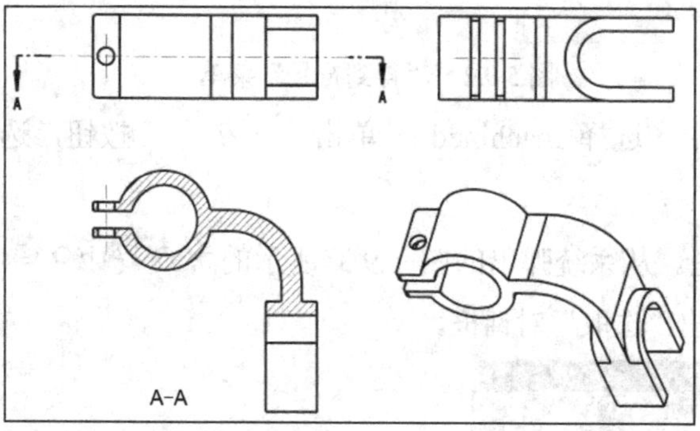

图 5.10.2　习题 2

习题 3

将工作目录设置至 D:\dbproe5.1\work\ch05\ch05.10\ex03，打开零件模型文件 ex03_shaft.prt，然后创建图 5.10.3 所示的工程图视图（提示：在主视图中创建局部剖视图时，应在图 5.4.4 所示的“绘图视图”对话框的剖切区域下拉菜单中选取“局部”，然后绘出“局部”剖视图区域）。

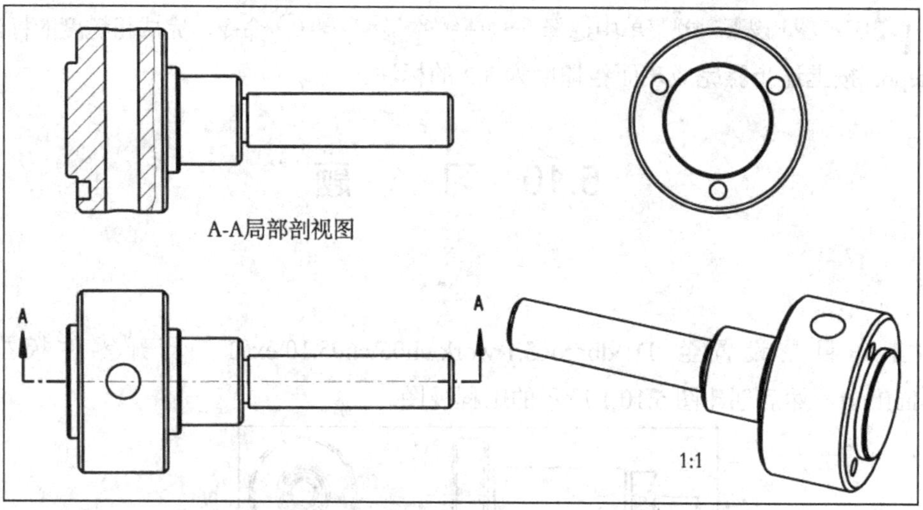

图 5.10.3　习题 3

习题 4

将工作目录设置至 D:\dbproe5.1\work\ch05\ch05.10\ex04，打开零件模型文件 ex04_disc.prt，然后创建图 5.10.4 所示的工程图（标注尺寸）。

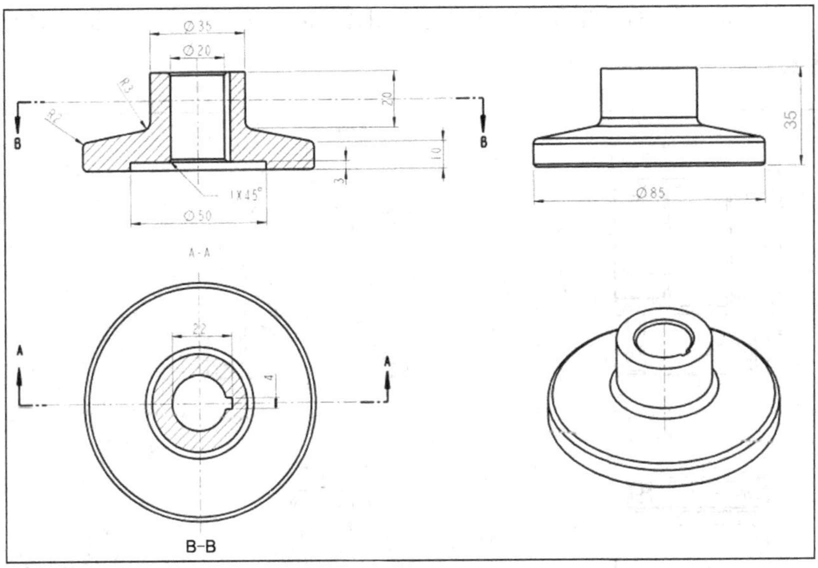

图 5.10.4　习题 4

习题 5

将工作目录设置至 D:\dbproe5.1\work\ch05\ch05.10\ex05，打开零件模型文件 ex05_shaft.prt，然后创建图 5.10.5 所示的工程图。

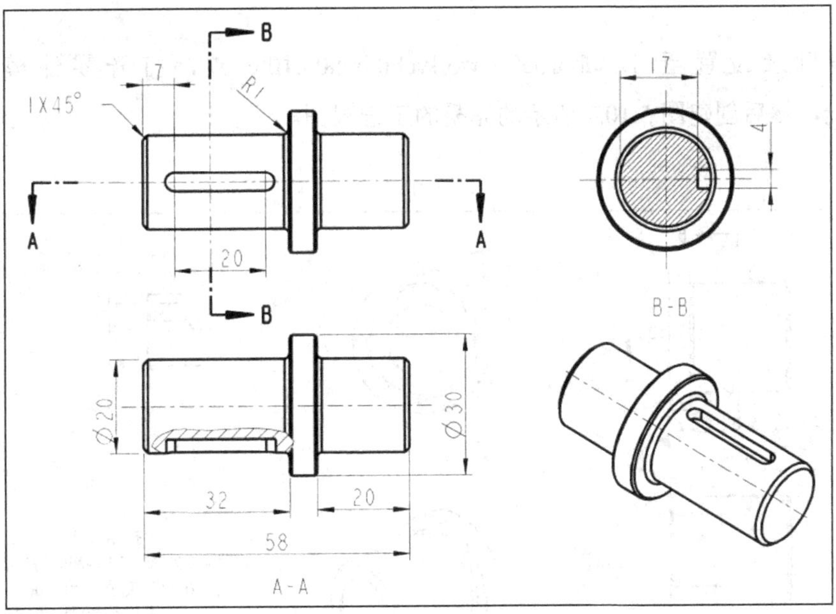

图 5.10.5　习题 5

习题 6

将工作目录设置至 D:\dbproe5.1\work\ch05\ch05.10\ex06，打开工程视图文件

ex06_bearing_seat.drw，然后创建图 5.10.6 所示的工程图（添加尺寸、基准、形位公差、表面粗糙度和技术要求）。

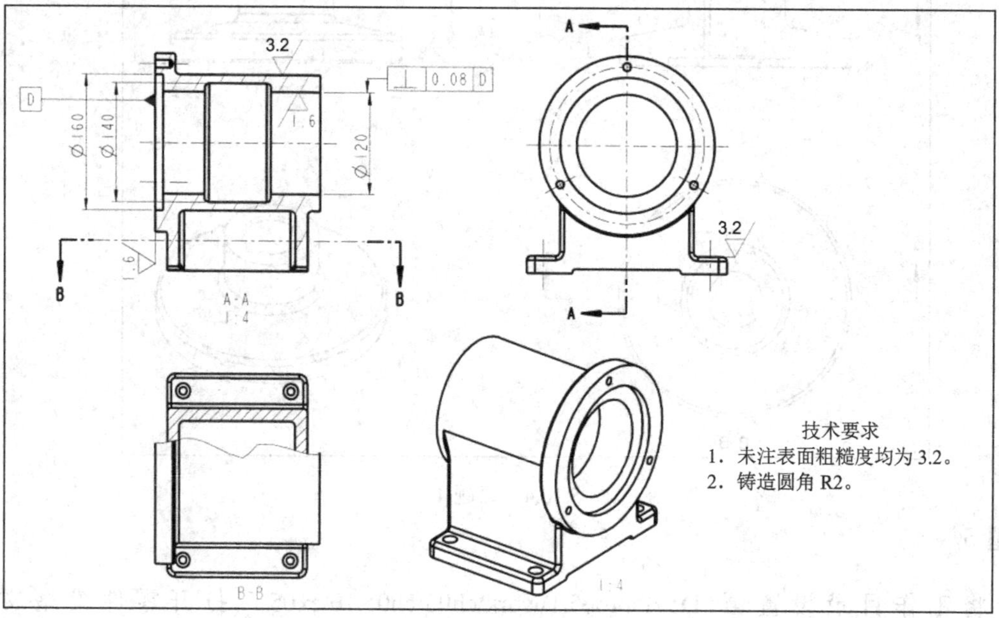

图 5.10.6　习题 6

习题 7

将工作目录设置至 D:\dbproe5.1\work\ch05\ch05.10\ex07，打开零件模型文件 ex07_bush.prt，然后创建图 5.10.7 所示的完整的工程视图。

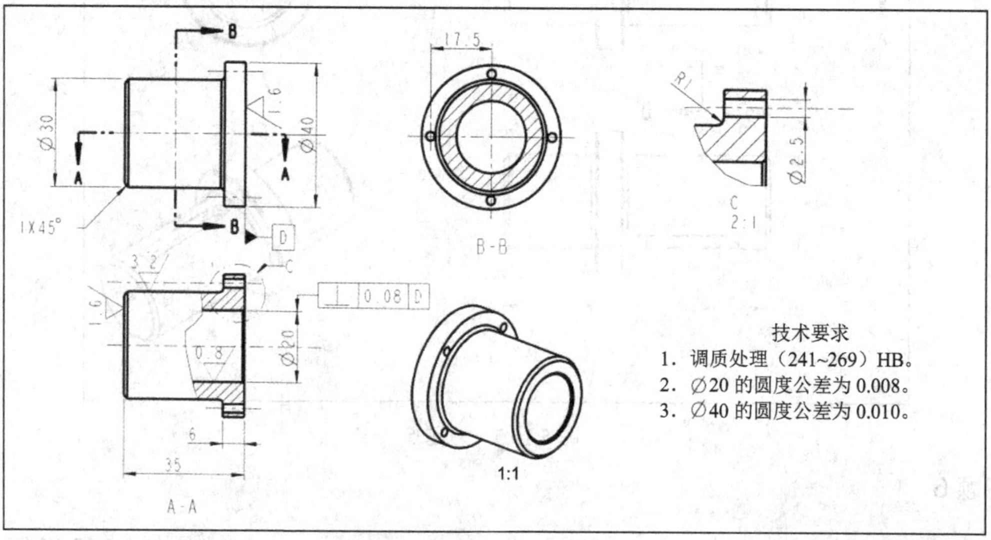

图 5.10.7　习题 7

第6章　曲 面 设 计

本章提要 Pro/ENGINEER 的曲面功能对于创建复杂曲面零件非常有用。与一般实体零件的创建相比，曲面零件的创建过程和方法比较特殊，技巧性也很强，掌握起来不太容易。本章将介绍曲面造型的基本知识，以及曲面造型的多种方法和技巧，本章的最后配备了若干范例，能使读者对曲面的设计过程和操作要点有一个全面的认识。本章主要内容包括：

- 曲面设计概述
- 填充、拉伸、旋转等基本曲面及边界曲面的创建
- 通过偏移和复制创建曲面
- 曲面的修剪
- 曲面的合并与延伸
- 曲面的实体化
- 曲面设计综合范例

6.1　曲面设计概述

Pro/ENGINEER 的曲面（Surface）设计模块主要用于设计形状复杂的零件。在 Pro/ENGINEER 中，曲面是一种没有厚度的几何特征。不要将曲面与实体里的薄壁特征相混淆，薄壁特征有一个壁的厚度值，其本质上是实体，只不过它的壁很薄。

在 Pro/ENGINEER 中，通常将一个曲面和几个曲面的组合称为面组（Quilt）。

用曲面创建形状复杂的零件的主要操作步骤如下：

（1）创建数个单独的曲面。

（2）对曲面进行修剪（Trim）和偏移（Offset）等操作。

（3）将单独的各个曲面合并（Merge）为一个整体的面组。

（4）将曲面（面组）变成实体零件。

6.2　一般曲面的创建

6.2.1　曲面网格显示

曲面网格显示是一种有效表达和显示曲面的方式，正确地使用这种显示方式，则在曲

面的设计过程中可以使曲面的表达更为直观和清晰。曲面网格显示设置的操作步骤如下：

选择下拉菜单 视图(V) ➡ 模型设置(E) ▸ ➡ 网格曲面(S)... 命令，系统弹出图 6.2.1 所示的“网格”对话框，利用该对话框可对曲面进行网格显示设置，如图 6.2.2 所示。

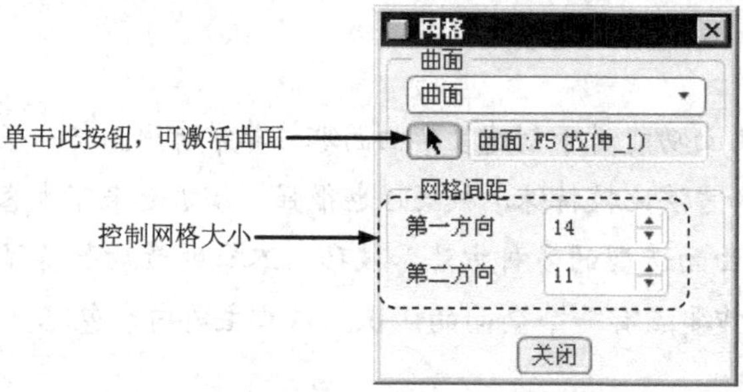

图 6.2.1　“网格”对话框

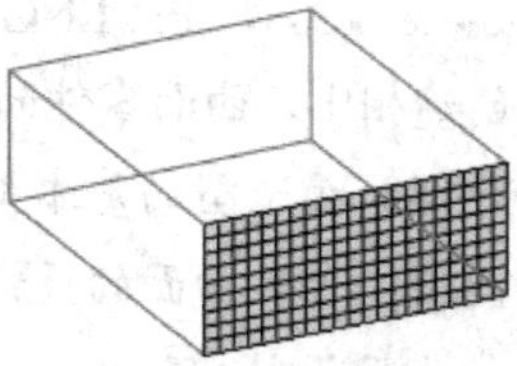

图 6.2.2　曲面网格显示

说明：可通过 网格间距 的设置来调整曲面网格的疏密程度。

6.2.2　创建拉伸曲面和旋转曲面

拉伸、旋转、扫描以及混合等曲面的创建方法与相应类型的实体特征基本相同。下面仅以拉伸曲面和旋转曲面为例进行介绍。

1．创建拉伸曲面

图 6.2.3 所示的两种拉伸曲面特征，其创建的操作步骤如下：

a）封闭拉伸曲面　　　　b）不封闭拉伸曲面

图 6.2.3　拉伸曲面

Step1．设置工作目录和新建文件。

（1）选择下拉菜单 文件(F) ➡ 设置工作目录(W)... 命令，将工作目录设置至 D:\dbproe5.1\work\ch06\ch06.02。

（2）选择下拉菜单 文件(F) ➡ 新建(N)... 命令，新建一个零件模型，将其命名为 extrude_surf。

Step2．在零件设计环境中，选择下拉菜单 插入(I) ➡ 拉伸(E)... 命令，在系统弹出的图 6.2.4 所示的“拉伸曲面”操控板中按下“曲面类型”按钮。

Step3．定义草绘截面放置属性：右击，从系统弹出的菜单中选择 定义内部草绘... 命令；指定 TOP 基准平面为草绘面，采用模型中默认的黄色箭头的方向为草绘视图方向，指定 RIGHT 基准平面为参照面，方向为右。

Step4. 创建特征截面：进入草绘环境后，首先接受默认参照，然后绘制图 6.2.5 所示的截面草图，完成后单击✔按钮。

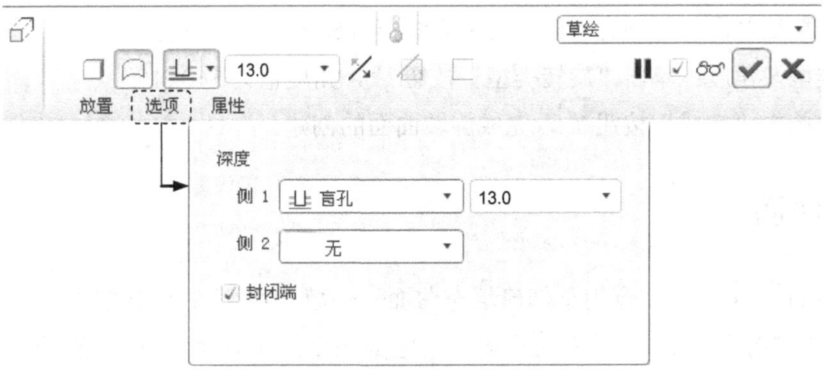

图 6.2.4　“拉伸曲面”操控板

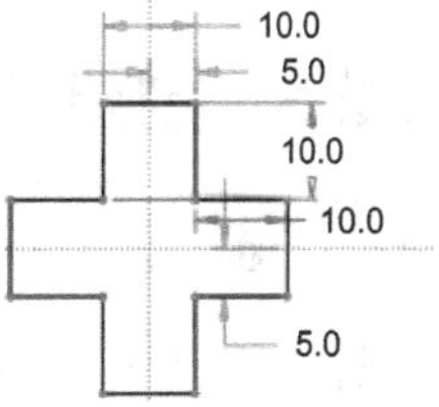

图 6.2.5　截面草图

Step5. 定义曲面特征的“开放”或“闭合”。单击操控板中的选项，在其界面中：

- 选中☑封闭端复选框，此时创建的曲面的两端部封闭（图 6.2.3a）。注意：对于封闭的截面草图才可选择该项。
- 取消选中☐封闭端复选框，此时创建的曲面两端部开放（图 6.2.3b）。

Step6. 选取深度类型及其深度：单击“深度类型”按钮，输入深度值 13.0。

Step7. 在操控板中单击“完成”按钮✔，完成拉伸曲面的创建。

2．创建旋转曲面

图 6.2.6 所示的曲面特征为旋转曲面，创建的操作步骤如下：

图 6.2.6　旋转曲面

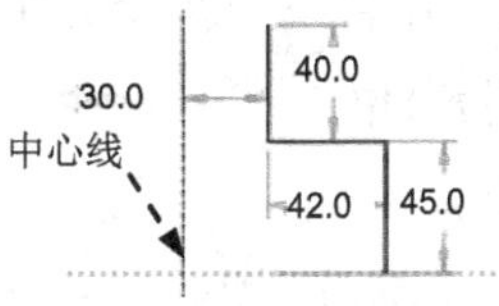

图 6.2.7　截面草图

Step1. 设置工作目录和新建文件。

（1）选择下拉菜单 文件(F) ➡ 设置工作目录(W)... 命令，将工作目录设置至 D:\dbproe5.1\work\ch06\ch06.02。

（2）选择下拉菜单 文件(F) ➡ 新建(N)... 命令，新建一个零件模型，将其命名为 rotate_surf。

Step2. 选择下拉菜单 插入(I) ➡ 旋转(R)... 命令，按下操控板中的“曲面类型”按钮。

Step3. 定义草绘截面放置属性：选择 FRONT 基准平面为草绘平面；RIGHT 基准平面为参照面，方向为右。

Step4. 创建特征截面：绘制图 6.2.7 所示的截面草图（截面可以不封闭）和几何中心线，完成后单击✓按钮。

注意：在旋转特征草绘截面中必须有一条几何中心线作为旋转轴。

Step5. 定义旋转类型及角度：单击“旋转类型”按钮，角度值为 360.0。

Step6. 在操控板中单击“完成”按钮✓，完成旋转曲面的创建。

6.2.3 创建填充曲面

编辑(E) 下拉菜单中的 填充(L)... 命令用于创建填充曲面——填充特征，它创建的是一个二维平面特征。填充(L)... 命令与 拉伸(E)... 命令的不同之处在于：拉伸(E)... 创建的是有深度参数的二维或三维曲面，而 填充(L)... 创建的是没有深度参数的二维曲面，如图 6.2.8 所示。

注意：填充特征的截面草图必须是封闭的。

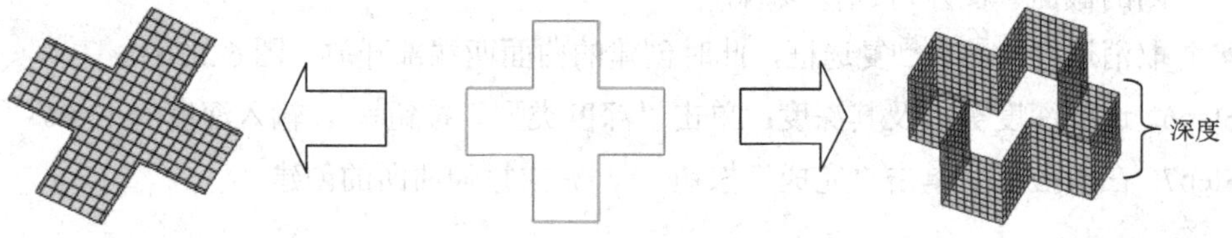

图 6.2.8 填充曲面与拉伸曲面的比较

创建填充曲面的一般操作步骤如下：

Step1. 设置工作目录和新建文件。

（1）选择下拉菜单 文件(F) → 设置工作目录(W)... 命令，将工作目录设置至 D:\dbproe5.1\work\ch06\ch06.02。

（2）选择下拉菜单 文件(F) → 新建(N)... 命令，新建一个零件模型，将其命名为 flat_surf。

Step2. 在零件设计环境中，选择下拉菜单 编辑(E) → 填充(L)... 命令，此时屏幕下方会出现图 6.2.9 所示的“填充”操控板。

图 6.2.9 “填充”操控板

Step3. 在绘图区中右击，从系统弹出的快捷菜单中选择 定义内部草绘... 命令，进入草绘环境，创建图 6.2.8 a 所示封闭的草绘截面形状，完成后单击✔按钮。

Step4. 在操控板中，单击“完成”按钮✔，完成填充曲面的创建。

6.2.4　创建边界混合曲面

边界混合曲面，即是创建经过所选参照图元（它们在一个或两个方向上定义曲面）的混合曲面。在每个方向上选定的第一个和最后一个图元定义曲面的边界。如果添加更多的参照图元（如控制点和边界），则能更精确、更完整地定义曲面形状。

选取参照图元的规则如下：

- 曲线、模型边、基准点、曲线或边的端点可作为参照图元使用。
- 在每个方向上，都必须按连续的顺序选择参照图元。
- 对于在两个方向上定义的混合曲面来说，其外部边界必须形成一个封闭的环，这意味着外部边界必须相交。

1. 创建边界混合曲面的一般操作步骤

下面以图 6.2.10 为例说明创建边界混合曲面的一般操作步骤：

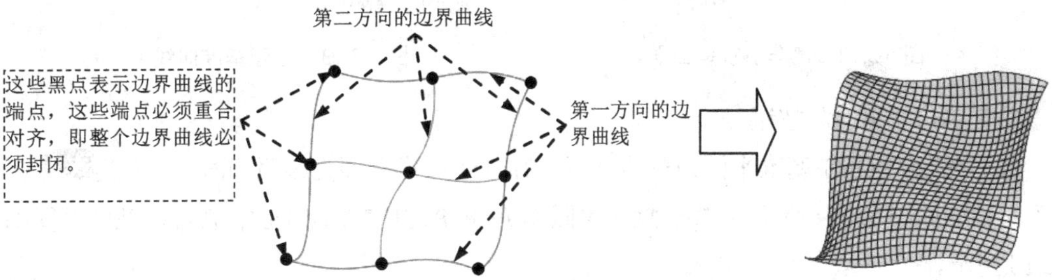

图 6.2.10　创建边界混合曲面

Step1. 设置工作目录和打开文件。

（1）选择下拉菜单 文件(F) ➡ 设置工作目录(W)... 命令，将工作目录设置至 D:\dbproe5.1\work\ch06\ch06.02。

（2）选择下拉菜单 文件(F) ➡ 打开(O)... 命令，打开文件 surf_border_blended.prt。

Step2. 选择 插入(I) ➡ 边界混合(B)... 命令，屏幕下方出现图 6.2.11 所示的操控板。

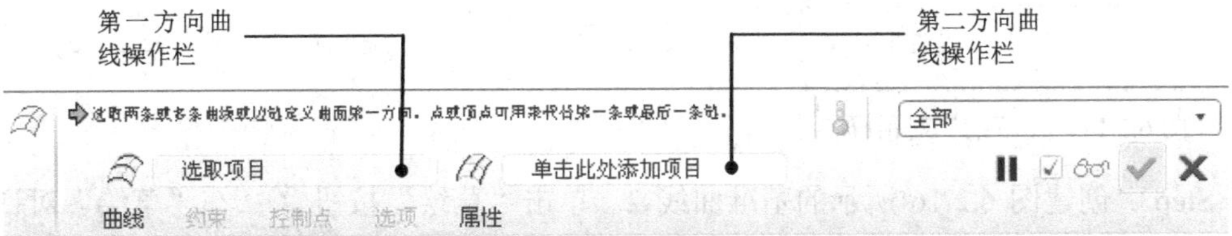

图 6.2.11　“边界混合”操控板

Step3. 定义第一方向的边界曲线：按住 Ctrl 键不放，分别选取图 6.2.10 所示的第一方向的三条边界曲线。

Step4. 定义第二方向的边界曲线：在操控板中单击第二方向曲线操作栏中的“单击此处添加…”字符，按住 Ctrl 键不放，分别选取第二方向的三条边界曲线。

Step5. 在操控板中单击“完成”按钮，完成“边界曲面”的创建。

2. 边界曲面的练习

本练习将介绍用“边界混合曲面”的方法，创建图 6.2.12 所示的汽车后视镜曲面的详细操作步骤。

Stage1. 创建基准曲线

Step1. 新建一个零件的三维模型，将其命名为 rearview_mirror。

Step2. 创建图 6.2.13 所示的基准曲线 1。

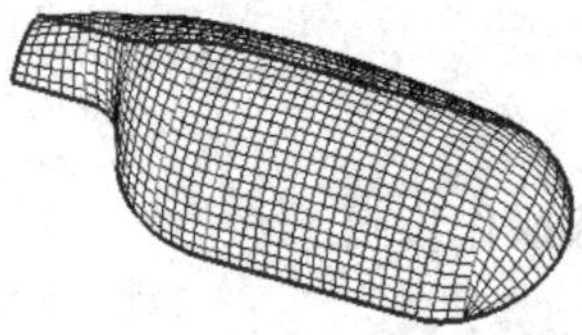

图 6.2.12 汽车后视镜曲面

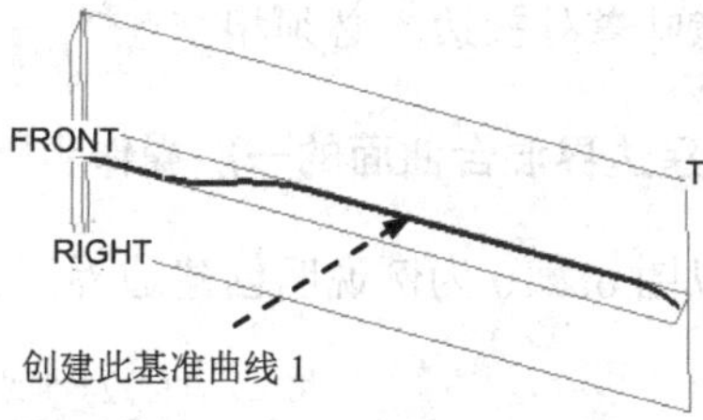

图 6.2.13 创建基准曲线 1

（1）单击“草绘”按钮。

（2）选取 FRONT 基准平面为草绘平面，RIGHT 基准平面为参照平面，方向为 右（“草绘”对话框如图 6.2.14 所示）；接受默认参照 TOP 和 RIGHT 基准平面；特征的截面草图如图 6.2.15 所示。

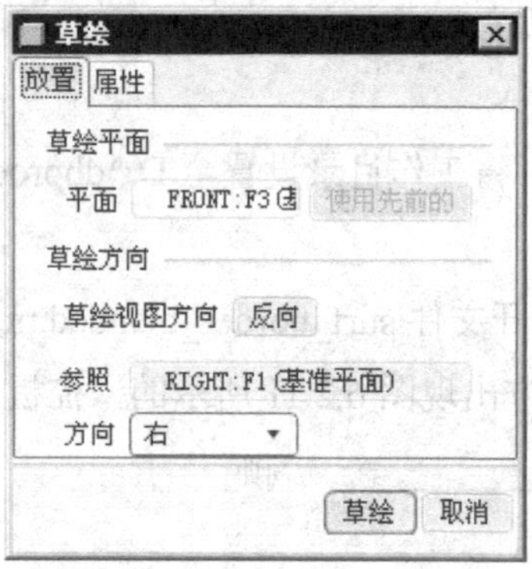

图 6.2.14 “草绘”对话框

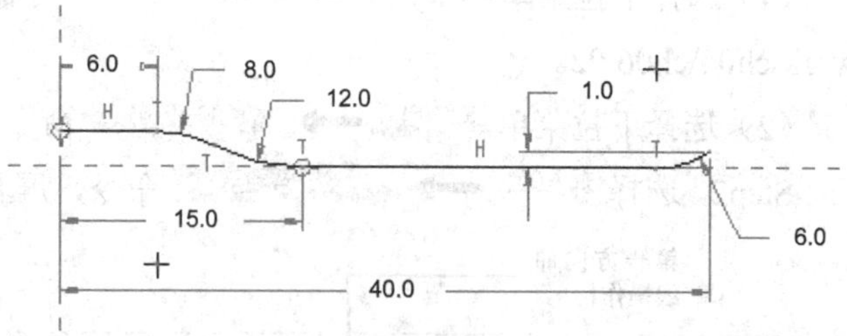

图 6.2.15 截面草图

Step3. 创建图 6.2.16 所示的基准曲线 2。单击“草绘”按钮；在“草绘”对话框中单击 使用先前的 按钮，即使用先前的草绘平面；特征的截面草图如图 6.2.17 所示。

Step4. 创建图 6.2.18 所示的基准曲线 3。

（1）创建基准平面 DTM1，使其平行于 RIGHT 基准平面并且过基准曲线 1 和基准曲线 2 的顶点，“基准平面”对话框如图 6.2.19 所示。

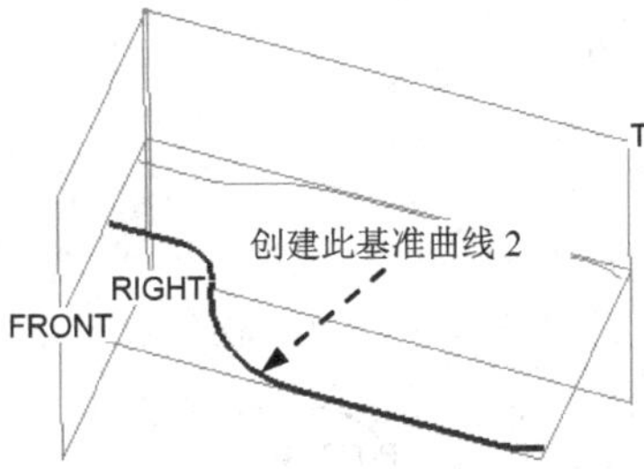

图 6.2.16　创建基准曲线 2

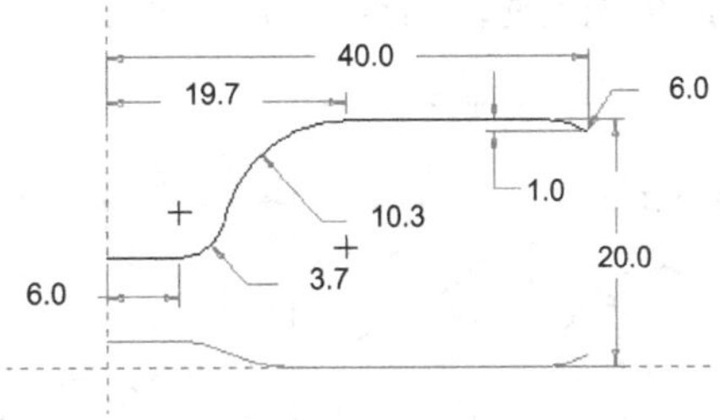

图 6.2.17　截面草图

（2）创建基准曲线 3。单击“草绘”命令按钮；选取 DTM1 基准平面为草绘平面，TOP 基准平面为参照平面，方向为左；采用默认参照，绘制图 6.2.20 所示的截面草图。

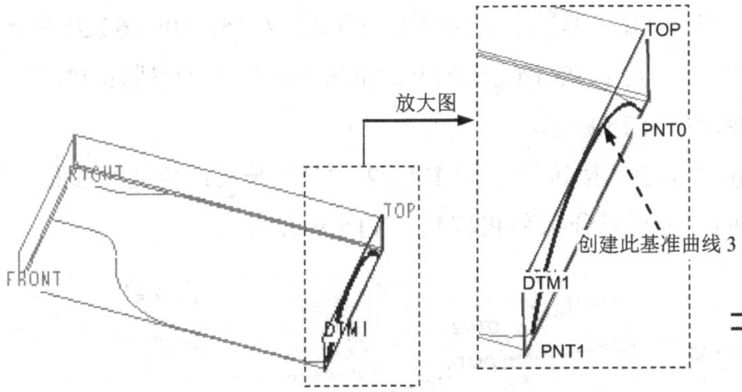

图 6.2.18　创建基准曲线 3

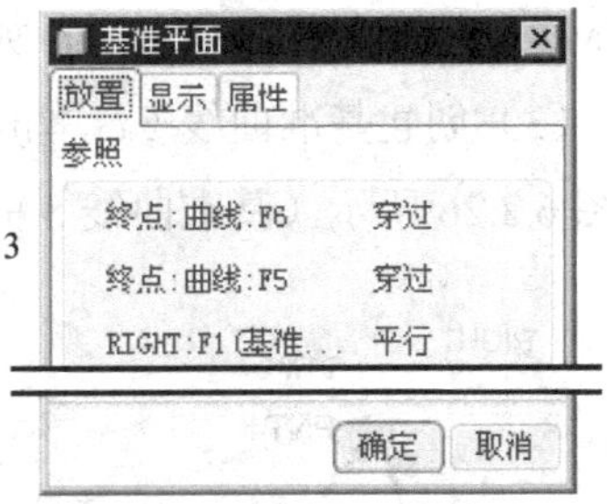

图 6.2.19　“基准平面”对话框

注意：草绘时，为了绘制方便，可先将草绘平面旋转，调整到图 6.2.20 所示的空间状态。注意应将基准曲线 3 的顶点与基准曲线 1、2 的顶点对齐。为了确保对齐，可创建基准点 PNT0 和 PNT1，它们分别过基准曲线 1、2 的顶点（图 6.2.20），然后选取这两个基准点作为草绘参照。创建这两个基准点的操作方法如下：

① 创建基准点时，无需退出草绘环境，直接单击“基准点”按钮。

② 选择基准曲线 1 或 2 的顶点；单击图 6.2.21 所示的“基准点”对话框中的确定按钮，完成基准点的创建。

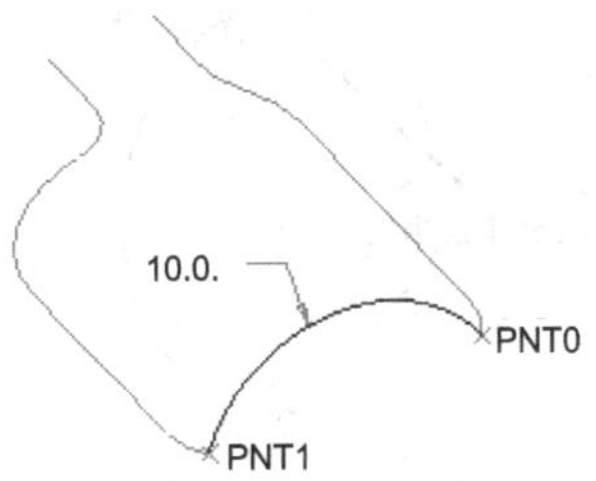

图 6.2.20　截面草图

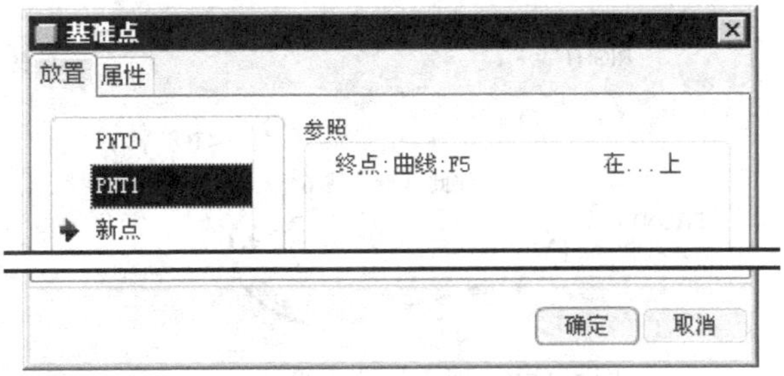

图 6.2.21　“基准点”对话框

Step5. 创建图 6.2.22 所示的基准曲线 4。单击“草绘”按钮；选择 RIGHT 基准平面为草绘平面，TOP 基准平面为参照平面，方向为左；特征的截面草图如图 6.2.23 所示（旋转到三维视图观看）。同 Step4 的方法类似，将基准曲线 4 的顶点和基准曲线 1、2 的顶点对齐，因此可先创建基准点 PNT2、PNT3，如图 6.2.23 所示。

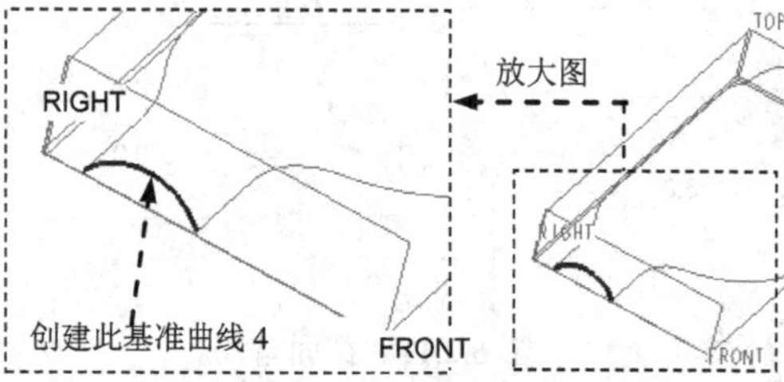

图 6.2.22 创建基准曲线 4

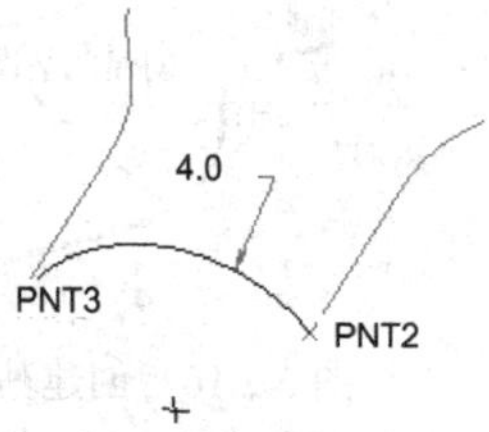

图 6.2.23 截面草图

Step6. 创建图 6.2.24 所示的基准曲线 5。

（1）创建基准平面 DTM2。以 RIGHT 基准平面为参照，偏移量为 15，如图 6.2.25 所示。

（2）创建基准点 PNT4、PNT5。其中 PNT4 以 DTM2 和基准曲线 1 为参照；PNT5 以 DTM2 和基准曲线 2 为参照，如图 6.2.25 所示。

（3）创建基准曲线 5。单击“草绘”按钮；以 DTM2 为草绘平面；特征的截面草图如图 6.2.26 所示（基准曲线 5 的两个端点分别和 PNT4、PNT5 对齐）。

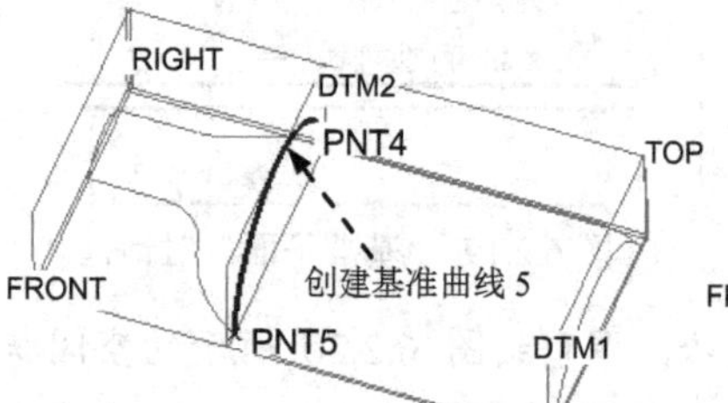

图 6.2.24 创建基准曲线 5

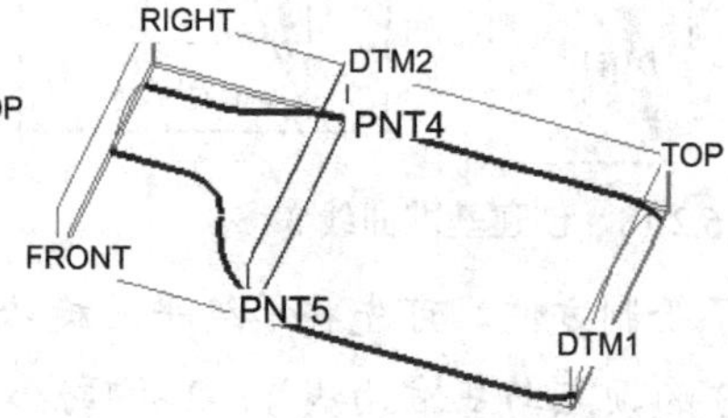

图 6.2.25 DTM2 和 PNT4、PNT5

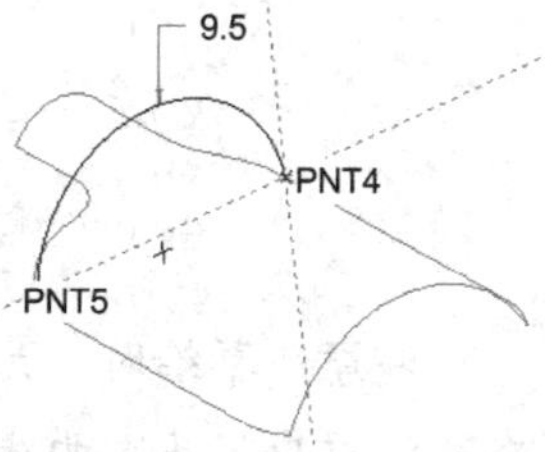

图 6.2.26 截面草图

Step7. 创建图 6.2.27 所示的基准曲线 6。单击“草绘”按钮；以 FRONT 基准平面为草绘平面，RIGHT 基准平面为参照平面，方向为右；特征的截面草图如图 6.2.28 所示（为了将基准曲线 6 的端点与基准曲线 1、2 的端点对齐并且相切，需要选取基准曲线 1、2 为草绘参照）。

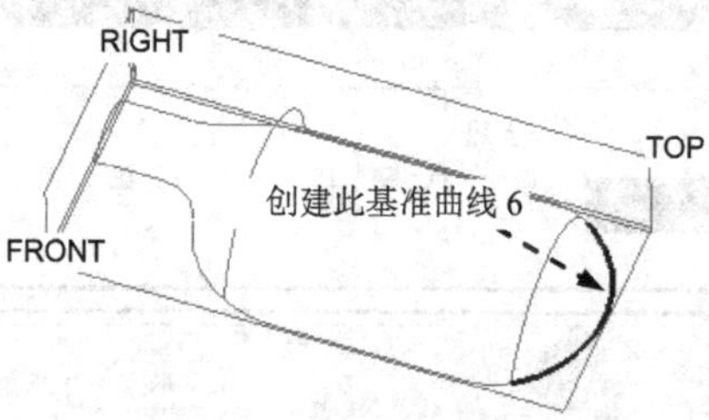

图 6.2.27 创建基准曲线 6

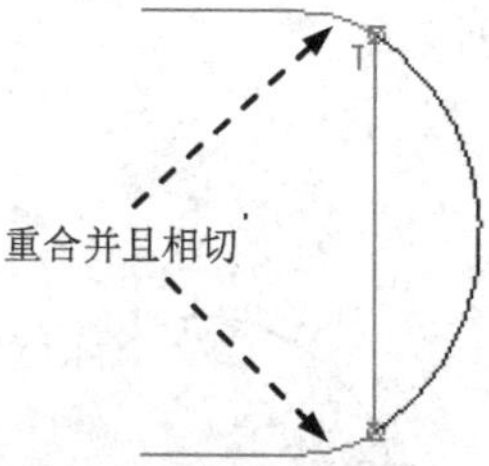

图 6.2.28 截面草图

Stage2．创建边界曲面 1

如图 6.2.29 所示，该汽车后视镜零件模型包括两个边界曲面，下面是创建边界曲面 1 的操作步骤。

Step1．选择下拉菜单 插入(I) ➡ 边界混合(B)... 命令，此时在屏幕的下方出现图 6.2.30 所示的操控板。

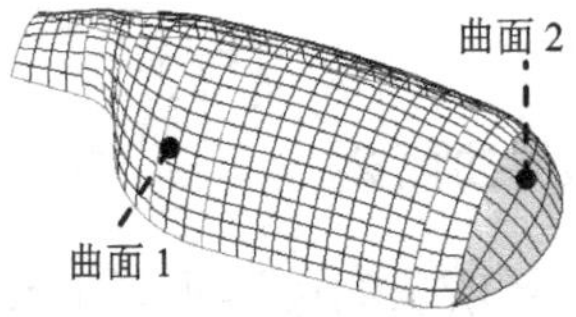

图 6.2.29　两个边界曲面

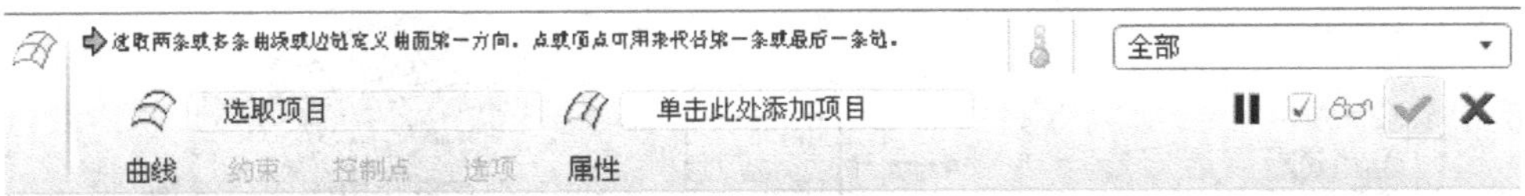

图 6.2.30　操控板

Step2．选取边界曲线。在操控板中单击 曲线 按钮，系统弹出图 6.2.31 所示的界面，按住 Ctrl 键，选取图 6.2.32 所示第一方向的三条曲线；单击“第二方向”区域的“单击此处...”字符，然后按住 Ctrl 键，选取图 6.2.32 所示第二方向的两条曲线。此时 曲线 界面如图 6.2.33 所示。

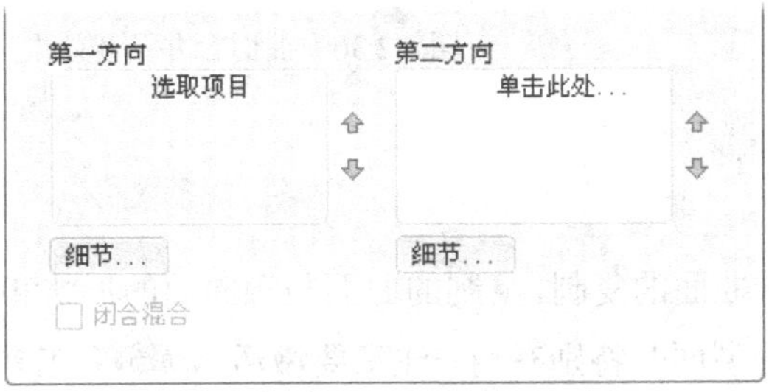

图 6.2.31　“曲线”界面

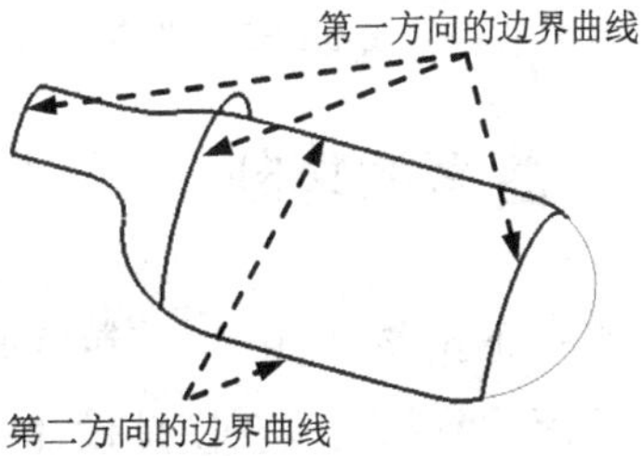

图 6.2.32　选取边界曲线

Step3．在操控板中，单击 ☑ 👓 按钮，预览所创建的曲面，确认无误后，再单击“完成”按钮 ✔。

Stage3．创建边界曲面 2

提示：参照 Stage2 的操作，选取图 6.2.34 所示的两条边线为边界曲线，然后在图 6.2.30 所示的操控板中单击 约束 按钮，在系统弹出的图 6.2.35 所示的界面中，第一条链（图 6.2.34）的边界条件选择“切线”，这样做的目的是使边界曲面 2 和边界曲面 1 相切过渡。

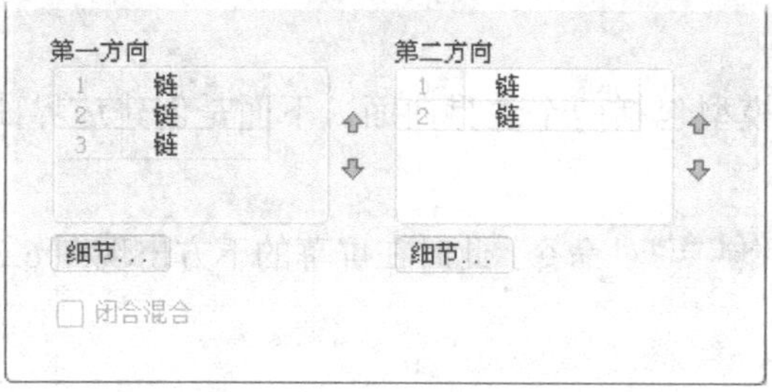

图 6.2.33 “曲线”界面

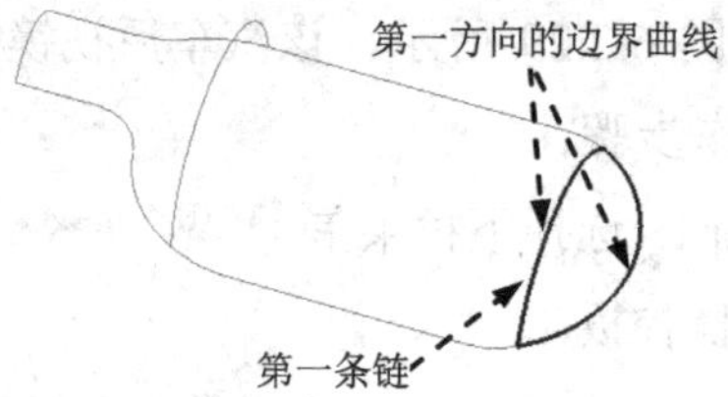

图 6.2.34 选取边界曲线

Stage4. 合并边界曲面 1 和边界曲面 2

按住 Ctrl 键，依次选取图 6.2.29 所示的边界曲面 1 和边界曲面 2，然后选择下拉菜单 编辑(E) ➡ 合并(G)... 命令对两个边界曲面进行合并，合并后的曲面如图 6.2.36 所示。

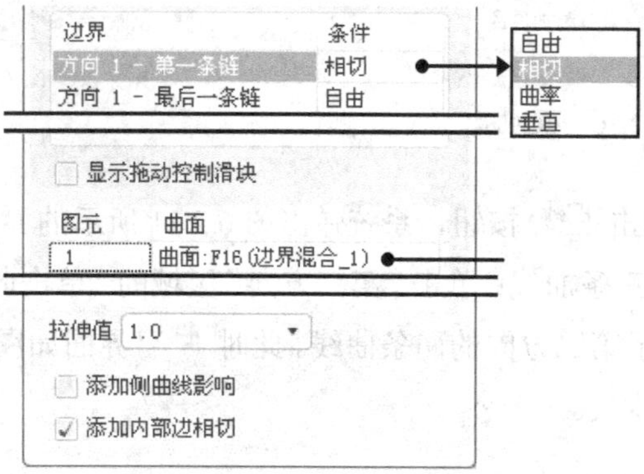

图 6.2.35 “约束”界面

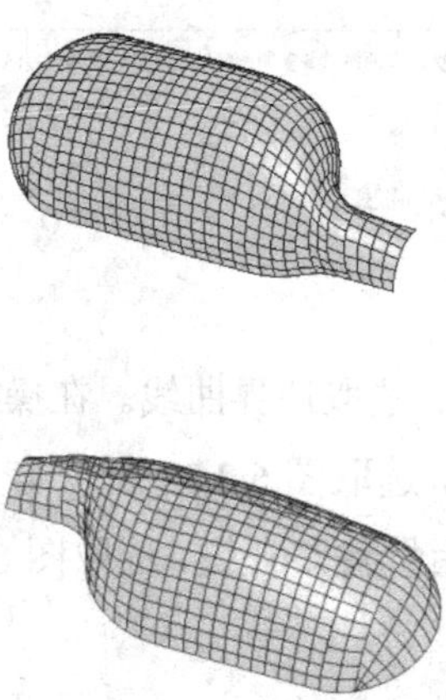

图 6.2.36 曲面合并及其效果

6.2.5 曲面的复制

编辑(E) 下拉菜单中的 复制(C) 命令用于曲面的复制，复制的曲面与源曲面的形状和大小相同。曲面的复制功能在模具设计中定义分型面时特别有用。注意要激活 复制(C) 工具，首先必须选取一个曲面。

1. 一般曲面复制

曲面复制的一般操作步骤如下：

Step1. 在屏幕右上方的“智能选取”栏中选择“几何”或“面组”选项，然后在模型中选取某个要复制的曲面。

Step2. 选择下拉菜单 编辑(E) ➡ 复制(C) 命令。

Step3. 选择下拉菜单 编辑(E) ➡ 粘贴(P) 命令，系统弹出图 6.2.37 所示的操控板，在该操控板中进行设置（按住 Ctrl 键，可选取其他要复制的曲面）。

Step4. 在操控板中，单击“完成”按钮，完成曲面的复制。

图 6.2.37 所示的操控板的说明：

参照 按钮：指定复制参照。操作界面如图 6.2.38 所示。

选项 按钮：指定复制选项。

- 按原样复制所有曲面 单选项：不改变曲面的形状和数量，直接复制选中的曲面。
- 排除曲面并填充孔 单选项：复制曲面时，可以在选中曲面内排除不复制的曲面或填充曲面内的孔。操作界面如图 6.2.39 所示。

图 6.2.37　操控板

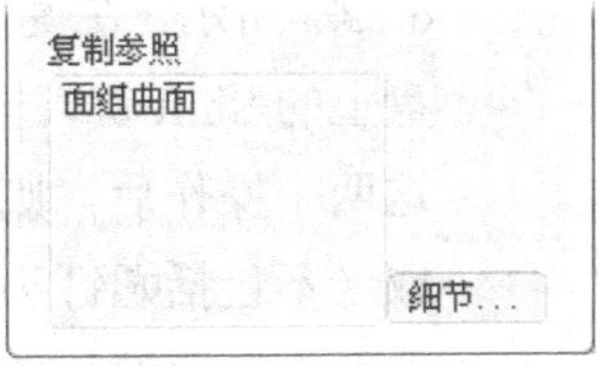

图 6.2.38　“复制参照”界面

  - ☑ 排除曲面：选取要从当前复制特征中排除的曲面。
  - ☑ 填充孔/曲面：在选定曲面上选取要填充的孔。
- 复制内部边界 单选项：仅复制边界内的曲面。操作界面如图 6.2.40 所示。
  - ☑ 边界曲线：定义包含要复制的曲面的边界。

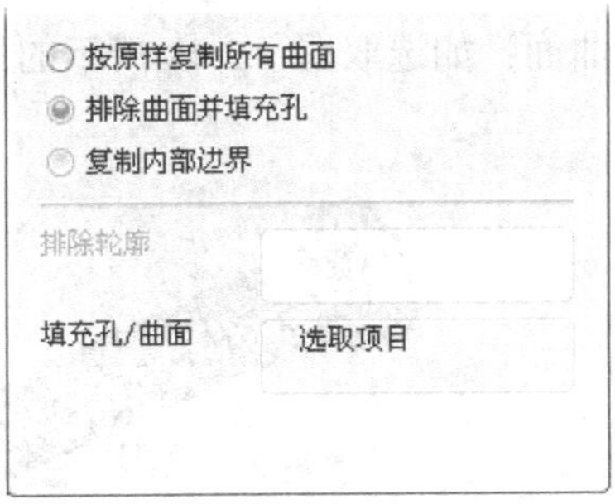

图 6.2.39　排除曲面并填充孔

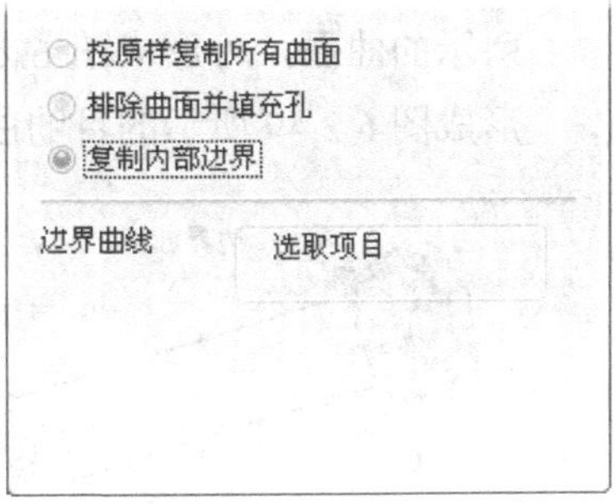

图 6.2.40　复制内部边界

2. 曲面选取的方法介绍

读者可打开文件 D:\dbproe5.1\work\ch06\ch06.02\surface_copy.prt 进行练习。

- 选取独立曲面：在曲面复制状态下，选择图 6.2.41 所示的“智能选取”栏中的 曲面 选项，再选取要复制的曲面。选取多个独立曲面须按 Ctrl 键；要去除已选的曲面，需按住 Ctrl 键再单击要去除的面，如图 6.2.42 所示。

图 6.2.41　“智能选取”栏

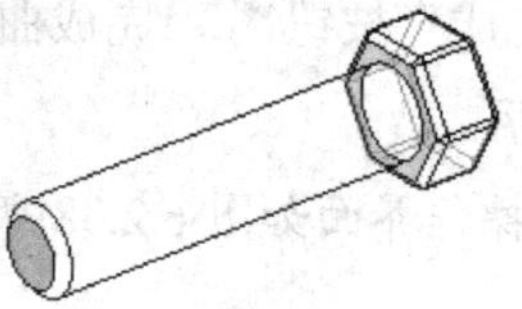

图 6.2.42 选取要复制的曲面

- 通过定义种子曲面和边界曲面来选择曲面：这种方法将选取从种子曲面开始向四周延伸直到边界曲面的所有曲面（其中包括种子曲面，但不包括边界曲面）。如图 6.2.43 所示，左键单击选取螺钉的底部平面，使该曲面成为种子曲面，然后按住键盘上的 Shift 键，同时左键单击螺钉头的顶部平面，使该曲面成为边界曲面，完成这两个操作后，则从螺钉的底部平面到螺钉头的顶部平面间的所有曲面都将被选取（不包括螺钉头的顶部平面），如图 6.2.44 所示。
- 选取面组曲面：在图 6.2.41 所示的“智能选取栏”中，选择“面组”选项，再在模型上选择一个面组，面组中的所有曲面都将被选取。
- 选取实体曲面：在模型表面任意位置右击，系统弹出图 6.2.45 所示的快捷菜单，选择 实体曲面 命令，实体中的所有曲面都将被选取。
- 选取目的曲面：由模型中的多个相关联的曲面组成目的曲面。首先选取图 6.2.41 所示的“智能选取”栏中的“目的曲面”，然后再选取某一曲面。如选取图 6.2.46 所示的曲面，可形成图 6.2.47 所示的目的曲面；如选取图 6.2.48 所示的曲面，可形成图 6.2.49 所示的目的曲面。

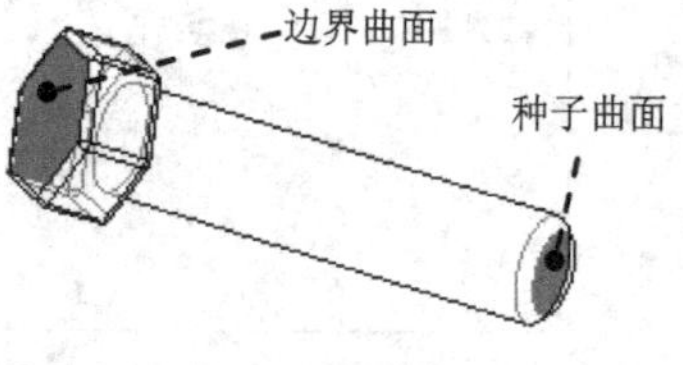

图 6.2.43 定义“种子”曲面

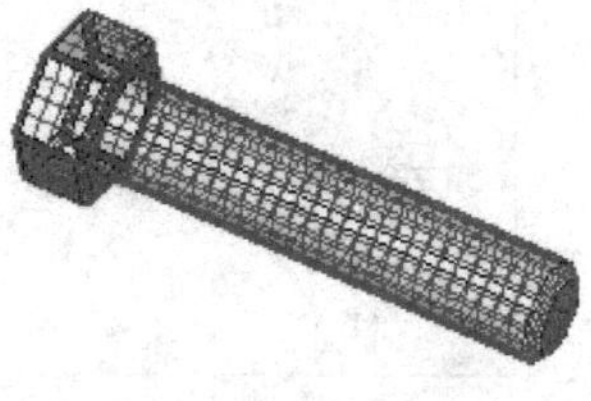

图 6.2.44 完成曲面的复制

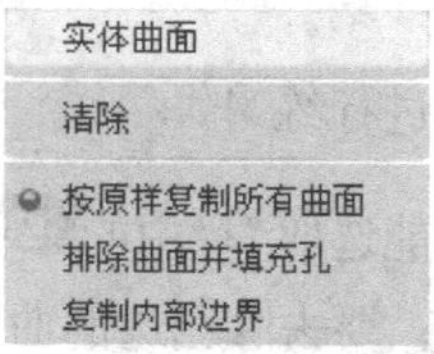

图 6.2.45 快捷菜单

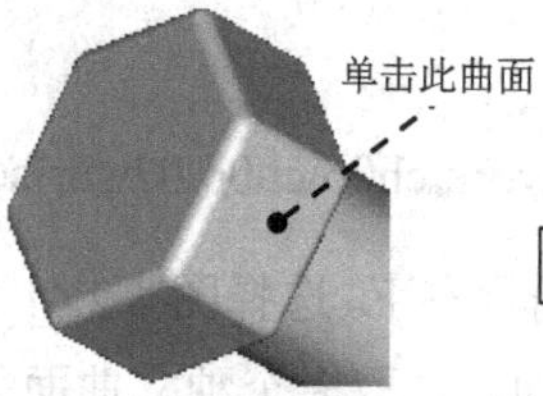

图 6.2.46 操作过程 1

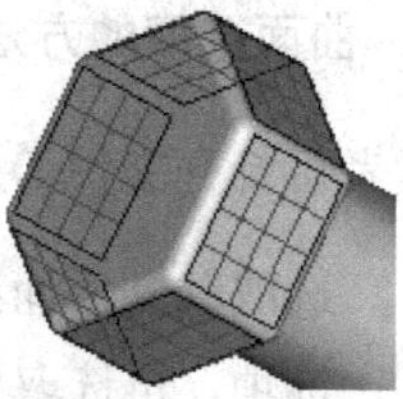

图 6.2.47 操作过程 2

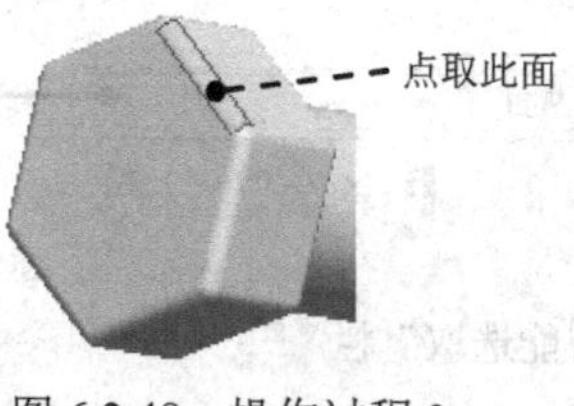

图 6.2.48 操作过程 3

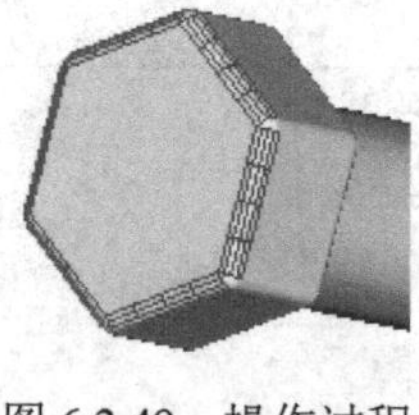

图 6.2.49 操作过程 4

3. 填充孔

“填充孔”选项用于在要复制的曲面中填充内部孔，这个选项操作在模具设计的填补分型面的内部孔时，经常会用到。

下面以图 6.2.50 所示的曲面中的内部孔为例，说明填充孔的操作步骤。

Step1. 将工作目录设置至 D:\dbproe5.1\work\ch06\ch06.02，打开 surface_copy02.prt。

Step2. 按住 Ctrl 键，选取曲面 1、曲面 2 和曲面 3，选择下拉菜单 编辑(E) → 复制(C) 命令。

Step3. 选择下拉菜单 编辑(E) → 粘贴(P) 命令，系统弹出“复制”操控板，在该操控板中单击“选项”按钮，在出现的操作界面中选择 ◉ 排除曲面并填充孔 单选项，如图 6.2.51 所示。

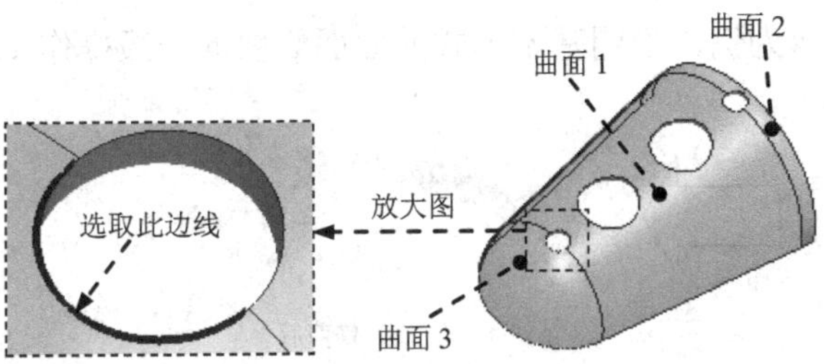

图 6.2.50　填充孔

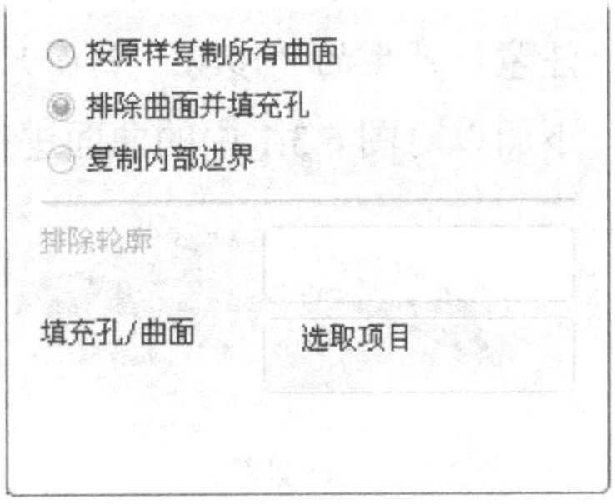

图 6.2.51　排除曲面并填充孔

Step4. 选择图 6.2.50 所示曲面 1。

Step5. 在操控板中单击“预览”按钮，可看到图 6.2.52 所示的孔 1 和孔 2 没有被填充，而其他孔则已被填充。孔 1 和孔 2 没有被填充的原因是，这两个孔不完全在曲面 1 到曲面 3 的某一个曲面上，而是在这些曲面的两两之间。

Step6. 分别选取图 6.2.50 所示的孔 1、孔 2 中任意一条曲线。

Step7. 单击操控板中的“预览”按钮，可看到图 6.2.53 所示的所有的孔都已被填充。然后单击“完成”按钮，完成曲面的复制。

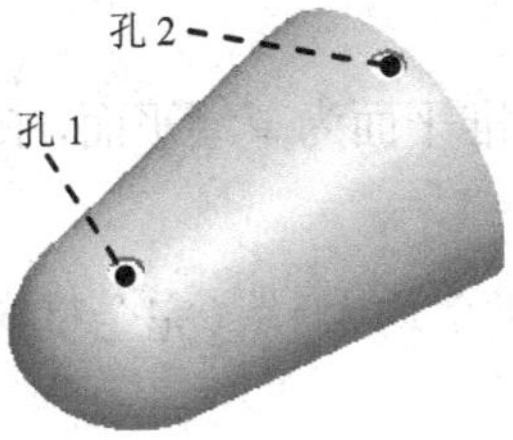

图 6.2.52　预览填充

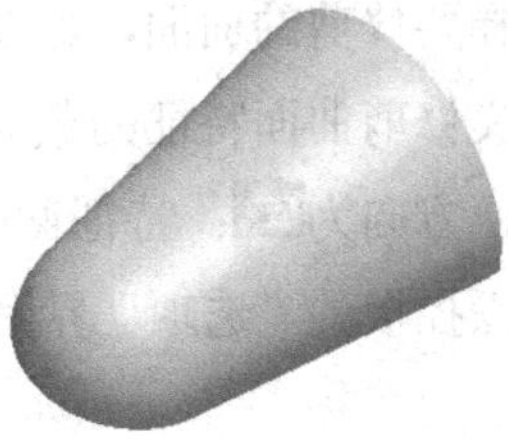

图 6.2.53　填充完成

6.3 曲面的修剪

曲面的修剪（Trim）就是将选定曲面上的某一部分剪除掉，它类似于实体的切削（Cut）功能。曲面的修剪有许多方法，下面将分别介绍。

6.3.1 基本形式的曲面修剪

在 拉伸(E)...、 旋转(R)...、 扫描混合(S)... 和 可变截面扫描(V)... 命令操控板中按下“曲面类型”按钮及“移除材料”按钮，或选择 扫描(S)、混合(B) 和 螺旋扫描(H) 命令下的 曲面修剪(S)... 命令，可产生一个“修剪”曲面，用这个“修剪”曲面可将选定曲面上的某一部分剪除掉。

注意：产生的“修剪”曲面只用于修剪，而不会出现在模型中。

下面以对图 6.3.1 中的曲面进行修剪为例，说明基本形式的曲面修剪的一般操作步骤。

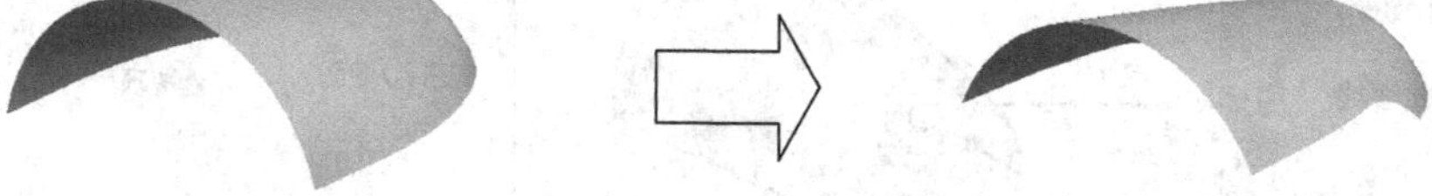

a）修剪前　　b）修剪后

图 6.3.1　曲面的修剪

Step1. 将工作目录设置至 D:\dbproe5.1\work\ch06\ch06.03，打开文件 surface_trim.prt。

Step2. 单击“拉伸”按钮，此时系统弹出拉伸特征操控板，如图 6.3.2 所示。

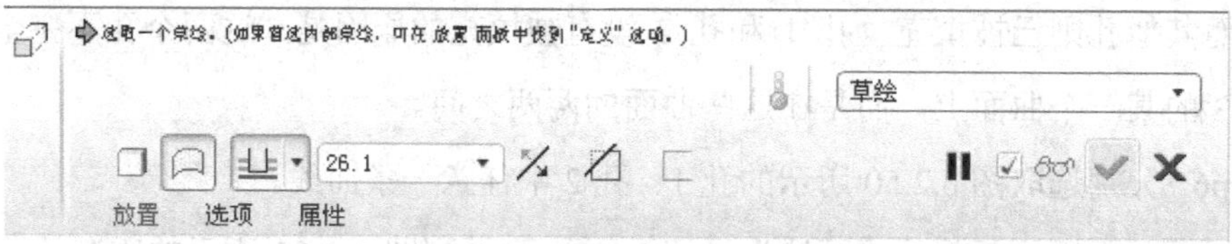

图 6.3.2　拉伸特征操控板

Step3. 按下操控板中的“曲面类型”按钮及“移除材料”按钮。

Step4. 选择要修剪的曲面，如图 6.3.3 所示。

Step5. 定义修剪曲面特征的截面要素：设置 TOP 基准平面为草绘平面，RIGHT 基准平面为参照平面，方向为 左；特征截面如图 6.3.4 所示。

Step6. 在操控板的“选项”界面中，选取两侧深度类型均为（完全贯穿）；切削方向如图 6.3.5 所示。

Step7. 在操控板中单击“预览”按钮，查看所创建的特征，然后单击按钮，完成操作。

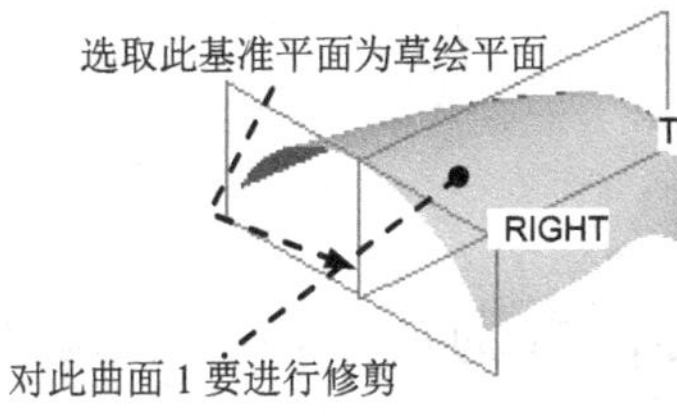

图 6.3.3　选择要修剪的曲面

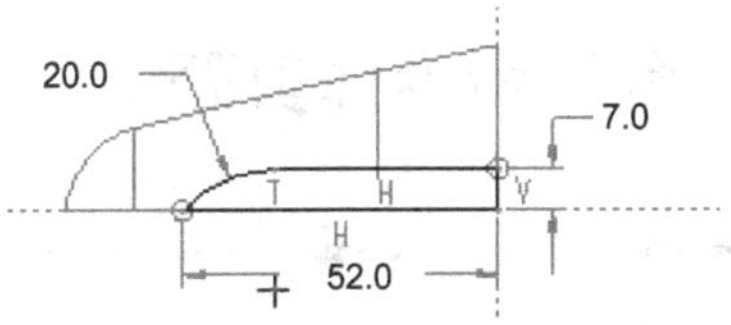

图 6.3.4　截面图形

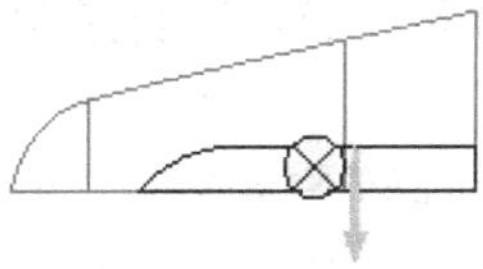
图 6.3.5　切削方向

6.3.2　用面组或曲线修剪面组

通过选择下拉菜单 编辑(E) ➡ 修剪(T)... 命令，可以用另一个面组、基准平面或曲面上的曲线链来修剪面组，其操控板界面如图 6.3.6 所示。下面以图 6.3.7 为例，说明用面组修剪面组的操作步骤。

图 6.3.6　“修剪”操控板

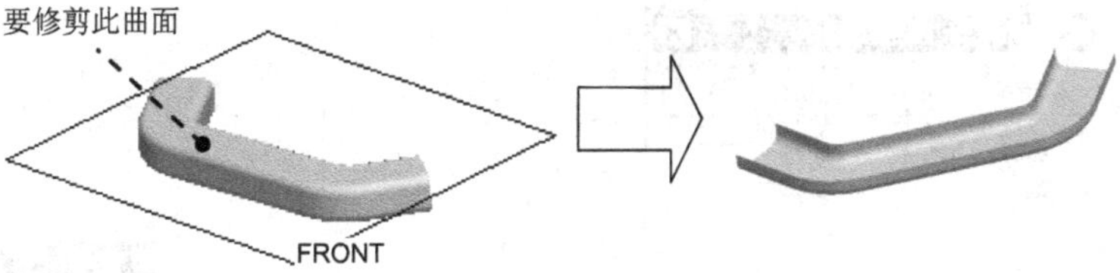

图 6.3.7　修剪面组

Step1. 将工作目录设置至 D:\dbproe5.1\work\ch06\ch06.03，打开 surface_sweep_trim.prt。

Step2. 选取要修剪的曲面，如图 6.3.7 所示。

Step3. 选择下拉菜单 编辑(E) ➡ 修剪(T)... 命令，系统弹出修剪操控板。

Step4. 在系统 选取任意平面、曲线链或曲面以用作修剪对象。 的提示下，选取修剪对象，在此例中选取 TOP 基准平面作为修剪对象。

Step5. 确定要保留的部分。一般采用默认的箭头方向。

Step6. 在操控板中单击 按钮，预览修剪的结果；单击 按钮，完成修剪。

如果用曲线进行曲面的修剪，要注意如下几点：

- 修剪面组的曲线可以是基准曲线，或者是模型内部曲面的边线，或者是实体模型边的连续链。
- 用于修剪的基准曲线应该位于要修剪的面组上，并且应该延伸超过该面组的边界。
- 如果曲线未延伸到面组的边界，系统将计算其到面组边界的最短距离，并在该最短距离方向继续修剪。

6.3.3 用“顶点倒圆角”命令修剪面组

选择下拉菜单 插入(I) → 高级(V) → 顶点倒圆角(X)... 命令，可以创建一个圆角来修剪面组，如图 6.3.8 所示。操作步骤如下：

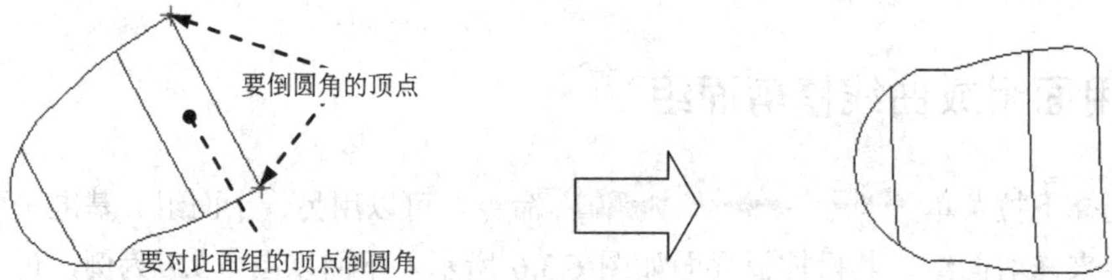

a）顶点倒圆角前　　b）顶点倒圆角后

图 6.3.8 用“顶点倒圆角”选项修剪面组

Step1. 先将工作目录设置至 D:\dbproe5.1\work\ch06\ch06.03，然后打开文件 surface_trim_adv.prt。

Step2. 选择下拉菜单 插入(I) → 高级(V) → 顶点倒圆角(X)... 命令，此时系统弹出图 6.3.9 所示的“曲面裁剪”特征信息对话框及图 6.3.10 所示的“选取”对话框。

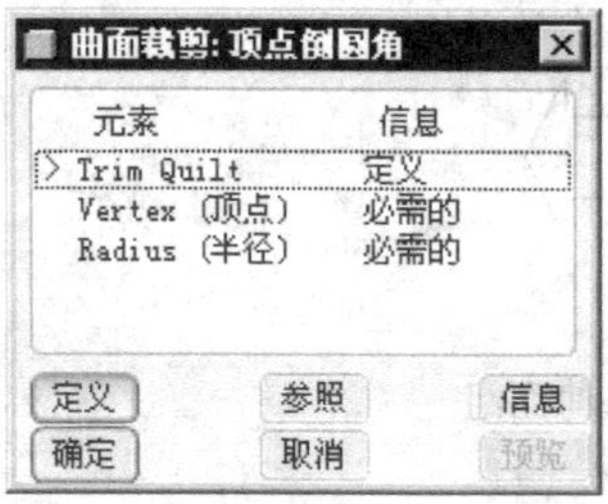

图 6.3.9 “曲面裁剪”特征信息对话框

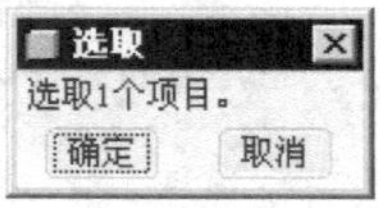

图 6.3.10 “选取”对话框

Step3. 在系统 ◆选取求交的基准面组。 的提示下，选取图 6.3.8 中要修剪的面组。

Step4. 此时系统提示 ◆选取要倒圆角/圆角的拐角顶点。，按住 Ctrl 键不放，选取图 6.3.8 中的两个顶点并单击“选取”对话框中的 确定 按钮。

Step5. 在系统 输入修整半径 的提示下，输入半径值 2.0，并按 Enter 键。

Step6. 单击对话框的 预览 按钮，预览所创建的顶点圆角，然后单击 确定 按钮完成操作。

6.3.4 薄曲面的修剪

薄曲面的修剪（Thin Trim）也是一种曲面的修剪方式，它相似于实体的薄壁切削功能。在 拉伸(E)...、旋转(R)...、扫描混合(S)... 和 可变截面扫描(V)... 命令操控板中按下“曲面类型”按钮、“移除材料”按钮及“加厚草绘”按钮，或选择 扫描(S) ▸、混合(B) ▸、螺旋扫描(H) ▸

命令下的薄曲面修剪(T)...命令，可产生一个“薄壁”曲面，用这个“薄壁”曲面将选定曲面上的某一部分剪除掉。产生的“薄壁”曲面只用于修剪，而不会出现在模型中。读者可打开文件 D:\dbproe5.1\work\ch06\ch06.03\surface_trim_ok.prt 进行练习。修剪前和修剪后的效果如图 6.3.11 所示。

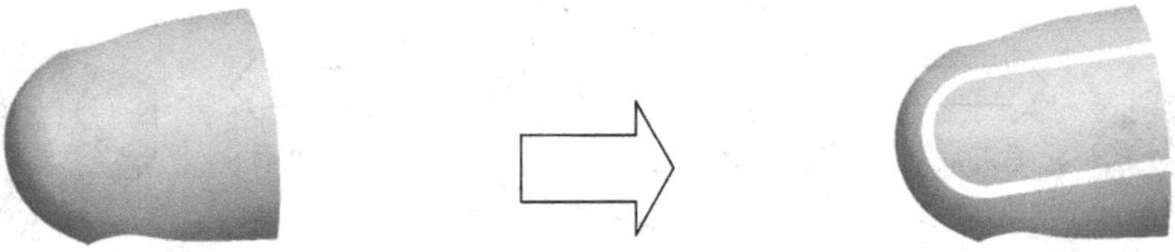

a）薄曲面修剪前　　b）薄曲面修剪后

图 6.3.11　薄曲面的修剪

6.4　曲面的合并与延伸

6.4.1　曲面的合并

选择下拉菜单 编辑(E) ➡ 合并(G)... 命令，可以对两个相邻或相交的曲面（或者面组）进行合并（Merge）。

合并后的面组是一个单独的特征，“主面组”将变成“合并”特征的父项。如果删除“合并”特征，原始面组仍保留。在“组件”模式中，只有属于相同元件的曲面，才可用曲面合并。曲面合并的操作步骤如下：

Step1. 先将工作目录设置至 D:\dbproe5.1\work\ch06\ch06.04，然后打开文件 surface_merge.prt。

Step2. 按住 Ctrl 键，选取要合并的两个面组（曲面）。

Step3. 选择下拉菜单 编辑(E) ➡ 合并(G)... 命令，系统弹出“曲面合并”操控板，如图 6.4.1 所示。

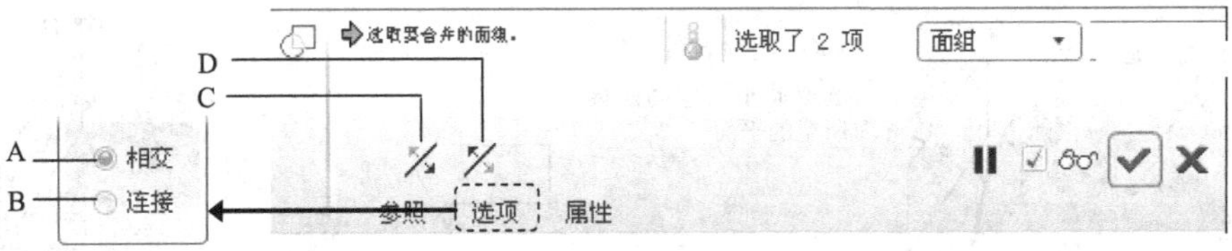

图 6.4.1　“曲面合并”操控板

图 6.4.1 中操控板各命令按钮的说明：

A：合并两个相交的面组，可有选择性地保留原始面组各部分。

B：合并两个相邻的面组，一个面组的一侧边必须在另一个面组上。

C：改变要保留的第一面组的侧。

D: 改变要保留的第二面组的侧。

- 相交单选项：即交截类型，合并两个相交的面组。通过单击图 6.4.1 中的 C 按钮或 D 按钮，可指定面组的相应部分包括在合并特征中，如图 6.4.2 所示。

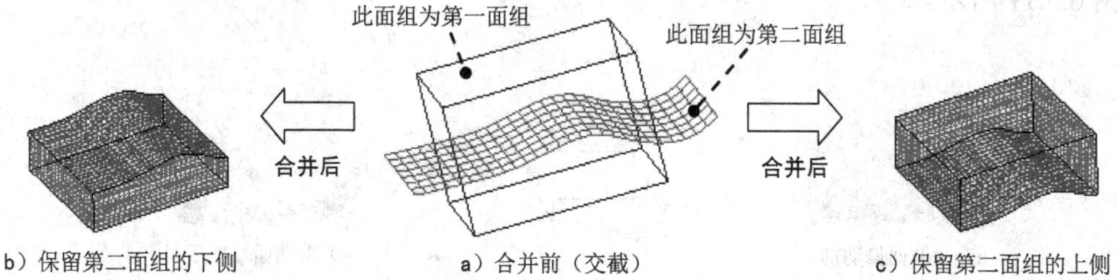

图 6.4.2　“相交”类型

- 连接单选项：即连接类型，合并两个相邻面组，其中一个面组的边完全落在另一个面组上。如果一个面组超出另一个，通过单击图 6.4.1 中的 C 按钮或 D 按钮，可指定面组的哪一部分包括在合并特征中，如图 6.4.3 所示。

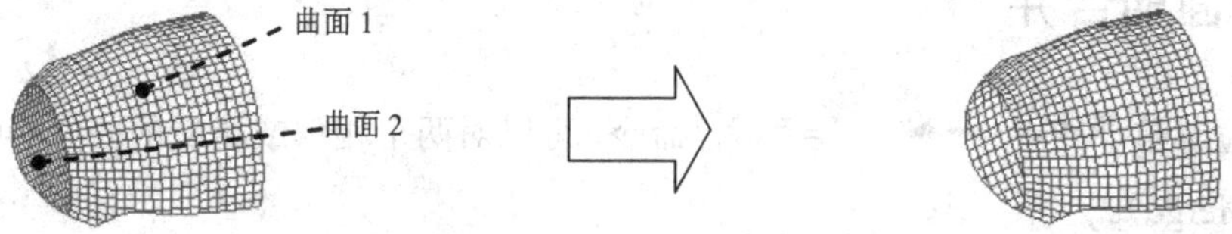

图 6.4.3　“连接”类型

Step4. 选择合适的按钮，定义合并类型。默认时，系统使用相交合并类型。

Step5. 单击按钮，预览合并后的面组，确认无误后，单击“完成”按钮。

6.4.2　曲面的延伸

曲面的延伸（Extend）就是将曲面延长某一距离或延伸到某一平面，延伸部分曲面与原始曲面类型可以相同，也可以不同。下面以图 6.4.4 为例，说明曲面延伸的操作步骤。

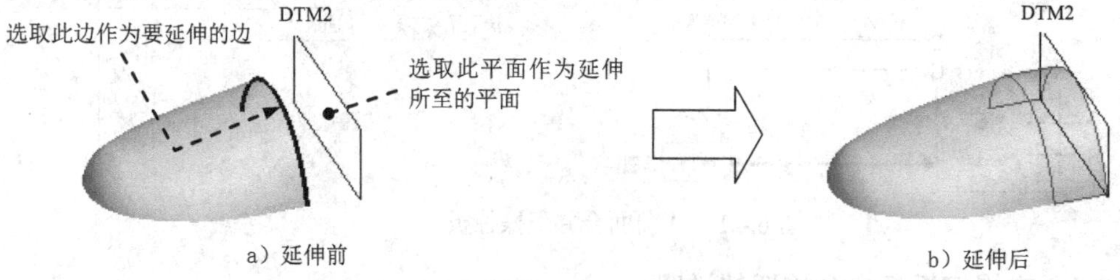

图 6.4.4　曲面延伸

Step1. 将工作目录设置至 D:\dbproe5.1\work\ch06\ch06.04，打开文件 surface_extend.prt。

Step2. 在“智能选取”栏中选择几何选项（图 6.4.5），然后选取图 6.4.4 中的边作为要延伸的边。

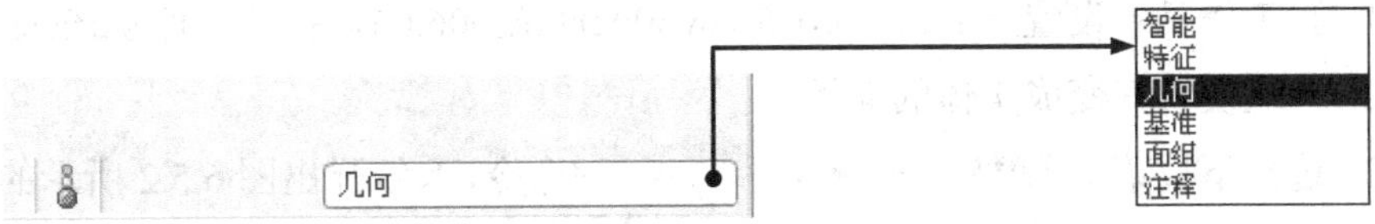

图 6.4.5　“智能选取”栏

Step3. 选择下拉菜单 编辑(E) ➡ 延伸(X)... 命令，此时出现图 6.4.6 所示的操控板。

Step4. 在操控板中按下按钮（延伸类型为至平面）。

Step5. 选取延拓中止面，如图 6.4.4 所示。

延伸类型说明：

- ：将曲面边延伸到一个指定的终止平面。
- ：沿原始曲面延伸曲面，包括下列三种方式，如图 6.4.7 所示。
  - ☑ 相同：创建与原始曲面相同类型的延伸曲面（例如平面、圆柱、圆锥或样条曲面）。将按指定距离并经过其选定的原始边界延伸原始曲面。
  - ☑ 切线：创建与原始曲面相切的延伸曲面。
  - ☑ 逼近：延伸曲面与原始曲面形状逼近。

Step6. 单击按钮，预览延伸后的面组，确认无误后，单击“完成”按钮。

图 6.4.6　“延伸”操控板　　图 6.4.7　“选项”界面

6.5　曲面的实体化

6.5.1　“实体化”命令

选择下拉菜单 编辑(E) ➡ 实体化(Y)... 命令，可将面组用作实体边界来实体化曲面。

1．封闭面组的实体化

如图 6.5.1 所示，将把一个封闭的面组转化为实体特征，操作步骤如下：

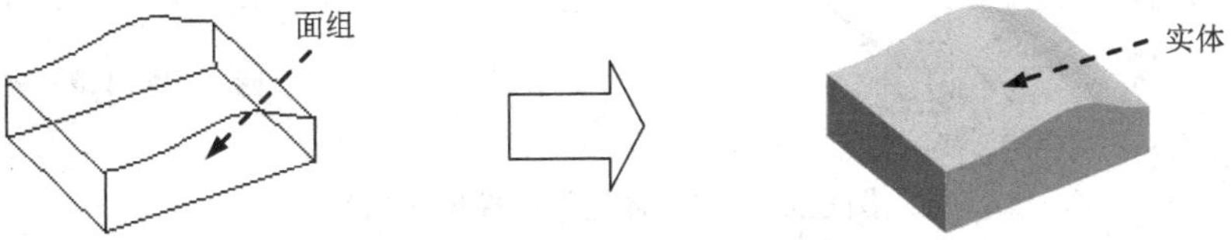

图 6.5.1　用封闭的面组创建实体

Step1. 将工作目录设置至 D:\dbproe5.1\work\ch06\ch06.05，打开文件 surface_solid.prt。

Step2. 选取要将其变成实体的面组。

Step3. 选择下拉菜单 编辑(E) ➡ 实体化(Y)... 命令，系统弹出图 6.5.2 所示的“实体化”操控板（一）。

Step4. 单击 ✓ 按钮，完成实体化操作。完成后的模型树如图 6.5.3 所示。

注意：使用该命令前，需将模型中所有分离的曲面“合并”成一个封闭的整体面组。

图 6.5.2 “实体化”操控板（一）

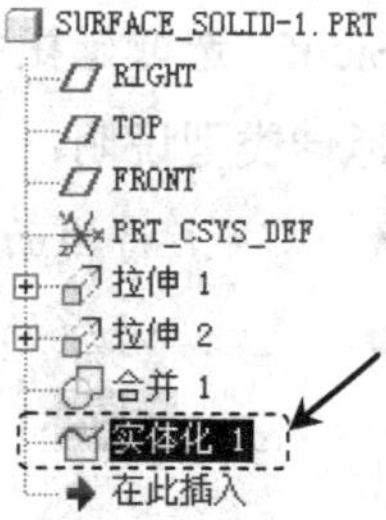

图 6.5.3 模型树

2. 用“曲面”替代部分实体表面

如图 6.5.4 所示，可以用一个曲面（或面组）替代实体表面的一部分，替换曲面的所有边界都必须位于实体表面上，操作步骤如下：

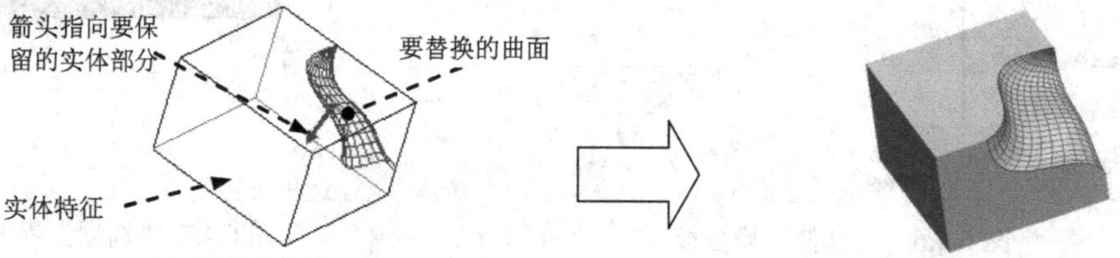

a）“实体化”前 b）“实体化”后

图 6.5.4 用“曲面”创建实体表面

Step1. 将工作目录设置至 D:\dbproe5.1\work\ch06\ch06.05，打开 surface_solid_replace.prt。

Step2. 选取替换曲面，如图 6.5.4a 所示。

Step3. 选择下拉菜单 编辑(E) ➡ 实体化(Y)... 命令，系统弹出图 6.5.5 所示的“实体化”操控板（二）。

Step4. 确认实体保留部分的方向，如图 6.5.4a 所示。

Step5. 单击“完成”按钮 ✓。

图 6.5.5 “实体化”操控板（二）

6.5.2 “加厚”命令

Pro/ENGINEER 软件可以将开放的曲面（或面组）转化为薄板实体特征，图 6.5.6 所示即为一个转化的例子，其操作步骤如下：

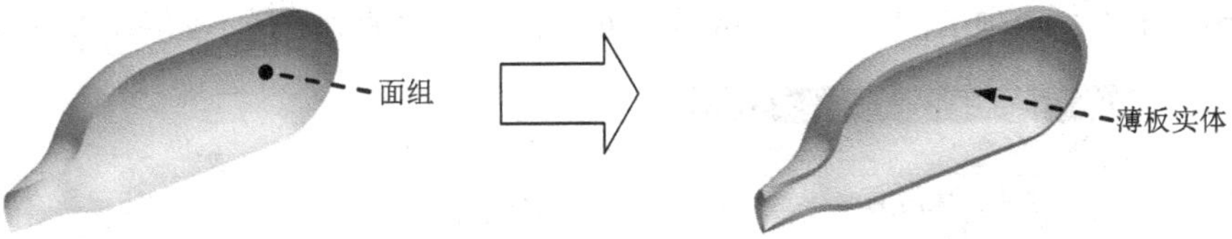

a）“加厚”前　　b）“加厚”后

图 6.5.6　用“加厚”创建实体

Step1. 将工作目录设置至 D:\dbproe5.1\work\ch06\ch06.05，打开文件 rearview_mirror_solid. prt。

Step2. 选取要将其变成实体的面组。

Step3. 选择下拉菜单 编辑(E) ➡ 加厚(K)... 命令，系统弹出图 6.5.7 所示的“加厚”操控板。

Step4. 选取加材料的侧，输入薄板实体的厚度 1.1，选取偏距类型为 垂直于曲面。

Step5. 单击 ✔ 按钮，完成加厚操作。

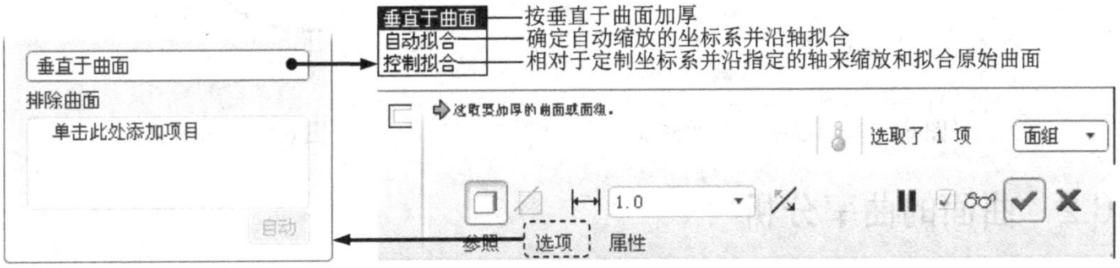

图 6.5.7　“加厚”操控板

6.6 曲线与曲面的曲率分析

6.6.1 曲线的曲率分析

曲线的曲率分析是指在使用曲线创建曲面之前，先检查曲线的质量，从曲率图中观察是否有不规则的“回折”和“尖峰”现象，对以后创建高质量的曲面有很大的帮助；同时也有助于验证曲线间的连续性。

下面简要说明曲线的曲率分析的操作步骤。

Step1. 将工作目录设置至 D:\dbproe5.1\work\ch06\ch06.06，打开文件 curve_analysis.prt。

Step2. 选择下拉菜单 分析(A) ➡ 几何(G) ▸ ➡ 曲率(C) 命令。

Step3. 在图 6.6.1 所示的“曲率”对话框的“定义”选项卡中进行下列操作：

（1）单击几何文本框中的“选取项目”字符，然后选取要分析的曲线。

（2）分别在质量和比例文本框中输入质量值 40.00 和比例值 100.00。

（3）其他参数均按系统默认设置，此时系统在绘图区中显示图 6.6.2 所示的曲率图，通过显示的曲率图可以查看该曲线的曲率走向。

Step4. 在分析选项卡的“结果”区域，可查看曲线的最大、最小曲率，如图 6.6.1 所示。

图 6.6.1 “曲率”对话框

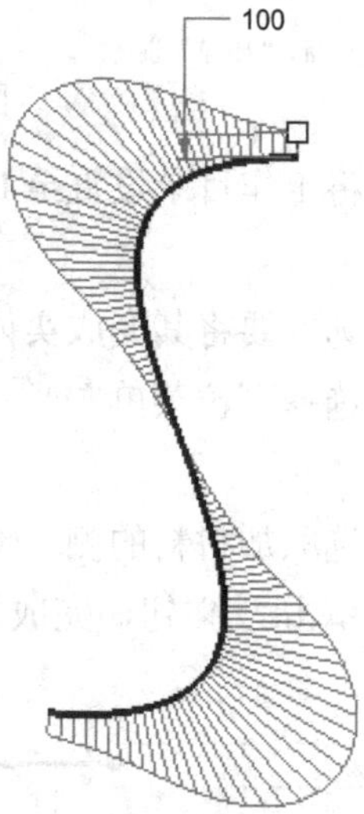

图 6.6.2 曲率图

6.6.2 曲面的曲率分析

曲面的曲率分析是从曲面的着色曲率图中观察曲面曲率的变化，有没有“尖点”和“褶皱”现象，从而帮助用户得到高质量的曲面，以达到产品的设计要求。

下面简要说明曲面的曲率分析的操作步骤。

Step1. 将工作目录设置至 D:\dbproe5.1\work\ch06\ch06.06，然后打开文件 surface_analysis.prt。

Step2. 选择下拉菜单 分析(A) → 几何(G) ▸ → 着色曲率(H) 命令。

Step3. 在图 6.6.3 所示的“着色曲率”对话框中，打开分析选项卡，在曲面文本框中单击“选取项目”字符，然后选取要分析的曲面，此时曲面上呈现出一个彩色分布图（图 6.6.4），同时系统弹出“颜色比例”对话框（图 6.6.5）。彩色分布图中的不同颜色代表不同的曲率大小，颜色与曲率大小的对应关系可以从“颜色比例”对话框中查阅。

Step4. 在分析选项卡的“结果”区域，可查看曲面的最大高斯曲率和最小高斯曲率。

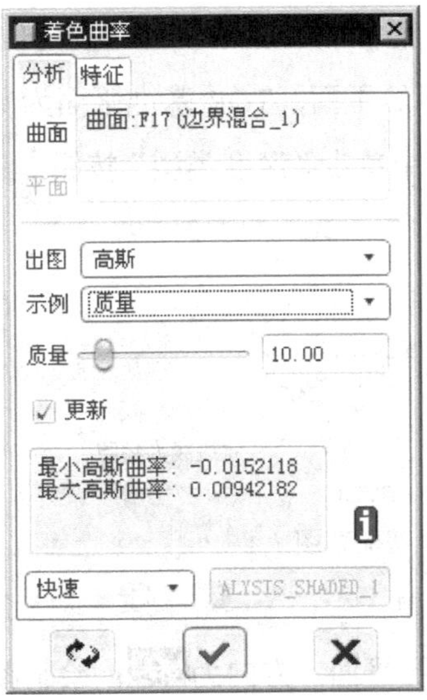

图 6.6.3　“着色曲率”对话框

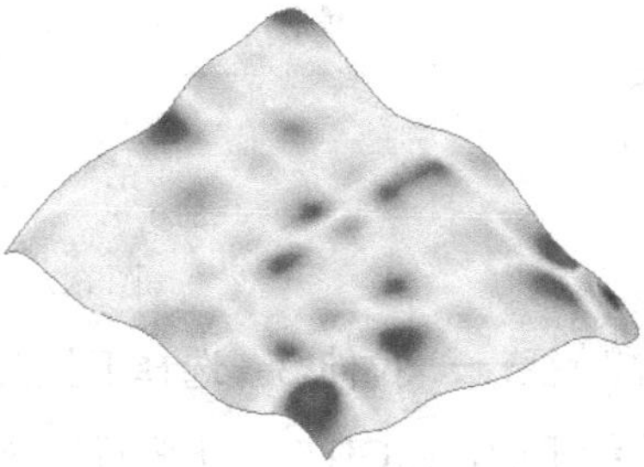

图 6.6.4　曲面分析结果

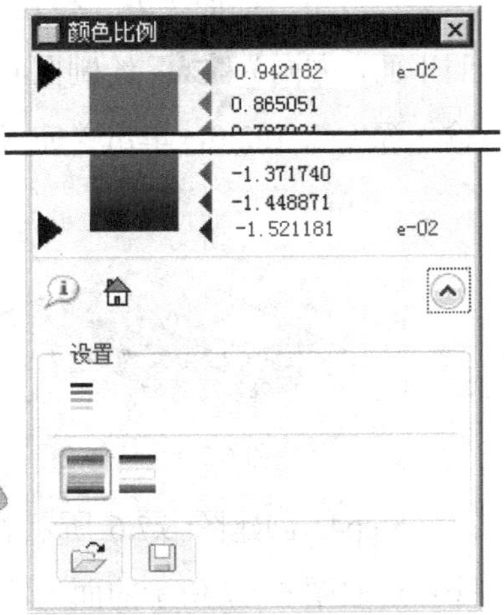

图 6.6.5　“颜色比例”对话框

6.7　曲面综合范例 1——香皂盒

实范例概述

本范例主要运用“拉伸”、“实体化”、“扫描”、“壳”等特征命令，在设计此零件的过程中应灵活地利用了“偏移曲面”命令，下面介绍该零件的设计过程，零件模型和模型树如图 6.7.1 所示。

Step1. 新建一个零件的三维模型，将其命名为 SOAP_BOX.PRT。

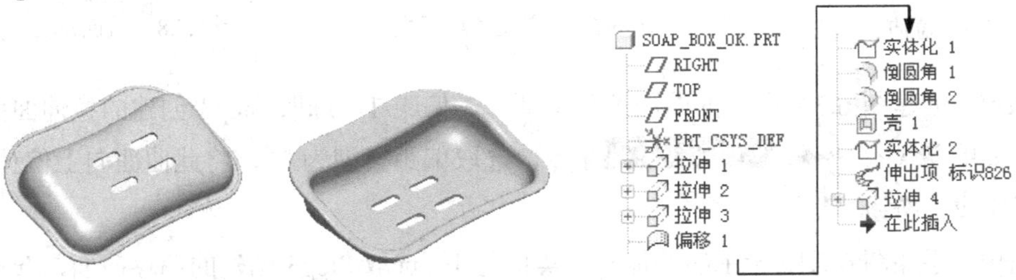

图 6.7.1　零件模型及模型树

Step2. 创建图 6.7.2 所示的基础特征——拉伸 1。选择下拉菜单 插入(I) ➡ 拉伸(E)... 命令；选取 FRONT 基准平面为草绘平面，RIGHT 基准平面为参照平面，方向为 右；绘制图 6.7.3 所示的截面草图，在操控板中单击“深度类型”按钮，输入深度值 28.0，单击“完成”按钮。

图 6.7.2　拉伸 1

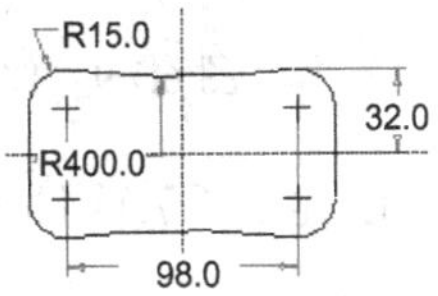

图 6.7.3　截面草图

Step3. 创建图 6.7.4 所示的曲面特征——拉伸 2。选择下拉菜单 插入(I) ➡ 拉伸(E)... 命令；按下“曲面类型”按钮，选取 RIGHT 基准平面为草绘平面，TOP 基准平面为参照平面，方向为 右；绘制图 6.7.5 所示的截面草图，在操控板中单击“深度类型”按钮，输入深度值 152.0，单击“完成”按钮。

图 6.7.4 拉伸 2

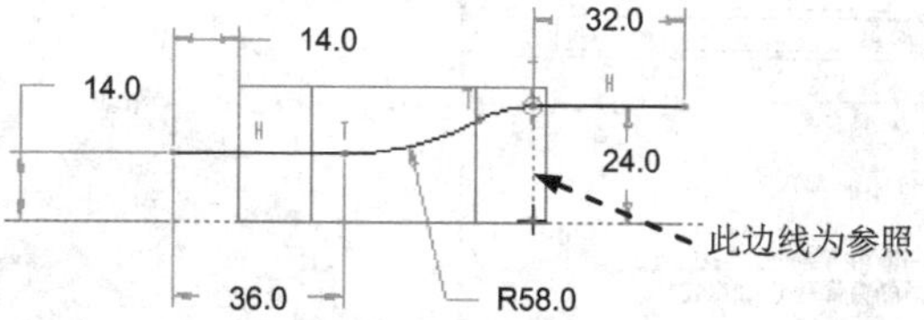

图 6.7.5 截面草图

Step4. 创建图 6.7.6 所示的特征——拉伸 3。选择下拉菜单 插入(I) ➡ 拉伸(E)... 命令；选取图 6.7.7 所示的面为草绘平面，RIGHT 基准平面为参照平面，方向为 右；绘制图 6.7.8 所示的截面草图，在操控板中单击“深度类型”按钮，选择 Step3 创建的拉伸曲面为拉伸终止面，单击“完成”按钮。

说明：选取拉伸终止面时，要在“智能选取栏”中选择“面组”选项。

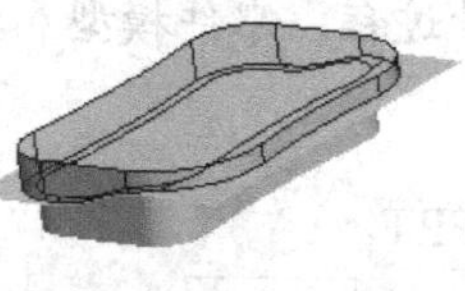

图 6.7.6 拉伸 3

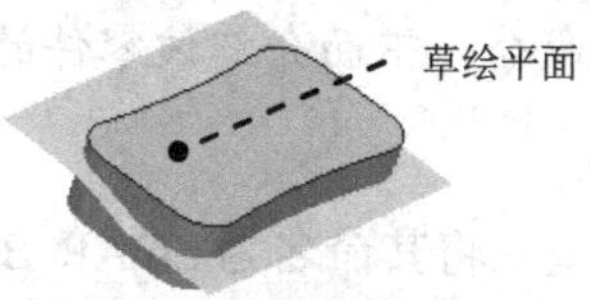

图 6.7.7 定义草绘平面

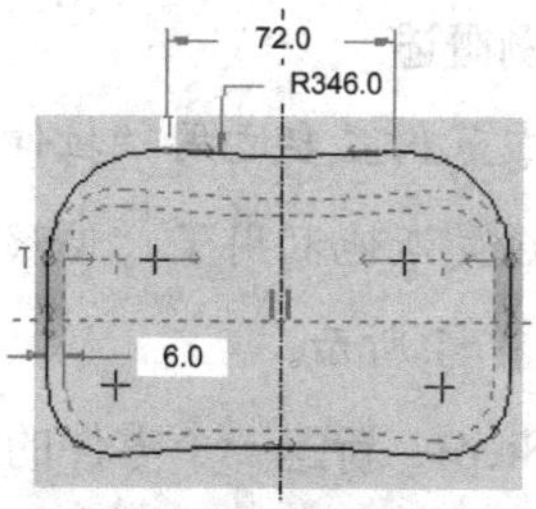

图 6.7.8 截面草图

Step5. 创建图 6.7.9 所示的曲面偏移特征——偏距 1。选取 Step3 创建的拉伸曲面；选择下拉菜单 编辑(E) ➡ 偏移(O)... 命令，选取偏距类型为，将此曲面向上偏移 3.0；单击“完成”按钮。

Step6. 添加图 6.7.10 所示的特征——实体化 1。选取 Step5 创建的偏移曲面，选择下拉菜单 编辑(E) ➡ 实体化(Y)... 命令，在操控板中按下“移除材料”按钮，单击按钮调整切除材料方向，单击“完成”按钮。

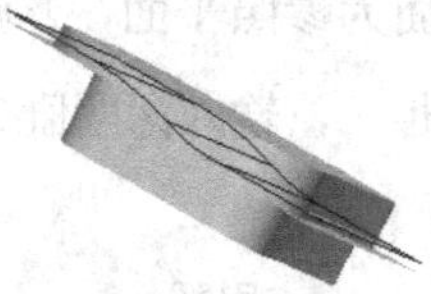

图 6.7.9 偏距 1

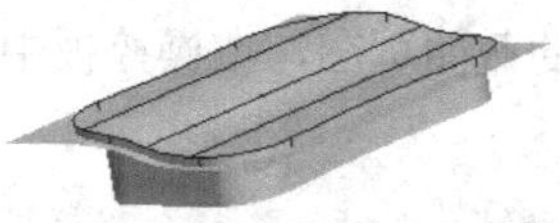

图 6.7.10 实体化 1

Step7. 创建图 6.7.11 所示的圆角特征——倒圆角 1。在模型树中单击 拉伸 2 ，右击，在弹出的快捷菜单中选择隐藏命令；选择 插入(I) → 倒圆角(O)... 命令，选取图 6.7.11 中的边链为倒圆角参照，圆角半径值为 10.0。

Step8. 创建图 6.7.12 所示的圆角特征——倒圆角 2。选取图 6.7.12 中的边链为倒圆角参照，圆角半径值为 5.0。

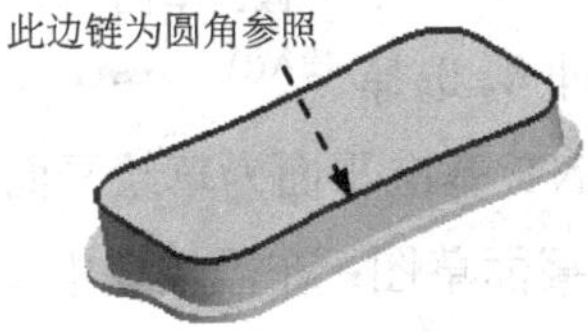

图 6.7.11 定义倒圆角 1 的参照

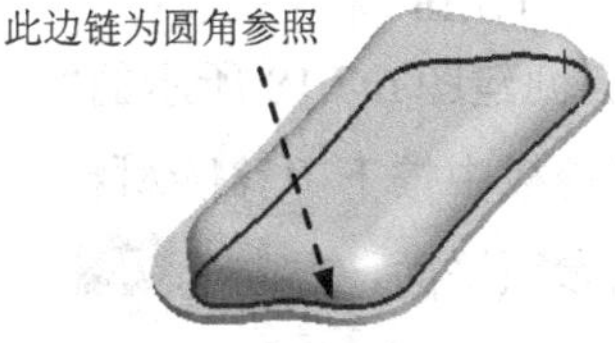

图 6.7.12 定义倒圆角 2 的参照

Step9. 创建图 6.7.13 所示的抽壳特征——壳 1。选择下拉菜单 插入(I) → 壳(L)... 命令，选取图 6.7.13 所示的表面为要去除的面，在操控板的厚度文本框中，输入壳的壁厚值 2.0，单击按钮调整厚度方向，预览并完成抽壳特征 1。

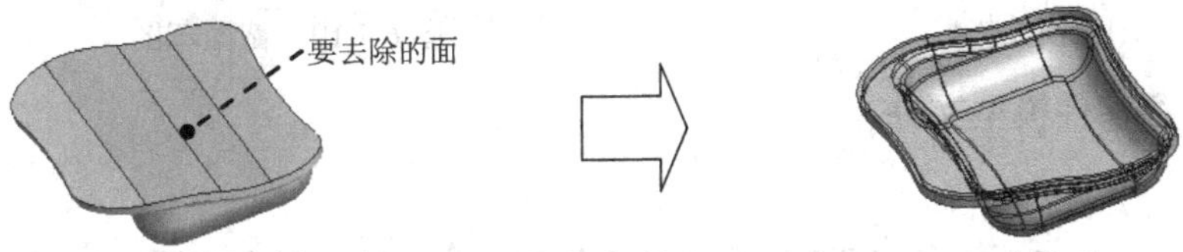

a）抽壳前　b）抽壳后

图 6.7.13 壳 1

Step10. 创建图 6.7.14 所示的特征——实体化 2。选取 Step3 创建的拉伸曲面，选择下拉菜单 编辑(E) → 实体化(Y)... 命令，在操控板中按下“移除材料”按钮，接受系统默认的切除方向，单击“完成”按钮。

Step11. 创建图 6.7.15 所示的扫描伸出项特征——“伸出项”标识 903。

（1）选择下拉菜单 插入(I) → 扫描(S) ▸ → 伸出项(P)... 命令。

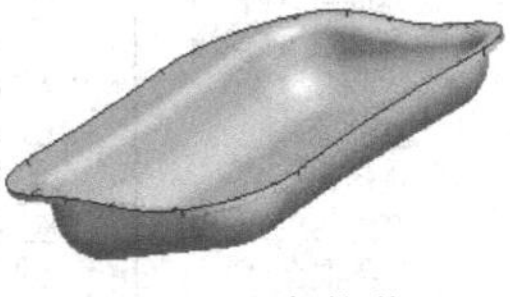
图 6.7.14 实体化 2

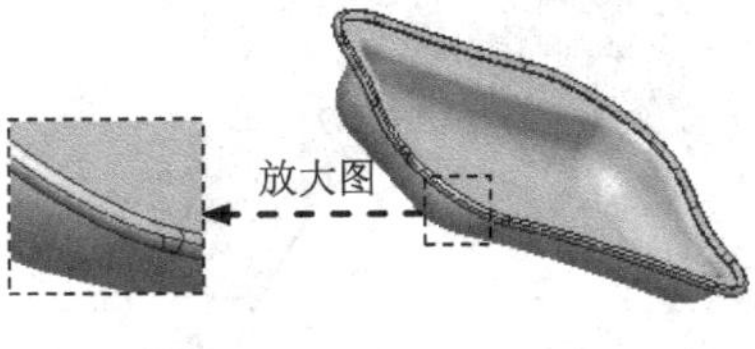

图 6.7.15 “伸出项”标识 903

（2）定义扫描轨迹。

① 选择“扫描轨迹”菜单中的 Select Traj (选取轨迹) 命令；按住 Ctrl 键，依次选取图 6.7.16 所示的边链为扫描轨迹，单击菜单管理器中的 Done (完成) 命令。

② 在菜单管理器中选择 Accept (接受) 命令，然后选择 Okay (确定) 命令。

（3）创建扫描特征的截面。绘制图 6.7.17 所示的扫描截面草图，单击✔按钮；单击 确定按钮。

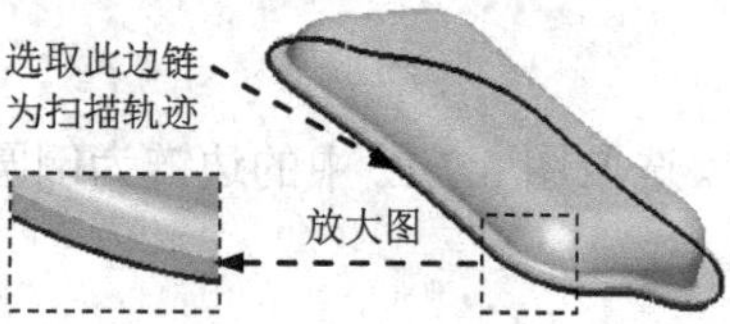

图 6.7.16 扫描轨迹

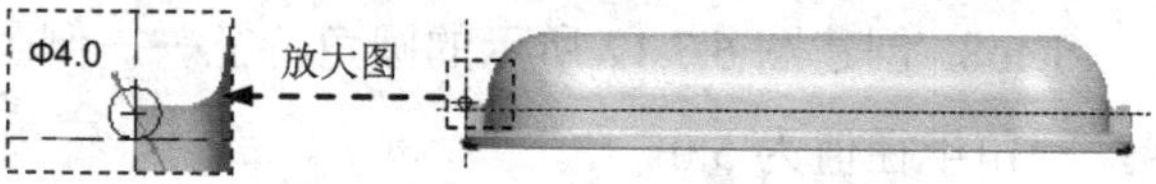

图 6.7.17 截面草图

Step12. 创建图 6.7.18 所示的“移除材料”特征——拉伸 4。选择 插入(I) ➡ 拉伸(E)... 命令，在操控板中按下“移除材料”按钮，选取 FRONT 基准平面为草绘平面，RIGHT 基准平面为参照平面，方向为 右；绘制图 6.7.19 所示的截面草图；在操控板中按下“移除材料”按钮，选择“深度类型”按钮；单击“完成”按钮。

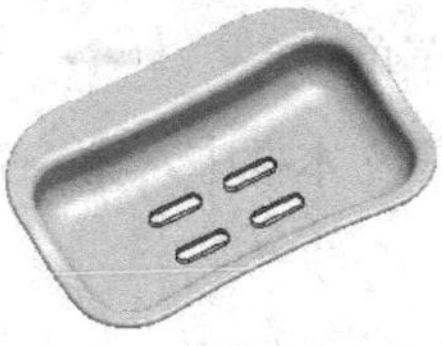

图 6.7.18 拉伸 4

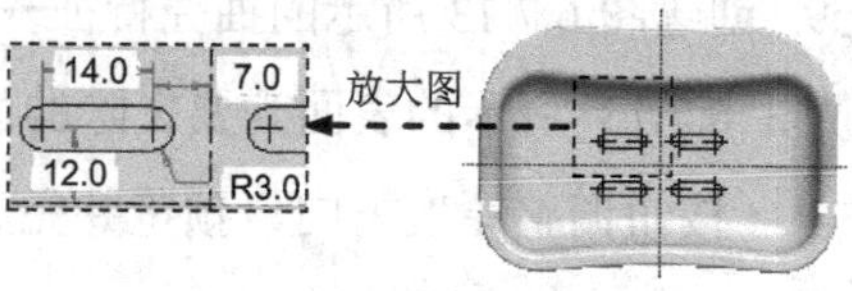

图 6.7.19 截面草图

Step13. 保存零件模型文件。

6.8 曲面综合范例 2——淋浴把手

范例概述

本范例是一个典型的曲面建模的实例，先使用基准平面、基准轴和基准点等创建基准曲线，再利用基准曲线构建边界混合曲面，然后再合并、倒圆角以及加厚。零件模型及模型树如图 6.8.1 所示。

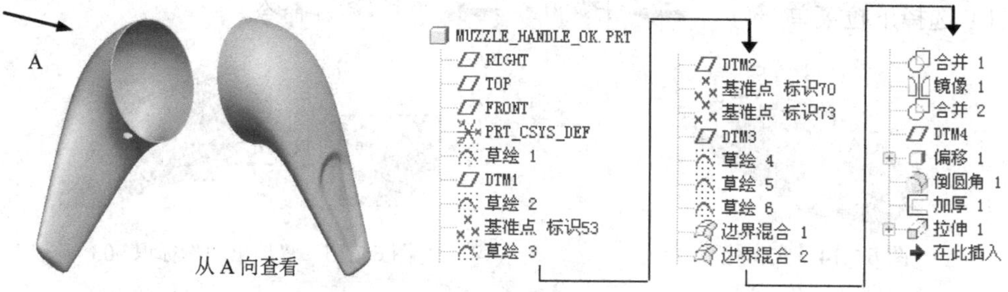

图 6.8.1 模型和模型树

Step1. 新建并命名零件的模型为 MUZZLE_HANDLE.PRT。

Step2. 创建图 6.8.2 所示的基准曲线——草绘 1。

（1）单击工具栏上的“草绘”按钮。

（2）定义草绘截面放置属性。选取 TOP 基准平面为草绘平面，RIGHT 基准平面为草绘参照平面，方向为右；单击草绘按钮。

（3）创建基准曲线 1。进入草绘环境后，绘制图 6.8.3 所示的截面草图；完成后，单击“完成”按钮。

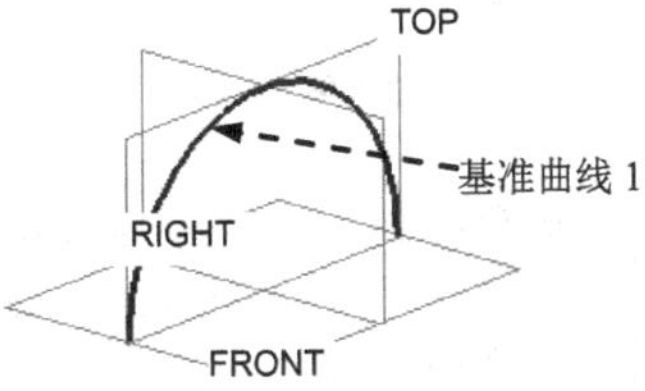

图 6.8.2　创建基准曲线 1

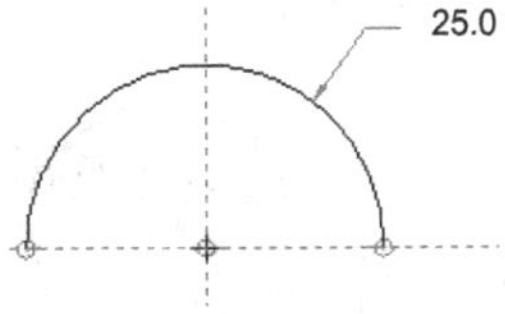

图 6.8.3　截面草图

Step3. 创建图 6.8.4 所示的基准平面——DTM1。单击“基准平面”按钮；选取 RIGHT 基准平面，约束类型为“偏移”，偏移值为 80.0（图 6.8.5）；单击确定按钮。

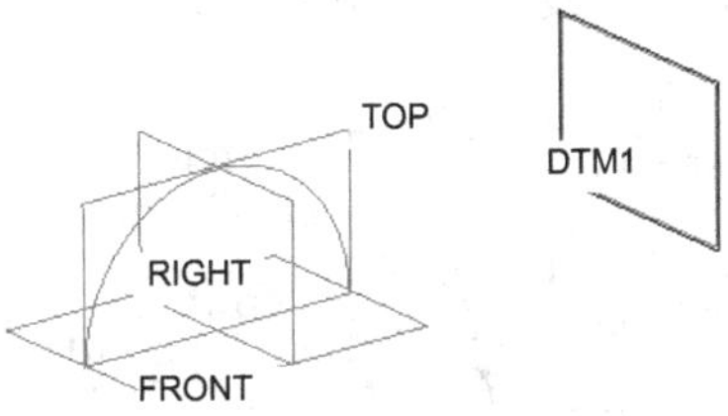

图 6.8.4　创建基准平面 DTM1

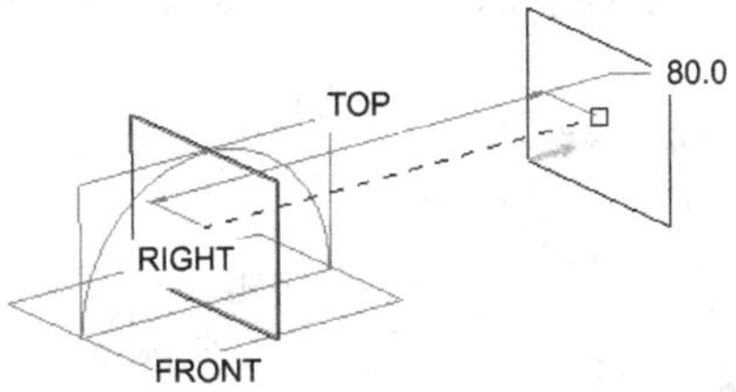

图 6.8.5　选取基准平面 RIGHT

Step4. 创建图 6.8.6 所示的基准曲线——草绘 2。单击工具栏上的“草绘”按钮；选取 DTM1 基准平面为草绘平面，选取 FRONT 基准平面为草绘参照平面，方向为左；单击“椭圆”按钮及修剪命令，绘制图 6.8.7 所示的截面草图。

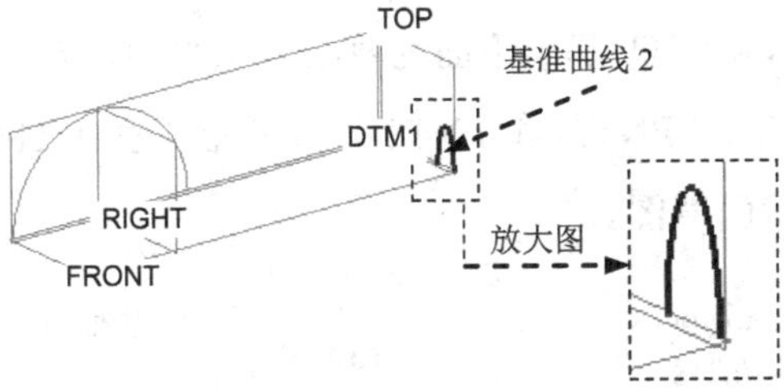

图 6.8.6　创建基准曲线 2

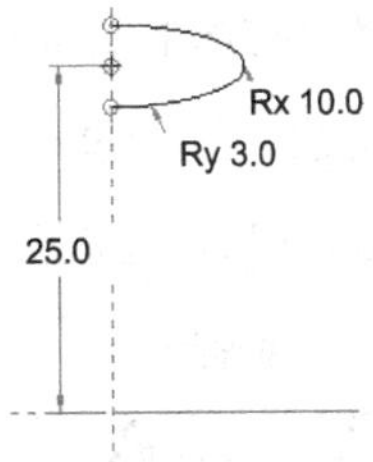

图 6.8.7　截面草图

Step5. 创建图 6.8.8 所示的基准点 PNT0 、PNT1、 PNT2 和 PNT3——“基准点” 标识。

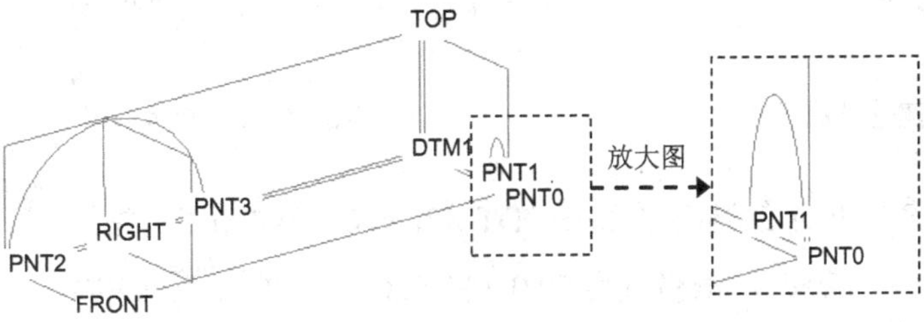

图 6.8.8　创建基准点

（1）单击“基准点”按钮。

（2）创建基准点 PNT0。如图 6.8.9 所示，选择基准曲线 2 的端点。

（3）创建基准点 PNT1。如图 6.8.10 所示，选择基准曲线 2 的另外一个端点。

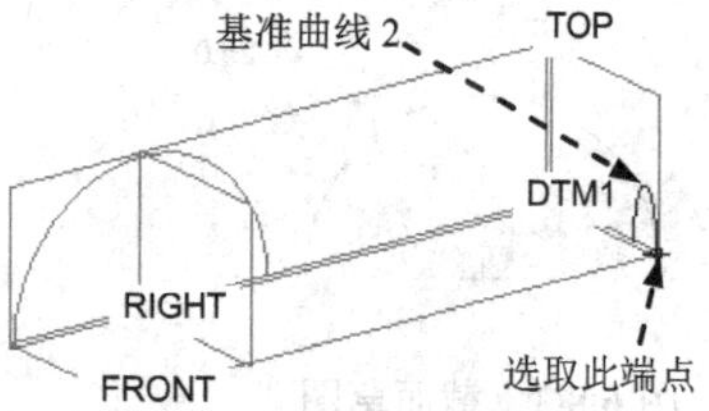

图 6.8.9　创建基准点 PNT0

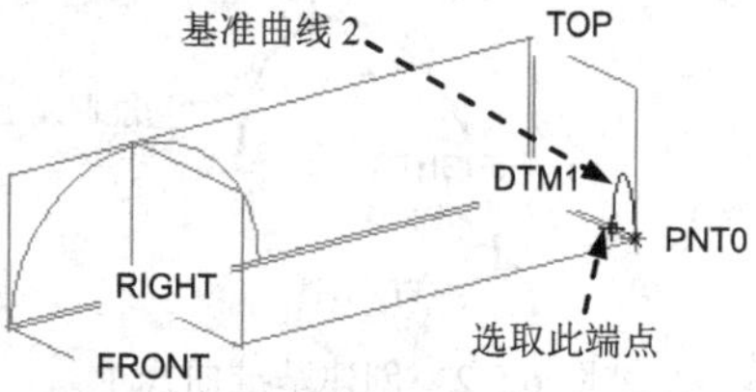

图 6.8.10　创建基准点 PNT1

（4）创建基准点 PNT2。如图 6.8.11 所示，选择基准曲线 1 的端点。

（5）创建基准点 PNT3。如图 6.8.12 所示，选择基准曲线 1 的另外一个端点。

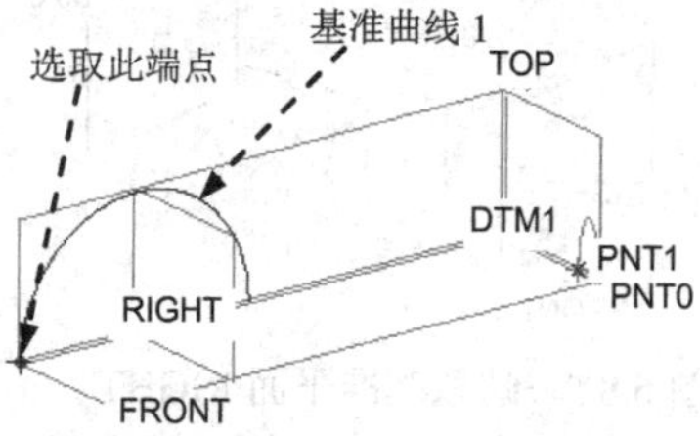

图 6.8.11　创建基准点 PNT2

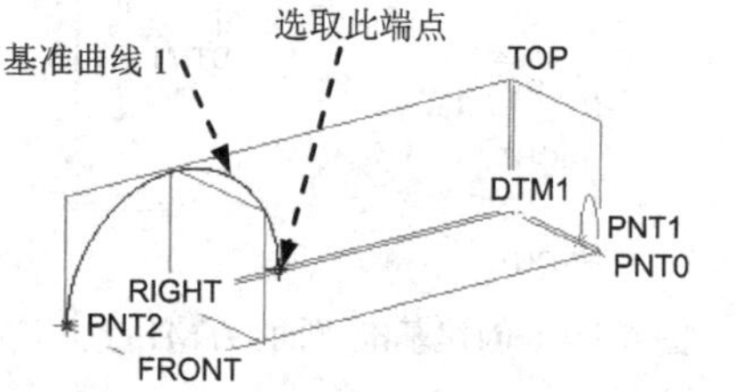

图 6.8.12　创建基准点 PNT3

（6）单击 确定 按钮，完成基准点 PNT0 、PNT1、 PNT2 和 PNT3 的创建。

Step6. 创建图 6.8.13 所示的基准曲线 3_1 和 3_2——草绘 3。单击工具栏上的“草绘”按钮；选择 FRONT 基准平面为草绘平面，RIGHT 基准平面为草绘参照平面，方向为 右；进入草绘环境后，选取基准点 PNT0 、PNT1、 PNT2 和 PNT3 以及基准平面 DTM1 为草绘参照（图 6.8.13），绘制图 6.8.14 所示的截面草图。

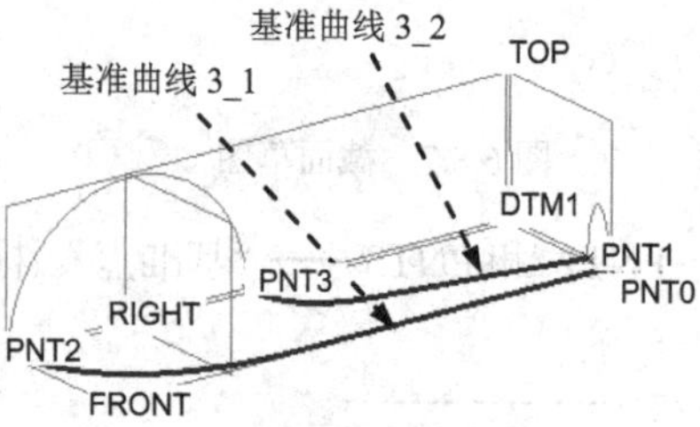

图 6.8.13　创建基准曲线 3

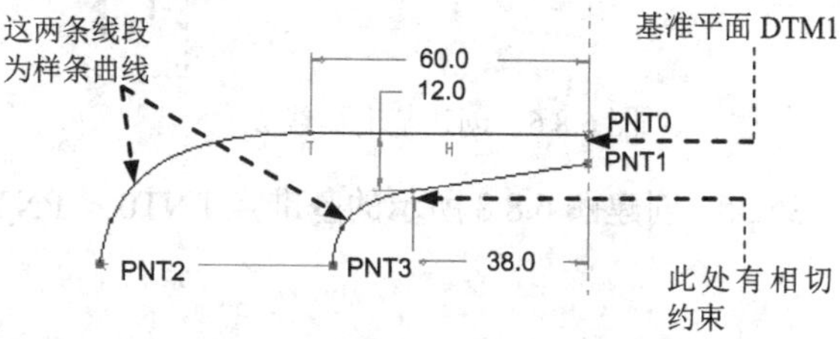

图 6.8.14　截面草图

Step7. 创建图 6.8.15 所示的基准平面——DTM2。单击“基准平面”按钮；选取 RIGHT 基准平面，约束类型为“偏移”，偏移值为 50.0（图 6.8.16）；单击 确定 按钮。

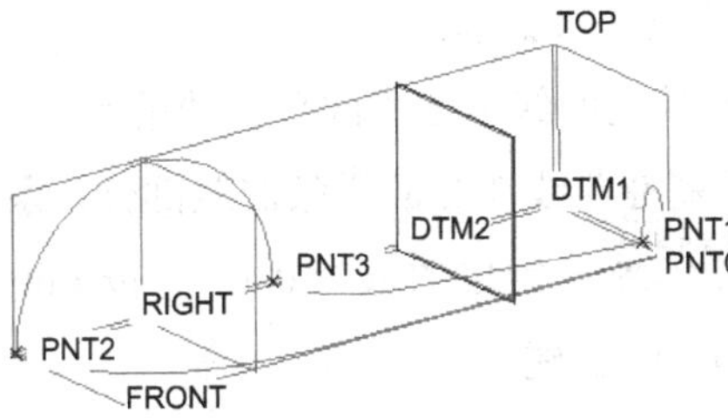

图 6.8.15 创建基准平面 DTM2

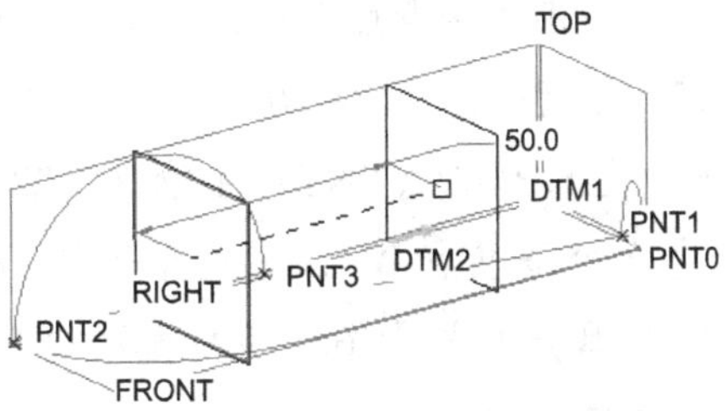

图 6.8.16 选取 RIGHT 基准平面

Step8. 创建图 6.8.17 所示的基准点 PNT4 和 PNT5——“基准点”标识。

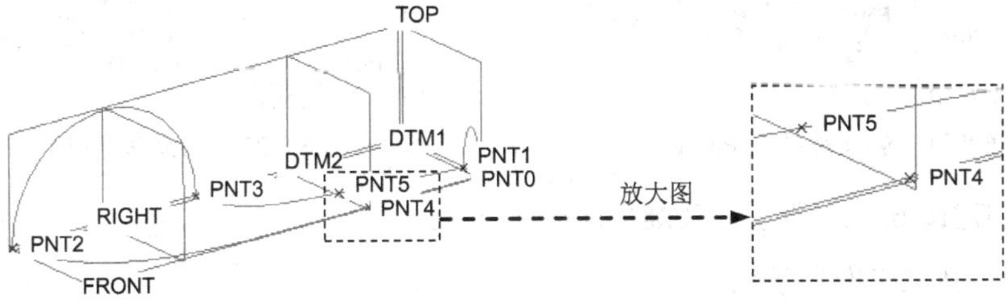

图 6.8.17 创建基准点 PNT4 和 PNT5

（1）单击“基准点”按钮，系统弹出“基准点”对话框。

（2）创建基准点 PNT4。如图 6.8.18 所示，选择基准曲线 3_1 的直线部分，按住 Ctrl 键，再选择基准平面 DTM2。

（3）创建基准点 PNT5。如图 6.8.19 所示，选择基准曲线 3_2 的直线部分，按住 Ctrl 键，再选择基准平面 DTM2。

（4）单击确定按钮，完成基准点 PNT4 和 PNT5 的创建。

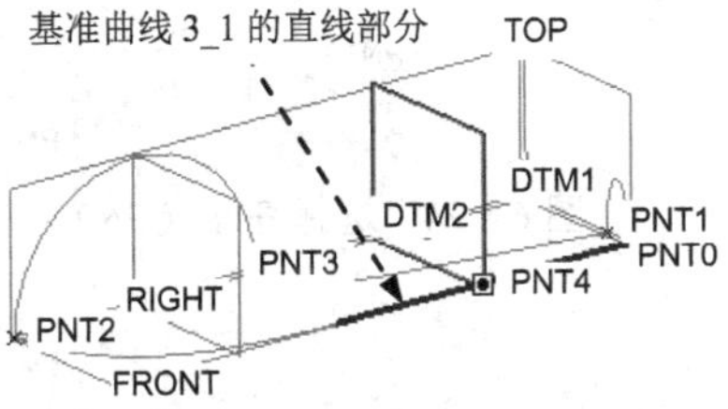

图 6.8.18 创建基准点 PNT4

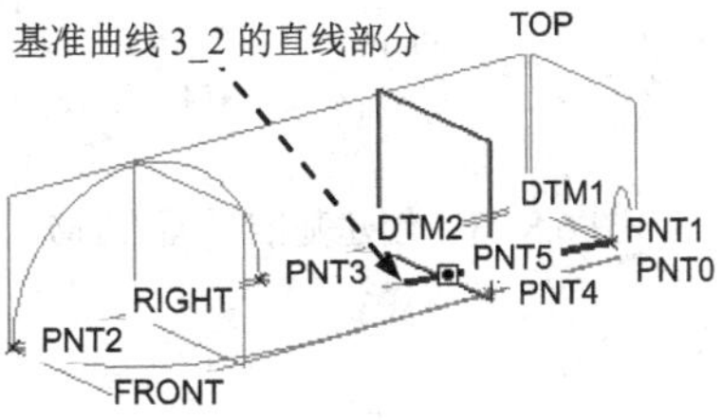

图 6.8.19 创建基准点 PNT5

Step9. 创建图 6.8.20 所示的基准点 PNT6 和 PNT7——“基准点”标识。

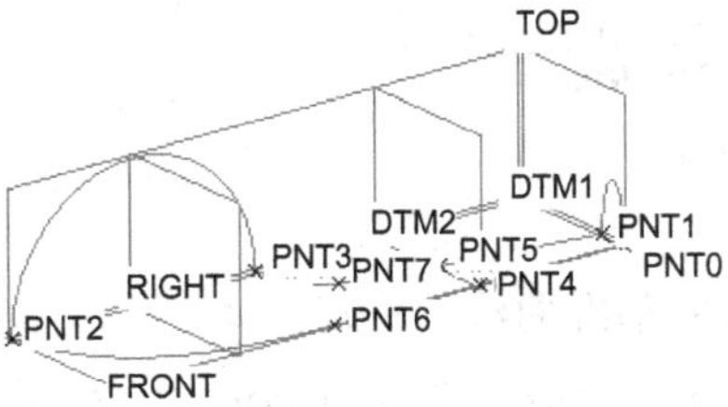

图 6.8.20 创建基准点 PNT6 和 PNT7

（1）单击“基准点”按钮，系统弹出 “基准点”对话框。

（2）创建基准点 PNT6。如图 6.8.21 所示，选择基准曲线 3_1 直线部分的端点。

（3）创建基准点 PNT7。如图 6.8.22 所示，选择基准曲线 3_2 的样条曲线部分，系统立即产生一个基准点 PNT7，选择基准点的定位方式比率，定位数值为 0.4，并按 Enter 键。

（4）单击确定按钮，完成基准点 PNT6 和 PNT7 的创建。

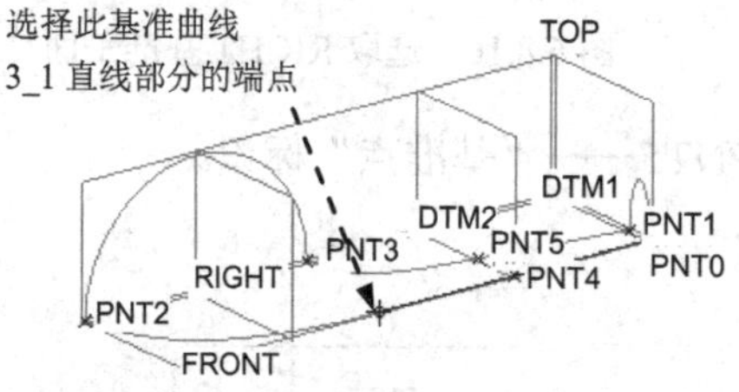

图 6.8.21 创建基准点 PNT6

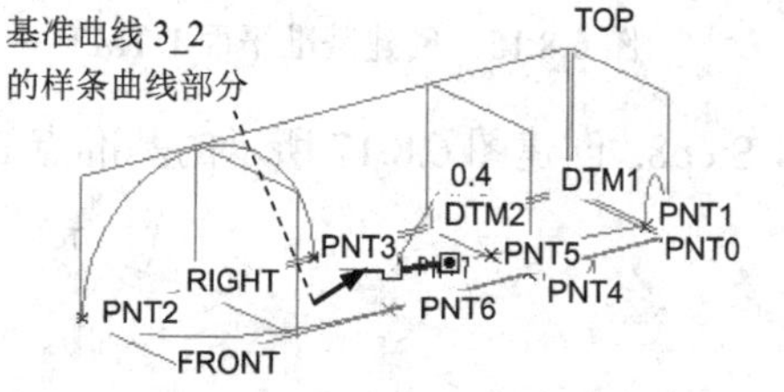

图 6.8.22 创建基准点 PNT7

Step10. 创建图 6.8.23 所示的基准平面——DTM3。

（1）单击“基准平面”按钮。

（2）选取图 6.8.24 所示的基准点 PNT6，约束类型为“穿过”；按住 Ctrl 键，选取图 6.8.25 所示的基准点 PNT7，约束类型为“穿过”；按住 Ctrl 键，选择图 6.8.26 所示的 FRONT 基准平面，约束类型为“法向”。

（3）单击“基准平面”对话框中的确定按钮。

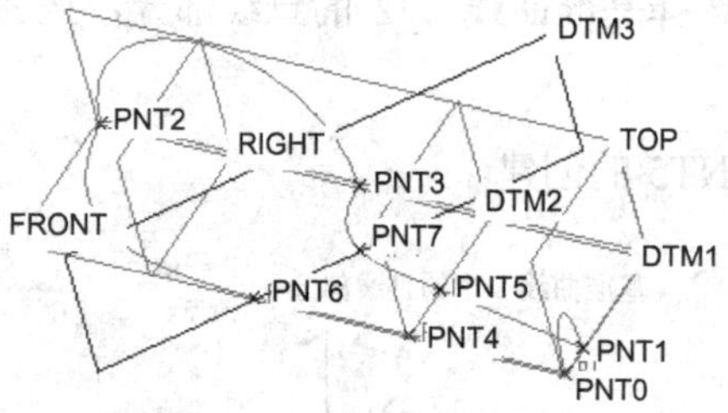

图 6.8.23 创建基准平面 DTM3

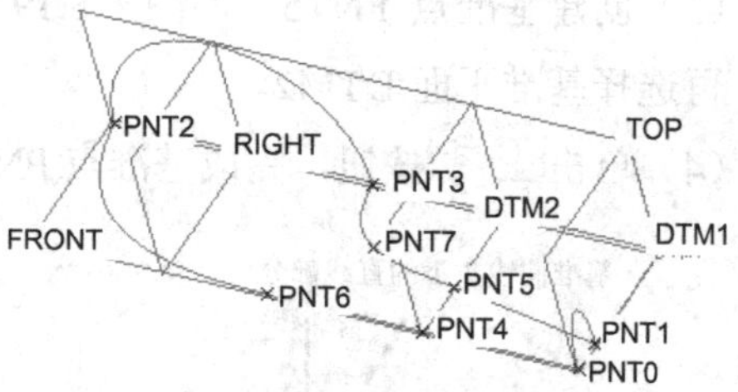

图 6.8.24 选择基准点 PNT6

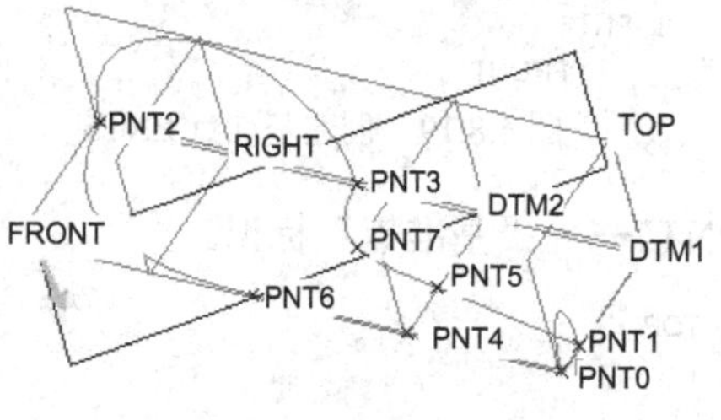

图 6.8.25 选择基准点 PNT7

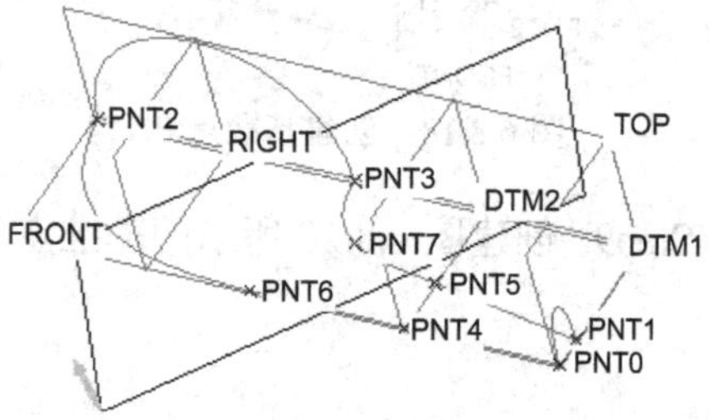

图 6.8.26 选择基准平面 FRONT

Step11. 创建图 6.8.27 所示的基准曲线——草绘 4。单击工具栏上的“草绘”按钮；选取 DTM2 基准平面为草绘平面，选取基准平面 FRONT 为草绘参照平面，方向为左；进入草绘环境后，选取基准点 PNT4 和 PNT5 为草绘参照；单击“椭圆”按钮，绘制图 6.8.28

所示的截面草图。

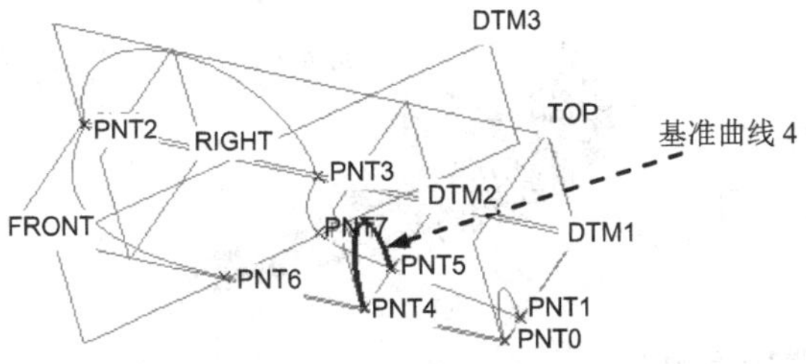

图 6.8.27　创建基准曲线 4

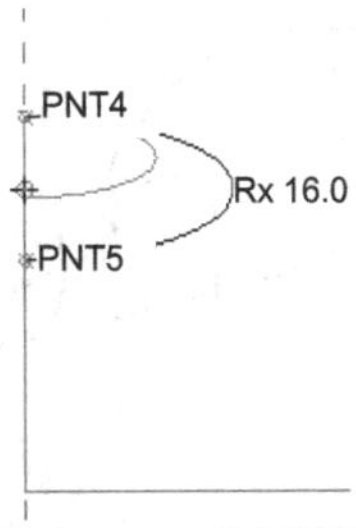

图 6.8.28　截面草图

Step12. 创建图 6.8.29 所示的基准曲线——草绘 5。单击工具栏上的“草绘”按钮；选取 DTM3 基准平面为草绘平面，FRONT 基准平面为参照平面，方向为左；进入草绘环境后，选取基准点 PNT6 和 PNT7 为草绘参照；单击“椭圆”按钮及“修剪”命令，绘制图 6.8.30 所示的截面草图。

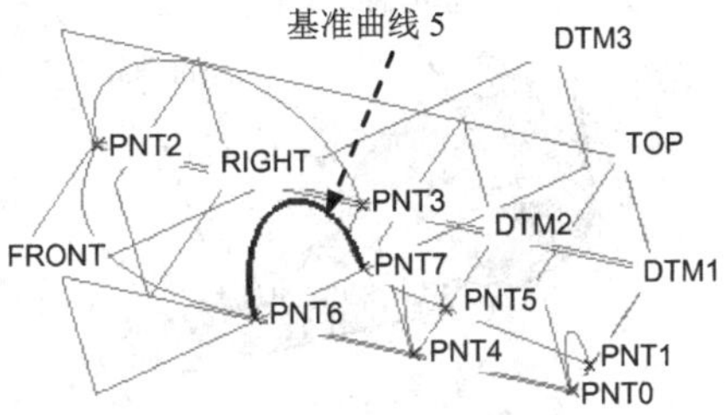

图 6.8.29　创建基准曲线 5

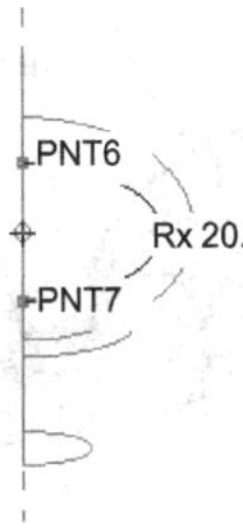

图 6.8.30　截面草图

Step13. 创建图 6.8.31 所示的基准曲线——草绘 6。单击工具栏上的“草绘”按钮；选取 FRONT 基准平面为草绘平面，选取 RIGHT 基准平面为参照平面，方向为右；进入草绘环境后，选取图 6.8.32 所示的两条直线段为草绘参照；使用“圆锥曲线”命令绘制图 6.8.32 所示的截面草图。

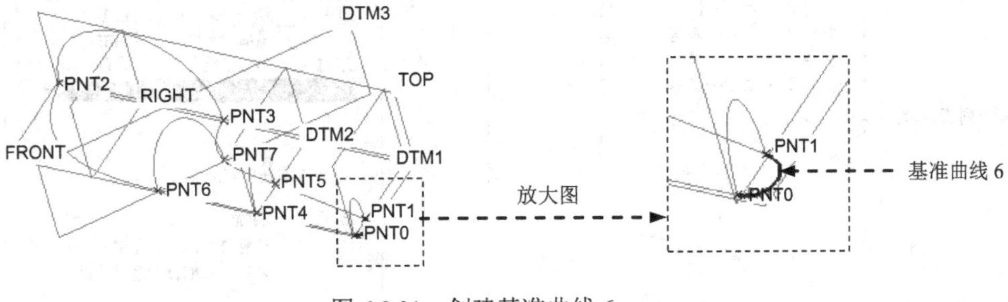

图 6.8.31　创建基准曲线 6

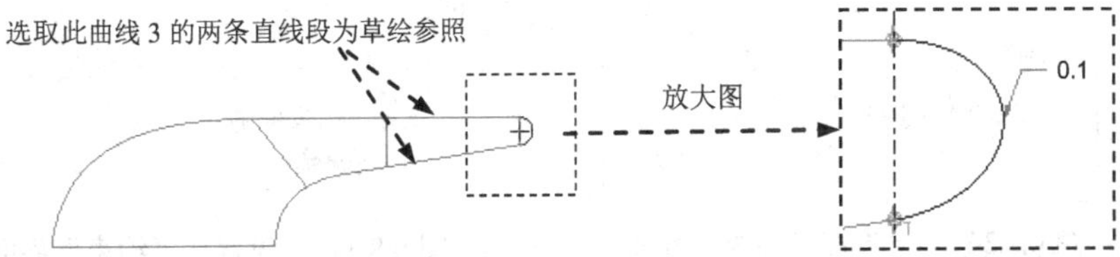

图 6.8.32　截面草图

Step14. 创建图 6.8.33 所示的边界曲面——边界混合 1。

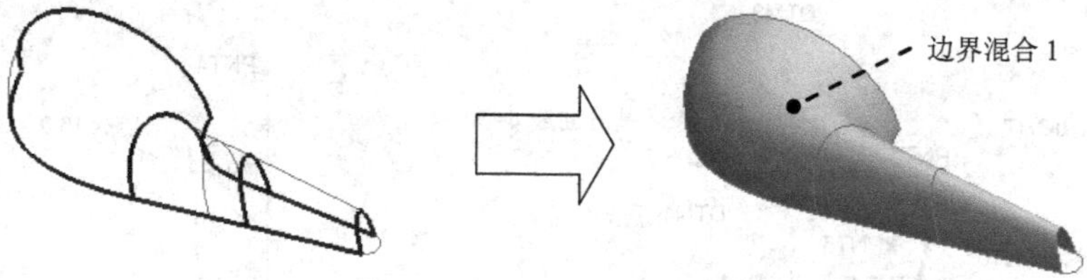

图 6.8.33 创建边界混合 1

（1）选择下拉菜单 插入(I) ➡ 边界混合(B)... 命令。

（2）定义边界曲线。按住 Ctrl 键，依次选择基准曲线 2、基准曲线 4、基准曲线 5 和基准曲线 1（图 6.8.34）为第一方向边界曲线；单击操控板中第二方向曲线操作栏，按住 Ctrl 键，依次选择基准曲线 3_1 和基准曲线 3_2（图 6.8.35）为第二方向边界曲线。

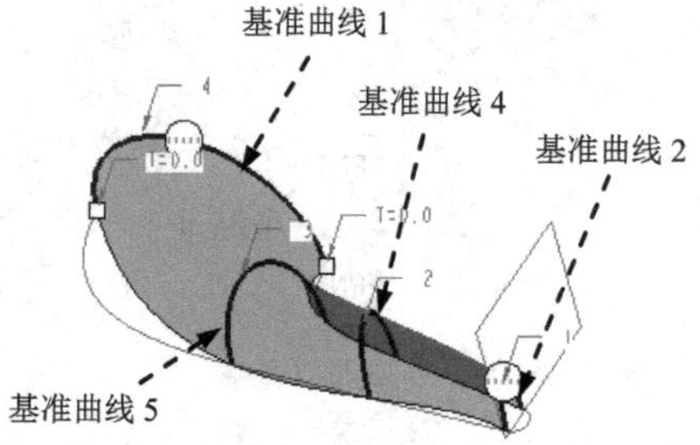

图 6.8.34 选择第一方向曲线

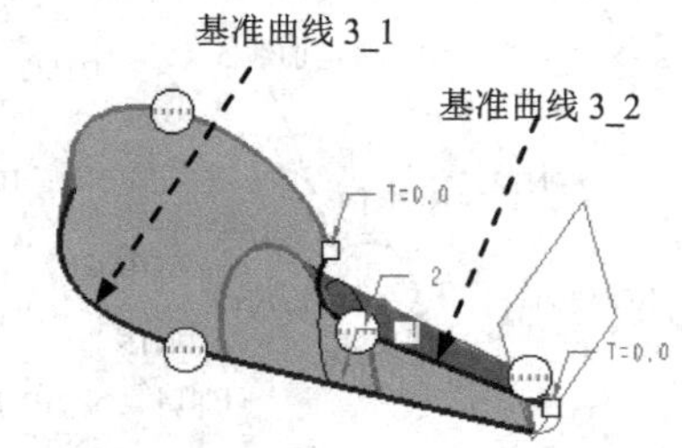

图 6.8.35 选择第二方向曲线

（3）定义边界曲线的约束。单击操控板中的 约束 按钮，系统弹出图 6.8.36 所示的“约束”界面；在该界面的第一列表区域中将方向 2 的第一条链和最后一条链的约束条件设置为垂直；其他参数按系统默认设置，此时“约束”界面如图 6.8.37 所示。

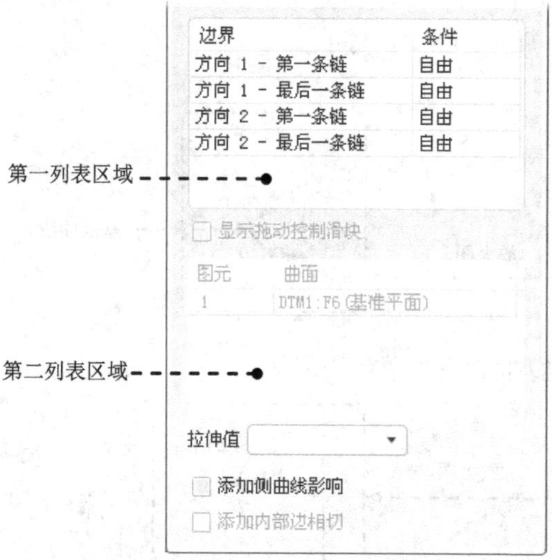

图 6.8.36 设置前“约束”界面

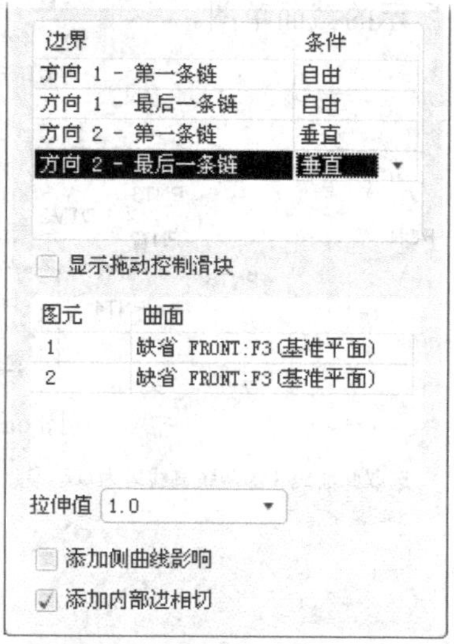

图 6.8.37 设置后“约束”界面

（4）单击操控板中的“完成”按钮✓。

Step15. 创建图 6.8.38 所示的边界曲面——边界混合 2。选择下拉菜单 插入(I) ➡ 边界混合(B)... 命令；按住 Ctrl 键，依次选择基准曲线 2 和基准曲线 6；在“约束”界面中将方向 1 的第一条链的约束条件设置为切线，再单击该界面的第二列表区域，选取图 6.8.39 所示的边界混合 1；单击第一列表区域，将方向 1 的最后一条链的约束条件设置为垂直，第二列表区域采用系统默认设置，此时“约束”界面如图 6.8.40 所示。

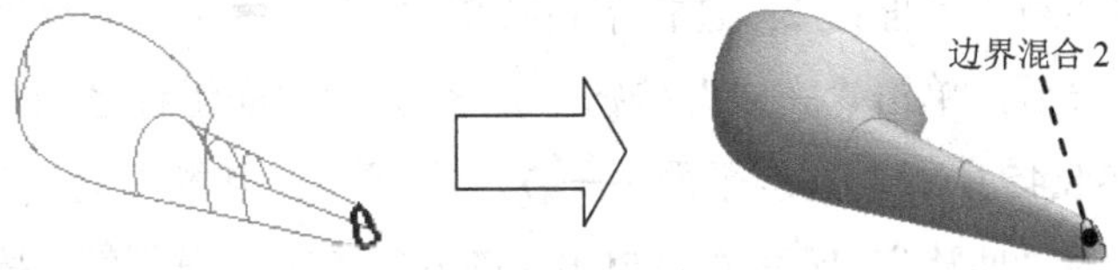

图 6.8.38　创建边界混合 2

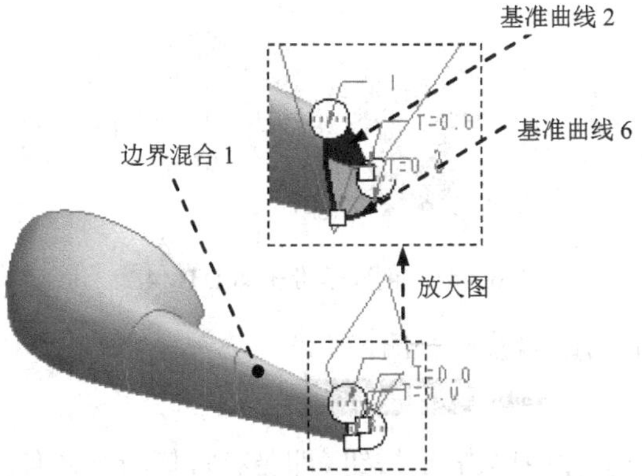

图 6.8.39　选择第一方向曲线

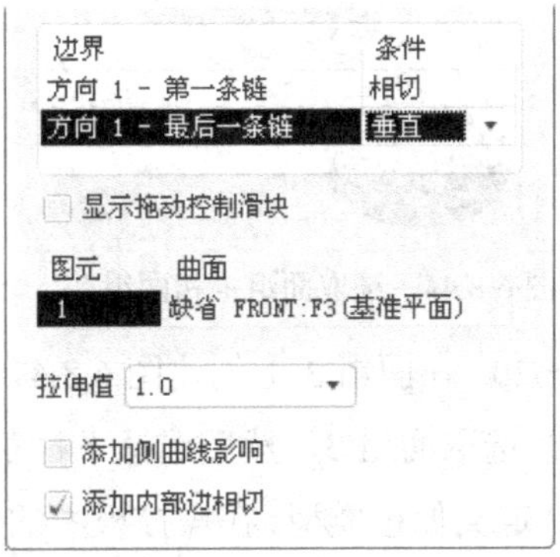

图 6.8.40　“约束”界面

Step16. 将边界曲面 1 与边界曲面 2 进行合并。

（1）设置“选择”类型。单击软件界面右下方的“智能”选取栏后面的▾按钮，选择 面组 选项，这样将会很容易地选取到曲面。

（2）按住 Ctrl 键，选取图 6.8.41 所示的边界曲面 1 和边界曲面 2。

（3）选择下拉菜单 编辑(E) ➡ 合并(G)... 命令，预览合并后的面组，确认无误后，单击“完成”按钮✓。合并后的面组暂且称之为“面组 1”。

Step17. 创建图 6.8.42 所示的镜像复制特征——镜像 1。

（1）将“选择”类型设置为 面组 ，再选择图 6.8.43 所示的面组 1。

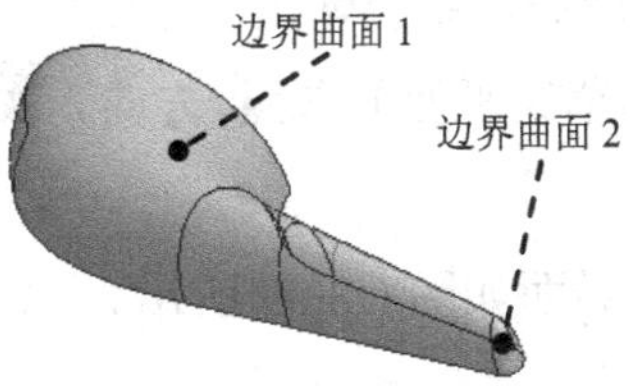

图 6.8.41　选取边界曲面

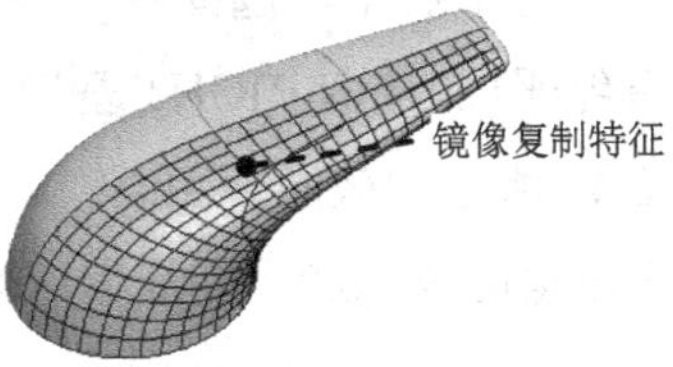

图 6.8.42　镜像复制特征

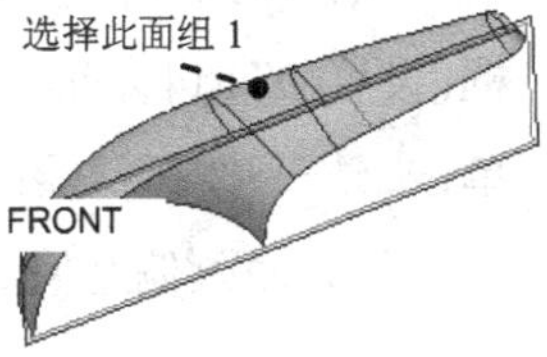

图 6.8.43　选择面组 1 和镜像平面

（2）选择下拉菜单 编辑(E) ➡ 镜像(I)... 命令。

（3）在 选取要镜像的平面或目的基准平面 的提示下选择图 6.8.43 所示的 FRONT 基准平面。

（4）单击操控板中的 ☑ 👓 按钮，预览所创建的特征；单击“完成”按钮 ✔，完成特征的创建。

说明：镜像所得到的面组称之为“面组 2”。

Step18. 将面组 1 与面组 2 进行合并。将“选择”类型设置为 面组，再按住 Ctrl 键，选取图 6.8.44 所示的面组 1 和面组 2；选择下拉菜单 编辑(E) ➡ 合并(G)... 命令；预览合并后的面组，确认无误后，单击“完成”按钮 ✔。合并后的面组称之为“面组 3”。

Step19. 创建图 6.8.45 所示的基准平面——DTM4。单击“基准平面”按钮 ▱；选取 TOP 基准平面，约束类型为“偏移”，偏移值为 30.0（图 6.8.46）；单击 确定 按钮。

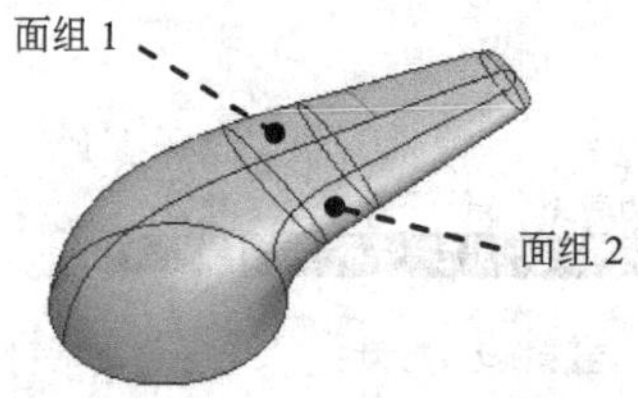

图 6.8.44　选取面组 1 和面组 2

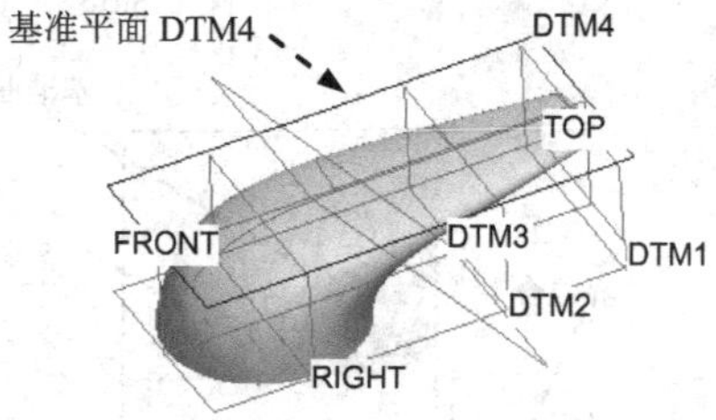

图 6.8.45　创建基准平面 DTM4

Step20. 在面组 3 上创建图 6.8.47 所示的局部偏移——偏移 1。

（1）选取面组 3，然后选择下拉菜单 编辑(E) ➡ 偏移(O)... 命令。

（2）定义偏移类型。在操控板中的偏移类型栏中单击 ◧ 按钮（即带有拔模特征的偏移）。

（3）定义偏移属性。单击操控板中的 选项 选项卡，选择 垂直于曲面，然后选择 侧曲面垂直于 为 ◉ 曲面，选择 侧面轮廓 为 ◉ 直。

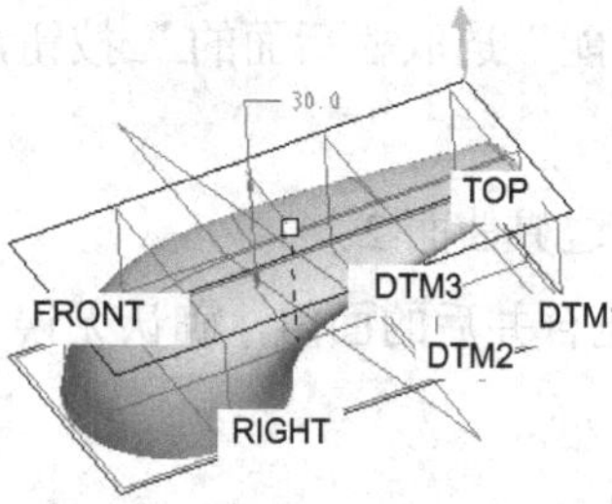

图 6.8.46　选取 TOP 基准平面

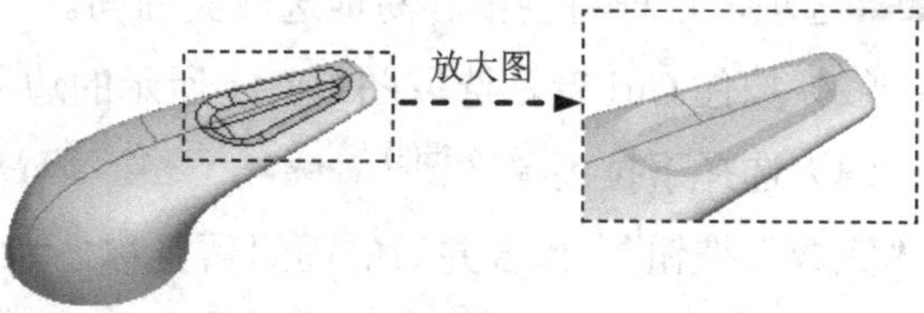

图 6.8.47　创建局部偏移

（4）草绘拔模区域。在绘图区中右击，选择 定义内部草绘... 命令，系统弹出“草绘”对话框；设置 DTM4 基准平面为草绘平面，选取 RIGHT 基准平面为草绘平面的参照，方向为 右，单击 草绘 按钮；绘制图 6.8.48 所示的截面草图。

（5）输入偏距值 2.0，拔模角度值 60.0，完成后的操控板界面如图 6.8.49 所示。

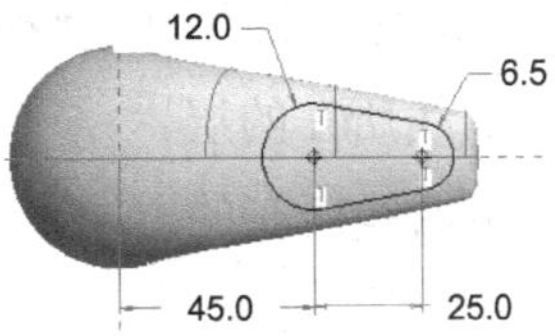

图 6.8.48　截面草图

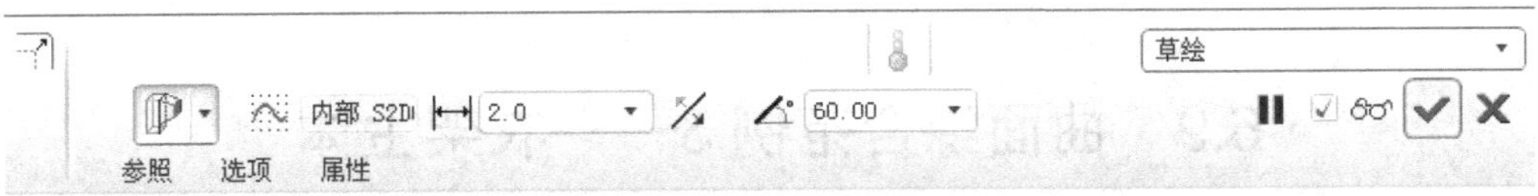

图 6.8.49　完成后的操控板

Step21. 创建图 6.8.50 所示的特征——倒圆角 1。选择下拉菜单 插入(I) → 倒圆角(O)... 命令；圆角参照为图 6.8.51 所示的两条边链；圆角半径为 3.0；单击“完成”按钮。

Step22. 将曲面加厚（图 6.8.52）。选取要加厚的面组，选择下拉菜单 编辑(E) → 加厚(K)... 命令；在厚度文本框中输入厚度值 0.8；单击“完成”按钮。

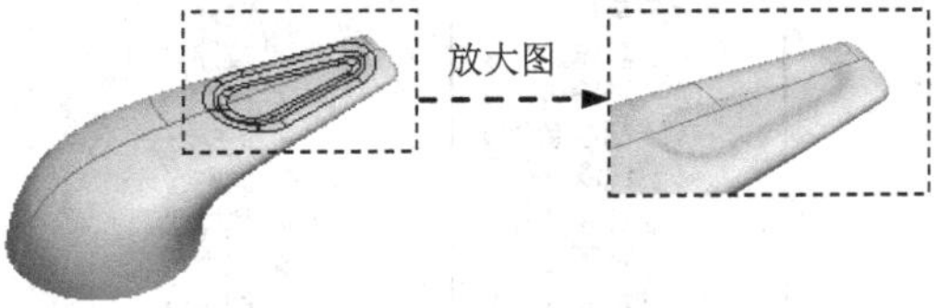

图 6.8.50　创建倒圆角 1

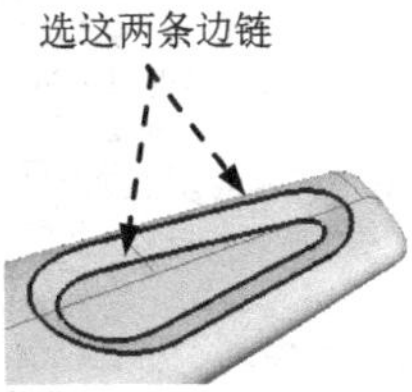

图 6.8.51　选取边链

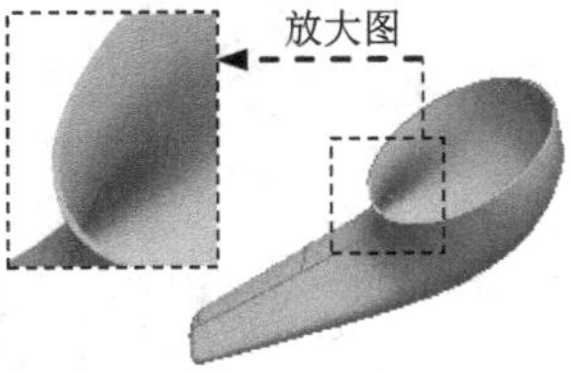

图 6.8.52　曲面加厚

Step23. 创建图 6.8.53 所示的切削拉伸特征——拉伸 1。

（1）选择下拉菜单 插入(I) → 拉伸(E)... 命令，系统弹出“拉伸”操控板，在操控板中确认“实体类型”按钮被按下，并按下“移除材料”按钮。

（2）在绘图区右击，选择 定义内部草绘... 命令，系统弹出“草绘”对话框；设置 RIGHT 基准平面为草绘面，采用默认的草绘视图方向，TOP 基准平面为草绘平面的参照，方向为 顶，单击 草绘 按钮；绘制图 6.8.54 所示的截面草图，完成后，单击“完成”按钮；设置深度类型为（完全贯穿）。

（3）在操控板中单击按钮，完成切削拉伸特征的创建。

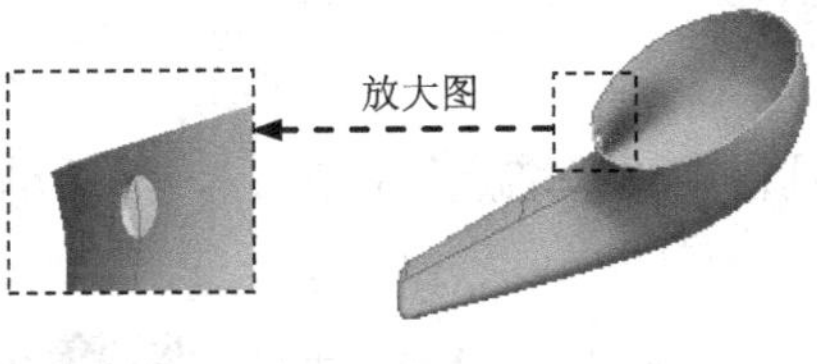

图 6.8.53　切削拉伸特征（拉伸 1）

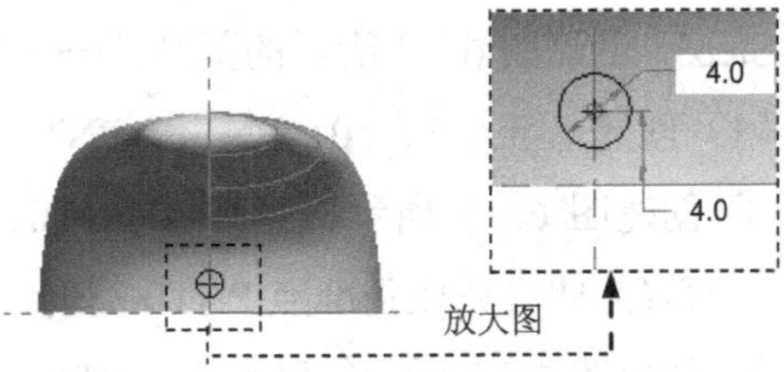

图 6.8.54　截面草图

Step24. 遮蔽曲线层。选择导航选项卡中的 → 层树(L) 命令，进入“层”的操作界面；在“层”操作界面中，选择曲线所在的层 03___PRT_ALL_CURVES ，然后右击，在快捷菜单中选择 隐藏 命令。再次右击曲线所在的层 03___PRT_ALL_CURVES ，在弹出的快捷菜单中选择 保存状态 命令。

Step25. 保存零件模型文件。

6.9 曲面综合范例 3——衣架主体

范例概述

本范例是一个典型的曲面建模的范例，先使用基准平面、基准轴和基准点等创建基准曲线，再利用基准曲线构建扫描混合曲面创建零件的半部分，然后再合并、倒圆角、镜像以及加厚。零件模型及模型树如图 6.9.1 所示。

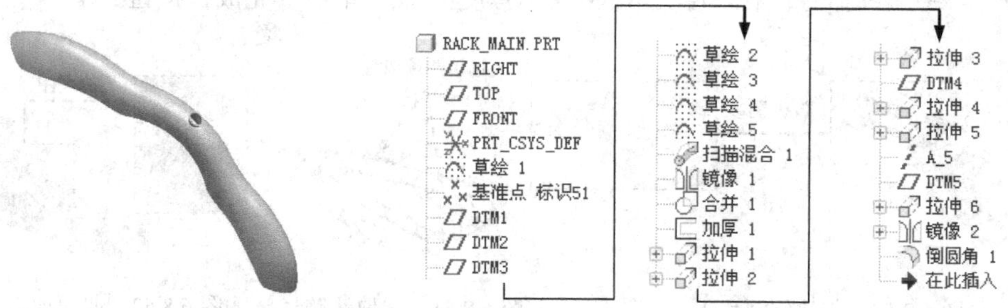

图 6.9.1 零件模型及模型树

Step1. 新建一个零件的三维模型，将其命名为 RACK_MAIN。

Step2. 创建图 6.9.2 所示的草绘特征——草绘 1。

(1) 单击工具栏上的“草绘”按钮，系统弹出“草绘”对话框。

(2) 定义草绘截面放置属性。选取 FRONT 基准平面为草绘平面，RIGHT 基准平面为参照平面，方向为 右 ，单击对话框中的 草绘 按钮。

(3) 进入草绘环境后，接受系统默认的参照，绘制图 6.9.2 所示的截面草图。

(4) 单击“完成”按钮，退出草绘环境。

注意：图 6.9.2 所示的截面草图中样条曲线和水平中心线相切。

Step3. 创建图 6.9.3 所示的基准点——PNT0、PNT1、PNT2。

(1) 创建基准点 PNT0、PNT1、PNT2。

① 创建图 6.9.3 所示的基准点 PNT0。单击工具栏中“基准点”按钮，然后单击曲线 1 的两端点即可完成基准点 PNT0 的创建。

② 创建图 6.9.3 所示的基准点 PNT1、PNT2。在“基准点”列表框中选择 新点 命令，然后在曲线上单击一点为 PNT1、PNT0 为 PNT1 的偏移参照，在“基准点” 对话框的 偏移

下拉列表中选择比率选项，指定比率值为 0.8；在“基准点”列表框中选择新点命令，然后在曲线上单击一点为 PNT2、PNT0 为 PNT2 的偏移参照，在偏移下拉列表中选择比率选项，指定比率值为 0.4。

（2）单击确定按钮，完成基准点的创建。

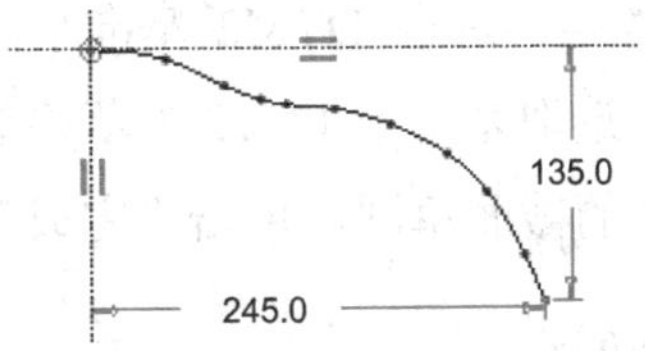

图 6.9.2　草绘 1（草绘环境）

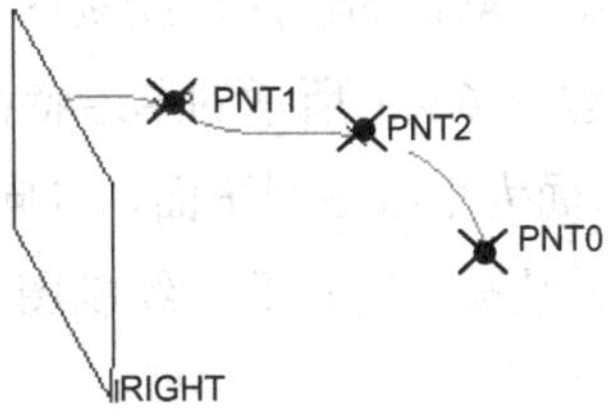

图 6.9.3　创建基准点

Step4. 创建图 6.9.4 所示的基准平面——DTM1。

（1）单击“基准平面”按钮，系统弹出“基准平面”对话框。

（2）如图 6.9.4 所示，选取基准曲线 1 为放置参照，设置为法向；按住 Ctrl 键，选取基准点 PNT1 为放置参照，并设置为穿过；在“基准平面”对话框中单击确定按钮。

Step5. 参照 Step4 创建图 6.9.5 所示的基准平面——DTM2。将基准曲线 1 设置为法向；按住 Ctrl 键选取基准点 PNT2 并设置为穿过。

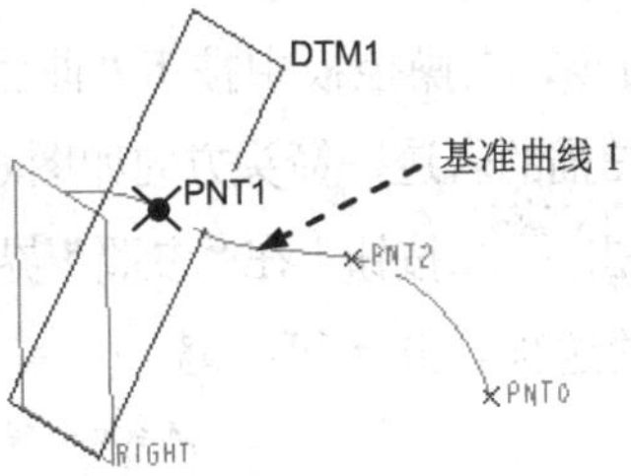

图 6.9.4　基准平面 DTM1

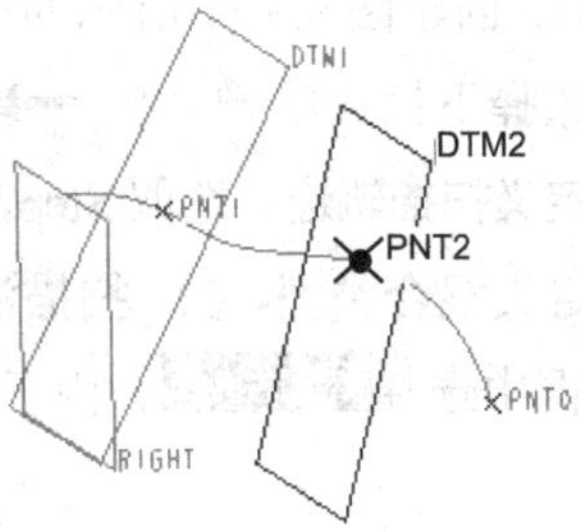

图 6.9.5　基准平面 DTM2

Step6. 参照 Step4 创建图 6.9.6 所示的基准平面——DTM3。将基准曲线 1 设置为法向；按住 Ctrl 键，选取基准点 PNT0 并设置为穿过。

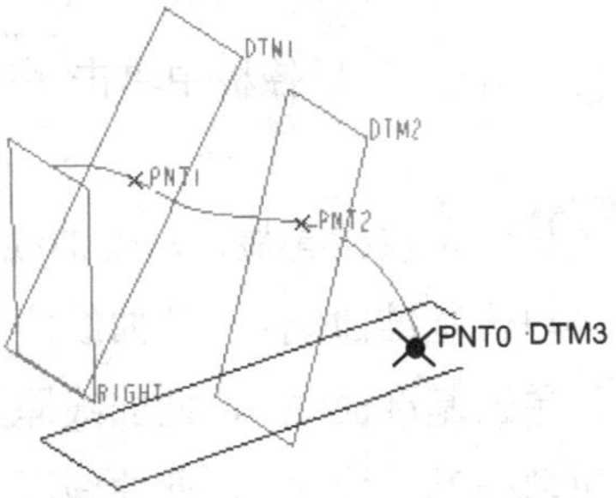

图 6.9.6　基准平面 DTM3

Step7. 创建图 6.9.7 所示的草绘特征——草绘 2。选取 RIGHT 基准平面为草绘平面，TOP

基准平面为参照平面，方向为顶；进入草绘环境后，接受系统默认的参照，绘制图 6.9.7 所示的截面草图。单击“完成”按钮，退出草绘环境。

Step8. 创建图 6.9.8 所示的草绘特征——草绘 3。选取 DTM1 基准平面为草绘平面，FRONT 基准平面为草绘参照平面，方向为底部；选取基准点 PNT1 为草绘参照。进入草绘环境后，接受系统默认的参照，绘制图 6.9.8 所示的截面草图。单击“完成”按钮。

Step9. 创建图 6.9.9 所示的草绘特征——草绘 4。选取 DTM2 基准平面为草绘平面，FRONT 基准平面为草绘参照平面，方向为底部；选取基准点 PNT2 为草绘参照。进入草绘环境后，接受系统默认的参照，绘制图 6.9.9 所示的截面草图。单击“完成”按钮。

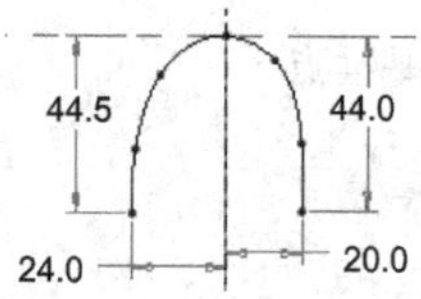

图 6.9.7 草绘 2（草绘环境）

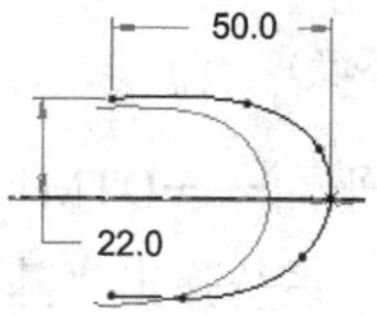

图 6.9.8 草绘 3（草绘环境）

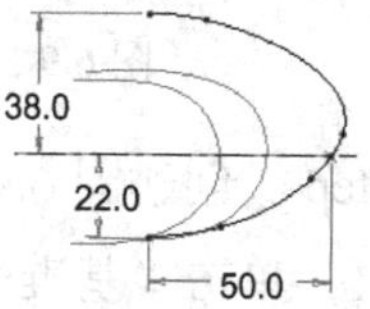

图 6.9.9 草绘 4（草绘环境）

Step10. 创建图 6.9.10 所示的草绘特征——草绘 5。选取 DTM3 基准平面为草绘平面，FRONT 基准平面为参照平面，方向为底部；选取基准点 PNT0 为草绘参照。绘制图 6.9.10 所示的截面草图。单击“完成”按钮。

Step11. 创建图 6.9.11 所示的曲面扫描混合特征——扫描混合 1。

（1）选择下拉菜单 插入(I) → 扫描混合(S)... 命令，在操控板中按下“曲面” 按钮。

（2）定义扫描轨迹。选取 Step2 创建的草绘 1 为扫描的轨迹，箭头方向如图 6.9.12 所示。

（3）定义混合类型。在“扫描混合”操控板中单击 参照 按钮，在“参照”界面的 剖面控制 下拉列表框中选择 垂直于轨迹。由于 垂直于轨迹 为默认的选项，此步可省略。

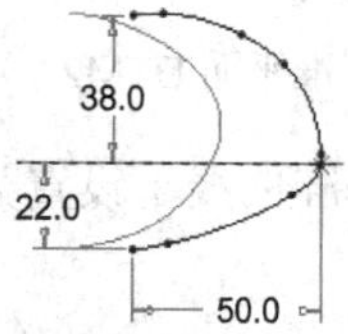

图 6.9.10 草绘 5（草绘环境）

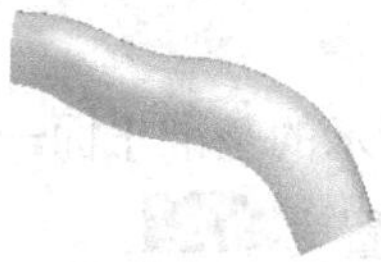
图 6.9.11 扫描混合 1

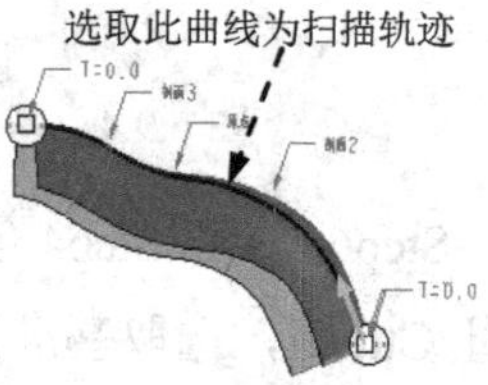

图 6.9.12 扫描轨迹

（4）定义混合截面。在“扫描混合”操控板中单击 截面 选项卡，在 截面 界面中选择 ◉ 所选截面 单选项。

① 单击基准曲线 5 后， 插入 按钮亮显，基准曲线 5 为剖面 1。

② 单击 插入 按钮，再单击基准曲线 4，此曲线即为剖面 2。

③ 单击 插入 按钮，再单击基准曲线 3，此曲线即为剖面 3。

④ 单击 插入 按钮，再单击基准曲线 2，此曲线即为剖面 4。

（5）定义相切。在“扫描混合”操控板中单击 相切 选项卡，在 相切 界面中将终止截面的约束条件改为垂直，系统默认与剖面平面垂直（图 6.9.13）。

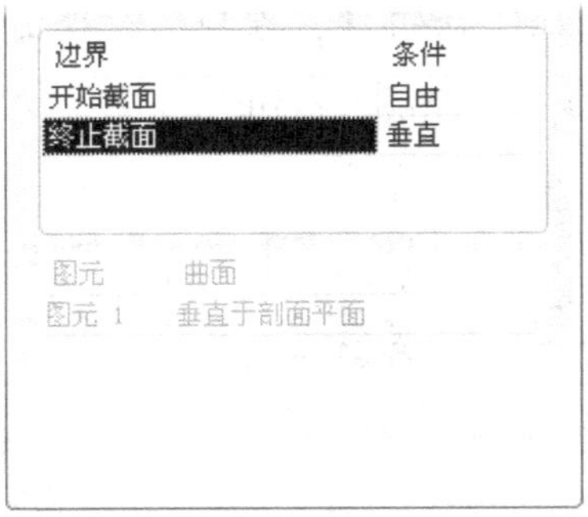

图 6.9.13　定义垂直

（6）在“扫描混合”操控板中单击“预览”按钮，预览所创建的扫描混合特征。单击“完成”按钮，完成扫描混合特征 1 的创建。

Step12. 创建图 6.9.14 所示的镜像特征——镜像 1。

（1）在模型树中单击“创建的特征”按钮 扫描混合 1 。

（2）选择下拉菜单 编辑(E) ➡ 镜像(I)... 命令。

（3）在系统 ⇨选取要相对于其进行镜像的平面。的提示下，选取 RIGHT 基准平面为镜像平面，单击“完成”按钮。

Step13. 创建图 6.9.15 所示的合并曲面特征——合并 1。

（1）选取要合并的曲面。按住 Ctrl 键，在模型树中选择 扫描混合 1 和 镜像1 为要合并的对象。

（2）选择下拉菜单 编辑(E) ➡ 合并(G)... 命令。在操控板中，单击“完成”按钮。

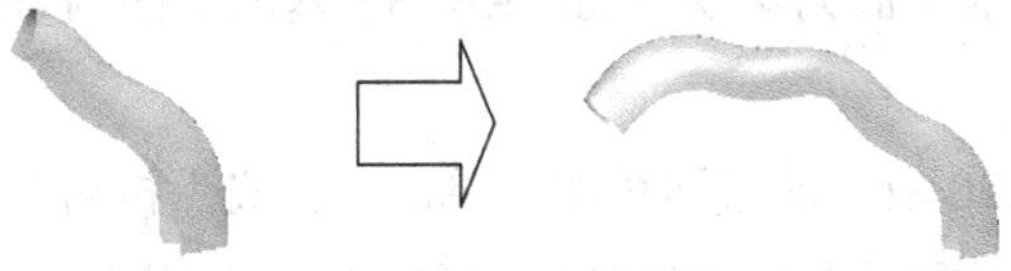

a）镜像前　b）镜像后

图 6.9.14　镜像 1

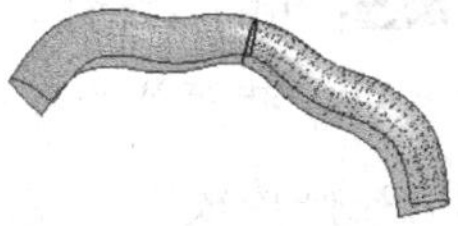

图 6.9.15　合并 1

Step14. 创建图 6.9.16 所示的加厚特征——加厚 1。

（1）在模型树中选择 合并 1 作为加厚对象。

（2）选择下拉菜单 编辑(E) ➡ 加厚(K)... 命令，单击按钮使加厚材料方向指向内侧，输入薄板实体的厚度值 2.0，选取偏距类型为 垂直于曲面，单击按钮。

Step15. 创建图 6.9.17 所示的拉伸“移除材料”特征——拉伸 1。

（1）选择下拉菜单 插入(I) ➡ 拉伸(E)... 命令，在操控板中按下“移除材料”按钮。

（2）定义截面放置属性。在绘图区右击，从弹出的快捷菜单中选择 定义内部草绘... 命令，系统弹出“草绘”对话框。选取 FRONT 基准平面为草绘平面，RIGHT 基准平面为参照平面，方向为 右；单击对话框中的 草绘 按钮。

（3）进入截面草绘环境，绘制图 6.9.18 所示的截面草图，单击“完成”按钮。

（4）在操控板中单击“深度类型”按钮，单击 选项 选项卡，在 深度 界面的 第2侧 的下拉列表中选择 穿透 选项。单击“完成”按钮。

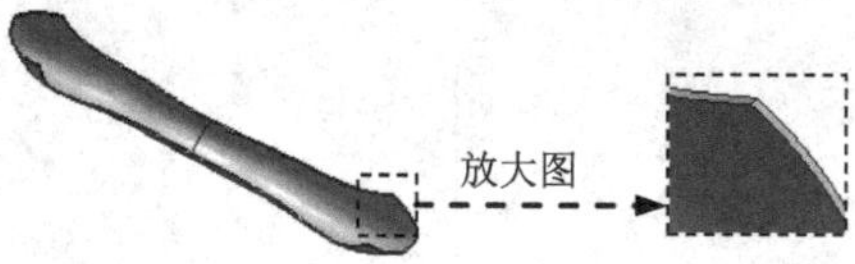

图 6.9.16 加厚 1

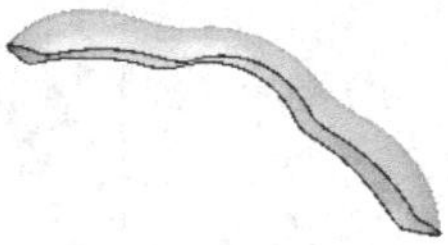

图 6.9.17 拉伸 1

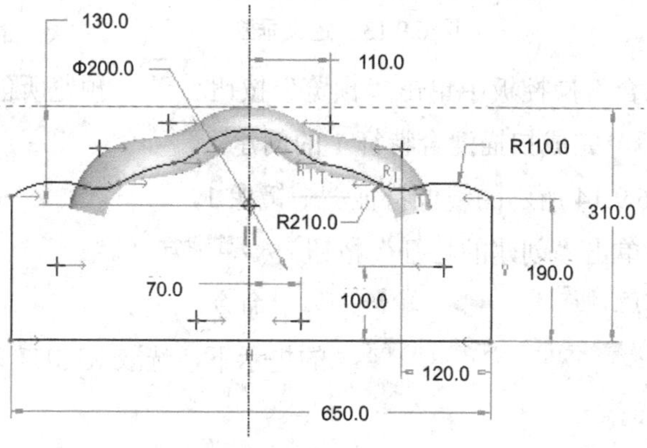

图 6.9.18 截面草图

Step16. 创建图 6.9.19 所示的拉伸特征——拉伸 2。

（1）选择下拉菜单 插入(I) ➡ 拉伸(E)... 命令。

（2）定义截面放置属性。在绘图区右击，从弹出的快捷菜单中选择 定义内部草绘... 命令，系统弹出“草绘”对话框。选取 TOP 基准平面为草绘平面，RIGHT 基准平面为参照平面，方向为 右；单击对话框中的 草绘 按钮。

（3）进入截面草绘环境，绘制图 6.9.20 所示的截面草图，单击“完成”按钮。

（4）在操控板中设置深度类型为；单击按钮调整拉方向，输入深度值 10.0。单击按钮，预览所创建的特征；单击“完成”按钮。

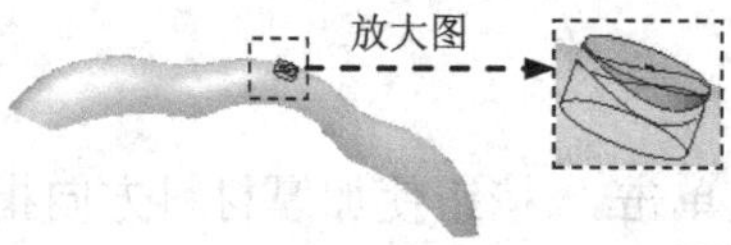

图 6.9.19 拉伸 2

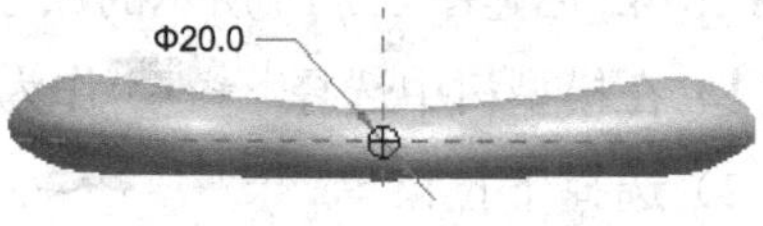

图 6.9.20 截面草图

Step17. 创建图 6.9.21 所示的拉伸“移除材料”特征——拉伸 3。

（1）选择下拉菜单 插入(I) ➡ 拉伸(E)... 命令，在操控板中按下“移除材料”按钮。

（2）定义截面放置属性。在绘图区右击，在弹出的快捷菜单中选择 定义内部草绘... 命令，系统弹出“草绘”对话框。选取 TOP 基准平面为草绘平面，RIGHT 基准平面为参照平面，方向为 右；单击对话框中的 草绘 按钮。

（3）进入截面草绘环境，绘制图 6.9.22 所示的截面草图，单击“完成”按钮。

（4）在操控板中设置深度类型，单击 选项 选项卡，在 深度 界面的 第2侧 的下拉列表中选择 穿透 选项。单击“完成”按钮。

Step18. 创建图 6.9.23 所示的基准平面——DTM4。

（1）单击“基准平面”按钮，系统弹出“基准平面”对话框。

（2）选取 TOP 基准平面为放置参照，设置类型为 偏移，将偏距值设置为 70.0；在“基准平面”对话框中单击 确定 按钮，完成基准平面 DTM4 的创建。

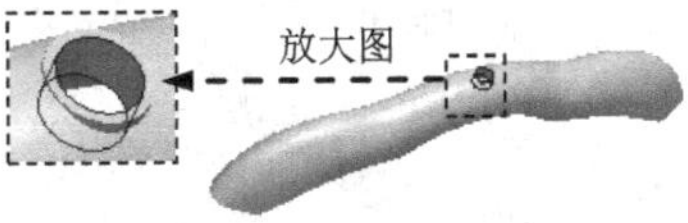

图 6.9.21　拉伸 3

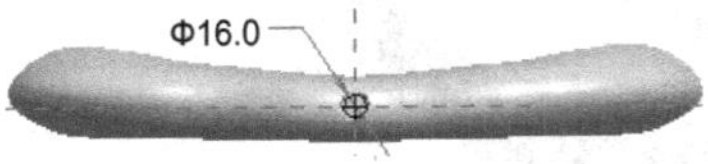

图 6.9.22　截面草图

图 6.9.23　基准平面 DTM4

Step19. 创建图 6.9.24 所示的拉伸特征——拉伸 4。

（1）选择下拉菜单 插入(I) → 拉伸(E)... 命令。

（2）定义截面放置属性。在绘图区右击，在弹出的快捷菜单中选择 定义内部草绘... 命令，系统弹出“草绘”对话框。选取 DTM4 基准平面为草绘平面，RIGHT 基准平面为参照平面，方向为 右；单击对话框中的 草绘 按钮，单击“反向”按钮 反向 调整草绘平面法向方向。

（3）进入截面草绘环境，绘制图 6.9.25 所示的截面草图，单击“完成”按钮。

（4）在操控板中设置深度类型为，单击按钮调整拉方向，单击“完成”按钮。

图 6.9.24　拉伸 4

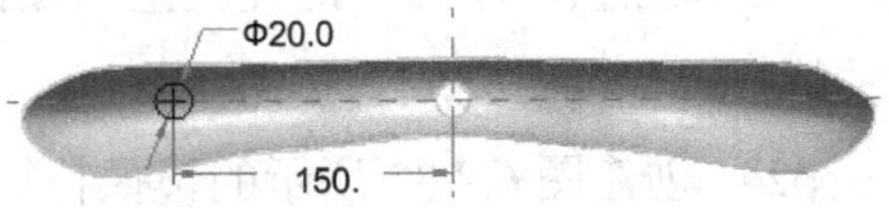

图 6.9.25　截面草图

Step20. 创建图 6.9.26 所示的拉伸“移除材料”特征——拉伸 5。

（1）选择下拉菜单 插入(I) → 拉伸(E)... 命令，在操控板中按下“移除材料”按钮。

（2）定义截面放置属性。在绘图区右击，在弹出的快捷菜单中选择 定义内部草绘... 命令，系统弹出“草绘”对话框。选取 DTM4 基准平面为草绘平面，RIGHT 基准平面为参照平面，方向为 右；单击“反向”按钮 反向 调整草绘平面法向方向。单击对话框中的 草绘 按钮。

（3）进入截面草绘环境，绘制图 6.9.27 所示的截面草图，单击“完成”按钮。

（4）在操控板中单击“深度类型”按钮，输入深度值 16.0。单击按钮，预览所创建的特征；单击“完成”按钮。

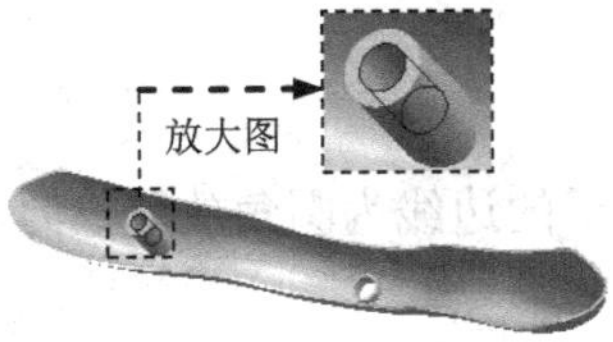

图 6.9.26　拉伸 5

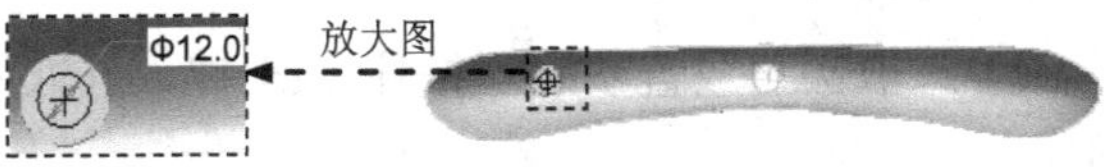

图 6.9.27　截面草图

Step21. 创建图 6.9.28 所示的基准轴——A_1。单击工具栏中的“基准轴”按钮，选取图 6.9.28 所示的面为放置参照，设置类型为穿过，单击“基准轴”对话框中的确定按钮，完成基准轴 A_1 的创建。

Step22. 创建图 6.9.29 所示的基准面——DTM5。选取基准轴 A_1 为放置参照，设置类型为穿过；按住 Ctrl 键，选取 RIGHT 基准平面为放置参照，设置类型为平行，单击确定按钮，完成基准平面 DTM5 的创建。

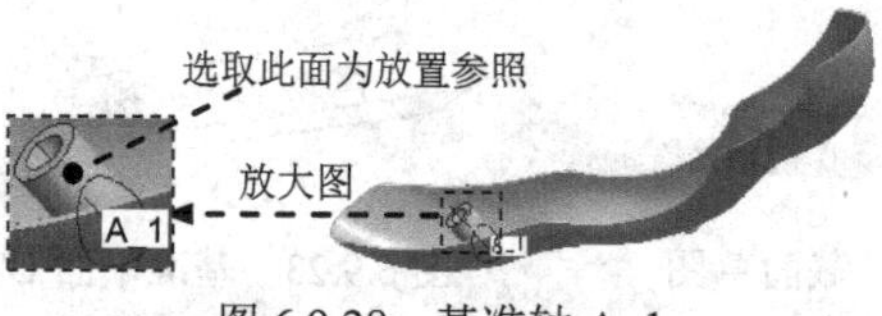

图 6.9.28 基准轴 A_1

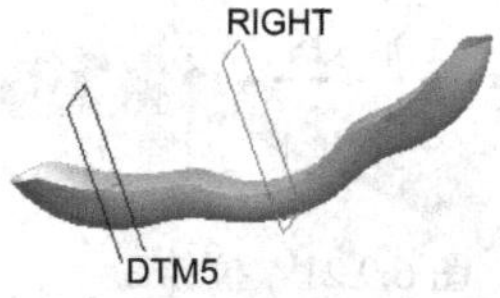

图 6.9.29 基准平面 DTM5

Step23. 创建图 6.9.30 所示的拉伸“移除材料”特征——拉伸 6。

（1）选择下拉菜单 插入(I) → 拉伸(E)... 命令，在操控板中按下“移除材料”按钮。

（2）定义截面放置属性。在绘图区右击，在弹出的快捷菜单中选择 定义内部草绘... 命令，系统弹出“草绘”对话框。选取 DTM5 基准平面为草绘平面，TOP 基准平面为参照平面，方向为左；单击对话框中的草绘按钮。

（3）进入截面草绘环境，绘制图 6.9.31 所示的截面草图，单击“完成”按钮。

（4）在操控板中单击“深度类型”按钮，输入深度值 12.0。单击按钮，预览所创建的特征；单击“完成”按钮。

Step24. 创建图 6.9.32 所示的镜像特征——镜像 2。

（1）按住 Ctrl 键，在模型树中单击 拉伸 4 、 拉伸 5 和 拉伸 6 特征。

（2）选择下拉菜单 编辑(E) → 镜像(I)... 命令。

（3）在系统 选取要相对于其进行镜像的平面。的提示下，选取 RIGHT 基准平面为镜像平面，单击“完成”按钮。

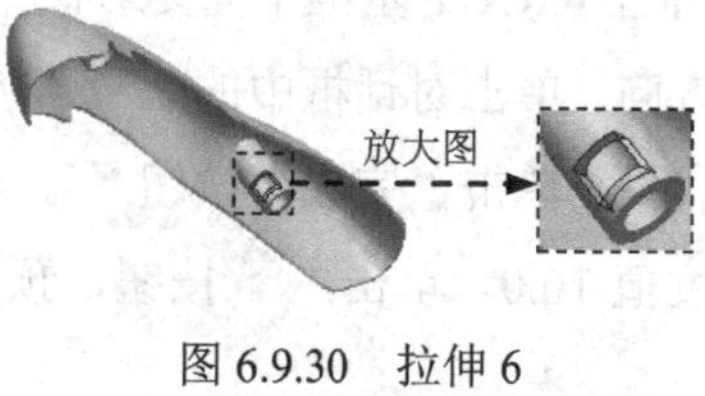

图 6.9.30 拉伸 6

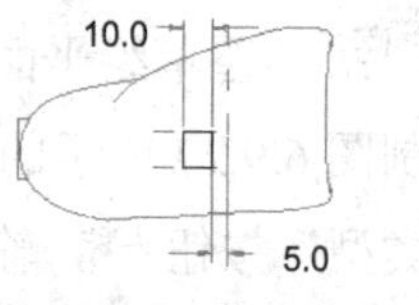

图 6.9.31 截面草图

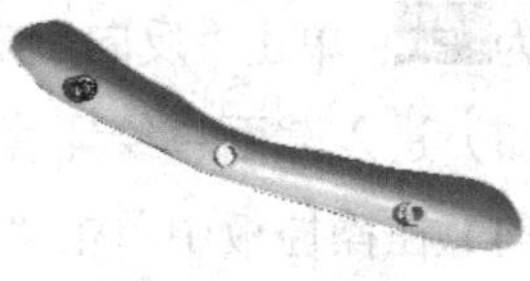
图 6.9.32 镜像 2

Step25. 创建图 6.9.33 所示的倒圆角特征——倒圆角 1。

（1）选择下拉菜单 插入(I) → 倒圆角(O)... 命令。

（2）选取圆角放置参照。按住 Ctrl 键，选取图 6.9.33 所示的边线为圆角放置参照，圆角半径值为 0.5。

（3）在操控板中单击按钮，预览所创建的圆角特征；单击“完成”按钮。

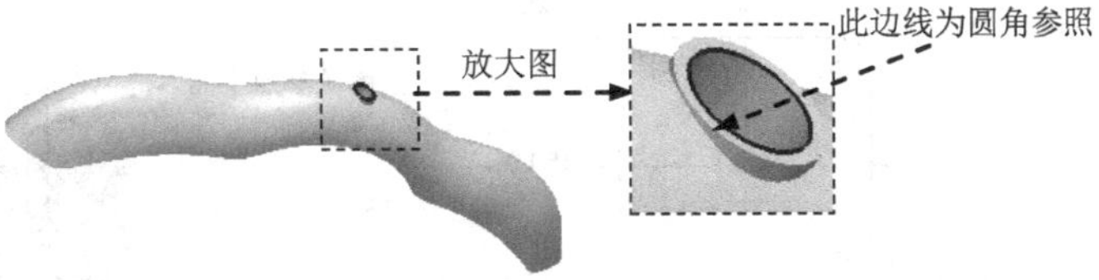

图 6.9.33　倒圆角 1

Step26. 隐藏项目。

（1）在导航选项卡区选择 → 层树(L) 命令。

（2）在导航选项卡区右击，在弹出的快捷菜单中选择 新建层... 命令。

（3）系统弹出“层属性”对话框，将选项卡切换到“模型树”界面。

（4）在模型树中单击要隐藏的对象。

（5）单击“层属性”对话框中的 确定 按钮，即可完成隐藏操作。

Step27. 保存零件模型文件。

6.10　习　　题

习题 1——管接头

下面将创建图 6.10.1 所示的管接头模型（所缺尺寸可自行确定），此模型的设计思路是：从模型表面着手，先由曲面构成实体的表面，然后对曲面加厚产生实体。

Step1. 新建一个零件的三维模型，将零件的模型命名为 connecting_pipe.prt。

Step2. 创建图 6.10.2 所示的拉伸特征 1（即圆柱拉伸曲面），直径为 100，对称拉伸高度为 200。

注意：拉伸曲面两端不封闭。

Step3. 在 Step2 中创建的圆柱曲面的一个底面上创建一个平面 DTM1（图 6.10.3）。在 DTM1 上创建图 6.10.4a 所示的填充特征，填充截面如图 6.10.4b 所示。

图 6.10.1　管接头模型

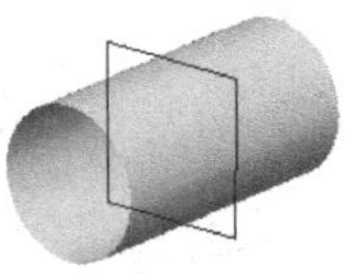

图 6.10.2　拉伸曲面

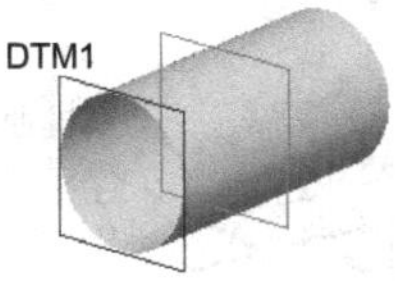

图 6.10.3　DTM1

Step4. 镜像 Step3 中所创建的填充特征 1（图 6.10.5）。

Step5. 合并 Step2 中创建的拉伸曲面与 Step3 中创建的填充平面，得到“合并”面组 1，如图 6.10.6 所示。

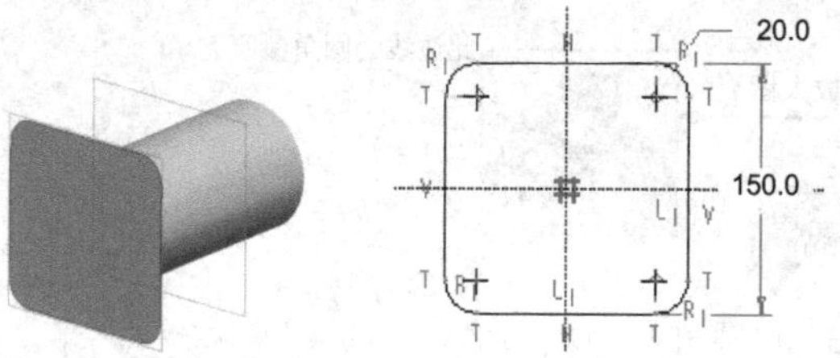

a）填充特征 1　　b）填充截面

图 6.10.4　添加填充特征 1

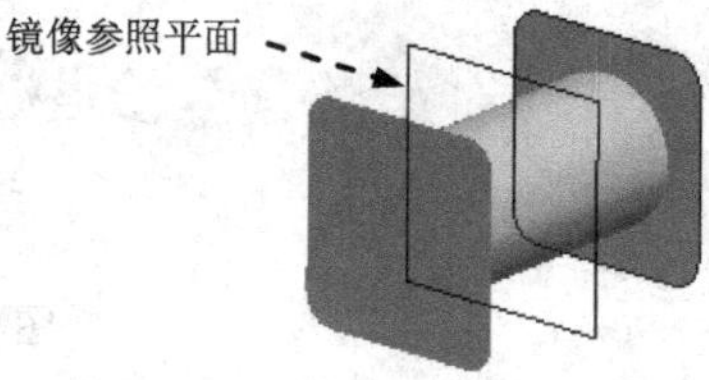

图 6.10.5　镜像 1

Step6. 合并面组 1 与镜像得到的平面，得到“合并”面组 2，如图 6.10.7 所示。

Step7. 加厚面组 2，厚度为 5，如图 6.10.8 所示。至此完成该模型的创建。

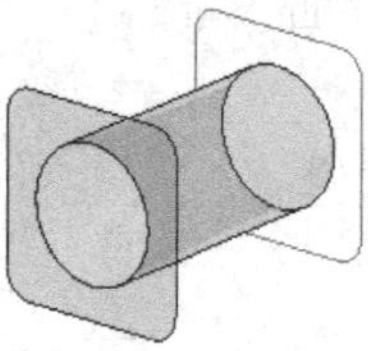

图 6.10.6　“合并”面组 1

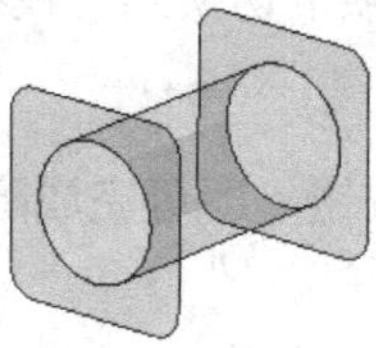

图 6.10.7　“合并”面组 2

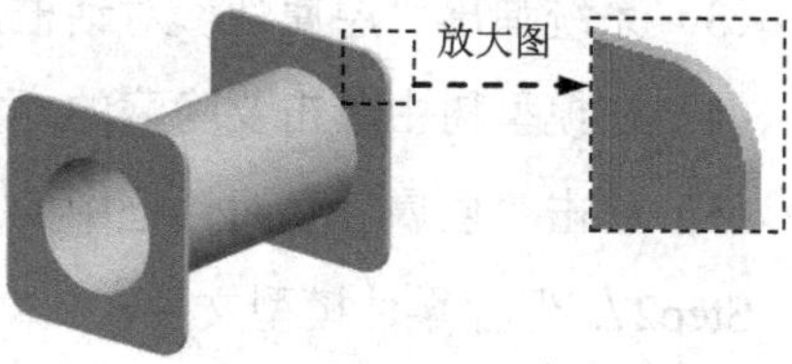

图 6.10.8　曲面加厚

习题 2——台灯罩

本练习综合地运用了基准曲线、边界混合曲面、曲面合并、曲面镜像、曲面加厚等特征命令，较综合地体现了曲面的构型过程。

下面将创建图 6.10.9 所示的台灯罩模型（所缺尺寸可自行确定）。

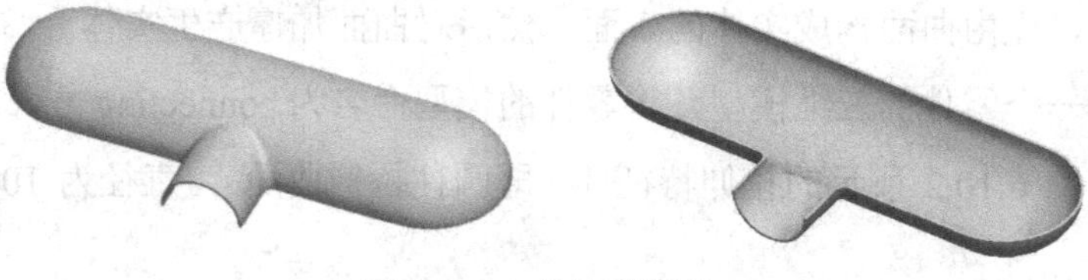

图 6.10.9　台灯罩模型

Step1. 新建一个零件的三维模型，将零件的模型命名为 reading_lamp_cover.prt。

Step2. 创建图 6.10.10 所示的基准曲线 1（在同一次草绘里绘制两条直线）。

Step3. 创建图 6.10.11 所示的基准曲线 2，并约束基准曲线 2 与基准曲线 1 相切，如图 6.10.12 所示。

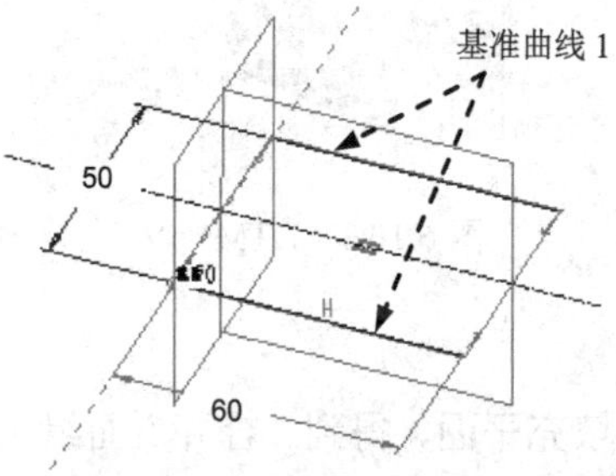

图 6.10.10　基准曲线 1

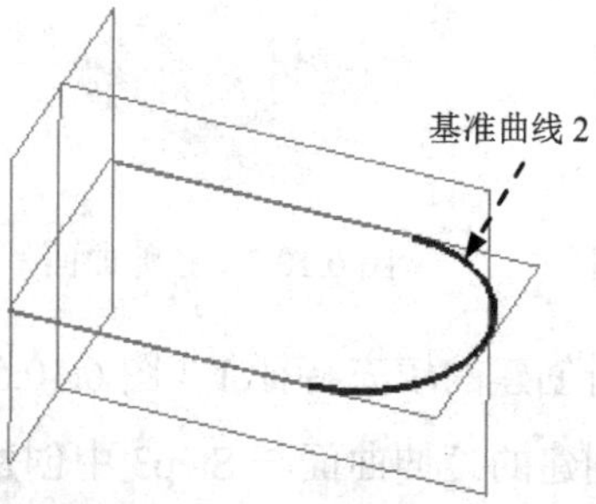

图 6.10.11　基准曲线 2

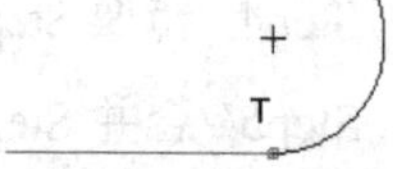

图 6.10.12　截面草图

Step4. 创建图 6.10.13 所示的基准点 PNT0 及 PNT1，然后创建通过这两个基准点的平面 DTM1。在 DTM1 上创建图 6.10.14 所示的基准曲线 3，其截面草图如图 6.10.15 所示。

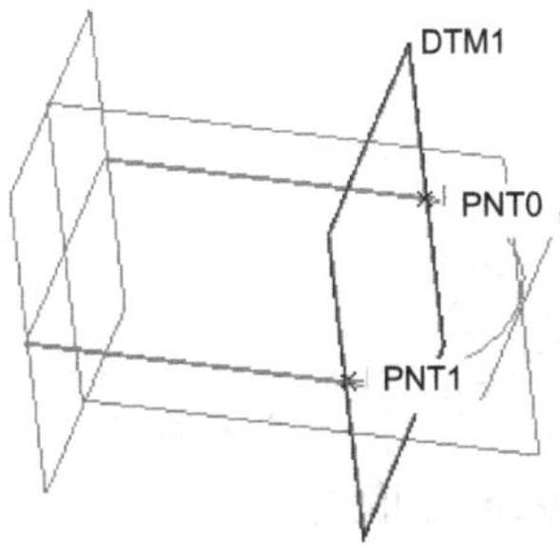

图 6.10.13　基准点及 DTM1

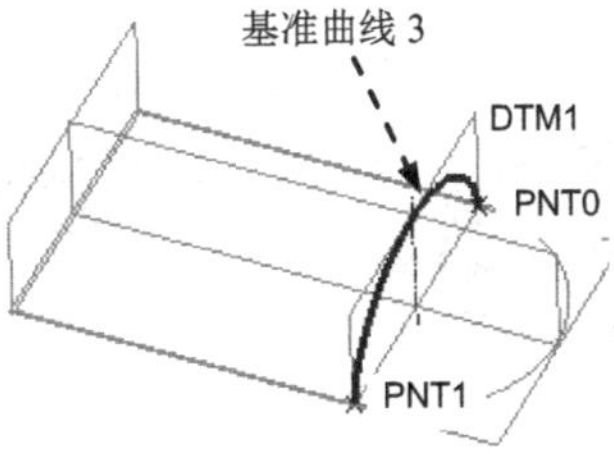

图 6.10.14　基准曲线 3

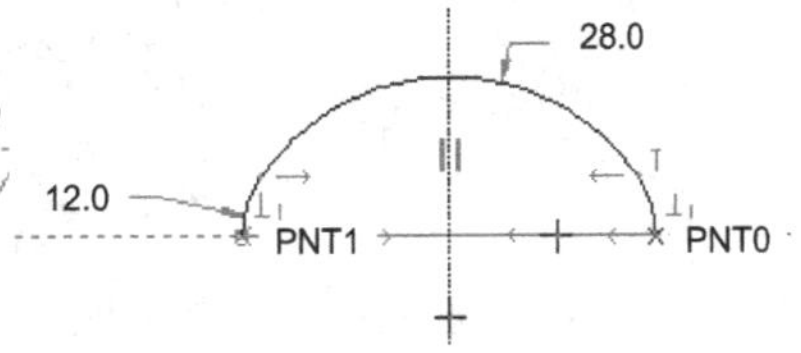

图 6.10.15　截面草图

Step5. 创建图 6.10.16 所示的基准曲线 4，创建方法和 Step4 类似，截面草图一样。

Step6. 创建图 6.10.17 边界混合 1。

Step7. 创建图 6.10.18 边界混合 2（要注意添加与边界混合 1 的约束关系！）。

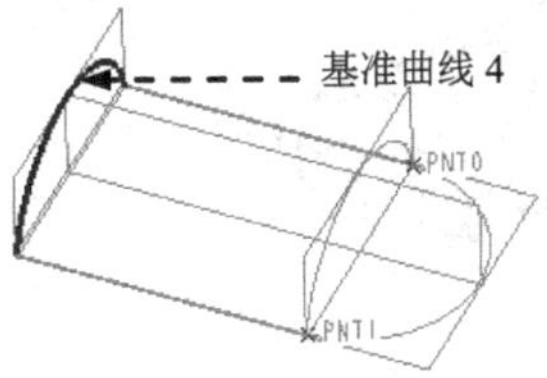

图 6.10.16　基准曲线 4

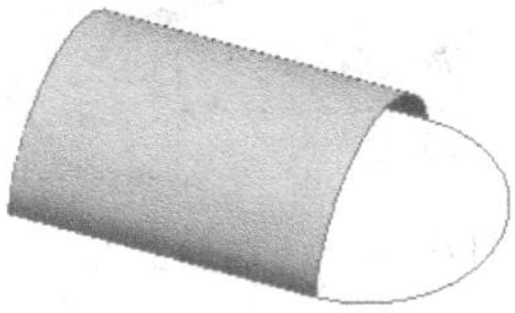
图 6.10.17　边界混合 1

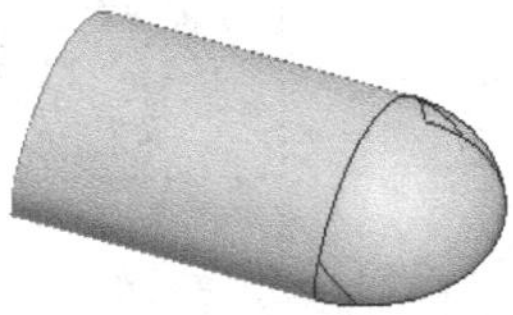
图 6.10.18　边界混合 2

Step8. 合并 Step6 和 Setp7 中创建的边界混合 1、2，得到"合并"面组 1，如图 6.10.19 所示。

Step9. 镜像 Step8 中得到的面组 1，如图 6.10.20 所示。

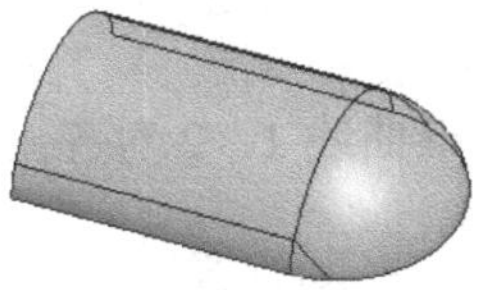
图 6.10.19　合并面组 1

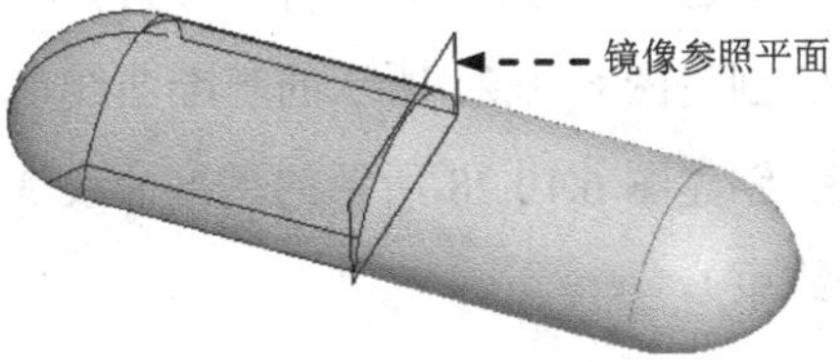

图 6.10.20　镜像曲面

Step10. 将镜像得到的面组与合并面组 1 合并，得到"合并"面组 2，如图 6.10.21 所示。

Step11. 创建图 6.10.22 所示的拉伸曲面。

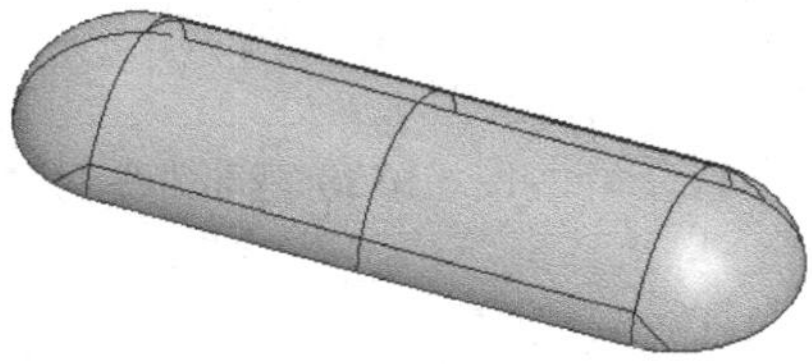
图 6.10.21　合并面组 2

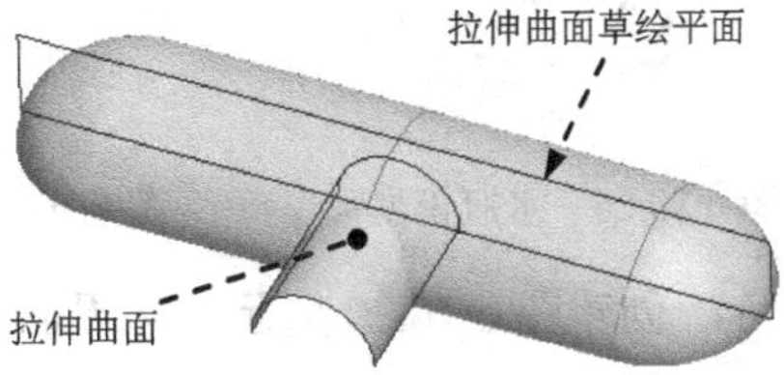

图 6.10.22　拉伸曲面

Step12. 将“合并”面组 2 与 Step11 中所创建的拉伸曲面合并为合并面组 3，如图 6.10.23 所示。

Step13. 创建图 6.10.24 所示的倒圆角特征，半径为 3.0。

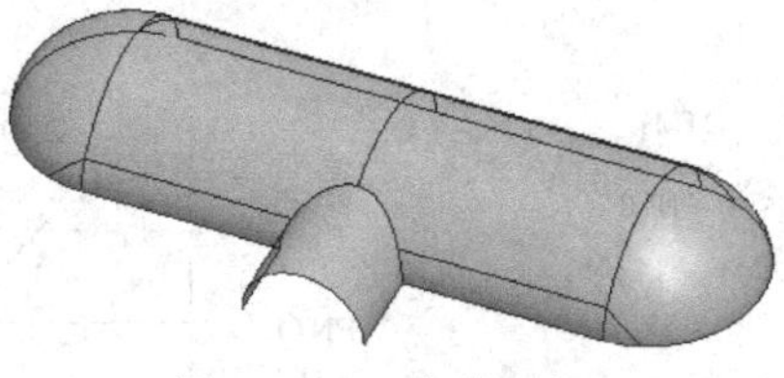

图 6.10.23 合并面组 3

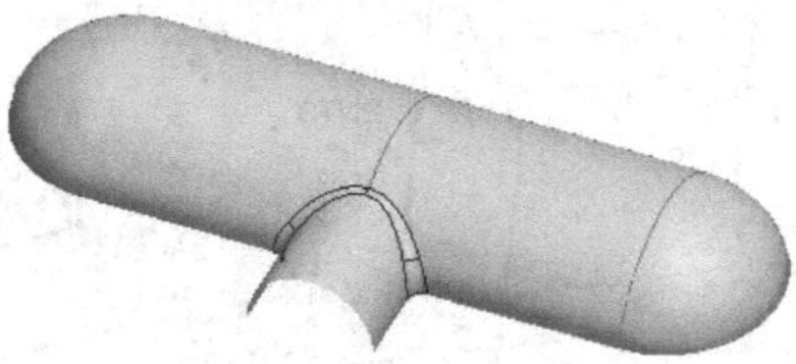

图 6.10.24 倒圆角

Step14. 加厚 Step13 得到的面组，如图 6.10.25 所示（注意：加厚的厚度不能太大，否则可能导致特征生成失败）。

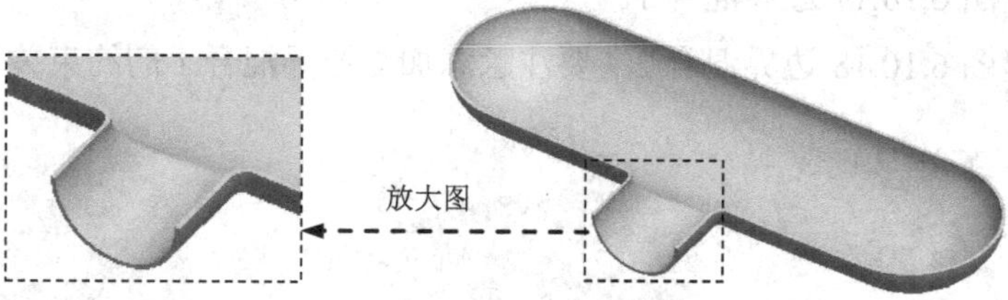

图 6.10.25 加厚曲面

习题 3——水瓶

下面将创建图 6.10.26 所示的水瓶模型（所缺尺寸可自行确定），通过该习题可以熟悉创建边界曲面、旋转曲面和合并曲面的一般过程。

Step1. 新建一个零件的三维模型，将零件的模型命名为 water_bottle.prt。

Step2. 创建图 6.10.27 所示的基准曲线 1、2。

Step3. 创建图 6.10.28 所示的基准曲线 3、4，注意与基准曲线 1、2 对齐（可通过创建基准点来约束）。

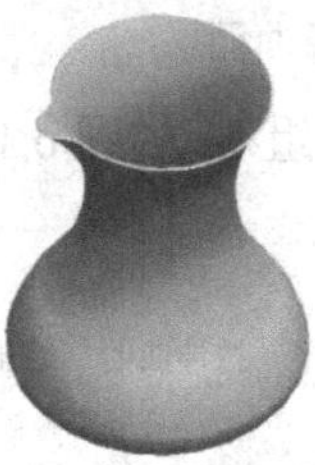

图 6.10.26 水瓶模型

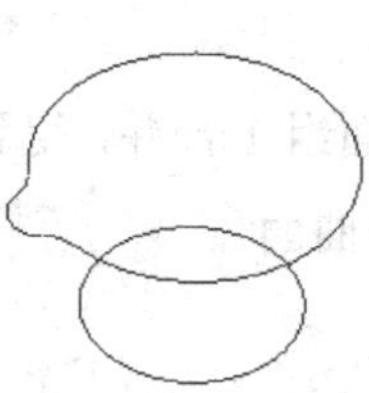

图 6.10.27 基准曲线 1、2

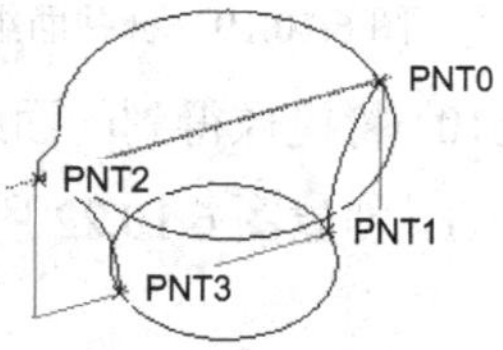

图 6.10.28 基准曲线 3、4

Step4. 创建图 6.10.29 所示的边界曲面。

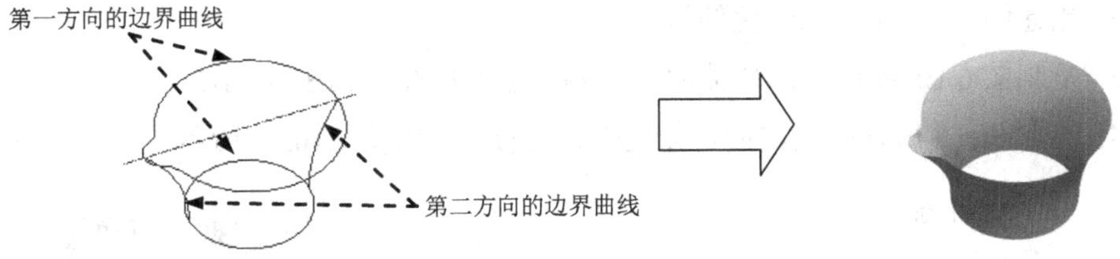

a）边界混合前　　b）边界混合后

图 6.10.29　创建边界曲面

Step5. 创建图 6.10.30 所示的旋转曲面。

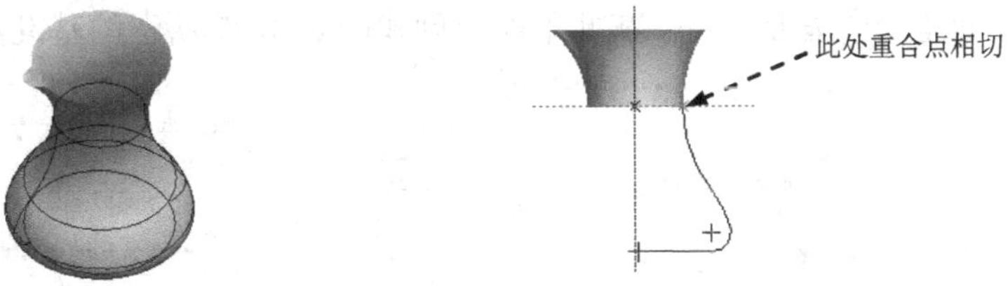

a）旋转曲面　　b）旋转特征截面

图 6.10.30　旋转曲面

Step6. 合并 Step4 于 Step5 中创建的两个曲面，如图 6.10.31 所示。

Step7. 加厚 Step6 所合并的曲面面组，如图 6.10.32 所示。

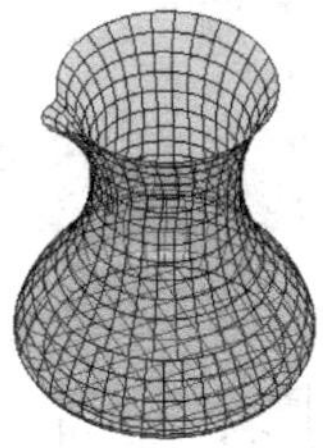

图 6.10.31　曲面合并

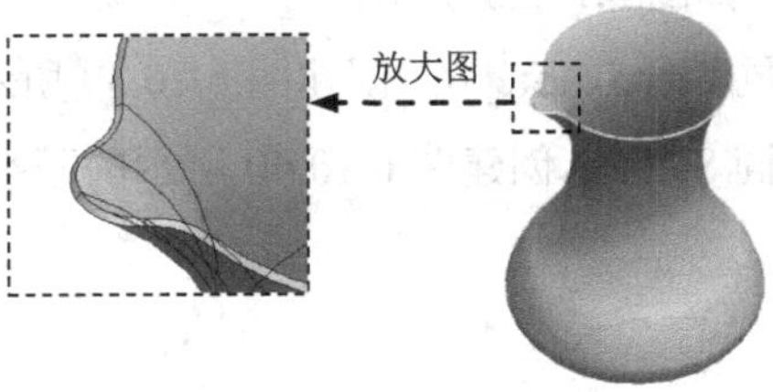

图 6.10.32　曲面加厚

习题 4——叶轮

本练习综合地运用了复制曲面、偏距曲面、基准曲线、投影曲线、边界混合曲面、曲面加厚、成组以及阵列等特征操作，较综合地锻炼了曲面的构形能力。

下面将创建图 6.10.33 所示的叶轮模型（所缺尺寸可自行确定）。

Step1. 新建一个零件的三维模型，将零件的模型命名为 impeller.prt。

图 6.10.33　叶轮模型

Step2. 创建图 6.10.34 所示的拉伸特征 1。

Step3. 复制图 6.10.34 所示圆柱曲面，复制粘贴后如图 6.10.35 所示。

Step4. 选取 Step3 所复制的曲面，创建偏距特征 1，如图 6.10.36 所示。

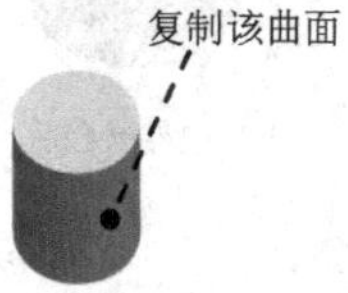

图 6.10.34 拉伸特征 1

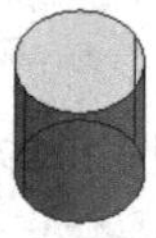

图 6.10.35 复制、粘贴曲面

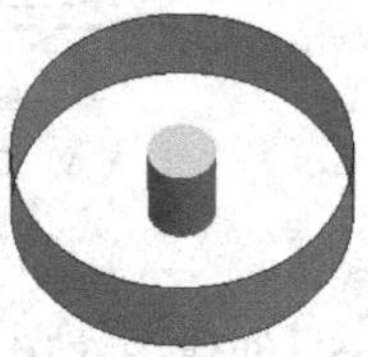

图 6.10.36 偏距特征 1

Step5. 创建一个基准平面，在此平面上创建图 6.10.37 所示的基准曲线 1。

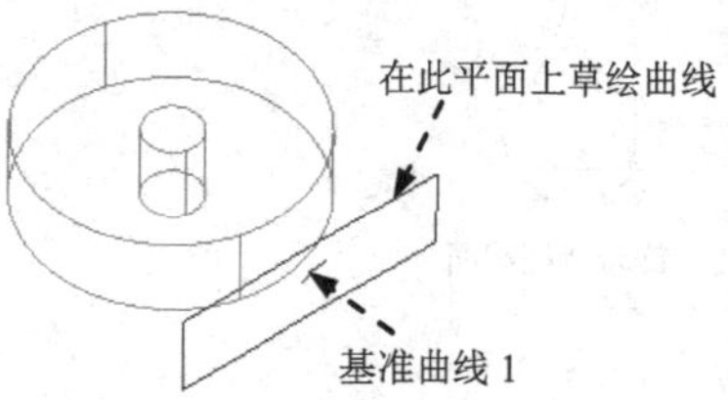

图 6.10.37 基准曲线 1

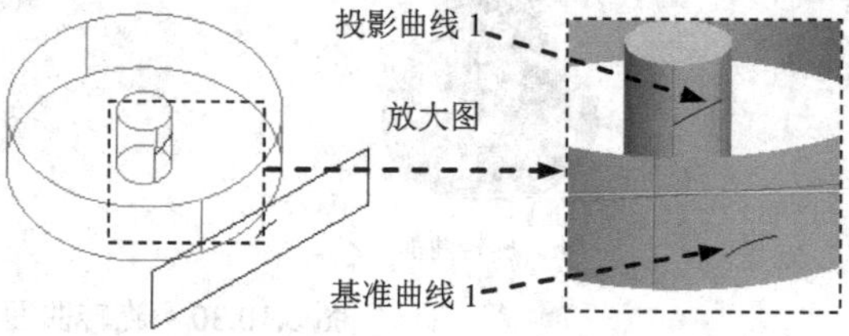

图 6.10.38 投影曲线 1

Step6. 选取 Step5 所创建的基准曲线 1，将其投影到 Step3 所创建的复制曲面上，形成投影曲线 1，如图 6.10.38 所示。

Step7. 同 Step5、Step6，创建图 6.10.39 所示的投影曲线 2。

Step8. 同 Step5，创建图 6.10.40 所示的基准曲线 3、4。

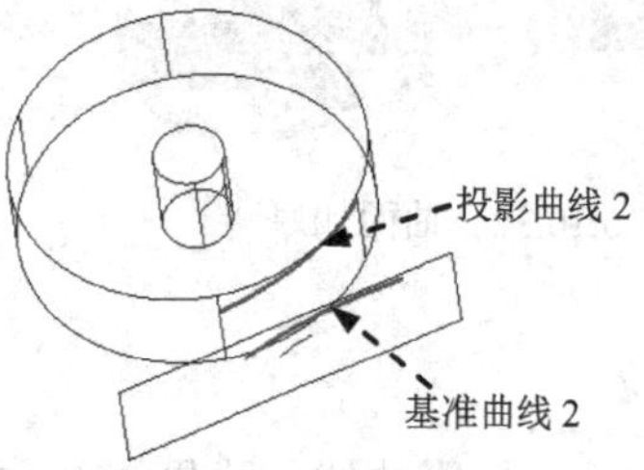

图 6.10.39 投影曲线 2

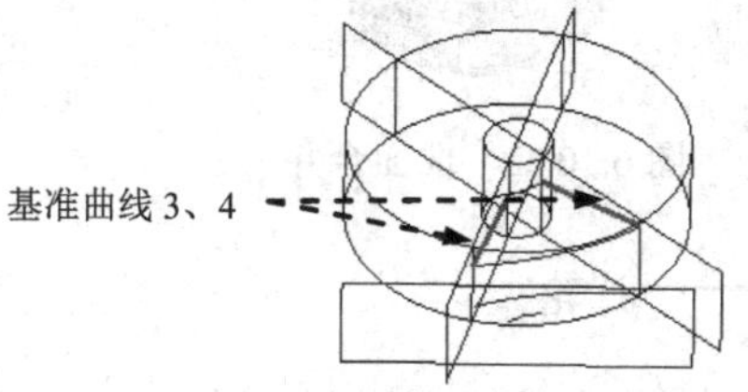

图 6.10.40 创建基准曲线 3、4

Step9. 创建图 6.10.41 所示的拉伸特征 2。

Step10. 利用之前创建的基准曲线和投影曲线，创建图 6.10.42 所示边界混合曲面 1。

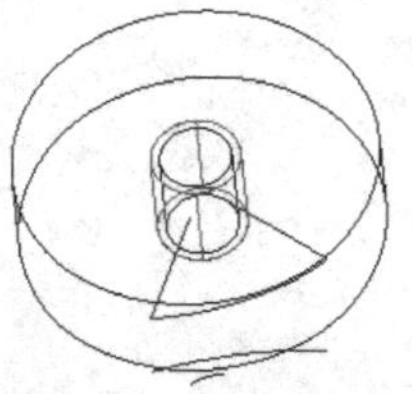

图 6.10.41 拉伸特征 2

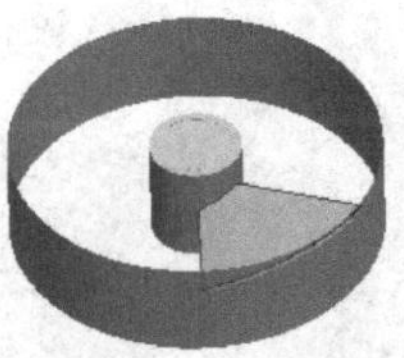

图 6.10.42 边界混合曲面 1

Step11. 加厚 Step10 所创建的边界曲面，如图 6.10.43 所示。

Step12. 将 Step10 中创建的边界曲面 1 与 Step11 中创建的加厚特征组成组 1，其部分模型树如图 6.10.44 所示。

思考：若是不创建组 1，会出现什么样的情况?

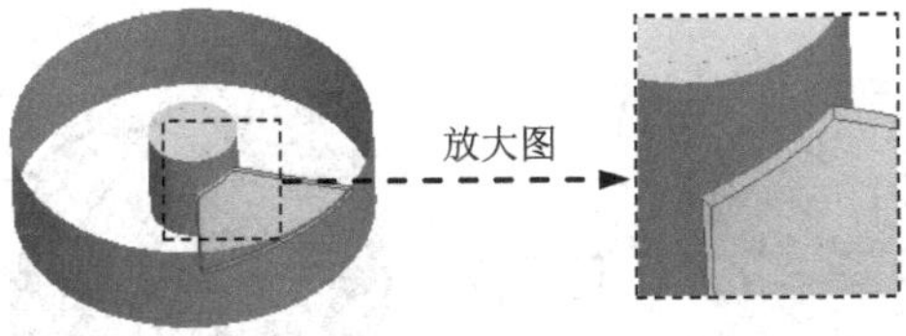

图 6.10.43　曲面加厚

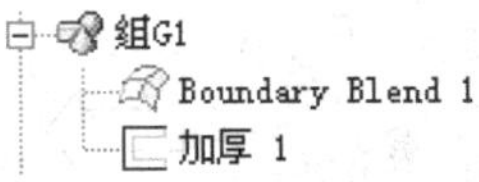

图 6.10.44　组 1

Step13. 阵列 Step12 中所创建的组 1，如图 6.10.45 所示。

Step14. 将图 6.10.36 所示的偏距曲面隐藏后，添加倒圆角特征，如图 6.10.46 所示。

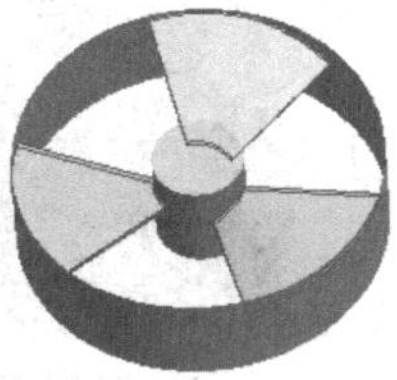

图 6.10.45　阵列特征 1

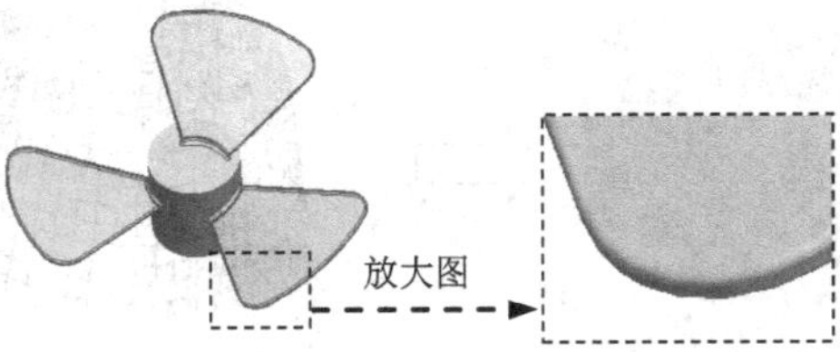

图 6.10.46　倒圆角

习题 5——修整曲面

将工作目录设置至 D:\dbproe5.1\work\ch06\ch06.10\ex05，打开文件 surf_finishing.prt，通过对图 6.10.47a 所示的各个曲面进行曲面合并、加厚曲面及倒角等，最终得到图 6.10.47f 所示的模型。通过本习题的练习，体会和掌握使用曲面构造实体的技巧。

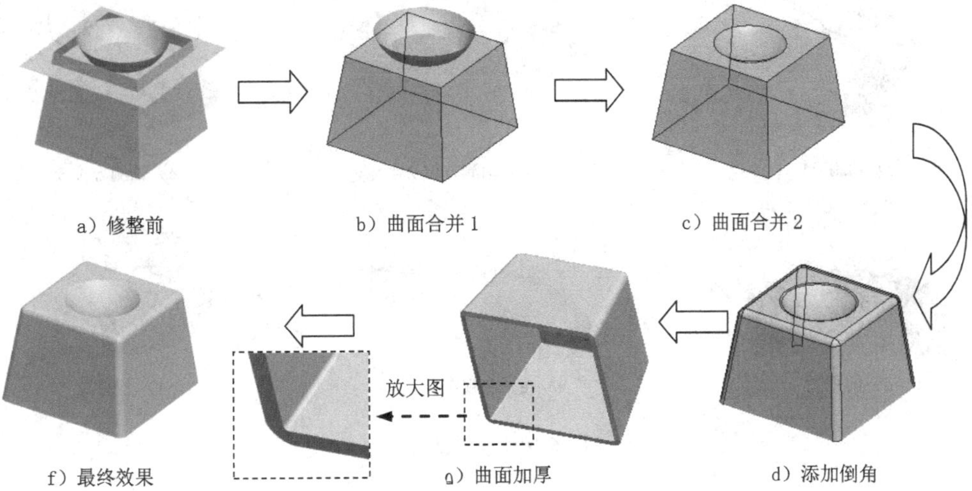

图 6.10.47　修整曲面

习题 6——旋钮

根据图 6.10.48 所给出的各个步骤视图，利用旋转曲面、复制曲面、边界混合曲面、阵列、曲面合并和曲面实体化等功能，创建图 6.10.48 f 所示的旋钮模型（所缺尺寸可自行确定）。

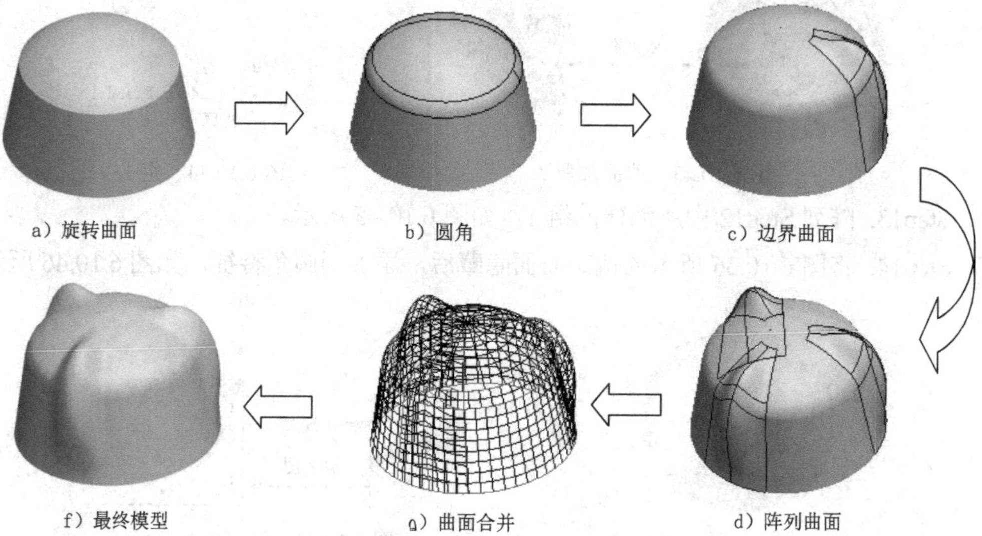

图 6.10.48　旋钮模型创建步骤

习题 7——鼠标盖

根据图 6.10.49 所示的零件视图创建零件模型——鼠标盖（mouse_surface.prt）。

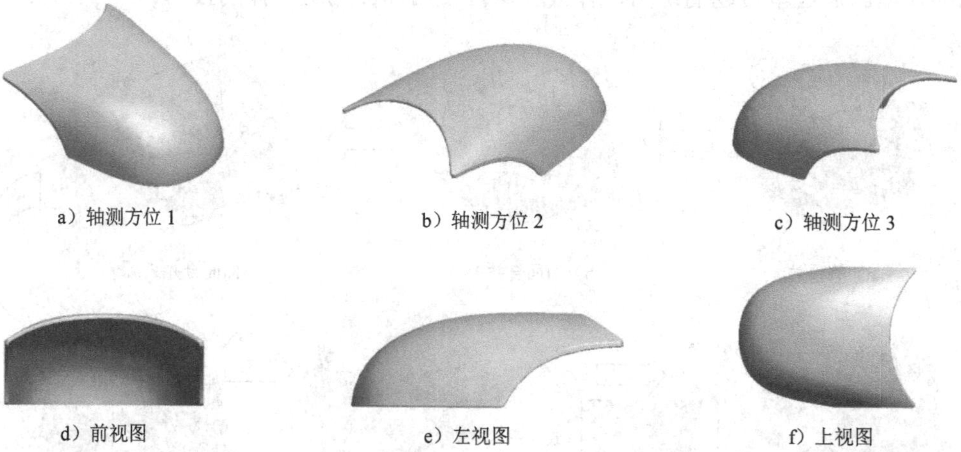

图 6.10.49　鼠标盖

习题 8——控制面板

根据图 6.10.50 所示的零件视图创建零件模型——控制面板（Control_panel.prt）。

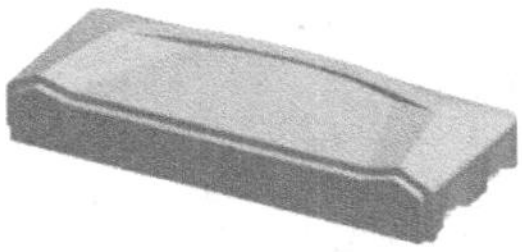
a）轴测方位 1

b）轴测方位 2

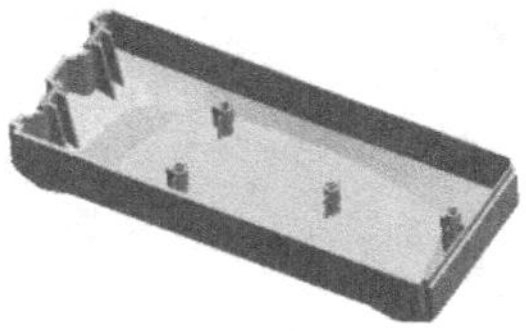
c）轴测方位 3

d）前视图

e）左视图

f）后视图

图 6.10.50　控制面板

习题 9——饮料瓶

根据图 6.10.51 所示的零件视图创建零件模型——饮料瓶（bottle.prt）。

a）轴测方位 1

b）轴测方位 2

c）轴测方位 3

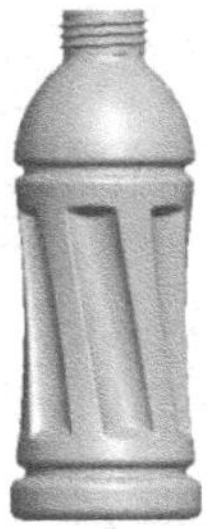
d）前视图

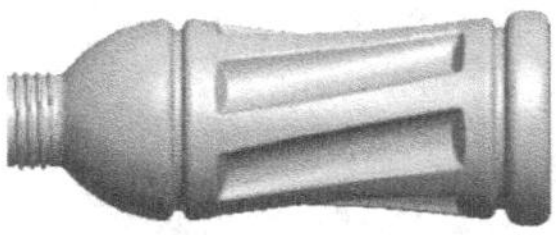
e）左视图

f）下视图

图 6.10.51　饮料瓶

读者意见反馈卡

尊敬的读者：

感谢您购买机械工业出版社出版的图书！

我们一直致力于CAD、CAPP、PDM、CAM和CAE等相关技术的跟踪，希望能将更多优秀作者的宝贵经验与技巧介绍给您。当然，我们的工作离不开您的支持。如果您在看完本书之后，有什么好的批评和建议，或是有一些感兴趣的技术话题，都可以直接与我联系。

责任编辑：管晓伟

注：本书下载文件夹中含有该"读者意见反馈卡"的电子文档，您可将填写后的文件采用电子邮件的方式发给本书的责任编辑或主编。

E-mail: 詹友刚 zhanygjames@163.com ；管晓伟 guancmp@163.com。

请认真填写本卡，并通过邮寄或 E-mail 传给我们，我们将奉送精美礼品或购书优惠卡。

书名：《Pro/ENGINEER 野火版 5.0 机械设计教程》（普通高等教育机械类专业规划教材）

1. 读者个人资料：

姓名：_________性别：___年龄：____职业：_________职务：________学历：______

专业：_______单位名称：____________________电话：___________手机：__________

邮寄地址 ____________________________邮编：_____________E-mail: _______________

2. 影响您购买本书的因素（可以选择多项）：

□内容　□作者　□价格

□朋友推荐　□出版社品牌　□书评广告

□工作单位（就读学校）指定　□内容提要、前言或目录　□封面封底

□购买了本书所属丛书中的其他图书　□其他____________

3. 您对本书的总体感觉：

□很好　□一般　□不好

4. 您认为本书的语言文字水平：

□很好　□一般　□不好

5. 您认为本书的版式编排：

□很好　□一般　□不好

6. 您认为 Pro/E 其他哪些方面的内容是您所迫切需要的？

____

7. 其他哪些 CAD/CAM/CAE 方面的图书是您所需要的？

____

8. 认为我们的图书在叙述方式、内容选择等方面还有哪些需要改进的？

____

如若邮寄，请填好本卡后寄至：

北京市百万庄大街22号机械工业出版社汽车分社　管晓伟（收）

邮编：100037　联系电话：（010）88379949　传真：（010）68329090

如需本书或其他图书，可与机械工业出版社网站联系邮购：

http://www.golden-book.com　**咨询电话：**（010）88379639，88379641，88379643。

读者意见反馈卡

亲爱的读者：

感谢您购买机械工业出版社出版的图书！

我们一直致力于CAD、CAPP、PDM、CAM和CAE等相关技术的[illegible]

[illegible]

[illegible]

E-mail: [illegible]

[illegible]

书名：《Pro/ENGINEER 野火版 5.0 [illegible]》

[illegible]

姓名：[illegible] 性别：[illegible]

职业：[illegible] 手机：[illegible]

邮寄地址：[illegible] 邮编：[illegible] E-mail：[illegible]

2. [illegible]

[illegible]

3. [illegible]

[illegible]

5. [illegible]

[illegible]

[illegible]

邮编：100037 [illegible] 联系电话：(010) 88379739 [illegible] 传真：(010) [illegible]

[illegible]

http://www.golden-book.com [illegible] (010) 88379639 [illegible]